超低空探测与制导系列

U0262047

电磁场微波技术与天线

童创明　梁建刚　杨亚飞　朱　莉
张旭春　孙华龙　彭　鹏　编著

西北工業大學出版社

西　安

【内容简介】 本书是超低空探测与制导系列丛书之一。本书全面、系统地讲解电磁场与电磁波、微波技术与天线的基础理论、基本技术和基本分析方法，并特别注重基本概念的阐述。除绪论外，全书共分11章：矢量分析、静电场、恒定电流的电场、恒定电流的磁场、时变电磁场、无线电波的基本知识、微波传输线、金属波导、微波网络的基本概念与基本参数、微波元器件和天线基础知识。每章末有本章提小结，并附有一定数量的习题。

本书可供高等院校理工科电子类微波技术专业、天线专业、雷达工程专业、测控工程专业、无线电物理专业及相近专业专科生作为教材或教学参考书，也可供电子工程与通信工程技术人员或相关专业技术人员自学参考。

图书在版编目(CIP)数据

电磁场微波技术与天线 / 童创明等编著. — 西安 ：西北工业大学出版社，2022.6

ISBN 978-7-5612-8183-3

Ⅰ. ①电… Ⅱ. ①童… Ⅲ. ①电磁场 ②微波技术 ③天线 Ⅳ. ①O441.4 ②TN015 ③TN82

中国版本图书馆 CIP 数据核字(2022)第 067977 号

DIANCICHANG WEIBO JISHU YU TIANXIAN

电 磁 场 微 波 技 术 与 天 线

童创明 梁建刚 杨亚飞 朱 莉 张旭春 孙华龙 彭 鹏 编著

责任编辑：付高明 杨丽云 **策划编辑：**杨 睿

责任校对：李阿盟 **装帧设计：**董晓伟

出版发行：西北工业大学出版社

通信地址：西安市友谊西路127号 邮编：710072

电 话：(029)88491757，88493844

网 址：www.nwpup.com

印 刷 者：西安五星印刷有限公司

开 本：787 mm×1 092 mm 1/16

印 张：21.75

字 数：556 千字

版 次：2022年6月第1版 2022年6月第1次印刷

书 号：ISBN 978-7-5612-8183-3

定 价：69.00 元

如有印装问题请与出版社联系调换

前言

目前全国各高校课程体系都在进行改革，电磁场微波技术系列课程的内容调整较大，一方面课时压缩，另一方面某些课程如天线、无线电波传播等已不再单独开设，但按照专业要求，学生对相关知识应有一定的掌握，本书就是针对这一要求编写的。

本书从理论联系实际出发，把电磁场理论、微波技术与天线基本知识合并，构成一门专业技术基础课程，体现了应用型特色。在保持理论体系完整和严谨的同时，精选教学内容，尽量避开繁杂的推导，既可以使本科生或专科生掌握学习专业技术必备的基本知识和基本技能，又切合本科生或专科生能够理解和运用的程度。在编写过程中，尽可能地联系实际工程技术的应用，注意阐述物理概念，力求使读者易学、易懂。除此之外，对传统教材中的一些内容进行了取舍，如平面波部分从电磁波波动的物理概念出发，分析平面波的传播特性，避开利用麦克斯韦方程进行数学推导的过程，同时略去了对平面波反射和透射的推导过程，仅从物理概念解释，易于学生掌握。在天线基本知识中加入一些常用天线的介绍，拓宽学生的知识面，提高学生的应用能力。

本书可供高等学校工科电类专业专科生选作教材，亦可用作从事雷达、通信、导航等相关专业技术人员的参考书。

本书计划学时数为 92 学时，除绪论外，全书共分为 11 章，包括矢量分析、电磁场电磁波理论、微波技术和天线基本知识 4 部分。第 1 章为矢量分析，着重讨论了标量场的梯度、矢量场的散度和旋度，为研究电磁场提供必要数学基础和工具。第 2～6 章为电磁场与电磁波理论部分。这一部分重点介绍了静态场的性质和基本解法，时变电磁场的基本方程组、边界条件以及平面波的基本概念及传播特性。第 7～10 章为微波技术部分，主要讨论了均匀传输线理论、规则金属波导、同轴线、微波网络基础和微波元器件，其中在金属波导一章中侧重介绍了矩形波导，在微波元器件一章中从工程应用的角度出发，重点介绍了具有代表性的几组微波无源元器件，主要包括连接匹配元件、功率分配元件、微波谐振元件、天线收发开关和铁氧体器件。第 11 章为天线基本知识，主要叙述了天线的基本参量、天线辐射单元、天线阵基本知识、线天线、面天线及相控阵天线工作原理，其中线天线侧重介绍了工程中常用的引向天线、槽缝天线和螺旋天线的工作原理，面天线着重介绍了喇叭天线、抛物面天线，并对微带天线作了简要介绍。上述四部分既相互联系又相对独立，使用本书作为教材时可根据不同的教学要求进行取舍。

本书是在《电磁场微波技术与天线》(西北工业大学出版社，2019 年 9 月第 1 版)的基础上，经过修订、部分内容增减而再版的，由长期从事电磁场与微波技术专业教学和科研的多名教员合作编写完成，编写组成员包括童创明、梁建刚、杨亚飞、朱莉、张旭春、孙华龙和彭鹏等，童创明对全书进行了统稿。

本书的出版得到了“十三五”信息技术(电子科学与技术)重点学科建设领域“重点教材建设”项目的资助，电子科学与技术重点学科建设项目的资助，同时也得到了西北工业大学出版社的大力支持，在此表示感谢。

在编写本书的过程中，笔者参考了一些参考资料，在此向这些作者表示感谢。

由于编者水平有限，书中难免还存在一些缺点和错误，敬请广大读者批评指正。

编　者

2021 年 3 月

目 录

绪 论

一、电磁频谱

雷达系统中的发射机和接收机之间的联系(传递信息的媒介)是借助电磁波来建立和实现的。在空间传播的交变电磁场称为电磁波。电磁波在空气中传播的速度与光速相同,记为c($c = 3 \times 10^8$ m/s,每秒钟可绕地球转七圈半)。如果以 f 来表示电磁波的频率,以 λ 来表示电磁波的波长,则有如下关系式:

$$f\lambda = c \tag{0.1}$$

式中:f 是电磁波每秒钟变化的周数,单位为赫兹(Hz);λ 是电磁波在一周期内所走过的距离,单位是米(m)。

电磁波包括从电波到宇宙射线的各种波、光和射线的集合,不同频段分别命名为无线电波、红外线、可见光、紫外线、X 射线、γ 射线和宇宙射线。把电磁波的频率如家谱一样,按照由低到高的顺序排列起来,便得到了一张电磁频谱图,如图 0.1 所示。可不要小看这张图,它不仅是学习无线电理论和技术的一把钥匙,而且由于电磁频谱的分配和使用涉及世界各国人们的重大利益,毫不夸张地说,它是人类进入现代文明的一项巨大的财富资源。

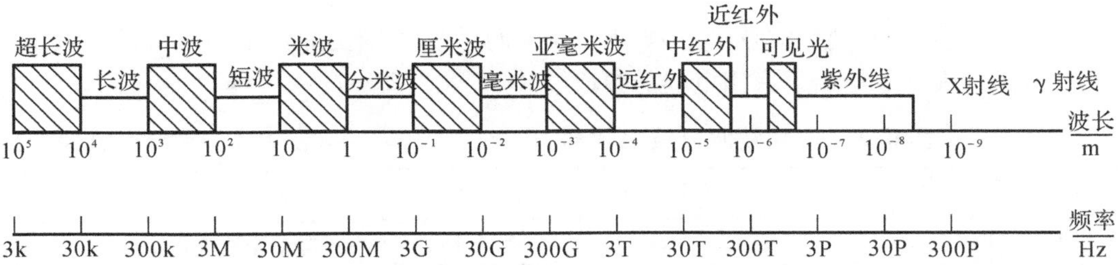

图 0.1 电磁频谱图

19 世纪末,意大利人马可尼和俄国人波波夫同在 1895 年进行了无线电通信实验,在此后的 100 年间,从 3 kHz 直到 3 000 GHz 频谱被人们逐步认识、开发和利用。一般而言,将频率在3 000 GHz以下、3 kHz 以上的电磁波称为无线电波,有时简称为电波。从图 0.1 可以看出,无线电波只是电磁波中频率较低的一部分,比它频率高的还有红外线、可见光、紫外线、X 射线和 γ 射线等。根据不同的传播特性,不同的使用业务,对整个无线电频谱进行划分,共分为 9 段,如表 0.1 所示。

如果说电磁频谱是无线电领域的宝藏,那么,微波领域就是其中的一带“金矿区”了。

什么是微波?它有什么特点和应用,凭什么就身价百倍呢?下面着重来说明这些问题。

二、微波及其特点

就现代微波理论和技术的研究和发展而论，微波(Microwave)是指频率从300 MHz～3 000 GHz范围内的电磁波，其相应的波长从1 m～0.1 mm。由图0.1可见，微波是电磁波谱中介于超短波(米波)与红外线之间的波段，它属于无线电波中波长最短(即频率最高)的波段，因此在微波理论研究的早期，称其为超高频技术。

在实际应用中，为方便起见，常把微波波段简单地划分为分米波段(300～3 000 MHz)、厘米波段(3～30 GHz)、毫米波段(30～300 GHz)及亚毫米波段(300～3 000 GHz)，如表0.1所示。

表0.1 国际无线电频谱的波段划分

波段		频率范围	波长范围	备注
普通无线电波	甚低频(VLF)	3～30 kHz	10^5～10^4 m	超长波
	低频(LF)	30～300 kHz	10^4～10^3 m	长波
	中频(MF)	300～3 000 kHz	10^3～10^2 m	中波
	高频(HF)	3～30 MHz	100～10 m	短波
	甚高频(VHF)	30～300 MHz	10～1 m	超短波
微波	超高频(UHF)	300～3 000 MHz	1～0.1 m	分米波
	特高频(SHF)	3～30 GHz	10～1 cm	厘米波
	极高频(EHF)	30～300 GHz	10～1 mm	毫米波
	超极高频	300～3 000 GHz	1～0.1 mm	亚毫米波

在雷达、通信及常规微波技术中，常用拉丁字母代号表示更为详细的微波的分波段，如表0.2所示。表0.3给出了家用电器的频段。

表0.2 常用微波分波段代号

波段代号	标称波长/cm	频率范围/GHz	波长范围/cm
L	22	1～2	30～15
S	10	2～4	15～7.5
C	5	4～8	7.5～3.75
X	3	8～12	3.75～2.5
Ku	2	12～18	2.5～1.67
K	1.25	18～27	1.67～1.11
Ka	0.8	27～40	1.11～0.75
U	0.6	40～60	0.75～0.5
V	0.4	60～80	0.5～0.375
W	0.3	80～100	0.375～0.3

表0.3 家用电器的频段

名称	频率范围
调幅无线电	535～1 605 kHz
短波无线电	3～30 MHz
调频无线电	88～108 MHz
商用电视	
1～3频道	48.5～72.5 MHz
4～5频道	76～92 MHz
6～12频道	167～223 MHz
12～24频道	470～566 MHz
25～68频道	606～968 MHz

微波波段在电磁频谱中所占有的特定位置使它具有如下特点。

1. 似光性和似声性

微波具有类似光一样的特性，主要表现在反射性、直线传播性及集束性等方面。由于微波的波长与地球上的一般物体（如飞机、轮船、汽车等）的尺寸相比要小得多或在同一量级，因此当微波照射到这些物体时会产生强烈的反射。基于微波的上述特性人们发明了雷达系统。微波如同光一样在空间的直线传播，如同光可聚焦成光束一样，微波也可通过天线装置形成定向辐射，从而可以定向传输或接收由空间传来的微弱信号，实现微波通信或探测。

由于微波的波长与物体（如实验室中的无线电设备）的尺寸具有相同的量级，所以微波的特点又与声波的特点相近，即所谓似声性。例如：微波波导类似于声学中的传声筒；喇叭天线和缝隙天线类似于声学喇叭、箫和笛；微波谐振腔类似于声学共鸣箱等。

2. 穿透性

微波照射到介质时具有穿透性，主要表现在云、雾、雪等对微波传播的影响较小，这为全天候微波通信和遥感打下了基础。此外，微波具有穿越电离层的透射特性。实验证明：微波波段的几个分波段（如 1～10 GHz，20～30 GHz 及 91 GHz 附近）受电离层的影响较小，可以较为容易地由地面向外层空间传播，从而成为人类探索外层空间的“无线电窗口”，为空间通信、卫星通信、卫星遥感和射电天文学的研究提供了难得的无线电通道。

3. 宽频带特性

任何通信系统为了传递一定信息必须占有一定的频带。传递某种信息所必需的频带宽度叫带宽。例如，电话（语言）信道的带宽为 4 kHz，广播的带宽为 16 kHz，而一路电视频道的带宽为 8 kHz。显然，要传输的信息越多，所用的频带就越宽。一般一个传输信道的相对带宽（即频带宽度与中心频率之比）不能超过百分之几，因此为了使多路电视、电话能同时在一条线路上传送，就必须使信道中心频率比所要传递的信息总带宽高几十至几百倍。而微波具有较宽的频带特性，其携带信息的能力远远超过中短波及超短波，因此现代多路无线通信几乎都工作在微波波段。随着数字技术的发展，单位频带所能携带的信息更多，这为微波通信提供了更广阔的前景。

4. 非电离性

微波的量子能量还不够大，不足以改变物质分子的内部结构或破坏分子间的键。而由物理学知道，分子、原子和原子核在外加电磁场的周期力作用下所呈现的许多共振现象都发生在微波范围，因而微波为探索物质的内部结构和基本特性提供了有效的研究手段。另外，利用这一特性和原理，可研制许多适用于微波波段的器件。

三、微波的应用

由于微波波段具有上述重要特点，有着鲜明的“个性”，所以微波的实际应用相当广泛，尤其是近年来发展更快，新的应用层出不穷。微波的应用包括作为信息载体的应用和作为微波能的应用两个方面，这里简单介绍微波的几种主要用途。

(1)雷达是微波技术的最早应用。在第二次世界大战期间，由于迫切需要对敌机及敌舰进行探测定位的高分辨雷达，而微波正好可以满足这一要求，所以微波技术得以迅速发展。在那时，雷达工程就是微波工程的同义语。现代雷达大多数是微波雷达，利用微波工作的雷达可以使用尺寸较小的天线，来获得很窄的波束宽度，以获取关于被测目标性质的更多的信息，准确测定目标的方向、距离和速度，甚至可以成像。雷达不仅用于军事，也用于民用，如导航、气象探测、大地测量、工业检测和交通管制等。

（2）微波通信是微波技术的重要应用。由于微波具有频率高、频带宽、信息量大的特点，所以被广泛应用于包括微波多路通信、微波中继通信、散射通信、移动通信和卫星通信在内的各种通信业务。

（3）微波能是微波技术的新应用。微波作为能源的应用始于 20 世纪 50 年代后期，至 60 年代末，微波能的应用随着微波炉的商品化进入家庭而得到大力发展。微波能的应用包括微波的强功率应用和弱功率应用两个方面：①强功率应用是微波加热。微波加热可以深入物体内部，其热量产生于物体内部，不依靠热传导，里外同时加热。该应用具有效率高、节省能源、加热速度快、加热均匀等特点，广泛应用于工农业生产及人们的日常生活中。②弱功率应用是用于各种电量和非电量（包括长度、速度、湿度、温度等）的测量。其显著特点是不需要和被测量对象接触，因而是非接触式的无损测量，特别适用于生产线测量或进行生产的自动控制。

（4）在生物医学方面，微波技术具有更广泛的应用。微波的医学应用包括微波诊断、微波治疗、微波解冻、微波解毒和微波杀菌等。

（5）科学研究方面的应用。根据各种物质对微波吸收的情况不同，可以用来研究物质内部的结构，这种技术称为微波波谱技术，有关这方面的知识称为微波波谱学。利用微波能穿透电离层并受天体反射的特点，可借助雷达来观察天体情况，为研究宇宙天体提供了新的途径。应用微波技术来研究天文的科学称为射电天文学和雷达天文学。利用大气对微波的吸收和反射特性，借助雷达来观察雨、雪、冰雹、雾、云等的存在和变化情况，可以预报附近地区的天气情况，把微波技术应用于气象研究而形成一门新的科学，称为无线电气象学。

四、本书的体系结构

电磁场与电磁波理论是微波技术与天线的基础，微波技术、天线是电磁场与电磁波理论的具体应用，本书将三者结合起来，对电磁场、微波和天线的基本理论进行了讨论，并力图保持理论体系完整、严谨。

全书共分 11 章，包括矢量分析、静电场、恒定电流的电场、恒定电流的磁场、时变电磁场、无线电波的基本知识、微波传输线、金属波导、微波网络的基本要领与基本参数、微波元器件和天线基础知识。

第 1 章　矢量分析

在电磁理论中，要研究某些物理量（如电位、电场强度、磁场强度等）在空间的分布和变化规律，为此，引入了场的概念。如果每一时刻，一个物理量在空间中的每一点都有一个确定的值，则称在此空间中确定了该物理量的场。

电磁场是分布在三维空间的矢量场，矢量分析是研究电磁场在空间的分布和变化规律的基本数学工具之一。标量场在空间的变化规律由其梯度来描述，而矢量场在空间的变化规律则通过场的散度和旋度来描述。本章首先介绍标量场和矢量场的概念，然后着重讨论标量场的梯度、矢量场的散度和旋度的概念及其运算规律，在此基础上介绍亥姆霍兹定理。

1.1　矢量代数

一、标量和矢量

数学上，任一代数量 a 都可称为标量。在物理学中，任一代数量一旦被赋予“物理单位”，则称为一个具有物理意义的标量，即所谓的物理量，如电压 u、电荷量 Q、质量 m、能量 W 等都是标量。

一般的三维空间内某一点 P 处存在的一个既有大小又有方向特性的量称为矢量。本书中用黑体字母表示矢量，例如 $\boldsymbol{A}$，而用 A 来表示矢量 $\boldsymbol{A}$ 的大小（或 $\boldsymbol{A}$ 的模）。矢量一旦被赋予“物理单位”，则称为一个具有物理意义的矢量，如电场强度矢量 $\boldsymbol{E}$、磁场强度矢量 $\boldsymbol{H}$、作用力矢量 $\boldsymbol{F}$、速度矢量 $\boldsymbol{v}$ 等。

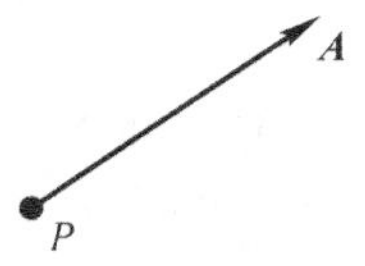

图 1.1　P 点处的矢量

一个矢量 $\boldsymbol{A}$ 可用一条有方向的线段来表示，线段的长度表示矢量 $\boldsymbol{A}$ 的模 A，箭头指向表示矢量 $\boldsymbol{A}$ 的方向，如图 1.1 所示。

一个模为 1 的矢量称为单位矢量。本书中用 $\boldsymbol{a}_A$ 表示与矢量 $\boldsymbol{A}$ 同方向的单位矢量，显然

$$\boldsymbol{a}_A = \frac{\boldsymbol{A}}{A} \tag{1.1}$$

而矢量 $\boldsymbol{A}$ 则可表示为

$$\boldsymbol{A} = \boldsymbol{a}_A A \tag{1.2}$$

二、矢量的加法和减法

两个矢量 $\boldsymbol{A}$ 与 $\boldsymbol{B}$ 相加，其和是另一个矢量 $\boldsymbol{D}$。矢量 $\boldsymbol{D}=\boldsymbol{A}+\boldsymbol{B}$ 可按平行四边形法则得到：从同一点画出矢量 $\boldsymbol{A}$ 与 $\boldsymbol{B}$，构成一个平行四边形，其对角线矢量即为矢量 $\boldsymbol{D}$，如图 1.2 所示。

矢量的加法服从交换律和结合律：

$$\boldsymbol{A}+\boldsymbol{B}=\boldsymbol{B}+\boldsymbol{A} \quad （交换律） \tag{1.3}$$

$$(\boldsymbol{A}+\boldsymbol{B})+\boldsymbol{C}=\boldsymbol{A}+(\boldsymbol{B}+\boldsymbol{C}) \quad （结合律） \tag{1.4}$$

矢量的减法定义为

$$\boldsymbol{A}-\boldsymbol{B}=\boldsymbol{A}+(-\boldsymbol{B}) \tag{1.5}$$

式中，$-\boldsymbol{B}$ 的大小与 $\boldsymbol{B}$ 的大小相等，但方向与 $\boldsymbol{B}$ 相反，如图 1.3 所示。

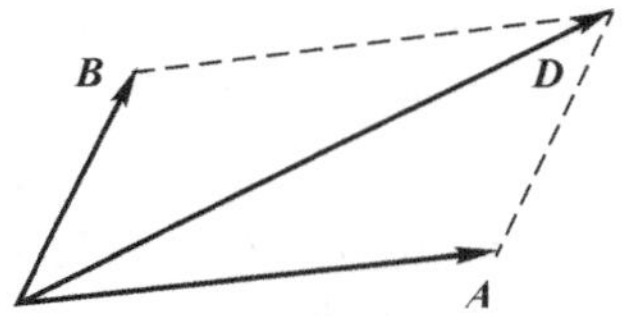

图 1.2　矢量的加法

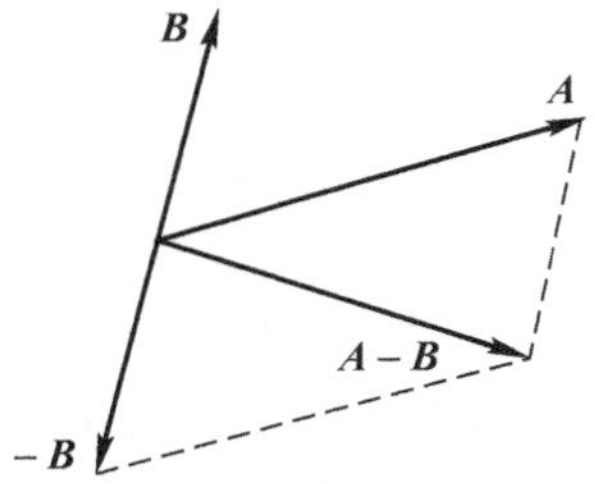

图 1.3　矢量的减法

三、矢量的乘法

一个标量 k 与一个矢量 $\boldsymbol{A}$ 的乘积 $k\boldsymbol{A}$ 仍为一个矢量，其大小为 $|k|A$。若 $k>0$，则 $k\boldsymbol{A}$ 与 $\boldsymbol{A}$ 同方向；若 $k<0$，则 $k\boldsymbol{A}$ 与 $\boldsymbol{A}$ 反方向。

两个矢量 $\boldsymbol{A}$ 与 $\boldsymbol{B}$ 的乘法有两种：点积（或标积）$\boldsymbol{A}\cdot\boldsymbol{B}$ 和叉积（或矢积）$\boldsymbol{A}\times\boldsymbol{B}$。

两个矢量 $\boldsymbol{A}$ 与 $\boldsymbol{B}$ 的点积 $\boldsymbol{A}\cdot\boldsymbol{B}$ 是一个标量，定义为矢量 $\boldsymbol{A}$ 和 $\boldsymbol{B}$ 的大小与它们之间较小的夹角 $\theta(0\leqslant\theta\leqslant\pi)$ 的余弦之积，如图 1.4 所示，即

$$\boldsymbol{A}\cdot\boldsymbol{B}=AB\cos\theta \tag{1.6}$$

矢量的点积服从交换律和分配律：

$$\boldsymbol{A}\cdot\boldsymbol{B}=\boldsymbol{B}\cdot\boldsymbol{A} \quad （交换律） \tag{1.7}$$

$$\boldsymbol{A}\cdot(\boldsymbol{B}+\boldsymbol{C})=\boldsymbol{A}\cdot\boldsymbol{B}+\boldsymbol{A}\cdot\boldsymbol{C} \quad （分配律） \tag{1.8}$$

两个矢量 $\boldsymbol{A}$ 与 $\boldsymbol{B}$ 的叉积 $\boldsymbol{A}\times\boldsymbol{B}$ 是一个矢量，它垂直于包含矢量 $\boldsymbol{A}$ 和 $\boldsymbol{B}$ 的平面，其大小定义为 $AB\sin\theta$，方向为当右手四个手指从矢量 $\boldsymbol{A}$ 到 $\boldsymbol{B}$ 旋转 θ 时大拇指的方向，如图 1.5 所示，即

$$\boldsymbol{A}\times\boldsymbol{B}=\boldsymbol{a}_{\mathrm{n}}AB\sin\theta \tag{1.9}$$

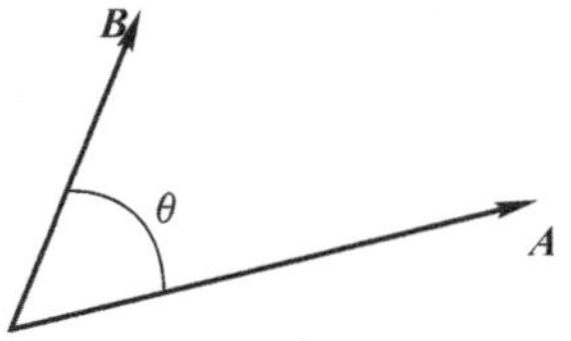

图 1.4　矢量 $\boldsymbol{A}$ 与 $\boldsymbol{B}$ 的夹角

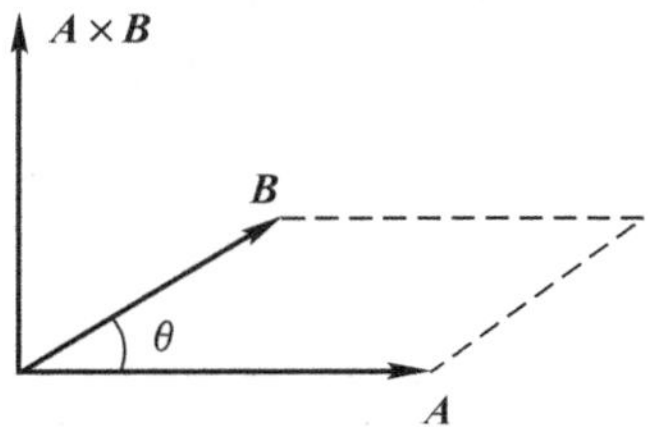

图 1.5　矢量 $\boldsymbol{A}$ 与 $\boldsymbol{B}$ 的叉积

根据叉积的定义，显然有

$$\boldsymbol{A}\times\boldsymbol{B}=-\boldsymbol{B}\times\boldsymbol{A} \tag{1.10}$$

因此，叉积不服从交换律，但叉积服从分配律：

$$\boldsymbol{A}\times(\boldsymbol{B}+\boldsymbol{C})=\boldsymbol{A}\times\boldsymbol{B}+\boldsymbol{A}\times\boldsymbol{C}\quad\text{(分配律)}\tag{1.11}$$

矢量 $\boldsymbol{A}$ 与矢量 $\boldsymbol{B}\times\boldsymbol{C}$ 的点积 $\boldsymbol{A}\cdot(\boldsymbol{B}\times\boldsymbol{C})$ 称为标量三重积，它具有如下运算性质：

$$\boldsymbol{A}\cdot(\boldsymbol{B}\times\boldsymbol{C})=\boldsymbol{B}\cdot(\boldsymbol{C}\times\boldsymbol{A})=\boldsymbol{C}\cdot(\boldsymbol{A}\times\boldsymbol{B})\tag{1.12}$$

矢量 $\boldsymbol{A}$ 与矢量 $\boldsymbol{B}\times\boldsymbol{C}$ 的叉积 $\boldsymbol{A}\times(\boldsymbol{B}\times\boldsymbol{C})$ 称为矢量三重积，它具有如下运算性质：

$$\boldsymbol{A}\times(\boldsymbol{B}\times\boldsymbol{C})=\boldsymbol{B}(\boldsymbol{A}\cdot\boldsymbol{C})-\boldsymbol{C}(\boldsymbol{A}\cdot\boldsymbol{B})\tag{1.13}$$

1.2　三种常用的正交坐标系

为了考察物理量在空间的分布和变化规律，必须引入坐标系。在电磁场理论中，最常用的坐标系为直角坐标系、圆柱坐标系和球坐标系。

一、直角坐标系

如图 1.6 所示，直角坐标系中的三个坐标变量是 x，y 和 z，它们的变化范围分别是

$$-\infty<x<\infty,\ -\infty<y<\infty,\ -\infty<z<\infty$$

空间任一点 $P(x_0,y_0,z_0)$ 是三个坐标平面 $x=x_0$，$y=y_0$ 和 $z=z_0$ 的交点。

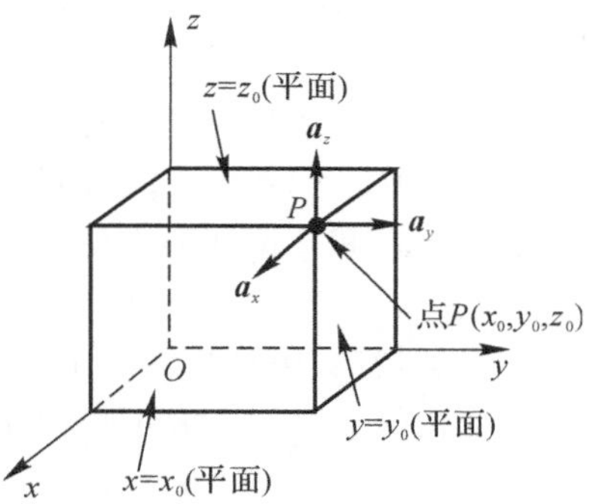

图 1.6　直角坐标系

在直角坐标系中，过空间任一点 $P(x_0,y_0,z_0)$ 的三个相互正交的坐标单位矢量 $\boldsymbol{a}_x$，$\boldsymbol{a}_y$ 和 $\boldsymbol{a}_z$ 分别是 x，y 和 z 增加的方向，且遵循右手螺旋法则：

$$\boldsymbol{a}_x\times\boldsymbol{a}_y=\boldsymbol{a}_z,\ \boldsymbol{a}_y\times\boldsymbol{a}_z=\boldsymbol{a}_x,\ \boldsymbol{a}_z\times\boldsymbol{a}_x=\boldsymbol{a}_y\tag{1.14}$$

任一矢量 $\boldsymbol{A}$ 在直角坐标系中可表示为

$$\boldsymbol{A}=\boldsymbol{a}_xA_x+\boldsymbol{a}_yA_y+\boldsymbol{a}_zA_z\tag{1.15}$$

式中，A_x，A_y 和 A_z 分别是矢量 $\boldsymbol{A}$ 在 $\boldsymbol{a}_x$，$\boldsymbol{a}_y$ 和 $\boldsymbol{a}_z$ 方向上的投影。

两个矢量 $\boldsymbol{A}=\boldsymbol{a}_xA_x+\boldsymbol{a}_yA_y+\boldsymbol{a}_zA_z$ 与 $\boldsymbol{B}=\boldsymbol{a}_xB_x+\boldsymbol{a}_yB_y+\boldsymbol{a}_zB_z$ 的和等于对应分量之和，即

$$\boldsymbol{A}+\boldsymbol{B}=\boldsymbol{a}_x(A_x+B_x)+\boldsymbol{a}_y(A_y+B_y)+\boldsymbol{a}_z(A_z+B_z)\tag{1.16}$$

$\boldsymbol{A}$ 与 $\boldsymbol{B}$ 的点积为

$$\begin{aligned}\boldsymbol{A}\cdot\boldsymbol{B}=&(\boldsymbol{a}_xA_x+\boldsymbol{a}_yA_y+\boldsymbol{a}_zA_z)\cdot(\boldsymbol{a}_xB_x+\boldsymbol{a}_yB_y+\boldsymbol{a}_zB_z)=\\&A_xB_x+A_yB_y+A_zB_z\end{aligned}\tag{1.17}$$

$\boldsymbol{A}$ 与 $\boldsymbol{B}$ 的叉积为

$$\begin{aligned}\boldsymbol{A}\times\boldsymbol{B}=&(\boldsymbol{a}_xA_x+\boldsymbol{a}_yA_y+\boldsymbol{a}_zA_z)\times(\boldsymbol{a}_xB_x+\boldsymbol{a}_yB_y+\boldsymbol{a}_zB_z)=\\&\boldsymbol{a}_x(A_yB_z-A_zB_y)+\boldsymbol{a}_y(A_zB_x-A_xB_z)+\boldsymbol{a}_z(A_xB_y-A_yB_x)=\\&\begin{vmatrix}\boldsymbol{a}_x&\boldsymbol{a}_y&\boldsymbol{a}_z\\A_x&A_y&A_z\\B_x&B_y&B_z\end{vmatrix}\end{aligned}\tag{1.18}$$

在直角坐标系中，位置矢量

$$\boldsymbol{R}=\boldsymbol{a}_xx+\boldsymbol{a}_yy+\boldsymbol{a}_zz\tag{1.19}$$

其微分为

$$d\boldsymbol{R}=\boldsymbol{a}_x dx+\boldsymbol{a}_y dy+\boldsymbol{a}_z dz \tag{1.20}$$

而与三个坐标单位矢量相垂直的三个面积元分别为

$$dS_x=dydz,\quad dS_y=dxdz,\quad dS_z=dxdy \tag{1.21}$$

体积元为

$$dV=dxdydz \tag{1.22}$$

二、圆柱坐标系

如图 1.7 所示，圆柱坐标系中的三个坐标变量是 r,φ 和 z，它们的变化范围分别是

$$0\leqslant r<\infty,\quad 0\leqslant\varphi\leqslant 2\pi,\quad -\infty<z<\infty$$

空间任一点 $P(r_0,\varphi_0,z_0)$ 是如下三个坐标曲面的交点：$r=r_0$ 的圆柱面，包含 z 轴并与 xOz 平面构成夹角为 $\varphi=\varphi_0$ 的半平面，$z=z_0$ 的平面。

圆柱坐标系与直角坐标系之间的变换关系为

$$r=\sqrt{x^2+y^2},\quad \varphi=\arctan(y/x),\quad z=z \tag{1.23}$$

或

$$x=r\cos\varphi,\quad y=r\sin\varphi,\quad z=z \tag{1.24}$$

在圆柱坐标系中，过空间任一点 $P(r,\varphi,z)$ 的三个相互正交的坐标单位矢量 $\boldsymbol{a}_r,\boldsymbol{a}_\varphi$ 和 $\boldsymbol{a}_z$ 分别是 r,φ 和 z 增加的方向，且遵循右手螺旋法则，即

$$\boldsymbol{a}_r\times\boldsymbol{a}_\varphi=\boldsymbol{a}_z,\quad \boldsymbol{a}_\varphi\times\boldsymbol{a}_z=\boldsymbol{a}_r,\quad \boldsymbol{a}_z\times\boldsymbol{a}_r=\boldsymbol{a}_\varphi \tag{1.25}$$

必须强调指出，圆柱坐标系中的坐标单位矢 $\boldsymbol{a}_r,\boldsymbol{a}_\varphi$ 都不是常矢量，因为它们的方向是随空间坐标变化的。由图 1.8 可得到 $\boldsymbol{a}_r,\boldsymbol{a}_\varphi$ 与 $\boldsymbol{a}_x,\boldsymbol{a}_y$ 之间的变换关系为

$$\boldsymbol{a}_r=\boldsymbol{a}_x\cos\varphi+\boldsymbol{a}_y\sin\varphi,\quad \boldsymbol{a}_\varphi=-\boldsymbol{a}_x\sin\varphi+\boldsymbol{a}_y\cos\varphi \tag{1.26}$$

或

$$\boldsymbol{a}_x=\boldsymbol{a}_r\cos\varphi-\boldsymbol{a}_\varphi\sin\varphi,\quad \boldsymbol{a}_y=\boldsymbol{a}_r\sin\varphi+\boldsymbol{a}_\varphi\cos\varphi \tag{1.27}$$

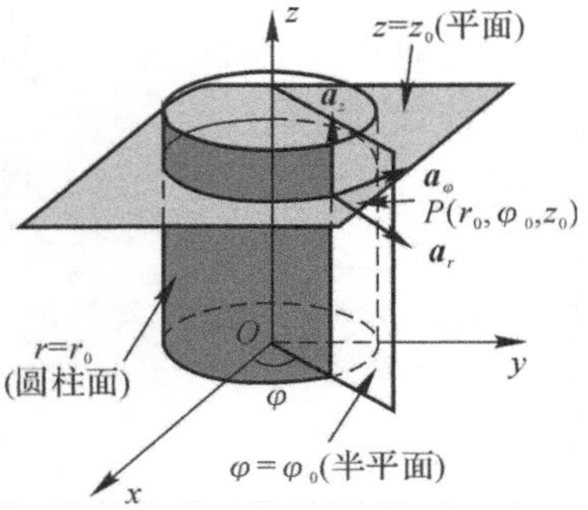

图 1.7　圆柱坐标系

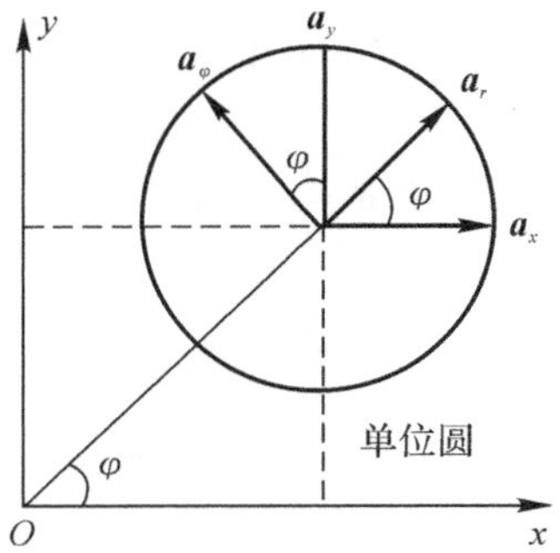

图 1.8　直角坐标系与圆柱坐标系的坐标单位矢量的关系

由式(1.26)可以看出 $\boldsymbol{a}_r$ 和 $\boldsymbol{a}_\varphi$ 是随 φ 变化的，且

$$\left.\begin{aligned}\frac{\partial\boldsymbol{a}_r}{\partial\varphi}&=-\boldsymbol{a}_x\sin\varphi+\boldsymbol{a}_y\cos\varphi=\boldsymbol{a}_\varphi\\\frac{\partial\boldsymbol{a}_\varphi}{\partial\varphi}&=-\boldsymbol{a}_x\cos\varphi-\boldsymbol{a}_y\sin\varphi=-\boldsymbol{a}_r\end{aligned}\right\} \tag{1.28}$$

任一矢量 $\mathbf{A}$ 在圆柱坐标系中可以表示为

$$\mathbf{A}=\boldsymbol{a}_rA_r+\boldsymbol{a}_\varphi A_\varphi+\boldsymbol{a}_zA_z \tag{1.29}$$

式中，A_r，A_φ 和 A_z 分别是矢量 $\mathbf{A}$ 在 $\boldsymbol{a}_r$，$\boldsymbol{a}_\varphi$ 和 $\boldsymbol{a}_z$ 方向上的投影。

矢量 $\mathbf{A}=\boldsymbol{a}_rA_r+\boldsymbol{a}_\varphi A_\varphi+\boldsymbol{a}_zA_z$ 与矢量 $\mathbf{B}=\boldsymbol{a}_rB_r+\boldsymbol{a}_\varphi B_\varphi+\boldsymbol{a}_zB_z$ 的和为

$$\mathbf{A}+\mathbf{B}=\boldsymbol{a}_r(A_r+B_r)+\boldsymbol{a}_\varphi(A_\varphi+B_\varphi)+\boldsymbol{a}_z(A_z+B_z) \tag{1.30}$$

$\mathbf{A}$ 与 $\mathbf{B}$ 的点积为

$$\begin{aligned}\mathbf{A}\cdot\mathbf{B}=&(\boldsymbol{a}_rA_r+\boldsymbol{a}_\varphi A_\varphi+\boldsymbol{a}_zA_z)\cdot(\boldsymbol{a}_rB_r+\boldsymbol{a}_\varphi B_\varphi+\boldsymbol{a}_zB_z)=\\&A_rB_r+A_\varphi B_\varphi+A_zB_z\end{aligned} \tag{1.31}$$

$\mathbf{A}$ 与 $\mathbf{B}$ 的叉积为

$$\begin{aligned}\mathbf{A}\times\mathbf{B}=&(\boldsymbol{a}_rA_r+\boldsymbol{a}_\varphi A_\varphi+\boldsymbol{a}_zA_z)\times(\boldsymbol{a}_rB_r+\boldsymbol{a}_\varphi B_\varphi+\boldsymbol{a}_zB_z)=\\&\boldsymbol{a}_r(A_\varphi B_z-A_zB_\varphi)+\boldsymbol{a}_\varphi(A_zB_r-A_rB_z)+\boldsymbol{a}_z(A_rB_\varphi-A_\varphi B_r)=\\&\begin{vmatrix}\boldsymbol{a}_r&\boldsymbol{a}_\varphi&\boldsymbol{a}_z\\A_r&A_\varphi&A_z\\B_r&B_\varphi&B_z\end{vmatrix}\end{aligned} \tag{1.32}$$

在圆柱坐标系中，位置矢量为

$$\mathbf{R}=\boldsymbol{a}_rr+\boldsymbol{a}_zz \tag{1.33}$$

其微分元是

$$\mathrm{d}\mathbf{R}=\mathrm{d}(\boldsymbol{a}_rr)+\mathrm{d}(\boldsymbol{a}_zz)=\boldsymbol{a}_r\mathrm{d}r+r\mathrm{d}\boldsymbol{a}_r+\boldsymbol{a}_z\mathrm{d}z=\boldsymbol{a}_r\mathrm{d}r+\boldsymbol{a}_\varphi r\mathrm{d}\varphi+\boldsymbol{a}_z\mathrm{d}z \tag{1.34}$$

它在 r，φ 和 z 增加方向上的微分元分别是 $\mathrm{d}r$，$r\mathrm{d}\varphi$ 和 $\mathrm{d}z$，如图 1.9 所示。$\mathrm{d}r$，$r\mathrm{d}\varphi$ 和 $\mathrm{d}z$ 都是长度，它们同各自坐标的微分之比称为度量系数(或拉梅系数)，即

$$h_r=\frac{\mathrm{d}r}{\mathrm{d}r}=1,\quad h_\varphi=\frac{r\mathrm{d}\varphi}{\mathrm{d}\varphi}=r,\quad h_z=\frac{\mathrm{d}z}{\mathrm{d}z}=1 \tag{1.35}$$

在圆柱坐标系中，与三个坐标单位矢量相垂直的三个面积元分别为

$$\mathrm{d}S_r=r\mathrm{d}\varphi\mathrm{d}z,\quad \mathrm{d}S_\varphi=\mathrm{d}r\mathrm{d}z,\quad \mathrm{d}S_z=r\mathrm{d}r\mathrm{d}\varphi \tag{1.36}$$

体积元则为

$$\mathrm{d}V=r\mathrm{d}r\mathrm{d}\varphi\mathrm{d}z \tag{1.37}$$

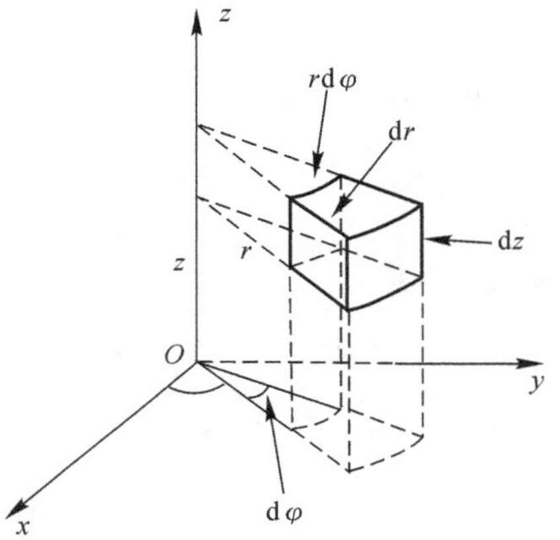

图 1.9　圆柱坐标系的长度元、面积元和体积元

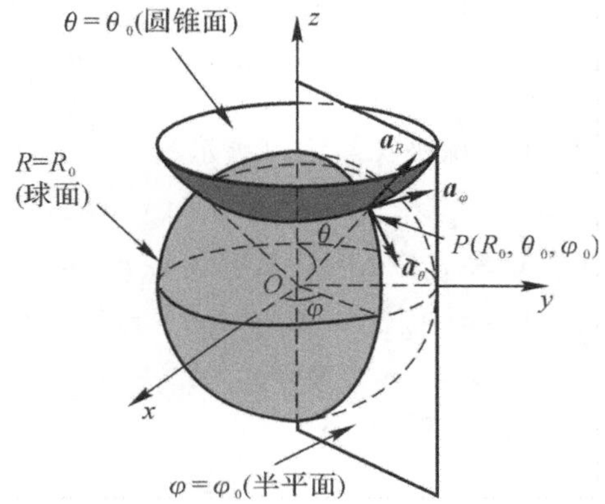

图 1.10　球坐标系

三、球坐标系

如图 1.10 所示，球坐标系中的三个坐标变量是 R,θ 和 φ，它们的变化范围分别是

$$0 \leqslant R < \infty,\quad 0 \leqslant \theta \leqslant \pi,\quad 0 \leqslant \varphi \leqslant 2\pi$$

空间任一点 $P(R_0,\theta_0,\varphi_0)$ 是如下三个坐标曲面的交点：球心在原点、半径 $R=R_0$ 的球面；顶点在原点、轴线与 z 轴重合且半顶角 $\theta=\theta_0$ 的正圆锥面；包含 z 轴并与 xOz 平面构成夹角为 $\varphi=\varphi_0$ 的半平面。

球坐标系与直角坐标系之间的变换关系为

$$R=\sqrt{x^2+y^2+z^2},\theta=\arccos(z/\sqrt{x^2+y^2+z^2}),\varphi=\arctan(y/x) \tag{1.38}$$

或

$$x=R\sin\theta\cos\varphi,\quad y=R\sin\theta\sin\varphi,\quad z=R\cos\theta \tag{1.39}$$

在球坐标系中，过空间任一点 $P(R,\theta,\varphi)$ 的三个相互正交的坐标单位矢量 $\boldsymbol{a}_R,\boldsymbol{a}_\theta$ 和 $\boldsymbol{a}_\varphi$，分别是 R,θ 和 φ 增加的方向，且遵循右手螺旋法则，即

$$\boldsymbol{a}_R\times\boldsymbol{a}_\theta=\boldsymbol{a}_\varphi,\quad \boldsymbol{a}_\theta\times\boldsymbol{a}_\varphi=\boldsymbol{a}_R,\quad \boldsymbol{a}_\varphi\times\boldsymbol{a}_R=\boldsymbol{a}_\theta \tag{1.40}$$

它们与 $\boldsymbol{a}_x,\boldsymbol{a}_y$ 和 $\boldsymbol{a}_z$ 之间的变换关系为

$$\left.\begin{aligned}\boldsymbol{a}_R&=\boldsymbol{a}_x\sin\theta\cos\varphi+\boldsymbol{a}_y\sin\theta\sin\varphi+\boldsymbol{a}_z\cos\theta\\ \boldsymbol{a}_\theta&=\boldsymbol{a}_x\cos\theta\cos\varphi+\boldsymbol{a}_y\cos\theta\sin\varphi-\boldsymbol{a}_z\sin\theta\\ \boldsymbol{a}_\varphi&=-\boldsymbol{a}_x\sin\varphi+\boldsymbol{a}_y\cos\varphi\end{aligned}\right\} \tag{1.41}$$

或

$$\left.\begin{aligned}\boldsymbol{a}_x&=\boldsymbol{a}_R\sin\theta\cos\varphi+\boldsymbol{a}_\theta\cos\theta\cos\varphi-\boldsymbol{a}_\varphi\sin\varphi\\ \boldsymbol{a}_y&=\boldsymbol{a}_R\sin\theta\sin\varphi+\boldsymbol{a}_\theta\cos\theta\sin\varphi+\boldsymbol{a}_\varphi\cos\varphi\\ \boldsymbol{a}_z&=\boldsymbol{a}_R\cos\theta-\boldsymbol{a}_\theta\sin\theta\end{aligned}\right\} \tag{1.42}$$

球坐标系中的坐标单位矢量 $\boldsymbol{a}_R,\boldsymbol{a}_\theta$ 和 $\boldsymbol{a}_\varphi$ 都不是常矢量，且

$$\left.\begin{aligned}&\frac{\partial\boldsymbol{a}_R}{\partial\theta}=\boldsymbol{a}_\theta,\quad \frac{\partial\boldsymbol{a}_R}{\partial\varphi}=\boldsymbol{a}_\varphi\sin\theta\\ &\frac{\partial\boldsymbol{a}_\theta}{\partial\theta}=-\boldsymbol{a}_R,\quad \frac{\partial\boldsymbol{a}_\theta}{\partial\varphi}=\boldsymbol{a}_\varphi\cos\theta\\ &\frac{\partial\boldsymbol{a}_\varphi}{\partial\theta}=0,\quad \frac{\partial\boldsymbol{a}_\varphi}{\partial\varphi}=-\boldsymbol{a}_R\sin\theta-\boldsymbol{a}_\varphi\cos\theta\end{aligned}\right\} \tag{1.43}$$

任一矢量 $\boldsymbol{A}$ 在球坐标系中可表示为

$$\boldsymbol{A}=\boldsymbol{a}_RA_R+\boldsymbol{a}_\theta A_\theta+\boldsymbol{a}_\varphi A_\varphi \tag{1.44}$$

式中，A_R,A_θ 和 A_φ 分别是矢量 $\boldsymbol{A}$ 在 $\boldsymbol{a}_R,\boldsymbol{a}_\theta$ 和 $\boldsymbol{a}_\varphi$ 方向上的投影。

矢量 $\boldsymbol{A}=\boldsymbol{a}_RA_R+\boldsymbol{a}_\theta A_\theta+\boldsymbol{a}_\varphi A_\varphi$ 与矢量 $\boldsymbol{B}=\boldsymbol{a}_RB_R+\boldsymbol{a}_\theta B_\theta+\boldsymbol{a}_\varphi B_\varphi$ 的和为

$$\boldsymbol{A}+\boldsymbol{B}=\boldsymbol{a}_R(A_R+B_R)+\boldsymbol{a}_\theta(A_\theta+B_\theta)+\boldsymbol{a}_\varphi(A_\varphi+B_\varphi) \tag{1.45}$$

$\boldsymbol{A}$ 与 $\boldsymbol{B}$ 的点积为

$$\boldsymbol{A}\cdot\boldsymbol{B}=A_RB_R+A_\theta B_\theta+A_\varphi B_\varphi \tag{1.46}$$

$\boldsymbol{A}$ 与 $\boldsymbol{B}$ 的叉积为

$$\boldsymbol{A}\times\boldsymbol{B}=\boldsymbol{a}_R(A_\theta B_\varphi-A_\varphi B_\theta)+\boldsymbol{a}_\theta(A_\varphi B_R-A_RB_\varphi)+\boldsymbol{a}_\varphi(A_RB_\theta-A_\theta B_R)=$$

$$\begin{vmatrix} \boldsymbol{a}_R & \boldsymbol{a}_\theta & \boldsymbol{a}_\varphi \\ A_R & A_\theta & A_\varphi \\ B_R & B_\theta & B_\varphi \end{vmatrix} \tag{1.47}$$

位置矢量

$$\boldsymbol{R}=\boldsymbol{a}_R R \tag{1.48}$$

其微分元是

$$\mathrm{d}\boldsymbol{R}=\mathrm{d}(\boldsymbol{a}_R R)=\boldsymbol{a}_R \mathrm{d}R+R\mathrm{d}\boldsymbol{a}_R= \boldsymbol{a}_R \mathrm{d}R+\boldsymbol{a}_\theta R\,\mathrm{d}\theta+\boldsymbol{a}_\varphi R\sin\theta\mathrm{d}\varphi \tag{1.49}$$

即在球坐标系中沿三个坐标的长度元为 $\mathrm{d}R$,$R\mathrm{d}\theta$ 和 $R\sin\theta\mathrm{d}\varphi$,如图 1.11 所示。度量系数分别为

$$h_R=1,h_\theta=R,h_\varphi=R\sin\theta \tag{1.50}$$

在球坐标系中,三个面积元分别为

$$\mathrm{d}S_r=R^2\sin\theta\mathrm{d}\theta\mathrm{d}\varphi,\mathrm{d}S_\theta=R\sin\theta\mathrm{d}R\mathrm{d}\varphi,\mathrm{d}S_\varphi=R\mathrm{d}R\mathrm{d}\theta \tag{1.51}$$

体积元

$$\mathrm{d}V=R^2\sin\theta\mathrm{d}R\mathrm{d}\theta\mathrm{d}\varphi \tag{1.52}$$

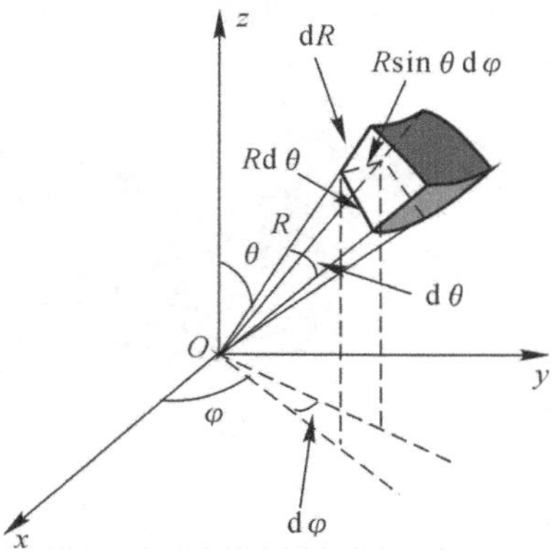

图 1.11　球坐标系的长度元、面积元和体积元

1.3　标量场的梯度

如果在一个空间区域中,某物理系统的状态可以用一个空间位置和时间的函数来描述,即每一时刻在区域中每一点都有一个确定值,则在此区域中就确立了该物理系统的一种场。例如,物体的温度分布即为一个温度场,流体中的压力分布即为一个压力场。场的一个重要属性是它占有一个空间,它把物理状态作为空间和时间的函数来描述,而且,在此空间区域中,除了有限个点或某些表面外,该函数是处处连续的。若物理状态与时间无关,则为静态场;反之,则为动态场或时变场。

若所研究的物理量是一个标量,则该物理量所确定的场称为标量场。例如,温度场、密度场、电位场等都是标量场。在标量场中,各点的场量是随空间位置变化的标量。因此,一个标量场可以用一个标量函数来表示,在直角坐标系中,可表示为

$$u=u(x,y,z) \tag{1.53}$$

一、标量场的等值面

在研究标量场时,常用等值面形象、直观地描述物理量在空间的分布状况。在标量场中,使标量函数 $u(x,y,z)$ 取得相同数值的点构成一个空间曲面,称为标量场的等值面。例如,在温度场中,由温度相同的点构成等温面;在电位场中,由电位相同的点构成等位面。

对任意给定的常数 C,方程

$$u(x,y,z)=C \tag{1.54}$$

就是等值面方程。

不难看出,标量场的等值面具有如下特点:

(1) 常数 C 取一系列不同的值,就得到一系列不同的等值面,因而形成等值面族。

(2) 若 $M_0(x_0,y_0,z_0)$ 是标量场中的任一点,显然,曲面 $u(x,y,z)=u(x_0,y_0,z_0)$ 是通过该点的等值面,因此标量场的等值面族充满场所在的整个空间。

(3) 由于标量函数 $u(x,y,z)$ 是单值的,一个点只能在一个等值面上,所以标量场的等值面互不相交,如图 1.12 所示。

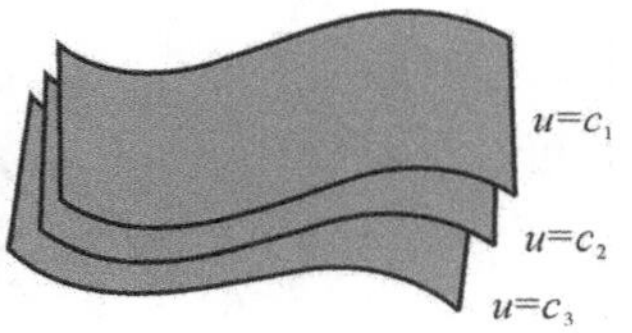

图 1.12　等值面

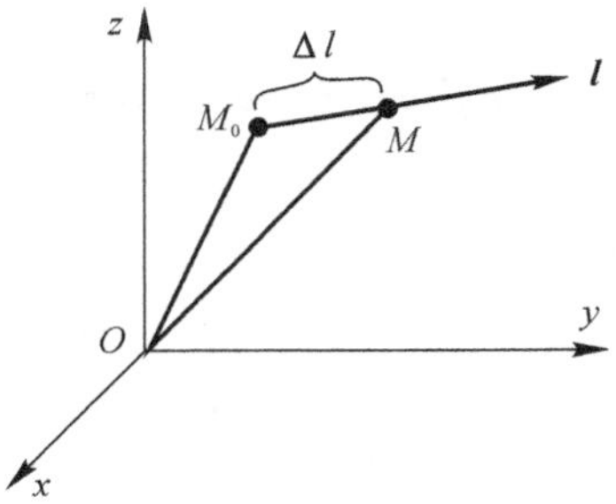

图 1.13　方向导数

二、方向导数

标量场 $u(x,y,z)$ 的等值面只描述了场量 u 的分布状况,而研究标量场的另一个重要方面,就是还要研究标场量 $u(x,y,z)$ 在场中任一点的邻域内沿各个方向的变化规律。为此,引入了标量场的方向导数和梯度的概念。

1. 方向导数的概念

设 M_0 为标量场 $u(M)$ 中的一点,从点 M_0 出发引一条射线 $\boldsymbol{l}$,点 M 是射线 $\boldsymbol{l}$ 上的动点,到点 M_0 的距离为 Δl,如图 1.13 所示。当点 M 沿射线 $\boldsymbol{l}$ 趋近于 M_0(即 $\Delta l\to 0$)时,比值 $\dfrac{u(M)-u(M_0)}{\Delta l}$ 的极限称为标量场 $u(M)$ 在点 M_0 处沿 $\boldsymbol{l}$ 方向的方向导数,记作 $\left.\dfrac{\partial u}{\partial l}\right|_{M_0}$,即

$$\left.\frac{\partial u}{\partial l}\right|_{M_0}=\lim_{\Delta l\to 0}\frac{u(M)-u(M_0)}{\Delta l} \tag{1.55}$$

从以上定义可知,方向导数 $\dfrac{\partial u}{\partial l}$ 是标量场 $u(M)$ 在点 M_0 处沿 $\boldsymbol{l}$ 方向对距离的变化率。当 $\dfrac{\partial u}{\partial l}>0$ 时,标量场 $u(M)$ 沿 $\boldsymbol{l}$ 方向是增加的;当 $\dfrac{\partial u}{\partial l}<0$ 时,标量场 $u(M)$ 沿 $\boldsymbol{l}$ 方向是减小的;当 $\dfrac{\partial u}{\partial l}=0$ 时,标量场 $u(M)$ 沿 $\boldsymbol{l}$ 方向无变化。

方向导数值既与点 M_0 有关,也与 $\boldsymbol{l}$ 方向有关。因此,标量场中,在一个给定点 M_0 处沿不同的 $\boldsymbol{l}$ 方向,其方向导数一般是不同的。

2. 方向导数的计算公式

方向导数的定义是与坐标系无关的,但方向导数的具体计算公式与坐标系有关。根据复合函数求导法则,在直角坐标系中

$$\frac{\partial u}{\partial l}=\frac{\partial u}{\partial x}\frac{\mathrm{d}x}{\mathrm{d}l}+\frac{\partial u}{\partial y}\frac{\mathrm{d}y}{\mathrm{d}l}+\frac{\partial u}{\partial z}\frac{\mathrm{d}z}{\mathrm{d}l}$$

设 $\boldsymbol{l}$ 方向的方向余弦是 $\cos\alpha,\cos\beta,\cos\gamma$,即

$$\frac{dx}{dl}=\cos\alpha,\quad \frac{dy}{dl}=\cos\beta,\quad \frac{dz}{dl}=\cos\gamma$$

则得到直角坐标系中方向导数的计算公式为

$$\frac{\partial u}{\partial l}=\frac{\partial u}{\partial x}\cos\alpha+\frac{\partial u}{\partial y}\cos\beta+\frac{\partial u}{\partial z}\cos\gamma \tag{1.56}$$

三、梯度

在标量场中，从一个给定点出发有无穷多个方向。一般来说，标量场在同一点 M 处沿不同的方向上的变化率是不同的，在某个方向上，变化率可能最大。

那么，标量场在什么方向上的变化率最大？其最大的变化率又是多少？为了描述这个问题，引入了梯度的概念。

1. 梯度的概念

标量场 u 在点 M 处的梯度是一个矢量，它的方向沿场量 u 变化率最大的方向，大小等于其最大变化率，并记作 $\mathbf{grad}u$，即

$$\mathbf{grad}u=\boldsymbol{a}_l\frac{\partial u}{\partial l}\bigg|_{\max} \tag{1.57}$$

式中，$\boldsymbol{a}_l$ 是场量 u 变化率最大的方向上的单位矢量。

2. 梯度的计算式

梯度的定义与坐标系无关，但梯度的具体表达式与坐标系有关。在直角坐标系中，若令

$$\boldsymbol{G}=\boldsymbol{a}_x\frac{\partial u}{\partial x}+\boldsymbol{a}_y\frac{\partial u}{\partial y}+\boldsymbol{a}_z\frac{\partial u}{\partial z},\quad \boldsymbol{a}_l=\boldsymbol{a}_x\cos\alpha+\boldsymbol{a}_y\cos\beta+\boldsymbol{a}_z\cos\gamma$$

由式(1.56)，可得到

$$\begin{aligned}\frac{\partial u}{\partial l}=&\left(\boldsymbol{a}_x\frac{\partial u}{\partial x}+\boldsymbol{a}_y\frac{\partial u}{\partial y}+\boldsymbol{a}_x\frac{\partial u}{\partial z}\right)\cdot(\boldsymbol{a}_x\cos\alpha+\boldsymbol{a}_y\cos\beta+\boldsymbol{a}_z\cos\gamma)=\\&\boldsymbol{G}\cdot\boldsymbol{a}_l=|\boldsymbol{G}|\cos(\boldsymbol{G},\boldsymbol{a}_l)\end{aligned} \tag{1.58}$$

由于 $\boldsymbol{G}=\boldsymbol{a}_x\frac{\partial u}{\partial x}+\boldsymbol{a}_y\frac{\partial u}{\partial y}+\boldsymbol{a}_z\frac{\partial u}{\partial z}$ 是与方向 $\boldsymbol{l}$ 无关的矢量，由式(1.58)可知，当方向 $\boldsymbol{l}$ 与矢量 $\boldsymbol{G}$ 的方向一致时，方向导数的值最大，且等于矢量 $\boldsymbol{G}$ 的模 $|\boldsymbol{G}|$。根据梯度的定义，可得到直角坐标系中梯度的表达式为

$$\mathbf{grad}u=\boldsymbol{a}_x\frac{\partial u}{\partial x}+\boldsymbol{a}_y\frac{\partial u}{\partial y}+\boldsymbol{a}_z\frac{\partial u}{\partial z} \tag{1.59}$$

在矢量分析中，经常用到哈密顿算符"∇"(读作"del"或Nabla)，在直角坐标系中

$$\nabla=\boldsymbol{a}_x\frac{\partial}{\partial x}+\boldsymbol{a}_y\frac{\partial}{\partial y}+\boldsymbol{a}_z\frac{\partial}{\partial z} \tag{1.60}$$

算符∇具有矢量和微分的双重性质，故又称为矢性微分算符。因此，标量场 u 的梯度可用哈密顿算符∇表示为

$$\mathbf{grad}u=\left(\boldsymbol{a}_x\frac{\partial}{\partial x}+\boldsymbol{a}_y\frac{\partial}{\partial y}+\boldsymbol{a}_z\frac{\partial}{\partial z}\right)u=\nabla u \tag{1.61}$$

这表明，标量场 u 的梯度可认为是算符∇作用于标量函数 u 的一种运算。

在圆柱坐标系和球坐标系中，梯度的计算式分别为

$$\nabla u=\boldsymbol{a}_r\frac{\partial u}{\partial r}+\boldsymbol{a}_\varphi\frac{\partial u}{r\partial\varphi}+\boldsymbol{a}_z\frac{\partial u}{\partial z} \tag{1.62}$$

$$\nabla u = \boldsymbol{a}_R \frac{\partial u}{\partial R} + \boldsymbol{a}_\theta \frac{\partial u}{R\partial\theta} + \boldsymbol{a}_\varphi \frac{\partial u}{R\sin\theta\partial\varphi} \tag{1.63}$$

3. 梯度的性质

标量场的梯度具有以下特性：

(1) 标量场 u 的梯度是一个矢量场，通常称∇u 为标量场 u 所产生的梯度场。

(2) 标量场 $u(M)$ 中，在给定点沿任意方向 $\boldsymbol{l}$ 的方向导数等于梯度在该方向上的投影。

(3) 标量场$u(M)$中每一点M处的梯度，垂直于过该点的等值面，且指向$u(M)$增加的方向。

例 1.1 已知 $\boldsymbol{R}=\boldsymbol{a}_x(x-x')+\boldsymbol{a}_y(y-y')+\boldsymbol{a}_z(z-z')$，$R=|\boldsymbol{R}|$。证明：

(1) $\nabla R=\dfrac{\boldsymbol{R}}{R}$；(2) $\nabla\left(\dfrac{1}{R}\right)=-\dfrac{\boldsymbol{R}}{R^3}$；(3) $\nabla f(R)=-\nabla' f(R)$。

其中：$\nabla=\boldsymbol{a}_x\dfrac{\partial}{\partial x}+\boldsymbol{a}_y\dfrac{\partial}{\partial y}+\boldsymbol{a}_z\dfrac{\partial}{\partial z}$ 表示对 x,y,z 的运算；$\nabla'=\boldsymbol{a}_x\dfrac{\partial}{\partial x'}+\boldsymbol{a}_y\dfrac{\partial}{\partial y'}+\boldsymbol{a}_z\dfrac{\partial}{\partial z'}$ 表示对 x',y',z' 的运算。

解 (1) 将 $R=|\boldsymbol{R}|=\sqrt{(x-x')^2+(y-y')^2+(z-z')^2}$ 代入式(1.59)，得

$$\nabla R=\boldsymbol{a}_x\frac{\partial R}{\partial x}+\boldsymbol{a}_y\frac{\partial R}{\partial y}+\boldsymbol{a}_z\frac{\partial R}{\partial z}=\frac{\boldsymbol{a}_x(x-x')+\boldsymbol{a}_y(y-y')+\boldsymbol{a}_z(z-z')}{\sqrt{(x-x')^2+(y-y')^2+(z-z')^2}}=\frac{\boldsymbol{R}}{R}$$

(2) 将$\dfrac{1}{R}=\dfrac{1}{\sqrt{(x-x')^2+(y-y')^2+(z-z')^2}}$ 代入式(1.59)，得

$$\nabla\left(\frac{1}{R}\right)=\boldsymbol{a}_x\frac{\partial}{\partial x}\left(\frac{1}{R}\right)+\boldsymbol{a}_y\frac{\partial}{\partial y}\left(\frac{1}{R}\right)+\boldsymbol{a}_z\frac{\partial}{\partial z}\left(\frac{1}{R}\right)=$$

$$-\frac{\boldsymbol{a}_x(x-x')+\boldsymbol{a}_y(y-y')+\boldsymbol{a}_z(z-z')}{\left[\sqrt{(x-x')^2+(y-y')^2+(z-z')^2}\right]^3}=-\frac{\boldsymbol{R}}{R^3}$$

(3) 根据梯度的运算公式(1.59)，得到

$$\nabla f(R)=\boldsymbol{a}_x\frac{\partial f(R)}{\partial x}+\boldsymbol{a}_y\frac{\partial f(R)}{\partial y}+\boldsymbol{a}_z\frac{\partial f(R)}{\partial z}=$$

$$\boldsymbol{a}_x\frac{\mathrm{d}f(R)}{\mathrm{d}R}\frac{\partial R}{\partial x}+\boldsymbol{a}_y\frac{\mathrm{d}f(R)}{\mathrm{d}R}\frac{\partial R}{\partial y}+\boldsymbol{a}_z\frac{\mathrm{d}f(R)}{\mathrm{d}R}\frac{\partial R}{\partial z}=\frac{\mathrm{d}f(R)}{\mathrm{d}R}\nabla R=\frac{\mathrm{d}f(R)}{\mathrm{d}R}\frac{\boldsymbol{R}}{R}$$

同理

$$\nabla' f(R)=\frac{\mathrm{d}f(R)}{\mathrm{d}R}\nabla' R=\frac{\mathrm{d}f(R)}{\mathrm{d}R}\frac{-\boldsymbol{a}_x(x-x')-\boldsymbol{a}_y(y-y')-\boldsymbol{a}_z(z-z')}{\sqrt{(x-x')^2+(y-y')^2+(z-z')^2}}=$$

$$-\frac{\mathrm{d}f(R)}{\mathrm{d}R}\frac{\boldsymbol{R}}{R}$$

故得

$$\nabla f(R)=-\nabla' f(R)$$

在电磁场中，通常以(x',y',z')表示源点的坐标，以(x,y,z)表示场点的坐标，因此上述运算结果在电磁场中非常有用。

1.4 矢量场的通量与散度

若所研究的物理量是一个矢量，则该物理量所确定的场称为矢量场。例如，力场、速度场、电场等都是矢量场。在矢量场中，各点的场量是随空间位置变化的矢量。因此，一个矢

量场 $\boldsymbol{F}$ 可以用一个矢量函数来表示，在直角坐标系中可表示为

$$\boldsymbol{F}=\boldsymbol{F}(x,y,z) \tag{1.64}$$

一个矢量场 $\boldsymbol{F}$ 可以分解为三个分量场，在直角坐标系中

$$\boldsymbol{F}=\boldsymbol{a}_x F_x(x,y,z)+\boldsymbol{a}_y F_y(x,y,z)+\boldsymbol{a}_z F_z(x,y,z) \tag{1.65}$$

式中，$F_x(x,y,z)$，$F_y(x,y,z)$ 和 $F_z(x,y,z)$ 是 $\boldsymbol{F}(x,y,z)$ 分别沿 x，y 和 z 方向的三个分量。

一、矢量场的矢量线

对于矢量场 $\boldsymbol{F}(\boldsymbol{R})$，可用一些有向曲线来形象地描述矢量在空间的分布，这些有向曲线称为矢量线。在矢量线上，任一点的切线方向都与该点的场矢量方向相同，如图 1.14 所示。例如，静电场中的电场线、磁场中的磁场线等，都是矢量线的例子。一般地，矢量场中的每一点都有矢量线通过，因此矢量线也充满矢量场所在的空间。

设矢量场 $\boldsymbol{F}=\boldsymbol{a}_x F_x+\boldsymbol{a}_y F_y+\boldsymbol{a}_z F_x$，$M(x,y,z)$ 是场中的矢量线上的任意一点，其矢径为

$$\boldsymbol{R}=\boldsymbol{a}_x x+\boldsymbol{a}_y y+\boldsymbol{a}_z z$$

则其微分矢量

$$\mathrm{d}\boldsymbol{R}=\boldsymbol{a}_x \mathrm{d}x+\boldsymbol{a}_y \mathrm{d}y+\boldsymbol{a}_z \mathrm{d}z$$

在点 M 处与矢量线相切。根据矢量线的定义可知，在点 M 处 $\mathrm{d}\boldsymbol{R}$ 与 $\boldsymbol{F}$ 共线，即 $\mathrm{d}\boldsymbol{R}//\boldsymbol{F}$，于是有

$$\frac{\mathrm{d}x}{F_x}=\frac{\mathrm{d}y}{F_y}=\frac{\mathrm{d}z}{F_z} \tag{1.66}$$

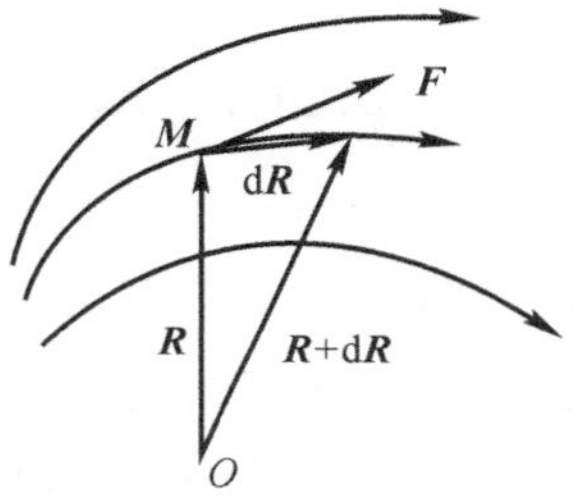

图 1.14　矢量线

这就是矢量线的微分方程组。解此微分方程组，即可得到矢量线方程，从而绘制出矢量线。

例 1.2　设点电荷 q 位于坐标原点，在周围空间任一点 $M(x,y,z)$ 处产生的电场强度矢量为

$$\boldsymbol{E}=\frac{q}{4\pi\varepsilon R^3}\boldsymbol{R}$$

式中，ε 为介电常数，$\boldsymbol{R}=\boldsymbol{a}_x x+\boldsymbol{a}_y y+\boldsymbol{a}_z z$，$R=|\boldsymbol{R}|$，求电场强度矢量 $\boldsymbol{E}$ 的矢量线。

解　$\boldsymbol{E}=\dfrac{q}{4\pi\varepsilon R^3}\boldsymbol{R}=\dfrac{q}{4\pi\varepsilon R^3}(\boldsymbol{a}_x x+\boldsymbol{a}_y y+\boldsymbol{a}_z z)$，由式(1.66) 可得到矢量线的微分方程组为

$$\begin{cases}\dfrac{\mathrm{d}x}{x}=\dfrac{\mathrm{d}z}{z}\\[2mm]\dfrac{\mathrm{d}y}{y}=\dfrac{\mathrm{d}z}{z}\end{cases}$$

由此方程组可解得

$$\begin{cases}x=c_1 z\\ y=c_2 z\end{cases}\quad (c_1,c_2\ \text{为任意常数})$$

这是从点电荷 q 为任意常数所在处(坐标原点) 发出的射线束，如图 1.15 所示。

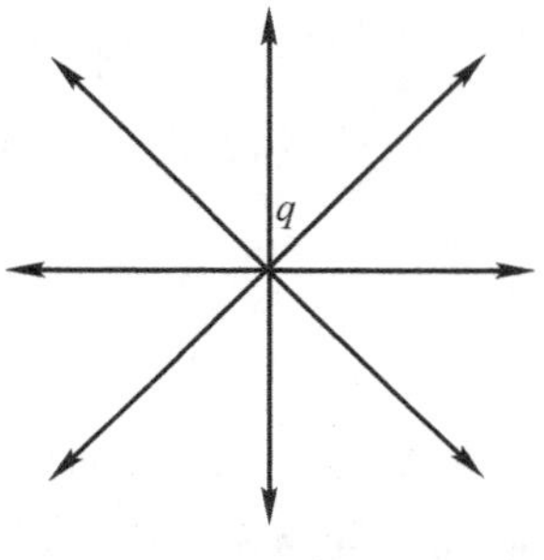

图 1.15　点电荷的矢量线

二、通量

在分析和描绘矢量场的性质时，矢量场穿过一个曲面的通量是一个重要的基本概念。设 S 为一空间曲面，$\mathrm{d}S$ 为曲面 S 上的面元，取一个与此面元相垂直的单位矢量 $\boldsymbol{a}_n$，则称矢量

$$\mathrm{d}\boldsymbol{S}=\boldsymbol{a}_n\mathrm{d}S \tag{1.67}$$

为面元矢量。$\boldsymbol{a}_n$ 的取法有两种情形：一是 $\mathrm{d}S$ 为开曲面 S 上的一个面元，这个开曲面由一条闭合曲线 C 围成，选择闭合曲线 C 的绕行方向后，按右螺旋法则规定 $\boldsymbol{a}_n$ 的方向，如图 1.16 所示；二是 $\mathrm{d}S$ 为闭合曲面上的一个面元，一般取 $\boldsymbol{a}_n$ 的方向为闭曲面的外法线方向。

在矢量场 $\boldsymbol{F}$ 中，任取一面元矢量 $\mathrm{d}\boldsymbol{S}$，矢量 $\boldsymbol{F}$ 与面元矢量 $\mathrm{d}\boldsymbol{S}$ 的标量积 $\boldsymbol{F}\cdot\mathrm{d}\boldsymbol{S}$ 定义为矢量 $\boldsymbol{F}$ 穿过面元矢量 $\mathrm{d}\boldsymbol{S}$ 的通量。将曲面 S 上各面元的 $\boldsymbol{F}\cdot\mathrm{d}\boldsymbol{S}$ 相加，则得到矢量 $\boldsymbol{F}$ 穿过曲面 S 的通量，即

$$\Psi=\int_S\boldsymbol{F}\cdot\mathrm{d}\boldsymbol{S}=\int_S\boldsymbol{F}\cdot\boldsymbol{a}_n\mathrm{d}S \tag{1.68}$$

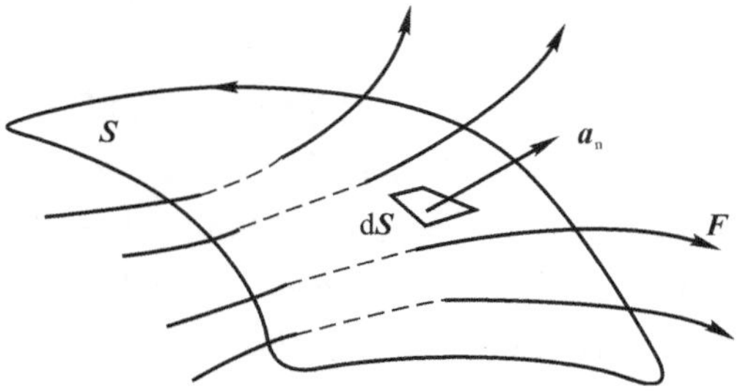

图 1.16　矢量场的通量

例如：在电场中，电位移矢量 $\boldsymbol{D}$ 在某一曲面 S 上的面积分就是矢量 $\boldsymbol{D}$ 通过该曲面的电通量；在磁场中，磁感应强度 $\boldsymbol{B}$ 在某一曲面 S 上的面积分就是矢量 $\boldsymbol{B}$ 通过该曲面的磁通量。

如果 S 是一闭合曲面，则通过闭合曲面的总通量表示为

$$\Psi=\oint_S\boldsymbol{F}\cdot\mathrm{d}\boldsymbol{S}=\oint_S\boldsymbol{F}\cdot\boldsymbol{a}_n\mathrm{d}S \tag{1.69}$$

由通量的定义不难看出：当 $\boldsymbol{F}$ 从面元矢量 $\mathrm{d}\boldsymbol{S}$ 的负侧穿到 $\mathrm{d}\boldsymbol{S}$ 的正侧时，$\boldsymbol{F}$ 与 $\boldsymbol{a}_n$ 相交成锐角，则通过面积元 $\mathrm{d}\boldsymbol{S}$ 的通量为正值；反之，当 $\boldsymbol{F}$ 从面元矢量 $\mathrm{d}\boldsymbol{S}$ 的正侧穿到 $\mathrm{d}\boldsymbol{S}$ 的负侧时，$\boldsymbol{F}$ 与 $\boldsymbol{a}_n$ 相交成钝角，则通过面积元 $\mathrm{d}\boldsymbol{S}$ 的通量为负值。式(1.69)中的 Ψ 则表示穿出闭曲面 S 内的正通量与进入闭曲面 S 的负通量的代数和，即穿出曲面 S 的净通量。当 $\oint_S\boldsymbol{F}\cdot\mathrm{d}\boldsymbol{S}>0$ 时，穿出闭合曲面 S 的通量多于进入的通量，此时闭合曲面 S 内必有发出矢量线的源，称之为正通量源，例如，静电场中的正电荷就是发出电场线的正通量源；当 $\oint_S\boldsymbol{F}\cdot\mathrm{d}\boldsymbol{S}<0$ 时，穿出闭合曲面 S 的通量少于进入的通量，此时闭合曲面 S 内必有汇集矢量线的源，称之为负通量源，例如，静电场中的负电荷就是汇聚电场线的负通量源；当 $\oint_S\boldsymbol{F}\cdot\mathrm{d}\boldsymbol{S}=0$ 时，穿出闭合曲面 S 的通量等于进入的通量，此时闭合曲面 S 内正通量源与负通量源的代数和为 0，或闭合曲面 S 内无通量源。

三、散度

矢量场穿过闭合曲面的通量是一个积分量，不能反映场域内的每一点的通量特性。为了研究矢量场在一个点附近的通量特性，需要引入矢量场的散度。

1. 散度的概念

在矢量场 $\boldsymbol{F}$ 中的任一点 M 处作一个包围该点的任意闭合曲面 S，当 S 所限定的体积 ΔV

以任意方式趋近于 0 时，比值 $\dfrac{\oint_S \boldsymbol{F}\cdot d\boldsymbol{S}}{\Delta V}$ 的极限称为矢量场 $\boldsymbol{F}$ 在点 M 处的散度，并记作 $\mathrm{div}\boldsymbol{F}$，即

$$\mathrm{div}\boldsymbol{F}=\lim_{\Delta V\to 0}\frac{\oint_S \boldsymbol{F}\cdot d\boldsymbol{S}}{\Delta V} \tag{1.70}$$

由散度的定义可知，$\mathrm{div}\boldsymbol{F}$ 表示在点 M 处的单位体积内散发出来的矢量 $\boldsymbol{F}$ 的通量，因此 $\mathrm{div}\boldsymbol{F}$ 描述了通量源的密度。若 $\mathrm{div}\boldsymbol{F}>0$，则该点有发出矢量线的正通量源；若 $\mathrm{div}\boldsymbol{F}<0$，则该点有汇聚矢量线的负通量源；若 $\mathrm{div}\boldsymbol{F}=0$，则该点无通量源；如图 1.17 所示。

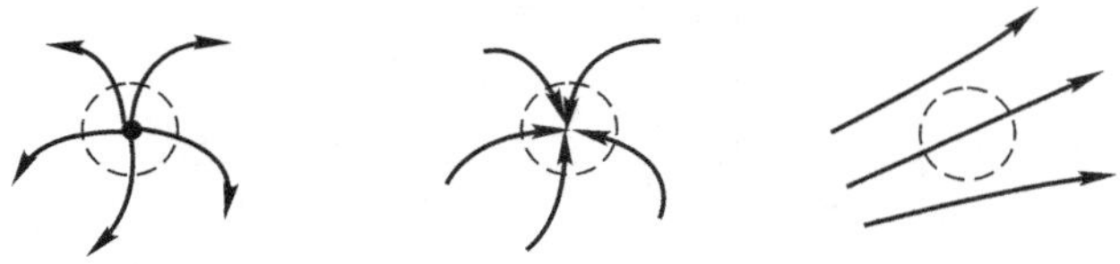

图 1.17　散度的意义

(a) $\mathrm{div}\boldsymbol{F}>0$；(b) $\mathrm{div}\boldsymbol{F}<0$；(c) $\mathrm{div}\boldsymbol{F}=0$

2. 散度的计算式

根据散度的定义，$\mathrm{div}\boldsymbol{F}$ 与体积元 ΔV 的形状无关，只要在取极限过程中，所有尺寸都趋于 0 即可。在直角坐标系中，以点 $M(x,y,z)$ 为顶点作一个很小的直角六面体，各边的长度分别为 $\Delta x,\Delta y,\Delta z$，各面分别与各坐标面平行，如图 1.18 所示，矢量场 $\boldsymbol{F}$ 穿出该六面体的表面 S 的通量

$$\Psi=\oint_S \boldsymbol{F}\cdot d\boldsymbol{S}=\left(\int_{前}+\int_{后}+\int_{左}+\int_{右}+\int_{上}+\int_{下}\right]\boldsymbol{F}\cdot d\boldsymbol{S}$$

在计算前、后两个面上的面积分时，F_y,F_z 对积分没有贡献，并且由于六个面均很小，所以

$$\int_{前}\boldsymbol{F}\cdot d\boldsymbol{S}\approx F_x(x+\Delta x,y,z)\Delta y\Delta z$$

$$\int_{后}\boldsymbol{F}\cdot d\boldsymbol{S}\approx -F_x(x,y,z)\Delta y\Delta z$$

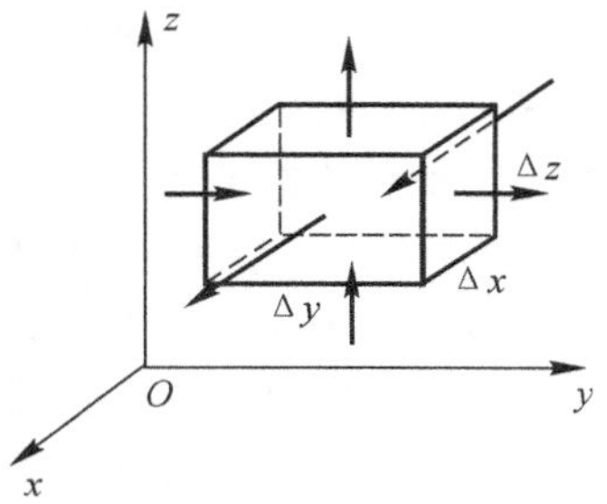

图 1.18　在直角坐标系中计算 $\nabla\cdot\boldsymbol{F}$

根据泰勒定理

$$F_x(x+\Delta x,y,z)=F_x(x,y,z)+\frac{\partial F_x(x,y,z)}{\partial x}\Delta x+\frac{1}{2}\frac{\partial^2 F_x(x,y,z)}{\partial x^2}(\Delta x)^2+\cdots\approx F_x(x,y,z)+\frac{\partial F_x(x,y,z)}{\partial x}\Delta x$$

所以

$$\int_{前}\boldsymbol{F}\cdot d\boldsymbol{S}\approx F_x(x,y,z)\Delta y\Delta z+\frac{\partial F_x(x,y,z)}{\partial x}\Delta x\Delta y\Delta z$$

于是得到

$$\left[\int_{前}+\int_{后}\right]\boldsymbol{F}\cdot\mathrm{d}\boldsymbol{S}\approx\frac{\partial F_x(x,y,z)}{\partial x}\Delta x\Delta y\Delta z$$

同理,可得

$$\left[\int_{左}+\int_{右}\right]\boldsymbol{F}\cdot\mathrm{d}\boldsymbol{S}\approx\frac{\partial F_y(x,y,z)}{\partial y}\Delta x\Delta y\Delta z$$

$$\left[\int_{上}+\int_{下}\right]\boldsymbol{F}\cdot\mathrm{d}\boldsymbol{S}\approx\frac{\partial F_z(x,y,z)}{\partial z}\Delta x\Delta y\Delta z$$

因此,矢量场 $\boldsymbol{F}$ 穿出六面体的表面 S 的通量

$$\Psi=\int_S\boldsymbol{F}\cdot\mathrm{d}\boldsymbol{S}\approx\left(\frac{\partial F_x}{\partial x}+\frac{\partial F_y}{\partial y}+\frac{\partial F_z}{\partial z}\right)\Delta x\Delta y\Delta z$$

根据式(1.60),得到散度在直角坐标系中的表达式

$$\mathrm{div}\boldsymbol{F}=\lim_{\Delta V\to 0}\frac{\oint_S\boldsymbol{F}\cdot\mathrm{d}\boldsymbol{S}}{\Delta V}=\frac{\partial F_x}{\partial x}+\frac{\partial F_y}{\partial y}+\frac{\partial F_z}{\partial z}\tag{1.71}$$

利用算符∇,可将 $\mathrm{div}\boldsymbol{F}$ 表示为

$$\mathrm{div}\boldsymbol{F}=\left(\boldsymbol{a}_x\frac{\partial}{\partial x}+\boldsymbol{a}_y\frac{\partial}{\partial y}+\boldsymbol{a}_z\frac{\partial}{\partial z}\right)\cdot(\boldsymbol{a}_xF_x+\boldsymbol{a}_yF_y+\boldsymbol{a}_zF_z)=\nabla\cdot\boldsymbol{F}\tag{1.72}$$

类似地,可推出圆柱坐标系和球坐标系中的散度计算式,分别为

$$\nabla\cdot\boldsymbol{F}=\frac{1}{r}\frac{\partial}{\partial r}(rF_r)+\frac{1}{r}\frac{\partial F_\varphi}{\partial\varphi}+\frac{\partial F_z}{\partial z}\tag{1.73}$$

$$\nabla\cdot\boldsymbol{F}=\frac{1}{R^2}\frac{\partial}{\partial R}(R^2F_R)+\frac{1}{R\sin\theta}\frac{\partial}{\partial\theta}(\sin\theta F_\theta)+\frac{1}{R\sin\theta}\frac{\partial F_\varphi}{\partial\varphi}\tag{1.74}$$

四、散度定理

矢量分析中的一个重要定理是

$$\int_V\nabla\cdot\boldsymbol{F}\mathrm{d}V=\oint_S\boldsymbol{F}\cdot\mathrm{d}\boldsymbol{S}\tag{1.75}$$

式(1.75)称为散度定理(或高斯定理)。

现在来证明这个定理。如图1.19所示,将闭合面 S 包围的体积 V 分成许多体积元 $\mathrm{d}V_1,\mathrm{d}V_2,\cdots$,计算每个体积元的小闭合面 $S_i(i=1,2,\cdots)$ 上穿出的 $\boldsymbol{F}$ 的通量,然后叠加。由于相邻两体积元有一个公共表面,这个公共表面上的通量对这两个体积元来说恰好等值异号,求和时就互相抵消了。除了邻近 S 面的那些体积元外,所有体积元都是由几个与相邻体积元间的公共表面包围而成的,这些体积元的通量的总和为0。而邻近 S 面的那些体积元,它们有部分表面是 S 面上的面元,这部分表面的通量没有被抵消,其总和恰好等于从闭合面 S 穿出的通量,因此有

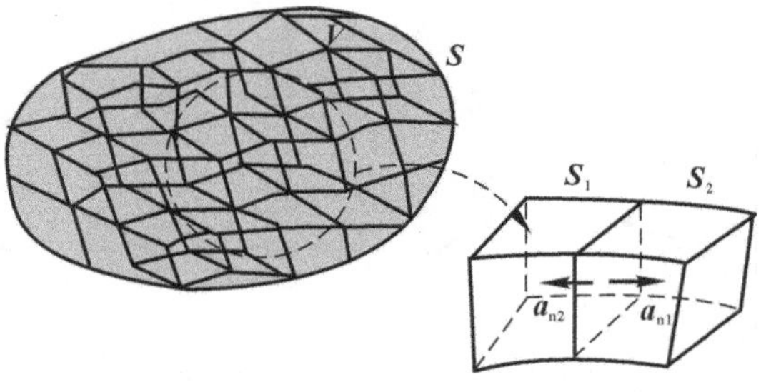

图 1.19 体积 V 的剖分

$$\oint_S\boldsymbol{F}\cdot\mathrm{d}\boldsymbol{S}=\oint_{S_1}\boldsymbol{F}\cdot\mathrm{d}\boldsymbol{S}+\oint_{S_2}\boldsymbol{F}\cdot\mathrm{d}\boldsymbol{S}+\cdots$$

由式(1.71),得

$$\oint_{S_i} \boldsymbol{F} \cdot \mathrm{d}\boldsymbol{S} = \nabla \cdot \boldsymbol{F} \mathrm{d}V_i, \quad i=1,2,\cdots$$

故得到

$$\oint_S \boldsymbol{F} \cdot \mathrm{d}\boldsymbol{S} = \nabla \cdot \boldsymbol{F} \mathrm{d}V_1 + \nabla \cdot \boldsymbol{F} \mathrm{d}V_2 + \cdots = \int_V \nabla \cdot \boldsymbol{F} \mathrm{d}V$$

这就证明了式(1.75)。

式(1.75)表明，矢量场 $\boldsymbol{F}$ 的散度 $\nabla \cdot \boldsymbol{F}$ 在体积 V 上的体积分等于矢量场 $\boldsymbol{F}$ 在限定该体积的闭合面 S 上的面积分，是矢量的散度的体积分与该矢量的闭合曲面积分之间的一个变换关系，是矢量分析中的一个重要的恒等式，在电磁理论中非常有用。

例 1.3　已知 $\boldsymbol{R} = \boldsymbol{a}_x(x-x') + \boldsymbol{a}_y(y-y') + \boldsymbol{a}_z(z-z')$，$R = |\boldsymbol{R}|$。求矢量 $\boldsymbol{D} = \dfrac{\boldsymbol{R}}{R^3}$ 在 $R \neq 0$ 处的散度。

解　根据散度的计算公式(1.70)，有

$$\nabla \cdot \boldsymbol{D} = \frac{\partial}{\partial x}\left(\frac{x-x'}{R^3}\right) + \frac{\partial}{\partial y}\left(\frac{y-y'}{R^3}\right) + \frac{\partial}{\partial z}\left(\frac{z-z'}{R^3}\right) =$$

$$\frac{1}{R^3} - \frac{3(x-x')^2}{R^5} + \frac{1}{R^3} - \frac{3(y-y')^2}{R^5} + \frac{1}{R^3} - \frac{3(z-z')^2}{R^5} = 0$$

1.5　矢量场的环流与旋度

矢量场的散度描述了通量源的分布情况，反映了矢量场的一个重要性质。反映矢量场的空间变化规律的另一个重要性质是矢量场的环流和旋度。

一、环流

矢量场 $\boldsymbol{F}$ 沿场中的一条闭合路径 C 的曲线积分

$$\Gamma = \oint_C \boldsymbol{F} \cdot \mathrm{d}\boldsymbol{l} \tag{1.76}$$

称为矢量场 $\boldsymbol{F}$ 沿闭合路径 C 的环流。其中 $\mathrm{d}\boldsymbol{l}$ 是路径上的线元矢量，其大小为 $\mathrm{d}l$，方向沿路径 C 的切线方向，如图 1.20 所示。

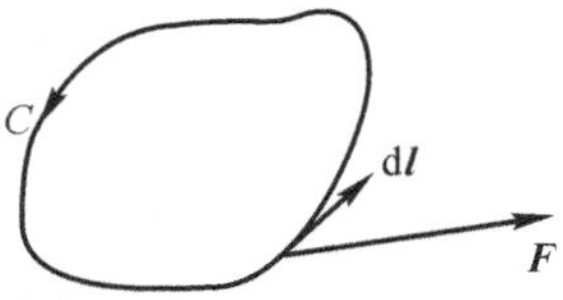

图 1.20　闭合路径

矢量场的环流与矢量场穿过闭合曲面的通量一样，都是描述矢量场性质的重要的量。例如，在电磁学中，根据安培环路定理可知，磁场强度 $\boldsymbol{H}$ 沿闭合路径 C 的环流就是通过以路径 C 为边界的曲面 S 的总电流。因此，如果矢量场的环流不等于 0，则认为场中有产生该矢量场的源。但这种源与通量源不同，它既不发出矢量线也不汇聚矢量线。也就是说，这种源所产生的矢量场的矢量线是闭合曲线，通常称之为旋涡源。

从矢量分析的要求来看，希望知道在每一点附近的环流状态。为此，在矢量场 $\boldsymbol{F}$ 中的任一点 M 处作一面元 ΔS，取 $\boldsymbol{a}_n$ 为此面元的法向单位矢量。当面元 ΔS 保持以 $\boldsymbol{a}_n$ 为法线方向而向点 M 处无限缩小时，极限 $\lim\limits_{\Delta S \to 0} \dfrac{\oint_C \boldsymbol{F} \cdot \mathrm{d}\boldsymbol{l}}{\Delta S}$ 称为矢量场 $\boldsymbol{F}$ 在点 M 处沿方向 $\boldsymbol{a}_n$ 的环流面密度，记作 $\mathrm{rot}_n \boldsymbol{F}$，即

$$\mathrm{rot}_n \boldsymbol{F} = \lim_{\Delta S \to 0} \frac{\oint_C \boldsymbol{F} \cdot \mathrm{d}\boldsymbol{l}}{\Delta S} \tag{1.77}$$

由此定义不难看出，环流面密度与面元 ΔS 的法线方向 $\boldsymbol{a}_n$ 有关。例如，在磁场中：若某点附近的面元方向与电流方向重合，则磁场强度 $\boldsymbol{H}$ 的环流面密度有最大值；若面元方向与电流方向有一夹角，磁场强度 $\boldsymbol{H}$ 的环流面密度总是小于最大值；当面元方向与电流方向垂直时，则磁场强度 $\boldsymbol{H}$ 的环流面密度等于 0。这些结果表明，矢量场在点 M 处沿方向 $\boldsymbol{a}_n$ 的环流面密度，就是在该点处沿方向 $\boldsymbol{a}_n$ 的旋涡源密度。

二、旋度

1. 旋度的概念

由于矢量场在点 M 处的环流面密度与面元 ΔS 的法线方向 $\boldsymbol{a}_n$ 有关，所以，在矢量场中，一个给定点 M 处沿不同方向 $\boldsymbol{a}_n$，其环流面密度的值一般是不同的。在某一个确定的方向上，环流面密度可能取得最大值。为了描述这个问题，引入了旋度的概念。矢量场 $\boldsymbol{F}$ 在点 M 处的旋度是一个矢量，记作 $\mathrm{rot}\boldsymbol{F}$（或记作 $\mathrm{curl}\boldsymbol{F}$），它的方向沿着使环流面密度取得最大值的面元法线方向，大小等于该环流面密度最大值，即

$$\mathrm{rot}\boldsymbol{F} = \boldsymbol{n} \lim_{\Delta S} \frac{1}{\Delta S} \oint_C \boldsymbol{F} \cdot \mathrm{d}\boldsymbol{l} \tag{1.78}$$

式中，$\boldsymbol{n}$ 是环流面密度取得最大值的面元正法线单位矢量。

由旋度的定义不难看出，矢量场 $\boldsymbol{F}$ 在点 M 处的旋度就是在该点的旋涡源密度。例如，在磁场中，磁场强度 $\boldsymbol{H}$ 在点 M 处的旋度就是在该点的电流密度 $\boldsymbol{J}$。矢量场 $\boldsymbol{F}$ 在点 M 处沿方向 $\boldsymbol{a}_n$ 的环流面密度 $\mathrm{rot}_n\boldsymbol{F}$ 等于 $\mathrm{rot}\boldsymbol{F}$ 在该方向上的投影，如图 1.21 所示，即

$$\mathrm{rot}_n \boldsymbol{F} = \boldsymbol{a}_n \cdot \mathrm{rot}\boldsymbol{F} \tag{1.79}$$

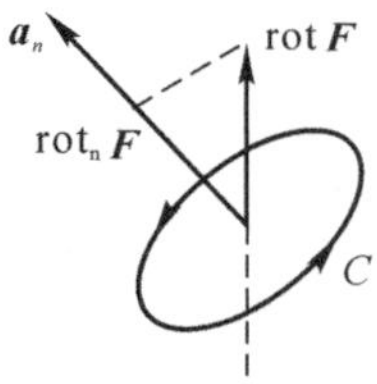

图 1.21 $\mathbf{rot}\boldsymbol{F}$ 在 $\boldsymbol{a}_n$ 方向上的投影

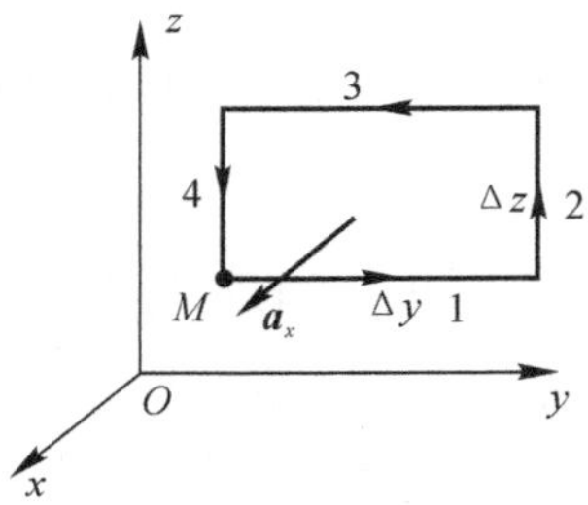

图 1.22 在直角坐标系中计算 $\mathbf{rot}\boldsymbol{F}$

2. 旋度的计算式

旋度的定义与坐标系无关，但旋度的具体表达式与坐标系有关。下面推导在直角坐标系中旋度的表达式。

如图 1.22 所示，以点 M 为顶点，取一个平行于弦面的矩形面元，则面元矢量为 $\boldsymbol{a}_x \Delta S_x = \boldsymbol{a}_x \Delta y \Delta z$。在点 M 处的矢量 $\boldsymbol{F} = \boldsymbol{a}_x F_x + \boldsymbol{a}_y F_y + \boldsymbol{a}_z F_z$ 沿回路 C 的积分为

$$\oint_C \boldsymbol{F} \cdot \mathrm{d}\boldsymbol{l} = F_y \Delta y + \left(F_z + \frac{\partial F_z}{\partial y}\Delta y\right)\Delta z - \left(F_y + \frac{\partial F_y}{\partial z}\Delta z\right)\Delta y - F_z \Delta z =$$
$$\frac{\partial F_z}{\partial y}\Delta y \Delta z - \frac{\partial F_y}{\partial z}\Delta y \Delta z$$

故

$$\lim_{\Delta S\to 0}\frac{1}{\Delta S_x}\oint_C \boldsymbol{F}\cdot \mathrm{d}\boldsymbol{l}=\frac{\partial F_x}{\partial y}-\frac{\partial F_y}{\partial z}=\mathrm{rot}_x\boldsymbol{F}$$

此极限即是 rot$\boldsymbol{F}$ 在 $\boldsymbol{a}_x$ 方向上的投影。

相似地，分别取面元矢量 $\boldsymbol{a}_y\Delta S_y=\boldsymbol{a}_y\Delta x\Delta z$，$\boldsymbol{a}_z\Delta S_z=\boldsymbol{a}_z\Delta x\Delta y$，用与上面相同的运算，可得到 rot$\boldsymbol{F}$ 分别在 $\boldsymbol{a}_y$ 和 $\boldsymbol{a}_z$ 方向上的投影为

$$\mathrm{rot}_y\boldsymbol{F}=\lim_{\Delta S_y\to 0}\frac{1}{\Delta S_y}\oint_C \boldsymbol{F}\cdot \mathrm{d}\boldsymbol{l}=\frac{\partial F_x}{\partial z}-\frac{\partial F_z}{\partial x}$$

$$\mathrm{rot}_z\boldsymbol{F}=\lim_{\Delta S_z\to 0}\frac{1}{\Delta S_z}\oint_C \boldsymbol{F}\cdot \mathrm{d}\boldsymbol{l}=\frac{\partial F_y}{\partial x}-\frac{\partial F_x}{\partial y}$$

因此，得到

$$\mathrm{rot}\boldsymbol{F}=\boldsymbol{a}_x\mathrm{rot}_x\boldsymbol{F}+\boldsymbol{a}_y\mathrm{rot}_y\boldsymbol{F}+\boldsymbol{a}_z\mathrm{rot}_z\boldsymbol{F}=$$

$$\boldsymbol{a}_x\left(\frac{\partial F_z}{\partial y}-\frac{\partial F_y}{\partial z}\right)+\boldsymbol{a}_y\left(\frac{\partial F_x}{\partial z}-\frac{\partial F_z}{\partial x}\right)+\boldsymbol{a}_z\left(\frac{\partial F_y}{\partial x}-\frac{\partial F_x}{\partial y}\right) \tag{1.80}$$

利用算符∇可将 rot$\boldsymbol{F}$ 表示为

$$\mathrm{rot}\boldsymbol{F}=\left(\boldsymbol{a}_x\frac{\partial}{\partial x}+\boldsymbol{a}_y\frac{\partial}{\partial y}+\boldsymbol{a}_z\frac{\partial}{\partial z}\right)\times(\boldsymbol{a}_xF_x+\boldsymbol{a}_yF_y+\boldsymbol{a}_zF_z)=\nabla\times\boldsymbol{F} \tag{1.81}$$

式(1.81)亦可写成

$$\nabla\times\boldsymbol{F}=\begin{vmatrix}\boldsymbol{a}_x & \boldsymbol{a}_y & \boldsymbol{a}_z\\ \dfrac{\partial}{\partial x} & \dfrac{\partial}{\partial y} & \dfrac{\partial}{\partial z}\\ F_x & F_y & F_z\end{vmatrix} \tag{1.82}$$

采用同样的方法，可导出∇× $\boldsymbol{F}$ 在圆柱坐标系中的表达式为

$$\nabla\times\boldsymbol{F}=\boldsymbol{a}_r\left(\frac{1}{r}\frac{\partial F_z}{\partial\varphi}-\frac{\partial F_\varphi}{\partial z}\right)+\boldsymbol{a}_\varphi\left(\frac{\partial F_r}{\partial z}-\frac{\partial F_z}{\partial r}\right)+\boldsymbol{a}_z\frac{1}{r}\left[\frac{\partial(rF_\varphi)}{\partial r}-\frac{\partial F_r}{\partial\varphi}\right] \tag{1.83}$$

或写成

$$\nabla\times\boldsymbol{F}=\frac{1}{r}\begin{vmatrix}\boldsymbol{a}_r & r\boldsymbol{a}_\varphi & \boldsymbol{a}_z\\ \dfrac{\partial}{\partial r} & \dfrac{\partial}{\partial\varphi} & \dfrac{\partial}{\partial z}\\ F_r & rF_\varphi & F_z\end{vmatrix} \tag{1.84}$$

在球坐标系中，∇× $\boldsymbol{F}$ 的表达式为

$$\nabla\times\boldsymbol{F}=\boldsymbol{a}_R\frac{1}{R\sin\theta}\left[\frac{\partial}{\partial\theta}(\sin\theta F_\varphi)-\frac{\partial F_\theta}{\partial\varphi}\right]+\boldsymbol{a}_\theta\frac{1}{R}\left[\frac{1}{\sin\theta}\frac{\partial F_r}{\partial\varphi}-\frac{\partial(RF_\varphi)}{\partial R}\right]+$$

$$\boldsymbol{a}_\varphi\frac{1}{R}\left[\frac{\partial(RF_\theta)}{\partial R}-\frac{\partial F_R}{\partial\theta}\right] \tag{1.85}$$

或写成

$$\nabla\times\boldsymbol{F}=\frac{1}{R^2\sin\theta}\begin{vmatrix}\boldsymbol{a}_R & R\boldsymbol{a}_\theta & R\sin\theta\boldsymbol{a}_\varphi\\ \dfrac{\partial}{\partial R} & \dfrac{\partial}{\partial\theta} & \dfrac{\partial}{\partial\varphi}\\ F_R & RF_\theta & R\sin\theta F_\varphi\end{vmatrix} \tag{1.86}$$

三、斯托克斯定理

在矢量场 $\boldsymbol{F}$ 所在的空间中，对于任一个以曲线 C 为周界的曲面 S，存在如下重要关系式：

$$\int_S \nabla\times \boldsymbol{F}\cdot \mathrm{d}\boldsymbol{S}=\oint_C \boldsymbol{F}\cdot \mathrm{d}\boldsymbol{l} \tag{1.87}$$

式(1.87)称为斯托克斯定理，它表明矢量场 $\boldsymbol{F}$ 的旋度 $\nabla\times\boldsymbol{F}$ 在曲面 S 上的面积分等于矢量场 $\boldsymbol{F}$ 在限定曲面的闭合曲线 C 上的线积分，是矢量旋度的曲面积分与该矢量沿闭合曲线积分之间的一个变换关系，也是矢量分析中的一个重要的恒等式，在电磁理论中也是很有用的。

为了证明式(1.87)，将曲面 S 划分成许多小面元，如图 1.23 所示。对每一个小面元，沿包围它的闭合路径取 F 的环流，路径的方向与大回路 C 一致，并将所有这些积分相加。可以看出，各个小回路在公共边界上的那部分积分都相互抵消，因为相邻小回路在公共边界上积分的方向是相反的，只有没有公共边界的部分积分没有抵消，结果所有沿小回路积分的总和等于沿大回路 C 的积分，即

$$\oint_C \boldsymbol{F}\cdot \mathrm{d}\boldsymbol{l}=\oint_{C_1} \boldsymbol{F}\cdot \mathrm{d}\boldsymbol{l}+\oint_{C_2} \boldsymbol{F}\cdot \mathrm{d}\boldsymbol{l}+\cdots$$

对沿每一个小回路的积分应用式(1.77)，得

$$\oint_{C_1} \boldsymbol{F}\cdot \mathrm{d}\boldsymbol{l}=\mathrm{rot}_1\boldsymbol{F}\mathrm{d}S_1=\nabla\times \boldsymbol{F}\cdot \mathrm{d}\boldsymbol{S}_1$$

$$\oint_{C_2} \boldsymbol{F}\cdot \mathrm{d}\boldsymbol{l}=\mathrm{rot}_2\boldsymbol{F}\mathrm{d}S_2=\nabla\times \boldsymbol{F}\cdot \mathrm{d}\boldsymbol{S}_2$$

$$\cdots\cdots$$

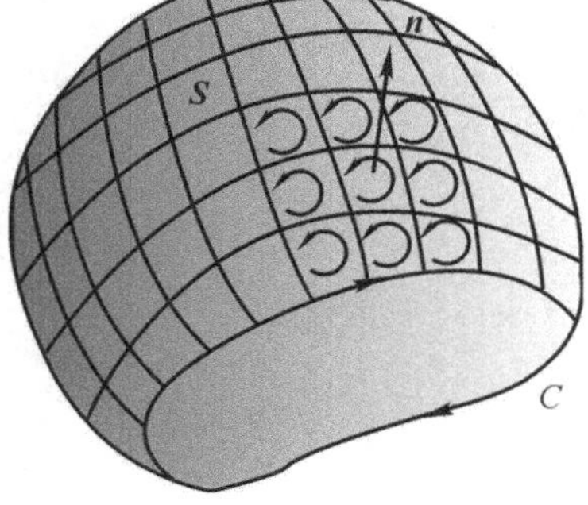

图 1.23　曲面的划分

这样

$$\oint_C \boldsymbol{F}\cdot \mathrm{d}\boldsymbol{l}=\nabla\times \boldsymbol{F}\cdot \mathrm{d}\boldsymbol{S}_1+\nabla\times \boldsymbol{F}\cdot \mathrm{d}\boldsymbol{S}_2+\cdots$$

上式右边的总和就是 $\nabla\times \boldsymbol{F}$ 在曲面 S 上的面积分，即 $\int_S \nabla\times \boldsymbol{F}\cdot \mathrm{d}\boldsymbol{S}$，从而证明了式(1.87)。

例 1.4　已知 $\boldsymbol{R}=\boldsymbol{a}_x(x-x')+\boldsymbol{a}_y(y-y')+\boldsymbol{a}_z(z-z')$，$R=|\boldsymbol{R}|$。求矢量 $\boldsymbol{D}=\dfrac{\boldsymbol{R}}{R^3}$ 在 $R\neq 0$ 处的旋度。

解　根据旋度的计算公式(1.82)，有

$$\nabla\times\boldsymbol{D}=\begin{vmatrix}\boldsymbol{a}_x & \boldsymbol{a}_y & \boldsymbol{a}_z\\ \dfrac{\partial}{\partial x} & \dfrac{\partial}{\partial y} & \dfrac{\partial}{\partial z}\\ (x-x')/R^3 & (y-y')/R^3 & (z-z')/R^3\end{vmatrix}=$$

$$\boldsymbol{a}_x\frac{3[(z-z')(y-y')-(z-z')(y-y')]}{R^5}+$$

$$\boldsymbol{a}_y\frac{3[(z-z')(x-x')-(z-z')(x-x')]}{R^5}+$$

$$\boldsymbol{a}_z\frac{3[(y-y')(x-x')-(y-y')(x-x')]}{R^5}=0$$

1.6　无旋场与无散场　拉普拉斯运算

矢量场散度和旋度反映了产生矢量场的两种不同性质的源，相应地，不同性质的源产生的矢量场也具有不同的性质。

一、无旋场

如果一个矢量场 $\boldsymbol{F}$ 的旋度处处为 0，即

$$\nabla \times \boldsymbol{F} \equiv 0$$

则称该矢量场为无旋场，它是由散度源所产生的。例如，静电场就是旋度处处为 0 的无旋场。

标量场的梯度有一个重要性质，就是它的旋度恒等于 0，即

$$\nabla \times (\nabla u) \equiv 0 \tag{1.88}$$

在直角坐标系中很容易证明这一结论。直接取 ∇u 的旋度，有

$$\nabla \times (\nabla u) = \left(\boldsymbol{a}_x \frac{\partial}{\partial x} + \boldsymbol{a}_y \frac{\partial}{\partial y} + \boldsymbol{a}_z \frac{\partial}{\partial z}\right) \times \left(\boldsymbol{a}_x \frac{\partial u}{\partial x} + \boldsymbol{a}_y \frac{\partial u}{\partial y} + \boldsymbol{a}_z \frac{\partial u}{\partial z}\right) =$$

$$\boldsymbol{a}_x \left(\frac{\partial}{\partial y}\frac{\partial u}{\partial z} - \frac{\partial}{\partial z}\frac{\partial u}{\partial y}\right) + \boldsymbol{a}_y \left(\frac{\partial}{\partial z}\frac{\partial u}{\partial x} - \frac{\partial}{\partial x}\frac{\partial u}{\partial z}\right) + \boldsymbol{a}_z \left(\frac{\partial}{\partial x}\frac{\partial u}{\partial y} - \frac{\partial}{\partial y}\frac{\partial u}{\partial x}\right) = 0$$

因为梯度和旋度的定义都与坐标系无关，所以式(1.88) 是普遍的结论。

根据这一性质，对于一个旋度处处为 0 的矢量场 $\boldsymbol{F}$，总可以把它表示为某一标量场的梯度，即如果 $\nabla \times \boldsymbol{F} \equiv 0$，则存在标量函数 u，使得

$$\boldsymbol{F} = -\nabla u \tag{1.89}$$

函数 u 称为无旋场 $\boldsymbol{F}$ 的标量位函数，简称标量位。式(1.89) 中有一负号，为的是使其与电磁场中电场强度 $\boldsymbol{E}$ 和标量电位 Φ 的关系相一致。

由斯托克斯定理可知，无旋场 $\boldsymbol{F}$ 沿闭合路径 C 的环流等于 0，即

$$\oint_C \boldsymbol{F} \cdot \mathrm{d}\boldsymbol{l} = 0$$

这一结论等价于无旋场 $\boldsymbol{F}$ 的曲线积分 $\int_P^Q \boldsymbol{F} \cdot \mathrm{d}\boldsymbol{l}$ 与路径无关，只与起点 P 和终点 Q 有关。由式(1.89)，有

$$\int_P^Q \boldsymbol{F} \cdot \mathrm{d}\boldsymbol{l} = -\int_P^Q \nabla u \cdot \mathrm{d}\boldsymbol{l} = -\int_P^Q \frac{\partial u}{\partial l}\mathrm{d}l = -\int_P^Q \mathrm{d}u = u(P) - u(Q)$$

若选定点 Q 为不动的固定点，则上式可看作是点 P 的函数，即

$$u(P) = \int_P^Q \boldsymbol{F} \cdot \mathrm{d}\boldsymbol{l} + C \tag{1.90}$$

这就是标量位 M 的积分表达式，任意常数 C 取决于固定点 Q 的选择。

将式(1.89) 代入式(1.90)，有

$$u(P) = -\int_P^Q \nabla u \cdot \mathrm{d}\boldsymbol{l} + C \tag{1.91}$$

这表明，一个标量场可由它的梯度完全确定。

二、无散场

如果一个矢量场 $\boldsymbol{F}$ 的散度处处为 0，即

$$\nabla\cdot\boldsymbol{F}\equiv 0$$

则称该矢量场为无散场，它是由旋涡源所产生的。例如，恒定磁场就是散度处处为 0 的无散场。

矢量场的旋度有一个重要性质，就是旋度的散度恒等于 0，即

$$\nabla\cdot(\nabla\times\boldsymbol{A})\equiv 0 \tag{1.92}$$

在直角坐标系中证明这一结论时，直接取$\nabla\times\boldsymbol{A}$ 的散度，有

$$\begin{aligned}\nabla\cdot(\nabla\times\boldsymbol{A})=&\left(\boldsymbol{a}_x\frac{\partial}{\partial x}+\boldsymbol{a}_y\frac{\partial}{\partial y}+\boldsymbol{a}_z\frac{\partial}{\partial z}\right)\cdot\\&\left[\boldsymbol{a}_x\left(\frac{\partial A_z}{\partial y}-\frac{\partial A_y}{\partial z}\right)+\boldsymbol{a}_y\left(\frac{\partial A_x}{\partial z}-\frac{\partial A_z}{\partial x}\right)+\boldsymbol{a}_z\left(\frac{\partial A_y}{\partial x}-\frac{\partial A_x}{\partial y}\right)\right]=\\&\frac{\partial}{\partial x}\left(\frac{\partial A_z}{\partial y}-\frac{\partial}{\partial z}A_y\right)+\frac{\partial}{\partial y}\left(\frac{\partial A_x}{\partial z}-\frac{\partial A_z}{\partial x}\right)+\frac{\partial}{\partial z}\left(\frac{\partial A_y}{\partial x}-\frac{\partial A_x}{\partial y}\right)=0\end{aligned}$$

根据这一性质，对于一个散度处处为 0 的矢量场 $\boldsymbol{F}$，总可以把它表示为某一矢量场的旋度，即如果$\nabla\cdot\boldsymbol{F}\equiv 0$，则存在矢量函数 $\boldsymbol{A}$，使得

$$\boldsymbol{F}=\nabla\times\boldsymbol{A} \tag{1.93}$$

函数 $\boldsymbol{A}$ 称为无散场 $\boldsymbol{F}$ 的矢量位函数，简称矢量位。

由散度定理可知，无散场 $\boldsymbol{F}$ 通过任何闭合曲面 S 的通量等于 0，即

$$\oint_S\boldsymbol{F}\cdot\mathrm{d}\boldsymbol{S}=0$$

三、拉普拉斯运算

标量场 u 的梯度∇u 是一个矢量场，如果再对∇u 求散度，即$\nabla\cdot(\nabla u)$，称为标量场 u 的拉普拉斯运算，记为

$$\nabla\cdot(\nabla u)=\nabla^2 u$$

这里“∇^2”称为拉普拉斯算符。

在直角坐标系中，由式(1.60) 和式(1.72)，可得到

$$\nabla^2 u=\nabla\cdot\left(a_x\frac{\partial u}{\partial x}+a_y\frac{\partial u}{\partial y}+a_z\frac{\partial u}{\partial z}\right)=\frac{\partial^2 u}{\partial x^2}+\frac{\partial^2 u}{\partial y^2}+\frac{\partial^2 u}{\partial z^2} \tag{1.94}$$

由式(1.62) 和式(1.73)，可得到圆柱坐标系中的拉普拉斯运算

$$\nabla^2 u=\frac{1}{r}\frac{\partial}{\partial r}\left(r\frac{\partial u}{\partial r}\right)+\frac{1}{r^2}\frac{\partial^2 u}{\partial\varphi^2}+\frac{\partial^2 u}{\partial z^2} \tag{1.95}$$

由式(1.62) 和式(1.74)，可得到球坐标系中的拉普拉斯运算

$$\nabla^2 u=\frac{1}{R^2}\frac{\partial}{\partial R}\left(R^2\frac{\partial u}{\partial R}\right)+\frac{1}{R^2\sin\theta}\frac{\partial}{\partial\theta}\left(\sin\theta\frac{\partial u}{\partial\theta}\right)+\frac{1}{R^2\sin^2\theta}\frac{\partial^2 u}{\partial\varphi^2} \tag{1.96}$$

对于矢量场 $\boldsymbol{F}$，由于算符∇^2对矢量进行运算时已失去梯度的、散度的概念，因此将矢量场 $\boldsymbol{F}$ 的拉普拉斯运算$\nabla^2\boldsymbol{F}$ 定义为

$$\nabla^2\boldsymbol{F}=\nabla(\nabla\cdot\boldsymbol{F})-\nabla\times(\nabla\times\boldsymbol{F}) \tag{1.97}$$

在直角坐标系中

$$[\nabla(\nabla\cdot \boldsymbol{F})]_x=\frac{\partial}{\partial x}(\nabla\cdot \boldsymbol{F})=\frac{\partial}{\partial x}\left(\frac{\partial F_x}{\partial x}+\frac{\partial F_y}{\partial y}+\frac{\partial F_z}{\partial z}\right)=\frac{\partial^2 F_x}{\partial x^2}+\frac{\partial^2 F_y}{\partial x\partial y}+\frac{\partial^2 F_z}{\partial x\partial z}$$

$$\begin{aligned}[\nabla\times(\nabla\times \boldsymbol{F})]_x=&\frac{\partial}{\partial y}[(\nabla\times \boldsymbol{F})_z]-\frac{\partial}{\partial z}[(\nabla\times \boldsymbol{F})_y]=\\&\frac{\partial}{\partial y}\left(\frac{\partial F_y}{\partial x}-\frac{\partial F_x}{\partial y}\right)-\frac{\partial}{\partial z}\left(\frac{\partial F_x}{\partial z}-\frac{\partial F_z}{\partial x}\right)=\\&\frac{\partial^2 F_y}{\partial y\partial x}-\frac{\partial^2 F_x}{\partial y^2}-\frac{\partial^2 F_x}{\partial z^2}+\frac{\partial^2 F_z}{\partial z\partial x}\end{aligned}$$

将以上两式代入式(1.97)，可求得

$$(\nabla^2 \boldsymbol{F})_x=[\nabla(\nabla\cdot \boldsymbol{F})]_x-[\nabla\times(\nabla\times \boldsymbol{F})]_x=\frac{\partial^2 F_x}{\partial x^2}+\frac{\partial^2 F_x}{\partial y^2}+\frac{\partial^2 F_x}{\partial z^2}=\nabla^2 F_x$$

同理，可得

$$(\nabla^2 \boldsymbol{F})_y=\nabla^2 F_y\ \text{和}\ (\nabla^2 \boldsymbol{F})_z=\nabla^2 F_z$$

于是得到

$$\nabla^2 \boldsymbol{F}=\boldsymbol{a}_x\nabla^2 F_x+\boldsymbol{a}_y\nabla^2 F_y+\boldsymbol{a}_z\nabla^2 F_z \tag{1.98}$$

必须注意，只有对直角分量才有$(\nabla^2 \boldsymbol{F})_i=\nabla^2 F_i(i=x,y,z)$。

1.7　亥姆霍兹定理

矢量场的散度和旋度都是表示矢量场的性质的量度，一个矢量场所具有的性质，可由它的散度和旋度来说明。而且，可以证明：在有限的区域V内，任一矢量场由它的散度、旋度和边界条件(即限定区域V的闭合面S上的矢量场的分布)唯一地确定，且可表示为

$$\boldsymbol{F}(\boldsymbol{R})=-\nabla u(\boldsymbol{R})+\nabla\times \boldsymbol{A}(\boldsymbol{R}) \tag{1.99}$$

式中

$$u(\boldsymbol{R})=\frac{1}{4\pi}\int_V\frac{\nabla'\cdot \boldsymbol{F}(\boldsymbol{R}')}{|\boldsymbol{R}-\boldsymbol{R}'|}\mathrm{d}V'-\frac{1}{4\pi}\oint_S\frac{\boldsymbol{a}'_n\cdot \boldsymbol{F}(\boldsymbol{R}')}{|\boldsymbol{R}-\boldsymbol{R}'|}\mathrm{d}S' \tag{1.100}$$

$$\boldsymbol{A}(\boldsymbol{R})=\frac{1}{4\pi}\int_V\frac{\nabla'\times \boldsymbol{F}(\boldsymbol{R}')}{|\boldsymbol{R}-\boldsymbol{R}'|}\mathrm{d}V'-\frac{1}{4\pi}\oint_S\frac{\boldsymbol{a}'_n\times \boldsymbol{F}(\boldsymbol{R}')}{|\boldsymbol{R}-\boldsymbol{R}'|}\mathrm{d}S' \tag{1.101}$$

这就是亥姆霍兹定理。它表明：

(1) 矢量场$\boldsymbol{F}$可以用一个标量函数的梯度和一个矢量函数的旋度之和来表示。此标量函数由$\boldsymbol{F}$的散度和$\boldsymbol{F}$在边界S上的法向分量完全确定，而矢量函数则由$\boldsymbol{F}$的旋度和$\boldsymbol{F}$在边界面S上的切向分量完全确定。

(2) 由于$\nabla\times[\nabla u(\boldsymbol{R})]\equiv 0$，$\nabla\cdot[\nabla\times \boldsymbol{A}(\boldsymbol{R})]\equiv 0$，因而一个矢量场可以表示为一个无旋场与无散场之和，即

$$\boldsymbol{F}=\boldsymbol{F}_l+\boldsymbol{F}_C \tag{1.102}$$

其中

$$\left.\begin{aligned}\nabla\cdot \boldsymbol{F}_l=\nabla\cdot \boldsymbol{F}\\ \nabla\times \boldsymbol{F}_l=0\end{aligned}\right\},\quad \left.\begin{aligned}\nabla\cdot \boldsymbol{F}_C=0\\ \nabla\times \boldsymbol{F}_C=\nabla\times \boldsymbol{F}\end{aligned}\right\} \tag{1.103}$$

(3) 如果在区域V内矢量场$\boldsymbol{F}$的散度与旋度均处处为0，则$\boldsymbol{F}$由其在边界面S上的场分布完全确定。

(4) 对于无界空间,只要矢量场满足

$$|\boldsymbol{F}| \propto 1/|\boldsymbol{R}-\boldsymbol{R}'|^{1+\delta} \quad (\delta>0) \tag{1.104}$$

则式(1.100)和式(1.101)中的面积分项为0。此时,矢量场由其散度和旋度完全确定。因此,在无界空间中,散度与旋度均处处为0的矢量场是不存在的,因为任何一个物理场都必须有源,场是同源一起出现的,源是产生场的起因。

必须指出,只有在$\boldsymbol{F}$连续的区域内,$\nabla\cdot\boldsymbol{F}$和$\nabla\times\boldsymbol{F}$才有意义,因为它们都包含着对空间坐标的导数。在区域内如果存在$\boldsymbol{F}$不连续的表面,则在这些表面上就不存在$\boldsymbol{F}$的导数,因而也就不能使用散度和旋度来分析表面附近的场的性质。

亥姆霍兹定理总结了矢量场的基本性质,其意义是非常重要的。分析矢量场时:总是从研究它的散度和旋度着手,得到的散度方程和旋度方程组成了矢量场的基本方程的微分形式;或者从矢量场沿闭合曲面的通量和沿闭合路径的环流着手,得到矢量场的基本方程的积分形式。

小　　结

1. 矢量代数

矢量点积:$\boldsymbol{A}\cdot\boldsymbol{B}=AB\cos\theta$

矢量叉积:$\boldsymbol{A}\times\boldsymbol{B}=\boldsymbol{a}_n AB\sin\theta$

标量三重积:$\boldsymbol{A}\cdot(\boldsymbol{B}\times\boldsymbol{C})=\boldsymbol{B}\cdot(\boldsymbol{C}\times\boldsymbol{A})=\boldsymbol{C}\cdot(\boldsymbol{A}\times\boldsymbol{B})$

矢量三重积:$\boldsymbol{A}\times(\boldsymbol{B}\times\boldsymbol{C})=\boldsymbol{B}(\boldsymbol{A}\cdot\boldsymbol{C})-\boldsymbol{C}(\boldsymbol{A}\cdot\boldsymbol{B})$

2. 三种常用正交坐标系

直角坐标系;圆柱坐标系;球坐标系

单位矢量:$\boldsymbol{a}_x,\boldsymbol{a}_y,\boldsymbol{a}_z$;　$\boldsymbol{a}_r,\boldsymbol{a}_\varphi,\boldsymbol{a}_z$;　$\boldsymbol{a}_R,\boldsymbol{a}_\theta,\boldsymbol{a}_\varphi$

位置矢量:$\boldsymbol{R}=\boldsymbol{a}_x x+\boldsymbol{a}_y y+\boldsymbol{a}_z z$;　$\boldsymbol{R}=\boldsymbol{a}_r r+\boldsymbol{a}_z z$;　$\boldsymbol{R}=\boldsymbol{a}_R R$

线元:$\begin{cases}\mathrm{d}l_x=\mathrm{d}x\\ \mathrm{d}l_y=\mathrm{d}y\\ \mathrm{d}l_z=\mathrm{d}z\end{cases}$;　$\begin{cases}\mathrm{d}l_r=\mathrm{d}r\\ \mathrm{d}l_\varphi=r\mathrm{d}\varphi\\ \mathrm{d}l_z=\mathrm{d}z\end{cases}$;　$\begin{cases}\mathrm{d}l_R=\mathrm{d}R\\ \mathrm{d}l_\theta=R\mathrm{d}\theta\\ \mathrm{d}l_\varphi=R\sin\theta\mathrm{d}\varphi\end{cases}$

面元:$\begin{cases}\mathrm{d}S_x=\mathrm{d}y\mathrm{d}z\\ \mathrm{d}S_y=\mathrm{d}x\mathrm{d}z\\ \mathrm{d}S_z=\mathrm{d}x\mathrm{d}y\end{cases}$;　$\begin{cases}\mathrm{d}S_r=r\mathrm{d}\varphi\mathrm{d}z\\ \mathrm{d}S_\varphi=\mathrm{d}r\mathrm{d}z\\ \mathrm{d}S_z=r\mathrm{d}r\mathrm{d}\varphi\end{cases}$;　$\begin{cases}\mathrm{d}S_r=R^2\sin\theta\mathrm{d}\theta\mathrm{d}\varphi\\ \mathrm{d}S_\theta=R\sin\theta\mathrm{d}R\mathrm{d}\varphi\\ \mathrm{d}S_\varphi=R\mathrm{d}R\mathrm{d}\theta\end{cases}$

体积元:$\mathrm{d}V=\mathrm{d}x\mathrm{d}y\mathrm{d}z$;　$\mathrm{d}V=r\mathrm{d}r\mathrm{d}\varphi\mathrm{d}z$;　$\mathrm{d}V=R^2\sin\theta\mathrm{d}R\mathrm{d}\theta\mathrm{d}\varphi$

3. 标量场的梯度

等值面方程:　$u(x,y,z)=C$

标量场的方向导数:$\dfrac{\partial u}{\partial l}=\dfrac{\partial u}{\partial x}\cos\alpha+\dfrac{\partial u}{\partial y}\cos\beta+\dfrac{\partial u}{\partial z}\cos\gamma$(直角坐标系下)

标量场的梯度:

直角坐标系:　$\nabla u=\boldsymbol{a}_x\dfrac{\partial u}{\partial x}+\boldsymbol{a}_y\dfrac{\partial u}{\partial y}+\boldsymbol{a}_z\dfrac{\partial u}{\partial z}$

圆柱坐标系:　$\nabla u=\boldsymbol{a}_r\dfrac{\partial u}{\partial r}+\boldsymbol{a}_\varphi\dfrac{\partial u}{r\partial\varphi}+\boldsymbol{a}_z\dfrac{\partial u}{\partial z}$

球坐标系：$$\nabla u = \boldsymbol{a}_R \frac{\partial u}{\partial R} + \boldsymbol{a}_\theta \frac{\partial u}{R\partial\theta} + \boldsymbol{a}_\varphi \frac{\partial u}{R\sin\theta\partial\varphi}$$

4. 矢量场的散度

矢量线方程：$$\frac{\mathrm{d}x}{F_x} = \frac{\mathrm{d}y}{F_y} = \frac{\mathrm{d}z}{F_z}$$

矢量场的通量：$\Psi = \oint_S \boldsymbol{F} \cdot \mathrm{d}\boldsymbol{S} = \oint_S \boldsymbol{F} \cdot \boldsymbol{a}_\mathrm{n} \mathrm{d}S$(穿过闭合面的通量)

矢量场的散度：

直角坐标系：$$\nabla\cdot \boldsymbol{F} = \frac{\partial F_x}{\partial x} + \frac{\partial F_y}{\partial y} + \frac{\partial F_z}{\partial z}$$

圆柱坐标系：$$\nabla\cdot \boldsymbol{F} = \frac{1}{r}\frac{\partial}{\partial r}(rF_r) + \frac{1}{r}\frac{\partial F_\varphi}{\partial\varphi} + \frac{\partial F_z}{\partial z}$$

球坐标系：$$\nabla\cdot \boldsymbol{F} = \frac{1}{R^2}\frac{\partial}{\partial R}(R^2 F_R) + \frac{1}{R\sin\theta}\frac{\partial}{\partial\theta}(\sin\theta F_\theta) + \frac{1}{R\sin\theta}\frac{\partial F_\varphi}{\partial\varphi}$$

散度定理：$$\int_V \nabla\cdot \boldsymbol{F}\mathrm{d}V = \oint_S \boldsymbol{F} \cdot \mathrm{d}\boldsymbol{S}$$

5. 矢量场的旋度

矢量场的环流：$$\Gamma = \oint_C \boldsymbol{F} \cdot \mathrm{d}\boldsymbol{l}$$

矢量场的旋度：

直角坐标系：$$\nabla\times \boldsymbol{F} = \begin{vmatrix} \boldsymbol{a}_x & \boldsymbol{a}_y & \boldsymbol{a}_z \\ \dfrac{\partial}{\partial x} & \dfrac{\partial}{\partial y} & \dfrac{\partial}{\partial z} \\ F_x & F_y & F_z \end{vmatrix}$$

圆柱坐标系：$$\nabla\times \boldsymbol{F} = \begin{vmatrix} \boldsymbol{a}_r & r\boldsymbol{a}_\varphi & \boldsymbol{a}_z \\ \dfrac{\partial}{\partial r} & \dfrac{\partial}{\partial \varphi} & \dfrac{\partial}{\partial z} \\ F_r & rF_\varphi & F_z \end{vmatrix}$$

球坐标系：$$\nabla\times \boldsymbol{F} = \frac{1}{R^2\sin\theta}\begin{vmatrix} \boldsymbol{a}_R & R\boldsymbol{a}_\theta & R\sin\theta\boldsymbol{a}_\varphi \\ \dfrac{\partial}{\partial R} & \dfrac{\partial}{\partial \theta} & \dfrac{\partial}{\partial \varphi} \\ F_R & RF_\theta & R\sin\theta F_\varphi \end{vmatrix}$$

散度定理：$$\int_S \nabla\times \boldsymbol{F} \cdot \mathrm{d}\boldsymbol{S} = \oint_C \boldsymbol{F} \cdot \mathrm{d}\boldsymbol{l}$$

6. 无旋场与无散场　拉普拉斯运算

无旋场：$\nabla\times \boldsymbol{F} \equiv 0$，　$\boldsymbol{F} = -\nabla u$，　$\oint_C \boldsymbol{F} \cdot \mathrm{d}\boldsymbol{l} = 0$

无散场：$\nabla\cdot \boldsymbol{F} \equiv 0$，　$\boldsymbol{F} = \nabla\times \boldsymbol{A}$，　$\oint_S \boldsymbol{F} \cdot \mathrm{d}\boldsymbol{S} = 0$

标量拉普拉斯运算：$$\nabla\cdot(\nabla u) = \nabla^2 u$$

直角坐标系：$$\nabla^2 u = \nabla\cdot\left(\boldsymbol{a}_x \frac{\partial u}{\partial x} + \boldsymbol{a}_y \frac{\partial u}{\partial y} + \boldsymbol{a}_z \frac{\partial u}{\partial z}\right) = \frac{\partial^2 u}{\partial x^2} + \frac{\partial^2 u}{\partial y^2} + \frac{\partial^2 u}{\partial z^2}$$

圆柱坐标系： $\nabla^2 u=\frac{1}{r}\frac{\partial}{\partial r}(r\frac{\partial u}{\partial r})+\frac{1}{r^2}\frac{\partial^2 u}{\partial\varphi^2}+\frac{\partial^2 u}{\partial z^2}$

球坐标系： $\nabla^2 u=\frac{1}{R^2}\frac{\partial}{\partial R}\left(R^2\frac{\partial u}{\partial R}\right)+\frac{1}{R^2\sin\theta}\frac{\partial}{\partial\theta}\left(\sin\theta\frac{\partial u}{\partial\theta}\right)+\frac{1}{R^2\sin^2\theta}\frac{\partial^2 u}{\partial\varphi^2}$

矢量拉普拉斯运算： $\nabla^2\boldsymbol{F}=\nabla(\nabla\cdot\boldsymbol{F})-\nabla\times(\nabla\times\boldsymbol{F})$

7. 亥姆霍兹定理

在有限的区域 V 内，任一矢量场由它的散度、旋度和边界条件(即限定区域 V 的闭合面 S 上的矢量场的分布) 唯一地确定，且可表示为

$$\boldsymbol{F}(\boldsymbol{R})=-\nabla u(\boldsymbol{R})+\nabla\times\boldsymbol{A}(\boldsymbol{R})$$

习　题

1.1　给定三个矢量 $\boldsymbol{A}$,$\boldsymbol{B}$ 和 $\boldsymbol{C}$ 如下：

$$\boldsymbol{A}=\boldsymbol{a}_x+\boldsymbol{a}_y\cdot 2-\boldsymbol{a}_z\cdot 3$$

$$\boldsymbol{B}=-\boldsymbol{a}_y\cdot 4+\boldsymbol{a}_z$$

$$\boldsymbol{C}=\boldsymbol{a}_x\cdot 5-\boldsymbol{a}_z\cdot 2$$

求：(1)$\boldsymbol{a}_A$；

(2) $|\boldsymbol{A}-\boldsymbol{B}|$；

(3)$\boldsymbol{A}\cdot\boldsymbol{B}$；

(4)θ_{AB}；

(5)$\boldsymbol{A}$ 在 $\boldsymbol{B}$ 上的分量；

(6)$\boldsymbol{A}\times\boldsymbol{C}$；

(7)$\boldsymbol{A}\cdot(\boldsymbol{B}\times\boldsymbol{C})$ 和$(\boldsymbol{A}\times\boldsymbol{B})\cdot\boldsymbol{C}$；

(8)$(\boldsymbol{A}\times\boldsymbol{B})\times\boldsymbol{C}$ 和 $\boldsymbol{A}\times(\boldsymbol{B}\times\boldsymbol{C})$。

1.2　求点 $P'(-3,1,4)$ 到点 $P(2,-2,3)$ 的距离矢量 $\boldsymbol{R}$ 及 $\boldsymbol{R}$ 的方向。

1.3　证明：如果 $\boldsymbol{A}\cdot\boldsymbol{B}=\boldsymbol{A}\cdot\boldsymbol{C}$ 和 $\boldsymbol{A}\times\boldsymbol{B}=\boldsymbol{A}\times\boldsymbol{C}$，则 $\boldsymbol{B}=\boldsymbol{C}$。

1.4　如果给定一未知矢量与一已知矢量的标量积和矢量积，那么便可以确定该未知矢量。设 $\boldsymbol{A}$ 为一已知矢量，$p=\boldsymbol{A}\cdot\boldsymbol{X}$ 而 $\boldsymbol{P}=\boldsymbol{A}\times\boldsymbol{X}$，$p$ 和 $\boldsymbol{P}$ 已知，试求 $\boldsymbol{X}$。

1.5　在圆柱坐标中，一点的位置由 $\left(4,\frac{2\pi}{3},3\right)$ 定出，求该点在：

(1) 直角坐标中的坐标；

(2) 球坐标中的坐标。

1.6　用球坐标表示的场 $\boldsymbol{E}=\boldsymbol{a}_R\frac{25}{R^2}$。

(1) 求在直角坐标中点$(-3,4,-5)$ 处的 $|\boldsymbol{E}|$ 和 E_x；

(2) 求在直角坐标中点$(-3,4,-5)$ 处 $\boldsymbol{E}$ 与矢量 $\boldsymbol{B}=\boldsymbol{a}_x\cdot 2-\boldsymbol{a}_y\cdot 2+\boldsymbol{a}_z$ 构成的夹角。

1.7　已知标量函数 $u=x^2yz$，求 u 在点$(2,3,1)$ 处沿指定方向 $\boldsymbol{a}_l=\boldsymbol{a}_x\cdot\frac{3}{\sqrt{50}}+\boldsymbol{a}_y\cdot\frac{4}{\sqrt{50}}+\boldsymbol{a}_z\cdot\frac{5}{\sqrt{50}}$ 的方向导数。

1.8　已知标量函数 $u=x^2+2y^2+3z^2+3x-2y-6z$。

(1) 求∇u。

(2) 在哪些点上∇u 等于 0?

1.9　利用直角坐标,证明

$$\nabla(uv)=u\nabla v+v\nabla u$$

1.10　一球面 S 的半径为 5,球心在原点上,计算$\oint_S(\boldsymbol{a}_R\sin\theta)\cdot \mathrm{d}\boldsymbol{S}$ 的值。

1.11　已知矢量 $\boldsymbol{E}=\boldsymbol{a}_x(x^2+axz)+\boldsymbol{a}_y(xy^2+by)+\boldsymbol{a}_z(z-z^2+czx-2xyz)$,试确定常数 a,b,c 使 $\boldsymbol{E}$ 为无源场。

1.12　在由 $r=5,z=0$ 和 $z=4$ 围成的圆柱形区域,对矢量 $\boldsymbol{a}=\boldsymbol{a}_r r^2+\boldsymbol{a}_z 2z$ 验证散度定理。

1.13　(1) 求矢量 $\boldsymbol{A}=\boldsymbol{a}_x x^2+\boldsymbol{a}_y x^2y^2+\boldsymbol{a}_z\cdot 24x^2y^2z^3$ 的散度。

(2) 求$\nabla\cdot\boldsymbol{A}$ 对中心在原点的一个单位立方体的积分。

(3) 求 $\boldsymbol{A}$ 对此立方体表面的积分,验证散度定理。

1.14　求矢量 $\boldsymbol{A}=\boldsymbol{a}_x x+\boldsymbol{a}_y x^2+\boldsymbol{a}_z y^2 z$ 沿 xy 平面上的一个边长为 2 的正方形回路的线积分,此正方形的两边分别与 x 轴和 y 轴相重合。再求$\nabla\times\boldsymbol{A}$ 对此回路所包围的曲面的面积分,验证斯托克斯定理。

1.15　现有三个矢量 $\boldsymbol{A},\boldsymbol{B},\boldsymbol{C}$ 分别为

$$\boldsymbol{A}=\boldsymbol{a}_R\sin\theta\cos\varphi+\boldsymbol{a}_\theta\cos\theta\cos\varphi-\boldsymbol{a}_\varphi\sin\varphi$$

$$\boldsymbol{B}=\boldsymbol{a}_r z^2\sin\varphi+\boldsymbol{a}_\varphi z^2\cos\varphi+\boldsymbol{a}_z\cdot 2rz\sin\varphi$$

$$\boldsymbol{C}=\boldsymbol{a}_x(3y^2-2x)+\boldsymbol{a}_y x^2+\boldsymbol{a}_z\cdot 2z$$

(1) 哪些矢量可以由一个标量函数的梯度表示?哪些矢量可以由一个矢量函数的旋度表示?

(2) 求出这些矢量的源分布。

1.16　利用散度定理及斯托克斯定理可以在更普遍的意义下证明$\nabla\times(\nabla u)=0$ 及$\nabla\cdot(\nabla\times\boldsymbol{A})=0$,试证明之。

第2章 静电场

带电体之间存在的相互作用力，是通过带电体周围的电场来实现的，这已是大家所熟知的事实。本章讨论一种最简单的情况：静电场。它是由对观察者来说是静止的电荷所产生的电场。静电学所研究的主要内容是电荷分布和电场分布的关系。它的分析方法、计算方法是分析和计算更加复杂的电磁场问题的基础。

首先，为了便于理解，仍然采用所谓的归纳法，即从库仑定律这个实验结果出发，导出点电荷的场；其次，应用叠加原理建立各种分布电荷的电场的计算式；再次，由静电场的做功特性和通量特性总结出静电场的基本性质和所服从的积分方程、微分方程；然后，讨论有电介质存在时静电场的基本性质和边界条件；最后，根据唯一性定理讨论几种特殊情形下静电场的解法。

2.1 库仑定律 电场强度

库仑定律是实验结果，是关于两个点电荷之间作用力的定量描述。1785年，法国科学家库仑通过著名的“扭秤实验”，总结出真空中两点电荷间相互作用力的规律。如图2.1所示，真空中两点电荷 q_1，q_2 相距为 R 时，点电荷 q_1 对点电荷 q_2 的作用力可以由下式算出：

$$\boldsymbol{F}_{12}=\frac{q_1 q_2}{4\pi\varepsilon_0 R^2}\boldsymbol{a}_R \tag{2.1}$$

式中：$\boldsymbol{a}_R=\boldsymbol{R}/R$ 是单位矢量，其方向由 q_1 指向 q_2；$\varepsilon_0=1/(36\pi\times10^9)\approx8.85\times10^{-12}\,\text{F/m}$，称为真空（或自由空间）的电容率（介电常数）。

q_1，q_2 同号时是排斥力，异号时是吸引力。

用电场强度 $\boldsymbol{E}$ 这个物理量来度量点电荷 q 的电场。

有一电量很小的点电荷 q_0（称为实验电荷，它的存在不影响原来的电荷分布）置于距 q 为 R 的电场中，根据式(2.1)，它受到 q 的作用力为

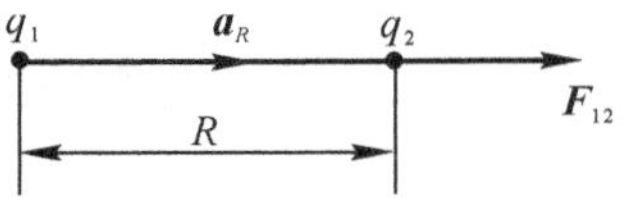

图2.1 q_1 对 q_2 的作用力

$$\boldsymbol{F}=\frac{qq_0}{4\pi\varepsilon_0 R^2}\boldsymbol{a}_R \tag{2.2}$$

那么单位电荷受到的作用力，就称为该点的电场强度 $\boldsymbol{E}$，即

$$\boldsymbol{E}=\frac{\boldsymbol{F}}{q_0}=\frac{q}{4\pi\varepsilon_0 R^2}\boldsymbol{a}_R=\frac{q\boldsymbol{R}}{4\pi\varepsilon_0 R^3} \tag{2.3}$$

显然，电场强度是表征电荷 q 周围存在着的电场本身的物理量，它与实验电荷的存在与否无关。

电荷所在点，称之为源点，在坐标系中源点坐标用右上角加“′”的坐标变量表示，而场点用原坐标变量表示。如在直角坐标中，电荷 q 所在的位置（源点）为 (x',y',z') 点，实验电荷 q_0 所在位置（场点）为 (x,y,z) 点，那么源点到场点的矢量为

$$\boldsymbol{R}=\boldsymbol{a}_x(x-x')+\boldsymbol{a}_y(y-y')+\boldsymbol{a}_z(z-z') \tag{2.4}$$

其模

$$R=[(x-x')^2+(y-y')^2+(z-z')^2]^{\frac{1}{2}} \tag{2.5}$$

单位矢量为

$$\boldsymbol{a}_R=\frac{\boldsymbol{R}}{R} \tag{2.6}$$

如图 2.2 所示。

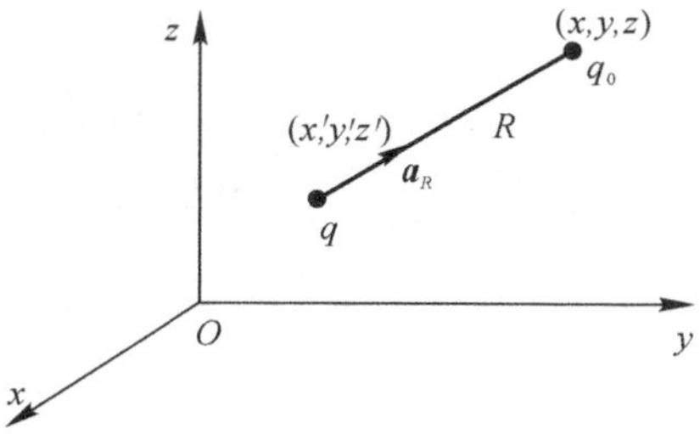

图 2.2　源点与场点

由式(2.3) 可以看出，指定场点的电场强度与点电荷的电量成正比。场与源的这种线性关系使得可以采用矢量叠加法来计算多个点电荷产生的电场强度。

设自由空间中有 N 个点电荷 $q_1,q_2,\cdots,q_N$，在场点 $M(x,y,z)$ 的电场强度分别为 $\boldsymbol{E}_1,\boldsymbol{E}_2,\cdots,\boldsymbol{E}_N$，那么

$$\boldsymbol{E}_i=\frac{q_i}{4\pi\varepsilon_0 R_i^2}\boldsymbol{a}_{R_i}=\frac{q_i}{4\pi\varepsilon_0 R_i^3}\boldsymbol{R}_i,\quad i=1,2,\cdots,N \tag{2.7}$$

式中，$R_i=\sqrt{(x-x_i')^2+(y-y_i')^2+(z-z_i')^2}$ 是位于 (x_i',y_i',z_i') 的 q_i 到场点 $M(x,y,z)$ 的距离。根据矢量叠加原理，N 个点电荷在场点 M 的合成场为

$$\boldsymbol{E}=\sum_{i=1}^{N}\boldsymbol{E}_i=\frac{1}{4\pi\varepsilon_0}\sum_{i=1}^{N}\frac{q_i}{R_i^2}\boldsymbol{a}_{R_i}=\frac{1}{4\pi\varepsilon_0}\sum_{i=1}^{N}\frac{q_i}{R_i^3}\boldsymbol{R}_i \tag{2.8}$$

即场点 M 的电场强度等于各个点电荷在该点电场强度的矢量和。

例 2.1　三个点电荷 $q_1=2$ C，$q_2=-2$ C 和 $q_3=1$ C，分别位于 (1,1,0)，(1,0,1) 和 (0,1,1) 点，求坐标原点的电场强度 $\boldsymbol{E}$。

解　先分别求每个点电荷在坐标原点的电场强度 $\boldsymbol{E}_1,\boldsymbol{E}_2$ 和 $\boldsymbol{E}_3$。

因为 q_1 位于 (1,1,0) 点，场点为 (0,0,0)，所以

$$\boldsymbol{R}_1=\boldsymbol{a}_x(0-1)+\boldsymbol{a}_y(0-1)+\boldsymbol{a}_z(0-0)=-\boldsymbol{a}_x-\boldsymbol{a}_y$$

$$R_1=\sqrt{1^2+1^2}=\sqrt{2}$$

则

$$\boldsymbol{E}_1=\frac{2}{4\pi\varepsilon_0(\sqrt{2})^3}(-\boldsymbol{a}_x-\boldsymbol{a}_y)=\frac{1}{4\pi\varepsilon_0\sqrt{2}}(-\boldsymbol{a}_x-\boldsymbol{a}_y)$$

同理，可得

$$\boldsymbol{R}_2=-\boldsymbol{a}_x-\boldsymbol{a}_z,\quad R_2=\sqrt{2}$$

$$\boldsymbol{E}_2=\frac{-2}{4\pi\varepsilon_0(\sqrt{2})^3}=\frac{1}{4\pi\varepsilon_0\sqrt{2}}(\boldsymbol{a}_x+\boldsymbol{a}_z)$$

$$\boldsymbol{R}_3=-\boldsymbol{a}_y-\boldsymbol{a}_z,\quad R_3=\sqrt{2}$$

$$\boldsymbol{E}_3=\frac{1}{8\pi\varepsilon_0\sqrt{2}}(-\boldsymbol{a}_y-\boldsymbol{a}_z)$$

则坐标原点的电场强度为

$$\boldsymbol{E}=\sum_{i=1}^{3}\boldsymbol{E}_i=\frac{1}{4\pi\varepsilon_0\sqrt{2}}\left[(-\boldsymbol{a}_x-\boldsymbol{a}_y)+(\boldsymbol{a}_x+\boldsymbol{a}_z)-\frac{1}{2}(\boldsymbol{a}_y+\boldsymbol{a}_z)\right]=$$

$$\frac{1}{8\sqrt{2}\pi\varepsilon_0}(-3\boldsymbol{a}_y+\boldsymbol{a}_z)\quad(\mathrm{V/m})$$

在这个例题中假定长度单位是米(m)，这样电场强度的量纲才是伏/米(V/m)。

如果电荷分布在一个体积 τ 内，电荷密度 $\rho=\frac{\mathrm{d}q}{\mathrm{d}\tau}(\mathrm{C/m^3})$，微分体积元 $\mathrm{d}\tau$ 内的电荷 $\mathrm{d}q=\rho\mathrm{d}\tau$ 可看成是点电荷，它在场点 P 的电场强度为

$$\mathrm{d}\boldsymbol{E}=\frac{\rho\mathrm{d}\tau}{4\pi\varepsilon_0 R^2}\boldsymbol{a}_R \tag{2.9}$$

如图 2.3 所示，根据场和电荷之间的线性关系，体积 τ 内的全部电荷在场点 P 的电场强度为

$$\boldsymbol{E}=\frac{1}{4\pi\varepsilon_0}\int_\tau\frac{\rho}{R^2}\boldsymbol{a}_R\mathrm{d}\tau \tag{2.10}$$

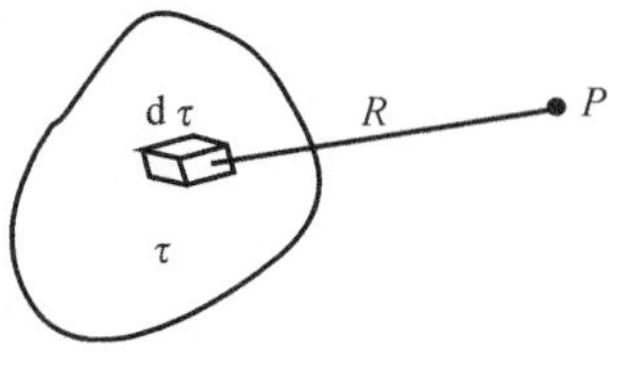

图 2.3　体电荷的电场

在直角坐标系中，ρ 是 x',y',z' 的函数，那么 $\mathrm{d}\tau=\mathrm{d}x'\mathrm{d}y'\mathrm{d}z'$，而 $\boldsymbol{R}=\boldsymbol{a}_x(x-x')+\boldsymbol{a}_y(y-y')+\boldsymbol{a}_z(z-z')$，即积分变量是 x',y',z'，积分结果 $\boldsymbol{E}$ 是 x,y,z 的函数。

同理，如果电荷分布在一个面 S 上，其电荷密度为 $\rho_S=\frac{\mathrm{d}q}{\mathrm{d}S}(\mathrm{C/m^2})$，场点 P 的电场强度为

$$\boldsymbol{E}=\frac{1}{4\pi\varepsilon_0}\int_S\frac{\rho_S}{R^2}\boldsymbol{a}_R\mathrm{d}S \tag{2.11}$$

如果电荷分布在一条线 l 上，电荷密度为 $\rho_l=\frac{\mathrm{d}q}{\mathrm{d}l}(\mathrm{C/m})$，场点 P 的电场强度为

$$\boldsymbol{E}=\frac{1}{4\pi\varepsilon_0}\int_l\frac{\rho_l}{R^2}\boldsymbol{a}_R\mathrm{d}l \tag{2.12}$$

例 2.2　无限长直线上均匀分布着线密度为 ρ_l 的电荷，求线外任一点的电场强度。

解　选择柱面坐标，将线电荷与 z 轴重合，如图 2.4 所示。直观上可以看出，所求电场与 φ 无关，即具有轴对称性。其实坐标原点在线上任意点都无妨，这是因为带电荷线是无限长的，所以可以将场点选在 $P(r,0,0)$，即 P 点在 x 轴上。在坐标 z' 处取一长度增量 $\mathrm{d}z'$，那么 $\rho_l\mathrm{d}z'$ 可视为点电荷，它在 P 点的电场强度为

$$\mathrm{d}\boldsymbol{E}_1=\frac{\rho_l\mathrm{d}z'}{4\pi\varepsilon_0 R_1^2}\boldsymbol{a}_{R_1}$$

对称于 $z=0$ 平面在 $-z'$ 处取一长度增量 $\mathrm{d}z'$，$\rho_l\mathrm{d}z'$ 亦可以看成点电荷，它在 P 点的电场强度为

$$\mathrm{d}\boldsymbol{E}_2=\frac{\rho_l\mathrm{d}z'}{4\pi\varepsilon_0 R_2^2}\boldsymbol{a}_{R_2}$$

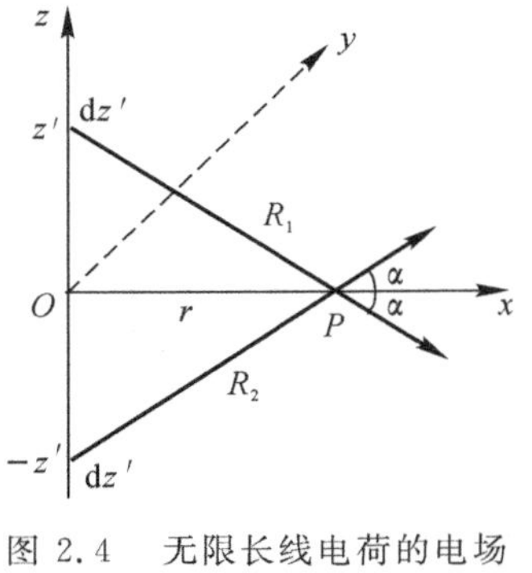

图 2.4　无限长线电荷的电场

$\mathrm{d}\boldsymbol{E}_1$ 和 $\mathrm{d}\boldsymbol{E}_2$ 的模相等，它们在 r 方向的投影之和为

$$\mathrm{d}E_r=2\times\frac{\rho_l\mathrm{d}z'}{4\pi\varepsilon_0 R^2}\cos\alpha$$

在 z 轴方向投影之和

$$dE_z = 0$$

其中，$R = R_1 = R_2 = \sqrt{r^2 + z'^2}$，$\cos\alpha = \dfrac{r}{\sqrt{r^2 + z'^2}}$ 则无限长线电荷在场点 P 的电场强度为

$$E_r = \int_0^\infty dE_r = \frac{\rho_l}{2\pi\varepsilon_0}\int_0^\infty \frac{r dz'}{(r^2 + z'^2)^{3/2}} = \frac{\rho_l}{2\pi\varepsilon_0} \frac{rz'}{r^2\sqrt{r^2 + z'^2}}\bigg|_0^\infty = \frac{\rho_l}{2\pi\varepsilon_0 r}$$

无限长均匀带电线的电场强度仅与 r（即到该线的距离）相关。请记住此式及其结论，在后续内容中还将用到它。

在物理学中，曾经学过关于电场强度的高斯定理：在真空中电场强度沿任意闭合面的通量恒等于闭合面内所包围的电荷量的代数和与 ε_0 之比值，用数学形式描述为

$$\oint_S \boldsymbol{E} \cdot d\boldsymbol{S} = \frac{\sum q}{\varepsilon_0} \tag{2.13}$$

这个定理在计算电荷按一定的对称性分布使选择的闭合面（也称高斯面）上的 $\boldsymbol{E}$ 相等并与该面垂直时，是很方便的。

例 2.3 在内半径为 R_1，外半径为 R_2 的球壳中均匀分布电荷，其体密度为 ρ，求空间任意点的电场强度。

解 将带电荷球壳的球心置于球面坐标的原点，电场强度 $\boldsymbol{E}$ 只有 E_R 分量。所取高斯面是以原点为球心的球面，$\boldsymbol{E}$ 与高斯面垂直。由于电荷是中心对称分布的，所以高斯面上电场强度处处相等，即可以用高斯定理解题。

当 $R \leqslant R_1$ 时，高斯面内无电荷，故

$$\oint_S \boldsymbol{E} \cdot d\boldsymbol{S} = 0$$

$$E_R = 0, \quad R \leqslant R_1$$

当 $R_1 < R \leqslant R_2$ 时，高斯面内电荷为

$$q = \rho\left(\frac{4\pi}{3}R^3 - \frac{4\pi}{3}R_1^3\right) = \frac{4\pi\rho}{3}(R^3 - R_1^3)$$

所以

$$\oint_S \boldsymbol{E} \cdot d\boldsymbol{S} = 4\pi R^2 E_R = \frac{4\pi\rho}{3\varepsilon_0}(R^3 - R_1^3)$$

得

$$E_R = \frac{\rho}{3\varepsilon_0 R^2}(R^3 - R_1^3), \quad R_1 < R \leqslant R_2$$

当 $R > R_2$ 时，高斯面内的电荷为

$$q = \rho\left(\frac{4\pi}{3}R_2^3 - \frac{4\pi}{3}R_1^3\right) = \frac{4\pi\rho}{3}(R_2^3 - R_1^3)$$

所以

$$\oint_S E \cdot dS = 4\pi R^2 E_R = \frac{4\pi\rho}{3\varepsilon_0}(R_2^3 - R_1^3)$$

$$E_R = \frac{\rho}{3\varepsilon_0 R^2}(R_2^3 - R_1^3), \quad R > R_2$$

2.2 静电场的基本方程

静电场中，电场强度这个物理量是矢量，高斯定理说明了它是有通量源的场，通量与源的关系用式(2.13)来表示。将它写成更一般的形式：

$$\oint_S \boldsymbol{E} \cdot \mathrm{d}\boldsymbol{S} = \frac{1}{\varepsilon_0}\int_V \rho \,\mathrm{d}V \tag{2.14}$$

式中，ρ 为闭合面 S 所包围体积 V 中的电荷体密度。根据高斯散度定理，由式(2.14) 可得

$$\oint_S \boldsymbol{E} \cdot \mathrm{d}\boldsymbol{S} = \int_V \nabla\cdot \boldsymbol{E}\mathrm{d}V = \frac{1}{\varepsilon_0}\int_V \rho \,\mathrm{d}V$$

得到

$$\nabla\cdot \boldsymbol{E} = \frac{\rho}{\varepsilon_0} \tag{2.15}$$

式(2.15) 说明电场强度 $\boldsymbol{E}$ 的通量密度为电荷密度的 $1/\varepsilon_0$ 倍。

式(2.14) 是电场强度通量性质的积分公式，是大范围特性；式(2.15) 是通量性质的微分公式，是点上的特性：式中的 $\boldsymbol{E}$，ρ 是同一点的电场强度和电荷密度。

例 2.4　半径为 a 的球中充满密度为 $\rho(R)$ 的电荷，已知电场为

$$E_R = \begin{cases} R^3 + AR^2, & R \leqslant a \\ (a^5 + Aa^4)R^{-2}, & R > a \end{cases}$$

求电荷密度 $\rho(R)$。

解　在 $R \leqslant a$ 的球内

$$\nabla\cdot \boldsymbol{E} = \frac{1}{R^2}\frac{\partial}{\partial R}(R^2 E_R) = \frac{1}{R^2}\frac{\partial}{\partial R}[R^2(R^3 + AR^2)] = \frac{1}{R^2}(5R^4 + 4AR^3) =$$

$$5R^2 + 4AR = \frac{\rho(R)}{\varepsilon_0}$$

得到电荷密度分布

$$\rho(R) = \varepsilon_0(5R^2 + 4AR)$$

在 $R > a$ 的球外

$$\nabla\cdot \boldsymbol{E} = \frac{1}{R^2}\frac{\partial}{\partial R}(R^2 E_R) = \frac{1}{R^2}\frac{\partial}{\partial R}[R^2(a^5 + Aa^4)R^{-2}] = 0 = \frac{\rho(R)}{\varepsilon_0}$$

得到

$$\rho(R) = 0$$

结果

$$\rho(R) = \begin{cases} \varepsilon_0(5R^2 + 4AR), & R \leqslant a \\ 0, & R > a \end{cases}$$

在物理学中，讨论过点电荷电场力的做功特性：实验电荷在电场中移动时，电场力所做的功，仅与实验电荷的大小以及路径的起点和终点位置有关，而与路径无关。其实这个结论对于多个点电荷和分布电荷所形成的静电场都是适用的，因为任何分布电荷的静电场都可以看成是电荷系统中各个点电荷电场的叠加，实验电荷在电场中移动时电场力所做的功，就等于各个点电荷的电场力所做的功的代数和。既然每个点电荷的电场力所做的功与路径无关，相应的代数和也就与路径无关。因此，由点电荷电场而引出的电位、电压(电位差) 及保守场(也称位场) 等概念，都适用于任何分布电荷的静电场。例如，电场中 A 点的电位(若以 P 点为电位参考点) 为

$$\Phi_A = \int_A^P \boldsymbol{E} \cdot \mathrm{d}\boldsymbol{l} \tag{2.16}$$

A，B 两点的电位差

$$V_{AB} = \int_A^B \boldsymbol{E} \cdot \mathrm{d}\boldsymbol{l} \tag{2.17}$$

静电场保守性

$$\oint_C \boldsymbol{E}\cdot \mathrm{d}\boldsymbol{l}=0 \tag{2.18}$$

等都适用于任何分布电荷的静电场。在有限分布电荷的电场中，可将参考点 P 选至无限远处，而在无限分布电荷(例如，无限长分布线电荷、无限大面电荷等)，参考点 P 只能是电场中的某点，而不能选在无限远处，否则场中某点的电位也将是无限大。

已知点电荷 q 的电位

$$\Phi=\int_R^{R_P}\boldsymbol{E}\cdot \mathrm{d}\boldsymbol{l}=\int_R^{R_P}\frac{q}{4\pi\varepsilon_0 R^2}\boldsymbol{a}_R\cdot \mathrm{d}\boldsymbol{l}=\frac{q}{4\pi\varepsilon_0 R}-\frac{q}{4\pi\varepsilon_0 R_P}=\frac{q}{4\pi\varepsilon_0 R}+C \tag{2.19}$$

式中：R 是场点到电荷 q 的距离；R_P 是参考点到电荷 q 的距离；C 是常数。根据叠加原理我们可以直接得到分布线电荷、面电荷和体电荷的电位。

线电荷：
$$\Phi=\frac{1}{4\pi\varepsilon_0}\int_l\frac{\rho_l \mathrm{d}l}{R}+C \tag{2.20}$$

面电荷：
$$\Phi=\frac{1}{4\pi\varepsilon_0}\int_S\frac{\rho_S \mathrm{d}S}{R}+C \tag{2.21}$$

体电荷：
$$\Phi=\frac{1}{4\pi\varepsilon_0}\int_\tau\frac{\rho \mathrm{d}V}{R}+C \tag{2.22}$$

例 2.5　一半径为 a 的带电圆环，电荷均匀分布，电荷线密度为 ρ_l，求过圆环中心并与环面垂直的线上任意点的电位。

解　将此圆环置于柱面坐标 $z=0$ 的平面，并使圆环中心与坐标原点重合，如图 2.5 所示。其中 $\mathrm{d}l=a\mathrm{d}\varphi$，$R=(z^2+a^2)^{1/2}$，按式(2.20)有

$$\Phi=\frac{1}{4\pi\varepsilon_0}\int_l\frac{\rho_l \mathrm{d}l}{R}+C=\frac{\rho_l a}{4\pi\varepsilon_0\,(z^2+a^2)^{1/2}}\int_0^{2\pi}\mathrm{d}\varphi+C=\frac{\rho_l a}{2\varepsilon_0\,(z^2+a^2)^{1/2}}+C$$

若选取无限远处为 Φ 的参考点($\Phi_\infty=0$)，$C=0$，则 z 轴上任意点的电位为

$$\Phi=\frac{\rho_l a}{2\varepsilon_0\,(z^2+a^2)^{1/2}}$$

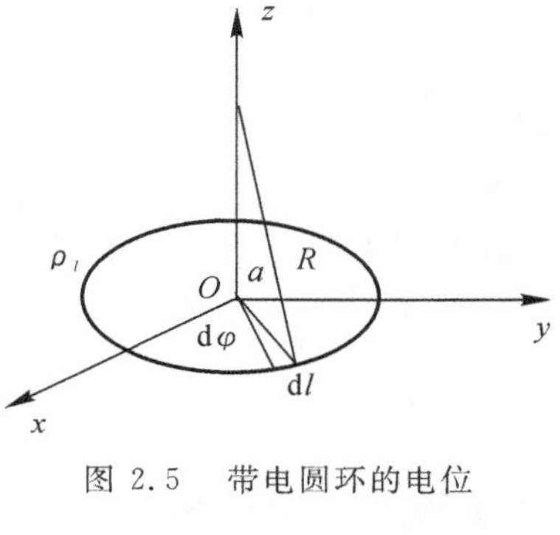

图 2.5　带电圆环的电位

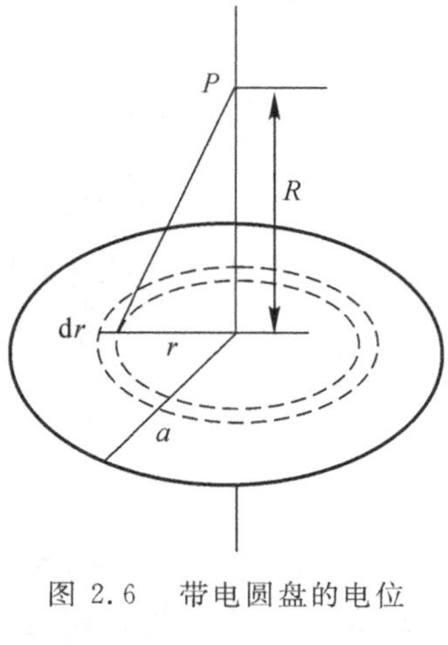

图 2.6　带电圆盘的电位

例 2.6　半径为 a 的均匀带电圆盘，电荷面密度为 ρ_S，求圆盘轴线上任意点 P 的电位。

解　取一半径为 r，宽度为 $\mathrm{d}r$ 的圆环，其上电荷为环面积乘以 ρ_S，即 $\rho_S\cdot 2\pi r\mathrm{d}r$，则环上

的线电荷密度为$\rho_l=\frac{\rho_S\cdot 2\pi r\mathrm{d}r}{2\pi r}=\rho_S\mathrm{d}r$。运用上式的结果，圆环电荷在轴线上$P$点的电位为（见图2.6）

$$\mathrm{d}\Phi=\frac{\rho_S r\mathrm{d}r}{2\varepsilon_0(z^2+r^2)^{1/2}}$$

整个圆盘在z点的电位

$$\Phi=\int_0^a\frac{\rho_S r\mathrm{d}r}{2\varepsilon_0(z^2+r^2)^{1/2}}+C=\frac{\rho_S}{2\varepsilon_0}[(z^2+a^2)^{1/2}-z]+C$$

若令$z\to\infty$时，$\Phi=0$，即选择无限远为电位参考点，则常数$C=0$，于是

$$\Phi=\frac{\rho_S}{2\varepsilon_0}[(z^2+a^2)^{1/2}-z]$$

电位的定义式(2.16)是电位与电场强度的积分关系，现在讨论它们之间的微分关系。

如图2.7所示，取两个相距很近的等位面Φ_A和Φ_B，且取$\Phi_B=\Phi_A+\mathrm{d}\Phi$，则根据电位差的定义

$$V_{AB}=\boldsymbol{E}\cdot\mathrm{d}\boldsymbol{l}=\Phi_A-\Phi_B=-\mathrm{d}\Phi$$

故

$$\mathrm{d}\Phi=-\boldsymbol{E}\cdot\mathrm{d}\boldsymbol{l}=-E_l\mathrm{d}l$$

式中，E_l是$\boldsymbol{E}$在$\mathrm{d}\boldsymbol{l}$方向的投影。这样就有

$$E_l=-\frac{\partial\Phi}{\partial l}\tag{2.23}$$

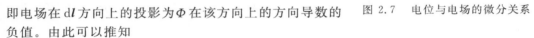

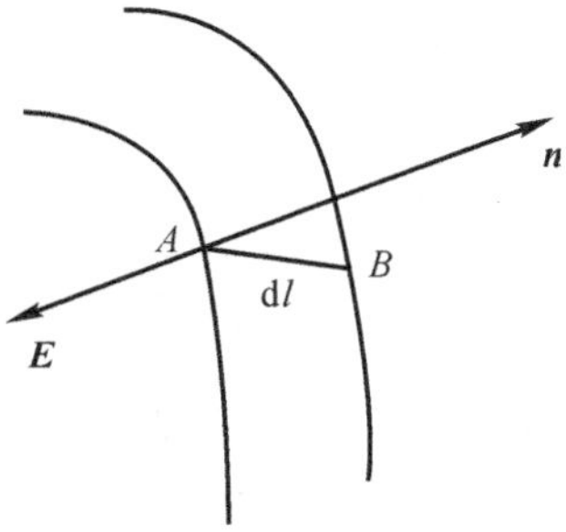

图2.7　电位与电场的微分关系

即电场在$\mathrm{d}\boldsymbol{l}$方向上的投影为Φ在该方向上的方向导数的负值。由此可以推知

$$E_x=-\frac{\partial\Phi}{\partial x},\quad E_y=-\frac{\partial\Phi}{\partial y},\quad E_z=-\frac{\partial\Phi}{\partial z}$$

则得到

$$\boldsymbol{E}=\boldsymbol{a}_xE_x+\boldsymbol{a}_yE_y+\boldsymbol{a}_zE_z=-\left(\boldsymbol{a}_x\frac{\partial\Phi}{\partial x}+\boldsymbol{a}_y\frac{\partial\Phi}{\partial y}+\boldsymbol{a}_z\frac{\partial\Phi}{\partial z}\right)$$

考虑到式(1.60)，有

$$\boldsymbol{E}=-\nabla\Phi\tag{2.24}$$

前面已经提到，静电场是保守场，于是

$$\oint_l\boldsymbol{E}\cdot\mathrm{d}\boldsymbol{l}=0$$

即静电场中任意环路上电场强度的环流为零，说明静电场是无环流源的场，又称无旋场。

由式(1.87)，可以直接得到这个性质的微分表达式

$$\oint_l\boldsymbol{E}\cdot\mathrm{d}\boldsymbol{l}=\int_S\nabla\times\boldsymbol{E}\cdot\mathrm{d}\boldsymbol{S}=0$$

即

$$\nabla\times\boldsymbol{E}=0\tag{2.25}$$

它表示静电场中，任意点的电场强度的环流密度都为零。

还可以从另外一个角度证明这个事实。电场强度$\boldsymbol{E}$可以用电位梯度的负值表示，那么[见式(1.88)]

$$\nabla\times\boldsymbol{E}=-\nabla\times(\nabla\Phi)=0$$

实际上,一个矢量场需要从通量和环流两个方面去了解它,这两个方面反映了场和产生这个场的原因——统称为“源”——之间的关系。式(2.14)、式(2.15)、式(2.16)和式(2.25)表明的就是这些关系。前两式说明静电场是有通量源场(简称有源场),这个源就是电荷,后两式说明它是无旋场,场内处处没有环流源。把这四个公式称为静电场基本方程。为了醒目,将其重写如下:

$$\begin{array}{ll} \text{积分形式} & \text{微分形式} \\ \oint_S \boldsymbol{E}\cdot \mathrm{d}\boldsymbol{S}=\dfrac{\sum q}{\varepsilon_0} & \left.\begin{array}{l}\nabla\cdot \boldsymbol{E}=\dfrac{\rho}{\varepsilon_0} \\ \nabla\times \boldsymbol{E}=0\end{array}\right\} \\ \oint_l \boldsymbol{E}\cdot \mathrm{d}\boldsymbol{l}=0 & \end{array} \tag{2.26}$$

2.3 泊松方程 拉普拉斯方程

原则上,式(2.26)的静电场基本方程可以在给定电荷分布的条件下解出电场强度的分布。可是,矢量方程组是难以求解的。既然所定义的电位Φ是标量,而它与电场的关系又是已知的,那么求解出Φ来,就相当于求解出电场强度$\boldsymbol{E}$了。下面推导关于电位Φ微分方程。

因为
$$\nabla\cdot \boldsymbol{E}=\frac{\rho}{\varepsilon_0}$$
考虑到
$$\boldsymbol{E}=-\nabla\Phi$$
所以
$$\nabla\cdot(\nabla\Phi)=-\frac{\rho}{\varepsilon_0}$$
而
$$\nabla\cdot(\nabla\Phi)=\left(\boldsymbol{a}_x\frac{\partial}{\partial x}+\boldsymbol{a}_y\frac{\partial}{\partial y}+\boldsymbol{a}_z\frac{\partial}{\partial z}\right)\cdot\left(\boldsymbol{a}_x\frac{\partial\Phi}{\partial x}+\boldsymbol{a}_y\frac{\partial\Phi}{\partial y}+\boldsymbol{a}_z\frac{\partial\Phi}{\partial z}\right)=$$
$$\frac{\partial^2\Phi}{\partial x^2}+\frac{\partial^2\Phi}{\partial y^2}+\frac{\partial^2\Phi}{\partial z^2}=\left(\frac{\partial^2}{\partial x^2}+\frac{\partial^2}{\partial y^2}+\frac{\partial^2}{\partial z^2}\right)\Phi \tag{2.27}$$
令
$$\nabla^2=\frac{\partial^2}{\partial x^2}+\frac{\partial^2}{\partial y^2}+\frac{\partial^2}{\partial z^2}$$
则
$$\nabla\cdot(\nabla\Phi)=\nabla^2\Phi$$
“∇^2”是二阶微分算符,它可以作用于标量,也可作用于矢量。这样
$$\nabla^2\Phi=-\frac{\rho}{\varepsilon_0} \tag{2.28}$$
称为电位的泊松方程。

在没有电荷($\rho=0$)的空间,式(2.28)变为
$$\nabla^2\Phi=0 \tag{2.29}$$
称为拉普拉斯方程。

这些方程如何求解,留在本章最后进行讨论。

2.4 静电场中的导体

静电场的实际问题中总要涉及导体。处于静电平衡条件下导体所具有的性质,在物理学中已经学过。因此,在这里仅进行简要回顾。处于静电平衡条件下的导体具有下列性质:

(1) 导体内电场强度 $\boldsymbol{E}=0$。

(2) 导体若有外加电荷,都分布于导体表面,其电荷密度与导体表面的曲率有关,曲率大电荷密度大,曲率小电荷密度亦小。

(3) 导体表面上只存在与导体表面垂直的电场,不存在与导体表面平行的电场,即电场只有法向分量,没有切向分量。

(4) 因为导体内部不存在电场,所以导体是等位体,导体表面是等位面。

导体表面电场的特性是大家所关心的问题。下面进行具体讨论。

如图 2.8 所示,在导体表面取一圆柱形高斯面,其底面 ΔS 很小,以至于其上的电场可以视为处处相等,圆柱形的高 $h\to 0$,即两底紧贴导体表面。因为导体内电场为零,所以没有电场强度 $\boldsymbol{E}$ 的通量穿过导体内部的那个底面。又因为 $h\to 0$,所以柱体侧面积趋为零,可忽略其电场强度通量;在导体外侧的底面上有电场强度通量,显然其值为 $E_n\Delta S$,E_n 是导体表面上的法向电场。如果导体表面的电荷密度为 ρ_S,根据高斯定理

$$\oint_S \boldsymbol{E}\cdot \mathrm{d}\boldsymbol{S}=E_n\Delta S=\frac{\rho_S\Delta S}{\varepsilon_0}$$

得

$$E_n=\frac{\rho_S}{\varepsilon_0} \tag{2.30}$$

或

$$\boldsymbol{a}_n\cdot\boldsymbol{E}=\frac{\rho_S}{\varepsilon_0} \tag{2.31}$$

式中,$\boldsymbol{a}_n$ 是导体表面的外法线单位矢量。若用电位表示,则有

$$\frac{\partial\Phi}{\partial n}=-\frac{\rho_S}{\varepsilon_0} \tag{2.32}$$

如图 2.9 所示,在导体表面处取一闭合路径,Δl 很小,以至于其上之电场强度可视为相等。$h\to 0$,即导体内、外路径紧贴表面。因为导体内 $\boldsymbol{E}=0$,所以内侧路径的环流为零,导体表面外侧环量为 $E_t\Delta l$,E_t 是与表面相切的电场强度分量。则由位场性质

$$\oint_l \boldsymbol{E}\cdot \mathrm{d}\boldsymbol{l}=E_t\Delta l=0$$

得到

$$E_t=0 \tag{2.33}$$

写成矢量形式为

$$\boldsymbol{a}_n\times\boldsymbol{E}=0 \tag{2.34}$$

用电位表示,即在导体表面上

$$\Phi=C(常数) \tag{2.35}$$

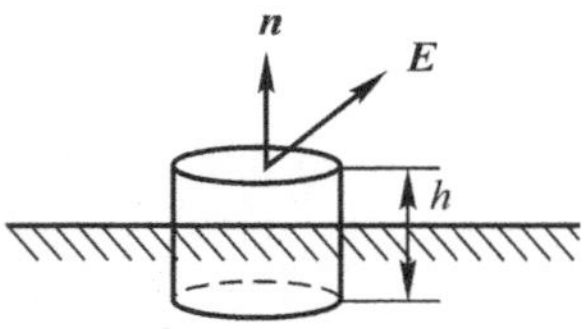

图 2.8　E_n 的边界条件

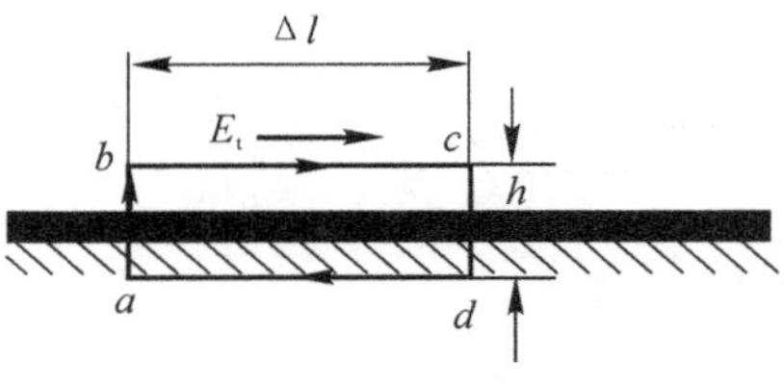

图 2.9　E_t 的边界条件

导体表面的法向场、切向场的这些特性,又称导体的边界条件,式(2.30)和式(2.33)是导体边界条件的标量形式,式(2.31)和式(2.34)是矢量表示式,式(2.32)和式(2.35)是电位表示式,它们是等价的,在讨论具体问题时哪种形式用起来方便就用哪种形式。

2.5 介质中的高斯定理

电场中有介质存在时，电场会发生变化。这是因为介质的分子在场的作用下产生电偶极矩，电偶极矩也产生电场。本节首先讨论单个电偶极子的电场，然后讨论介质极化及其场，进而导出介质中的高斯定理。

一、电偶极子及其场

相距为 l 的两个等值异号的电荷系统称为电偶极子。下面主要考察远离电偶极子处的场。采用球面坐标，将电偶极子的中点与坐标原点重合，l 与 z 轴重合，观察点（场点）$M(R,\theta,\varphi)$ 到原点的距离是 R，到 $+q$，$-q$ 电荷的距离分别是 R_1，R_2。当 $R \gg l$ 时，以至于可以近似地把 R，R_1，R_2 视为平行，如图 2.10 所示。显然，M 点的电位为

$$\Phi=\frac{q}{4\pi\varepsilon_0 R_1}+\frac{-q}{4\pi\varepsilon_0 R_2}=\frac{q}{4\pi\varepsilon_0}\left(\frac{1}{R_1}-\frac{1}{R_2}\right)=\frac{q}{4\pi\varepsilon_0}\frac{R_2-R_1}{R_1R_2} \tag{2.36}$$

由图 2.10 可知

$$R_1\approx R-\frac{l}{2}\cos\theta$$

$$R_2\approx R+\frac{l}{2}\cos\theta$$

则 $$R_2-R_1=l\cos\theta$$

$$R_1R_2\approx R^2 \quad（舍去高阶无穷小项）$$

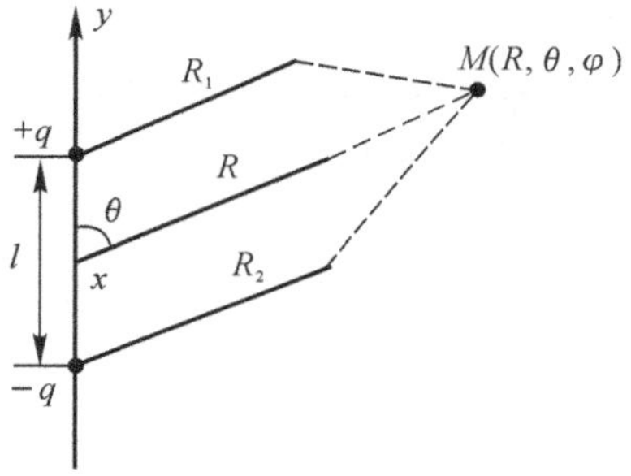

图 2.10 电偶极子的场

将它们代入式(2.36)，可得

$$\Phi\approx\frac{ql\cos\theta}{4\pi\varepsilon_0 R^2} \tag{2.37}$$

因为 l 与 z 轴重合，θ 是 $\boldsymbol{a}_R$ 与 z 轴夹角，同时也是 $\boldsymbol{a}_R$ 与 l 的夹角，如果令

$$\boldsymbol{P}=q\boldsymbol{l} \tag{2.38}$$

式中，$\boldsymbol{l}$ 的方向是由 $-q$ 指向 $+q$，那么式(2.37)中的分子 $ql\cos\theta=\boldsymbol{P}\cdot\boldsymbol{a}_R$，即

$$\Phi\approx\frac{\boldsymbol{P}\cdot\boldsymbol{a}_R}{4\pi\varepsilon_0 R^2} \tag{2.38}$$

式(2.38)所定义的矢量 $\boldsymbol{P}$ 称为电偶极子的电偶极矩，也叫电矩，单位是 C·m。既然电位 Φ 已知，即可算得电偶极子的电场强度

$$\boldsymbol{E}=-\nabla\Phi=-\left(\boldsymbol{a}_R\frac{\partial\Phi}{\partial R}+\boldsymbol{a}_\theta\frac{1}{R}\frac{\partial\Phi}{\partial\theta}\right)=$$

$$\boldsymbol{a}_R\frac{ql\cos\theta}{2\pi\varepsilon_0 R^3}+\boldsymbol{a}_\theta\frac{ql\sin\theta}{4\pi\varepsilon_0 R^3} \tag{2.40}$$

由于电荷分布是轴对称的，所以电偶极子的位和场都与 φ 无关，其电场线在 $\varphi=C$ 的一个面上的分布如图2.11 所示。

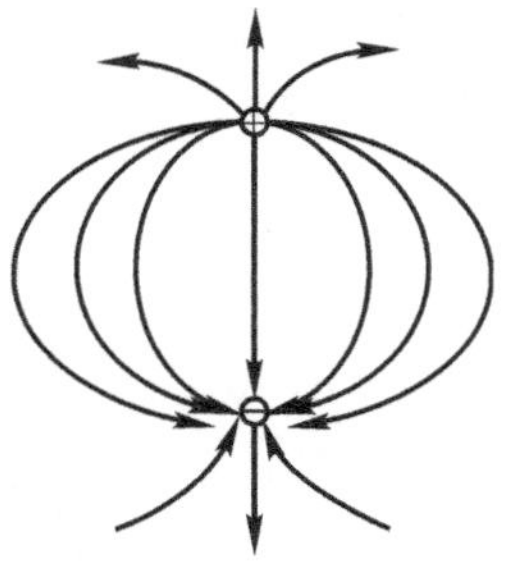

图 2.11 电偶极子的电场线图

二、介质中的高斯定理

在电场中放入介质，会使电场变化，这是因为组成介质的原子或分子在电场的作用下变成了电偶极子，或者原来就有杂乱无章的电偶极子重新排序，它们的电场叠加在原来的电场上，使之发生改变。介质在外电场的作用下产生的这种现象称为介质的极化。如果在 $\Delta\tau$ 的体积内有 N 个电矩，则电偶极矩的体密度为

$$\boldsymbol{P}=\lim_{\Delta\tau\to 0}\frac{\sum_{i=1}^{N}\boldsymbol{P}_i}{\Delta\tau} \tag{2.41}$$

$\boldsymbol{P}$ 称为介质在该点的极化强度，它的单位是 $\mathrm{C/m^2}$。

设有体积为 τ 的介质，其极化强度为 $\boldsymbol{P}(x',y',z')$，下面求极化了的介质在场点 $M(x,y,z)$ 所产生的电位。

在微分体积 $\mathrm{d}\tau$ 内的偶极矩为 $\boldsymbol{P}\mathrm{d}\tau$，由式(2.39)可得，它在 M 点电位为

$$\mathrm{d}\Phi=\frac{\boldsymbol{P}\cdot\boldsymbol{a}_R\mathrm{d}\tau}{4\pi\varepsilon_0 R^2}$$

其中 $R=[(x-x')^2+(y-y')^2+(z-z')^2]^{1/2}$ 是 $\mathrm{d}\tau$ 到场点 M 的距离，如图 2.12 所示。则整个介质在 M 点的电位为

$$\Phi=\frac{1}{4\pi\varepsilon_0}\int_\tau\frac{\boldsymbol{P}(x',y',z')\cdot\boldsymbol{a}_R}{R^2}\mathrm{d}\tau$$

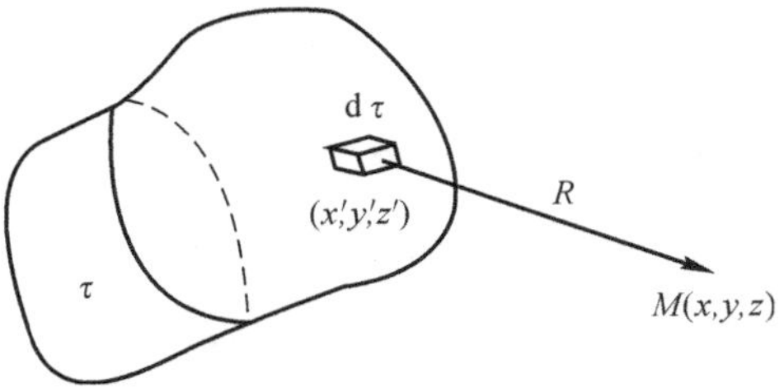

图 2.12　极化介质的场

因为

$$\frac{\boldsymbol{a}_R}{R^2}=-\nabla\frac{1}{R}=\nabla'\frac{1}{R}$$

所以

$$\Phi=\frac{1}{4\pi\varepsilon_0}\int_\tau\boldsymbol{P}\cdot\nabla'\frac{1}{R}\mathrm{d}\tau$$

考虑到矢量恒等式

$$\nabla\cdot(u\boldsymbol{A})=u\,\nabla\cdot\boldsymbol{A}+\boldsymbol{A}\cdot\nabla u$$

$$\boldsymbol{P}\cdot\nabla'\frac{1}{R}=\nabla'\cdot\left(\frac{\boldsymbol{P}}{R}\right)-\frac{1}{R}\nabla'\cdot\boldsymbol{P}$$

则

$$\Phi=\frac{1}{4\pi\varepsilon_0}\int_\tau\nabla'\cdot\left(\frac{\boldsymbol{P}}{R}\right)\mathrm{d}\tau+\frac{1}{4\pi\varepsilon_0}\int_\tau\frac{-\nabla'\cdot\boldsymbol{P}}{R}\mathrm{d}\tau$$

根据高斯散度公式

$$\int_\tau\nabla'\cdot\left(\frac{\boldsymbol{P}}{R}\right)\mathrm{d}\tau=\oint_S\frac{\boldsymbol{P}\cdot\boldsymbol{a}_\mathrm{n}}{R}\mathrm{d}S$$

则得到

$$\Phi=\frac{1}{4\pi\varepsilon_0}\oint_S\frac{\boldsymbol{P}\cdot\boldsymbol{a}_\mathrm{n}}{R}\mathrm{d}S+\frac{1}{4\pi\varepsilon_0}\int_\tau\frac{-\nabla'\cdot\boldsymbol{P}}{R}\mathrm{d}\tau \tag{2.42}$$

对照式(2.42)与式(2.21)、式(2.22)，可以发现在形成电位(进而形成电场)方面，$\boldsymbol{P}\cdot\boldsymbol{a}_\mathrm{n}$ 与面电荷密度 ρ_S 有着同样的作用，$-\nabla'\cdot\boldsymbol{P}$ 与体电荷密度 ρ 有着同样的作用。于是令

$$\rho_{SP}=\boldsymbol{P}\cdot\boldsymbol{a}_\mathrm{n} \tag{2.43}$$

$$\rho_P = -\nabla' \cdot \boldsymbol{P} \tag{2.44}$$

它们是介质在极化后所产生的电荷,不像自由电荷那样可以移动,因此称 ρ_{SP} 为介质的束缚面电荷密度,ρ_P 为介质的束缚体电荷密度。

如果介质中存在自由电荷 ρ,那么介质中的电场就是自由电荷与束缚电荷所产生的场的叠加,称之为宏观场。因此,式(2.15)所表示的高斯定理的微分形式就要改写成

$$\nabla \cdot \boldsymbol{E} = \frac{\rho + \rho_P}{\varepsilon_0} \tag{2.45}$$

将式(2.44)代入,考虑到微分表达式是同一点的场与源的关系,因此 $\nabla' \cdot \boldsymbol{P} = \nabla \cdot \boldsymbol{P}$,则

$$\varepsilon_0 \nabla \cdot \boldsymbol{E} = \rho - \nabla \cdot \boldsymbol{P}$$

$$\nabla \cdot (\varepsilon_0 \boldsymbol{E} + \boldsymbol{P}) = \rho$$

令

$$\boldsymbol{D} = \varepsilon_0 \boldsymbol{E} + \boldsymbol{P} \tag{2.46}$$

则

$$\nabla \cdot \boldsymbol{D} = \rho \tag{2.47}$$

新矢量 $\boldsymbol{D}$ 称为电位移矢量或电通密度,其单位为 $\mathrm{C/m^2}$。

式(2.47)就是介质中高斯定理的微分形式表示式,它说明电位移矢量的通量源仅是自由电荷,在有介质存在的空间,计算 $\boldsymbol{D}$ 时,可以不考虑束缚电荷的影响,这是引入 $\boldsymbol{D}$ 的方便所在。

下面来寻找 $\boldsymbol{D}$ 和 $\boldsymbol{E}$ 之间的关系。

在各向同性介质中,极化强度 $\boldsymbol{P}$ 与宏观电场强度 $\boldsymbol{E}$ 成正比关系,即

$$\boldsymbol{P} = \varepsilon_0 \chi_e \boldsymbol{E} \tag{2.48}$$

式中,χ_e 称为电介质的极化率,是无量纲的常数,其值因介质的不同而不同。将式(2.48)代入式(2.46),得

$$\boldsymbol{D} = \varepsilon_0 \boldsymbol{E} + \varepsilon_0 \chi_e \boldsymbol{E} = (1 + \chi_e)\varepsilon_0 \boldsymbol{E} \tag{2.49}$$

令

$$\varepsilon_r = 1 + \chi_e \tag{2.50}$$

则

$$\boldsymbol{D} = \varepsilon_r \varepsilon_0 \boldsymbol{E} \tag{2.51}$$

式中,ε_r 称为介质的相对介电常数,它是无量纲的数,表 2.1 列出了几种常用介质的相对介电常数。再令

$$\varepsilon = \varepsilon_r \varepsilon_0 \tag{2.52}$$

则

$$\boldsymbol{D} = \varepsilon \boldsymbol{E}$$

式中,ε 称为介质的介电常数,它与 ε_0 具有相同的单位(F/m)。由式(2.52),$\varepsilon_r = \varepsilon/\varepsilon_0$,所以 ε_r 是介质相对于真空介电常数的倍数。

根据式(2.47),应用高斯散度公式可以得到积分形式的高斯定理。对式(2.47)两端求体积分,得

$$\int_V \nabla \cdot \boldsymbol{D} \mathrm{d}V = \int_V \rho \mathrm{d}V$$

得到

$$\oint_S \boldsymbol{D} \cdot d\boldsymbol{S} = q \tag{2.53}$$

式(2.53)表示闭合曲面 S 的电位移矢量的通量(也称电通量),等于该闭合面内所包围的自由电荷的代数和,也与介质的束缚电荷无关。

表 2.1　几种常用介质的相对介电常数

材　料	ε_r	材　料	ε_r	材　料	ε_r
空　气	1	纸	2 ~ 4	瓷	5.7
胶　木	5.0	粗石英	2.2	橡　胶	2.3 ~ 4.0
玻　璃	4 ~ 10	有机玻璃	3.4	土壤(干)	3 ~ 4
云　母	6.0	聚乙烯	2.3	聚四氟乙烯	2.1
油	2.3	聚苯乙烯	2.6	水(纯)	80

至此,对有介质存在时静电场的基本方程做一总结:

积分形式:　$\oint_S \boldsymbol{D} \cdot d\boldsymbol{S} = q$,　$\oint_C \boldsymbol{E} \cdot d\boldsymbol{l} = 0$

微分形式:　$\nabla \cdot \boldsymbol{D} = \rho$,　$\nabla \times \boldsymbol{E} = 0$

本构关系:　$\boldsymbol{D} = \varepsilon \boldsymbol{E}$

其实它包含了真空情况下的静电场的基本方程,只要以上各式中的 $\varepsilon = \varepsilon_0 (\varepsilon_r = 1)$ 即是。

三、介质的击穿强度

介质在外加电场的作用下使之产生极化现象,这是由于介质的分子或原子中的电子在场的作用下产生位移,形成电偶极矩,用束缚体电荷和束缚面电荷来描述。之所以用“束缚”二字,是因为电子的位移并未脱离原属的分子或原子,它与自由电荷有原则上的区别。如果外加电场很强,电子就会完全脱离分子,在介质内产生较大的电流,以至于在介质内产生大量的热能,将介质烧毁。这种现象称电介质击穿。电介质材料能承受的不被击穿的最大电场强度,称为这种介质材料的击穿强度,也称电介质强度。

一些常用的电介质材料的击穿强度列于表 2.2。在具体应用时,一定要小于这个数值,以免发生电介质击穿而损坏元器件。

表 2.2　常用电介质的电介质强度

材　料	电介质强度 /($V \cdot mm^{-1}$)
空气(标准大气压下)	3×10^3
聚苯乙烯	20×10^3
矿物油	15×10^3
橡　皮	25×10^3
玻　璃	30×10^3
云　母	200×10^3

2.6　介质分界面上的边界条件

由于介质表面存在束缚面电荷，所以在两种介质的交界面两侧，电场是不连续的，其大小和方向都要改变。尽管如此，电场仍然遵循用积分形式表达的基本方程(因为在分界面上电场有突变，所以基本方程的微分形式不能用)。由积分形式的基本方程导出的分界面两侧场量之间的关系，称为分界面上的边界条件。

如图 2.13 所示，两种不同介质的分界面，设其法线方向由介质 2 指向介质 1，并将分界面两侧的电位移矢量分解为切向分量和法向分量，并假定在交界面上有自由电荷，其面密度为ρ_S。如图 2.13 所示，取一圆柱体。由式(2.53)，圆柱体表面上电位移矢量 **D** 的通量为

$$\oint_S \boldsymbol{D} \cdot \mathrm{d}\boldsymbol{S} = D_{1n}\Delta S - D_{2n}\Delta S = \rho_S \Delta S$$

得到
$$D_{1n} - D_{2n} = \rho_S \tag{2.54}$$

如果交界面上没有自由电荷($\rho_S = 0$)，那么
$$D_{1n} = D_{2n} \tag{2.55}$$

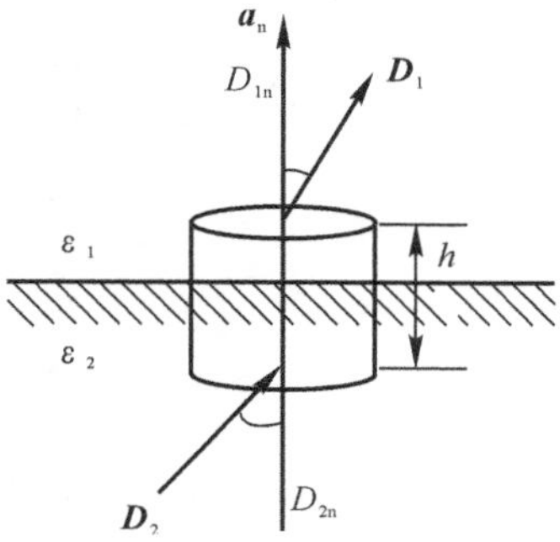

图 2.13　D_n 的边界条件

或
$$a_n \cdot \boldsymbol{D}_1 = a_n \cdot \boldsymbol{D}_2 \tag{2.56}$$

$$\varepsilon_1 \frac{\partial \Phi_1}{\partial n} = \varepsilon_2 \frac{\partial \Phi_2}{\partial n} \tag{2.57}$$

即在交界面没有自由电荷的条件下，**D** 的法向分量是连续的。由式(2.55)得

$$\varepsilon_1 E_{1n} = \varepsilon_2 E_{2n}$$

得
$$E_{1n} = \frac{\varepsilon_2}{\varepsilon_1} E_{2n} \tag{2.58}$$

只要 $\varepsilon_1 \neq \varepsilon_2$，在交界面上电场强度 **E** 的法向分量是不连续的。

如图 2.14 所示，在介质交界面上取一闭合路径，并求电场强度矢量 **E** 的环流，那么

$$\oint_C \boldsymbol{E} \cdot \mathrm{d}\boldsymbol{l} = E_{1t}\Delta l - E_{2t}\Delta l = 0$$

得
$$E_{1t} = E_{2t} \tag{2.59}$$

或
$$\boldsymbol{a}_n \times \boldsymbol{E}_1 = \boldsymbol{a}_n \times \boldsymbol{E}_2 \tag{2.60}$$

$$\Phi_1 = \Phi_2 \tag{2.61}$$

即电场强度 **E** 的切向分量和电位 Φ 在介质的交界面上是连续的。由式(2.59)得

$$\frac{D_{1t}}{\varepsilon_1} = \frac{D_{2t}}{\varepsilon_2}$$

得到
$$D_{1t} = \frac{\varepsilon_1}{\varepsilon_2} D_{2t} \tag{2.62}$$

只要 $\varepsilon_1 \neq \varepsilon_2$，在介质的交界面上 **D** 的切向分量是不连续的。

由图 2.15 可知　　$\tan\theta_1 = \dfrac{E_{1t}}{E_{1n}}$，　$\tan\theta_2 = \dfrac{E_{2t}}{E_{2n}}$

考虑到式(2.55)和式(2.59)，只要 $\varepsilon_1 \neq \varepsilon_2$，$\theta_1 \neq \theta_2$，说明 **E**(**D**) 在越过介质交界面时要发生转折。

在本章最后一节将看到，边界条件是定解问题的必需条件。

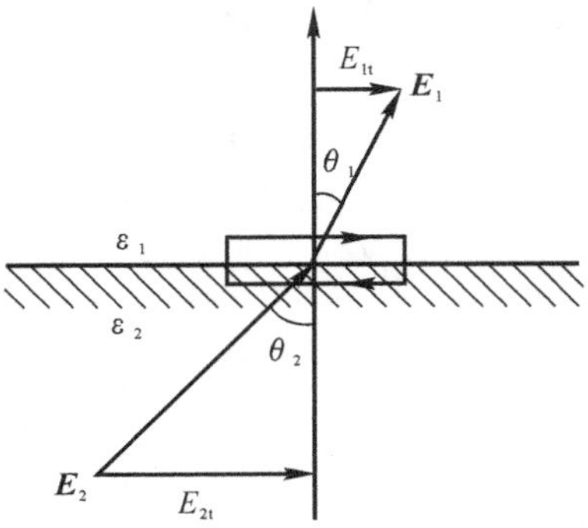

图 2.14　E_t 的边界条件

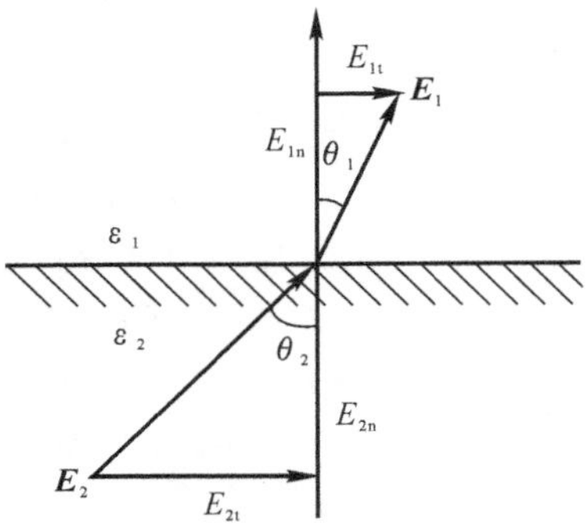

图 2.15　$\boldsymbol{E}$ 在交界面的转折

$$\frac{\tan\theta_1}{\tan\theta_2}=\frac{\varepsilon_1}{\varepsilon_2} \tag{2.63}$$

例 2.7　如图 2.16 所示，空间被平面 $x+\frac{1}{2}y+\frac{1}{3}z=1$ 分成 Ⅰ 和 Ⅱ 两个区域，Ⅰ 区域介质的介电常数为 ε_0，Ⅱ 区域介质的介电常数为 $\varepsilon_2=4\varepsilon_0$，已知 Ⅰ 区域内介质交界面上的电场强度 $\boldsymbol{E}_1=3\boldsymbol{a}_x+2\boldsymbol{a}_y-2\boldsymbol{a}_z$(V/m)，求交界面另一侧的电场强度 $\boldsymbol{E}_2$。

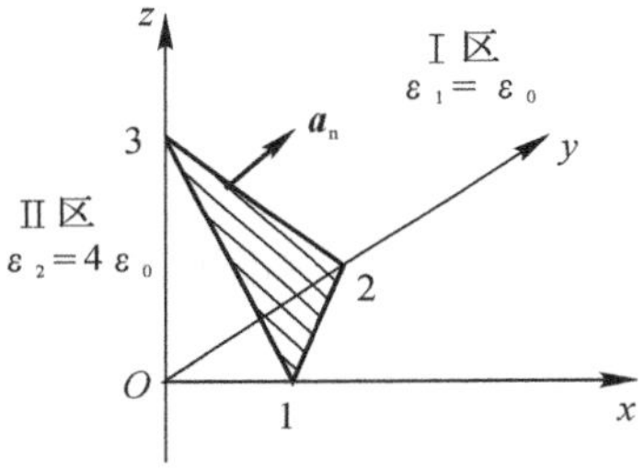

图 2.16　例 2.7 图

解法 1　求交界平面的法向矢量的单位矢量 $\boldsymbol{a}_n$。

交界面方程为 $x+\frac{1}{2}y+\frac{1}{3}z=1$，对方程左端的函数求梯度，所得矢量便是平面的法向矢量 $\boldsymbol{n}$，即

$$\boldsymbol{n}=\boldsymbol{a}_x-\frac{1}{2}\boldsymbol{a}_y+\frac{1}{3}\boldsymbol{a}_z$$

$$\boldsymbol{a}_n=\frac{\boldsymbol{n}}{|\boldsymbol{n}|}=\frac{1}{7}(6\boldsymbol{a}_x+3\boldsymbol{a}_y-2\boldsymbol{a}_z)$$

设 Ⅱ 区一侧介面上的电场强度 $\boldsymbol{E}_2=\boldsymbol{a}_xE_{2x}+\boldsymbol{a}_yE_{2y}+\boldsymbol{a}_zE_{2z}$，并且在分界面上有 $\rho_S=0$，根据式(2.56)，有 $\boldsymbol{a}_n\cdot\boldsymbol{D}_1=\boldsymbol{a}_n\cdot\boldsymbol{D}_2$，而

$$\boldsymbol{a}_n\cdot\boldsymbol{D}_1=\frac{1}{7}(6\boldsymbol{a}_x+3\boldsymbol{a}_y-2\boldsymbol{a}_z)\cdot\varepsilon_0(3\boldsymbol{a}_x+2\boldsymbol{a}_y-2\boldsymbol{a}_z)=\frac{\varepsilon_0}{7}(18+6-4)=\frac{20}{7}\varepsilon_0$$

$$\boldsymbol{a}_n\cdot\boldsymbol{D}_2=\frac{1}{7}(6\boldsymbol{a}_x+3\boldsymbol{a}_y-2\boldsymbol{a}_z)\cdot\varepsilon_2(\boldsymbol{a}_xE_{2x}+\boldsymbol{a}_yE_{2y}+\boldsymbol{a}_zE_{2z})=\frac{4\varepsilon_0}{7}(6E_{2x}+3E_{2y}-2E_{2z})$$

解得

$$6E_{2x}+3E_{2y}+2E_{2z}=5 \tag{2.64}$$

根据式(2.60)，$\boldsymbol{a}_n\times\boldsymbol{E}_1=\boldsymbol{a}_n\times\boldsymbol{E}_2$，而

$$\boldsymbol{a}_n\times\boldsymbol{E}_1=\frac{1}{7}(6\boldsymbol{a}_x+3\boldsymbol{a}_y-2\boldsymbol{a}_z)\times(3\boldsymbol{a}_x+2\boldsymbol{a}_y-2\boldsymbol{a}_z)=\frac{1}{7}(-10\boldsymbol{a}_x+18\boldsymbol{a}_y+3\boldsymbol{a}_z)$$

$$\boldsymbol{a}_n\times\boldsymbol{E}_2=\frac{1}{7}(6\boldsymbol{a}_x+3\boldsymbol{a}_y-2\boldsymbol{a}_z)\times(\boldsymbol{a}_xE_{2x}+\boldsymbol{a}_yE_{2y}+\boldsymbol{a}_zE_{2z})=$$

$$\frac{1}{7}[\boldsymbol{a}_x(3E_{2z}-2E_{2y})+\boldsymbol{a}_y(2E_{2x}-6E_{2z})+\boldsymbol{a}_z(6E_{2y}-3E_{2x})]$$

上两式相等,必须各分量分别相等,即

$$3E_{2z}-2E_{2y}=-10$$

$$2E_{2x}-6E_{2z}=18$$

$$6E_{2y}-3E_{2x}=3$$

对于式(2.64)而言,这三个方程中只有两个与其独立,只要将其中两个与式(2.64)联立,可以解出

$$\begin{cases}E_{2x}=1\,\dfrac{8}{49}\\ E_{2y}=1\,\dfrac{4}{49}\\ E_{2z}=-2\,\dfrac{30}{49}\end{cases}$$

得

$$\boldsymbol{E}_2=1\,\frac{8}{49}\boldsymbol{a}_x+1\,\frac{4}{49}\boldsymbol{a}_y-2\,\frac{30}{49}\boldsymbol{a}_z(\text{V/m})$$

解法2 由解法1,已知

$$\boldsymbol{a}_\text{n}=\frac{1}{7}(6\boldsymbol{a}_x+3\boldsymbol{a}_y-2\boldsymbol{a}_z)$$

$$D_{1\text{n}}=\frac{20}{7}\varepsilon_0$$

因为

$$D_{2\text{n}}=D_{1\text{n}}$$

所以

$$D_{2\text{n}}\boldsymbol{a}_n=D_{1\text{n}}\boldsymbol{a}_\text{n}=\frac{20}{7}\varepsilon_0\cdot\frac{1}{7}(6\boldsymbol{a}_x+3\boldsymbol{a}_y+2\boldsymbol{a}_z)=\frac{20}{49}\varepsilon_0(6\boldsymbol{a}_x+3\boldsymbol{a}_y+2\boldsymbol{a}_z)$$

得

$$E_{2\text{n}}\boldsymbol{a}_\text{n}=\frac{D_{2\text{n}}\boldsymbol{a}_n}{\varepsilon_2}=\frac{5}{49}(6\boldsymbol{a}_x+3\boldsymbol{a}_y+2\boldsymbol{a}_z)$$

因为

$$E_{1\text{n}}\boldsymbol{a}_\text{n}=\frac{D_{1\text{n}}\boldsymbol{a}_n}{\varepsilon_1}=\frac{20}{49}(6\boldsymbol{a}_x+3\boldsymbol{a}_y+2\boldsymbol{a}_z)$$

$$\boldsymbol{E}_1=3\boldsymbol{a}_x+2\boldsymbol{a}_y-2\boldsymbol{a}_z$$

所以

$$E_{1\text{t}}\boldsymbol{a}_\text{t}=\boldsymbol{E}_1-E_{1\text{n}}\boldsymbol{a}_\text{n}=\boldsymbol{a}_x\left(3-\frac{20\times6}{49}\right)+\boldsymbol{a}_y\left(2-\frac{20\times3}{49}\right)-\boldsymbol{a}_z\left(2+\frac{20\times2}{49}\right)=$$

$$\frac{27}{49}\boldsymbol{a}_x+\frac{38}{49}\boldsymbol{a}_y-2\,\frac{40}{49}\boldsymbol{a}_z=E_{2\text{t}}\boldsymbol{a}_\text{t}$$

得到

$$\boldsymbol{E}_2=E_{2\text{t}}\boldsymbol{a}_\text{t}+E_{2\text{n}}\boldsymbol{a}_\text{n}=\boldsymbol{a}_x\left(\frac{27}{49}+\frac{30}{49}\right)+\boldsymbol{a}_y\left(\frac{38}{49}+\frac{15}{49}\right)+\boldsymbol{a}_z\left(\frac{10}{49}-2\,\frac{40}{49}\right)=$$

$$1\,\frac{8}{49}\boldsymbol{a}_x+1\,\frac{4}{49}\boldsymbol{a}_y-2\,\frac{30}{49}\boldsymbol{a}_z$$

2.7 电场能量

在物理学中,曾以平行板电容器为例,引出电场能量的概念。现在对一般性进行研究。

假定有 N 个带电体,它们的电量分别为 $q_1,q_2,\cdots,q_N$,其电位分别为 $\Phi_1,\Phi_2,\cdots,\Phi_N$。假定每个带电体的电量都由零开始,按相同的比例同时增加到终值,例如在其间的某时刻电量分别为 $\alpha q_1,\alpha q_2,\cdots,\alpha q_N$,当然其电位亦分别为 $\alpha\Phi_1,\alpha\Phi_2,\cdots,\alpha\Phi_N$($\alpha$ 取值范围为 $0\sim1$)。此

后，第$i(i=1,2,\cdots,N)$个带电体上再增加$\mathrm{d}(\alpha q_i)$电量，外力就克服电场力而做功，其值为$\mathrm{d}(\alpha q_i)\alpha\Phi_i$，$N$个带电体都增加$\mathrm{d}(\alpha q_i)$电量，克服电场力所做的功，就是电场能量的增加，即

$$\mathrm{d}W_e=\sum_{i=1}^{N}q_i\Phi_i\alpha\,\mathrm{d}\alpha \tag{2.65}$$

于是，每个带电体的电量由零增加到最终值电场的储能为

$$W_e=\sum_{i=1}^{N}q_i\Phi_i\int_0^1\alpha\,\mathrm{d}\alpha=\frac{1}{2}\sum_{i=1}^{N}q_i\Phi_i \tag{2.66}$$

这便是N个带电体系统的电场能量。

例如，据此来计算平行板电容器的电场能量。设电容器两个极板上的电荷分别为q和$-q$，电位分别为Φ_1和Φ_2，按照式(2.66)，有

$$W_e=\frac{1}{2}\sum_{i=1}^{2}q_i\Phi_i=\frac{1}{2}(q\Phi_1-q\Phi_2)=\frac{1}{2}q(\Phi_1-\Phi_2)=\frac{1}{2}qV \tag{2.67}$$

式中，$V=\Phi_1-\Phi_2$是两极板的电位差。又因为电容器的电容量为$C=\dfrac{q}{V}$，则

$$W_e=\frac{1}{2}qV=\frac{1}{2}CV^2=\frac{q}{2C^2} \tag{2.68}$$

如果电荷分布在τ体内，电荷密度为ρ，那么式(2.66)的求和符号就要用积分号代替，即

$$W_e=\frac{1}{2}\int_\tau\rho\Phi\,\mathrm{d}\tau \tag{2.69}$$

式(2.66)和式(2.69)似乎表明电场能量仅存在于电荷所在处。但是从场的角度必须承认能量存在于整个场空间，凡是有电场的空间都有电场能量。下面来证明这个事实。因为$\rho=\nabla\cdot\boldsymbol{D}$，$\boldsymbol{E}=-\nabla\Phi$，考虑到矢量恒等式$\nabla\cdot(u\boldsymbol{A})=u\nabla\cdot\boldsymbol{A}+\boldsymbol{A}\cdot\nabla u$，则式(2.69)的被积函数

$$\rho\Phi=\Phi\nabla\cdot\boldsymbol{D}=\nabla\cdot(\Phi\boldsymbol{D})-\boldsymbol{D}\cdot\nabla\Phi=\nabla\cdot(\Phi\boldsymbol{D})+\boldsymbol{D}\cdot\boldsymbol{E}$$

于是

$$W_e=\frac{1}{2}\int_\tau\nabla\cdot(\Phi\boldsymbol{D})\mathrm{d}\tau+\frac{1}{2}\int_\tau\boldsymbol{D}\cdot\boldsymbol{E}\mathrm{d}\tau$$

应用高斯散度定理，并将积分区域τ扩展到有场存在的无限空间($R\to\infty$)，那么

$$W_e=\frac{1}{2}\oint_{S_\infty}\Phi\boldsymbol{D}\cdot\mathrm{d}\boldsymbol{S}+\frac{1}{2}\int_\tau\boldsymbol{D}\cdot\boldsymbol{E}\mathrm{d}\tau$$

如果电荷分布于有限空间，因为$\Phi\propto\dfrac{1}{R}$，$|\boldsymbol{D}|\propto\dfrac{1}{R^2}$，$S\propto R^2$，故$\Phi\boldsymbol{D}\cdot\mathrm{d}\boldsymbol{S}\propto\dfrac{1}{R}$。当$R\to\infty$时，等式右端的面积分为零，于是得到

$$W_e=\frac{1}{2}\int_\tau\boldsymbol{D}\cdot\boldsymbol{E}\mathrm{d}\tau \tag{2.70}$$

积分体积τ包含电场的所有空间，表示电场能量存在电场中。由式(2.70)可知，被积函数就是空间任意点的能量体密度，用w_e表示，即

$$w_e=\frac{1}{2}\boldsymbol{D}\cdot\boldsymbol{E}=\frac{\varepsilon}{2}E^2=\frac{1}{2\varepsilon}D^2\quad(\mathrm{J/m^3}) \tag{2.71}$$

2.8　格林定理　唯一性定理

本节来探讨在什么样的条件下，静电场问题的解才是唯一的。为此先讨论场论中一个重要定理 —— 格林定理。

一、格林定理

由高斯散度定理

$$\int_\tau \nabla\cdot \boldsymbol{F}\mathrm{d}\tau = \oint_S \boldsymbol{F}\cdot \mathrm{d}\boldsymbol{S} \tag{2.72}$$

设矢量

$$\boldsymbol{F} = \Phi\,\nabla\Psi \tag{2.73}$$

其中 Φ 和 Ψ 都是标量函数。根据矢量恒等式 $\nabla\cdot(u\boldsymbol{A}) = u\,\nabla\cdot\boldsymbol{A} + \boldsymbol{A}\cdot\nabla u$，可得

$$\nabla\cdot\boldsymbol{F} = \nabla\cdot(\Phi\,\nabla\Psi) = \Phi\,\nabla^2\Psi + \nabla\Phi\cdot\nabla\Psi$$

将其代入式(2.72)，得

$$\int_\tau (\Phi\,\nabla^2\Psi + \nabla\Phi\cdot\nabla\Psi)\mathrm{d}\tau = \oint_S \Phi\,\nabla\Psi\cdot\mathrm{d}\boldsymbol{S}$$

根据方向导数与梯度的关系，有

$$\nabla\Psi\cdot\mathrm{d}\boldsymbol{S} = \frac{\partial\Psi}{\partial n}\mathrm{d}S$$

式中，$\boldsymbol{n}$ 是闭合面 S 的外法线方向。于是

$$\int_\tau (\Phi\,\nabla^2\Psi + \nabla\Phi\cdot\nabla\Psi)\mathrm{d}\tau = \oint_S \Phi\,\frac{\partial\Psi}{\partial n}\mathrm{d}S \tag{2.74}$$

这就是格林第一定理(第一恒等式)。

将式(2.74)的 Φ 和 Ψ 交换位置，得

$$\int_\tau (\Psi\,\nabla^2\Phi + \nabla\Psi\cdot\nabla\Phi)\mathrm{d}\tau = \oint_S \Psi\,\frac{\partial\Phi}{\partial n}\mathrm{d}S$$

与式(2.74)相减，得

$$\int_\tau (\Phi\,\nabla^2\Psi - \Psi\,\nabla^2\Phi)\mathrm{d}\tau = \oint_S \left(\Phi\,\frac{\partial\Psi}{\partial n} - \Psi\,\frac{\partial\Phi}{\partial n}\right)\mathrm{d}S \tag{2.75}$$

称为格林第二定理(第二恒等式)。

下面，应用格林定理来证明静电场边值问题的唯一性定理。

二、唯一性定理

对于静电场，当整个边界上的边界条件已知时(若已知全部边界上的电位函数，则称为第一类边值问题；若已知全部边界上的电位函数的法向导数值，则称为第二类边值问题；若已知部分边界上的电位函数值和其他部分的电位函数的法向导数值，则称为混合边值问题)，空间各部分的场就唯一地确定了，也就是说拉普拉斯方程有唯一的解。这就是边值问题的唯一性定理。

令式(2.74)中的 $\Psi = \Phi$，则

$$\int_{\tau}(\Phi\nabla^2\Phi+\nabla\Phi\cdot\nabla\Phi)\mathrm{d}\tau=\oint_S\Phi\frac{\partial\Phi}{\partial n}\mathrm{d}S$$

如果Φ是要考察区域τ内的电位函数,并且τ中$\rho=0$,Φ要满足拉普拉斯方程$\nabla^2\Phi=0$,则上式变成

$$\int_{\tau}|\nabla\Phi|^2\mathrm{d}\tau=\oint_S\Phi\frac{\partial\Phi}{\partial n}\mathrm{d}S \tag{2.76}$$

如果区域τ有N个表面,已知表面$S_1,S_2,\cdots,S_k$上的电位函数分别为$\Phi_1,\Phi_2,\cdots,\Phi_k$,表面$S_{k+1},S_{k+2},\cdots,S_N$上电位函数的法向导数分别为$\frac{\partial\Phi_{k+1}}{\partial n},\frac{\partial\Phi_{k+2}}{\partial n},\cdots,\frac{\partial\Phi_N}{\partial n}$,取一半径很大的球面$S_0$包围整个体积$\tau$,如图2.17所示。这样式(2.76)的闭合面$S$由$S_0,S_1,\cdots,S_N$组成。在$S_0$面上,由于其半径$R\to\infty$,而$\Phi$和$\nabla\Phi$分别按$1/R$和$1/R^2$趋向于零,于是式(2.76)变成

$$\int_{\tau}|\nabla\Phi|^2\mathrm{d}\tau=\sum_{i=1}^{N}\oint_{S_i}\Phi\frac{\partial\Phi}{\partial n}\mathrm{d}S \tag{2.77}$$

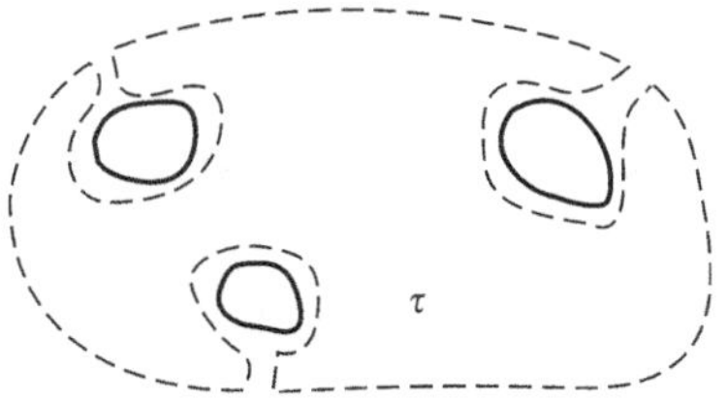

图 2.17　唯一性定理的证明图

反证法:假定满足上述边界条件的电位函数的拉普拉斯方程$\nabla^2\Phi=0$有两个解Φ和Φ',则它们的差$\Phi^*=\Phi-\Phi'$也满足拉普拉斯方程,即$\nabla^2\Phi^*=0$,那么Φ^*必然满足式(2.77),即

$$\int_{\tau}|\nabla\Phi^*|^2\mathrm{d}\tau=\sum_{i=1}^{N}\oint_{S_i}\Phi^*\frac{\partial\Phi^*}{\partial n}\mathrm{d}S \tag{2.78}$$

因为在$i=1,2,\cdots,k$的表面上,不管Φ还是Φ'都分别等于$\Phi_1,\Phi_2,\cdots,\Phi_k$,故$\Phi_k^*=\Phi_k-\Phi'_k=0$;同理$\frac{\partial\Phi_i^*}{\partial n}=\frac{\partial\Phi_i}{\partial n}-\frac{\partial\Phi'_i}{\partial n}=0(i=k+1,k+2,\cdots,N)$。这样式(2.78)右端的积分为零,于是得到

$$\int_{\tau}|\nabla\Phi^*|^2\mathrm{d}\tau=0$$

因为被积函数$|\nabla\Phi^*|^2\geqslant 0$,若满足上式必有

$$\nabla\Phi^*=\nabla(\Phi-\Phi')=0$$

即

$$\Phi=\Phi'+C$$

式中,C是常数。但是在$S_i(i=1,2,\cdots,k)$上,要满足这个条件,必有常数$C=0$,即假定的拉普拉斯方程的两个解是相等的,因此解是唯一的。

唯一性定理是关于边值问题的一个重要定理,它不仅适用于静电场问题,也同样适用于在区域中满足拉普拉斯方程的所有物理量的边值问题。它说明了满足边界条件的拉普拉斯方程的解是唯一的,而且当直接求解拉普拉斯方程有困难而采用其他方法求解时,如果所求得的解在区域中满足拉普拉斯方程,并且满足给定的边界条件,那么根据唯一性定理,可以确认这个解就是所求的解。

2.9　静电场的解

前面曾求解了一些简单的静电场问题,都是电荷分布具有特殊性,或者电场(电位)只是一个空间坐标的函数的情形。实际上常遇到的静电场问题要复杂得多,因此必须寻求其他办法去求解这些问题。拉普拉斯方程和泊松方程是二阶偏微分方程,在数学中已有现成

的解法，如果所讨论的问题的边界可以与某正交坐标面重合，可以用分离变量法求解；在特定条件下，用所谓的镜像法解电场问题，显得比较简单和方便；应用较多的还有复变函数法、图解法、应用计算机处理的数值法等。本节只讨论分离变量法和镜像法，有兴趣的读者可以参考有关教材，自学其他方法。

一、直角坐标中的分离变量法

分离变量法所能解决的问题是其边界与某正交坐标系的坐标面相重合，这样所求问题的解便可以表示为单一变量函数的乘积，使偏微分方程化为关于单一变量的常微分方程。下面以直角坐标为例来学习分离变量法。

在直角坐标中，关于电位 Φ 的拉普拉斯方程为

$$\frac{\partial^2 \Phi}{\partial x^2}+\frac{\partial^2 \Phi}{\partial y^2}+\frac{\partial^2 \Phi}{\partial z^2}=0 \tag{2.79}$$

将待求函数 Φ 用三个单变量函数的乘积表示，即

$$\Phi=X(x)Y(y)Z(z) \tag{2.80}$$

将其代入式(2.79)中，则有

$$YZ\frac{\mathrm{d}^2 X}{\mathrm{d}x^2}+XZ\frac{\mathrm{d}^2 Y}{\mathrm{d}y^2}+XY\frac{\mathrm{d}^2 Z}{\mathrm{d}z^2}=0$$

等式两端同乘$\dfrac{1}{XYZ}$，得到

$$\frac{1}{X}\frac{\mathrm{d}^2 X}{\mathrm{d}x^2}+\frac{1}{Y}\frac{\mathrm{d}^2 Y}{\mathrm{d}y^2}+\frac{1}{Z}\frac{\mathrm{d}^2 Z}{\mathrm{d}z^2}=0 \tag{2.81}$$

式(2.81)成立的条件是等式左端的每项都必须等于常数，否则无法满足当 x,y,z 为任何值时三项之和都为零的要求，于是

$$\begin{cases}\dfrac{1}{X}\dfrac{\mathrm{d}^2 X}{\mathrm{d}x^2}=-k_x^2\\[2mm]\dfrac{1}{Y}\dfrac{\mathrm{d}^2 Y}{\mathrm{d}y^2}=-k_y^2\\[2mm]\dfrac{1}{Z}\dfrac{\mathrm{d}^2 Z}{\mathrm{d}z^2}=-k_z^2\end{cases}$$

显然

$$k_x^2+k_y^2+k_z^2=0 \tag{2.82}$$

式中，k_x,k_y,k_z 都是待定常数，称为分离常数。将上面三个式子稍加变化，可得

$$\frac{\mathrm{d}^2 X}{\mathrm{d}x^2}+k_x^2 X=0 \tag{2.83}$$

$$\frac{\mathrm{d}^2 Y}{\mathrm{d}y^2}+k_y^2 Y=0 \tag{2.84}$$

$$\frac{\mathrm{d}^2 Z}{\mathrm{d}z^2}+k_z^2 Z=0 \tag{2.85}$$

式(2.83)～式(2.85)是常系数二阶齐次微分方程，其形式都是一样的。它们的解取决于 $k_i(i=x,y,z)$ 的值。以式(2.83)为例。

当 $k_x^2=0$ 时，
$$X(x)=A_1 x+A_2 \tag{2.86}$$

当 $k_x^2>0$ 时，
$$X(x)=A_1\sin k_x x+A_2\cos k_x x \tag{2.87}$$

当 $k_x^2<0$ 时，$$X(x)=A_1\text{sh}\,|k_x|\,x+A_2\text{ch}\,|k_x|\,x \tag{2.88}$$

其实 k_x,k_y,k_z 并不是独立的，例如 $k_x^2=0,k_y^2>0$，那么，由式(2.82) 必有 $k_z^2=-k_y^2<0$，于是方程的解必然是

$$\begin{aligned}\Phi(x,y,z)=X(x)Y(y)Z(z)=\\(A_1x+A_2)(B_1\sin k_yy+B_2\cos k_yy)(C_1\text{sh}\,|k_z|\,z+C_2\text{ch}\,|k_z|\,z)\end{aligned} \tag{2.89}$$

如果 $k_x^2>0,k_y^2>0$，那么 $k_z^2=-(k_x^2+k_y^2)<0$，则其解必定是

$$\Phi(x,y,z)=(A_1\sin k_xx+A_2\cos k_xx)(B_1\sin k_yy+B_2\cos k_yy)(C_1\text{sh}\,|k_z|\,z+C_2\text{ch}\,|k_z|\,z) \tag{2.90}$$

以上各式中的 $A_1,A_2,B_1,B_2,C_1,C_2,k_x,k_y,k_z$ 都是待定常数，其值由边界条件确定。

例 2.8 矩形筒，由 $x=0,x=a$ 和 $y=0,y=b$ 所围成，边界条件如图 2.18 所示。z 方向可视为无限大。求筒内任意点的电位。

解 这是一个二维场的问题，所求 Φ 与 z 无关。

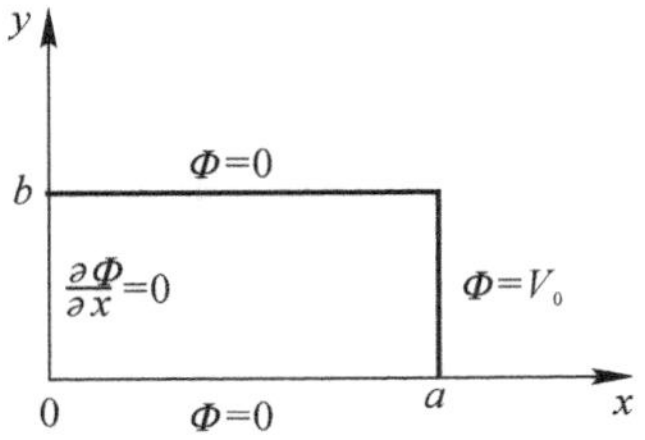

图 2.18 直角坐标的二维场

电位 Φ 所满足的拉普拉斯方程为

$$\frac{\partial^2\Phi}{\partial x^2}+\frac{\partial^2\Phi}{\partial y^2}=0$$

边界条件为

$$\left.\frac{\partial\Phi}{\partial x}\right|_{x=0}=0,\quad \Phi|_{x=a}=V_0,\quad \Phi|_{y=0,b}=0$$

令 $\Phi=X(x)Y(y)$，则有

$$\frac{d^2X}{dx^2}+k_x^2X=0$$

$$\frac{d^2Y}{dy^2}+k_y^2Y=0$$

并有
$$k_x^2+k_y^2=0$$

因为 $y=0,y=b$ 时，$\Phi=0$，那么在式(2.86) ~ 式(2.88) 的解的形式中，只能取

$$Y=B_1\sin k_yy+B_2\cos k_yy$$

的形式，其他两种形式无法满足这样的边界条件。当 $y=0$ 时，$\Phi=0$，代入上式得

$$0=B_1\sin k_y0+B_2\cos k_y0$$

得到
$$B_2=0$$

即
$$Y=B_1\sin k_yy$$

当 $y=b$ 时，$\Phi=0$，即

$$0=B_1\sin k_yb$$

那么
$$k_yb=n\pi,\quad n=0,1,2,\cdots$$

得到
$$k_y=\frac{n\pi}{b},\quad n=0,1,2,\cdots$$

即
$$Y=B_1\sin\frac{n\pi}{b},\quad n=0,1,2,\cdots$$

选取这种形式的解，其实已内含了 $k_y^2>0$。因为 $k_x^2+k_y^2=0$，所以 $k_x^2=-k_y^2=-\left(\frac{n\pi}{b}\right)^2$，得到

$$k_x=\pm \mathrm{j}\frac{n\pi}{b}$$

即 $X(x)$ 只能选取式(2.88)的形式

$$X=A_1\,\mathrm{sh}\,|k_x|\,x+A_2\,\mathrm{ch}\,|k_x|\,x$$

由给定的边界条件

$$\left.\frac{\partial \Phi}{\partial x}\right|_{x=0}=0$$

必须有

$$\left.\frac{\partial X}{\partial x}\right|_{x=0}=A_1\,|k_x|\,\mathrm{ch}\,|k_x|\cdot 0+A_2\,|k_x|\,\mathrm{sh}\,|k_x|\cdot x=0$$

得到

$$A_1=0$$

这样得到满足 $x=0,y=0,y=b$ 边界上所规定的边界条件的解为

$$\Phi=A_n\,\mathrm{ch}\frac{n\pi}{b}x\sin\frac{n\pi}{b}y,\quad n=0,1,2,\cdots$$

其中,$A_n=A_1B_1$。其实上式中 $n\neq 0$,否则 $\Phi\equiv 0$,解无意义。既然 n 取除零以外的任意整数都是方程的解,那么所有解的和亦是方程的解,则拉普拉斯方程解的一般形式应为

$$\Phi=\sum_{n=1}^{\infty}A_n\,\mathrm{ch}\frac{n\pi}{b}x\sin\frac{n\pi}{b}y$$

当 $x=a$ 时,$\Phi=V_0$,将此边界条件代入上式,得

$$V_0=\sum_{n=1}^{\infty}A_n\,\mathrm{ch}\frac{n\pi}{b}x\sin\frac{n\pi}{b}y$$

为了确定常数 A_n,用 $\sin\frac{m\pi}{b}y$ 乘上式两端,并对变量 y 取 $0\sim b$ 的积分,得

$$\sum_{n=1}^{\infty}\int_0^b A_n\,\mathrm{ch}\frac{n\pi}{b}a\sin\frac{n\pi}{b}y\sin\frac{m\pi}{b}y\,\mathrm{d}y=V_0\int_0^b\sin\frac{m\pi}{b}y\,\mathrm{d}y$$

根据三角函数的正交性,当 $m\neq n$ 时,上式左端积分为零,故得

$$\int_0^b A_m\,\mathrm{ch}\frac{m\pi}{b}a\sin\frac{n\pi}{b}a\left(\sin\frac{m\pi}{b}y\right)^2\mathrm{d}y=\frac{b}{2}A_m\,\mathrm{ch}\frac{m\pi}{b}a=\frac{bV_0}{m\pi}(1-\cos m\pi),\quad m=1,2,3,\cdots$$

解得

$$A_m=\frac{2V_0}{m\pi\,\mathrm{ch}\frac{m\pi}{b}a}(1-\cos m\pi),\quad m=1,2,3,\cdots$$

可见,当 m 为偶数时 $A_m=0$,当 m 为奇数时

$$A_m=\frac{4V_0}{m\pi\,\mathrm{ch}\frac{m\pi}{b}a}$$

最终得到的解为

$$\Phi=\frac{4V_0}{\pi}\sum_{m=1,3,\cdots}^{\infty}\frac{\mathrm{ch}\frac{m\pi}{b}mx\sin\frac{m\pi}{b}y}{m\,\mathrm{ch}\frac{m\pi}{b}a}$$

一般地说,分离变量法的解都是级数解,如果级数收敛较快,那么取项不多即可得到满足精度要求的解,这是它的优点;但是级数解不能给出形象的解,从解的形式上,看不出电位

究竟是如何分布的，这是它的缺点。

如果问题的边界是柱面或球面，就要运用柱面坐标或球面坐标去分离变量。这里不再讨论。

二、镜像法

镜像法适用于特殊的导体边界和点电荷、线电荷（二维问题）等系统问题，它是用所研究的区域之外设置假想电荷以代替导体边界对场的影响。这样的假想电荷称为镜像电荷。

首先讨论一种最简单的情形：无限大接地导体平面附近点电荷问题，如图 2.19 所示。

因为导体平面上的电位 $\Phi=0$，只要在与 $+q$ 相对于平面对称的位置上设置镜像电荷 $-q$，就可以保证平面上的电位处处为零。讨论空间任意点的电位等于原来电荷 $+q$ 和镜像电荷 $-q$ 电位之和，即 P 点的电位为

$$\Phi=\frac{q}{4\pi\varepsilon_0 R_1}+\frac{-q}{4\pi\varepsilon_0 R_2}=\frac{q}{4\pi\varepsilon_0}\left(\frac{1}{R_1}-\frac{1}{R_2}\right),\quad x\geqslant 0 \tag{2.91}$$

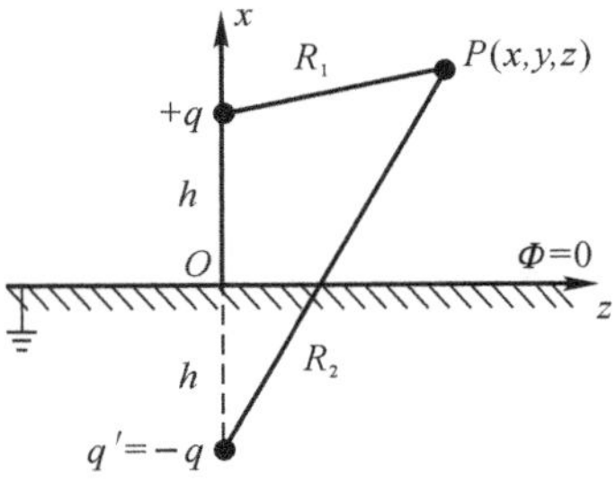

图 2.19　平面外点电荷的镜像

可以验证，式(2.91) 的电位 Φ 是满足拉普拉斯方程和边界条件的。根据唯一性定理，Φ 是本问题的唯一解。

值得指出的是，$x\geqslant 0$ 的条件是必不可少的，因为在 $x<0$ 的区域是导体，是不存在电场的。

有了电位分布，可以根据 $\boldsymbol{E}=-\nabla\Phi$ 求出电场强度 $\boldsymbol{E}$。

如果要求导体平面上($x=0$) 电荷的分布，首先求 $\boldsymbol{E}$ 与导体的垂直分量 E_x，即电位 Φ 在 x 方向的方向导数的负值：

$$E_x=-\frac{\partial\Phi}{\partial x}$$

考虑到

$$R_1=[(x-h)^2+y^2+z^2]^{1/2}$$

$$R_2=[(x+h)^2+y^2+z^2]^{1/2}$$

得

$$E_x=-\frac{q}{4\pi\varepsilon_0}\left(\frac{h-x}{[(x-h)^2+y^2+z^2]^{3/2}}+\frac{h+x}{[(x+h)^2+y^2+z^2]^{3/2}}\right)$$

根据导体的电场边界条件

$$\rho_S=\varepsilon E_x\big|_{x=0}=-\frac{qh}{2\pi\,(h^2+y^2+z^2)^{3/2}} \tag{2.92}$$

其实 ρ_S 就是电荷 $+q$ 在导体平面上的感应电荷。

例 2.9　无限大导体平面下有一电量为 q、质量为 m 的很小带电体。求当受到的静电力和重力相平衡时它的位置。

解　将此系统置于如图 2.20 所示的坐标中，设带电体与平面导体距离为 x。根据镜像法，所受静电力 $\boldsymbol{F}_x$ 等效于受镜像电荷 $-q$ 的静电力 $\boldsymbol{F}_e$，由库仑定律得

$$\boldsymbol{F}_e=\frac{-q^2}{4\pi\varepsilon_0(2x)^2}\boldsymbol{a}_x=-\frac{q^2\boldsymbol{a}_x}{16\pi\varepsilon_0x^2}$$

所受重力为

$$\boldsymbol{F}_g=mg\boldsymbol{a}_x\text{（}g\text{ 是重力加速度）}$$

两者平衡，故

$$\boldsymbol{F}_e+\boldsymbol{F}_g=\left(-\frac{q^2}{16\pi\varepsilon_0x^2}+mg\right)\boldsymbol{a}_x=0$$

解得

$$x=\frac{q}{4\sqrt{\pi\varepsilon_0mg}}$$

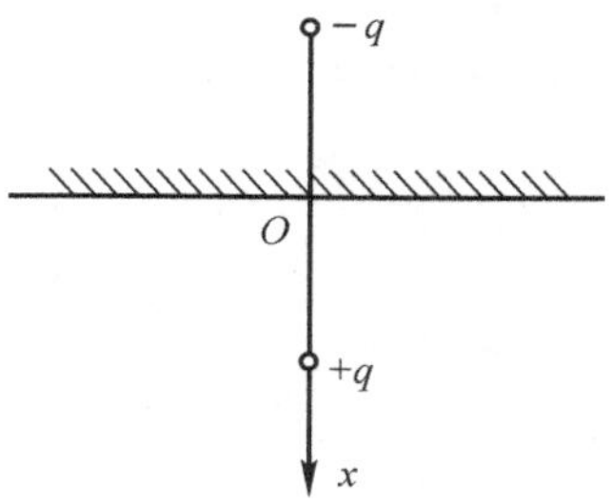

图 2.20　例 2.9 图

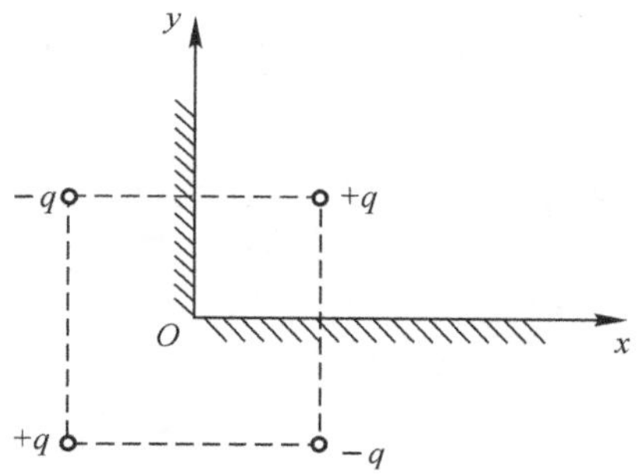

图 2.21　直角导体平面的镜像

平面导体的镜像法可以推广到一个点电荷放置在两个相交的导体平面附近，如图 2.21 所示，在相交成直角的两个导体平面外放置点电荷 q，必须有三个镜像电荷才能满足导体边界上电位为零的条件。故所考察区域（第一象限）的电位或电场，可以由原点电荷和镜像电荷直接求得，即用三个镜像电荷代替导体表面上感应电荷的作用。可以证明，两导体平面的夹角为 $\alpha=\pi/n$（n 为正整数）时，可用 $2n-1$ 个镜像电荷来满足导体表面上的边界条件。

导体球外（或球壳内）点电荷的问题，也可以用镜像法求解。

例如，一个半径为 a 的接地导体球，距球心 O 为 d_1（$d_1>a$）处的 P 点有一个点电荷 q，如图 2.22 所示。求球外任意点的电位函数。既然球体接地，那么球面上电位为零。在球内 P' 处放置一镜像电荷 q'，问题是满足上述边界条件时，q' 为多少？它距球心的距离 d_2 为多少？

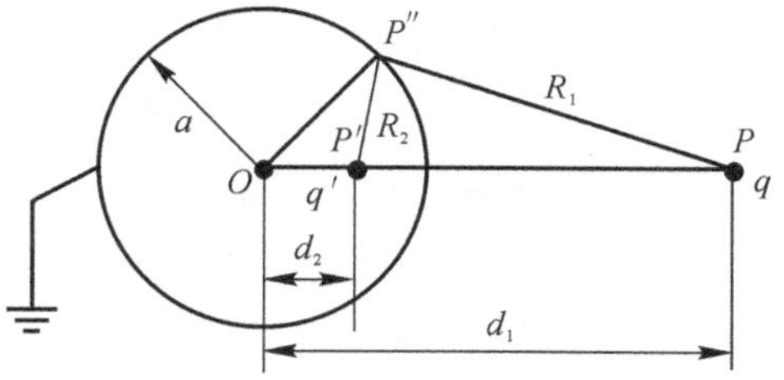

图 2.22　导体球外点电荷的镜像

在球表面上任取一点 P''，它到 q 和 q' 的距离分别为 R_1，R_2，那么 P'' 点的电位为

$$\Phi|_{P''}=\frac{q}{4\pi\varepsilon R_1}+\frac{q'}{4\pi\varepsilon R_2}=0 \tag{2.93}$$

由此得到

$$\frac{q}{q'}=-\frac{R_1}{R_2} \tag{2.94}$$

q 是已知电荷，q' 是它的镜像电荷，也应是个常量，即 $R_1/R_2=$ 常数。将 P'' 点选择到这样的位置，使 $\triangle OPP''\cong\triangle OP''P'$，那么就有

$$\frac{R_1}{R_2}=\frac{d_1}{a}=\frac{a}{d_2}=\text{常数} \tag{2.95}$$

由此得到

$$d_2 = \frac{a^2}{d_1} \tag{2.96}$$

将式(2.95)代入式(2.94)，可以解出

$$q' = -\frac{a}{d_1}q \tag{2.97}$$

这样就求出了 d_2，q'，球外点电荷的电位就可以用原点电荷 q 和镜像电荷 q' 来求出。如果 q 到场点的距离为 R_1，镜像电荷到场点的距离为 R_2，那么场点的电位

$$\Phi = \frac{q}{4\pi\varepsilon}\left(\frac{1}{R_1} - \frac{a}{d_1 R_2}\right) \tag{2.98}$$

下面举例说明导体加有电位 V_0 时，如何运用镜像法求解。

例 2.10　接有电位 V_0，半径为 a 的导体球，距球心为 d 处有点电荷为 q，如图 2.23 所示。求球外任意点的电位。

解　按上述接地导体球的情形选择镜像电荷 q' 和位置 d_2，只能使导体球面的电位保持为零。欲使球面的电位为 V_0，只好在球心加个点电荷 q''，使之在球面位置上的电位为 V_0，即

$$\Phi_2 = \frac{q''}{4\pi\varepsilon a} = V_0$$

得

$$q'' = 4\pi\varepsilon a V_0 \tag{2.99}$$

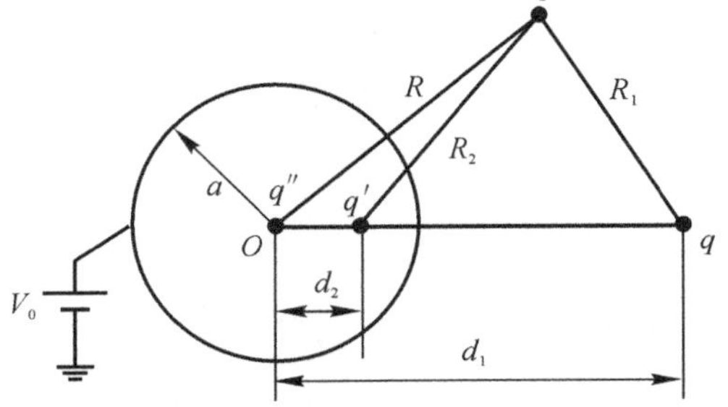

图 2.23　导体球接电位的情形

那么 q，q'，q'' 共同作用的结果，使球表面电位为 V_0。于是球外空间任意点的电位就是上述三个点电荷的电位之和。如果 q，q' 和 q'' 到场点的距离为 R_1，R_2 和 R，那么

$$\Phi = \frac{1}{4\pi\varepsilon}\left(\frac{q}{R_1} + \frac{q'}{R_2} + \frac{q''}{R}\right) = \frac{q}{4\pi\varepsilon}\left(\frac{1}{R_1} - \frac{1}{d_1 R_2}\right) + \frac{aV_0}{R} \tag{2.100}$$

将

$$R_1 = (R^2 + d_1^2 - 2Rd_1\cos\theta)^{1/2} \tag{2.101}$$

$$R_2 = \left(R^2 + \frac{a^4}{d_1^2} - 2R\frac{a^2}{d_1}\cos\theta\right)^{1/2} \tag{2.102}$$

代入式(2.100)即为所求的解。

在微波技术中，要用到单位长平行双导线和同轴线的电容值，下面举两个例子进行计算。

例 2.11　如图 2.24 所示的平行双导线，半径为 a，两轴线相距为 D，并且 $D \gg a$，求单位长度的电容值。

解　按照物理学学过的电容的定义，两个导体间的电容

$$C = \frac{q}{V}$$

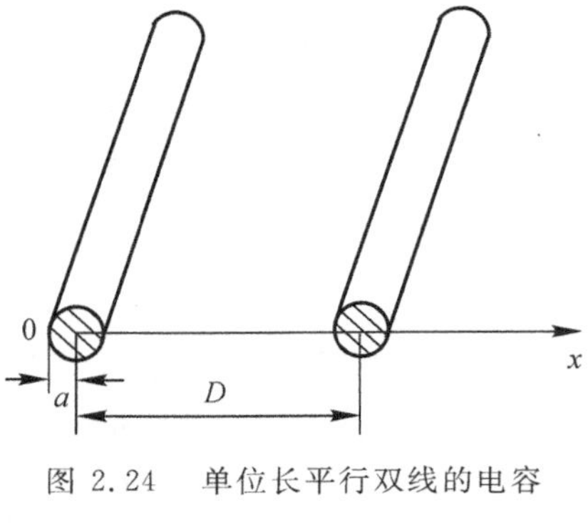

图 2.24　单位长平行双线的电容

式中：V 为两导体间的电位差；q 是某一导体上的正电荷量。假设左根导线的线电荷密度为 ρ_l，右根导线的线电荷密度为 $-\rho_l$，由于 $D \gg a$，因此可近似地看成电荷集中于双导线的轴线上。由例 2.2，左根导线上电荷在 x 轴上的电场强度为

$$E_{1x} = \frac{\rho_l}{2\pi\varepsilon_0 x}, \quad a < x < D-a$$

右根导线上电荷在 x 轴上电场强度为

$$E_{2x} = \frac{\rho_l}{2\pi\varepsilon_0 (D-x)}, \quad a < x < D-a$$

那么

$$E_x = E_{1x} + E_{2x} = \frac{\rho_l}{2\pi\varepsilon_0}\left(\frac{1}{x} + \frac{1}{D-x}\right)$$

两根导线的电位差

$$V = \int_a^{D-a} E_x \mathrm{d}x = \frac{\rho_l}{2\pi\varepsilon_0}\int_a^{D-a}\left(\frac{1}{x} + \frac{1}{D-x}\right)\mathrm{d}x =$$

$$\frac{\rho_l}{2\pi\varepsilon_0}\left[\ln x - \ln(D-x)\right]_a^{D-a} = \frac{\rho_l}{\pi\varepsilon_0}\ln\frac{D-a}{a}$$

单位长度电荷为 ρ_l，故平行双导线单位长电容

$$C_1 = \frac{\rho_l}{V} = \frac{\pi\varepsilon_0}{\ln\dfrac{D-a}{a}} \quad (\mathrm{F/m}) \tag{2.103}$$

如果 $D \gg a$，则

$$C_1 = \frac{\pi\varepsilon_0}{\ln\dfrac{D}{a}} \quad (\mathrm{F/m}) \tag{2.104}$$

例 2.12　直径为 d 的导体圆柱和直径为 $D(D > d)$ 的导体圆筒具有共同的轴线，这个导体系统称为同轴线，如图 2.25 所示。圆筒称为同轴线的外导体，圆柱称为内导体，其间充以介电常数为 ε 的介质。求该同轴线单位长度电容 C_1。

解　设内外导体之间的电压为 V，在内外导体之间（$d/2 \leqslant r \leqslant D/2$）电场为

$$E_r = \frac{\rho_l}{2\pi\varepsilon r}$$

则

$$V = \int_{d/2}^{D/2} E_r \mathrm{d}r = \frac{\rho_l}{2\pi\varepsilon}\int_{d/2}^{D/2}\frac{\mathrm{d}r}{r} = \frac{\rho_l}{2\pi\varepsilon}\ln\frac{D}{d}$$

得到

$$\rho_l = \frac{2\pi\varepsilon V}{\ln\dfrac{D}{d}}$$

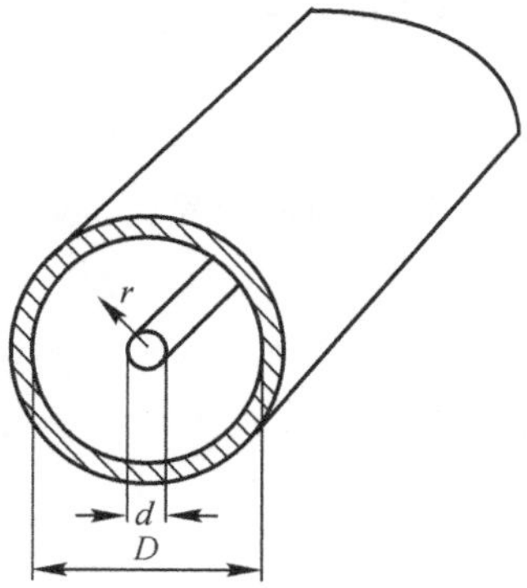

图 2.25　单位长同轴线电容

单位长内导体的电荷为 ρ_l，据电容定义，单位长度同轴线的电容为

$$C_1 = \frac{\rho_l}{V} = \frac{2\pi\varepsilon}{\ln\dfrac{D}{d}} \quad (\mathrm{F/m}) \tag{2.105}$$

小　结

(1) 由库仑定律可以推导出线、面、体电荷的电场和电位：

线电荷：$$\boldsymbol{E}=\frac{1}{4\pi\varepsilon}\int_l\frac{\rho_l\mathrm{d}l}{R^2}\boldsymbol{a}_R,\quad \Phi=\frac{1}{4\pi\varepsilon}\int_l\frac{\rho_l\mathrm{d}l}{R}$$

面电荷：$$\boldsymbol{E}=\frac{1}{4\pi\varepsilon}\int_S\frac{\rho_S\mathrm{d}S}{R^2}\boldsymbol{a}_R,\quad \Phi=\frac{1}{4\pi\varepsilon}\int_S\frac{\rho_S\mathrm{d}S}{R}$$

体电荷：$$\boldsymbol{E}=\frac{1}{4\pi\varepsilon}\int_V\frac{\rho\mathrm{d}V}{R^2}\boldsymbol{a}_R,\quad \Phi=\frac{1}{4\pi\varepsilon}\int_V\frac{\rho\mathrm{d}V}{R}$$

(2) 静电场的基本方程：

积分形式	微分形式
$\oint_S\boldsymbol{D}\cdot\mathrm{d}\boldsymbol{S}=q$	$\nabla\cdot\boldsymbol{D}=\rho$
$\oint_C\boldsymbol{E}\cdot\mathrm{d}\boldsymbol{l}=0$	$\nabla\times\boldsymbol{E}=0$
$\boldsymbol{D}=\varepsilon\boldsymbol{E}$	$\boldsymbol{D}=\varepsilon\boldsymbol{E}$

静电场的基本方程反映了静电场中场与源的关系，即电荷是 $\boldsymbol{D}$ 的通量源，电场是无旋场(即电场中不存在旋涡源)。

(3) 由电场强度与电位的关系($\boldsymbol{E}=-\nabla\Phi$) 及电场的通量性质，可以导出电位的微分方程

$$\nabla^2\Phi=-\frac{\rho}{\varepsilon}\qquad \text{泊松方程}$$

$$\nabla^2\Phi=0\qquad \text{拉普拉斯方程(无电荷空间)}$$

它们是用电位表示的静电场的基本方程。

(4) 介质极化时，其极化强度 $\boldsymbol{P}$ 与宏观电场成正比，$\boldsymbol{P}=\varepsilon_0\chi_e\boldsymbol{E}$($\chi_e$ 称为介质的极化率)，由此引入新的矢量

$$\boldsymbol{D}=\varepsilon_0\boldsymbol{E}+\boldsymbol{P}$$

因为 $\boldsymbol{D}$ 的通量源是自由电荷，所以用 $\boldsymbol{D}$ 来计算电场问题可以避开介质极化的麻烦。

(5) 两种介质交界面上电场所遵循的规律称为边界条件：

$$D_{1n}-D_{2n}=\rho_S\ \text{或}\ D_{1n}=D_{2n}\text{(分界面上没有自由电荷)}$$

$$E_{1t}=E_{2t}$$

用电位表示(界面上无自由电荷时)

$$\varepsilon_1\frac{\partial\Phi_1}{\partial n}=\varepsilon_2\frac{\partial\Phi_2}{\partial n}$$

$$\Phi_1=\Phi_2$$

如果第二种介质是导体，导体内 $\boldsymbol{E}_2=0$，$\boldsymbol{D}_2=0$，则有导体表面上的边界条件为

$$D_{1n}=\rho_S$$

$$E_{1t}=0$$

(6) 电场能量可用以下两个公式计算：

$$W_e = \frac{1}{2}\int_\tau \rho\Phi \mathrm{d}\tau, \quad W_e = \frac{1}{2}\int_\tau \boldsymbol{D}\cdot\boldsymbol{E}\mathrm{d}\tau$$

后者说明电场能量存在于整个电场中。

(7) 唯一性定理是静电场的重要定理。它的内容是:所有边界上电位或电位的法向导数已知时,那么泊松方程和拉普拉斯方程有唯一解。反过来,凡是在讨论的区域满足泊松方程或拉普拉斯方程且符合边界条件的电位解,就是静电场的唯一解。唯一性定理为验证用不同方法求解静电场解的正确性提供了理论依据。

(8) 静态场的解法有多种,本章重点讨论两种方法:分离变量法和镜像法。

分离变量法适用于所讨论的问题的边界与某坐标系的坐标面相重合的情形,本章仅讨论了直角坐标系下的分离变量法。

镜像法是将平面或球面上的感应电荷的作用,用镜像电荷来代替,它的主要问题是确定镜像电荷的大小和位置。

习　题

2.1　两个点电荷,$q_1=8$ C,位于(0,0,5)点,$q_2=-4$ C,位于(0,5,0)点,求(4,0,0)点的电场强度。

2.2　宽度为 b 的无限长均匀带电带,电荷面密度为 ρ_S,求垂直且平分该带的平面上任意点的电场强度。(提示:利用例 2.2 的结果)

2.3　半径为 a 的带电球,电荷密度为 $\rho=A/R(\mathrm{C/m^3})$,求空间任意点的电场强度。

2.4　自由空间中,电场强度 $\boldsymbol{E}=\boldsymbol{a}_x(2y^2z^2-4xy)+\boldsymbol{a}_y(4xyz^2-x^2)+\boldsymbol{a}_z(4xy^2z)(\mathrm{V/m})$,求如图 2.26 所示的立方体的电荷量 Q。

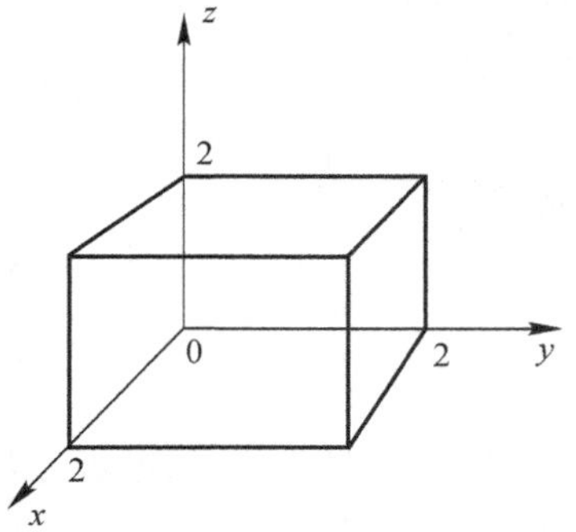

图　2.26

2.5　静电场中,电位分布为 $\Phi=3R^2+2R\sin\theta$,求 $\left(2,\frac{\pi}{3},\frac{\pi}{2}\right)$ 点的电场强度。

2.6　求图 2.27 中的平行板电容器的电容量。

2.7　求图 2.28 中的 θ。

2.8　如图 2.29 所示,平面 $y+z=1$ 将空间分成两个区域。区域 1 的 $\varepsilon_1=4\varepsilon_0$,区域 2 的 $\varepsilon_2=6\varepsilon_0$。如果界面上区域 1 一侧的电场强度为 $\boldsymbol{E}_1=\boldsymbol{a}_x2+\boldsymbol{a}_y(\mathrm{V/m})$,求区域 2 一侧的电场强度 $\boldsymbol{E}_2$。

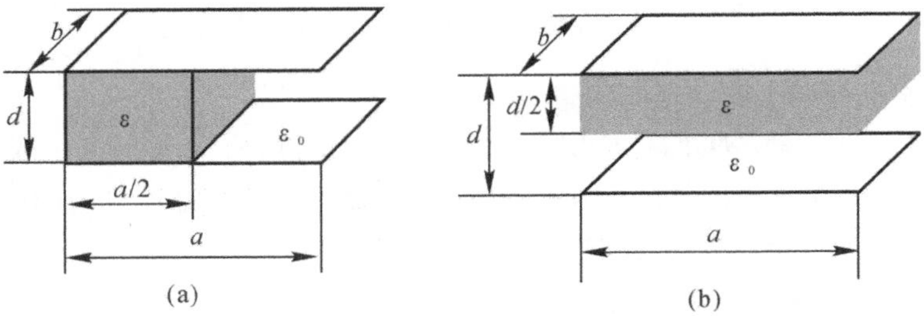

图　2.27

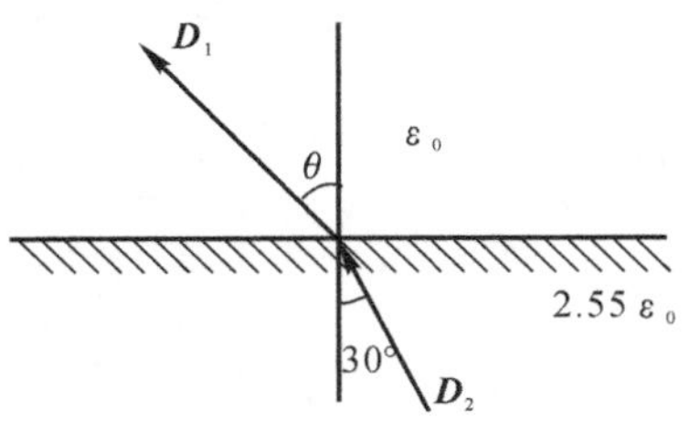

图　2.28

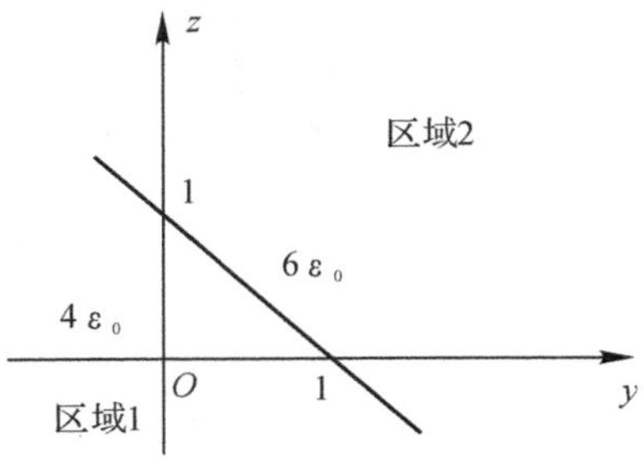

图　2.29

2.9　如图 2.30 所示的平行板电容器，V_0，d_1，d_2，ε_1，ε_2，S_1，S_2，q_0 均是已知的，求介质 ε_1 和 ε_2 中的电场 E_1 和 E_2。

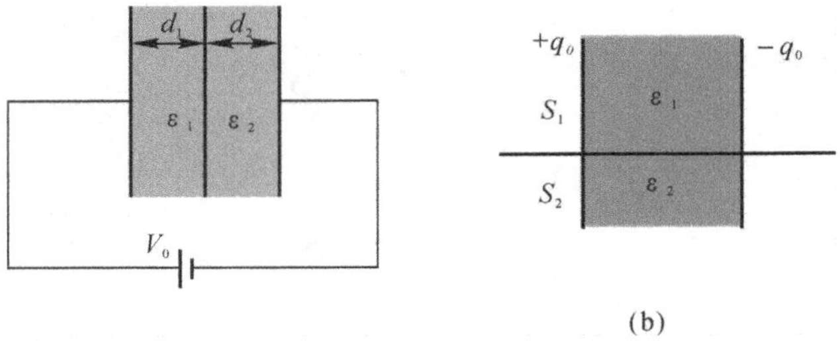

图　2.30

2.10　半径为 a 的均匀带电球，带电量为 Q，求电场能量 W_e。

2.11　整个 xz 平面上分布电荷，而电荷密度为 $\rho_S(x,z)$，在 $|y|>0$ 的空间中没有电荷。在下列电位函数中，哪个对于 $y>0$ 的空间是合适的解？求与这个解相对应的 $\rho_S(x,z)$。

(1) $\Phi=\mathrm{e}^{-y}\mathrm{ch}x$；　　(2) $\Phi=\mathrm{e}^{-y}\cos x$；

(3) $\Phi=\mathrm{e}^{-\sqrt{2}y}\cos x\sin z$；　　(4) $\Phi=\sin x\sin y\sin z$。

2.12　导体方筒其截面形状如图 2.31 所示，已知 $\Phi\big|_{x=0,a}=0$，$\left.\dfrac{\partial\Phi}{\partial n}\right|_{y=0}=0$，$\Phi\big|_{y=b}=V_0$，求筒内任意点的电位 Φ。

2.13　内半径为 a 的接地导体球壳内，距球心为 $d(d<a)$ 处有一点电荷 q，求空间任意点的电位。

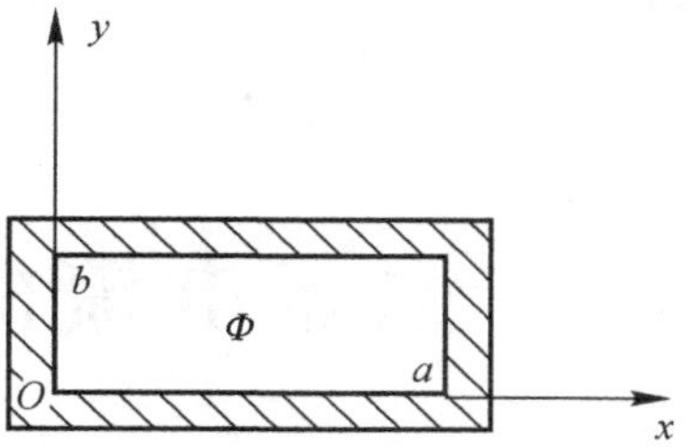

图　2.31

2.14　找出如图 2.32 所示，夹角为 60° 的两平面导体中电荷 q 的镜像电荷。

2.15　半径为 a 的导体球，带电荷为 Q，距球心为 $d(d>a)$ 处有一点电荷 q，求空间任意点的电位。

2.16　内导体半径为 a，外导体半径为 b 的同轴线，内导体上套有介电常数为 ε 的介质圆筒，其外半径为 c，如图 2.33 所示。求该同轴线单位长度电容 C。

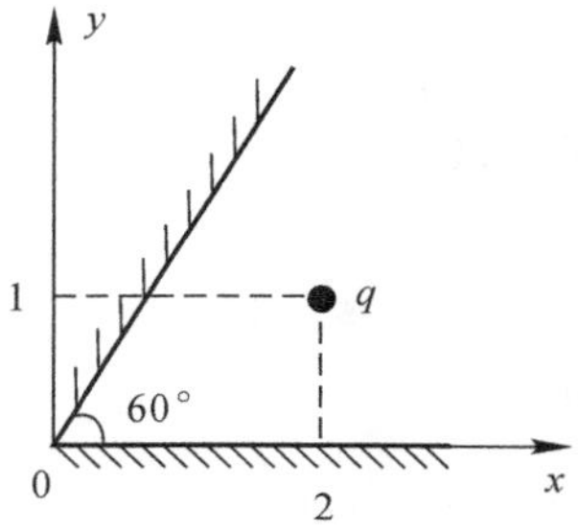

图　2.32

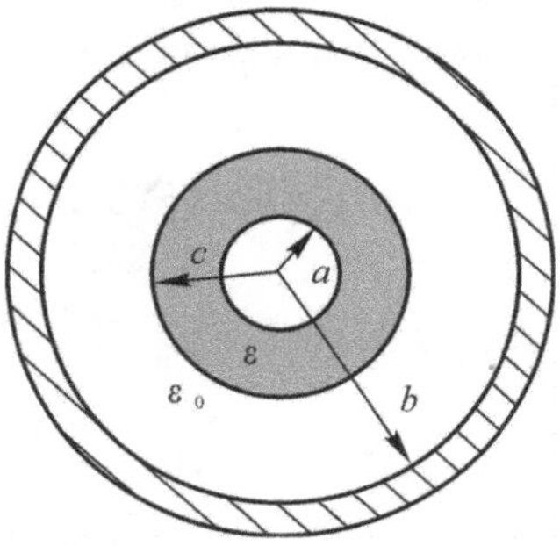

图　2.33

第 3 章　恒定电流的电场

电荷在电场作用下，作规则的宏观定向运动就形成了电流。在导电媒质(导体或半导体)中的电流称为传导电流，在真空或气体中电荷运动形成的电流称为运流电流。随时间变化的电流称为时变电流(交流)，不随时间变化的电流称为恒定电流(直流)。如果在一个导体回路中有恒定电流，回路中必然有一个推动电荷流动的、亦不随时间变化的恒定电场，这是除静电场以外的又一种不随时间变化而仅取决于位置的电场。

本章主要研究恒定电场的基本性质，并用场的方法来处理问题。

3.1　电流密度

电流密度的定义为

$$i=\lim_{\Delta t\to 0}\frac{\Delta q}{\Delta t}=\frac{\mathrm{d}q}{\mathrm{d}t} \tag{3.1}$$

式中：Δq 是在时间 Δt 内流过给定截面积的电荷；i 的单位为安[培](A)。

由电流强度的定义可知，电流强度与电荷流过的横截面的尺寸无关。也就是说，电流强度不能准确地描述横截面上每一点的电荷流动情况。一般情况下，截面上不同的面积元，单位时间内通过的电流以及电荷流动的方向均可能不同，这样的电流称为体电流。为了说明运动电荷在空间的分布情况，需要引入电流密度的概念。

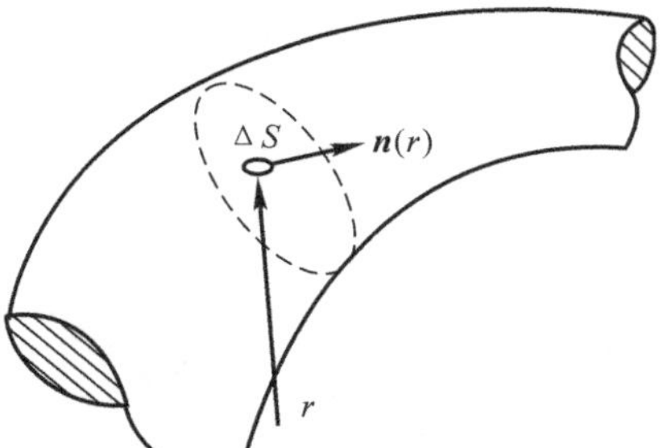

图 3.1　电流密度

如图 3.1 所示，以 $\boldsymbol{n}$ 表示点 r 处正电荷的运动方向，取垂直于 $\boldsymbol{n}$ 的面积元为 ΔS，通过的电流为 ΔI，则定义

$$\boldsymbol{J}(r)=\lim_{\Delta S\to 0}\frac{\Delta I}{\Delta S}\boldsymbol{n} \tag{3.2}$$

为点上的体电流密度。单位为安 / 米^2(A/m^2)。它表示通过该处单位面积的电流的大小和方向。在电流分布区域中每一点均有一对应的电流密度，形成一电流场。电流密度是个矢量，电流场也是个矢量场。类似于静电场的电力线，可用电流线($\boldsymbol{J}$ 线)来描述电流场。

由 $\boldsymbol{J}$ 可以求出流过任意一个截面 S 的电流为

$$I=\int_S \boldsymbol{J}\cdot\mathrm{d}\boldsymbol{S} \tag{3.3}$$

式中，$\mathrm{d}\boldsymbol{S}$ 的方向是选定的电流正方向。

有时，也会遇到电流只分布在导体表面的一个薄层内的情形，如图3.2所示。若薄层厚度 h 很小($h \to 0$)，则可认为电流分布在几何曲面上，这种理想状态的电流分布，称为面流。若面上点 r 处正电荷运动方向为 $\boldsymbol{n}$，取与 $\boldsymbol{n}$ 垂直的线元 Δl，设通过 Δl 的电流为 ΔI，则定义

$$\boldsymbol{J}_S(\boldsymbol{r}) = \lim_{\Delta l \to 0} \frac{\Delta I}{\Delta l}\boldsymbol{n} \tag{3.4}$$

为点 r 处的面电流密度，单位为安/米(A/m)，其值是垂直通过该点处单位长度线段的电流。

实际上，ΔI 是以体密度 J 分布在与其垂直的面积元 $\Delta S = h\Delta l$ 上的，即 $\Delta I = Jh\Delta l$。现在把它看成面电流，则有 $\Delta I = J_S \Delta l$，因而，面电流密度与体电流密度的关系是

$$J_S = \lim_{h \to 0} Jh \tag{3.5}$$

在电路理论中，总认为电流是沿着导线流动的，理想情况下，认为导线是一条几何曲线，这时，不考虑电流流通路径的横向尺寸，这种电流称为线电流。它的特性用电流强度就足以描述了。

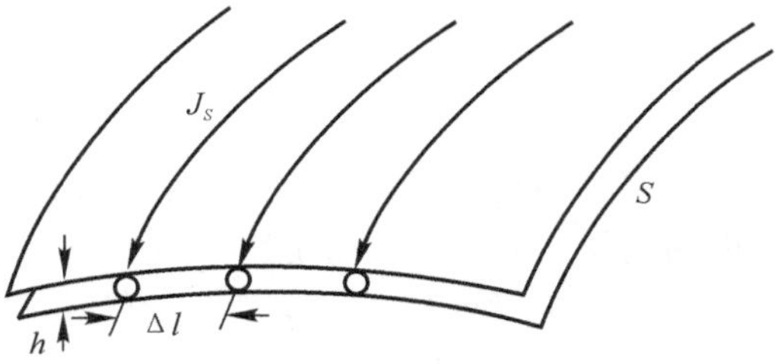

图3.2　面电流密度的定义

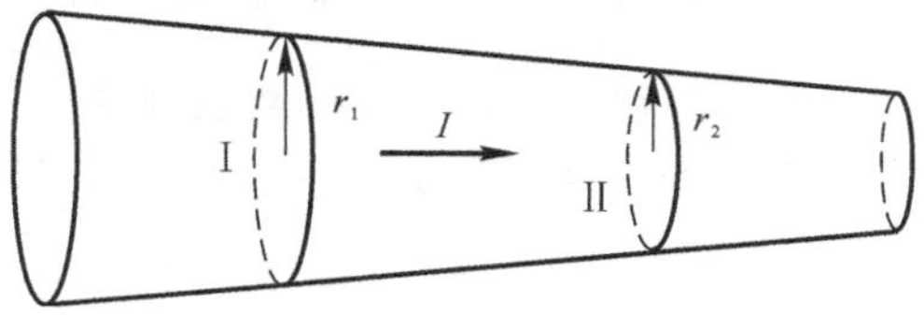

图3.3　例3.1图

例3.1　设单位时间内均匀通过一台柱形导体任一横截面的电荷为10 C(见图3.3)。求通过横截面Ⅰ($r_1 = 4$ cm)和横截面Ⅱ($r_2 = 2$ cm)的电流密度(假定与台柱准线平行的电流线在截面Ⅰ，Ⅱ上的每一点都近似与截面垂直)。

解　由于单位时间内均匀通过台柱形导体任意横截面的电荷为10 C，所以台柱形导体中的电流强度

$$I = 10 \quad \text{A}$$

截面Ⅰ的面积

$$S_1 = \pi r_1^2 = 3.14 \times 4^2 \ \text{cm}^2 = 50.24 \ \text{cm}^2 = 5.02 \times 10^{-3} \ \text{m}^2$$

截面Ⅱ的面积

$$S_2 = \pi r_2^2 = 3.14 \times 2^2 \ \text{cm}^2 = 12.56 \ \text{cm}^2 = 1.26 \times 10^3 \ \text{m}^2$$

则通过界面 I 的电流密度的数值

$$J_1 = I/S_1 = 10/5.02 \times 10^{-3} \ \text{cm}^2 = 2 \times 10^3 \ \text{A/m}^2$$

通过界面 I 的电流密度的数值

$$J_2 = I/S_2 = 10/1.26 \times 10^{-3} \ \text{cm}^2 = 8 \times 10^3 \ \text{A/m}^2$$

其中 J_1 和 J_2 的方向分别垂直于截面Ⅰ，Ⅱ。

由上题可以看出，只有电流密度才能描述相同的电流强度在不同横截面上每一点的电荷流动情况。

对于运流电流，也需用电流密度的概念。设有电荷密度为 ρ，运动速度为 v 的电荷所构

成的运流电流，为确定其密度的表示式，在电荷流中取如图 3.4 所示的体积元(小柱体)，其轴平行于 v，体积元内总电荷为

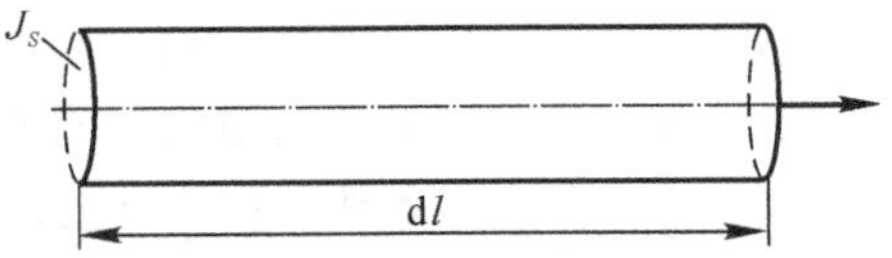

图 3.4　运流电流中的体积元

$$dq = \rho dSdl$$

设 dq 在时间 dt 内全部通过右侧面积元，流出此体积元，则有

$$J = \frac{dq}{dtdS} = \frac{dq}{dtds}\frac{dl}{dl} = \rho\frac{dl}{dt} = \rho v$$

因为 v 的方向与 J 的方向一致，故

$$J = \rho v \tag{3.6}$$

所以运流电流的电流密度与电荷密度及电荷运动的速度成正比。

3.2　恒定电流电场的基本方程

一、电流连续性方程，恒定电场的散度

下面通过研究电流流动的普遍规律——电流连续性，得到电流连续性方程，并由此得到恒定电场的散度。为了以后应用，首先讨论用电场的形式表示的欧姆定律。

1. 欧姆定律

电场力使电荷作定向运动时，形成电流。因此电流密度 $\boldsymbol{J}$ 与场强 $\boldsymbol{E}$ 间必有一定的关系。在均匀、线性、各向同性的导体中，有

$$\boldsymbol{J} = \sigma\boldsymbol{E} \tag{3.7}$$

式中，σ 为导体的电导率，单位是(欧 · 米)$^{-1}$[$(\Omega \cdot \text{m})^{-1}$]。此式称为欧姆定律的微分形式。

2. 电流连续性方程

在密度为 J 的电流分布空间里，任取一封闭面 S。由电荷守恒定律知，单位时间内流出此封闭面的电荷量，应等于 S 中电荷的减小率，即

$$\oint_S \boldsymbol{J} \cdot d\boldsymbol{S} = -\frac{dq}{dt} = -\frac{d}{dt}\int_\tau \rho d\tau \tag{3.8}$$

式中，τ 是封闭面所限定的体积。式(3.8)称为电流连续性方程，它是电荷守恒的结果，适用于任何空间电流分布形式，因此，它是一个普遍的基本定理。对式(3.8)两边应用散度定理，并考虑积分限与时间无关，可将式(3.8)中的微分号放在积分号内，得

$$\int_\tau \nabla \cdot \boldsymbol{J} d\tau = -\int_\tau \frac{\partial\rho}{\partial t} d\tau$$

即

$$\int_\tau \left(\nabla \cdot \boldsymbol{J} + \frac{\partial\rho}{\partial t}\right) d\tau = 0$$

再考虑上面的积分中，曲面是任取的，则

$$\nabla \cdot \boldsymbol{J} + \frac{\partial\rho}{\partial t} = 0 \tag{3.9}$$

称为电流连续性方程的微分形式。

对于恒定电流，空间任何一点的电荷分布均不随时间变化，即 $\partial\rho/\partial t = 0$。这时式(3.8)

成为

$$\oint_S \boldsymbol{J} \cdot \mathrm{d}\boldsymbol{S} = 0 \tag{3.10}$$

或

$$\nabla \cdot \boldsymbol{J} = 0 \tag{3.11}$$

它们称为恒定电流的连续方程。恒定的电流场是一个无源场，电流线是连续的闭合曲线。

3. 恒定电流电场的散度

对于均匀、线性、各向同性的导体，其电导率 σ 是常数，则将欧姆定律的微分形式 $\boldsymbol{J} = \sigma\boldsymbol{E}$，代入式(3.10)和式(3.11)，得

$$\oint_S \boldsymbol{E} \cdot \mathrm{d}\boldsymbol{S} = 0 \tag{3.12}$$

和

$$\nabla \cdot \boldsymbol{E} = 0 \tag{3.13}$$

由高斯定律可知，式(3.12)表明在导体内部的任一闭合面 S 内包含的静电荷 $q=0$，所以在均匀导体内部有恒定电流，但没有电荷，电荷只能分布在导体的表面上。导体内部的恒定电场是由表面上的电荷产生的。

二、电动势，恒定电场的旋度

现在来考虑导体中的传导电流。当带电粒子在导体中定向运动形成持续的电流时，因其在运动过程中要克服阻力(例如，金属自由电子与晶格的碰撞)，所以导体中必须有电场力 F 施加于带电粒子，并对带电粒子做功，维持恒定电流。

1. 电动势

首先，来考查两极板 A，B，连接有导线的已经充电的平行板电容器如图 3.5(a) 所示。A 板上的正电荷吸引金属导线中的自由电子，B 板上的负电荷沿着导线连续地进行补充。于是导线中出现了电流。随着时间的增长，电容器两极板上的电荷逐渐减小到零，电流最后也等于零。这可以说充电电容器不能维持恒定电流。要在导线中维持恒定电流，必须另有一种非静电力不断地向 A，B 两极板补充正、负电荷。能够产生非静电力而具有这种补充能力的装置叫作电源，如图 3.5(b) 所示。常见的电源如干电池、发电机等。

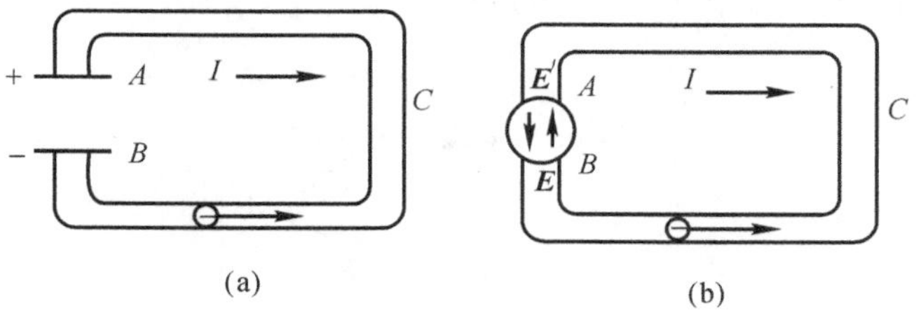

图 3.5 导体回路中的电场

恒定的电荷所产生的电场叫作库仑电场，用 E 表示，正方向从正电荷指向负电荷，它的性质与静止电荷产生的静电场的性质相同。电源内的非静电力与电荷的比值定义为局外电场强度，以 $\boldsymbol{E}'$ 表示，方向从负极板指向正极板，即电源内正电荷运动的方向，与电源内库仑电场的方向相反，如图 3.5(b) 所示。在电源外部的导体中，只有库仑电场，因此欧姆定律的

微分形式是

$$\boldsymbol{J}=\sigma\boldsymbol{E}$$

在电源内部既有库仑电场，又有局外电场，则

$$\boldsymbol{J}=\sigma(\boldsymbol{E}+\boldsymbol{E}')$$

式中，$\boldsymbol{E}+\boldsymbol{E}'$ 是电源内合成电场强度。

定义单位正电荷从负极板通过电源内部移到正极板时，非静电力所做的功称为电源的电动势，用 ξ 表示，即

$$\xi=\int_B^A \boldsymbol{E}'\cdot \mathrm{d}\boldsymbol{l}$$

电源的电动势是表示电源本身的特征量，单位是伏[特](V)。

2. 恒定电场的旋度

对于本章涉及的恒定电流的情形，电荷的分布并不随时间改变。因此，恒定电场必定同静止电荷的电场(静电场)具有相同的性质。那么，恒定电场沿任一闭合路径的线积分恒为零。

$$\oint_l \boldsymbol{E}\cdot \mathrm{d}\boldsymbol{l}=0 \tag{3.14}$$

即恒定电场的旋度为零

$$\nabla\times\boldsymbol{E}=0 \tag{3.15}$$

式(3.14)中的积分路径 l 是通过电源内部和外部的闭合曲线，或是导体中的任意一条闭合曲线。又由式(3.15)可知，恒定电场是保守场，因而恒定电场可用电位梯度表示为

$$\boldsymbol{E}=-\nabla\Phi \tag{3.16}$$

再根据恒定电场的散度为零，得

$$\nabla\cdot\boldsymbol{E}=\nabla\cdot(-\nabla\Phi)=-\nabla^2\Phi=0$$

即

$$\nabla^2\Phi=0 \tag{3.17}$$

由此可知，在传导恒定电流的导体内(电源外)，电位函数满足拉普拉斯方程。

三、导体内(电源外)恒定电场的基本方程

导体内(电源外)的恒定电场基本方程可归纳如下：

积分形式

$$\oint_S \boldsymbol{J}\cdot \mathrm{d}\boldsymbol{S}=0,\quad \oint_l \boldsymbol{E}\cdot \mathrm{d}\boldsymbol{l}=0$$

微分形式

$$\nabla\cdot\boldsymbol{J}=0,\quad \nabla\times\boldsymbol{E}=0$$

$\boldsymbol{J}$ 和 $\boldsymbol{E}$ 的关系即为欧姆定律的微分形式

$$\boldsymbol{J}=\sigma\boldsymbol{E}$$

恒定电场的电位函数

$$\boldsymbol{E}=-\nabla\Phi$$

及

$$\nabla^2\Phi=0$$

例 3.2　球形电容器内半径 $R_1=5$ cm，外半径 $R_2=10$ cm，其中的非理想电介质的电导率为 $10^{-9}(\Omega\cdot\mathrm{m})^{-1}$，若两极间电压 $U=1\ 000$ V，求：

(1) 极间各点的电位 Φ，电场强度 $\boldsymbol{E}$ 和电流密度 $\boldsymbol{J}$；

(2) 漏电导 G。

解　如图 3.6 所示，因为内外金属球极间充满非理想电介质，在直流电压下，将有恒定电流呈辐射状从内球通过非理想电介质流向外球，所以这是一个恒定电场问题。

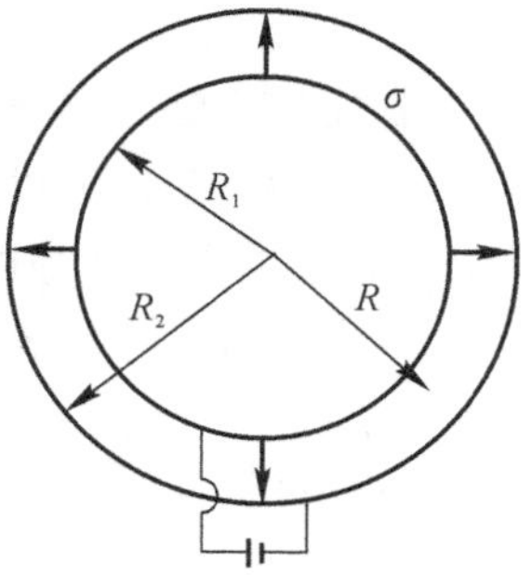

图 3.6　例 3.2 图

(1) 求 $\Phi,\boldsymbol{E},\boldsymbol{J}$。设两同心球形电容器极间的电流为 I，则极间内任意一点的电流密度为

$$\boldsymbol{J}=\frac{I}{4\pi R^2}\boldsymbol{a}_R$$

式中，$\boldsymbol{a}_R$ 为径向的单位矢量。场强为

$$\boldsymbol{E}=\frac{I}{4\pi R^2\sigma}\boldsymbol{a}_R$$

两极板间的电压为

$$U=\frac{I}{4\pi\sigma}\boldsymbol{a}_R\int_{R_1}^{R_2}\frac{1}{R^2}\mathrm{d}R=\frac{I}{4\pi\sigma}\left(\frac{1}{R_1}-\frac{1}{R_2}\right)$$

于是

$$\frac{I}{4\pi\sigma}=U\Big/\left(\frac{1}{R_1}-\frac{1}{R_2}\right)=U\frac{R_1R_2}{R_2-R_1}$$

则

$$E=\frac{R_1R_2}{(R_2-R_1)R^2}U$$

因此，任意点的电位为

$$\Phi=\int_R^{R_2}E\,\mathrm{d}R=\frac{R_1R_2U}{(R_2-R_1)}\int_R^{R_2}\frac{1}{R^2}\mathrm{d}R=\frac{R_1R_2U}{(R_2-R_1)}\left(\frac{1}{R}-\frac{1}{R_2}\right)=$$

$$\frac{5\times10^{-2}\times10\times10^{-2}\times10^3}{(10-5)\times10^{-2}}\left(\frac{1}{R}-\frac{1}{10\times10^{-2}}\right)=\left(\frac{1}{R}-10\right)\times10^2\ \mathrm{V}$$

电场强度等于电位梯度的负值，即

$$\boldsymbol{E}=-\nabla\Phi=\frac{1}{R^2}\times10^2\boldsymbol{a}_R\quad(\mathrm{V/m})$$

电流密度为

$$\boldsymbol{J}=\sigma\boldsymbol{E}=10^{-9}\frac{1}{R^2}\times10^2\boldsymbol{a}_R=\frac{1}{R^2}\times10^{-7}\boldsymbol{a}_R\quad(\mathrm{A/m^2})$$

(2) 求漏电导 G

$$G=\frac{I}{U}=4\pi\sigma\left(\frac{R_2R_1}{R_2-R_1}\right)=12.56\times10^{-9}\times\frac{10\times5\times10^{-4}}{5\times10^{-2}}\ \mathrm{S}=1.256\times10^{-9}\ \mathrm{S}$$

已知球形电容器的电容为

$$C=\frac{4\pi\varepsilon R_2R_1}{R_2-R_1}$$

比较两公式可知，当恒定电场和静电场两者边界条件相同，即电极的大小和相互位置都相同时，则电容和电导间满足下列条件：

$$C/G=\varepsilon/\sigma$$

因此，如果已经根据静电场求出电容，只要用上述关系代换一下，即可得到相同边界条件下的恒定电场的电导。

3.3 恒定电场的边界条件

当恒定电流通过具有不同电导率σ_1和σ_2的两种导电媒质的分界面时，在分界面上，$\boldsymbol{J}$和$\boldsymbol{E}$各自满足的关系称为恒定电场的边界条件。这些边界条件可由恒定电场基本方程的积分形式导出，推导方法和静电场中推导不同介质分界面的边界条件的方法相似。

对于分界面上电流密度，有

$$J_{1n}=J_{2n} \quad \text{或} \quad \boldsymbol{n}\cdot(\boldsymbol{J}_1-\boldsymbol{J}_2)=0 \tag{3.18}$$

$\boldsymbol{J}$的法向分量是连续的。再由$J_n=\sigma E_n$和$\boldsymbol{E}=-\nabla\Phi$，式(3.18)可表示为

$$\sigma_1 E_{1n}=\sigma_2 E_{2n} \tag{3.19}$$

和

$$\sigma_1\frac{\partial\Phi_1}{\partial n}=\sigma_2\frac{\partial\Phi_2}{\partial n} \tag{3.20}$$

对于分界面上的电场，有

$$E_{1t}=E_{2t} \quad \text{或} \quad \boldsymbol{n}\times(\boldsymbol{E}_1-\boldsymbol{E}_2)=0$$

即，分界面上电场强度的切向分量是连续的。由$J_t=\sigma E_t$，可得

$$\frac{J_{1t}}{\sigma_1}=\frac{J_{2t}}{\sigma_2} \tag{3.21}$$

及

$$\Phi_1=\Phi_2 \tag{3.22}$$

将式(3.21)及式(3.22)可写成(见图3.7)

$$\sigma_1 E_1\cos\theta_1=\sigma_2 E_2\cos\theta_2 \quad \text{和} \quad E_1\sin\theta_1=E_2\sin\theta_2$$

上两式相除可得

$$\frac{\tan\theta_1}{\tan\theta_2}=\frac{\sigma_1}{\sigma_2} \tag{3.23}$$

这表明在分界面上电流线或电力线发生曲折。

例3.3 一个有两层介质ε_1，ε_2的平行板电容器(见图3.8)，其两层介质都具有电导率，分别为σ_1和σ_2。在外加电压U时，求通过电容器的电流和两层介质分界面上的自由电荷密度。

解 设通过电容器的电流为I，则两介质中的电流密度为

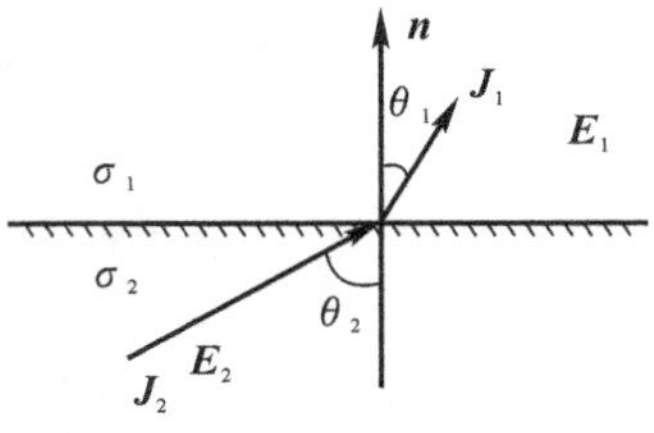

图3.7 J，E的边界条件

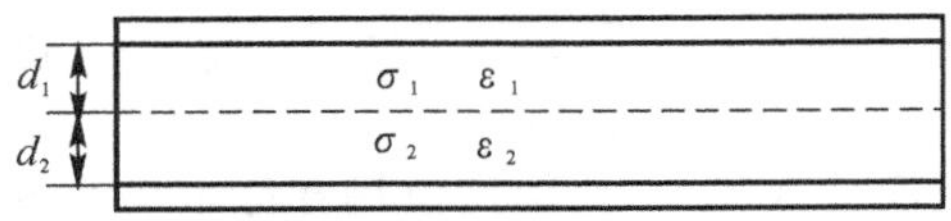

图3.8 例3.3图

$$J_1 = J_2 = \frac{I}{S} = J$$

两介质中的电场强度分别为

$$E_1 = \frac{J_1}{\sigma_1}, \quad E_2 = \frac{J_2}{\sigma_2}$$

又由于

$$U = E_1 d_1 + E_2 d_2 = \left(\frac{d_1}{\sigma_1} + \frac{d_2}{\sigma_2}\right) J = \frac{\sigma_2 d_1 + \sigma_1 d_2}{\sigma_1 \sigma_2} \frac{I}{S}$$

所以,通过电容器的电流为

$$I = \frac{\sigma_1 \sigma_2}{\sigma_2 d_1 + \sigma_1 d_2} SU$$

电流密度为

$$J = \frac{\sigma_1 \sigma_2}{\sigma_2 d_1 + \sigma_1 d_2} U$$

而

$$D_1 = \varepsilon_1 E_1 = \frac{\varepsilon_1}{\sigma_1} J, \quad D_2 = \frac{\varepsilon_2}{\sigma_2} J$$

所以,分界面上的自由电荷密度为

$$\rho_S = D_1 - D_2 = \left(\frac{\varepsilon_1}{\sigma_1} - \frac{\varepsilon_2}{\sigma_2}\right) J = \frac{\sigma_2 \varepsilon_1 - \sigma_1 \varepsilon_2}{\sigma_1 \sigma_2} \frac{\sigma_1 \sigma_2}{\sigma_2 d_1 + \sigma_1 d_2} U =$$

$$\frac{\sigma_2 \varepsilon_1 - \sigma_1 \varepsilon_2}{\sigma_2 d_1 + \sigma_1 d_2} U$$

由上题知,如果 $\varepsilon_1/\sigma_1 \neq \varepsilon_2/\sigma_2$,则分界面上必有自由电荷存在,它们是在接通电源后的暂态过程中聚集于分界面上的。

小　结

通过前面对讨论,发现导电媒质中的恒定电场(电源外)与电介质中的静电场(体电荷密度 $\rho = 0$ 的区域)在许多方面有相似之处,为了便于比较,列于表 3.1 中。

表 3.1　恒定电场与静电场的比较

比较内容	导电媒质中的恒定电场 (电源外)	电介质中的静电场 ($\rho = 0$)
基本方程	$\nabla \times \boldsymbol{E} = 0$ $\nabla \cdot \boldsymbol{J} = 0$ $\boldsymbol{J} = \sigma \boldsymbol{E}$	$\nabla \times \boldsymbol{E} = 0$ $\nabla \cdot \boldsymbol{D} = 0$ $\boldsymbol{D} = \varepsilon \boldsymbol{E}$
导出方程	$\boldsymbol{E} = -\nabla \Phi$ $\nabla^2 \Phi = 0$ $\Phi = \oint_l \boldsymbol{E} \cdot \mathrm{d}\boldsymbol{l}$ $I = \int_s \boldsymbol{J} \cdot \mathrm{d}\boldsymbol{S}$	$\boldsymbol{E} = -\nabla \Phi$ $\nabla^2 \Phi = 0$ $\Phi = \oint_l \boldsymbol{E} \cdot \mathrm{d}\boldsymbol{l}$ $q = \oint_s \boldsymbol{D} \cdot \mathrm{d}\boldsymbol{S}$

续表

比较内容	导电媒质中的恒定电场（电源外）	电介质中的静电场（$\rho=0$）
边界条件	$E_{1t}=E_{2t}$ $\Phi_1=\Phi_2$ $J_{1n}=J_{2n}$ $\sigma_1\dfrac{\partial\Phi_1}{\partial n}=\sigma_2\dfrac{\partial\Phi_2}{\partial n}$	$E_{1t}=E_{2t}$ $\Phi_1=\Phi_2$ $D_{1n}=D_{2n}$ $\varepsilon_1\dfrac{\partial\Phi_1}{\partial n}=\varepsilon_2\dfrac{\partial\Phi_2}{\partial n}$
对应关系	$\boldsymbol{E}$ $\boldsymbol{J}$ Φ I σ	$\boldsymbol{E}$ $\boldsymbol{D}$ Φ q ε

由表 3.1 可以看出，两种场的基本方程形式是相似的，只要把 $\boldsymbol{J}$ 与 $\boldsymbol{D}$，σ 与 ε 相互置换，一种场的基本方程就变为另一种场的基本方程了。如果矢量 $\boldsymbol{J}$ 和 $\boldsymbol{D}$ 分别在导电媒介质中满足相同的边界条件，根据唯一性定理，这两个场的电位函数必有相同的解。也就是说，在相同的边界条件下，如果已经得到了一种场的解只要按表 3.1 的对应关系进行置换，就能得到另一种场的解。

习　题

3.1　一个半径为 a(m) 的球内均匀分布着总电量为 Q(C) 的电荷，此球绕其直径以恒角速度 ω(rad/s) 旋转，求球内任一点的电流密度。（用球坐标系，使原点位于球心，极轴与转轴重合。）

3.2　一通有恒定电流 I(A) 的导线中串联一个半径为 a 的极薄的导体球壳，求此球面上的面电流密度 $\boldsymbol{J}_S$(A/m)。

3.3　很长的两极同轴圆柱导体，内导体半径为 a，外导体内半径为 b，两者均为金属。如果两圆柱间充满电导率为 σ 的不良导体，计算单位长度的电导。

3.4　如图 3.9 所示，平行板电容器中的两层媒质的介电常数和电导率分别为 ε_1，ε_2 和 σ_1，σ_2。设加在两极板间的电压是 U_0。求两种媒质中的 $\boldsymbol{J}$，$\boldsymbol{E}$，$\boldsymbol{D}$ 及两种媒质上的电压。

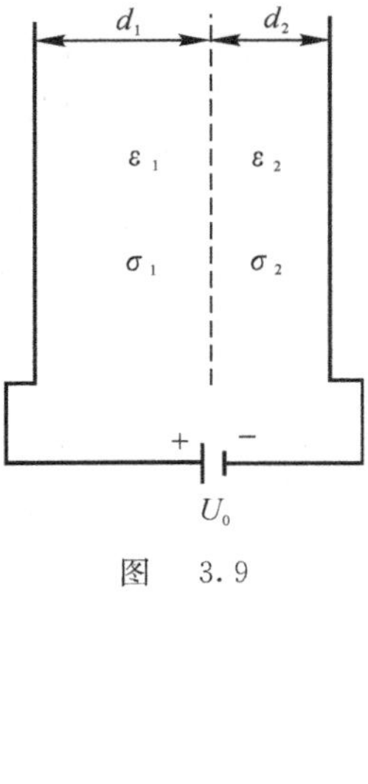

图　3.9

3.5　一个半径为 0.4 m 的导体球当作接地电极深埋地下，土壤的电导率为 0.6 S/m，假设略去地面影响，求电极与地之间的电阻。

3.6　求半球形接地电极的接地电阻。

3.7　在导电率为 σ 的均匀漏电介质里有两个导体小球，半径为 R_1 和 R_2，两小球间距离为 d($d\gg R_1$，$d\gg R_2$)，求两小球间的电阻。

第 4 章　恒定电流的磁场

第 3 章只讨论了恒定电流产生的恒定电场。其实，恒定电流除了在周围产生和静电场一样的电场外，还在载流导体内外空间产生恒定磁场，本章就专门来讨论这个问题。

本章先从关于两个电流元之间的相互作用力的实验定律——安培定律出发，导出电流元的磁感应强度，并根据磁感应强度的性质引入矢量磁位，然后分别分析磁感应强度沿闭合曲面的通量及沿闭合回路的环流的性质，推导出描述磁场矢量特性的基本方程，即散度方程和旋度方程。本章前部分讨论的是真空的磁场问题，后部分讨论的是加入磁介质后的磁场问题。请注意，磁场和静电场是性质完全不同的场，但其分析方法是类似的，希望读者在学习过程中能和静电场的分析情况进行对比。这样做不仅可以加深理解，还可以帮助读者理顺思路，便于记忆。

4.1　安培定律　磁感应强度

本节的思路是：由真空中两个无限导体电流回路的相互作用的实验定律——安培定律出发，导出磁感应强度 $\boldsymbol{B}$ 的一般表达式。安培定律在恒定磁场中的地位和静电场中的库仑定律相当。这个定律是安培通过几个精心设计的实验于 1820 年得到的。

恒定电流只能存在于闭合回路中，而闭合回路的形状和大小可以千变万化；两载流闭合回路之间的相互作用力又与它们的形状、大小和相对位置有关，这就使问题变得复杂了。不过在研究两个有一定形状和大小的带电体之间的静电相互作用力时，可以把它们分割成许多无穷小的带电元，每个带电元可看成是点电荷，只要研究清楚任意一对电荷之间相互作用力的规律之后，通过矢量叠加，就可把整个带电体所受的力计算出来。仿照此法，也可设想把两个载流回路分割为许多无穷小的线元，如图 4.1 所示。只要知道了任意一对电流元间相互作用力的基本规律，整个闭合回路所受到的作用力便可通过矢量叠加计算出来。

安培实验中推导出：真空中电流元 $I_1\mathrm{d}\boldsymbol{l}_1$ 对电流元 $I_2\mathrm{d}\boldsymbol{l}_2$ 的作用力为

$$\mathrm{d}\boldsymbol{F}_{12}=k\frac{I_2\mathrm{d}\boldsymbol{l}_2\times(I_1\mathrm{d}\boldsymbol{l}_1\times\boldsymbol{a}_R)}{R^2} \tag{4.1}$$

式中，$\boldsymbol{a}_R$ 是从点 (x_1,y_1,z_1) 指向点 (x_2,y_2,z_2) 的单位矢量，而

$$\boldsymbol{R}=R\boldsymbol{a}_R=\boldsymbol{r}_2-\boldsymbol{r}_1$$

$$R=[(x_2-x_1)^2+(y_2-y_1)^2+(z_2-z_1)^2]^{\frac{1}{2}}$$

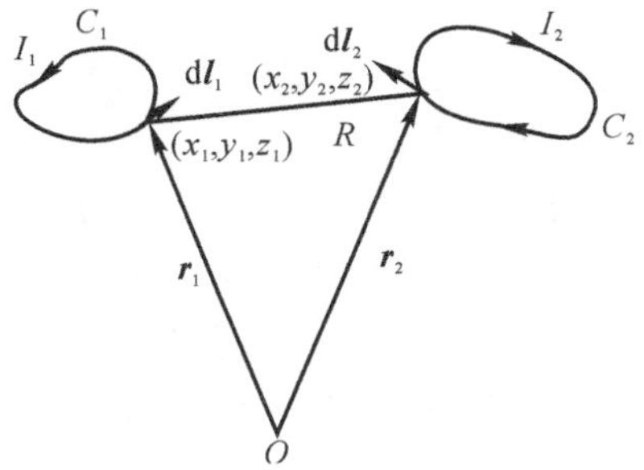

图 4.1　说明安培定律的两个回路

比例常数 $k=\frac{\mu_0}{4\pi}$，$\mu_0=4\pi\times10^{-7}\,\mathrm{H/m}$，称为真空的磁导率。如果电流回路放在空气中，对于工程计算，仍可认为空气中的磁导率和真空的相同，即等于 μ_0。此外，力的单位是牛[顿](N)，电流的单位是安[培](A)，长度的单位是米(m)。

把式(4.1)同静电场中两点电荷间的相互作用力的库仑定律公式对比，可看出二者有相似之处，即都是和距离的二次方成反比关系。但是这里 $I_1\mathrm{d}\boldsymbol{l}_1$ 和 $I_2\mathrm{d}\boldsymbol{l}_2$ 都是矢量，因而它们之间作用力的关系比静电场中两点电荷间作用力的关系更复杂。

很显然，电流回路 C_1 对电流回路 C_2 的作用力便是 C_1，C_2 上所有电流元之间相互作用力的矢量叠加，用式子表达即为

$$\boldsymbol{F}_{12}=\frac{\mu_0}{4\pi}\oint_{C_2}\oint_{C_1}\frac{I_2\mathrm{d}\boldsymbol{l}_2\times(I_1\mathrm{d}\boldsymbol{l}_1\times\boldsymbol{a}_R)}{R^2} \tag{4.2}$$

众所周知，一般而论两个物体只有直接地或间接地接触才能产生相互用力。很明显，上面两电流回路既未直接接触也未间接接触，又怎么能发生相互作用呢？原因很简单，这是因为电流周围存在有磁场。任何载流导体置于磁场存在的空间，都要受到磁场的作用力。这就是说，一回路对另一回路的作用力是通过回路本身在周围空间所产生的磁场面发生作用的。由此可见，磁场也是客观存在的一种特殊的物质。

既然一载流回路对另一载流回路的作用力是通过其周围存在的磁场面而作用的，下面，就由式(4.2)来推导出电流 I_1 在空间任一点所产生的磁场的表达式。

式(4.2)可写为

$$\boldsymbol{F}_{12}=\oint_{C_2}I_2\mathrm{d}\boldsymbol{l}_2\times\oint_{C_1}\frac{\mu_0 I_1\mathrm{d}\boldsymbol{l}_1\times\boldsymbol{a}_R}{4\pi R^2} \tag{4.3}$$

观察式(4.3)知 $\oint_{C_1}\frac{\mu_0 I_1\mathrm{d}\boldsymbol{l}_1\times\boldsymbol{a}_R}{4\pi R^2}$ 项表示电流 I_1 在回路 C_2 的电流元 $I_2\mathrm{d}\boldsymbol{l}_2$ 所在点(x_2,y_2,z_2)处产生的磁场矢量，即称为磁感应强度，用符号 $\boldsymbol{B}$ 表示，则有

$$\boldsymbol{F}_{12}=\oint_{C_2}I_2\mathrm{d}\boldsymbol{l}_2\times\boldsymbol{B}_{12} \tag{4.4}$$

$$\boldsymbol{B}_{12}=\frac{\mu_0}{4\pi}\oint_{C_1}\frac{I_1\mathrm{d}\boldsymbol{l}_1\times\boldsymbol{a}_R}{R^2} \tag{4.5}$$

磁感应强度的单位为特[斯拉](T)，经常还用比较小的单位：高斯，1 高斯 $=10^{-4}$ 特[斯拉]。式(4.5)也称为比奥-沙伐尔定律。

由式(4.4)知，回路 C_1 的 $\boldsymbol{B}_{12}$ 对 C_2 的电流元 $I_2\mathrm{d}\boldsymbol{l}_2$ 的作用力

$$\mathrm{d}\boldsymbol{F}_{12}=I_2\mathrm{d}\boldsymbol{l}_2\times\boldsymbol{B}_{12} \tag{4.6}$$

$\mathrm{d}\boldsymbol{F}_{12}$ 的大小：$\mathrm{d}F_{12}=I_2\mathrm{d}l_2B_{12}\sin\alpha$，其中 α 为矢量 $I_2\mathrm{d}\boldsymbol{l}_2$ 与 $\boldsymbol{B}_{12}$ 间的夹角。

$\mathrm{d}\boldsymbol{F}_{12}$ 的方向如图 4.2 示，$\mathrm{d}\boldsymbol{F}_{12}$ 垂直于 $I_2\mathrm{d}\boldsymbol{l}_2$ 与 $\boldsymbol{B}_{12}$ 组成的平面，三者成右手螺旋关系。

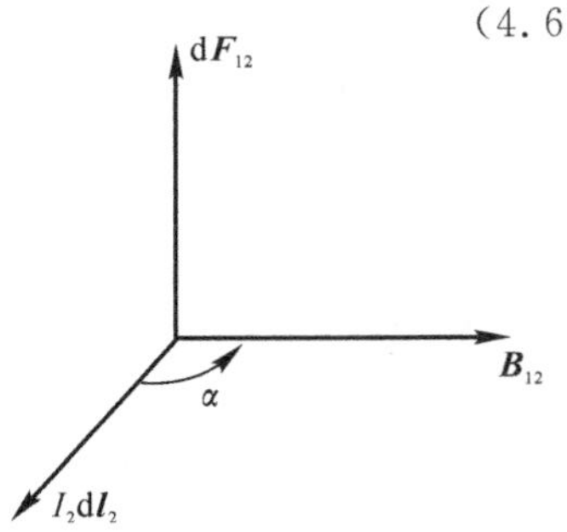

图 4.2　电流元受到的磁场力

关于回路 C_1 在空间某点产生的 $\boldsymbol{B}$ 的方向，可由式(4.5)得知，载流回路 C_1 在空间某点产生的 $\boldsymbol{B}$ 是其本身的所有电流元 $I_1\mathrm{d}\boldsymbol{l}_1$ 在该点产生的感应强度 $\mathrm{d}\boldsymbol{B}$ 的矢量和。而每个 $I_1\mathrm{d}\boldsymbol{l}_1$ 在该点产生的磁感应强度为

$$\mathrm{d}\boldsymbol{B}=\frac{\mu_0}{4\pi}\frac{I_1\mathrm{d}\boldsymbol{l}_1\times\boldsymbol{a}_R}{R^2} \tag{4.7}$$

由式(4.7)可见 $\mathrm{d}\boldsymbol{B}$ 的方向亦与矢量 $I_1\mathrm{d}\boldsymbol{l}_1$ 和 $\boldsymbol{R}$ 成右手关系。注意，这里 $\boldsymbol{R}$ 是由 $I_1\mathrm{d}\boldsymbol{l}_1$ 指向场点的距离矢量，如图 4.3 所示。

载流导线在磁场中要受到 $\boldsymbol{B}$ 的作用力，而电流 I 则是由运动电荷 q 以一定速度 v 运动形成的，可想而知，运动电荷 q 在 $\boldsymbol{B}$ 场中运动时一定会受到 $\boldsymbol{B}$ 的作用力。

设 $\mathrm{d}t$ 时间内 q 走过的距离为 $\mathrm{d}l=v\mathrm{d}t$，又因 $I=\frac{\mathrm{d}q}{\mathrm{d}t}$，所以 $\mathrm{d}q$ 受力

$$\mathrm{d}\boldsymbol{F}=I\mathrm{d}\boldsymbol{l}\times\boldsymbol{B}=\frac{\mathrm{d}q}{\mathrm{d}t}\boldsymbol{v}\mathrm{d}t\times\boldsymbol{B}=\mathrm{d}q\boldsymbol{v}\times\boldsymbol{B}$$

由此可得以速度 v 运动的电荷 q 受力为

$$\boldsymbol{F}=q\boldsymbol{v}\times\boldsymbol{B} \tag{4.8}$$

磁场对运动电荷的作用力称为洛仑兹力。当 $\boldsymbol{v}$ 与 $\boldsymbol{B}$ 垂直时，洛仑兹力为最大值。

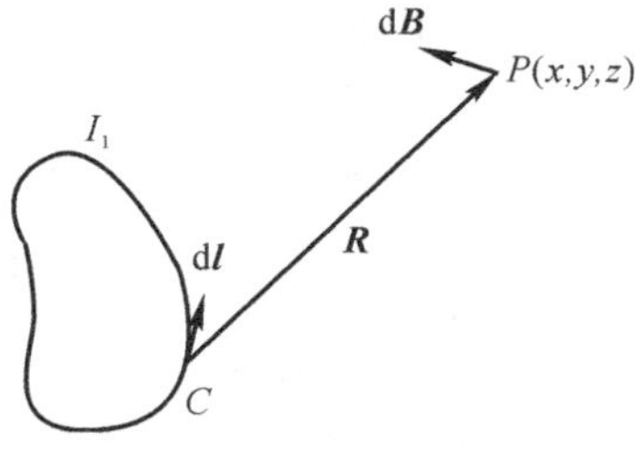

图 4.3　电流元在场点产生的 $\mathrm{d}\boldsymbol{B}$

前面，从安培定律出发推导出了恒定电流的磁场表达式(4.5)，但该式是在假设载流导体无限细的情况下导出的。实际上，电流可能是流过具有一定截面积的导体或是沿着导体表面流过，这两种情况分别称为体电流分布或面电流分布。下面就分别给出各种不同电流的磁感应强度 $\boldsymbol{B}$ 的表达式。

(1) 线电流回路 $\boldsymbol{B}$ 的表达式。如图 4.4 所示，设流过电流为 I 的导线截面半径和 R 相比很小，此时的电流可视为线电流分布，其 $\boldsymbol{B}$ 的表达式为

$$\boldsymbol{B}=\frac{\mu_0 I}{4\pi}\oint_C\frac{\mathrm{d}\boldsymbol{l}\times\boldsymbol{a}_R}{R^2} \tag{4.9}$$

(2) 体电流分布 $\boldsymbol{B}$ 的表达式。如图 4.5 所示，设流过导体截面 S 的电流密度为 J，导体的体积为 τ，取一截面 $\mathrm{d}S$ 很小的导体段，由于 $\mathrm{d}S$ 很小，故此小段导体可视为无限细的线电流元。

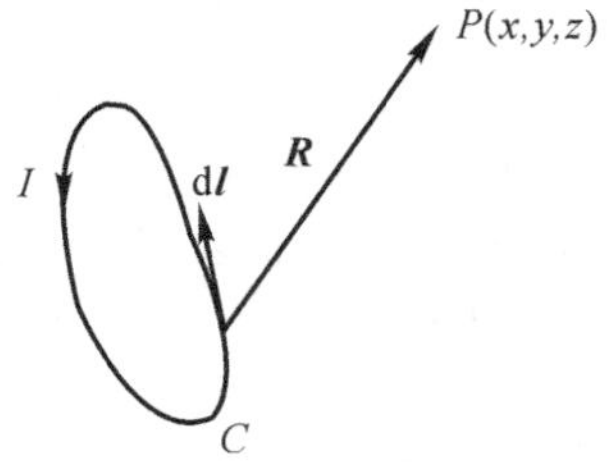

图 4.4　线电流回路

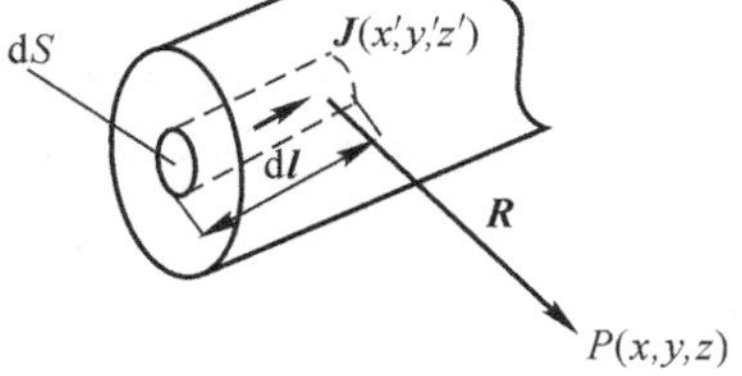

图 4.5　体电流分布的导体

由式(4.7)知，该电流元的 $\boldsymbol{B}$ 为

$$\mathrm{d}\boldsymbol{B}=\frac{\mu_0\mathrm{d}I\mathrm{d}\boldsymbol{l}\times\boldsymbol{a}_R}{4\pi R^2}=\frac{\mu_0 J\mathrm{d}S\mathrm{d}\boldsymbol{l}\times\boldsymbol{a}_R}{4\pi R^2}$$

因为 $\mathrm{d}\boldsymbol{l}$ 和电流密度 $\boldsymbol{J}$ 方向一致，故有

$$\mathrm{d}\boldsymbol{B}=\frac{\mu_0}{4\pi}\frac{\boldsymbol{J}(x',y',z')\times\boldsymbol{a}_R}{R^2}\mathrm{d}\tau'$$

式中，$d\tau' = dl dS$ 为体积元。

体积中全部电流在场点产生的 **B** 为

$$\boldsymbol{B}(x,y,z)=\frac{\mu_0}{4\pi}\int_{\tau}\frac{\boldsymbol{J}(x',y',z')\times\boldsymbol{a}_R}{R^2}d\tau' \tag{4.10}$$

注意，这里 $d\tau'$ 表示积分是对有电流分布的点即源点进行的，且 $R=[(x-x')^2+(y-y')^2+(z-z')^2]^{\frac{1}{2}}$ 是源点 (x',y',z') 的函数。

(3) 面电流分布时 **B** 的表达式。如图 4.6 所示，设电流流过一面积为 S 的导体表面，其面电流密度为 J_S。

类似上面体电流分布时的分析方法，可得电流沿面积为 S 的导体表面流动时的 **B** 为

$$\boldsymbol{B}=\frac{\mu_0}{4\pi}\int_{S}\frac{\boldsymbol{J}_S(x',y',z')\times\boldsymbol{a}_R}{R^2}dS' \tag{4.11}$$

例 4.1 求通有电流为 I 的无限长直导线的磁场，设导线到场点的距离远大于导线的半径，即导线可视为无限细。

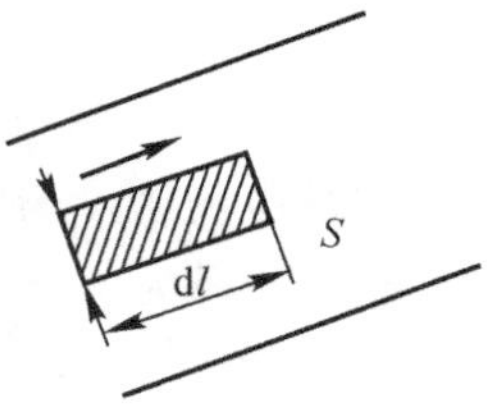

图 4.6 面电流分布的导体

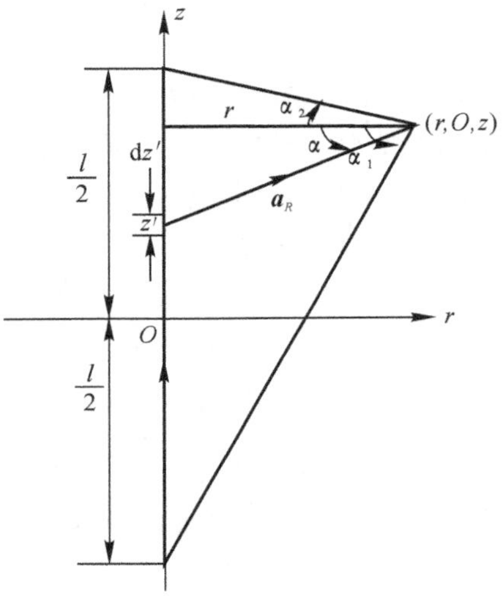

图 4.7 例 4.1 图

解 先计算一段长为 l 的直线电流在场点的 **B**。采用圆柱坐标，使 z 轴与线电流相合，原点放在线的中点。从对称关系可以看出场与 φ 坐标无关，将场点放在 $\varphi=0$ 的平面上并不失普遍性。这样，场点的坐标为 $(r,0,z)$，源点（电流元）的坐标为 $(0,0,z')$，如图 4.7 所示。由图 4.7 可得

$$z'=z-r\tan\alpha$$

$$dz'=-r\sec^2\alpha d\alpha$$

$$d\boldsymbol{l}=\boldsymbol{a}_z dz'=-\boldsymbol{a}_z r\sec^2\alpha d\alpha$$

$$R=r\sec\alpha$$

$$\boldsymbol{a}_R=\boldsymbol{a}_r\cos\alpha+\boldsymbol{a}_z\sin\alpha$$

故

$$d\boldsymbol{l}\times\boldsymbol{a}_R=\boldsymbol{a}_z dz'\times(\boldsymbol{a}_r\cos\alpha+\boldsymbol{a}_z\sin\alpha)=-\boldsymbol{a}_\varphi r\sec^2\alpha\cos\alpha d\alpha$$

$$\boldsymbol{B}=\frac{\mu_0 I}{4\pi}\int_{\alpha_1}^{\alpha_2}\frac{-\boldsymbol{a}_\varphi r\sec^2\alpha\cos\alpha d\alpha}{r^2\sec^2\alpha}=\boldsymbol{a}_\varphi\frac{\mu_0 I}{4\pi r}\int_{\alpha_1}^{\alpha_2}-\cos\alpha d\alpha=\boldsymbol{a}_\varphi\frac{\mu_0 I}{4\pi r}(\sin\alpha_1-\sin\alpha_2)$$

其中

$$\sin\alpha_1=\frac{z'+\frac{l}{2}}{\sqrt{r^2+\left(z'+\frac{l}{2}\right)^2}},\quad \sin\alpha_2=\frac{z'-\frac{l}{2}}{\sqrt{r^2+\left(z'-\frac{l}{2}\right)^2}}$$

对于无限长直线电流，$\alpha_1=\frac{\pi}{2}$，$\alpha_2=-\frac{\pi}{2}$，可得

$$\boldsymbol{B}=\boldsymbol{\alpha}_\varphi\frac{\mu_0 I}{2\pi r}$$

可见无限长载流直导流的磁感应线是在与导线垂直的平面上。磁感应线和电流存在右手螺旋关系，且磁感应线是以导线为中心的圆簇，如图 4.8 所示。

例 4.2　两无限长平行导线流过的电流为 I_1 和 I_2，求两导体间单位长度的作用力。

解　由例 4.1 知，无限长直导线的磁场只有 φ 分量，在图 4.9 中表示出导线 1 和 2 所在处的 $\boldsymbol{B}_{12}$ 和 $\boldsymbol{B}_{21}$。注意，$\boldsymbol{B}_{21}$ 是 I_1 产生，而 $\boldsymbol{B}_{12}$ 是 I_2 所产生，且

$$\boldsymbol{B}_{21}=\frac{\mu_0 I_3}{2\pi \mathrm{d}}\boldsymbol{\alpha}_\varphi$$

作用于导线 2 单位长度上的力为

$$\boldsymbol{F}_{21}=-\boldsymbol{a}_r I_2 B_{21}=-\boldsymbol{a}_r\frac{\mu_0 I_1 I_3}{2\pi d}$$

同样可求得

$$\boldsymbol{F}_{12}=\boldsymbol{a}_r I_1 B_{12}=\boldsymbol{a}_r\frac{\mu_0 I_1 I_2}{2\pi d}$$

可见当 I_1，I_2 方向相同时，两导体间的力为吸力；I_1，I_2 方向相反时为斥力。

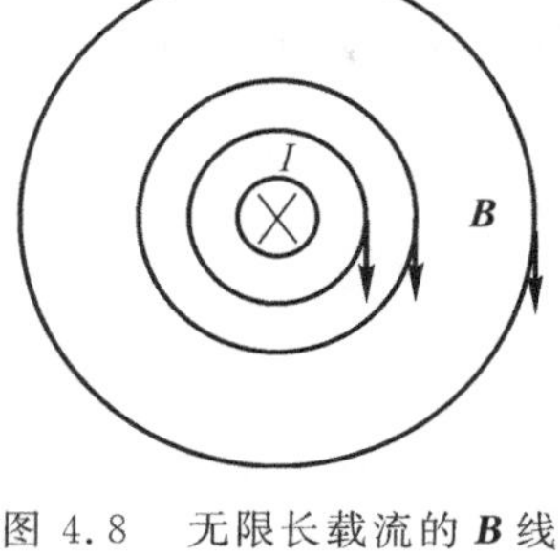

图 4.8　无限长载流的 **B** 线

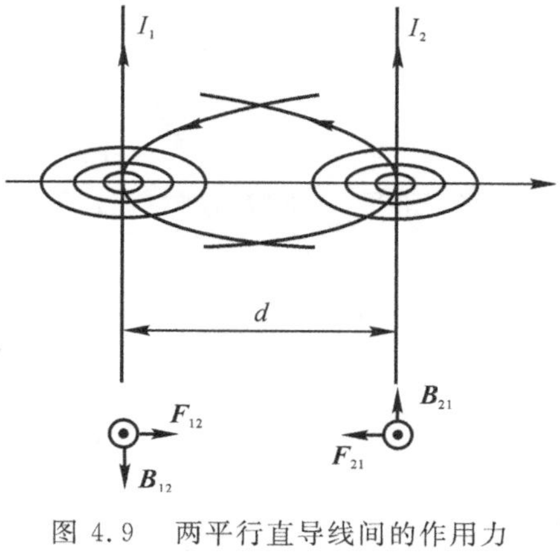

图 4.9　两平行直导线间的作用力

4.2　矢量磁位

从 4.1 节计算磁感应 **B** 的过程看出，已知电流分布直接由 **B** 的表示式(4.5)来求 **B** 是比较复杂的，而且矢量方向较难判断。在静电场中为求 **E** 方便，曾通过关系 $\nabla\times\boldsymbol{E}=0$，把求 **E** 化为求标量位 Φ。然后，再由 $\boldsymbol{E}=-\nabla\Phi$ 求 **E**，既简单又方便。同样的办法，在恒定磁场中，也

引入一个矢量$\boldsymbol{A}$,使得$\boldsymbol{B}=\nabla\times\boldsymbol{A}$。在一般情况下,先求出$\boldsymbol{A}$,然后再由$\boldsymbol{B}=\nabla\times\boldsymbol{A}$即可求$\boldsymbol{B}$。这样做,比直接利用$\boldsymbol{B}$的表达式求$\boldsymbol{B}$简单多,后面的例题证明了这一点。请读者记住,$\boldsymbol{A}$只是起着求$\boldsymbol{B}$的一个过渡桥梁作用,本身无任何物理意义。

在电磁工程中,把满足$\boldsymbol{B}=\nabla\times\boldsymbol{A}$的矢量$\boldsymbol{A}$称为磁场的矢量位或矢量磁位。

读者注意,在这里为便于读者理顺思路,并对矢量磁位$\boldsymbol{A}$有一个明确的认识,先给出$\boldsymbol{A}$明确的定义,即$\boldsymbol{B}=\nabla\times\boldsymbol{A}$。读者不要误认为关系式$\boldsymbol{B}=\nabla\times\boldsymbol{A}$只是一个定义式,其实根据$\boldsymbol{B}$的性质,确实存在着这样一个矢量$\boldsymbol{A}$,它满足关系$\boldsymbol{B}=\nabla\times\boldsymbol{A}$。下面,将由$\boldsymbol{B}$的表达式出发来寻找满足上述关系的$\boldsymbol{A}$。

一般情况下

$$\boldsymbol{B}=\frac{\mu_0}{4\pi}\int_\tau\frac{\boldsymbol{J}(x',y',z')\times\boldsymbol{a}_R}{R^2}\mathrm{d}\tau'$$

因为

$$\nabla\frac{1}{R}=-\frac{1}{R^2}\boldsymbol{a}_R$$

这里∇表示的是对场点坐标(x,y,z)求梯度,则

$$\frac{\boldsymbol{J}\times\boldsymbol{a}_R}{R^2}=-\boldsymbol{J}\times\nabla\frac{1}{R}$$

再根据矢量恒等式有

$$\nabla\times\left(\frac{\boldsymbol{J}}{R}\right)=-\frac{1}{R}\nabla\times\boldsymbol{J}+\nabla\left(\frac{1}{R}\right)\times\boldsymbol{J}$$

又因为电流密度$\boldsymbol{J}$只是源点坐标的函数(不是场点坐标函数),所以上式中右边第一项$\nabla\times\boldsymbol{J}=0$,故有

$$\boldsymbol{B}=\frac{\mu_0}{4\pi}\int_\tau\nabla\times\frac{\boldsymbol{J}(x',y',z')}{R}\mathrm{d}\tau'=\nabla\times\int_\tau\frac{\mu_0}{4\pi}\frac{\boldsymbol{J}(x',y',z')}{R}\mathrm{d}\tau' \tag{4.12}$$

把式(4.12)与定义式$\boldsymbol{B}=\nabla\times\boldsymbol{A}$对比,便知

$$\boldsymbol{A}=\frac{\mu_0}{4\pi}\int_\tau\frac{\boldsymbol{J}(x',y',z')}{R}\mathrm{d}\tau' \tag{4.13}$$

由式(4.13)可见,$\boldsymbol{A}$与$\boldsymbol{J}$方向一致,且为R的一次方函数,即求$\boldsymbol{A}$简单。很容易写成分量式如下:

$$A_x=\frac{\mu_0}{4\pi}\int_\tau\frac{J_x}{R}\mathrm{d}\tau' \tag{4.14}$$

$$A_y=\frac{\mu_0}{4\pi}\int_\tau\frac{J_y}{R}\mathrm{d}\tau' \tag{4.15}$$

$$A_z=\frac{\mu_0}{4\pi}\int_\tau\frac{J_z}{R}\mathrm{d}\tau' \tag{4.16}$$

当电流为线电流、面电流分布时,$\boldsymbol{A}$的表达式相应地为

$$\boldsymbol{A}(x,y,z)=\frac{\mu_0 I}{4\pi}\oint_C\frac{\mathrm{d}\boldsymbol{l}}{R}$$

$$\boldsymbol{A}(x,y,z)=\frac{\mu_0}{4\pi}\int_S\frac{\boldsymbol{J}_S(x',y',z')}{R}\mathrm{d}S'$$

另外,还可以证明$\boldsymbol{A}$有一个特殊的性质,即

$$\nabla\cdot\boldsymbol{A}=0$$

在静电场中，给出体电荷分布 $\rho(x',y',z')$ 时，场点的点位

$$\Phi(x,y,z)=\frac{1}{4\pi\varepsilon_0}\int_\tau \frac{\rho(x',y',z')}{R}\mathrm{d}\tau'$$

且该电位满足微分方程

$$\nabla^2\Phi=-\frac{\rho}{\varepsilon_0}$$

在恒定磁场中，给出体电流分布 $\boldsymbol{J}(x',y',z')$ 时场点的磁矢位为

$$\boldsymbol{A}(x,y,z)=\frac{\mu_0}{4\pi}\int_\tau \frac{\boldsymbol{J}(x',y',z')}{R}\mathrm{d}\tau'$$

写成分量形式便是式(4.14)、式(4.15) 和式(4.16)，把这三式与静电场中的电位表达式进行对比，可见它们之间形式十分相似，故分量 A_x,A_y,A_z 所满足的微分方程如下：

$$\nabla^2A_x=-\mu_0J_x$$
$$\nabla^2A_y=-\mu_0J_y$$
$$\nabla^2A_z=-\mu_0J_z$$

写成矢量形式，上面三式便合为一个方程，即

$$\nabla^2\boldsymbol{A}=-\mu_0\boldsymbol{J} \tag{4.17}$$

式(4.17) 称矢量泊松方程。

例 4.3　计算一通过电流为 I，半径为 a 的小圆环在远离圆环处的磁感应强度 $\boldsymbol{B}$。

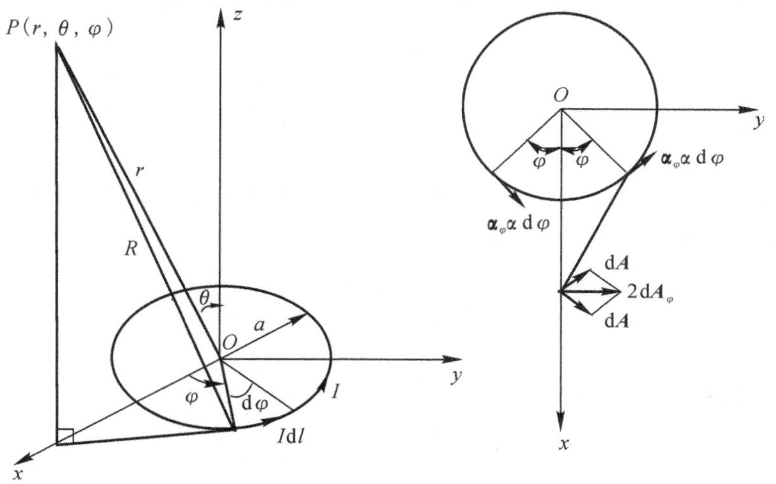

图 4.10　计算小圆外一点的 $\boldsymbol{B}$

解　先求出 $\boldsymbol{A}$，再由 $\boldsymbol{B}=\nabla\times\boldsymbol{A}$ 求 $\boldsymbol{B}$。

现在取两个电流元，它们与 $\varphi=0$ 的平面所构成的夹角分别为 $+\varphi$ 和 $-\varphi$，则可见它们在场点产生的 d$\boldsymbol{A}$ 相加后得到的磁矢量位只有 φ 分量，且等于

$$\mathrm{d}\boldsymbol{A}_\varphi=2\mathrm{d}\boldsymbol{A}\cos\varphi$$

所以 P 点的磁矢位为

$$\boldsymbol{A}_\varphi=\frac{2\mu_0I}{4\pi}\int_0^\pi\frac{a\mathrm{d}\varphi\cos\varphi}{R}$$

因为

$$R=[(r\cos\theta)^2+[(r\sin\theta)^2+a^2-2ar\sin\theta\cos\varphi]]^{1/2}=(r^2+a^2-2ra\sin\theta\cos\varphi)^{1/2}$$

又因为 $r\gg a$，用二项式定理展开，并略去高阶小项得

$$\frac{1}{R}=\frac{1}{r}\left(1-\frac{2a}{r}\sin\theta\cos\varphi+\frac{a^2}{r^2}\right)^{-\frac{1}{2}}\approx\frac{1}{r}\left(1+\frac{a}{r}\sin\theta\cos\varphi\right)$$

所以

$$\boldsymbol{A}_\varphi=\frac{\mu_0 Ia}{2\pi r}\int_0^\pi\left(1+\frac{a}{r}\sin\theta\cos\varphi\right)\cos\varphi\mathrm{d}\varphi=\frac{\mu_0 I\pi a^2\sin\theta}{4\pi r^2}=\frac{\mu_0 IS\sin\theta}{4\pi r^2}$$

式中，$S=\pi a^2$ 是小圆环包围的面积，则有

$$\boldsymbol{A}=A_\varphi\boldsymbol{a}_\varphi=\frac{\mu_0 IS\sin\theta}{4\pi r^2}\boldsymbol{a}_\varphi$$

则

$$\boldsymbol{B}=\nabla\times\boldsymbol{A}=\frac{\mu_0 SI}{4\pi r^3}(\boldsymbol{a}_r 2\cos\theta+\boldsymbol{a}_\varphi\sin\theta)$$

当 $\theta=0$ 时，得轴线上任一点的

$$\boldsymbol{B}=\frac{\mu_0 SI}{2\pi r^3}\boldsymbol{a}_r=\frac{\mu_0 SI}{2\pi r^3}\boldsymbol{a}_z$$

4.3 磁场的通量和磁通量连续性原理

在矢量分析中学过，矢量的散度和矢量旋度各对应着场的一种源。任何一个矢量至少存在一个不为零的源，即矢量的散度和旋度至少有一个不恒为零。本节和下一节就着重来研究磁感应强度矢量 **B** 的这两种源。

首先，引入一个磁通的概念，它的定义：磁感应强度矢量 **B** 沿一个面积 **S** 的面积分，称为 **B** 穿过面积 **S** 的磁通量，简称磁通，用 ψ 表示，即

$$\psi=\int_S\boldsymbol{B}\cdot\mathrm{d}\boldsymbol{S}\tag{4.18}$$

单位为韦伯(Wb)，1 Wb＝1 T · m^2。

下面讨论磁场的散度和磁通连续性问题。因为

$$\boldsymbol{B}=\nabla\times\boldsymbol{A}$$

所以

$$\nabla\cdot\boldsymbol{B}=\nabla\cdot(\nabla\times\boldsymbol{A})=0$$

即

$$\nabla\cdot\boldsymbol{B}=0\tag{4.19}$$

把式(4.19)和静电场的基本方程 $\nabla\cdot\boldsymbol{D}=\rho$ 进行比较，说明恒定磁场中任一点均无散度源。换句话说，磁场不是由磁荷产生的，而且磁荷是不存在的。

再看磁场沿闭合面的通量情况，如图 4.11 所示。

由磁通定义有

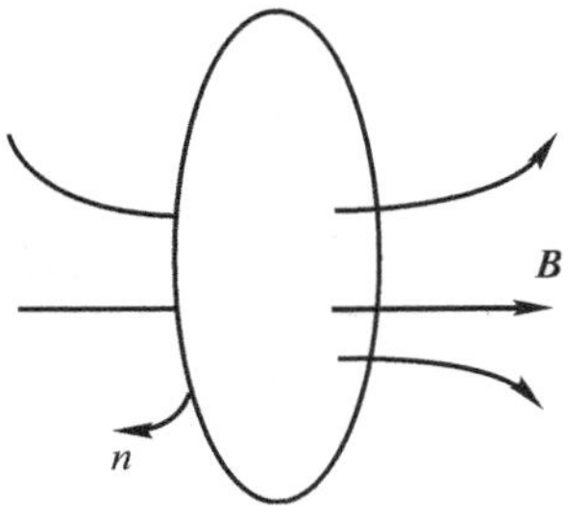

图 4.11 **B** 沿闭合曲面的通量

$$\oint_S \boldsymbol{B} \cdot \mathrm{d}\boldsymbol{S} = \int_V \nabla \cdot \boldsymbol{B} \mathrm{d}\tau = 0 \tag{4.20}$$

说明磁感应曲线总是闭合曲线。式(4.20)称为磁场中的高斯定理。

4.4　恒定磁场的旋度——安培环路定律

前节研究了 $\boldsymbol{B}$ 的散度，本节研究它的旋度。已经知道磁场的散度恒等于零，则它的旋度就不可能恒为零，磁场必定是有旋度的场。众所周知，恒定电流是产生恒定磁场的源，可以肯定 $\boldsymbol{B}$ 的旋度必定和电流有关，且电流为磁场的旋度源，下面就推导这个关系。因为

$$\boldsymbol{B} = \nabla \times \boldsymbol{A}$$

所以

$$\nabla \times \boldsymbol{B} = \nabla \times \nabla \times \boldsymbol{A}$$

利用矢量恒等式及 4.2 节中的 $\nabla \cdot \boldsymbol{A} = 0$ 及式(4.17)得到

$$\nabla \times \boldsymbol{B} = \mu_0 \boldsymbol{J} \tag{4.21}$$

式(4.21)称为安培环路定律的微分形式，它是磁场的一个基本性质。

对式(4.21)应用斯托克斯定理就可得到安培环路定律的积分形式。对一回路 C 包围的面积 S 取式(4.21)的积分得

$$\int_S \nabla \times \boldsymbol{B} \cdot \mathrm{d}\boldsymbol{S} = \int_S \mu_0 \boldsymbol{J} \cdot \mathrm{d}\boldsymbol{S}$$

由斯托克斯定理知上式左边等于 $\oint_C \boldsymbol{B} \cdot \mathrm{d}\boldsymbol{l}$，故上式变为

$$\oint_C \boldsymbol{B} \cdot \mathrm{d}\boldsymbol{l} = \mu_0 I \tag{4.22}$$

式(4.22)右边为穿过 C 包围的面积 S 的电流。当有电流穿过 S 时，称回路 C 包围了电流。图 4.12 表示一个闭合回路包围几个导体回路时，闭合回路所包围的电流为几个电流的代数和。因此，在图 4.12 中 C 包围的电流

$$I = -I_1 + I_2 + I_3$$

在一般情况下，安培环路定律不能用来求 $\boldsymbol{B}$，但在电流分布具有某些特殊对称性的情况下，应用安培环路定律可以求出场中任意点的 $\boldsymbol{B}$。

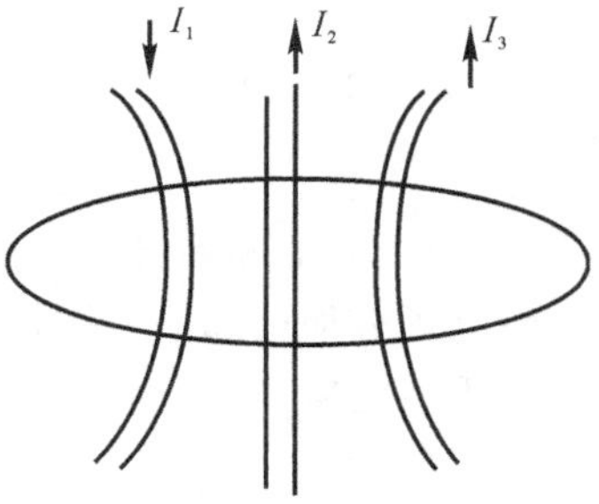

图 4.12　闭合回路包围的电流

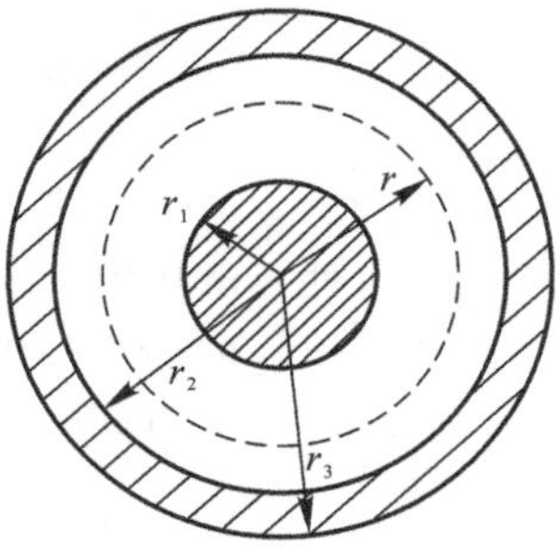

图 4.13　同轴线的剖面图

例 4.4 求同轴线的磁场(见图 4.13)。

解 由同轴线结构的对称性可知,其场也具有轴对称性,且磁感应线是以内导体的轴为心的同心圆。沿磁感应线取 $\boldsymbol{B}$ 的闭合积分路线 C 有

$$\oint_C \boldsymbol{B} \cdot \mathrm{d}\boldsymbol{l} = B_\varphi 2\pi r$$

由安培环路定律知此积分应等于回路包围的电流与 μ_0 的乘积:

在 $r \leqslant r_1$ 区域

$$B_\varphi 2\pi r = \mu_0 \frac{I}{\pi r_1^2}\pi r^2$$

$$B_\varphi = \mu_0 \frac{I}{2\pi r_1^2} r$$

在 $r_1 < r < r_2$ 区域

$$B_\varphi 2\pi r = \mu_0 I$$

$$B_\varphi = \frac{\mu_0 I}{2\pi r}$$

在 $r_2 \leqslant r \leqslant r_3$ 区域

$$B_\varphi 2\pi r = \mu_0 \left[I + \frac{-I}{\pi(r_3^2 - r_2^2)}(r^2 - r_2^2)\pi \right]$$

$$B_\varphi = \frac{\mu_0 I}{2\pi r}\left[1 - \frac{(r^2 - r_2^2)}{(r_3^2 - r_2^2)}\right]$$

在 $r > r_3$ 的区域内,因为 $I_{总} = 0$,所以 $B_\varphi = 0$。

到此为止,前面所有讨论的磁场 $\boldsymbol{B}$ 的问题均假设空间是真空或空气介质。后面要讨论 $\boldsymbol{B}$ 存在的空间充满着物质时的情况。为讨论问题方便,先引入两个新的名词 —— 磁偶极子与磁偶极距。

称一个圆形电流为磁偶极子,如图 4.14 所示。

定义磁偶极距的大小为圆环的电流与圆环包围的面积之积,方向与 $\boldsymbol{S}$ 方向一致,且 $\boldsymbol{S}$ 的方向与电流方向成右手螺旋关系,如图 4.14 所示。故磁偶极距

$$\boldsymbol{P}_\mathrm{m} = I\boldsymbol{S} \tag{4.23}$$

由例 4.3 知,磁偶极子在空间任一点产生的

$$A = \boldsymbol{a}_\varphi \frac{\mu_0 SI}{4\pi r^2}\sin\theta = \boldsymbol{a}_\varphi \frac{\mu_0 P_\mathrm{m}}{4\pi r^2}\sin\theta = \frac{\mu_0 P_\mathrm{m} \boldsymbol{a}_z \times \boldsymbol{r}}{4\pi r^3} = \frac{\mu_0 \boldsymbol{P}_\mathrm{m} \times \boldsymbol{r}}{4\pi r^3} = -\frac{\mu_0}{4\pi r^3}\boldsymbol{P}_\mathrm{m} \times \nabla\left(\frac{1}{r}\right) \tag{4.24}$$

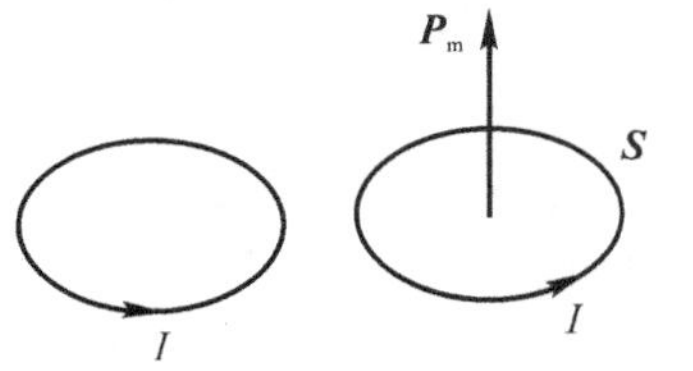

图 4.14 磁偶极子和磁偶极距的方向

已知在静电场中,处于电场中的介质要发生极化,而极化后的介质又要产生电场。空间中,电场是自由电荷产生的电场和极化后的介质产生的电场叠加而成的。同样的,介质在磁场中也要发生磁化现象,并对原来的磁场产生影响。介质磁化后,每个原子相当于一个磁偶极子。

在磁场的作用下,磁介质中的一个原子的磁偶极距为 $\boldsymbol{P}_\mathrm{m}$,单位体积的原子数为 N,则体积元 $\mathrm{d}\tau$ 的磁偶极距为 $N\boldsymbol{P}_\mathrm{m}\mathrm{d}\tau$,故称

$$\boldsymbol{M}=\frac{N\boldsymbol{P}_{\mathrm{m}}\mathrm{d}\tau}{\mathrm{d}\tau}=N\boldsymbol{P}_{\mathrm{m}} \tag{4.25}$$

为磁化强度，单位为安 / 米(A/m)。

经推导得介质磁化后在场点产生的矢量磁位

$$\boldsymbol{A}=\frac{\mu_0}{4\pi}\oint_S \frac{\boldsymbol{M}\times\boldsymbol{n}}{r}\mathrm{d}S+\frac{\mu_0}{4\pi}\int_V \frac{\nabla\times\boldsymbol{M}}{v}\mathrm{d}\tau \tag{4.26}$$

式(4.26)中 τ 是磁介质的体积，S 是包围体积 τ 的表面。该式反应了介质磁化后对原磁场的影响。

把式(4.26)的第一项和第二项分别和体电流分布及面电流分布的矢量位的表达式比较，可见：$\nabla\times\boldsymbol{M}$ 对应一个体电流密度，$\boldsymbol{M}\times\boldsymbol{n}$ 对应一个面电流密度，分别用 $\boldsymbol{J}_{\mathrm{m}}$ 和 $\boldsymbol{J}_{S\mathrm{m}}$ 表示，即

$$\boldsymbol{J}_{\mathrm{m}}=\nabla\times\boldsymbol{M} \tag{4.27}$$

$$\boldsymbol{J}_{S\mathrm{m}}=\boldsymbol{M}\times\boldsymbol{n} \tag{4.28}$$

以上两式中，$\boldsymbol{J}_{\mathrm{m}}$ 和 $\boldsymbol{J}_{S\mathrm{m}}$ 称为束缚体电流密度和束缚面电流密度，以示和导体内自由电子形成的传导电流区别。

由上述可得出结论：磁介质在场点的磁化效应可以用其体积内分布的体电流和磁介质表面的面电流的磁效应来代替。

当 $\boldsymbol{M}=$ 常数时，称磁介质为均匀磁化。对于均匀磁化的介质

$$\boldsymbol{J}_{\mathrm{m}}=\nabla\times\boldsymbol{M}=0$$

$$\boldsymbol{J}_{S\mathrm{m}}=\boldsymbol{M}\times\boldsymbol{n}$$

这说明对于均匀磁化的介质，其内部不出现束缚体电流，介质表面只存在束缚面电流。

看了上面讨论的磁化概念后，下面再来讨论磁介质中的安培环路定律。

真空中

$$\nabla\times\boldsymbol{B}=\mu_0\boldsymbol{J}$$

式中，$\boldsymbol{J}$ 是传导电流密度矢量。

磁介质中，考虑了介质磁化，束缚电流也同样产生 $\boldsymbol{B}$ 的作用后，此时安培环路定律等式右边应加上束缚电流项。即

$$\nabla\times\boldsymbol{B}=\mu_0(\boldsymbol{J}+\boldsymbol{J}_{\mathrm{m}})$$

经化解，得

$$\nabla\times\left(\frac{\boldsymbol{B}}{\mu_0}-\boldsymbol{M}\right)=\boldsymbol{J}$$

为了避免直接计算磁化强度 $\boldsymbol{M}$，令

$$\boldsymbol{H}=\frac{\boldsymbol{B}}{\mu_0}-\boldsymbol{M} \tag{4.29}$$

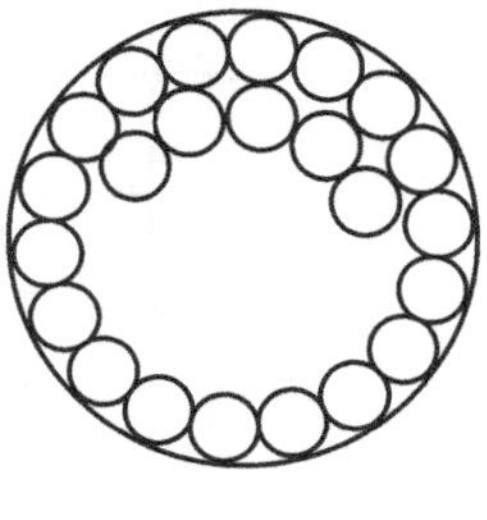

图 4.15　均匀磁化介质只有表面电流

$\boldsymbol{H}$ 称为磁场强度，单位为安 / 米(A/m)。于是得

$$\nabla\times\boldsymbol{H}=\boldsymbol{J} \tag{4.30}$$

式(4.30)就是磁介质中的安培环路定律的微分形式，由此式可见，$\boldsymbol{H}$ 的旋度只与传导电流密度 $\boldsymbol{J}$ 有关，而与束缚电流 $\boldsymbol{J}_{\mathrm{m}}$ 无关，这就使得求解 $\boldsymbol{B}$ 的问题大大简化。我们只需根据传导电流的分布情况来求出 $\boldsymbol{H}$，然后再由 $\boldsymbol{H}$-$\boldsymbol{B}$ 的关系求 $\boldsymbol{B}$。然而，从本书后部分的讨论中，读者不难发现：在工程技术应用中，常常只需求出磁场 $\boldsymbol{H}$ 就可以了。

对式(4.30)两边同取面积分，立即得到介质中的安培环路定律的积分形式

$$\oint_C \boldsymbol{H} \cdot d\boldsymbol{l} = I \tag{4.31}$$

式(4.31)的应用条件和前面讲的真空中的安培环路定律相同。

其实,引入了 $\boldsymbol{H}$ 矢量后,问题还没算彻底解决,还需找到 $\boldsymbol{H}-\boldsymbol{B}$ 的更简单关系才行。

试验证明:对于非铁磁性材料

$$\boldsymbol{M} \propto \boldsymbol{B}$$

令 $\boldsymbol{M}=\chi_m \boldsymbol{H}$,$\chi_m$ 称作为磁化率,是无量纲常数。

把 $\boldsymbol{M}=\chi_m \boldsymbol{H}$ 代入 $\boldsymbol{H}=\dfrac{\boldsymbol{B}}{\mu_0}-\boldsymbol{M}$ 得

$$\boldsymbol{B}=\mu_0(1+\chi_m)\boldsymbol{H}=\mu\boldsymbol{H} \tag{4.32}$$

其中,$\mu=\mu_0(1+\chi_m)$ 称为介质的磁导率,单位为亨/米(H/m)。$\mu_r=1+\chi_m$ 称为介质的相对磁导率,μ_r 是描述介质特性的一个无量纲常数。

例 4.5 一无限长直导线载有电流 I,导线周围空间充满相对磁导率为 μ_r 的介质,如图 4.16 所示,求空间任意点的 $\boldsymbol{H}$ 和 $\boldsymbol{B}$。

解 由于磁场为以导线为轴的轴对称分布,应用介质中的安培环路定律有

$$\oint_C \boldsymbol{H} \cdot d\boldsymbol{l} = H_\varphi 2\pi r = I$$

$$\boldsymbol{H} = H_\varphi \boldsymbol{a}_\varphi = \frac{I}{2\pi r}\boldsymbol{a}_\varphi$$

$$\boldsymbol{B} = \mu\boldsymbol{H} = \frac{\mu_0\mu_r I}{2\pi r}\boldsymbol{a}_\varphi$$

例 4.6 有一无限长同轴线,横截面如图 4.17 所示,内外导体中有等值反向电流 I。求同轴线内外导体间任一点的 $\boldsymbol{H}$ 和 $\boldsymbol{B}$。

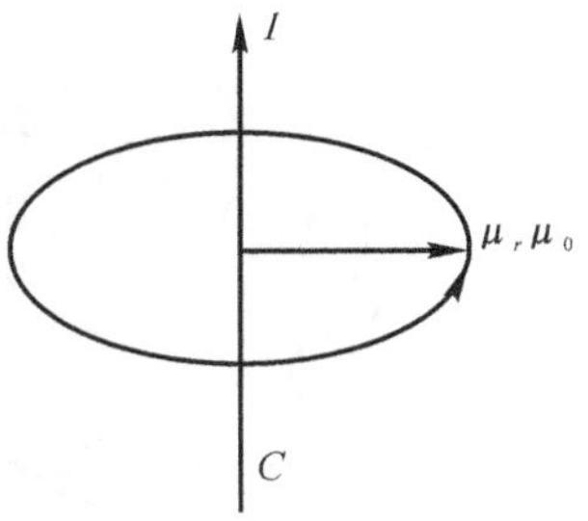

图 4.16 例 4.5 图

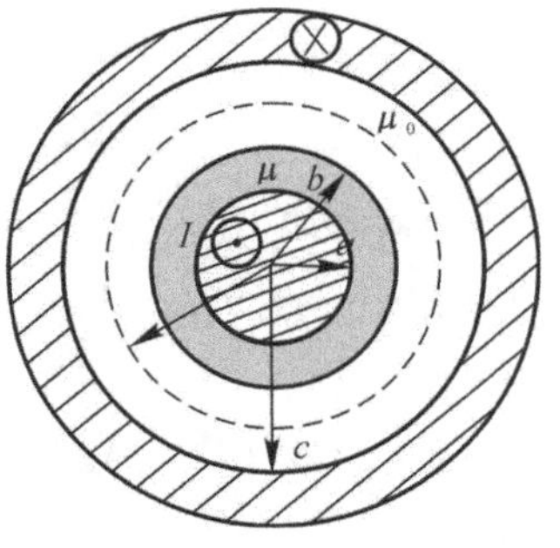

图 4.17 同轴线内外导体间填充两种不同介质

解 因为场具有轴对称性,磁场线是以内导体中心轴线为心的圆。沿磁场线取 $\boldsymbol{H}$ 的闭合线路 C,积分得

在 $a \leqslant r \leqslant b$ 区域

$$\oint_C \boldsymbol{H} \cdot d\boldsymbol{l} = H_\varphi 2\pi r = I$$

$$H_\varphi = \frac{I}{2\pi r}$$

故

$$\boldsymbol{H}=\frac{I}{2\pi r}\boldsymbol{a}_{\varphi}$$

$$\boldsymbol{B}=\frac{\mu I}{2\pi r}\boldsymbol{a}_{\varphi}$$

在 $b\leqslant r\leqslant c$ 区域

$$\oint_{C}\boldsymbol{H}\cdot\mathrm{d}\boldsymbol{l}=H_{\varphi}2\pi r=I$$

$$H_{\varphi}=\frac{I}{2\pi r}$$

故

$$\boldsymbol{H}=\frac{I}{2\pi r}\boldsymbol{a}_{\varphi}$$

$$\boldsymbol{B}=\mu_0\boldsymbol{H}=\frac{\mu_0 I}{2\pi r}\boldsymbol{a}_{\varphi}$$

4.5　标量磁位

在静电场中，曾讲过电场是无旋场，即$\nabla\times\boldsymbol{E}=0$。因此，就能找到一个标量磁位 φ 满足 $\boldsymbol{E}=-\nabla\varphi$。同样地，虽然磁场是有旋场，即$\nabla\times\boldsymbol{H}=\boldsymbol{J}$，但在无源空间磁场 $\boldsymbol{H}$ 也满足$\nabla\times\boldsymbol{H}=0$，因此可仿照静电场中引入标量电位 φ 的方法，在磁场中也引入一个标量磁位 φ_{m}，且满足

$$\boldsymbol{H}=-\nabla\varphi_{\mathrm{m}} \tag{4.33}$$

引入标量磁位 φ_{m} 后，就会使得无源空间中某些计算磁场问题简化。

在无源空间中，对于均匀磁化的介质，标量磁位 φ_{m} 也是满足拉普拉斯方程的。因为

$$\nabla\cdot\boldsymbol{B}=\nabla\cdot(\mu_0\boldsymbol{H}+\mu_0\boldsymbol{M})=\mu_0\nabla\cdot(\boldsymbol{H}+\boldsymbol{M})=0$$

所以

$$\nabla\cdot\boldsymbol{H}=-\nabla\cdot\boldsymbol{M}$$

当介质均匀磁化时，介质内有$\nabla\cdot\boldsymbol{M}=0$，因而有

$$\nabla\cdot\boldsymbol{H}=0$$

将 $\boldsymbol{H}=-\nabla\cdot\varphi_{\mathrm{m}}$ 代入上式得

$$-\nabla\cdot\nabla\varphi_{\mathrm{m}}=-\nabla^2\varphi_{\mathrm{m}}=0$$

即

$$\nabla^2\varphi_{\mathrm{m}}=0 \tag{4.34}$$

4.6　恒定磁场的边界条件

和静电场一样，由于在磁性介质的分界面上有束缚电流出现，将会导致分界面上 $\boldsymbol{B}$ 或 $\boldsymbol{H}$ 发生冲突。因而这些电流必然会反映在联系分界面两边的 $\boldsymbol{B}$ 或 $\boldsymbol{H}$ 的方程中，即边界条件内。

下面，来推导 $\boldsymbol{B}$ 和 $\boldsymbol{H}$ 满足的边界条件。

一、$\boldsymbol{B}_{\rm n}$ 的边界条件

在两种介质 μ_1 和 μ_2 的分界面上，取一小圆柱形表面，两底面分别位于两介质内，且与分界面平行，柱面 h 为无限小量，如图 4.18 所示。因为 ΔS 很小，可以认为其上各点的 $\boldsymbol{B}$ 相同。则穿过此闭合面的通量等于

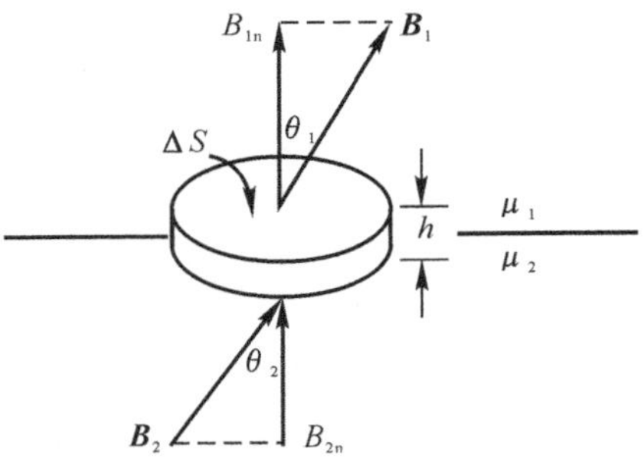

图 4.18　$B_{\rm n}$ 的边界条件

$$\oint_S \boldsymbol{B}\cdot \mathrm{d}\boldsymbol{S} = B_{1n}\Delta S - B_{2n}\Delta S = 0$$

$$B_{1n} = B_{2n} \tag{4.35}$$

再由 $\boldsymbol{B}=\mu\boldsymbol{H}$ 的关系得

$$\mu_1 H_{1n} = \mu_2 H_{2n} \tag{4.36}$$

式(4.35)和式(4.36)表明：在介质分界面上 $\boldsymbol{B}$ 的法线分量是连续的，而 $\boldsymbol{H}$ 的法向分量不连续。

二、$H_{\rm t}$ 的边界条件

在分界面上取一小矩形闭合回路，如图 4.19 所示。其两边长 Δl 位于分界面的两侧，并与分界面平行，宽 h 为无限小量。对此闭合回路应用安培环路定律有

$$\oint_C \boldsymbol{H}\cdot \mathrm{d}\boldsymbol{l} = H_{1t}\Delta l - H_{2t}\Delta l = J_S \Delta l$$

即

$$H_{1t} - H_{2t} = J_S \tag{4.37}$$

因为磁介质表面上没有传导电流存在，即 $J_S=0$，所以有

$$H_{1t} = H_{2t} \tag{4.38}$$

$$\mu_1 B_{1t} = \mu_2 B_{2t} \tag{4.39}$$

式(4.38)和式(4.39)表明：在两种磁介质的分界面上，磁场 $\boldsymbol{H}$ 的切向分量是连续的，而 $\boldsymbol{B}$ 的切向分量则是不连续的。可以证明 $\boldsymbol{B}$ 的切向分量不连续的原因是由于分界面上有束缚电流存在，它使得 $\boldsymbol{B}$ 的切向分量发生了突变。

例 4.7　一根细的介质杆和很薄的介质圆盘，放在了磁场 $\boldsymbol{B}_0$ 中，使它们的轴与场平行。求在介质杆和介质圆盘内的 $\boldsymbol{B}$ 和 $\boldsymbol{H}$。

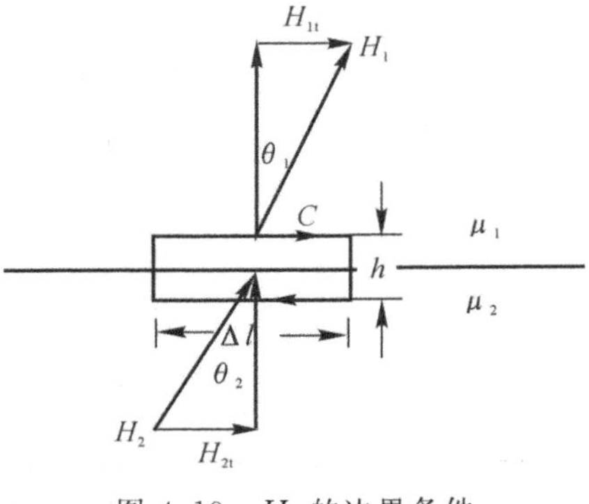

图 4.19　$H_{\rm t}$ 的边界条件

解　由于介质杆的轴线与 $\boldsymbol{B}_0$ 平行，且很细，所以认为 $\boldsymbol{B}_0$ 便是介质杆表面处的切向磁感应强度 $B_{\rm t}$。由边界条件知介质杆内

$$\boldsymbol{H} = \boldsymbol{H}_0 = \frac{\boldsymbol{B}_0}{\mu_0}$$

$$\boldsymbol{B} = \mu\boldsymbol{H} = \mu_0\boldsymbol{H}_0 = \mu_r\boldsymbol{B}_0$$

又由于介质圆盘的轴与 $\boldsymbol{B}_0$ 平行(即 $\boldsymbol{B}_0$ 与圆盘上下表面垂直)，且很薄，所以可认为 $\boldsymbol{B}_0$ 大小便是介质圆盘表面处的法向磁感应强度 $B_{\rm n}$。由边界条件知介质圆盘内

$$\boldsymbol{B} = \boldsymbol{B}_0$$

$$\boldsymbol{H} = \frac{\boldsymbol{B}}{\mu} = \frac{\boldsymbol{B}_0}{\mu}$$

4.7　磁场能量和能量密度

一、电感

由磁感应强度 $\boldsymbol{B}$ 的表达式知道，一个电流回路任意点的 $\boldsymbol{B}$ 是与回路中的电流成正比的。因此穿过任意回路的磁通 φ 也是与电流成正比的。

当磁场的回路本身也是电流产生时，则穿过该回路的磁通 φ 与回路电流的比值

$$L = \frac{\varphi}{I}$$

称为自感系数，简称自感，单位为亨(H)。

如果第一回路电流 I_1 产生的磁场穿过第二回路的磁通为 φ_{12} 时，则比值

$$M_{12} = \frac{\varphi_{12}}{I_1}$$

称为互感系数或简称互感，单位为亨(H)。同理，第二回路电流 I_2 的磁场穿过第一回路的磁通 φ_{21} 与 I_2 的比值

$$M_{21} = \frac{\varphi_{21}}{I_2}$$

亦称为互感，可证明 $M_{12} = M_{21} = M$。

二、电流回路系统的能量

考虑两个闭合的导体回路 C_1 和 C_2，原来都没有电流。假设使 i_1 从零增加到最终值 I_1 时，保持 i_2 为零。当 i_1 在 $\mathrm{d}t$ 时间内改变了 $\mathrm{d}i_1$ 时，磁场 B_1 也改变了 $\mathrm{d}B_1$，即有一个变化率 $\frac{\mathrm{d}B_1}{\mathrm{d}t}$。因而，在 C_1 中将感应一个电动势 $\xi_1 = -\mathrm{d}\varphi_{11}/\mathrm{d}t$，$\varphi_{11}$ 为 B_1 对回路 C_1 的磁通。在 C_2 也感应一个电动势 $\xi_2 = -\mathrm{d}\varphi_{12}/\mathrm{d}t$，$\varphi_{12}$ 为 B_1 对回路 C_2 的磁通。因此在 C_1 上必须加一个电压 $-\xi_1$，才能使 i_1 增加 $\mathrm{d}i_1$。同时在 C_2 上需要加一个电压 $-\xi_2$，以保持 i_2 为零。这样，在 $\mathrm{d}t$ 时间内，外加电压 $-\xi_1$ 做功为

$$\mathrm{d}W_1 = -\xi_1 i_1 \mathrm{d}t = i_1 \mathrm{d}\varphi_{11} = L_1 i_1 \mathrm{d}i_1$$

外加电压 $-\xi_2$ 不做功，因为 i_2 保持为零。因此，i_1 从零增加到最终值 I_1 的过程中，总的做功为

$$W_1 = \int_0^{I_1} L_1 i_1 \mathrm{d}i_1 = \frac{1}{2} L_1 I_1^2 \qquad (4.40)$$

这就是一个单回路的磁场的储能。

其次，保持 I_1 一定，增加 i_2。$\mathrm{d}t$ 时间内改变了 $\mathrm{d}i_2$ 时，两个回路中的感应电动势分别为

$$\xi_2 = -\mathrm{d}\varphi_{22}/\mathrm{d}t = -L_2 \frac{\mathrm{d}i_2}{\mathrm{d}t}$$

$$\xi_1 = -\mathrm{d}\varphi_{21}/\mathrm{d}t = -M_{12}\frac{\mathrm{d}i_2}{\mathrm{d}t}$$

为了使 i_1 保持其原值 I_1 不变，必须加一个电压 $-\xi_1$，在 $\mathrm{d}t$ 时间内其做功为

$$\mathrm{d}W_{12} = -\xi_1 I_1 \mathrm{d}t = I_1 M_1 \mathrm{d}i_2$$

相似地，回路 C_2 上必须加一个电压 $-\xi_2$，使 i_2 增加 $\mathrm{d}i_2$，因而做功为

$$\mathrm{d}W_2 = -\xi_2 i_2 \mathrm{d}t = L_2 i_2 \mathrm{d}i_2$$

所以时电流 i_2 从零至终值 I_2 的过程中，总的做功为

$$W_{12} + W_2 = I_1 M\int_0^{I_2}\mathrm{d}i_2 + L_2\int_0^{I_2} i_2\mathrm{d}i_2 = I_1 I_2 M_{12} + \frac{1}{2}L_2 I_2^2 \tag{4.41}$$

这样，在两个回路的系统中，磁场的总储能 W_m 为式(4.40)和式(4.41)的和，即

$$W_\mathrm{m} = \frac{1}{2}L_1 I_1^2 + I_1 I_2 M_{12} + \frac{1}{2}L_2 I_2^2$$

对 N 个回路的系统，总的储能为

$$W_\mathrm{m} = \frac{1}{2}\sum_{i=1}^{N} L_i I_i^2 + \frac{1}{2}\sum_{i=1}^{N}\sum_{j=1(i\neq j)}^{N} M_{ij} I_i I_{j_z} \tag{4.42}$$

能量表示为场强的积分。

在静电场中，曾把系统的能量用场强的体积分表示，相似地，磁场能量也可以用场强的体积分来表示。其表达式与静电场非常相似，即

$$W_\mathrm{m} = \frac{1}{2}\int_\tau \boldsymbol{B}\cdot\boldsymbol{H}\mathrm{d}\tau = \frac{1}{2}\mu\int_\tau \boldsymbol{H}\cdot\boldsymbol{H}\mathrm{d}\tau \tag{4.43}$$

注意，此积分应包括磁场存在的全部空间。式(4.43)和式(4.42)是等效的。

很显然式(4.43)中的被积函数便是单位体积内的磁场能量，即磁场能量密度，用 w_m 表示。

$$w_\mathrm{m} = \frac{1}{2}\boldsymbol{B}\cdot\boldsymbol{H} = \frac{1}{2}\mu\boldsymbol{H}\cdot\boldsymbol{H} = \frac{1}{2}\mu H^2 \tag{4.44}$$

单位为焦 / 米^2($\mathrm{J/m^2}$)。式(4.44)表明有磁场存在就有磁场能量。

小　　结

1. 毕奥-沙伐尔定律

从安培定律出发，推导出在真空或均匀介质中的一个回路产生的磁感应强度 $\boldsymbol{B}$，作为磁场的基本矢量

$$\boldsymbol{B} = \frac{\mu I}{4\pi}\oint_C \frac{\mathrm{d}\boldsymbol{l}\times\boldsymbol{a}_R}{R^2}$$

上式是一个线电流回路的毕奥-沙伐尔定律，对于体电流和面电流的毕奥-沙伐尔定律分别为

$$\boldsymbol{B} = \frac{\mu}{4\pi}\int_\tau \frac{\boldsymbol{J}\times\boldsymbol{a}_R}{R^2}\mathrm{d}\tau,\quad \boldsymbol{B} = \frac{\mu}{4\pi}\int_S \frac{\boldsymbol{J}_S\times\boldsymbol{a}_R}{R^2}\mathrm{d}s$$

2. 矢量磁位

由毕奥-沙伐尔定律导出 $\boldsymbol{B} = \nabla\times\boldsymbol{A}$，即 $\boldsymbol{B}$ 可以表示为另一矢量的旋度，$\boldsymbol{A}$ 称为矢量磁位，是为计算而引入的一个辅助矢量。

对于线电流、体电流可按

$$\boldsymbol{A}=\frac{\mu I}{4\pi}\int_{L}\frac{\mathrm{d}\boldsymbol{l}}{R}$$

或

$$\boldsymbol{A}=\frac{\mu I}{4\pi}\int_{L}\frac{\boldsymbol{J}\,\mathrm{d}\tau}{R}$$

计算，或由矢量磁位的微分方程

$$\nabla^2\boldsymbol{A}=-\mu_0\boldsymbol{J}$$

计算。

引入矢量磁位可以使磁场问题在很大程度上得到简化。

3. 磁场的基本性质

(1) 磁通连续性。

积分形式：$\oint_S \boldsymbol{B}\cdot\mathrm{d}\boldsymbol{S}=0$；微分形式$\nabla\cdot\boldsymbol{B}=0$

表示磁场不存在磁荷。

(2) 安培环路定律。

积分形式：$\oint_C \boldsymbol{H}\cdot\mathrm{d}\boldsymbol{l}=I$；微分形式：$\nabla\times\boldsymbol{H}=\boldsymbol{J}$

表示磁场只有漩涡源，即电流。即磁场都是电流产生的。

由于磁场的旋度不恒等于零，所以磁场不是保守场(有旋场)，因而磁场矢量一般不能用一个标量函数的梯度来代替。

4. 磁化现象

在磁场中，磁介质要发生磁化现象，即介质体积内出现磁偶极矩，一般用磁化强度 $\boldsymbol{M}=N\boldsymbol{P}_{\mathrm{m}}$ 来表示磁偶极矩的分布。介质磁化后对原来磁场的影响，可用介质中出现的束缚电流 $\boldsymbol{J}_{\mathrm{m}}=\boldsymbol{B}/\mu_0-\boldsymbol{M}$ 代替。然后对在真空中的$\nabla\times\boldsymbol{B}=\mu_0\boldsymbol{J}$ 加入体积中的束缚电流密度 $\boldsymbol{J}_{\mathrm{m}}=\nabla\times\boldsymbol{M}$，并引入 $\boldsymbol{H}=\boldsymbol{B}/\mu_0-\boldsymbol{M}$，得到$\nabla\times\boldsymbol{H}=\boldsymbol{J}$ 和对应的积分形式$\oint_C \boldsymbol{H}\cdot\mathrm{d}\boldsymbol{l}=I$。另外，由磁介质中 $\boldsymbol{M}$ 与 $\boldsymbol{B}$ 的关系，导出 $\boldsymbol{B}=\mu\boldsymbol{H}$。这样就完成了对于有磁介质时场的分析。

5. 在不同介质界面上的边界条件

(1) $B_{1\mathrm{n}}=B_{2\mathrm{n}}$　$[\boldsymbol{n}\cdot(\boldsymbol{B}_1-\boldsymbol{B}_2)=0]$

(2) $H_{2\mathrm{t}}-H_{1\mathrm{t}}=J_S$　$[\boldsymbol{n}\times(\boldsymbol{H}_1-\boldsymbol{H}_2)=\boldsymbol{J}_S]$

当 $J_S=0$ 时，$H_{2\mathrm{t}}=H_{1\mathrm{t}}$　$[\boldsymbol{n}\times(\boldsymbol{H}_1-\boldsymbol{H}_2)=0]$。

6. 标量磁位

在 $\boldsymbol{J}=0$ 区域中，$\nabla\times\boldsymbol{H}=0$，则可定义标量磁位 φ_{m}。令 $\boldsymbol{H}=-\nabla\varphi_{\mathrm{m}}$，$\varphi_{\mathrm{m}}$ 满足$\nabla^2\varphi_{\mathrm{m}}=0$，磁场中的边值问题的求解和静电场的求解方法相同。

7. 磁场能量

N 个电流回路系统的磁能

$$W_{\mathrm{m}}=\frac{1}{2}\sum_{i=1}^{N}L_iI_i^2+\frac{1}{2}\sum_{i=1}^{N}\sum_{j=1(i\neq j)}^{N}M_{ij}I_iI_j$$

磁场能量用场量表示为

$$W_m = \frac{1}{2}\int_\tau \boldsymbol{B} \cdot \boldsymbol{H} \mathrm{d}\tau$$

磁场能量密度

$$w_m = \frac{1}{2}\boldsymbol{B} \cdot \boldsymbol{H} = \frac{1}{2}\mu H^2$$

习　题

4.1　如图 4.20 所示，长为 l，质量为 m 的导线可在与水平面成角 θ 的轨道上无摩擦地滑动。如果此导线中通过的电流 I 与处于轨道底部且和它平行的长导线中的电流大小相等而方向相反，求使可滑动导线平衡时它和导线的间隔 d。

4.2　两宽度为 b 的无限长薄板相互平行，间距为 d，横截面如图 4.21 所示。板中有沿 z 轴的大小相等、方向相反的电流 I。试求一板对另一板单位长度上的作用力。

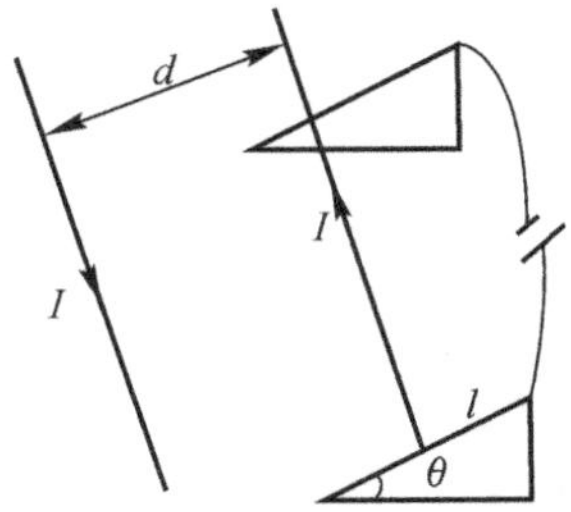

图　4.20

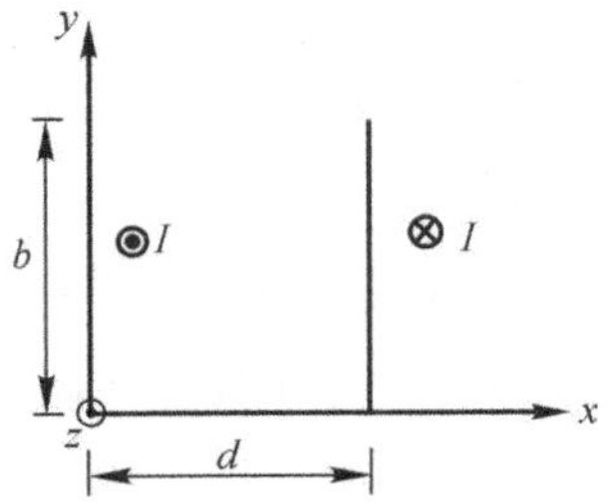

图　4.21

4.3　一宽度为 b 的无线长薄带线，通过电流 I，如图 4.22 所示。求中心线上方距离薄带线为 a 处的 $\boldsymbol{B}$。

4.4　一螺线管，长度 $l \gg$ 半径 a，匝数为 N，通过电流为 I，求轴线上的 $\boldsymbol{B}$。

4.5　一正 K 边形的线圈，通过电流为 I。证明线圈中心点的 $\boldsymbol{B}$ 等于

$$\boldsymbol{B} = \frac{\mu_0 KI}{2\pi d}\tan\frac{\pi}{K}$$

式中，d 是 K 边形的外接圆的半径。证明当 K 很大时，$\boldsymbol{B}$ 和一个圆线圈的结果相吻合。

4.6　在距离为 d 的两平行电极间加一电压 V_0。电子以速度 V 垂直于电场射入电极间，如果电极间还有一均匀磁场，求此均匀磁场 $\boldsymbol{B}_0$ 等于多少恰足以阻止电子飞向电极。

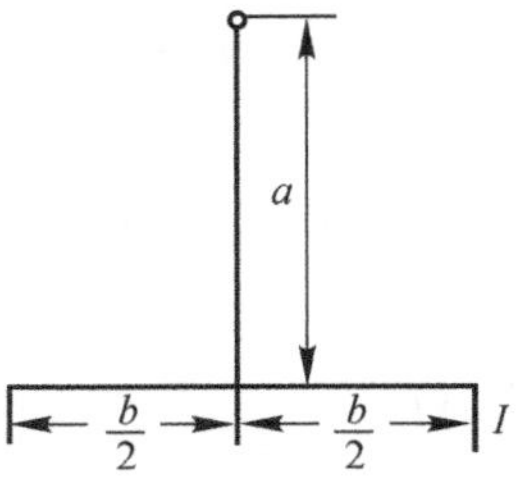

图　4.22

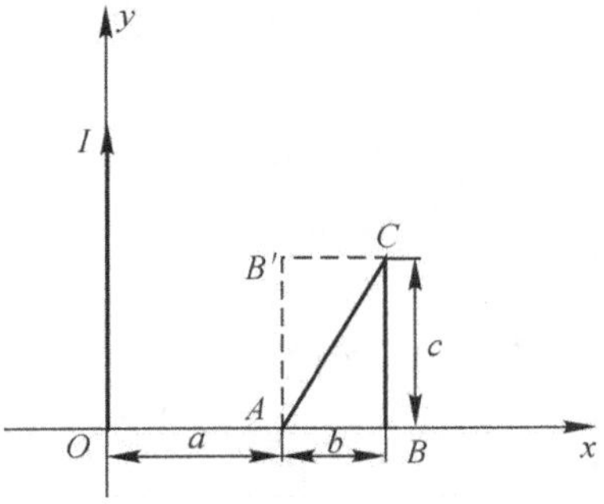

图　4.23

4.7　直角三角形线圈 ABC 与长直载流导线共面，且 BC 平行于直导线，如图 4.23 所示。求通过 $\triangle ABC$ 的磁通。问此磁通是否和通过 $\triangle AB'C$ 的磁通相等？

4.8　某一电流分布的矢量位 $\boldsymbol{A}$ 为

$$\boldsymbol{A}=\boldsymbol{a}_x x^2 y+\boldsymbol{a}_y y^2 x-\boldsymbol{a}_z 4xyz$$

求 $\boldsymbol{B}$。

4.9　下面的矢量函数中，哪些可能是磁场的矢量？如果是，求电流分布：

(1) $\boldsymbol{B}=\boldsymbol{a}_r ar$　（圆柱坐标）；

(2) $\boldsymbol{B}=\boldsymbol{a}_x(-ay)+\boldsymbol{a}_y ax$；

(3) $\boldsymbol{B}=\boldsymbol{a}_x ax-\boldsymbol{a}_y ay$；

(4) $\boldsymbol{B}=\boldsymbol{a}_\varphi ar$　（圆柱坐标）。

4.10　一个 z 方向分布的电流为

$$I_z=r^2+4r,\quad r\leqslant a$$

利用安培定律求 $\boldsymbol{B}$。

4.11　半径为 a 的长直圆柱面上有电流密度为 J_{S0} 的面电流，电流方向与圆周方向的夹角为 φ_0。求柱面内外的 $\boldsymbol{B}$。

4.12　横截面的同轴线如图 4.24 所示，当内外导体中有等值反向的电流时，

(1) 求两层磁介质中的 $\boldsymbol{H}$,$\boldsymbol{B}$；

(2) $r=a,b,c$ 处的 J_{Sm}；

(3) 单位长度同轴线中存储的磁能（不计导体中的磁能）。

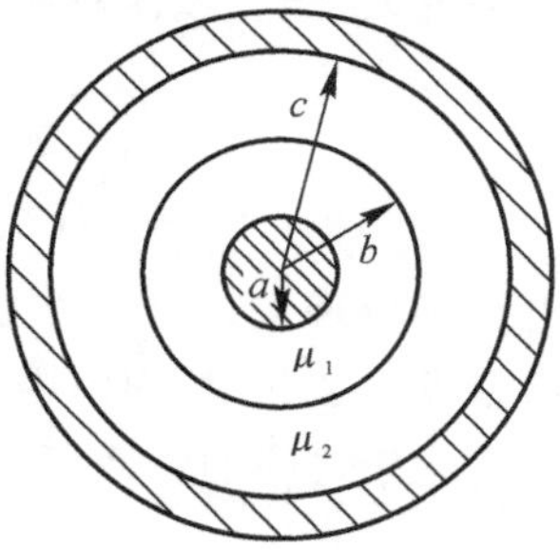

图　4.24

第5章　时变电磁场

前几章讨论的都是静态场。当所涉及的场是静态场时,电场和磁场是可以独立存在的,因而可以分开研究。当电荷和电流分布随时间变化时,产生的电场和磁场也随时间变化,把它们称为时变电磁场,这时的电场和磁场不再是互相无关的了。随时间变化的电场和磁场在空间可互相激励,它们构成统一的电磁场的两个不可分割的部分。

1831年法拉第发现的电磁感应定律,揭示了电与磁之间存在的深刻联系,即变化的磁场产生电场。1864年麦克斯韦提出变化的电场产生磁场的假说,并在前人总结出的电磁现象基本规律的基础上,得出了麦克斯韦方程组。麦克斯韦方程是研究宏观电磁现象和工程电磁问题的经典电磁理论的核心。本章将以时变电磁理论的历史发展为主线,首先将前面已有的基本电磁定律推广到一般时变场,得到时变场的基本方程,然后讨论电磁场的能量关系、运动规律和计算方法。

5.1　电磁感应定律和全电流定律

一、电磁感应定律

法拉第首先通过实验揭示了电磁感应现象。如果在磁场中有导线构成的闭合回路C,当穿过由C所限定的曲面S的磁通量发生变化时,回路中就要产生感应电动势,从而引起感应电流。感应电动势与磁通的时间变化率之间的关系,称为法拉第电磁感应定律,可写成

$$\Psi_{\text{in}} = -\frac{\mathrm{d}\varphi}{\mathrm{d}t} \tag{5.1}$$

式中:Ψ_{in}为感应电动势;φ为穿过S与C交链的磁通。Ψ_{in}的大小等于磁通的时间变化率,其方向由下面的方向确定。任取一绕行回路的方向为感应电动势的正方向,并按右手螺旋法则规定面元的正方向和磁通的正方向,如图5.1所示,感应电动势的方向由$-\frac{\mathrm{d}\varphi}{\mathrm{d}t}$的符号(正和负)再和规定电动势的正方向比较而定出。

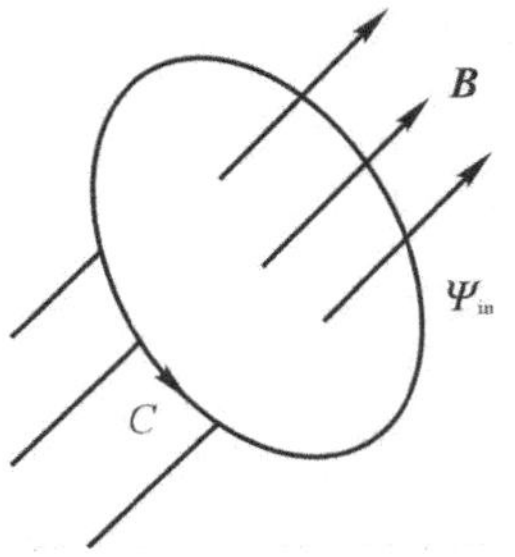

图5.1　感应电动势

根据电动势的定义,电动势是非保守电场沿闭合回路的积分,回路中存在的感应电动势表明导体内出现了感应电场。实际上,在导体周围的空间中也出现了电场。感应电场是磁通变化的结果,与有无导体回路无关。利用一个导体回路是为了直观地从导体闭合回路中产生感应电流,感知出空间中感应电场的存在。因此,在磁场中任取一闭合回

路 C，由电动势的定义及电磁感应定律得

$$\oint_C \boldsymbol{E}_{\text{in}} \cdot \mathrm{d}\boldsymbol{l} = \Psi_{\text{in}} = -\frac{\mathrm{d}\varphi}{\mathrm{d}t} \tag{5.2}$$

如果这时空间中还有静止电荷的库仑电场，则沿任意闭合回路的总电场，有

$$\oint_C \boldsymbol{E} \cdot \mathrm{d}\boldsymbol{l} = \oint_C \boldsymbol{E}_C \cdot \mathrm{d}\boldsymbol{l} + \oint_C \boldsymbol{E}_{\text{in}} \cdot \mathrm{d}\boldsymbol{l} = \oint \boldsymbol{E}_{\text{in}} \cdot \mathrm{d}\boldsymbol{l} = -\frac{\mathrm{d}\varphi}{\mathrm{d}t} \tag{5.3}$$

其中库仑电场沿闭合回路的积分为零。在式(5.3)中代入 $\varphi = \int_S \boldsymbol{B} \cdot \mathrm{d}\boldsymbol{S}$，得

$$\oint_C \boldsymbol{E}_{\text{in}} \cdot \mathrm{d}\boldsymbol{l} = \Psi_{\text{in}} = -\frac{\mathrm{d}\varphi}{\mathrm{d}t} = -\frac{\mathrm{d}}{\mathrm{d}t}\int_S \boldsymbol{B} \cdot \mathrm{d}\boldsymbol{S} \tag{5.4}$$

这是利用场量表示的法拉第电磁感应定律的积分形式。其中磁通的变化或者是由于 $\boldsymbol{B}$ 随时间变化，或者是由于回路运动引起，式(5.4)是一个普遍适用的公式，而且它还可看成是静电场方程 $\oint_C \boldsymbol{E} \cdot \mathrm{d}\boldsymbol{l} = 0$ 在时变条件下的推广。

如果回路是静止的，则穿过回路的磁通的改变只能是由于 $\boldsymbol{B}$ 随时间变化引起，式(5.4)可写成

$$\oint_C \boldsymbol{E} \cdot \mathrm{d}\boldsymbol{l} = \int_S (\nabla \times \boldsymbol{E}) \cdot \mathrm{d}\boldsymbol{S} = -\frac{\mathrm{d}\varphi}{\mathrm{d}t} = -\int_S \frac{\partial \boldsymbol{B}}{\partial t} \cdot \mathrm{d}\boldsymbol{S}$$

所以

$$\int_S \left(\nabla \times \boldsymbol{E} + \frac{\partial \boldsymbol{B}}{\partial t}\right) \cdot \mathrm{d}\boldsymbol{S} = 0$$

因为上式对于任意取的回路所包围的面（包括无限小面元）都是成立的，所以，被积函数必定为零，即

$$\nabla \times \boldsymbol{E} = -\frac{\partial \boldsymbol{B}}{\partial t} \tag{5.5}$$

这是法拉第电磁感应定律的微分形式。

例 5.1　一个 $h \times w$ 的单匝矩形线圈放在时变场 $\boldsymbol{B} = \boldsymbol{a}_y B_0 \sin\omega t$ 里，开始时，线圈面的法线 n 与 y 轴成 α 角，求：(1) 线圈静止时的感应电动势；(2) 线圈以角速度 ω 绕 x 轴旋转时的感应电动势（见图 5.2）。

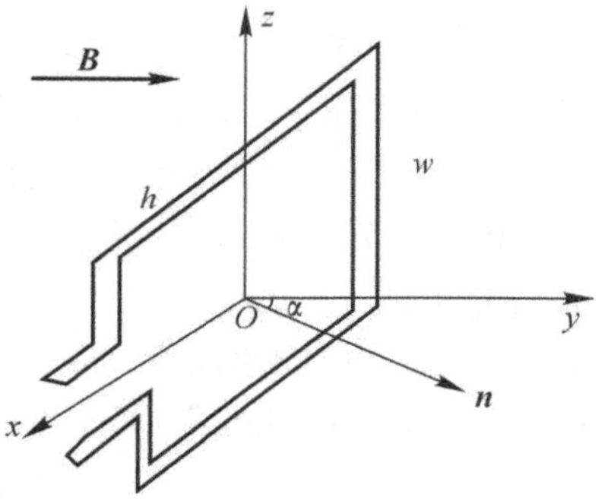

图 5.2　时变磁场中的矩形线圈

解 (1) 线圈静止时，利用式(5.4)得

$$\varphi=\int_S \boldsymbol{B}\cdot \mathrm{d}\boldsymbol{S}=\boldsymbol{a}_y B_0 \sin\omega t\cdot \boldsymbol{n}hw=B_0 S\sin\omega t\cos\alpha$$

$$\Psi_{静}=-\frac{\mathrm{d}\varphi}{\mathrm{d}t}=-\omega B_0 S\cos\omega t\cos\alpha$$

(2) 当线圈以角频率 ω 旋转时，仍然利用式(5.4)，但这时不但磁场随时间变化，而且线圈平面在与磁场方向垂直的面上的投影也是个变量，所以这时的磁通量为

$$\varphi=\boldsymbol{B}(t)\cdot[\boldsymbol{n}(t)S]=B_0 S\sin\omega t\cos\alpha$$

将 $\alpha=\omega t$(设 $t=0$ 时，$\alpha=0$) 代入可得

$$\varphi=B_0 S\sin\omega t\cos\omega t$$

所以

$$\Psi_{动}=-\frac{\mathrm{d}\varphi}{\mathrm{d}t}=-\omega B_0 S\cos 2\omega t$$

二、全电流定律

在静态场中，得到了静态场的安培环路定律，即$\oint_C \boldsymbol{H}\cdot \mathrm{d}\boldsymbol{l}=\int_S \boldsymbol{J}\cdot \mathrm{d}\boldsymbol{S}$。其中 C 是静磁场中的一条路径。S 是由 C 限定的任意曲面。这一在静态场中得到的方程，在时变场中是否还适用呢？为此，考察一个电容器充放电的简单电路，并研究电容器在充放电过程中电流和磁场的关系，如图 5.3 所示，设电容器的介质是理想介质，因而电容器极板间不可能有传导电流和运流电流。在开关接通瞬间，导线中有电流向电容器充电并在空间建立磁场。应用安培环路定律，若选取由闭合路径 C 所限定的曲面 S_1 与导线相交，则有$\oint_C \boldsymbol{H}\cdot \mathrm{d}\boldsymbol{l}=\int_S \boldsymbol{J}\cdot \mathrm{d}\boldsymbol{S}_1=i_c$，其中 i_c 为导线中的传导电流。由于 C 所限定的曲面有无穷多个，所以可以异于 S_1 另选一个曲面 S_2，它不与导线相交而通过两极板间的区域，这时运用安培环路定律，将得到$\oint_C \boldsymbol{H}\cdot \mathrm{d}\boldsymbol{l}=0$ 的结论。这样，磁场强度沿同一闭合回路的线积分出现了两种不同的结果，这就证明了安培环路定律用于时变场时要产生矛盾。

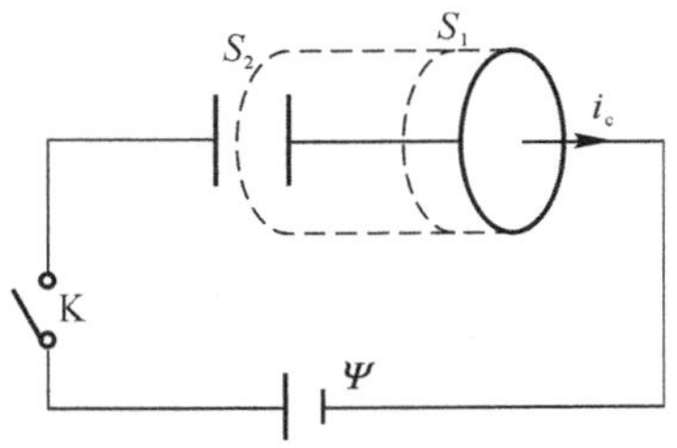

图 5.3　位移电流

麦克斯韦首先发现并从理论上解决了这一矛盾。他假设在两极板间传导电流中断处存在另一种电流，称为位移电流，由一个极板流向另一个极板的位移电流 i_d 的数值等于导线中的传导电流 i_c。而且，位移电流与传导电流有相同的磁效应，即以相同的方式激发磁场。下面，可通过数学推导找出位移电流密度的表达式。

实际上，在接交流电源的电容器电路中出现的矛盾，反映了恒定电流条件下的安培环路定律与时变条件下的电荷守恒定律(电流连续性方程)之间的矛盾。安培环路定律$\nabla\times\boldsymbol{H}=\boldsymbol{J}$ 要求$\nabla\cdot\boldsymbol{J}=\nabla\cdot\nabla\times\boldsymbol{H}=0$，而电流连续性方程则要求$\nabla\cdot\boldsymbol{J}=-\frac{\partial\rho}{\partial t}$，两者是矛盾的。怎样解决这一矛盾呢？电荷守恒定律是普遍正确的，如果假设高斯定理在时变场中仍然适用，即把

$\nabla\cdot\boldsymbol{D}=0$ 推广用于时变场，则电流连续性方程变为

$$\nabla\cdot\boldsymbol{J}+\frac{\partial\rho}{\partial t}=\nabla\cdot\boldsymbol{J}+\frac{\partial}{\partial t}\nabla\cdot\boldsymbol{D}=0$$

即

$$\nabla\cdot\left(\boldsymbol{J}+\frac{\partial\boldsymbol{D}}{\partial t}\right)=0 \tag{5.6}$$

这时，如果将 $\boldsymbol{J}+\frac{\partial\boldsymbol{D}}{\partial t}$ 矢量取代安培环路定律中的 $\boldsymbol{J}$，即得

$$\nabla\times\boldsymbol{H}=\boldsymbol{J}+\frac{\partial\boldsymbol{D}}{\partial t} \tag{5.7}$$

此方程与电流连续性方程是相容的。如果对上边的方程两边取散度运算，就可以得到电流连续性方程。可见对安培环路定律在时变条件下的推广所得到的式(5.7)，就解决了恒定电流条件下的安培定律与时变条件下的电荷守恒定律之间的矛盾。式(5.7) 的积分形式为

$$\oint_C\boldsymbol{H}\cdot\mathrm{d}\boldsymbol{l}=\int_S\left(\boldsymbol{J}+\frac{\partial\boldsymbol{D}}{\partial t}\right)\cdot\mathrm{d}\boldsymbol{S} \tag{5.8}$$

其中，S 是闭合曲线 C 所限定的曲面。如果取

$$\boldsymbol{J}_{\mathrm{d}}=\frac{\partial\boldsymbol{D}}{\partial t} \tag{5.9}$$

为位移电流密度的表达式，其单位为安 / 米^2($\mathrm{A/m^2}$)，由式(5.6) 知，传导电流密度 J 与 J_{d} 有相同的数值。将式(5.8) 用于解决电容器充放电问题时，无论曲面 S_1 还是 S_2 都会得到相同的结果，这样原来的矛盾就解决了。从而也就验证了式(5.9) 就是位移电流的表达式。安培环路定律的推广式(5.7) 和式(5.8) 在时变条件下也是正确的。把式(5.7) 和式(5.8) 均称为时变场的全电流定律。

当电位移矢量不随时间变化时，$\frac{\partial\boldsymbol{D}}{\partial t}=0$，全电流定律又回到静态场中的安培环路定律。在时变场中的高斯定律 $\nabla\cdot\boldsymbol{D}=\rho$ 不必作任何改动，也不会产生新的矛盾，也就是说高斯定律适用于时变场。

位移电流是麦克斯韦以假说的形式提出来的，反映出变化的电场要产生磁场。位移电流的表达式纯粹是数学推导而得的，不能直接用实验测出，但在这个假说基础上建立起来的麦克斯韦方程所阐明的电磁现象的规律性都得到实验的证实，说明麦克斯韦的假说是正确的。

例 5.2　海水的电导率为 4 S/m，ε_r 为 81，求当 $f=1$ MHz 时，位移电流同传导电流的比值。

解　假设海水中电场是正弦变化的，即

$$E=E_{\mathrm{m}}\cos\omega t$$

位移电流密度为

$$\frac{\partial D}{\partial t}=-\omega\varepsilon_r\varepsilon_0E_{\mathrm{m}}\sin\omega t$$

其振幅值为

$$J_{\mathrm{dm}}=\omega\varepsilon_r\varepsilon_0E_{\mathrm{m}}=2\pi\times10^6\times81\times\frac{1}{4\pi\times9\times10^9}E_{\mathrm{m}}(\mathrm{A/m^2})=4.5\times10^{-3}E_{\mathrm{m}}(\mathrm{A/m^2})$$

传导电流密度为

$$J_c = \sigma E_m \cos\omega t$$

振幅为

$$J_{cm} = \sigma E_m = 4E_m$$

故

$$\frac{J_{dm}}{J_{cm}} = 1.125 \times 10^{-3}$$

在电介质中

$$\boldsymbol{D} = \varepsilon_0 \boldsymbol{E} + \boldsymbol{P}$$

位移电流密度

$$\boldsymbol{J}_d = \frac{\partial \boldsymbol{D}}{\partial t} = \varepsilon_0 \frac{\partial \boldsymbol{E}}{\partial t} + \frac{\partial \boldsymbol{P}}{\partial t}$$

说明位移电流有两个来源:第一项是由电场随时间变化产生的,它仅仅表示电场随时间的变化,并不对应任何带电质点的运动;第二项是电介质极化后由电矩的变化产生的。

5.2 麦克斯韦方程组

一、麦克斯韦方程组

将在时变条件下推广得到的基本电磁定律写在一起,就得到了一组描述宏观电磁现象的方程。它用数学的形式概括了宏观电磁场的基本性质,是解决所有宏观经典电磁问题的基本方程。它的积分形式为

$$\left.\begin{aligned}
&\oint_C \boldsymbol{E} \cdot \mathrm{d}\boldsymbol{l} = \int_S \left(\boldsymbol{J} + \frac{\partial \boldsymbol{D}}{\partial t}\right) \cdot \mathrm{d}\boldsymbol{S} \quad (\text{Ⅰ}) \\
&\oint_C \boldsymbol{E} \cdot \mathrm{d}\boldsymbol{l} = -\int_S \frac{\partial \boldsymbol{B}}{\partial t} \cdot \mathrm{d}\boldsymbol{S} \quad (\text{Ⅱ}) \\
&\oint_S \boldsymbol{B} \cdot \mathrm{d}\boldsymbol{S} = 0 \quad (\text{Ⅲ}) \\
&\oint_S \boldsymbol{D} \cdot \mathrm{d}\boldsymbol{S} = q \quad (\text{Ⅳ})
\end{aligned}\right\} \tag{5.10}$$

其对应的微分形式为

$$\left.\begin{aligned}
&\nabla \times \boldsymbol{H} = \boldsymbol{J} + \frac{\partial \boldsymbol{D}}{\partial t} \quad (\text{Ⅰ}) \\
&\nabla \times \boldsymbol{E} = -\frac{\partial \boldsymbol{B}}{\partial t} \quad (\text{Ⅱ}) \\
&\nabla \cdot \boldsymbol{B} = 0 \quad (\text{Ⅲ}) \\
&\nabla \cdot \boldsymbol{D} = \rho \quad (\text{Ⅳ})
\end{aligned}\right\} \tag{5.11}$$

由于电流连续性方程已包含在方程组之中,所以无须单独列出。

麦克斯韦方程组的正确性已为实验所证实,它适用于描述所有宏观电磁现象,包括运动系统中的电磁现象以及各种媒质中的电磁现象。结合方程组(5.10)中的各方程的物理意义,对麦克斯韦方程组做一总结:

(1) 矢量场的旋度和散度均可认为表示的是矢量场的源，因此麦克斯韦方程表明了电磁场和它的源之间的全部关系。除了电荷激发电场、运动电荷(电流) 激发磁场外，变化的磁场可以激发电场，而变化的电场也可以激发磁场。因此在时变条件下，电场和磁场是统一的电磁场的两个方面，是互相依存的，不可能单独存在。

(2) 在时变电磁场中，即使将在媒质中产生时变电磁场的能量源撤除，电场和磁场仍能以相同的方式互相激发。电场和磁场如此周而复始的相互转化、相互依存，意味着在空间能激励起电磁波，并且，电磁波以有限的速度由近及远地传播。

(3) 电场的旋度和散度一般均不为零。因此电力线可以是闭合的，但必须与磁力线相交链；也可以是不闭合的，起于正电荷而止于负电荷。磁场的散度恒为零，但旋度不为零。因此磁力线一定是闭合曲线，且和电力线或交流线相交链。在没有电荷和电流的空间，电力线和磁力线相互交链。

(4) 在线性媒质中，麦克斯韦方程组是线性的，可以用线性叠加原理：若干场激发的场是各个场源单独激发的场的总和。

(5) 麦克斯韦方程组是宏观电磁现象的总规律。静电场、恒定电流的电场、静磁场都满足特定条件下的麦克斯韦方程。例如，若场量不随时间变化，式(5.10) 及式(5.11) 即变为静态场方程。

(6) 当场随时间变化，但$\frac{\partial \boldsymbol{D}}{\partial t}$的作用远小于$\frac{\partial \boldsymbol{B}}{\partial t}$的作用可忽略位移电流时，方程组(5.11) 变为

$$\left.\begin{aligned}\nabla\times \boldsymbol{H}&=\boldsymbol{J}\\ \nabla\times \boldsymbol{E}&=-\frac{\partial \boldsymbol{B}}{\partial t}\\ \nabla\cdot \boldsymbol{B}&=0\\ \nabla\cdot \boldsymbol{D}&=\rho\end{aligned}\right\}\tag{5.12}$$

这一方程组中只考虑了时变磁场激发的电场，但没有考虑时变电场激发的磁场，即磁场只是由传导电流或(和) 运流电流决定。同时，电场和磁场不再互相激发，空间不会有波的传播。这时的时变场称为准静态场，或似稳场。式(5.12) 是似稳场的方程组。一般地，当场随时间的变化率很小，以致可以忽略电磁场的传播效应；或者当场随时间做正弦变化，而载电流导体的尺寸远小于正弦波波长时，导体附近的场可以看作似稳场。低频电路理论就是建立在似稳场基础上的。另一种情况是忽略$\frac{\partial \boldsymbol{B}}{\partial t}$，即只考虑时变电场(位移电流) 激发的磁场，认为电场只是由电荷来决定的。例如，当电容器加上频率不是很高的正弦电压时，其极板间的电磁场就可以认为是一种忽略$\frac{\partial \boldsymbol{B}}{\partial t}$的准静态场。

例 5.3 求与空间磁场相应的位移电流(假设所涉及的空间是无源的)。

解 由已知磁场各分量 $H_x=A_1\sin 4x\cos(\omega t-\beta y)$，$H_y=0$，$H_z=A_2\cos 4x\sin(\omega t-\beta y)$。

因为所研究的空间为无源空间，所以传导电流密度 $\boldsymbol{J}=0$，麦克斯韦第一方程为

$$\nabla\times \boldsymbol{H}=\frac{\partial \boldsymbol{D}}{\partial t}=\boldsymbol{J}_{\mathrm{d}}$$

则相应于磁场的位移电流密度为

$$\boldsymbol{J}_{\mathrm{d}}=\nabla\times\boldsymbol{H}=\begin{vmatrix}\boldsymbol{a}_x & \boldsymbol{a}_y & \boldsymbol{a}_z\\ \dfrac{\partial}{\partial x} & \dfrac{\partial}{\partial y} & \dfrac{\partial}{\partial z}\\ H_x & 0 & H_z\end{vmatrix}=\frac{\partial H_z}{\partial y}\boldsymbol{a}_x+\left(\frac{\partial H_x}{\partial z}-\frac{\partial H_z}{\partial x}\right)\boldsymbol{a}_y-\frac{\partial H_x}{\partial y}\boldsymbol{a}_z=$$

$$\frac{\partial}{\partial y}[A_2\cos 4x\sin(\omega t-\beta y)]\boldsymbol{a}_x-\frac{\partial}{\partial x}[A_2\cos 4x\sin(\omega t-\beta y)]\boldsymbol{a}_y-$$

$$\frac{\partial}{\partial y}[A_1\sin 4x\cos(\omega t-\beta y)]\boldsymbol{a}_z=$$

$$-\beta A_2\cos 4x\cos(\omega t-\beta y)\boldsymbol{a}_x+4A_2\sin 4x\sin(\omega t-\beta y)\boldsymbol{a}_y-$$

$$\beta A_1\sin 4x\sin(\omega t-\beta y)\boldsymbol{a}_z$$

这就是相应的位移电流的表达式。

二、麦克斯韦方程的辅助方程 —— 组成关系

仅有麦克斯韦方程组的四个方程，是解不出方程中出现的各变量的，为此需引入辅助方程。麦克斯韦方程组的辅助方程，实际上就是说明媒质特性的方程，它们是

$$\left.\begin{aligned}\boldsymbol{D}&=\varepsilon_0\boldsymbol{E}+\boldsymbol{P}\\ \boldsymbol{B}&=\mu_0(\boldsymbol{H}+\boldsymbol{M})\\ \boldsymbol{J}&=\sigma\boldsymbol{E}\end{aligned}\right\}\tag{5.13}$$

它们也称为组成关系。在不同媒质中，电磁场除满足麦克斯韦方程外，还得满足这些组成关系。对于各向同性的线性媒质，式(5.13)可写成

$$\left.\begin{aligned}\boldsymbol{D}&=\varepsilon\boldsymbol{E}\\ \boldsymbol{B}&=\mu\boldsymbol{H}\\ \boldsymbol{J}&=\sigma\boldsymbol{E}\end{aligned}\right\}\tag{5.14}$$

式中，表征媒质宏观电磁特性的一组参数 ε,μ,σ 分别称为媒质的介电常数、磁导率和电导率。它们是和场强无关的标量，对于均匀媒质它们是和空间坐标无关的常数，对于非均匀媒质它们是坐标的函数。今后如果未加特别说明，所涉及的媒质都认为是均匀、线性和各向同性的媒质。

三、洛仑兹力

我们知道，电荷(电流是运动的电荷)激发的电磁场，电磁场反过来对电荷有作用力。当空间同时存在电场 $\boldsymbol{E}$ 和磁场 $\boldsymbol{B}$ 时，以恒定速度 $\boldsymbol{v}$ 运动的点电荷 q 所受的力为

$$\boldsymbol{F}=q(\boldsymbol{E}+\boldsymbol{v}\times\boldsymbol{B})$$

如果电荷是连续分布的，其体密度为 ρ，则电荷系统单位体积所受的场力为

$$\boldsymbol{f}=\rho(\boldsymbol{E}+\boldsymbol{v}\times\boldsymbol{B})=\rho\boldsymbol{E}+\boldsymbol{J}\times\boldsymbol{B}\tag{5.15}$$

式(5.15)称为洛仑兹力公式。近代物理学实践证实了洛仑兹力公式对任意运动速度的带电粒子都是适用的。

麦克斯韦方程和洛仑兹力公式，正确反映了电磁场的运动规律以及场与带电物质的相互作用规律，构成经典电磁理论的基础。研究各种条件下的电磁问题，均需从这些基本方

程出发。

四、时谐电磁场

今后讨论的时变电磁场、场源及场矢量随时间的变化方式均为简谐式的，即为时谐电磁场，也称为正弦电磁场。随时间作任意变化的电磁场，可以用傅里叶变换分解成许多不同频率的简谐场来研究。时谐场可用复数来表示，这使得复杂的电磁场问题的分析和计算大为简化。

1. 场矢量的复数表示

电磁场的任意分量随时间作正弦变化时，其初相和振幅都是空间坐标的函数。在直角坐标系内电场强度的三个分量为

$$E_x(x,y,z,t)=E_{xm}(x,y,z)\cos[\omega t+\Psi_x(x,y,z)]$$
$$E_y(x,y,z,t)=E_{ym}(x,y,z)\cos[\omega t+\Psi_y(x,y,z)]$$
$$E_z(x,y,z,t)=E_{zm}(x,y,z)\cos[\omega t+\Psi_z(x,y,z)]$$

随时间作正弦变化的场用复数表示是方便的，例如 $E_x(x,y,z,t)$ 可以由一个复数的实部导出如下：

$$E_x=\mathrm{Re}[E_{xm}\mathrm{e}^{\mathrm{j}(\omega t+\Psi_x)}]=\mathrm{Re}[\dot{E}_{xm}\mathrm{e}^{\mathrm{j}\omega t}]$$

其中

$$\dot{E}_{xm}=E_{xm}\mathrm{e}^{\mathrm{j}\Psi_x}$$

称为振幅的复数。注意，它的模和幅角都是空间坐标的函数。

因为电场强度矢量是它的三个分量在空间的合成

$$\boldsymbol{E}=\boldsymbol{a}_xE_x+\boldsymbol{a}_yE_y+\boldsymbol{a}_zE_z=\mathrm{Re}[(\boldsymbol{a}_x\dot{E}_{xm}+\boldsymbol{a}_y\dot{E}_{ym}+\boldsymbol{a}_z\dot{E}_{zm})\mathrm{e}^{\mathrm{j}\omega t}]$$

现在采用一个记号来表示上面圆括弧内的和

$$\dot{\boldsymbol{E}}_{\mathrm{m}}=\boldsymbol{a}_x\dot{E}_{xm}+\boldsymbol{a}_y\dot{E}_{ym}+\boldsymbol{a}_z\dot{E}_{zm}$$

称为电场强度复矢量。其他的场矢量 $\boldsymbol{D}$、$\boldsymbol{B}$、$\boldsymbol{H}$、$\boldsymbol{J}$ 等也可用类似的方法来表示，而标量则可用一复标量表示。对于正弦场矢量(或正弦变化的标量)来说，它们均可表示成复振幅矢量或复标量(统称为复量)与 $\mathrm{e}^{\mathrm{j}\omega t}$ 因子的乘积。

一般地，复矢量是场矢量的三个分量的三个复数的组合体，除特殊情况外，它不能用三维空间中的一个矢量线表示，因为合成矢量在空间的方向可能是随着时间改变的。复矢量一般也不能写成指数形式。归根结底，它不过是一个为了简化公式书写而采用的记号。

以后常用省去 $\mathrm{e}^{\mathrm{j}\omega t}$ 的复量来表示场及其源，并且去掉文字上方表示复量的点。由于复量公式和瞬时值公式之间有明显的区别，并且在利用复量表示式解决问题时前后应一致，因此不会引起混淆。用复量乘以 $\mathrm{e}^{\mathrm{j}\omega t}$ 并取实部，即得到相对应物理量的瞬时表示式。

应该注意，所谓时谐场是指场矢量的各分量随时间作正弦变化，而场矢量的值一般说并不是时间的正弦函数。当然，为使所有场分量均是时间的正弦函数，媒质应该是线性的，即 μ，ε，σ 与场矢量无关，因而也与时间无关。

2. 麦克斯韦方程的复数形式

以 $\boldsymbol{H}$ 的旋度方程为例说明如何用各场矢量的复振幅矢量来表示麦克斯韦方程组。

$\boldsymbol{H}$ 的旋度方程为

$$\nabla\times \boldsymbol{H}=\boldsymbol{J}+\frac{\partial \boldsymbol{D}}{\partial t}$$

其中的各矢量可表示成复数形式,即

$$\nabla\times \mathrm{Re}(\boldsymbol{H}\mathrm{e}^{\mathrm{j}\omega t})=\mathrm{Re}(\boldsymbol{J}\mathrm{e}^{\mathrm{j}\omega t})+\frac{\partial}{\partial t}\mathrm{Re}(\boldsymbol{D}\mathrm{e}^{\mathrm{j}\omega t})$$

对复数的微分运算是分别对实部和虚部进行的,并不改变其实、虚部的性质,故∇,$\frac{\partial}{\partial t}$ 和 Re 可以交换次序,由此得

$$\nabla\times \mathrm{Re}(\boldsymbol{H}\mathrm{e}^{\mathrm{j}\omega t})=\mathrm{Re}\left(\boldsymbol{J}\mathrm{e}^{\mathrm{j}\omega t}+\frac{\partial}{\partial t}(\boldsymbol{D}\mathrm{e}^{\mathrm{j}\omega t})\right)=\mathrm{Re}(\boldsymbol{J}\mathrm{e}^{\mathrm{j}\omega t}+\mathrm{j}\omega\boldsymbol{D}\mathrm{e}^{\mathrm{j}\omega t})$$

因为复数相等就可保证实部和虚部分别相等,故上式中实部符号可以去掉,再消去 $\mathrm{e}^{\mathrm{j}\omega t}$ 因子,就得到 $\boldsymbol{H}$ 的旋度方程的复数形式。仿此可得其余方程的复数形式。于是麦克斯韦方程组的复数形式为

$$\left.\begin{aligned}\nabla\times \boldsymbol{H}&=\boldsymbol{J}+\mathrm{j}\omega\boldsymbol{D}\\ \nabla\times \boldsymbol{E}&=-\mathrm{j}\omega\boldsymbol{B}\\ \nabla\cdot \boldsymbol{B}&=0\\ \nabla\cdot \boldsymbol{D}&=\rho\end{aligned}\right\}\qquad(5.16)$$

由式(5.16)可看出,所有时间作正弦变化的函数间的线性关系,均可转换为等效的复量关系,只要把式中的时间函数用对应的复量代替,而微分算子$\frac{\partial}{\partial t}$ 则用 $\mathrm{j}\omega$ 代替。

5.3 电磁场的边界条件

和静态场一样,时变场的边界条件也是表示越过两种不同媒质的界面时,电磁场矢量的变化规律的。时变场的边界条件可由麦克斯韦方程的积分形式应用于边界上求得,它实际上是麦克斯韦方程在边界上的特殊形式。

时变场中边界条件的推导和静态场是类似的,只说明时变场和静态场中边界条件推导不同的地方。

一、不同介质分界面上的边界条件

(1)$\boldsymbol{H}$ 的切向分量的边界条件。麦克斯韦方程(5.10)(Ⅰ)应用于图 5.4 中分界面上的小矩形回路时,有

$$\oint_C \boldsymbol{H}\cdot \mathrm{d}\boldsymbol{l}=H_{1t}\Delta l-H_{2t}\Delta l=J_{ST}\Delta l+\frac{\partial D}{\partial t}h\Delta l$$

式中,H_{1t} 和 H_{2t} 分别是媒质 1 和媒质 2 交界面上磁场强度的切向分量。J_{ST} 是界面上面电流密度垂直于小矩形回路所围成的平面的分量。当 $h\rightarrow 0$ 时,由于$\frac{\partial D}{\partial t}$ 是有限值,则上式右边第二项变为零,这时

$$H_{1t}-H_{2t}=J_{ST}$$

或

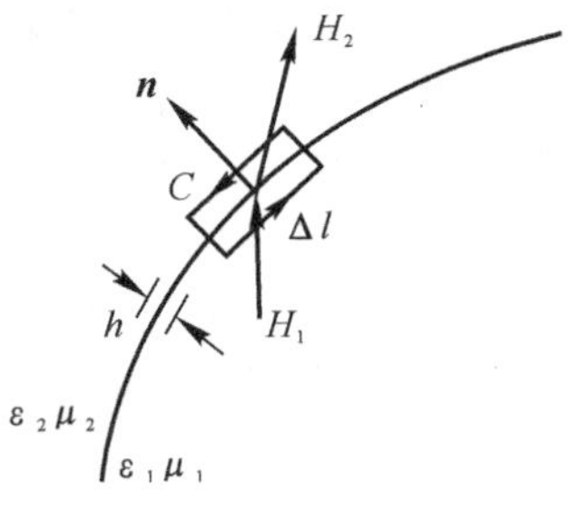

图 5.4　切向分量的边界条件

$$\boldsymbol{n}\times(\boldsymbol{H}_1-\boldsymbol{H}_2)=\boldsymbol{J}_S \tag{5.17}$$

即界面上有面电流时，穿过界面的磁场强度矢量的切向分量不连续。当 $J_S=0$ 时，有

$$H_{1t}=H_{2t}$$

或

$$\boldsymbol{n}\times(\boldsymbol{H}_1-\boldsymbol{H}_2)=0 \tag{5.18}$$

这时 $\boldsymbol{H}$ 的切向分量连续。

(2)$\boldsymbol{E}$ 的切向分量的边界条件。将麦克斯韦方程(Ⅱ)应用于图 5.4 中的小矩形回路，有

$$\oint_C \boldsymbol{E}\cdot\mathrm{d}\boldsymbol{l}=E_{1t}\Delta l-E_{2t}\Delta l=-\frac{\partial B}{\partial t}h\Delta l$$

当 $h\to 0$ 时，由于$\frac{\partial B}{\partial t}$为有限值，则上式右边变为零，这时

$$E_{1t}=E_{2t}$$

或

$$\boldsymbol{n}\times(\boldsymbol{E}_1-\boldsymbol{E}_2)=0 \tag{5.19}$$

这时电场的切向分量连续。

(3)$\boldsymbol{D}$ 的法向分量的边界条件。由于麦克斯韦方程(Ⅳ)与静态场方程形式相同，故其边界条件亦有相同形式，即

$$\boldsymbol{n}\cdot(\boldsymbol{D}_1-\boldsymbol{D}_2)=\rho_S$$

或

$$D_{1n}-D_{2n}=\rho_S \tag{5.20}$$

当 $\rho_S=0$ 时

$$D_{1n}=D_{2n}$$

或

$$\boldsymbol{n}\cdot(\boldsymbol{D}_1-\boldsymbol{D}_2)=0 \tag{5.21}$$

也就是说，若界面上无自由电荷，则电位移矢量的法向分量连续；否则，电位移矢量的法向分量不连续。

(4)$\boldsymbol{B}$ 的法向分量的边界条件。由于麦克斯韦方程(5.10)(Ⅲ)也与静态场相同，则

$$B_{1n}=B_{2n}$$

或

$$\boldsymbol{n}\cdot(\boldsymbol{B}_1-\boldsymbol{B}_2)=0 \tag{5.22}$$

即磁感应强度的法向分量恒连续。

二、完纯导体的边界条件

以后会经常遇到良导体与良介质的界面。对于完纯导体，$\sigma\to\infty$，这时完纯导体内的电场和磁场均为零，而电荷和电流均集中于其表面。为了分析方便，常将良导体当作理想导体处理；类似地将绝缘性能较好的介质当作理想介质处理。

将式(5.18)～式(5.22)用于理想导体和理想介质的界面，并取界面法向单位矢 $\boldsymbol{n}$ 由导体指向介质，则有

$$\left.\begin{aligned}\nabla\times \boldsymbol{H}&=\boldsymbol{J}_S\\ \nabla\times \boldsymbol{E}&=0\\ \nabla\cdot \boldsymbol{D}&=\rho_S\\ \nabla\cdot \boldsymbol{B}&=0\end{aligned}\right\}\tag{5.23}$$

由此可见，在这种界面上，$\boldsymbol{B}$ 和 $\boldsymbol{H}$ 均只有平行于表面的分量，$\boldsymbol{H}$ 切向分量的数值等于该点的面电流密度，且两者互相垂直。$\boldsymbol{D}$ 和 $\boldsymbol{E}$ 则只有垂直于表面的分量，且 $\boldsymbol{D}$ 的法向分量的数值等于该点的自由电荷密度 ρ_S。用力线表达就是：磁力线平行于理想导体表面，电力线垂直于理想导体表面。

以上讨论的边界条件在求解时变电磁场问题时起定解作用。

例 5.4 在两导体平板（$z=0$ 和 $z=d$）之间的空气中传播有电磁波，已知其中的电场强度为

$$\boldsymbol{E}=\boldsymbol{a}_y E_0 \sin\frac{\pi}{d}z\cos(\omega t-k_x x)$$

其中，k_x 为常数。试求：(1) 磁场强度矢量 $\boldsymbol{H}$；(2) 两导体表面的 $\boldsymbol{J}_S$。

解 (1) 由麦克斯韦方程(5.11)(Ⅱ)

$$\nabla\times \boldsymbol{E}=-\mu_0\frac{\partial \boldsymbol{H}}{\partial t}$$

因 $\boldsymbol{E}$ 只有 E_y 分量，所以将上方程展开得

$$-\boldsymbol{a}_x\frac{\partial E_y}{\partial z}+\boldsymbol{a}_z\frac{\partial E_y}{\partial x}=-\mu_0\frac{\partial \boldsymbol{H}}{\partial t}$$

因此

$$\boldsymbol{H}=-\frac{1}{\mu_0}E_0\left[-\boldsymbol{a}_x\int\frac{\pi}{d}\cos\frac{\pi}{d}z\cos(\omega t-k_x x)\mathrm{d}t+\boldsymbol{a}_z\int k_x\sin\frac{\pi}{d}z\sin(\omega t-k_x x)\mathrm{d}t\right]=$$

$$\boldsymbol{a}_z\frac{k_x}{\omega\mu_0}E_0\sin\frac{\pi}{d}z\cos(\omega t-k_x z)+\boldsymbol{a}_x\frac{\pi}{\omega\mu_0 d}E_0\cos\frac{\pi}{d}z\sin(\omega t-k_x x)$$

可以看出，$\boldsymbol{E}$ 和 $\boldsymbol{H}$ 都满足完纯导体表面上的边界条件。导体表面上的 $\boldsymbol{E}$ 没有法向分量（$E_z=0$），故没有表面电荷。

(2) 导体表面电流存在于两导体板相向的一面，故在 $z=0$ 表面上，法向单位矢 $\boldsymbol{n}=\boldsymbol{a}_z$

$$\boldsymbol{J}_S=\boldsymbol{a}_z\times\boldsymbol{H}|_{z=0}=\boldsymbol{a}_y\frac{\pi}{\omega\mu_0 d}E_0\sin(\omega t-k_x x)$$

在 $z=d$ 表面上，法向单位矢 $\boldsymbol{n}=-\boldsymbol{a}_z$

$$\boldsymbol{J}_S=-\boldsymbol{a}_z\times\boldsymbol{H}|_{z=d}=\boldsymbol{a}_y\frac{\pi}{\omega\mu_0 d}E_0\sin(\omega t-k_x x)$$

5.4 电磁场的能量和能量传播 坡印亭矢量

电磁场是一种物质，具有能量。实验表明电磁场能量按一定方式分布于空间，并随着场的运动变化在空间传播。按照物理学中论及过的自然界的普遍规律，不同形式的能量间可以相互转化并满足能量守恒定律。电磁能量的运动变化同样满足能量守恒原理。

定义：单位时间内穿过与能量流动方向相垂直的单位面积的能量为能流矢量，其方向为

该点能量流动方向。

一、坡印亭定理和坡印亭矢量

将能量守恒原理用于电磁场中的一个闭合面包围的体积，就可导出用场量表示的电磁能量的守恒关系，即坡印亭定理以及能流矢量的表达式。假设闭合面 A 包围的体积 τ 中无外加源，且介质是均匀和各向同性的，利用矢量恒等式

$$\nabla\cdot(\boldsymbol{E}\times\boldsymbol{H})=\boldsymbol{H}\cdot\nabla\times\boldsymbol{E}-\boldsymbol{E}\cdot\nabla\times\boldsymbol{H}$$

在上式右边代入麦克斯韦方程(5.11)(Ⅰ)和(Ⅱ)，得

$$\nabla\cdot(\boldsymbol{E}\times\boldsymbol{H})=-\boldsymbol{H}\cdot\frac{\partial\boldsymbol{B}}{\partial t}-\boldsymbol{E}\cdot\frac{\partial\boldsymbol{D}}{\partial t}-\boldsymbol{J}\cdot\boldsymbol{E}\tag{5.24}$$

假设介质的参数不随时间改变，则有

$$\boldsymbol{H}\cdot\frac{\partial\boldsymbol{B}}{\partial t}=\mu\boldsymbol{H}\cdot\frac{\partial\boldsymbol{H}}{\partial t}=\boldsymbol{B}\cdot\frac{\partial\boldsymbol{H}}{\partial t}=\frac{1}{2}\left(\boldsymbol{H}\cdot\frac{\partial\boldsymbol{B}}{\partial t}+\boldsymbol{B}\cdot\frac{\partial\boldsymbol{H}}{\partial t}\right)=\frac{\partial}{\partial t}\left(\frac{1}{2}\boldsymbol{B}\cdot\boldsymbol{H}\right)=\frac{\partial}{\partial t}\omega_{\mathrm{m}}$$

$$\boldsymbol{E}\cdot\frac{\partial\boldsymbol{D}}{\partial t}=\varepsilon\boldsymbol{E}\cdot\frac{\partial\boldsymbol{E}}{\partial t}=\boldsymbol{D}\cdot\frac{\partial\boldsymbol{E}}{\partial t}=\frac{1}{2}\left(\boldsymbol{E}\cdot\frac{\partial\boldsymbol{D}}{\partial t}+\boldsymbol{D}\cdot\frac{\partial\boldsymbol{E}}{\partial t}\right)=\frac{\partial}{\partial t}\left(\frac{1}{2}\boldsymbol{D}\cdot\boldsymbol{E}\right)=\frac{\partial}{\partial t}\omega_{\mathrm{e}}$$

其中，w_{m} 和 w_{e} 分别是磁场能量密度和电场能量密度，而

$$\boldsymbol{J}\cdot\boldsymbol{E}=\sigma E^2=p_{\mathrm{T}}$$

是单位体积中变为焦耳热能的功率。这时式(5.24)变为

$$\nabla\cdot(\boldsymbol{E}\times\boldsymbol{H})=-\frac{\partial}{\partial t}(w_{\mathrm{m}}+w_{\mathrm{e}})-p_{\mathrm{T}}$$

上式两边取对体积 τ 的积分，得

$$\int_{\tau}\nabla\cdot(\boldsymbol{E}\times\boldsymbol{H})\mathrm{d}\tau=-\int_{\tau}\frac{\partial}{\partial t}(w_{\mathrm{m}}+w_{\mathrm{e}})\mathrm{d}\tau-\int_{\tau}p_{\mathrm{T}}\mathrm{d}\tau$$

利用奥氏公式，得

$$-\oint_{S}\boldsymbol{E}\times\boldsymbol{H}\cdot\mathrm{d}\boldsymbol{A}=-\frac{\mathrm{d}}{\mathrm{d}t}\int_{\tau}(w_{\mathrm{m}}+w_{\mathrm{e}})\mathrm{d}\tau+\int_{\tau}p_{\mathrm{T}}\mathrm{d}\tau=\frac{\mathrm{d}}{\mathrm{d}t}(W_{\mathrm{m}}+W_{\mathrm{e}})+P_{\mathrm{T}}\tag{5.25}$$

式(5.25)右边第一项是体积 τ 内单位时间内电场和磁场能量的增加量；第二项是体积内变为焦耳热的功率。根据能量守恒原理，左边的面积分就是经过闭合面 A 进入体积内的功率。式(5.25)称为坡印亭定理。这一定理描述了电磁能量守恒的规律。

式(5.25)中左边的面积分既然表示流出闭合面的电磁功率，则被积函数 $\boldsymbol{E}\times\boldsymbol{H}$ 就可解释为垂直通过 A 面上单位面积的电磁功率，写成

$$\boldsymbol{S}=\boldsymbol{E}\times\boldsymbol{H}$$

$\boldsymbol{S}$ 称为坡印亭矢量，单位为瓦 / 米^2($\mathrm{W/m^2}$)。在空间任意一点上，$\boldsymbol{S}$ 的方向表示该点功率流的方向，而其数值则是通过与能量流动方向垂直的单位面积的功率。因此又将 $\boldsymbol{S}$ 称为功率流密度矢量或能流密度。

坡印亭定理主要用于时变场。但将其作为通过单位面积的功率，也可用于静态场。事实上，令，$\frac{\mathrm{d}}{\mathrm{d}t}\to 0$，则式(5.25)变为

$$-\oint_{S}\boldsymbol{E}\times\boldsymbol{H}\cdot\mathrm{d}\boldsymbol{A}=\int_{V}\boldsymbol{J}\cdot\boldsymbol{E}\mathrm{d}V=\int_{V}\sigma E^2\mathrm{d}V$$

上式说明，通过 A 面流入 τ 中的功率等于 V 内的损耗功率。

二、复数形式的坡印亭定理——平均能流密度

1. 复电容率，复磁导率

实际的电介质都是有损耗的。损耗的大小除与介质材料有关外，也与场的变化快慢有关。一些介质在慢变化时可以忽略，在快变化的场中损耗往往就不能忽略了。另外，以前把介质的电容率看作常数，但实际上它们都是频率的函数。电容率随频率的变化称为电容率的色散。介质的损耗和色散现象往往是同时存在的。

高频下的电介质其电容率是一个复数

$$\varepsilon_c = \varepsilon' - j\varepsilon''$$

称为复电容率或复介电常数。它的实部和虚部都是频率的函数，而且 ε'' 总是大于零的正数。电容率的虚部是与损耗相对应的。

与电介质的情形相似，磁介质在高频下也表现有损耗和磁导率色散特性。因此磁导率也是复数

$$\mu_c = \mu' - j\mu''$$

磁导率的虚部也是与损耗相对应的。

电介质和磁介质的损耗分别与 ε'' 和 μ'' 成比例，通常以

$$\tan\delta_\varepsilon = \frac{\varepsilon''}{\varepsilon'}$$

$$\tan\delta_\mu = \frac{\mu''}{\mu'}$$

分别表示电介质和磁介质的损耗大小，分别称为电介质和磁介质的损耗角正切。良好的介质其损耗角正切在 10^{-3} 或 10^{-4} 以下。

2. 坡印亭定理的复数形式，平均能流密度

上面讨论的所有场量都是瞬时值，所以坡印亭矢量 $\boldsymbol{S}=\boldsymbol{S}(t)$ 也是瞬时值。对于正弦电磁场，用复振幅场量可导出复数形式的坡印亭定理和能流密度的平均值表达式。

用 $\boldsymbol{E}^*$ 和 $\boldsymbol{H}^*$ 分别表示 $\boldsymbol{E}$ 和 $\boldsymbol{H}$ 的共轭复数，并设介质的常数 ε_c 和 μ_c 都是复数。由恒等式

$$\nabla\cdot(\boldsymbol{E}\times\boldsymbol{H}^*)=\boldsymbol{H}^*\cdot\nabla\times\boldsymbol{E}-\boldsymbol{E}\cdot\nabla\times\boldsymbol{H}^*$$

和

$$\nabla\times\boldsymbol{E}=-j\omega\mu_c\boldsymbol{H}$$

$$\nabla\times\boldsymbol{H}^*=-j\omega\varepsilon_c^*\boldsymbol{E}^*+\sigma\boldsymbol{E}^*$$

得

$$\nabla\cdot(\boldsymbol{E}\times\boldsymbol{H}^*)=-j\omega\mu_c\boldsymbol{H}\cdot\boldsymbol{H}^*+j\omega\varepsilon_c^*\boldsymbol{E}\cdot\boldsymbol{E}^*-\sigma\boldsymbol{E}\cdot\boldsymbol{E}^*$$

$$-\nabla\cdot\frac{1}{2}(\boldsymbol{E}\times\boldsymbol{H}^*)=j\omega\frac{1}{2}\mu_c\boldsymbol{H}\cdot\boldsymbol{H}^*-j\omega\frac{1}{2}\varepsilon_c^*\boldsymbol{E}\cdot\boldsymbol{E}^*+\frac{1}{2}\sigma\boldsymbol{E}\cdot\boldsymbol{E}^*$$

将上式对体积 τ 积分，并应用奥氏公式，得

$$-\oint_A\frac{1}{2}(\boldsymbol{E}\times\boldsymbol{H}^*)\cdot d\boldsymbol{A}=j\omega\int_\tau\left(\frac{1}{2}\mu_c\boldsymbol{H}\cdot\boldsymbol{H}^*-\frac{1}{2}\varepsilon_c^*\boldsymbol{E}\cdot\boldsymbol{E}^*\right)d\tau+\int_\tau\frac{1}{2}\sigma\boldsymbol{E}\cdot\boldsymbol{E}^*d\tau$$

其中

$$\mathrm{j}\,\frac{1}{2}\omega\mu_c \boldsymbol{H}\cdot\boldsymbol{H}^* = \mathrm{j}\,\frac{1}{2}\omega(\mu'-\mathrm{j}\mu'')\boldsymbol{H}\cdot\boldsymbol{H}^* = \frac{1}{2}\omega\mu''H^2+\mathrm{j}\omega\,\frac{1}{2}\mu'H^2$$

$$-\mathrm{j}\,\frac{1}{2}\omega\varepsilon_c^* \boldsymbol{E}\cdot\boldsymbol{E}^* = -\mathrm{j}\,\frac{1}{2}\omega(\varepsilon'+\mathrm{j}\varepsilon'')\boldsymbol{E}\cdot\boldsymbol{E}^* = \frac{1}{2}\omega\varepsilon''E^2-\mathrm{j}\omega\,\frac{1}{2}\varepsilon'E^2$$

于是

$$-\oint_A \frac{1}{2}(\boldsymbol{E}\times\boldsymbol{H}^*)\cdot \mathrm{d}\boldsymbol{A} = \int_\tau\left(\frac{1}{2}\sigma E^2+\frac{1}{2}\omega\varepsilon''E^2+\frac{1}{2}\omega\mu''H^2\right)\mathrm{d}\tau + \int_\tau \mathrm{j}\omega\left(\frac{1}{2}\mu'H^2-\frac{1}{2}\varepsilon'E^2\right)\mathrm{d}\tau = \int_\tau(P_\mathrm{T}+P_\mathrm{m}+P_\mathrm{e})\mathrm{d}\tau+\mathrm{j}\int_\tau 2\omega(w_{\mathrm{m}平均}-w_{\mathrm{e}平均})\mathrm{d}\tau \tag{5.26}$$

式中，P_T，P_m，P_e 分别是单位体积内焦耳热损耗、磁损耗和电损耗的平均值。

$$w_{\mathrm{m}平均}=\frac{1}{4}\mu'H^2$$

是磁场能量密度的平均值。

$$w_{\mathrm{e}平均}=\frac{1}{4}\varepsilon'E^2$$

是电场能量密度的平均值。

这样，式(5.26)右边的两项分别表示体积 τ 内的有功功率和无功功率。因此方程左边的面积是穿过闭合面的复功率，其实部为有功功率，即功率的平均值。因此，定义单位面积上穿过的功率的平均值为

$$\boldsymbol{S}_{平均}=\mathrm{Re}\left(\frac{1}{2}\boldsymbol{E}\times\boldsymbol{H}^*\right)$$

例 5.5　计算沿一段同轴线传输的功率，设已知内外导体间正弦电压幅值为 U，截面上正弦电流振幅值为 I。

解　采用圆柱坐标。如图 5.5 所示，同轴线内外导体间的电场、磁场也是正弦变化的，$\boldsymbol{E}$ 与 U 和 $\boldsymbol{H}$ 与 I 的关系与恒定场相同，即

$$\boldsymbol{E}=\boldsymbol{a}_r\frac{U}{r\ln\frac{b}{a}}$$

$$\boldsymbol{H}=\boldsymbol{a}_\varphi\frac{I}{2\pi r}$$

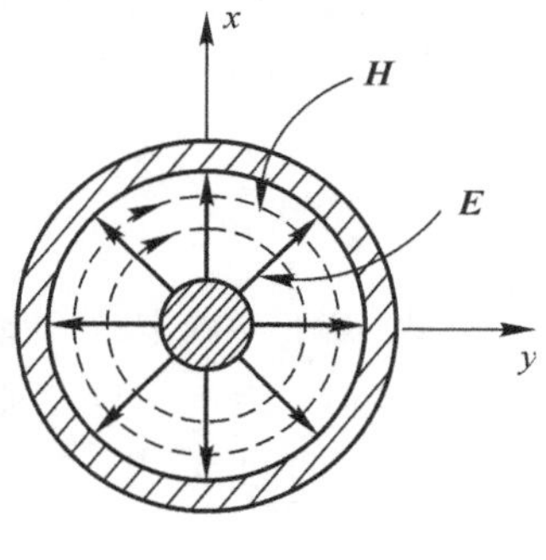

图 5.5　例 5.5 图

内外导体间任意截面上的坡印亭矢量为

$$\boldsymbol{S}=\boldsymbol{E}\times\boldsymbol{H}=\boldsymbol{a}_z\frac{U}{r\ln\left(\frac{b}{a}\right)}\frac{I}{2\pi r}=\boldsymbol{a}_z\frac{UI}{2\pi r^2\ln\left(\frac{b}{a}\right)}\ (\mathrm{W/m^2})$$

能流的方向沿 z 轴，即由电源向负载。穿过截面的功率为

$$P=\int_S \boldsymbol{S}\cdot \mathrm{d}\boldsymbol{A}=\int_a^b \frac{UI}{2\pi r^2 \ln\left(\frac{b}{a}\right)}2\pi r\mathrm{d}r=UI\ (\mathrm{W})$$

与电路中计算结果吻合。可见传输线传输的功率是导线周围的电磁场中的能流传到负载，而不是经过导线内部传递的。

5.5 标量位和矢量位

在静态场中利用引入电位、标量或矢量磁位使电场和磁场的分析和计算得到很大程度的简化。在时变电磁场中也可以引入一些辅助的函数，矢量的或标量的，称为电磁位，使一些问题的分析化简。

因为 $\boldsymbol{B}$ 的散度为零，可令其等于某一矢量的旋度

$$\boldsymbol{B}=\nabla\times\boldsymbol{A} \tag{5.27}$$

代入麦克斯韦方程(5.11)(Ⅱ)，得

$$\nabla\times\boldsymbol{E}=-\frac{\partial}{\partial t}(\nabla\times\boldsymbol{A}) \tag{5.28}$$

$$\nabla\times\left(\boldsymbol{E}+\frac{\partial\boldsymbol{A}}{\partial t}\right)=0 \tag{5.29}$$

无旋的矢量可以用一个标量函数的梯度代替，令

$$\boldsymbol{E}+\frac{\partial\boldsymbol{A}}{\partial t}=-\nabla\Phi \tag{5.30}$$

则

$$\boldsymbol{E}=-\nabla\Phi-\frac{\partial\boldsymbol{A}}{\partial t} \tag{5.31}$$

$\boldsymbol{A}$ 称为矢量位，单位为韦伯 / 米(Wb/m)，Φ 称为标量位，单位为伏(V)。如果 $\boldsymbol{A}$ 和 Φ 已知，则可由式(5.31)和式(5.27)求出 $\boldsymbol{B}$ 和 $\boldsymbol{E}$。但满足这两式的 $\boldsymbol{A}$ 和 Φ 并不是唯一的。例如，取另一组矢量位 $\boldsymbol{A}'$ 和标量位 Φ'，它们分别为

$$\boldsymbol{A}'=\boldsymbol{A}+\nabla\Psi$$

$$\Phi'=\Phi-\frac{\partial\Psi}{\partial t}$$

显然，要唯一确定 $\boldsymbol{A}$ 和 Φ，还需要知道 $\boldsymbol{A}$ 的散度的值。可以任意地赋予 $\nabla\cdot\boldsymbol{A}$ 的值；给 $\boldsymbol{A}$ 一个散度值，即得一组确定的 $\boldsymbol{A}$ 和 Φ 的解。现把式(5.27)和式(5.31)代入麦克斯韦方程(5.11)(Ⅰ)和(Ⅱ)，得

$$\nabla\cdot\boldsymbol{E}=\nabla\left(-\nabla\Phi-\frac{\partial\boldsymbol{A}}{\partial t}\right)=\frac{\rho}{\varepsilon}$$

即

$$\nabla^2\Phi+\frac{\partial}{\partial t}\nabla\cdot\boldsymbol{A}=-\frac{\rho}{\varepsilon} \tag{5.32}$$

及

$$\nabla\times\boldsymbol{H}=\frac{1}{\mu}\nabla\times\nabla\times\boldsymbol{A}=\boldsymbol{J}+\varepsilon\frac{\partial\boldsymbol{E}}{\partial t}=\boldsymbol{J}+\varepsilon\frac{\partial}{\partial t}\left(-\nabla\Phi-\frac{\partial\boldsymbol{A}}{\partial t}\right)$$

即

$$\nabla(\nabla\cdot \boldsymbol{A}) - \nabla^2 \boldsymbol{A} = \mu \boldsymbol{J} - \mu\varepsilon \frac{\partial\ \nabla\Phi}{\partial t} - \mu\varepsilon \frac{\partial^2 \boldsymbol{A}}{\partial t^2} \tag{5.33}$$

令

$$\nabla\cdot \boldsymbol{A} = -\mu\varepsilon \frac{\partial\Phi}{\partial t} \tag{5.34}$$

代入式(5.32)及式(5.33),得

$$\nabla^2 \boldsymbol{A} - \mu\varepsilon \frac{\partial^2 \boldsymbol{A}}{\partial t^2} = -\mu \boldsymbol{J} \tag{5.35}$$

和

$$\nabla^2 \Phi - \mu\varepsilon \frac{\partial^2 \Phi}{\partial t^2} = -\frac{\rho}{\varepsilon} \tag{5.36}$$

式(5.34)称为洛伦兹条件。采用洛伦兹条件使 $\boldsymbol{A}$ 和 Φ 分离在两个方程里。式(5.35)和式(5.36)分别显示出 $\boldsymbol{A}$ 的源是 $\boldsymbol{J}$,而 Φ 的源是 ρ。洛伦兹条件是人为地采取 $\boldsymbol{A}$ 的散度值。

对于正弦电磁场,上面的公式可写成

$$\boldsymbol{B} = \nabla\times \boldsymbol{A}$$

$$\boldsymbol{E} = -\nabla\Phi - \mathrm{j}\omega \boldsymbol{A}$$

洛伦兹条件为

$$\nabla\cdot \boldsymbol{A} = -\mathrm{j}\omega\mu\varepsilon\Phi$$

而 $\boldsymbol{A}$ 和 Φ 的方程变为

$$\nabla^2 \boldsymbol{A} + k^2 \boldsymbol{A} = -\mu \boldsymbol{J}$$

$$\nabla^2 \Phi + k^2 \Phi = -\frac{\rho}{\varepsilon}$$

式中,$k^2 = \omega^2 \mu\varepsilon$。

采用矢量位和标量位使本来求解电磁场的六个分量变为求解 $\boldsymbol{A}$ 和 Φ 的四个分量。而且,$\boldsymbol{A}$ 和 Φ 并不是互相独立的,利用洛伦兹条件可由 $\boldsymbol{A}$ 求得 Φ,即只需求解三个标量函数。在无源区域中,还可以进一步简化。

小　　结

(1) 法拉第电磁感应定律表明变化的磁场产生电场的规律。对于磁场中任意的闭合回路有

$$\Psi_{\text{in}} = -\frac{\mathrm{d}\varphi}{\mathrm{d}t}$$

即

$$\oint_C \boldsymbol{E}\cdot \mathrm{d}\boldsymbol{l} = \int_S -\frac{\partial \boldsymbol{B}}{\partial t}\cdot \mathrm{d}\boldsymbol{S}$$

微分形式为

$$\nabla\times \boldsymbol{E} = -\frac{\partial \boldsymbol{B}}{\partial t}$$

(2) 安培定律中引入的位移电流,表明变化的电场产生磁场

$$\oint_C \boldsymbol{H} \cdot \mathrm{d}\boldsymbol{l} = \int_S \left(\boldsymbol{J} + \frac{\partial \boldsymbol{D}}{\partial t}\right) \cdot \mathrm{d}\boldsymbol{S}$$

微分形式为

$$\nabla \times \boldsymbol{H} = \boldsymbol{J} + \frac{\partial \boldsymbol{D}}{\partial t}$$

(3) 麦克斯韦方程是经典电磁理论的基本定律。麦克斯韦方程如下:(静止系统)

积分形式	微分形式
$\oint_C \boldsymbol{H} \cdot \mathrm{d}\boldsymbol{l} = \int_S \left(\boldsymbol{J} + \frac{\partial \boldsymbol{D}}{\partial t}\right) \cdot \mathrm{d}\boldsymbol{S}$	$\nabla \times \boldsymbol{H} = \boldsymbol{J} + \frac{\partial \boldsymbol{D}}{\partial t}$
$\oint_C \boldsymbol{E} \cdot \mathrm{d}\boldsymbol{l} = \int_S -\frac{\partial \boldsymbol{B}}{\partial t} \cdot \mathrm{d}\boldsymbol{S}$	$\nabla \times \boldsymbol{E} = -\frac{\partial \boldsymbol{B}}{\partial t}$
$\oint_S \boldsymbol{B} \cdot \mathrm{d}\boldsymbol{S} = 0$	$\nabla \cdot \boldsymbol{B} = 0$
$\oint_S \boldsymbol{D} \cdot \mathrm{d}\boldsymbol{S} = q$	$\nabla \cdot \boldsymbol{D} = \rho$

本构关系为

$$\boldsymbol{D} = \varepsilon \boldsymbol{E}, \quad \boldsymbol{B} = \mu \boldsymbol{H}, \quad \boldsymbol{J}_c = \sigma \boldsymbol{E}$$

只有代入本构关系,麦克斯韦方程才可以求解。

(4) 分界面上的边界条件:

法向分量的边界条件

$$\boldsymbol{n} \cdot (\boldsymbol{D}_1 - \boldsymbol{D}_2) = \rho_S$$

或

$$\boldsymbol{n} \cdot (\boldsymbol{D}_1 - \boldsymbol{D}_2) = 0$$

$$\boldsymbol{n} \cdot (\boldsymbol{B}_1 - \boldsymbol{B}_2) = 0$$

切向分量的边界条件

$$\boldsymbol{n} \times (\boldsymbol{E}_1 - \boldsymbol{E}_2) = 0$$

$$\boldsymbol{n} \times (\boldsymbol{H}_1 - \boldsymbol{H}_2) = \boldsymbol{J}_S$$

或

$$\boldsymbol{n} \times (\boldsymbol{H}_1 - \boldsymbol{H}_2) = 0$$

完纯导体($\sigma = \infty$)表面边界条件

$$\boldsymbol{n} \times \boldsymbol{E}_1 = 0$$

$$\boldsymbol{n} \times \boldsymbol{H}_1 = \boldsymbol{J}_S$$

(5) 正弦电磁场是场强的每一个分量都是时间的正弦函数的电磁场。用振幅的复数形式表示矢量的每一分量。复矢量是一个矢量的三个分量的复数的组合。

(6) 坡印亭定理是电磁场中的能量守恒关系:某一体积中每秒钟能量的增加量等于从表面进入该体积的功率。

$$\oint_S (\boldsymbol{E} \times \boldsymbol{H}) \cdot \mathrm{d}\boldsymbol{A} = \frac{\mathrm{d}}{\mathrm{d}t}\int_\tau (w_\mathrm{m} + w_\mathrm{e})\mathrm{d}\tau + \int_\tau p_\mathrm{T}\mathrm{d}\tau$$

能流矢量是表示沿能流方向的单位表面的功率的矢量。

$$\boldsymbol{S} = \boldsymbol{E} \times \boldsymbol{H} \quad (\text{瞬时值})$$

$$\boldsymbol{S}_{平均} = \mathrm{Re}\left(\frac{1}{2}\boldsymbol{E} \times \boldsymbol{H}^*\right) \quad (平均值)$$

(7) 为了简化分析，引入电磁位(矢量位和标量位)，定义为

$$\boldsymbol{B} = \nabla \times \boldsymbol{A}$$

$$\boldsymbol{E} = -\nabla \Phi - \mathrm{j}\omega \boldsymbol{A}$$

引入洛伦兹条件$\nabla \cdot \boldsymbol{A} = -\mu\varepsilon \dfrac{\partial \Phi}{\partial t}$，可得 $\boldsymbol{A}$ 和 Φ 的微分方程为

$$\nabla^2 \boldsymbol{A} - \mu\varepsilon \frac{\partial^2 \boldsymbol{A}}{\partial t^2} = -\mu \boldsymbol{J}$$

$$\nabla^2 \Phi - \mu\varepsilon \frac{\partial^2 \Phi}{\partial t^2} = -\frac{\rho}{\varepsilon}$$

习　　题

5.1　由圆形极板构成的平行板电容器，间距为 d，其中介质是非理想的，电导率为 σ，介电常数为 ε，磁导率为 μ_0，当外加电压为

$$u = U_m \sin\omega t \ (\mathrm{V})$$

时，忽略电容器边缘效应，试求电容器中任意点的位移电流密度和磁感应强度(假设变化的磁场产生的电场远小于外加电压产生的电场)。

5.2　有一点电荷(电量为 10^{-5} C) 作圆周运动，其角速度为 1 000 rad/s，圆周半径 r 为 1 cm，试求圆心处的位移电流密度。

5.3　一圆柱形电容器，内导体半径为 a，外导体内半径为 b，长为 L，外加正旋电压 $u = U_0 \sin\omega t$，且 ω 不高，故电场分布与静电场情况相同。计算介质中的位移电流密度，以及穿过半径为 $r(0 < r < b)$ 的圆柱表面的总位移电流。证明后者等于电容器引线中的传导电流。

5.4　证明麦克斯韦方程中包含了电荷守恒定律。

5.5　假设真空中的磁通量密度为

$$\boldsymbol{B} = \boldsymbol{a}_y 10^{-2} \cos(6\pi \times 10^8 t) \cos(2\pi z) \ (\mathrm{T})$$

试求对应的位移电流密度。

5.6　证明等式 $-\oint_S \boldsymbol{J} \cdot \mathrm{d}\boldsymbol{S} = (\partial/\partial t)\int_\tau \rho \,\mathrm{d}\tau$ 的右边项代表从闭合面 S 内部流出的位移电流，其中 τ 代表闭合面所限定的体积。

5.7　(1) 证明真空中的麦克斯韦方程在以下的变换下保持不变：

$$\boldsymbol{E}' = \boldsymbol{E}\cos\theta + c\boldsymbol{B}\sin\theta$$

$$\boldsymbol{B}' = -\frac{\boldsymbol{E}}{c}\sin\theta + \boldsymbol{B}\cos\theta$$

式中，$c = 1/\sqrt{\mu_0 \varepsilon_0}$；

(2) 证明总能量密度

$$\left(\frac{1}{2}\right)\varepsilon_0 E^2 + \left(\frac{1}{2}\right)\mu_0 B^2$$

在上述变换下保持不变。

5.8　试写出在无耗、线性、各向同性的非均匀媒质中用 $\boldsymbol{E}$ 和 $\boldsymbol{B}$ 表示的麦克斯韦方程。

5.9　写出空气和 $\mu \to \infty$ 的理想磁介质的分界面上的边界条件。

5.10　在由理想导电壁($\sigma \to \infty$)限定的区域 $0 < x < a$ 内存在一个如下电磁场：

$$E_y = H_0 \mu\omega \left(\frac{a}{\pi}\right) \sin\left(\frac{\pi x}{a}\right) \sin(kz - \omega t)$$

$$H_x = H_0 k \left(\frac{a}{\pi}\right) \sin\left(\frac{\pi x}{a}\right) \sin(kz - \omega t)$$

$$H_z = H_0 \cos\left(\frac{\pi x}{a}\right) \cos(kz - \omega t)$$

这个电磁场满足的边界条件如何？导电壁上的电流密度的值如何？

5.11　海水的 $\sigma = 4$ S/m，在 $f = 1$ GHz 时的 ε_r 约为 81。如果把海水视为等效的电介质，写出 $\boldsymbol{H}$ 的微分方程。对于良导体，例如铜，$\varepsilon_r = 1$，$\sigma = 5.7 \times 10^7$ S/m，比较在 $f = 1$ GHz 时的位移电流和传导电流的幅度，可以看出，即使在微波频率下良导体中的位移电流也是可以忽略的。写出 $\boldsymbol{H}$ 的微分方程。

5.12　证明坡印亭矢量的瞬时值可以表达如下：

$$\boldsymbol{S} = \frac{1}{2} \mathrm{Re}[(\boldsymbol{E} \times \boldsymbol{H}^*) + (\boldsymbol{E} e^{j\omega t}) \times (\boldsymbol{H} e^{j\omega t}]$$

5.13　一个真空中存在的电磁场为

$$\boldsymbol{E} = \boldsymbol{a}_x \mathrm{j} E_0 \sin kz$$

$$\boldsymbol{H} = \boldsymbol{a}_y \sqrt{\frac{\varepsilon_0}{\mu_0}} \cos kz$$

式中，$k = 2\pi/\lambda = \omega/c$，$\lambda$ 是波长。求 $z = 0, \lambda/8, \lambda/4$ 各点的坡印亭矢量的瞬时值和平均值。

5.14　计算 5.10 题中能流矢量和平均能流矢量。

第6章　无线电波的基本知识

在现代高技术中,无线电波有着十分广泛的应用,无线电报、无线电广播、电视、雷达、通信等都是利用无线电波来工作的。虽然它看不见、摸不着,但它确确实实是存在的,因为无论何时何地,只要打开收音机或电视机,都能收到动听的音乐或优美的图像和伴音。无线电波在空间传播的情形,会直接影响信号的传递质量,影响各种无线电设备的工作效果。因此,研究并掌握无线电波传播的规律,对于充分发挥人的主观能动性,最大限度地发挥设备的性能和作用,具有重要意义。本章首先阐述无线电波的基本性质和波的极化,简要讨论地面和大气对无线电波传播的影响,最后归纳出不同波段无线电波传播的特点。

6.1　无线电波传播的基本特性

一、什么是无线电波

波动(简称波)是物质的一种运动形式。当介质中的某一质点振动时,会引起邻近质点的振动,这样,振动就会从它所发源的地方(称波源),以一定速度由近及远地传播,这种振动的传播过程就叫作波动。严格地说,① 就是把某一时间、空间出现的现象,在另一时间和空间重复出现的运动形式定义为波。例如,用一根木棒敲打水面,可引起一圈一圈的水波向四周传播,如图6.1所示,还可以发现,如果水面上有一个小木块,它就会在原处上下浮动,但并不随水波向四周飘移。② 这说明水波在向四周传播的过程中,水并没有向外流动,木棒敲打水面的能量借助于水的振动向四周传播。因此,波动的过程同时也是波源的能量借助于某种物质的振动而向四周传播的过程。

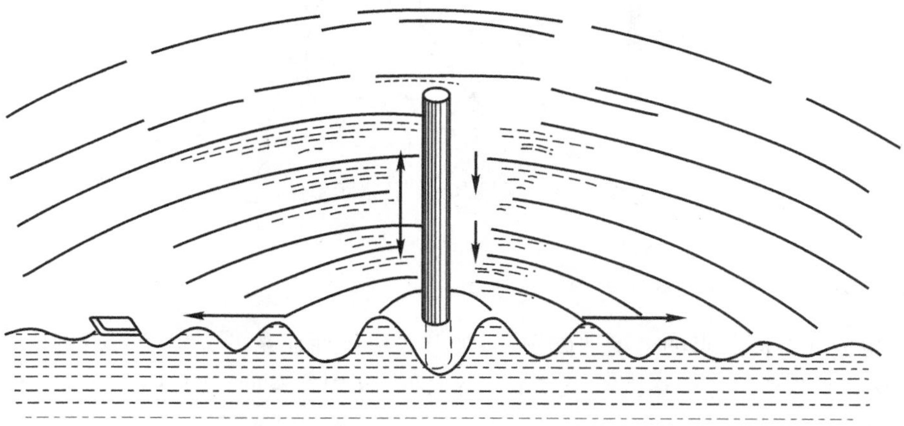

图6.1　水的波动

振动有机械的，也有电磁的。在电磁场中，电场和磁场发生交替变化，就是电磁的振动，这种电磁振动在空间传播的过程，就叫作电磁波。通常将频率在 3 000 GHz 以下的电磁波称为无线电波，简称电波。在绪论中，已列出了电磁波的频谱，可以看出，无线电波是电磁频谱中频率最低的部分，频率比它高的还有红外线、可见光、紫外线、X 射线和 γ 射线等电磁波。

图 6.2 表示在均匀媒质中，电磁波由波源 O 向外传播的情况。在波的传播过程中，把电场或者磁场相位相同的点组成的面，称为波阵面（又称波前）或等相位面。波阵面为球面的电磁波称为球面波。在距球面波波源很远的地方，接收到的电磁波只是球面波很小的部分，这个极小部分的波阵面可看成平面。波阵面为平面的电磁波称为平面波。若波阵面为柱面，则称为柱面波。不论是平面波、球面波还是柱面波，电磁波的传播方向始终和波阵面垂直。

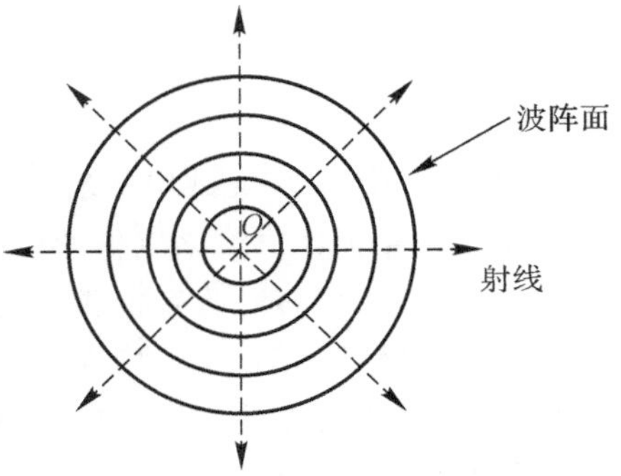

图 6.2　球面波的剖面图

无线电波波动过程的实质是什么呢？

从电磁学可以知道，电场中储存有电能，磁场中储存有磁能；交变的电场周围会产生交变的磁场，交变的磁场周围又会产生交变的电场。结合图 6.3 来说明无线电波的波动过程。当天线上载有高频交变电流时，天线就会向空间辐射电磁能。交变电场和交变磁场是相互垂直的。取如图 6.3 所示的适当的直角坐标系，于是在 1 点形成交变电场 E_{x1} 和交变磁场 H_{y1}。1 点的交变电场 E_{x1} 会在 2 点产生交变磁场 H_{y2}，而 1 点交变磁场 H_{y1} 会在 2 点产生交变电场 E_{x2}；2 点的交变磁场 H_{y2} 又会在 3 点产生交变电场 E_{x3}；2 点的交变电场 E_{x2} 又会在 3 点产生交变磁场 H_{y3}，……，如此继续下去，电磁能量就以速度 v 不断地向前传播。因此，无线电波波动过程的实质就是电磁能量通过交变电场和交变磁场的相互转化而不断向前传播的过程。无线电波就是交变电场和交变磁场相互转化而不断运动的总体。

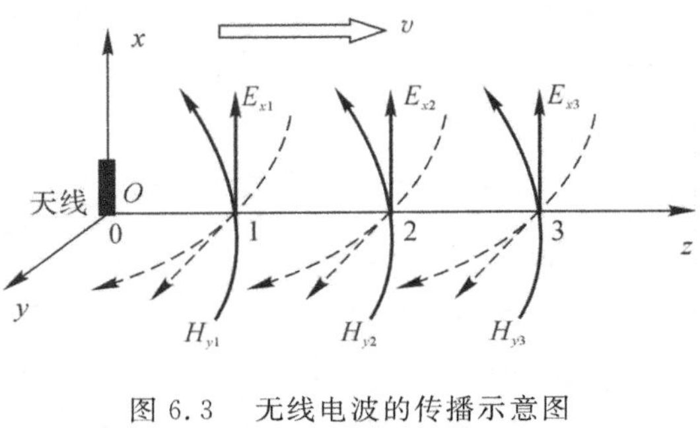

图 6.3　无线电波的传播示意图

二、无线电波的相位和波动方程

无线电波在空间各点的电场和磁场，都是由波源传播而来的。空间各点距波源的距离不同，电波从波源到达这些点就需经过不同的时间，这样在空间各点建立起的电场和磁场，都要比波源的电场和磁场滞后不同相位，离波源越远，相位越滞后。

一般情况，波源均为正弦振荡（设振荡角频率为 ω，振幅为 E_m，H_m），则波源处电场强度的瞬时值 E_x 和磁场强度的瞬时值 H_y 可分别表示为

$$E_x = E_m \sin\omega t$$

$$H_y = H_m \sin\omega t$$

如果电波以速度 v 向前传播，经过 t_1 的时间后到达距波源为 z_1 的1点处，那么1点处的电场和磁场的相位就要比波源滞后，滞后的角度为

$$\psi = \omega t_1 = \omega \frac{z_1}{v} = \frac{\omega}{v} z_1 \tag{6.1}$$

因此1点处的电场强度和磁场强度的瞬时值分别为

$$\left.\begin{aligned} E_{x1} &= E_m \sin\left(\omega t - \frac{\omega}{v} z_1\right) \\ H_{y1} &= H_m \sin\left(\omega t - \frac{\omega}{v} z_1\right) \end{aligned}\right\} \tag{6.2}$$

显然式(6.2)，是电“波”的数学表达式，因为其函数值随时间和空间作重复变化，因此，称它为无线电波的波动方程。若不考虑波传播过程中的损耗，则对平面波来讲，波动方程中的振幅 E_m，H_m 是不变的；对球面波来讲，振幅 E_m，H_m 与距离 z 成反比。

由波动方程可知，当时间 t 一定时（即某一瞬间），沿传播方向的空间各点的电场强度和磁场强度均按正弦规律分布，如图6.4所示；当距离 z 取一定值时，该点的电场强度和磁场强度也随时间按正弦规律分布。在空间任意点，电场和磁场同相。可见，波动方程全面地展示出了无线电波的时空分布规律。

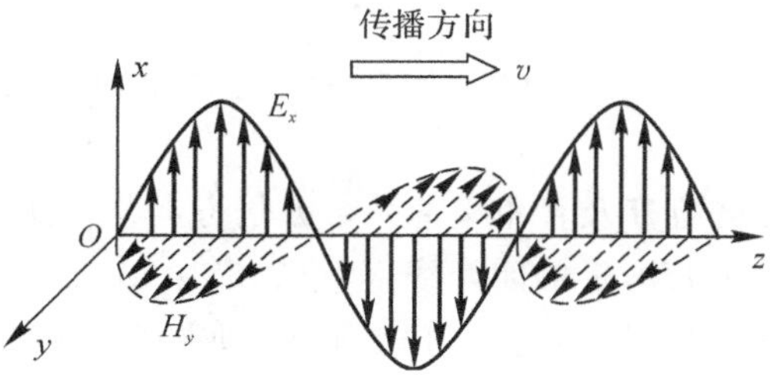

图6.4　无线电波的电场强度和磁场强度在某一瞬间的分布情形

三、电磁波的传播速度 v

在前述的波动方程中，提到了传播速度 v，这个速度有多大？它与什么因素有关？在这里，用初等数学的方法来推导一下。

为讨论问题方便，设一平面电磁波沿正 z 轴方向传播，其中 $\boldsymbol{E}$ 的方向处处与 x 轴平行（可沿正 x 轴或负 x 轴方向），$\boldsymbol{H}$ 的方向处处与 y 轴平行（可沿正 y 轴或负 y 轴方向），并设传播速度为 v，如图6.5所示。

在 yz 平面内任取一个长方形的闭合线框 $abcd$，其中 ad 及 bc 两边与 z 轴平行，且 ab 边的长为 l，把 cd 边取在较远处，即在 $t=0$ 时刻，电场的扰动尚未传到 cd 附近。经过一段短暂的时间 Δt 以后，整个电场向右平移一段距离 $v\Delta t$，则在这段时间内通过闭合线框 $abcd$ 的电位移通量的增量为 $\Delta\Phi_D V = \varepsilon E v \Delta t l$，对闭合线框 $abcd$ 应用位移电流的安培环路定律：

$$\oint \boldsymbol{H}_l \,\mathrm{d}\boldsymbol{l} = \frac{\mathrm{d}\Phi_D}{\mathrm{d}t} \tag{6.3}$$

在式(6.3)的左边，由于磁场强度 $\boldsymbol{H}$ 的方向是与 y 轴平行的，即与 ad 段和 bc 段垂直，故磁场强度沿 ad 及 bc 的线积分为零，而 cd 处磁场强度值为零，故线积分亦为零。于是 $\oint \boldsymbol{H}_l \mathrm{d}\boldsymbol{l}$ 中就只剩下沿 ab 的线积分，式(6.3) 可表示为

$$\boldsymbol{H}l = \frac{\Delta\Phi_D}{\Delta t} = \varepsilon \boldsymbol{E} v l$$

即

$$\boldsymbol{H} = \varepsilon \boldsymbol{E} v \tag{6.4}$$

式(6.4) 表明，当电场强度沿正 z 轴方向传播时，必然有与之相伴随的磁场强度以同一速度沿 $+z$ 轴方向传播，且 $\boldsymbol{H}$ 值与 $\boldsymbol{E}$ 值处处成正比。

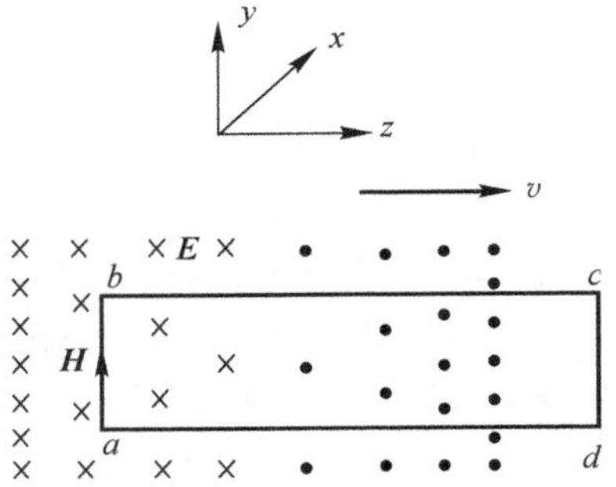

图 6.5　平面波中与电场相随的磁场

下面用与上述完全相仿的方法，利用电磁感应定律来讨论与平面波中的磁场相伴随的电场。

建立如图 6.6 所示的磁场 $\boldsymbol{H}$ 及直角坐标系。磁场方向与 y 轴平行，波以速度 v 向 $+z$ 方向传播，在 xz 平面内任取一长方形的闭合线框 $efgh$，其中 eh 及 fg 与 z 轴平行，ef 边的长为 l，在 $t=0$ 时刻，其磁场强度为 H，gh 边位于较远处，即磁场的扰动尚未传到 gh 附近。经过一段短暂的时间 Δt 后，整个磁场向右平移了一段距离 $v\Delta t$，则在这段时间内通过闭合线框 $efgh$ 的磁通量的增量为 $\Delta\Phi_{\mathrm{m}} = \boldsymbol{B} \cdot (v\Delta t \cdot l) = \mu \boldsymbol{H} \cdot v\Delta t \cdot l$。利用电磁感应定律可得

$$\oint \boldsymbol{E}_l \cdot \mathrm{d}\boldsymbol{l} = -\frac{\mathrm{d}\Phi_m}{\mathrm{d}t} \tag{6.5}$$

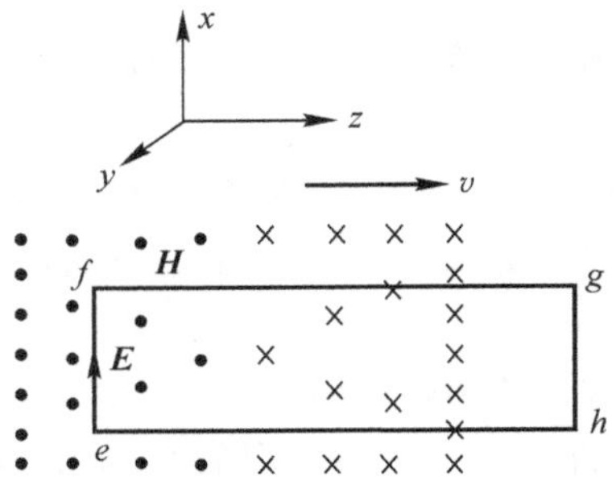

图 6.6　平面波中与磁场相伴随的电场

在图 6.6 给定的坐标系中，磁场强度 $\boldsymbol{H}$ 在 ef 处的方向沿正 y 轴方向，根据式(6.5)可知，其感应电场 $\boldsymbol{E}$ 的方向必然从 e 到 f，如图 6.6 所示，即感应电场强度方向沿正 x 轴，由于沿 fg 及 he 电场强度方向处处与积分路径垂直，而 gh 处电场强度为零，于是 fe 段上的电压降为

$$\boldsymbol{E}l=\frac{\Delta\Phi_{\mathrm{m}}}{\Delta t}=\mu\boldsymbol{H}vl$$

即

$$\boldsymbol{E}=\mu v\boldsymbol{H} \tag{6.6}$$

式(6.6)说明：当磁场强度沿正 z 轴方向传播时，必然有与之相伴随的电场强度以同一速度沿正 z 轴方向传播，并且 $\boldsymbol{E}$ 值与 $\boldsymbol{H}$ 值也成正比。

将式(6.4)与式(6.6)联系起来可知：变化的电场与变化的磁场是相互伴随、共同前进的，它们与传播方向永远正交。

将式(6.4)与式(6.6)两边对应相乘可得

$$v=\frac{1}{\sqrt{\mu\varepsilon}} \tag{6.7}$$

式(6.7)为电磁波在介质中的传播速度计算公式，其中 ε，μ 分别为介质的介电常数和磁导率。在真空中，

$$\varepsilon=\varepsilon_0=\frac{1}{36\pi}\times10^{-9}\ \mathrm{F/m}$$

$$\mu=\mu_0=4\pi\times10^{-7}\ \mathrm{H/m}$$

从而可得电磁波在真空中的传播速度 $v=\dfrac{1}{\sqrt{\mu_0\varepsilon_0}}=3\times10^8\ \mathrm{m/s}$，等于光速 c。在空气中(或称自由空间)，空气的相对介电常数和相对磁导率略大于 1，可近似认为 $\mu\approx\mu_0$，$\varepsilon\approx\varepsilon_0$，即电磁波在空气中的传播速度可近似地认为

$$v=\frac{1}{\sqrt{\mu\varepsilon}}\approx\frac{1}{\sqrt{\mu_0\varepsilon_0}}=3\times10^8\ \mathrm{m/s}=c\ (\text{光速})$$

除钢、铁等少数铁磁性物质以外，一般媒质的相对磁导率 $\mu_{\mathrm{r}}\approx1$，故式(6.7)可写成

$$v=\frac{1}{\sqrt{\mu\varepsilon}}=\frac{1}{\sqrt{\mu_0\mu_{\mathrm{r}}\varepsilon_0\varepsilon_{\mathrm{r}}}}=\frac{1}{\sqrt{\mu_0\varepsilon_0}}\frac{1}{\sqrt{\mu_{\mathrm{r}}\varepsilon_{\mathrm{r}}}}=c\frac{1}{\sqrt{\varepsilon_{\mathrm{r}}}}$$

即

$$v=\frac{c}{\sqrt{\varepsilon_{\mathrm{r}}}} \tag{6.8}$$

式中：c 为光速；ε_{r} 为介质的相对介电常数。可见，如果媒质的相对介电常数越大，则电磁波在其中的传播速度越小。

四、电磁场中的能量及乌莫夫-坡印廷矢量

在讨论了电磁波的一般规律后，现在来讨论电磁场中的能量关系。即电磁波在传播过程中，电磁波能量与 E，H 有什么关系？它们是怎样分布的？

1. 电磁场的能量分布

电磁场的能量分布规律可用电磁场中各点的能量密度来说明。定义：电磁场中某一点

周围的一块很小体积内分布的能量 dW 和这块小体积 dV 的比值，叫作该点的能量密度，记作 w，定义式为

$$w=\frac{\mathrm{d}W}{\mathrm{d}V}$$

显然，在电磁场中，能量密度大的地方，能量就分布得较多；反之，能量密度较小的地方，能量就分布得较少。

电磁场中的能量可分为电能和磁能两部分，任一点的能量密度就等于该点的电能密度 w_e 和磁能密度 w_m 之和。下面来讨论 w_e，w_m 与电场 E、磁场 H 的关系。

由电磁学知识可知，电容器中储存的电能量为

$$W_e=\frac{1}{2}CU^2$$

对平行板电容器有：$C=\frac{\varepsilon s}{d}$，$U=Ed$（其中 s 为平行板的极板的面积，d 为平行板之间的间距），它储存的电能为

$$W_e=\frac{1}{2}\frac{\varepsilon s}{d}E^2d^2$$

而 ds 即为两极板间的体积。则有

$$w_e=\frac{W_e}{ds}=\frac{1}{2}\varepsilon E^2 \tag{6.9}$$

电感器中储存的磁能为

$$W_m=\frac{1}{2}LI^2$$

对长直螺线管有 $H=\frac{IN}{l}$，$L=\mu\frac{N^2s}{l}$（N 为螺线管线圈匝数，l 为长直螺线管的长度，s 为螺线管的横截面积），它储存的能量为

$$W_m=\frac{1}{2}\mu\frac{N^2s}{l}\frac{H^2l^2}{N^2}$$

而 ls 为长直螺线管的体积。则有

$$w_m=\frac{W_m}{ls}=\frac{1}{2}\mu H^2 \tag{6.10}$$

综合上述，可知电磁场的能量密度为

$$w=w_e+w_m=\frac{1}{2}\varepsilon E^2+\frac{1}{2}\mu H^2 \tag{6.11}$$

式(6.11)说明：电磁场的能量密度，取决于电场和磁场的强弱和媒质的性质。在均匀媒质中，电场、磁场越强的地方，能量分布得越多。

将式(6.7)代入式(6.6)或式(6.4)可得

$$\frac{E}{H}=\sqrt{\frac{\mu}{\varepsilon}} \tag{6.12}$$

即

$$\frac{E^2}{H^2}=\frac{\mu}{\varepsilon}$$

或

$$\frac{1}{2}\varepsilon E^2=\frac{1}{2}\mu H^2$$

式(6.12)表明，在均匀无耗电介质中，电场能量密度和磁场能量密度是相等的，这样电磁场的能量密度又可写为

$$w=\frac{1}{2}\varepsilon E^2+\frac{1}{2}\mu H^2=\varepsilon E^2=\varepsilon H^2=\sqrt{\varepsilon\mu}EH \tag{6.13}$$

2. 乌莫夫-坡印廷矢量

电磁波在空间传播的过程中，电磁场中任一点的能量密度以及任一块体积中的能量是不断变化的。电磁场能量的传播定理(乌莫夫-坡印廷定理)，就是研究电磁场中从某一体积传播出去(或传播进入)的电磁能与这一体积表面上各点的电场强度、磁场强度之间关系的定理。

为便于研究能量的传播情况，引入功率密度(或称能流密度)这个物理量。所谓功率密度就是在垂直于能量传播方向的单位面积上、单位时间内流过的能量，用 **S** 表示，单位为瓦/米^2(W/m^2)。在图 6.7(a)中，若单位时间内，电磁场从左端传播到右端. 经过的距离为 dz 那么在单位时间内通过截面 dxdy 的电磁能量必然是体积 dxd$y$dz 中所储存的电磁能，即

$$W=w\mathrm{d}V=\sqrt{\mu\varepsilon}EH\,\mathrm{d}x\mathrm{d}y\mathrm{d}z$$

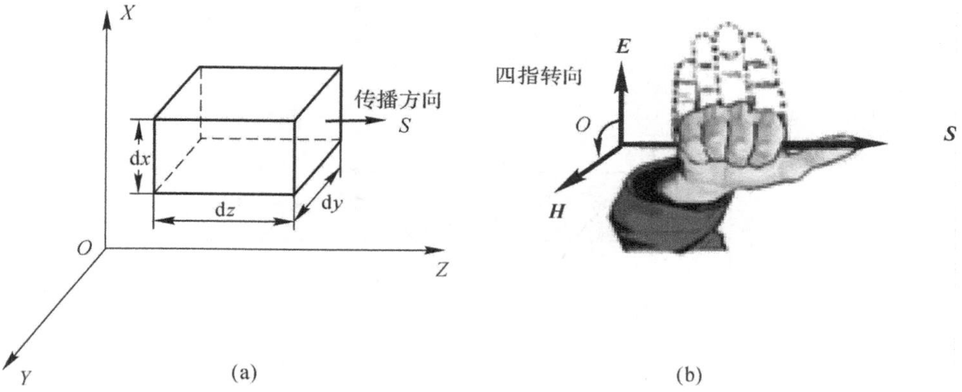

图 6.7 乌莫夫-坡印廷矢量的图示

单位时间在垂直于传播方向上的单位面积的功率密度的大小为

$$S=\frac{W}{\mathrm{d}s}=\frac{\sqrt{\mu\varepsilon}\,\mathrm{d}x\mathrm{d}y\mathrm{d}zEH}{\mathrm{d}x\mathrm{d}y}=\sqrt{\mu\varepsilon}EH\mathrm{d}z \tag{6.14}$$

由于电磁波在介质中的传播速度 $v=\frac{1}{\sqrt{\mu\varepsilon}}$，那么单位时间内电磁波传播的距离 $\mathrm{d}z=\frac{1}{\sqrt{\mu\varepsilon}}$，则式(6.14)又可写为

$$S=\sqrt{\mu\varepsilon}EH\frac{1}{\sqrt{\mu\varepsilon}}=EH \tag{6.15}$$

式中：E 为电场强度的有效值，单位为伏/米(V/m)；H 为磁场强度的有效值，单位为安/米(A/m)。式(6.15)表明，电磁能在传播时，单位时间通过单位面积的功率密度的大小是电场强度和磁场强度的乘积，其方向就是电磁波传播的方向 **S**，**E** 和 **H** 均为矢量，而 **E** 和 **H** 相互垂直，且都垂直于传播方向，其三者可用矢量的叉乘来表示，即

$$\boldsymbol{S}=\boldsymbol{E}\times\boldsymbol{H} \tag{6.16}$$

式(6.16)中的**S**就是著名的乌莫夫-坡印廷矢量,单位为瓦/米^2(W/m^2)。它既表明了传播的能量与场的关系,又反映了能量的大小和方向。**S**,**E**,**H**三者成右手螺旋关系,即伸开右手,四指从电场**E**的方向沿90°角弯向磁场**H**的方向,大拇指的指向就是能量传播的方向,如图6.7(b)所示。注意**S**是时间的函数,因此用式(6.16)算出的是瞬时功率。在**S**,**E**,**H**中,只要知道了其中两个量的大小和方向,就可确定第三个量的大小和方向。

在自由空间,电磁波的电场方向、磁场方向通常都在垂直于电磁波传播方向的平面上,这种电磁波称为横电磁波,记作TEM波。

五、无线电波的频率与波长

(1) 频率:就是交变电磁场每秒钟变化的周数,用f表示,单位是赫兹(Hz),另外还有千赫(kHz,10^3 Hz)、兆赫(MHz,10^6 Hz)和吉赫(GHz,10^9 Hz)。它与波动方程中角频率ω的关系是$\omega=2\pi f$,它与周期T的关系是$f=\dfrac{1}{T}$。

(2) 波长:是指在一个周期内电波前进的距离,或同一个电波中相邻的两个波峰(或波谷)之间的距离,如图6.8所示,用λ表示,单位为米(m)。显然有

$$\lambda=vT \quad 或 \quad \lambda=\frac{v}{f} \tag{6.17}$$

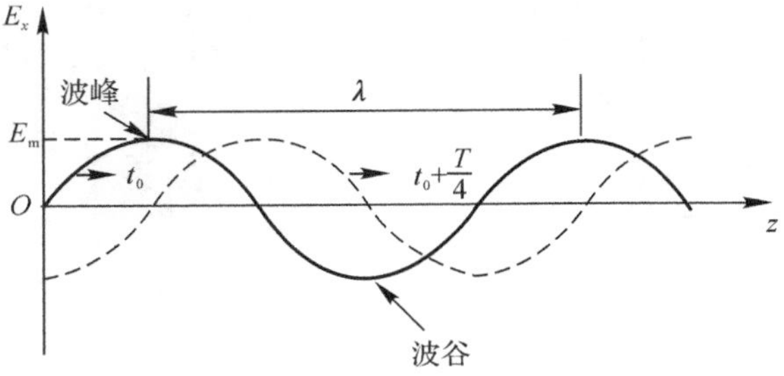

图6.8　电波沿空间的瞬时分布

例如,电波在空气中传播,频率为30 MHz时,其波长为

$$\lambda=\frac{v}{f}=\frac{c}{f}=\frac{3\times10^8}{30\times10^6}\times10=10\ \text{m}$$

频率为3 000 MHz时,其波长则为

$$\lambda=\frac{c}{f}=\frac{3\times10^8}{3\ 000\times10^6}\times10=0.1\ \text{m}$$

由此可见,频率愈高,波长愈短。同一频率的电波,在不同的媒质中传播时,由于其传播速度不同,所以其波长也不同。

例如,频率为30 MHz的电磁波在水中传播时,由于水的相对磁导率$\mu_r\approx1$,相对介电常数$\varepsilon_r=80$,则电波在水中的传播速度为

$$v=\frac{c}{\sqrt{\varepsilon_r}}=\frac{3\times10^8}{\sqrt{80}}=\frac{1}{3}\times10^8\ \text{m/s}$$

电波在水中的波长为

$$\lambda=\frac{v}{f}=\frac{\frac{1}{3}\times 10^8}{30\times 10^6}=\frac{10}{9}\ \text{m}$$

可见，频率为 30 MHz 的电波在水中传播时的波长仅为在空气中传播时波长的 1/9。

六、相移常数与波阻抗

前面已讨论过电磁波的波动方程，即

$$\left.\begin{aligned}E_{x1}&=E_m\sin\left(\omega t-\frac{\omega}{v}z_1\right)\\H_{y1}&=H_m\sin\left(\omega t-\frac{w}{v}z_1\right)\end{aligned}\right\}\tag{6.18}$$

在两方程的相位中都有$\left(\frac{\omega}{v}z_1\right)$项，$z_1$ 表示空间某一点距波源的距离，而$\frac{\omega}{v}$则表示波沿 z 方向每传播单位距离相位的变化，通常称为相移常数，用 β 表示，单位为弧度 / 米(rad/m)，即

$$\beta=\frac{\omega}{v}=\omega\sqrt{\mu\varepsilon}\ \ (\text{rad/m})\tag{6.19}$$

将式(6.19)与式(6.17)联系起来，可得

$$\lambda=\frac{v}{f}=\frac{2\pi}{\beta},\quad \beta=\frac{2\pi}{\lambda}\tag{6.20}$$

相移常数是表征电磁波传播单位距离相位变化快慢的一个很重要的参量。表征电磁波传播特性的另一个重要参量是波阻抗，它是表明介质特性的。把在与传播方向相垂直的横截面内电场强度与磁场强度的比值定义为波阻抗，用 η 表示，它具有阻抗的量纲，单位为欧姆(Ω)，即

$$\eta=\frac{E}{H}=\sqrt{\frac{\mu}{\varepsilon}}\tag{6.21}$$

可见，波阻抗仅与媒质的性质有关，因此又称为媒质的本质阻抗。对某一给定的均匀、线性、各向同性的媒质，其波阻抗就是一定值。如在真空中(或空气中)，其波阻抗为

$$\eta_0=\sqrt{\frac{\mu_0}{\varepsilon_0}}=120\pi\approx 377\ \Omega$$

这样，如果已知媒质的波阻抗及空间某点电磁场的一个量(即 E,H 中的一个)，则另一个量就可确定下来。

至此，已讨论了电磁波在均匀理想媒质中传播的基本特性，现将其归纳如下：

(1) 这里讲的电磁波仅指平面波，即在传播方向(纵向)不存在电场和磁场分量，电场、磁场只有与传播方向垂直(横向)的分量，它属于横电磁波(即 TEM 波)。

(2) 在空间的任一点上，电场与磁场相互垂直，且又垂直于波的传播方向。

(3) 电场和磁场以同样的速度传播，在传播过程中，电场、磁场的振幅不变，两者的比值就是媒质的波阻抗 η，相位随距离的变化而变化，变化的快慢取决于相移常数 β 的大小。

(4) 在空间的每一点上，电场、磁场具有相同的相位，每一点的乌莫夫-坡印廷矢量 $\boldsymbol{S}$ 是实数，平面波的能量沿传播方向传播开去，且在每一点有 $w_e=w_m$，即每一点电能密度和磁能密度是相等的。

6.2 无线电波的极化

一、波极化的概念

在实际工作中常碰到这种现象：如果空间传播的电场方向与天线的轴线平行，则电场在天线上所感应的电动势最强，如图 6.9(a) 所示。如果电场方向与天线轴线垂直，则感应电动势近乎等于零，如图 6.9(b) 所示。这说明电波在传播过程当中电场取向的重要性，为了说明这一点，引入波极化的概念。所谓波的极化就是指电场的取向随时间变化的方式，通常是用电场矢量端点在空间所描出的轨迹来表示的。按所描绘轨迹的不同，极化分为线极化、圆极化和椭圆极化 3 种。

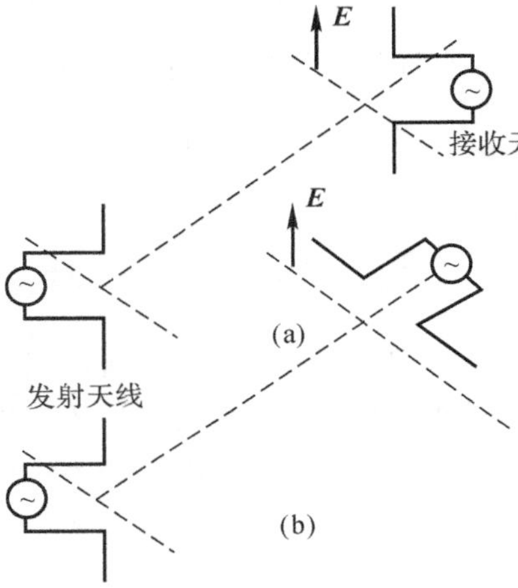

图 6.9 无线电波的极化

二、线极化

如果电波沿 z 轴方向传播，一般情况下，电场矢量不会刚好与坐标轴 x(或 y) 在同一方向，这样电场 $\boldsymbol{E}$ 就可分解为 E_x，E_y 两个分量，如图 6.10 所示。如果这两个分量没有相位差或相位差为 180°时，则合成电场 $\boldsymbol{E}$ 在空间描绘的轨迹为一条直线，把电场矢量端点随时间变化的轨迹为一直线的电磁波称为线极化波。

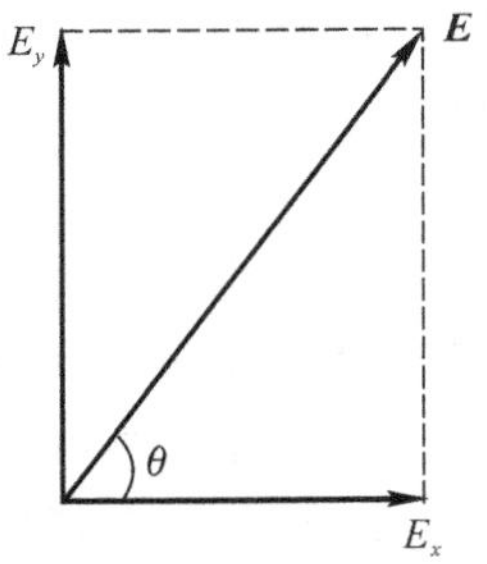

图 6.10 线极化

在空间任一点处有

$$E_x = E_{xm}\cos(\omega t - \beta z + \varphi_x)$$

$$E_y = E_{ym}\cos(\omega t - \beta z + \varphi_y)$$

如果 $\varphi_x = \varphi_y = \varphi$，则任何瞬间合成电场的大小为

$$|\boldsymbol{E}| = \sqrt{E_x^2 + E_y^2} = \sqrt{E_{xm}^2 + E_{ym}^2}\cos(\omega t - \beta z + \varphi)$$

在图 6.10 中，合成电场 $\boldsymbol{E}$ 与 x 轴的夹角为

$$\theta = \arctan\frac{E_y}{E_x} = \arctan\frac{E_{ym}}{E_{xm}} = \text{常数}$$

可见，合成矢量 $|\boldsymbol{E}|$ 的大小随时间作余弦规律变化，它与 x 轴的夹角 θ 是一个常数，不随时间变化，$|\boldsymbol{E}|$ 端点的轨迹为一直线，故它是一个线极化波。

在实验测量中，常提到垂直极化和水平极化的概念。为弄清这两个概念，首先定义入射面的概念。所谓入射面，是指由波的传播方向与大地水平面的法线 $\boldsymbol{n}$ 所构成的平面。如图 6.11 所示。当线极化波的电场矢量与入射面平行时为垂直极化波；当线极化波的电场矢量与入射面垂直时，则为水平极化波。显然图 6.11 所示情况为垂直极化波。

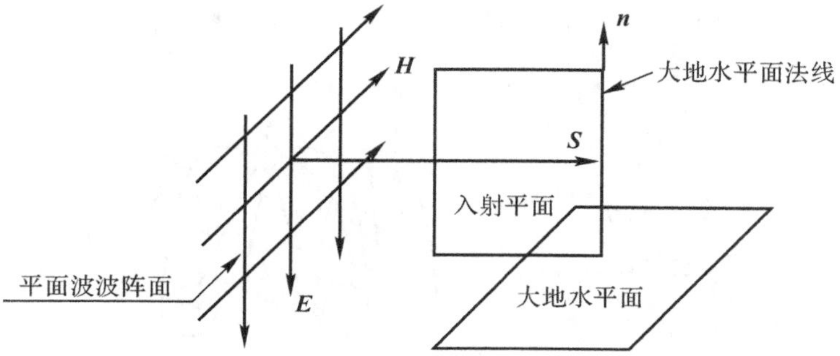

图 6.11　入射面示意图

三、圆极化

在电场的两个分量 $E_x = E_{xm}\cos(\omega t - \beta z + \varphi_x)$，$E_y = E_{ym}\cos(\omega t - \beta z + \varphi_y)$ 中，若 $E_{xm} = E_{ym} = E_m$ 且 $\varphi_x - \varphi_y = \pm\frac{\pi}{2}$，则其合成场 $|\boldsymbol{E}|$ 的大小为

$$|\boldsymbol{E}| = \sqrt{E_x^2 + E_y^2} =$$

$$E_m\sqrt{\cos^2(\omega t - \beta z + \varphi_x) + \cos^2\left(\omega t - \beta z + \varphi_x \mp \frac{\pi}{2}\right)} = E_m = \text{常数}$$

$\boldsymbol{E}$ 与 x 的夹角 θ 的正切是

$$\tan\theta = \frac{E_y}{E_x} = \pm\tan(\omega t - \beta z + \varphi_x)$$

即

$$\theta = \pm(\omega t - \beta z + \varphi_x)$$

可见，合成电场 $|\bar{\boldsymbol{E}}|$ 的振幅是一个不随时间变化的常量，但它与 x 轴的夹角 θ 却以角速度 ω 随时间变化，所以合成电场矢量端点的轨迹是一个圆，故称为圆极化波，如图 6.12 所示。当 $\varphi_x - \varphi_y = \frac{\pi}{2}$ 时，就称 E_x 超前 E_y 90°，或者说 E_y 落后 E_x 90°，反之亦然。在前面的 E_x，E_y 分量的表达式当中，可知波朝 $+z$ 方向传输，如果 E_x 超前 E_y 90°，即 $\varphi_x - \varphi_y = 90°$，合成矢量 $|\boldsymbol{E}|$ 的旋转方向由 x 到 y（因合成矢量

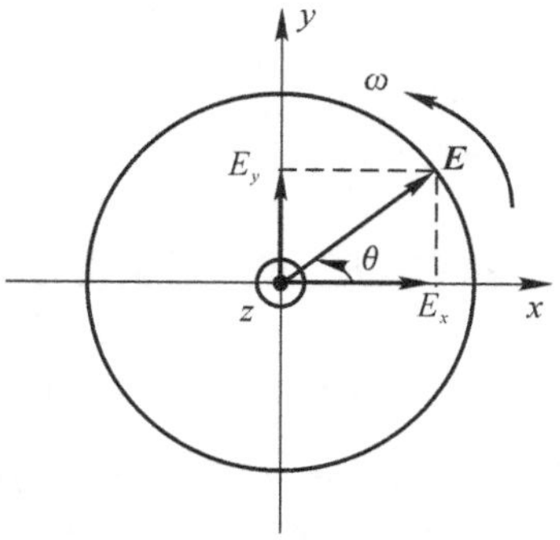

图 6.12　圆极化

总是朝滞后矢量方向旋转的)，与电波的传播方向(+ z 方向)成右手螺旋关系(即伸开右手，四指由超前量转向滞后量，大拇指指向电波传播方向，符合右手螺旋关系)，则称此圆极化波为右旋圆极化波。若 $\varphi_y-\varphi_x=90°$，波仍向 + z 方向传输，则为左旋圆极化波。

四、椭圆极化

最一般的情况就是在电场的两个分量 $E_x=E_{xm}\cos(\omega t-\beta z+\varphi_x)$，$E_y=E_{ym}\cos(\omega t-\beta z+\varphi_y)$ 中，既不满足线极化条件，又不满足圆极化条件时，这样得到合成矢量的振幅随时间而变化，方向亦随时间而变化，端点所描绘的轨迹为椭圆，故称为椭圆极化，如图 6.13 所示。在以后的学习中，我们会看到在空间传播的波一般都是椭圆极化的。

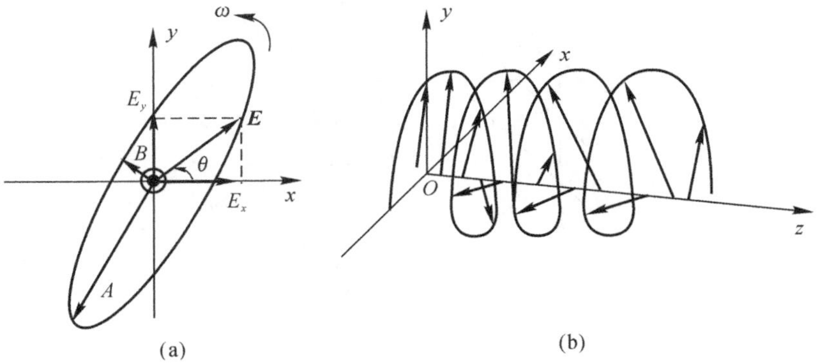

图 6.13　椭圆极化及其在空间的场分布

(a) 椭圆极化；(b) 椭圆极化电场空间的分布

线极化波和圆极化波都可以看成是椭圆极化的特殊情形。在天线工程中，常把椭圆的长半轴 A 与短半轴 B 之比值，称天线的极化系数，记作 M，即 $M=\dfrac{B}{A}$。当 $M=0$ 时，为线极化；当 $M=1$ 时为圆极化；当 $0<M<1$ 时，为椭圆极化。

对于线极化波如图 6.10 所示：

$$E_x=E_{xm}\cos(\omega t-\beta z+\varphi)=E\cos\theta\cos(\omega t-\beta z+\varphi)=$$

$$\frac{E}{2}\cos(\omega t-\beta z+\varphi+\theta)+\frac{E}{2}\cos(\omega t-\beta z+\varphi-\theta)=E'_x+E''_x$$

$$E_y=E_{ym}\cos(\omega t-\beta z+\varphi)=E\sin\theta\cos(\omega t-\beta z+\varphi)=$$

$$\frac{E}{2}\sin(\omega t-\beta z+\varphi+\theta)-\frac{E}{2}\sin(\omega t-\beta z+\varphi-\theta)=E'_y+E''_y$$

对 E'_x，E'_y；E''_x，E''_y 来讲，振幅均相等，E'_x 的相位超前 $E'_y\left(\dfrac{\pi}{2}\right)$，两者合成一个右旋的圆极化波；$E''_x$ 的相位落后 $E''_y\left(\dfrac{\pi}{2}\right)$，两者合成一个左旋圆极化波。这样，一个线极化波就分解成了两个振幅相等但旋向相反的圆极化波。对椭圆极化波来说，合成电场也存在旋向问题，其旋向的判断同圆极化旋向的判断方法一样。

6.3　无线电波传播的基本规律

从绪论的电磁波频谱表中可看出，光波（即可见光）亦是电磁波，因而无线电波的传播规律与光波相比有着许多共同之处，因此在讨论时，常用光学的观点来分析或做比喻。

一、无线电波的反射和折射

1. 反射

光波遇到镜面或物体时，会被反射，而电波（主要指微波波段）具有似光性，它在经过两种媒质的交界面时，也会产生反射现象。如果交界面是平面，且其尺寸远大于电波的波长，则电波的反射规律遵循光的反射定律，即反射线在由入射线和反射面的法线所决定的平面内，反射角 θ_2 等于入射角 θ_1，如图 6.14 所示。

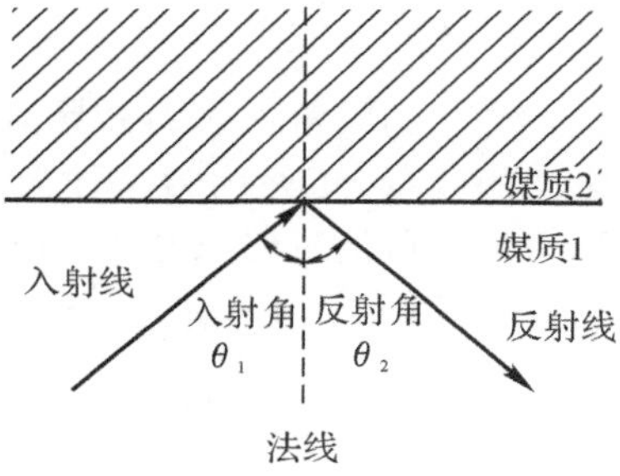

图 6.14　电波的反射

利用电波的反射规律可以探测目标，各种雷达及射电望远镜等都是应用这一原理来工作的。

2. 折射

电波由一种媒质进入另一种媒质中时，除了一部分波在媒质分界面上被反射，还有一部分波进入第二种媒质中，波在第二种媒质中传播时要发生折射现象，如图 6.15 所示。

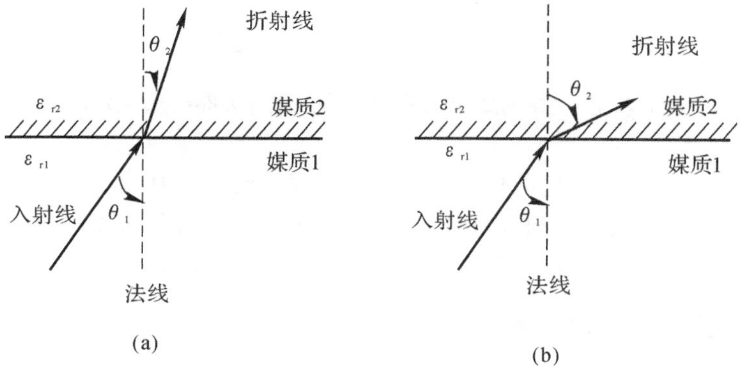

图 6.15　电波的折射

产生折射的原因是由于在电性质不同的媒质中，电波传播的速度不同，经过交界面后波阵面发生偏转，从而改变了传播方向。当交界面为平面，且其尺寸远大于电波的波长时，电波的折射规律遵循光的折射定律，即折射线在由入射线和交界面的法线所决定的平面内，折射角和入射角的关系是

$$\frac{\sin\theta_2}{\sin\theta_1}=\frac{v_2}{v_1}=\sqrt{\frac{\varepsilon_{r1}}{\varepsilon_{r2}}} \tag{6.22}$$

当电波由相对介电常数大的媒质传播到相对介电常数小的媒质时，若 $\theta_1=\theta_c$，使得 $\theta_2=\frac{\pi}{2}$，则电波没有折射，而开始全反射，此时的入射角称为临界角，用 θ_c 表示，即

$$\theta_c=\arcsin\sqrt{\frac{\varepsilon_{r2}}{\varepsilon_{r1}}} \tag{6.23}$$

无论是什么极化波，当入射角等于或大于 θ_c 时，都会发生全反射。

另外，要使水平极化波的反射系数为零，则可解得入射角 $\theta_1=\theta_P$，且有

$$\theta_1=\theta_P=\arctan\sqrt{\frac{\varepsilon_{r2}}{\varepsilon_{r1}}} \tag{6.24}$$

一个任意方向极化的电磁波，当它以 θ_P 角入射到分界面上时，反射波中就只剩下垂直极化波的分量，而没有平行极化波的分量，正是因为这种极化滤波的作用，θ_P 被称为极化角，或布儒斯特角。利用此性质，可改变传播过程中电波的极化方向天线系统中的极化器就是利用这一原理制成的。

二、无线电波的绕射和散射

(1) 绕射。无线电波在传播过程中遇到某些障碍物时，能绕过障碍物而继续前进，这种现象称为绕射。绕射是任何波通过障碍物时都可能发生的现象。

(2) 散射。无线电波在通过不均匀媒质时向四面八方杂乱传播的现象。一般地，超短波的散射现象比较显著。

无线电波的传播除了上述基本规律外，还有以下几个规律：

(1) 无线电波在均匀媒质中是以恒定速度沿直线传播的。无线电测距和测向就是基于这一原理而工作的。

(2) 无线电波在传播过程中，由于能量的扩散和媒质的吸收，电波的能量将逐渐减小，场强将逐渐减弱。

6.4　多波段无线电波传播的特点

无线电波的频谱，根据它们的特点可划分为不同的波段。利用无线电波传递信息，可以进行通信、广播、电视、导航、探测等，但不同波段的传播特性有很大差别。本节中，首先介绍地球外围空间的概况，然后介绍几种主要的电波传播方式，最后叙述多波段传播的特点。

一、地面大气的结构及电离层

1. 地面大气的结构

大气层和磁层是地球的近地空间，是实现地面通信与空间通信的基本传播场所。大气

层是包围地球表面的一层气体层，其厚度可达上千千米，它是地球的“气体外壳”。大气层按大气温度随高度垂直分布的特性可分为对流层、平流层、中层、热层和外层等。若以电离或非电离状态来分，可分为电离层与非电离层，如图 6.16 所示。

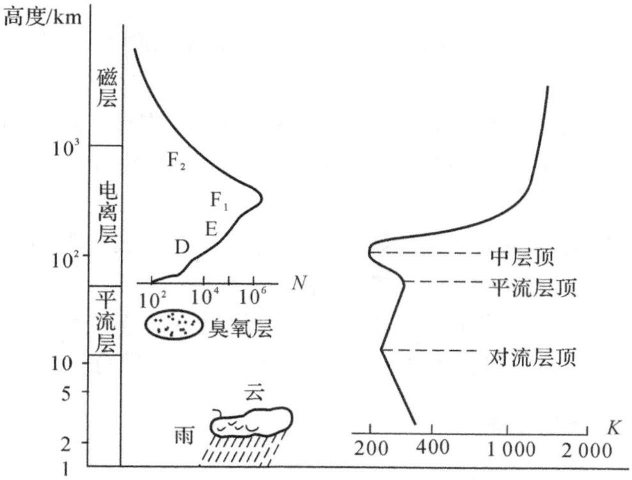

图 6.16　地面上空的大气层概况

2. 电离层的形成及变化规律

大约在 60 km 以下的高空，大气中各种成分混合均匀，气体多呈中性状态，故称为非电离层；在 60 km 以上的大气，受阳光中的紫外线照射后，电离成自由电子和正离子，这种电离化的大气层称为电离层。

电离层从 60 km 延伸到大约 1 000 km 的高度，根据电离层内电子浓度的不同，又将电离层分为 D 区、E 区、F_1 区和 F_2 区等。各层的电子浓度还随地理纬度、年份、季节和昼夜而变化。

3. 电离层对电波传播的影响

(1) 电离层对无线电波有折射作用。电波进入电离层后，就会产生折射，连续折射的结果，可能使电波穿透电离层而进入宇宙空间，也可能产生全反射，使电波返回地面。

(2) 电离层对无线电波有吸收作用。在电离层中，除了自由电子外还有大量的中性分子和离子存在，它们都处在不规则的热运动中。当电波入射到电离层后，电波使自由电子做强迫振动，当振动的电子与其他粒子碰撞时，就将从电波得到的能量传递给中性分子或离子，这样无线电波的一部分能量在电子碰撞时，就转化为热能而被损耗掉了，这种现象称为电离层吸收。

此外，频率为 1.4 MHz 的电波通过电离层时，与电离层中的自由电子的振动发生谐振，电波的损耗最大，称为谐振吸收。因此，天波传播的电波频率不宜选在 1.4 MHz 及其附近。

二、无线电波传播的方式

电波在媒质中传播时，根据媒质及不同媒质分界面对电波传播产生的主要影响，可将电波传播方式分为下列几种：

(1) 地面波传播。无线电波沿着地球表面的传播，称为地面波传播。其特点是信号比较稳定，但电波频率愈高，地面波随距离的增加衰减很快。因此，该方式主要适用于长波和中波波段。

(2) 天波传播。天波传播是指电波经高空电离层反射回来到达地面接收点的传播方式。长、中、短波都可利用天波进行远距离通信。

(3) 视距传播。若收、发天线离地高度远大于波长，电波直接从发射天线传到地面接收天线。该方式仅限于“看得见”的视线距离以内。微波接力站传输电路及卫星通信电路的电波传播均属这种传播方式。

(4) 散射传播。散射传播就是利用媒质的不均匀对电磁波的散射作用来实现的超视距传播方式。该方式主要用于超短波和微波远距离通信。

(5) 波导模传播。它就是指电波在电离层下缘和地面所组成的同心球壳形波导内的传播。长波、超长波或极长波利用这种传播方式以较小的衰减进行远距离通信。

三、各波段电波传播的特点

1. 超长波和长波传播的特点

超长波和长波的绕射能力强，地面对它的吸收小，穿入电离层的深度浅，被电离层吸收的能量不多，利用电离层下缘和地面间的多次反射，可传播到很远的地方。超长波和长波主要以地面波和电波传播为主。超长波和长波传播的优点是信号稳定，多用在要求信号稳定可靠的国际电报、远程导航、气象预报和报时等方面。其缺点是波段范围很窄，能容纳的信息量少。同时，天电放电的能量在这两个波段最强，干扰最大。

2. 中波传播的特点

地面对中波的吸收比对长波的大，中波的表面波传播的距离比长波的短。几百瓦的中等功率的电台，其表面波能在几百公里的距离传播。中波的传播方式以表面波传播为主，也具有稳定可靠的优点。中波广泛地应用在中程导航和广播方面。

3. 短波传播的特点

短波以天波为主要传播方式。电离层对短波的吸收比对中波、长波和超长波的吸收都要小。而地面对短波的吸收比对中波、长波和超长波的吸收都要大。因而常以短波作远距离传播。天波受电离层的影响特别大，要使天波传播得好，必须依据电离层随纬度、年份、季节、昼夜的变化规律，正确地选用工作频率。短波的衰落现象比较严重。衰落是指接收到的信号强度不断地发生不规则变化的现象。它使接收机的声音忽大忽小，甚至时有时无。短波有时会产生静区。静区是指天波和地面都不能到达的区域。

短波的主要特点是，表面波衰减快，天波不够稳定。利用中、小功率电台，便于利用天波作远距离传输。短波被广泛地用于军事通信、无线电传真、民用电报及广播等方面。

4. 超短波传播的特点

超短波是以空间波为主要传播方式，受对流层的影响大，受地形地物的影响很大，传播的距离较近。超短波的特点是波段范围很宽，能容纳大量的电台，且天电干扰对它的影响很小。它被广泛应用在雷达、通信、电视、导航、气象等方面。

小　结

(1) 波的概念。所谓波是在某一时间、空间出现的现象在另一时间和空间重复出现的一种物质运动形式。振动是波的根源。波的振动有机械振动和电磁振动等形式。波可用数学式表达如下:

$$E = E_m \sin(\omega t - \beta z_1)$$
$$H = H_m \sin(\omega t - \beta z_1)$$

(2) 电波的能量传播遵循乌莫夫-坡印廷定理,即

$$\boldsymbol{S} = \boldsymbol{E} \times \boldsymbol{H}$$

(3) 在空气中电波传播的速度近似等于光速,为 $v = c = 3 \times 10^8$ m/s。

(4) 在均匀媒质中,波阻抗为一常数,$\eta = \sqrt{\dfrac{\mu}{\varepsilon}}$ (Ω)。

(5) 波的极化反映了电波的电场在空间的取向,是有效接收电波必须考虑的问题;有线极化、圆极化和椭圆极化三种形式。

(6) 无线电波传播的基本规律主要是:在传播过程中,能量不断地扩散和被吸收,使得电波能量逐渐减小。在不均匀媒质中,不仅传播速度发生变化,而且有反射、折射、绕射、散射等现象发生。

(7) 弄清无线电波各波段的传播特点,明确其应用范围。

习　题

6.1　已知 E_x 和 H_y,如图 6.17 所示,试判断电磁能量的传播方向。

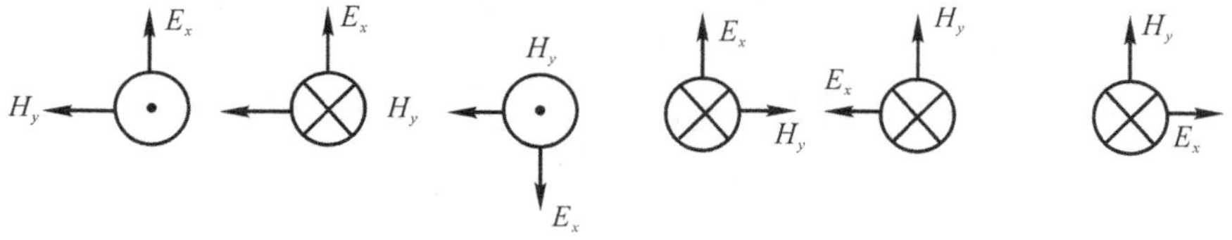

图　6.17

6.2　已知电磁能量传播方向,如图 6.18 所示,试判断 E_x 或 H_y 的方向。

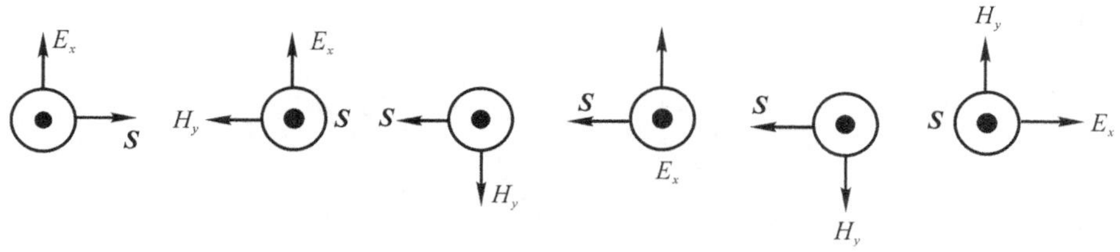

图　6.18

6.3　试描绘出函数 $E_1 = E_0\cos(\omega t \pm \beta z)$ 在 $t=0, \frac{T}{8}, \frac{T}{4}, \frac{3T}{8}, \cdots, T$ 等瞬间，依 z 轴而变化的图形。

6.4　陕西人民广播电台的发射频率为 693 kHz，设在距该台相当远的某处空间，某瞬间接收到该台的信号，其电场强度为 10 mV/m，试求该点在同一瞬间的磁场强度。若从该点出发背向电台的天线前行 100 m，在所达到的地点要迟多少时间才能具有 10 mV/m 的电场强度？还要前行多远才达到与原处在同一时间具有大小相等而方向相反的电场强度？

6.5　试推导出 $\frac{E_x}{H_y}$ 的比值具有阻抗的量纲。

6.6　试述 λ, f, T, β 四者之关系。

6.7　垂直天线能否接收到水平极化波和圆极化波？

6.8　空中飞行物体的通信为什么常用圆极化波？

6.9　你能否证明一个椭圆极化波可分解成两个旋向相反但振幅不等的圆极化波？

6.10　电波由一种媒质进入另一种媒质时，产生反射和折射的条件是什么？

6.11　为什么雷达天线辐射出的电磁波碰到金属目标就反射回来？如果碰到介电常数很大的物质能反射回来吗？

第 7 章　微波传输线

7.1　概　　述

微波技术的重要问题之一，就是微波信息和微波电磁能量的传输问题。例如，在广播电视中，如何把发射机输出的能量传输到发射天线上，再由天线向空间辐射出去；在接收系统中，如何把接收天线上所感应的信号能量传输到接收机中去。在微波频率下，这种能量和信息的传输问题，已不能像一般低频电路中那样用两根导线来完成，而必须使用专门的微波传输线。

微波传输线是用以传输微波信息和能量的各种形式的传输系统的总称。

微波传输线大致分为三种类型。第一类是双导体传输线，图 7.1(a) 所示的平行双线、同轴线、带状线和微带线等属于此类。因该类传输线传输横电磁波，故又称为 TEM 波传输线。第二类是金属波导管，图 7.1(b) 所示的矩形波导、圆波导、脊形波导和椭圆波导等属于此类。因该类传输线传输波型的波速与频率有关，故又称为色散波传输线。第三类是介质传输线即介质波导，图 7.1(c) 所示的镜像线与介质线即属于此类。由于此类传输线上的电磁波沿传输线的表面传输，故又称为表面波传输线。

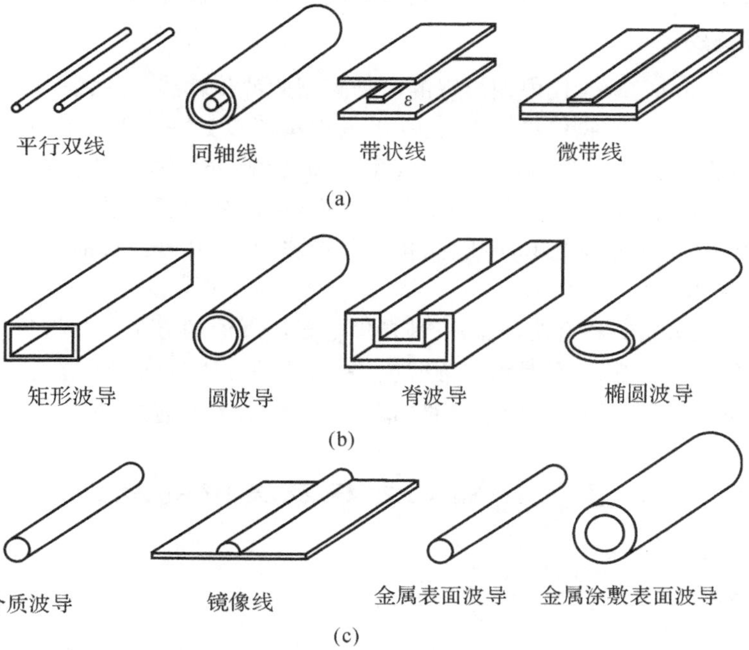

图 7.1　微波传输线分类

(a) 双导体；(b) 波导；(c) 介质传输线

无论是哪种传输线，其作用都是引导电磁波沿一定方向传输，因此，传输线是导波系统，所导引的电磁波称为导行波。

在现代微波工程中，最主要和最常用的几种微波传输线的特点如下：

1. 平行双线

平行双线是由两根平行导线和介质构成。它是最简单的 TEM 波传输线。由于它是一个敞开结构的开放系统，随工作频率的升高，其辐射损耗将急剧增加，故平行双线只适用于在米波和分米波范围内工作。

2. 同轴线

同轴线有软同轴线和硬同轴线两种。软同轴线又称为同轴电缆，由中心导体（内导体）和外导体所组成，中间填充软介质，最外层用塑胶保护，可以弯曲。硬同轴线由两个同心圆柱导体所组成，其间填充介质或由介质垫圈支撑。同轴线主要用以传输 TEM 波。由于同轴线可视为将一根平行线做成空心圆筒，将另一根平行线插入筒中所形成的封闭结构系统，所以外导体的屏蔽作用消除了平行双线的电磁辐射，使得适用频率范围增高至分米波的高频段，即10 cm 波段。同轴线的主要优点是工作频率很宽，主要缺点是介质损耗和电阻损耗较大。

3. 波导

为了在微波的更高频段减少传输损耗，早在 19 世纪末期，人们就设想在抽掉硬同轴线的内导体的金属管内传送电磁波。1936 年，有人把波长 9 cm 的电磁波送入内径为 12.5 cm 的圆金属筒内，使电磁波传送 200 m 距离。这种由空心金属管制成的微波传输线称为波导。

由于波导不需要介质支撑，电磁波仅在管内传播，其电阻损耗和介质损耗较小，可用于厘米波和毫米波雷达系统。常用的波导是矩形波导和圆形波导两种。

4. 微带传输线

微带线是 20 世纪 60 年代中期出现的一种新型微波传输线。它的实际结构是在介质衬底的下表面敷上一层金属膜作接地板，而在上表面按所设计的电路图形用薄膜技术印制导体带，导体带平面上方为空气，而衬底通常用低损耗、高介电常数的介质材料（$\varepsilon_r = 9.6 \sim 9.9$），因而微带中电磁场能量大都集中于介质层内，从而减少了辐射损耗。由于微带的出现使微波电路很快实现了小型化和集成化，拓宽了微波的应用领域，目前在中小功率的电子设备中得到广泛应用。

微波传输线的分析方法有两种：第一种是用电磁场理论的方法来分析传输特性。这种方法比较抽象、复杂一些。第二种是微波等效电路法，这种方法与低频电路的分析方法相似，比较容易理解。下面我们将用微波等效电路的方法来分析微波传输线的主要传输特性。

7.2 传输线方程及其解的意义

一、长线概念

学习传输线理论，首先要建立的概念就是“长线”。所谓长线是指传输线的几何长度与该传输线上所传输的电磁波的波长相比，或长，或可以比拟；反之则为短线。可见长线与短线是一个相对概念，都是相对于线上传输的电磁波的波长而言的。长线并不一定意味着其几何长度一定很长。短线也并不意味着其几何长度一定很短。例如在电力工程中，1 000 m 的输电线，相对于频率等于 50 Hz 的市电而言仍应视为短线，因为市电的工作波长为 6 000 km。而一段长度仅为 10 cm 的同轴线或波导，当传输 X 波段微波信息时则是地地道道的长线了，因为 X 波段标称波长仅为 3.2 cm。

传输线的几何长度 L 与工作波长 λ 的比值 L/λ 称为传输线的电长度。一般当传输线的电长度 $L/\lambda \geqslant 0.1$ 时，称为长线。

二、分布参数概念

分布参数是相对于集总参数而言的。在低频集总参数电路中，常常忽略分布参数效应，即认为电场能量全部集中在电容器之中；磁场能量全部集中在电感器之中；只有电阻消耗能量；连接电路中各元件用的导线则认为是既无电阻又无电感的理想导线。由这些集总参数元件所组成的电路称为集总参数电路，这种电路中导线上的电流电压视为不随时空而变化的常数。

分布参数电路有何特点呢？以平行双线为例来说明。当工作频率较低时，电流从始端到达终端的时间远小于电磁波的一个周期。因此，在稳态情况下，可认为沿线各点的电流电压是同时建立起来，也就是说电流、电压的大小和相位与空间位置无关。而一旦工作频率上升到微波波段以后，即便在稳态情况下，传输线上的电流、电压也是随时间和空间位置而变化的。也就是说，传输线上各点每时刻电压波和电流波的大小是不同的。其根源就是分布参数效应的影响。在微波频段，由于趋肤效应，导线的有效截面积大大减小，相应地损耗电阻大大增加，而且沿线处处都存在损耗，这就是分布电阻效应；导线的周围存在超高频磁场，磁场也沿线分布，这就是分布电感效应；平行双线上流过的电流彼此方向相反，两线间存在超高频电场，超高频电场也是沿线分布的，这就是分布电容效应。由于上述分布参数效应的存在，使得传输线上各点的阻抗和导纳值不一样，因而各点的电流和电压也就不一样。

三、均匀传输线及其等效电路

如果传输线的分布参数是沿线均匀分布，不随空间位置而变化，则称为均匀传输线。本章只限于分析均匀传输线。均匀传输线的分布参数一般有四个。

1. 分布电阻 R_0

分布电阻 R_0，指传输线上单位长度线段上的总电阻值，单位为欧 / 米（Ω/m），其大小取决于导线的材料及其截面尺寸。对于理想导体，则 $R_0=0$，表示无电阻损耗。

2. 分布电导 G_0

分布电导 G_0，指传输线上单位长度线段上的并联电导值，单位为西[门子]/ 米（S/m），其大小取决于导线周围填充介质的介电常数（ε）、电导率（σ）以及工作频率。对于理想介质，则$G_0=0$，表示无耗。

3. 分布电感 L_0

分布电感 L_0，指传输线上单位长度线段上的自感，单位为亨 / 米（H/m），其大小取决于导线的截面尺寸、线间距离和磁导率 μ。

4. 分布电容 C_0

分布电容 C_0，指传输线上单位长度线段间的电容，单位为法[拉]/米(F/m)，其大小取决于导线的截面尺寸，线间距离和介质的介电常数 ε。

建立了分布参数概念以后，就可以将任意一段均匀传输线划分成许许多多的微分线元 dz，对于均匀传输线而言，由于其分布参数是沿线均匀分布的，所以，可以单独取一个微分线元 dz 来讨论。由于线元 dz 的长度极短，故可以将其视为一个集总参数电路，并用一个 Γ 型网络等效，如图 7.2 所示。则整个传输线就是许多这样的网络级联而成。每个 Γ 型网络的串联支路的电阻为 $R_0 dz$，电感为 $L_0 dz$；并联支路的电导为 $G_0 dz$，电容为 $C_0 dz$。

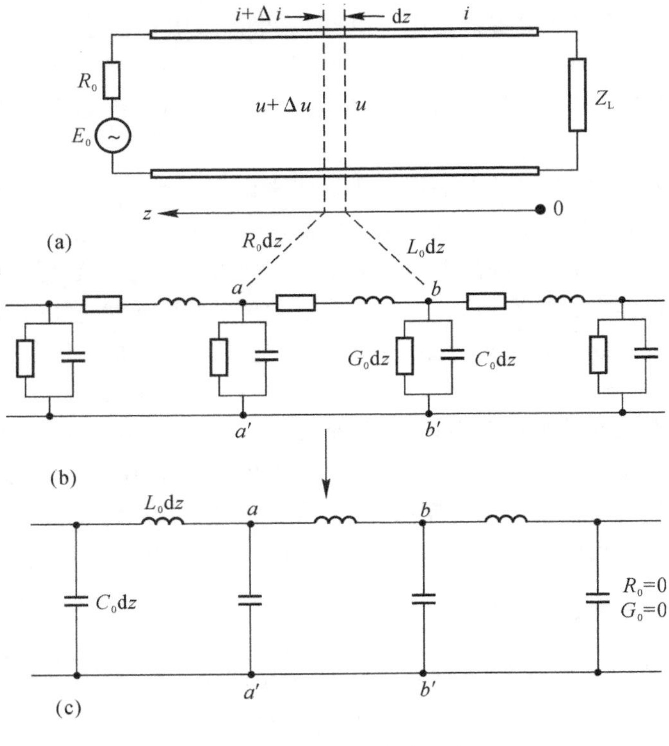

图 7.2　传输线等效电路

(a) 实际的传输线；(b) 线元 dz 的 Γ 型等效网络；(c) 无耗传输线的等效电路

四、传输线方程及其解的意义

下面具体分析 dz 这一个微分线元，其电压 $\dot{U}$ 和电流 $\dot{I}$ 如图 7.2(a) 所示，由于分布参数所引起的分压、分流作用，将基尔霍夫定律应用于 dz 段，即得出 dz 段上电压、电流的变化量：

$$\left.\begin{aligned} d\dot{U} &= (R_0 dz + j\omega L_0 dz)\dot{I} \\ d\dot{I} &= (G_0 dz + j\omega C_0 dz)\dot{U} \end{aligned}\right\} \tag{7.1}$$

亦即

$$\frac{\mathrm{d}\dot{U}}{\mathrm{d}z}=(R_0+\mathrm{j}\omega L_0)\dot{I}=Z_0\dot{I} \tag{7.2a}$$

$$\frac{\mathrm{d}\dot{I}}{\mathrm{d}z}=(G_0+\mathrm{j}\omega L_0)\dot{U}=Y_0\dot{U} \tag{7.2b}$$

式中，$Z_0=R_0+\mathrm{j}\omega L_0$ 代表单位长度传输线上的串联阻抗，$Y_0=G_0+\mathrm{j}\omega C_0$ 代表单位长度传输线上的并联导纳。通常将式(7.2a)和式(7.2b)称为传输线方程或"电报方程"。

传输线方程的物理意义是什么呢？第一，它分别说明了传输线单位长度上的电压变化等于单位线长上串联阻抗的电压降落；而单位线长上电流的变化等于该线上并联导纳的分流。这就是分布参数效应，其影响集中地用 Z_0，Y_0 这两个参数来描述。第二，在简谐情况下，即波源按正弦变化，传输线上电流的时间变化造成了电压的空间变化；而电压的时间变化则造成了电流的空间变化。这说明传输线上的电压和电流既是时间的函数又是空间位置的函数，且形成了一个波动过程。因此传输线方程也就是传输线的波动方程。

下面具体来求传输线方程的解。

将式(7.2a)两边对变量 z 微分，得

$$\frac{\mathrm{d}^2\dot{U}}{\mathrm{d}z^2}=Z_0\frac{\mathrm{d}\dot{I}}{\mathrm{d}z}$$

再将式(7.2b)代入上式，得

$$\frac{\mathrm{d}^2\dot{U}}{\mathrm{d}z^2}=Z_0Y_0\dot{U}=\gamma^2\dot{U} \tag{7.3}$$

其通解为

$$\dot{U}=A\mathrm{e}^{\gamma z}+B\mathrm{e}^{-\gamma z} \tag{7.4a}$$

将式(7.4a)代入到式(7.2b)中，得

$$\dot{I}=\frac{1}{Z_0}\frac{\mathrm{d}\dot{U}}{\mathrm{d}z}=\frac{1}{Z_0}\frac{\mathrm{d}}{\mathrm{d}z}(A\mathrm{e}^{\gamma z}+B\mathrm{e}^{-\gamma z})=\frac{\gamma}{Z_0}(A\mathrm{e}^{\gamma z}-B\mathrm{e}^{-\gamma z})=$$

$$\frac{\sqrt{Z_0Y_0}}{Z_0}(A\mathrm{e}^{\gamma z}-B\mathrm{e}^{-\gamma z})=\frac{1}{\sqrt{\frac{Z_0}{Y_0}}}(A\mathrm{e}^{\gamma z}-B\mathrm{e}^{-\gamma z})=$$

$$\frac{1}{Z_\mathrm{c}}(A\mathrm{e}^{\gamma z}-B\mathrm{e}^{-\gamma z}) \tag{7.4b}$$

式中

$$\gamma=\sqrt{Z_0Y_0}=\sqrt{(R_0+\mathrm{j}\omega L_0)(G_0+\mathrm{j}\omega C_0)} \tag{7.5}$$

$$Z_\mathrm{c}=\frac{Z_0}{\gamma}=\sqrt{\frac{Z_0}{Y_0}}=\sqrt{\frac{R_0+\mathrm{j}\omega L_0}{G_0+\mathrm{j}\omega C_0}} \tag{7.6}$$

γ 和 Z_c 分别称为传输线的传播常数和特性阻抗。

传输线方程解的物理意义是什么？从式(7.4a)和式(7.4b)可见，传输线上的电压和电流均是由正向行波和反向行波两部分叠加而成。为方便起见，设 z 的方向与电磁波的传播方向相反，如图 7.2(a)所示。沿 z 的正方向传播的波称为反射波，而沿 z 的反方向传播的波称为入射波。因此，入射波为

$$\dot{U}^+=A\mathrm{e}^{\gamma z},\quad \dot{I}^+=\frac{A}{Z_\mathrm{c}}\mathrm{e}^{\gamma z} \tag{7.7a}$$

反射波为

$$\dot{U}^{-}=B\mathrm{e}^{-\gamma z},\quad \dot{I}^{-}=-\frac{B}{Z_{\mathrm{c}}}\mathrm{e}^{-\gamma z} \tag{7.7b}$$

由式(7.7) 可得

$$\frac{\dot{U}^{+}}{\dot{I}^{+}}=-\frac{\dot{U}^{-}}{\dot{I}^{-}}=Z_{\mathrm{c}} \tag{7.8}$$

由上面推导可知，特性阻抗 Z_{c} 是行波电压与行波电流之比值。

为了讨论问题方便，下面建立当传输线终端电压、电流为已知时，沿线电压、电流分布规律的表达式。

已知传输线的终端电压为 $\dot{U}_{\mathrm{L}}$，电流为 $\dot{I}_{\mathrm{L}}$。选定 z 的坐标原点在传输线终端，即有当 $z=0$ 时，将 $\dot{U}(0)=\dot{U}_{\mathrm{L}}$ 和 $\dot{I}(0)=\dot{I}_{\mathrm{L}}$ 代入通解式(7.4a)、式(7.4b) 可得

$$\dot{U}_{\mathrm{L}}=A+B,\quad \dot{I}_{\mathrm{L}}=\frac{1}{Z_{\mathrm{c}}}(A-B)$$

联解上式得到

$$A=\frac{1}{2}(\dot{U}_{\mathrm{L}}+Z_{\mathrm{c}}\dot{I}_{\mathrm{L}}) \tag{7.9a}$$

$$B=\frac{1}{2}(\dot{U}_{\mathrm{L}}-Z_{\mathrm{c}}\dot{I}_{\mathrm{L}}) \tag{7.9b}$$

将式(7.9) 代入式(7.4a) 中，得

$$\dot{U}=A\mathrm{e}^{\gamma z}+B\mathrm{e}^{-\gamma z}=\frac{1}{2}(\dot{U}_{\mathrm{L}}+Z_{\mathrm{c}}\dot{I}_{\mathrm{L}})\mathrm{e}^{\gamma z}+\frac{1}{2}(\dot{U}_{\mathrm{L}}-Z_{\mathrm{c}}\dot{I}_{\mathrm{L}})\mathrm{e}^{-\gamma z}=$$

$$\frac{\dot{U}_{\mathrm{L}}}{2}(\mathrm{e}^{\gamma z}+\mathrm{e}^{-\gamma z})+\frac{\dot{I}_{\mathrm{L}}Z_{\mathrm{c}}}{2}(\mathrm{e}^{\gamma z}-\mathrm{e}^{-\gamma z})=\dot{U}_{\mathrm{L}}\mathrm{ch}\gamma z+\dot{I}_{\mathrm{L}}Z_{\mathrm{c}}\mathrm{sh}\gamma z \tag{7.10a}$$

同理可得

$$\dot{I}=\dot{I}_{\mathrm{L}}\mathrm{ch}\gamma z+\frac{\dot{U}_{L}}{Z_{\mathrm{c}}}\mathrm{sh}\gamma z \tag{7.10b}$$

7.3　传播系数和特性阻抗

一、传播系数

传输线方程的通解中的因子 $\mathrm{e}^{\pm\gamma z}$ 里的 γ 即是传播系数，γ 的一般表达式为

$$\gamma=\sqrt{Z_0Y_0}=\sqrt{(R_0+\mathrm{j}\omega L_0)(G_0+\mathrm{j}\omega C_0)}=\alpha+\mathrm{j}\beta$$

可见传播系数一般为复数。实部 α 代表单位长度传输线上行波振幅的变化，称为衰减常数；虚部 β 代表波沿传输线传输单位长度后，所发生的相位变化量，称为相移常数。

α 和 β 都与分布参数和工作频率成复杂的函数关系，但在工程应用上可以进行简化。

1. 理想无耗线

对于理想无耗线，此时，$R_0=0$，$G_0=0$，因此有

$$\left.\begin{aligned}&a=0\\&\beta=\omega\sqrt{L_0C_0}\\&\gamma=\mathrm{j}\beta=\mathrm{j}\omega\sqrt{L_0C_0}\end{aligned}\right\} \tag{7.11}$$

可见在理想无耗传输线上行波的振幅不变，只有相位的变化是按线性关系滞后的。于是式(7.10a)、式(7.10b)变为

$$\left.\begin{aligned}\dot{U}&=\dot{U}_{\mathrm{L}}\cos\beta z+\mathrm{j}\dot{I}_{\mathrm{L}}Z_{\mathrm{c}}\sin\beta z\\ \dot{I}&=\dot{I}_{\mathrm{L}}\cos\beta z+\mathrm{j}\frac{\dot{U}_{\mathrm{L}}}{Z_{\mathrm{c}}}\sin\beta z\end{aligned}\right\}\tag{7.12}$$

式(7.12)就是理想无耗传输线上任意点处电压、电流表达式，本章研究的传输线仅局限于理想无耗传输线。

2. 在微波情况下

在微波情况下，$R_0 \ll \omega L_0$，$G_0 \ll \omega C_0$，因此有

$$\left.\begin{aligned}\alpha&\doteq\frac{R_0}{2Z_{\mathrm{c}}}+\frac{G_0Z_0}{2}\\ \beta&\doteq\omega\sqrt{L_0C_0}=\frac{2\pi}{T}\frac{1}{\frac{1}{\sqrt{L_0C_0}}}=\frac{2\pi}{\lambda}\end{aligned}\right\}\tag{7.13}$$

式中，λ 是线上波长。

式(7.13)说明传输线的衰减常数既取决于导线的电阻损耗又与线间介质损耗有关；相位仍按线性关系滞后。

二、特性阻抗

特性阻抗是微波技术与天线中一个极其重要的参数。如果把在传输线上单方向传播的电磁波称为行波，那么特性阻抗的物理意义就是传输线上行波电压和行波电流的比值，即式(7.8)所示。

$$Z_{\mathrm{c}}=\frac{\dot{U}^{+}}{\dot{I}^{+}}=\frac{\dot{U}^{-}}{-\dot{I}^{-}}\tag{7.14}$$

另外，由特性阻抗的原始定义

$$Z_{\mathrm{c}}=\sqrt{\frac{Z_0}{Y_0}}=\sqrt{\frac{R_0+\mathrm{j}\omega L_0}{G_0+\mathrm{j}\omega C_0}}$$

显然，对于理想无耗线和在微波情况下，有

$$Z_{\mathrm{c}}=\sqrt{\frac{L_0}{C_0}}\tag{7.15}$$

由此可见，Z_{c} 仅仅取决于传输线自身的分布参数特性，故称“特性阻抗”，意思是代表传输线自身固有的阻抗。对于无耗线它表现为纯电阻；对于有耗线，它是一个复阻抗。

例如，无耗同轴线的特性阻抗为

$$Z_{\mathrm{c}}=60\ln\frac{D}{d}$$

式中：D 和 d 分别为同轴线外导体的内直径和内导体的外直径；介质为空气。

无耗平行双线的特性阻抗为

$$Z_{\mathrm{c}}=120\ln\frac{2D}{d}$$

式中：D 为平行双线的间距；d 为单根导线的直径；介质为空气。

7.4　传输线的阻抗

一、传输线的阻抗概念

阻抗在传输线理论中十分重要。由阻抗概念出发可以方便地分析传输线的工作状态、计算传输线工作特性参数和进行阻抗匹配。传输线的阻抗大致有以下四种。

1. 特性阻抗 Z_c

特性阻抗见 7.3 节的介绍。

2. 负载阻抗 Z_L

传输线负载阻抗 Z_L 定义为：负载端上总电压 $\dot{U}_L$ 与总电流 $\dot{I}_L$ 之比值，即

$$Z_L=\frac{\dot{U}_L}{\dot{I}_L}$$

3. 任意一点的阻抗 Z

传输线上任意一点的阻抗 Z 定义为该点的总电压与总电流之比。对于无耗线，由式(7.12) 可得

$$Z=\frac{\dot{U}}{\dot{I}}=\frac{\dot{U}_L\cos\beta z+\mathrm{j}\dot{I}_L Z_c\sin\beta z}{\dot{I}_L\cos\beta z+\mathrm{j}\dfrac{\dot{U}_L}{Z_c}\sin\beta z}=Z_c\frac{Z_L+\mathrm{j}Z_c\tan\beta z}{Z_c+\mathrm{j}Z_L\tan\beta z}\tag{7.16}$$

4. 输入阻抗 Z_{in}

传输线的输入阻抗为 Z_{in} 定义为参考面上的总电压与总电流之比，其倒数即为相应的输入导纳 Y_{in}。

令 $z=l$（传输线总长度），对无耗线（及微波情况下），输入阻抗为

$$Z_{in}=Z_c\frac{Z_L+\mathrm{j}Z_c\tan\beta l}{Z_c+\mathrm{j}Z_L\tan\beta l}\tag{7.17}$$

将式(7.16) 与式(7.17) 比较可见，传输线上任意一点的阻抗，就是从该点向负载看进去的输入阻抗。

二、输入阻抗的几个特例

从输入阻抗的表达式可见，输入阻抗 Z_{in} 与传输线的特性阻抗 Z_c、传输线的负载阻抗 Z_L、传输线的工作频率（$\beta=2\pi f\sqrt{L_0C_0}$）以及观察点到终端的距离 l 有关。

在微波工程中，下面几个特例比较重要。

1. 半波长

在 $l=n\dfrac{\lambda}{2}$（$n=0,1,2,\cdots$）的各点，由输入阻抗公式(7.17) 可得

$$Z_{in} = Z_L \tag{7.18}$$

这说明距离终端负载为半波长整数倍的各点的输入阻抗等于负载阻抗。也说明半波长传输线具有阻抗重复的特性，即每隔半个工作波长的点，其输入阻抗相等。利用这一特性可实现两点之间阻抗的转移。也正是基于这个特性，较远距离微波信号在无耗线上的传输问题可以纳入一个波长内的情况下进行分析研究。

2.四分之一波长

在 $l=(2n+1)\dfrac{\lambda}{4}(n=0,1,2,\cdots)$ 的各点，由输入阻抗公式(7.17)可得

$$Z_{in} = \frac{Z_c^2}{Z_L} \tag{7.19}$$

这说明传输线上距离终端为 $\lambda/4$ 奇数倍的各点的输入阻抗，等于其特性阻抗的二次方除以负载阻抗。也说明 $\lambda/4$ 具有阻抗变换的特性。用 $\lambda/4$ 可实现两个实数阻抗间的变换。即，如果要使负载阻抗 Z_L 与输入阻抗 Z_{in} 匹配，只需设置一段其特性阻抗 $Z_C=\sqrt{Z_{in}\cdot Z_L}$，而长度等于四分之一工作波长的传输线即可。换句话说，即设置一段 $\lambda/4$ 可以把负载阻抗转换成 $\dfrac{Z_c^2}{Z_L}$ 的输入阻抗。这一特性在阻抗变换器中十分有用。

3.终端短路线

对于终端短路的无耗线，$Z_L=0$，由输入阻抗公式(7.17)可得

$$\left.\begin{aligned} Z_{in} &= \mathrm{j}Z_c\tan\beta l \\ \overline{Z} &= \frac{Z_{in}}{Z_c} = \mathrm{j}\tan\beta l \end{aligned}\right\} \tag{7.20}$$

式中：$\overline{Z}=Z_{in}/Z_c$ 称为归一化输入阻抗；$\beta l=2\pi\dfrac{l}{\lambda}$，$\dfrac{l}{\lambda}$ 是电长度。

式(7.20)说明，当传输线终端短路时，其输入阻抗是一个随长度而周期性变化的纯电抗，如图7.3所示。

终端短路线的输入阻抗沿线的变化规律是：

(1) 在 $0<l<\dfrac{\lambda}{4}$ 的范围内的短路线相当于一个电感。

(2) 当 $l=\dfrac{\lambda}{4}$ 时，$\tan\beta l=\tan\dfrac{\pi}{2}=\infty$，短路线的输入阻抗为无穷大，相当于理想的并联谐振回路。

(3) 在 $\dfrac{\lambda}{4}<l<\dfrac{\lambda}{2}$ 的范围内的短路线相当于一个电容。

(4) 当 $l=\dfrac{\lambda}{2}$ 时，$\tan\beta l=\tan\pi=0$，短路线的输入阻抗为零，相当于理想的串联谐振回路。

(5) 沿线每隔 $\lambda/4$，输入阻抗的性质改变一次；每隔 $\lambda/2$，输入阻抗的性质重复一次。

在微波工程上，常常利用小于 $\lambda/4$ 的短路线呈现纯感抗的特性来设计微波电路中的电

感器；利用等于半波长的短路线呈现零阻抗的特性来设计串联谐振回路。

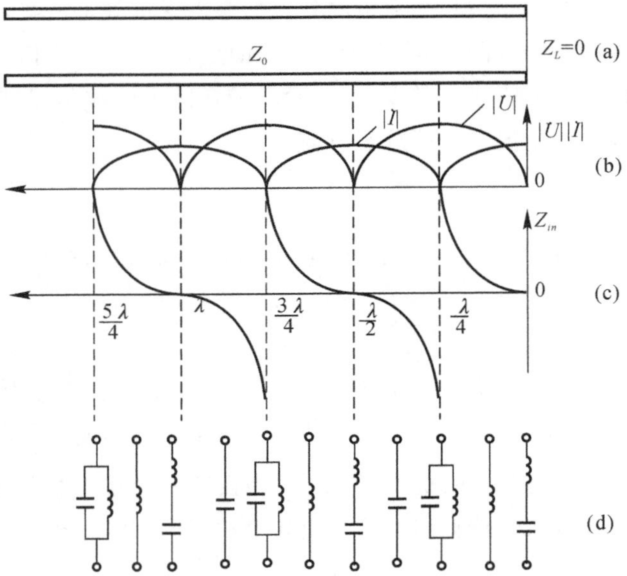

图 7.3　终端短路线的输入阻抗

(a) 长线终端短路；(b) 电压电流的振幅分布；

(c) 阻抗变化曲线；(d) 不同长度的短路线对应的等效电路

4. 终端开路线

对于终端开路的无耗线，$\dot{Z}_L=\infty$，由输入阻抗公式(7.17) 可得

$$\left.\begin{aligned} Z_{in} &= -jZ_c\tan\beta l = jZ_c\tan\left(\beta l+\frac{\pi}{2}\right)=jZ_c\tan\beta\left(l+\frac{\lambda}{4}\right) \\ \overline{Z}_{in} &= j\tan\beta\left(l+\frac{\lambda}{4}\right) \end{aligned}\right\} \tag{7.21}$$

可见终端开路线上输入阻抗的变化规律与终端路线上从 $z=l=\lambda/4$ 处开始的规律是一致的。

在微波工程上，常常利用小于 $\lambda/4$ 的开路线呈现纯容抗的特性来设计微波电路中的电容器；利用等于半波长的开路线呈现阻抗无穷大的特性来设计并联谐振回路。开路线和短路线都是微波工程中常见的电抗元件。

5. 终端匹配线

所谓终端匹配是指：传输线终端负载阻抗与传输线特性阻抗相等，即 $Z_L=Z_c$，由输入阻抗公式(7.17) 可得

$$Z_{in}=Z_L=Z_c$$

可见，传输线负载阻抗等于传输线特性阻抗时，沿线任意处的输入阻抗都等于传输线的特性阻抗。这说明此时传输线上只有行波。

7.5 反射系数与驻波系数

电磁波的传输与反射是传输线工作的基本物理现象。当传输线的负载不能全部吸收入射波的能量时，必然产生反射波。为了表征传输线的反射特性，常采用反射系数和驻波系数来描述，分别介绍如下。

一、反射系数

当均匀无耗传输线的终端接任意负载阻抗时，沿线任意一点 z 处的电压（电流）都可以表示为入射波电压（电流）和反射波电压（电流）的叠加，由式(7.4a)和式(7.4b)，考虑到无耗线 $\gamma=\mathrm{j}\beta$，则有

$$\left.\begin{aligned}\dot{U}(z)&=A\mathrm{e}^{\mathrm{j}\beta z}+B\mathrm{e}^{-\mathrm{j}\beta z}=\dot{U}^{+}(z)+\dot{U}^{-}(z)\\ \dot{I}(z)&=\frac{1}{Z_{\mathrm{c}}}(A\mathrm{e}^{\mathrm{j}\beta z}-B\mathrm{e}^{-\mathrm{j}\beta z})=\dot{I}^{+}(z)+\dot{I}^{-}(z)\end{aligned}\right\}\tag{7.23}$$

反射系数定义为：反射波电压 $\dot{U}^{-}(z)$ 与入射波电压 $\dot{U}^{+}(z)$ 之比，即

$$\dot{\Gamma}(z)=\frac{\dot{U}^{-}(z)}{\dot{U}^{+}(z)}=\frac{B\mathrm{e}^{-\mathrm{j}\beta z}}{A\mathrm{e}^{\mathrm{j}\beta z}}=\frac{B}{A}\mathrm{e}^{-\mathrm{j}2\beta z}=\left|\frac{B}{A}\right|\mathrm{e}^{\mathrm{j}(\theta_{\mathrm{L}}-2\beta z)}=|\dot{\Gamma}(z)|\mathrm{e}^{\mathrm{j}\theta}\tag{7.24}$$

当 $z=0$，即在负载处，其负载反射系数为

$$\dot{\Gamma}_{\mathrm{L}}=\dot{\Gamma}(0)=\frac{B}{A}=|\dot{\Gamma}_{\mathrm{L}}|\mathrm{e}^{\mathrm{j}\theta_{\mathrm{L}}}\tag{7.25}$$

$\Gamma(z)$ 与 Γ_{L} 的关系为

$$\dot{\Gamma}(z)=|\dot{\Gamma}(0)|\mathrm{e}^{\mathrm{j}\theta}=|\dot{\Gamma}_{\mathrm{L}}|\mathrm{e}^{\mathrm{j}\theta}\tag{7.26}$$

式(7.26)说明，沿无耗线移动时，其上各点反射系数的模不变，只是辐角 θ 随移动距离而线性变化。这是无耗传输线的一个重要特性。

当反射系数 $\dot{\Gamma}(z)$ 为已知时，就可以将沿线电压、电流的表达式改写成

$$\left.\begin{aligned}\dot{U}(Z)&=\dot{U}^{+}(z)+\dot{U}^{-}(z)=\dot{U}^{+}(z)[1+\dot{\Gamma}(z)]\\ \dot{I}(Z)&=\dot{I}^{+}(z)+\dot{I}^{-}(z)=\dot{I}^{+}(z)[1-\dot{\Gamma}(z)]\end{aligned}\right\}\tag{7.27}$$

由式(7.27)可以导出传输线的输入阻抗与反射系数之间的关系为

$$Z_{\mathrm{in}}(Z)=\frac{\dot{U}(z)}{\dot{I}(z)}=\frac{\dot{U}^{+}(z)[1+\dot{\Gamma}(z)]}{\dot{I}^{+}(z)[1-\dot{\Gamma}(z)]}=Z_{\mathrm{c}}\frac{1+\dot{\Gamma}(z)}{1-\dot{\Gamma}(z)}\tag{7.28}$$

当 $z=0$ 时，负载阻抗 $\dot{Z}_{\mathrm{L}}=\dot{Z}_{\mathrm{in}}(0)$ 与负载端反射系数 $\dot{\Gamma}(0)=\dot{\Gamma}_{\mathrm{L}}$ 之间的关系为

$$Z_{\mathrm{L}}=Z_{\mathrm{c}}\frac{1+\dot{\Gamma}_{\mathrm{L}}}{1-\dot{\Gamma}_{\mathrm{L}}}\tag{7.29}$$

由式(7.28)和式(7.29)即得

$$\dot{\Gamma}(z)=\frac{Z_{\mathrm{in}}-Z_{\mathrm{c}}}{Z_{\mathrm{in}}+Z_{\mathrm{c}}}\tag{7.30}$$

$$\dot{\Gamma}_{\mathrm{L}}=\frac{Z_{\mathrm{L}}-Z_{\mathrm{c}}}{Z_{\mathrm{L}}+Z_{\mathrm{c}}}\tag{7.31}$$

从式(7.30)和式(7.31)可见，反射系数与输入阻抗是密切相关的。

二、驻波系数

在微波工程实践中，常采用电压驻波系数（亦称驻波比）来反映传输线上反射的程度。

定义：传输线上电压最大值与最小值之比为电压驻波系数（亦称驻波比），用 S 表示，即

$$S=\frac{|\dot{U}|_{\max}}{|\dot{U}|_{\min}} \tag{7.32}$$

由式(7.32)可得

$$\left.\begin{aligned}|\dot{U}|_{\max}&=|\dot{U}^{+}(z)|\,[1+|\dot{\Gamma}(z)|]\\|\dot{U}|_{\min}&=|\dot{U}^{+}(z)|\,[1-|\dot{\Gamma}(z)|]\end{aligned}\right\} \tag{7.33}$$

故有

$$S=\frac{|\dot{U}|_{\max}}{|\dot{U}|_{\min}}=\frac{1+|\dot{\Gamma}(z)|}{1-|\dot{\Gamma}(z)|} \tag{7.34}$$

$$|\dot{\Gamma}(z)|=\frac{S-1}{S+1} \tag{7.35}$$

有时也用行波系数来描述传输线上反射波的程度。

定义：传输线上电压的最小值与最大值之比，称为行波系数，用 K 表示，即

$$K=\frac{|U|_{\min}}{|U|_{\max}}=\frac{1}{S} \tag{7.36}$$

由式(7.36)可以看出，行波系数为驻波系数的倒数。

7.6 传输线的三种工作状态

从前面的讨论中知道，在传输线上负载阻抗不同，则波的反射也不同；反射波不同，则传输线上的合成波也不同；合成波不同，则意味着传输线有不同的工作状态。归纳起来传输线的工作状态有如下三种。

一、行波状态

1. 什么是行波状态？

传输线上的行波状态就是无反射的传输状态，此时，负载吸收全部入射功率，线上只存在一个由信号源传向负载的入射波（或单向行波）。

2. 行波状态的条件

由传输线方程的解式(7.4a)可知

$$\dot{U}=Ae^{\gamma z}+Be^{-\gamma z}$$

其反射波

$$\dot{U}^{-}=Be^{-\gamma z}$$

由式(7.9b)可知反射波项的待定系数为

$$B=\frac{1}{2}(\dot{U}_{L}-Z_{c}\dot{I}_{L})$$

式中，$\dot{U}_L$，$\dot{I}_L$ 分别为终端负载上的电压和电流。

要造成传输线上无反射波，则要求

$$B=0$$

故得

$$Z_c=\frac{\dot{U}_L}{\dot{I}_L}=Z_L \tag{7.37}$$

式(7.37)说明实现行波状态的条件是：负载阻抗 Z_L 必须等于传输线的特性阻抗 Z_c。称这种负载为"匹配负载"。

3. 行波状态参量

行波状态下的状态参量分别为

$$\left\{\begin{array}{l}\dot{\Gamma}(z)=0\\ S=1\\ K=1\end{array}\right\} \tag{7.38}$$

由于在行波状态下，无耗线上只存在单一的入射波，故电压、电流分别为

$$\left.\begin{array}{l}\dot{U}^+(z)=A\mathrm{e}^{-\gamma z}=A\mathrm{e}^{+\mathrm{j}\beta z}\\ \dot{I}^+(z)=\dfrac{A}{Z_c}\mathrm{e}^{+\gamma z}=\dfrac{A}{Z_c}\mathrm{e}^{+\mathrm{j}\beta z}\end{array}\right\} \tag{7.39}$$

对式(7.39)取模得行波电压、电流的振幅，分别为

$$\left.\begin{array}{l}|\dot{U}^+(z)|=|A\mathrm{e}^{-\gamma z}|=|A|=|\dot{U}_L|\\ |\dot{I}^+(z)|=\left|\dfrac{A}{Z_c}\mathrm{e}^{+\gamma z}\right|=\dfrac{|A|}{Z_c}=|\dot{I}_L|\end{array}\right\} \tag{7.40}$$

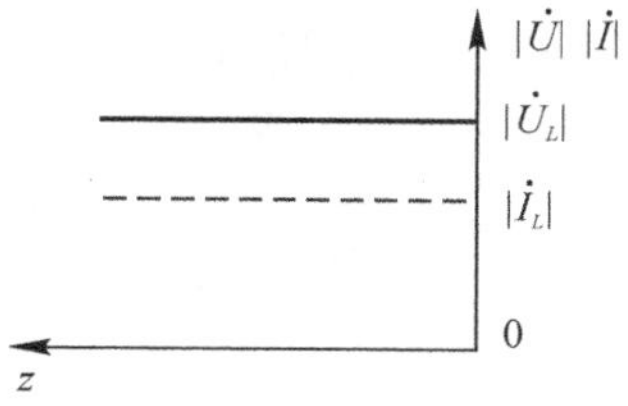

图 7.4　传输线上的行波电压、电流振幅分布

由式(7.40)可见，当传输线上工作在行波状态时，其电压和电流的振幅是不随空间位置 z 而变化的常数，如图 7.4 所示。这一特性在微波测量中十分有用，可用以判断传输线上的行波状态程度。

二、驻波状态

1. 什么是驻波状态？

传输线的驻波状态就是全反射状态。此时，传输线上既存在由信号源传向负载的入射波，又存在由负载全反射回信号源的反射波。负载不吸收入射功率。

2. 驻波状态的条件

在全反射时传输线终端反射系数 $\dot{\Gamma}_L$ 的模 $|\dot{\Gamma}_L|$ 必等于 1，即

$$|\dot{\Gamma}_L|=\left|\frac{Z_L-Z_c}{Z_L+Z_c}\right|=1$$

亦即

$$|Z_L-Z_c|=|Z_L+Z_c| \tag{7.41}$$

对无耗传输线，$Z_c=\sqrt{\dfrac{L_0}{C_0}}$ 为实数，因此，式(7.41)成立的条件是

$$\left.\begin{aligned} Z_L &= 0 \\ Z_L &= \infty \\ Z_L &= \pm jX_L \end{aligned}\right\} \tag{7.42}$$

式(7.42)说明,实现传输线驻波工作状态的条件是:终端负载必须是短路、开路或端接纯电抗。这一点从物理概念上也是可以理解的,因为只有终端短路、开路或端接纯电抗,才不致吸收有功功率,才可能产生全反射。

3. 驻波状态参量

在全反射状态下,驻波状态参量分别为

$$\begin{cases} |\dot{\Gamma}(z)| = 1 \\ S = \infty \\ K = 0 \end{cases}$$

以终端无耗短路线为例,来看驻波状态下沿线电压、电流振幅值的分布情况。

由式(7.12)可得短路线的沿线电压、电流表示式:

$$\left.\begin{aligned} \dot{U}(z) &= j\dot{I}_L Z_c \sin\beta z \\ \dot{I}(z) &= \dot{I}_L \cos\beta z \end{aligned}\right\} \tag{7.44}$$

对式(7.44)取模值,可得短路线上沿线电压、电流的振幅值分布。

$$\left.\begin{aligned} |\dot{U}(z)| &= |jZ_c \dot{I}_L \sin\beta z| = \dot{I}_L Z_c \left|\sin\left(\frac{2\pi}{\lambda}z\right)\right| \\ |\dot{I}(z)| &= |\dot{I}_L \cos\beta z| = \dot{I}_L \left|\cos\left(\frac{2\pi}{\lambda}z\right)\right| \end{aligned}\right\} \tag{7.45}$$

短路线上电压、电流振幅沿线的分布如图7.5所示。

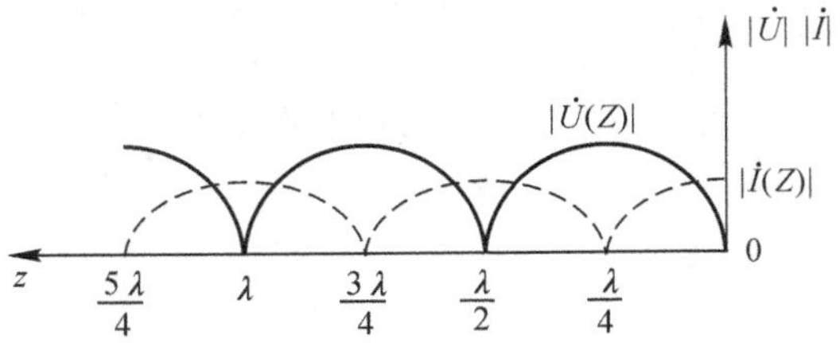

图7.5 终端短路传输线上的驻波电压、电流振幅分布

从图7.5可见:

(1) 在坐标 $z = (2n+1)\frac{\lambda}{4}(n = 0, 1, 2, \cdots)$ 等处,电压恒等于最大值,电流恒等于零,即对应与于电压波腹、电流波节;在坐标 $z = n\frac{\lambda}{2}(n = 1, 2, \cdots)$ 等处电压恒等于零,电流恒等于最大值,即对应于电压波节,电流波腹。电压、电流振幅位置沿线"定居",因此称为驻波。

(2) 沿线同一时刻,电压和电流随空间变化的相位相差 $\pi/2$。沿线有电压(电流)波腹和波节点,从物理概念上说,电压和电流的功率是不能通过波节平面的,因而驻波状态不能传输功率只有能量的储存。

无论是终端短路、开路,还是接纯电抗负载,其终端均产生全反射。其不同点在于短路线的终端是电压节点，电流腹点；开路线的终端是电压腹点、电流节点；接纯电抗负载时，其终端既非腹点，亦非节点。

三、混合波状态

1. 什么是混合波状态？

当传输线终端接任意复阻抗负载时，由信号源入射的电磁波功率一部分被终端负载吸收，另一部分则被反射。线上既有行波又有驻波的状态，称为混合波状态，亦称行驻波状态。

2. 混合波状态的条件

传输线终端负载阻抗不为零，不为无穷大，不为纯电抗，也不等于特性阻抗，而是任意复阻抗，即

$$\left.\begin{aligned} &Z_L = R_L \pm jX_L \\ &Z_L \neq 0 \\ &Z_L \neq \infty \\ &Z_L \neq \pm jX_L \\ &Z_L \neq Z_c \end{aligned}\right\} \tag{7.46}$$

3. 混合波状态下输入阻抗的分布特点

(1) 沿线阻抗分布有 $\lambda/2$ 的重复性。已知

$$Z_{in}(z) = Z_c \frac{Z_L + jZ_c \tan\beta z}{Z_c + jZ_L \tan\beta z}$$

因为

$$\tan\beta z = \tan\beta(z + n\lambda/2), \quad n = 1, 2, \cdots$$

所以 $z=\lambda/2$ 时，$Z_{in}=Z_L$。这时 $\lambda/2$ 线为 1 : 1 的阻抗变换器。

(2) 沿线阻抗分布有 $\lambda/4$ 的变换性。以 $z=\lambda/4$ 代入输入阻抗公式得

$$Z_{in}(\lambda/4) = \frac{Z_c^2}{Z_L}$$

(3) 沿线最大纯电阻出现在电压波腹处，最小纯电阻出现在电压波节处。由式(7.33)可知

$$\begin{aligned} |\dot{U}_{max}| &= |\dot{U}^+(z)|[1+|\dot{\Gamma}(z)|] \\ |\dot{U}_{min}| &= |\dot{U}^+(z)|[1-|\dot{\Gamma}(z)|] \\ |\dot{I}_{max}| &= |\dot{I}^+(z)|[1+|\dot{\Gamma}(z)|] \\ |\dot{I}_{min}| &= |\dot{I}^+(z)|[1-|\dot{\Gamma}(z)|] \end{aligned}$$

则有

$$\frac{|\dot{U}_{max}|}{|\dot{I}_{min}|} = Z_c \frac{1+|\dot{\Gamma}(z)|}{1-|\dot{\Gamma}(z)|} = Z_c S = R_{max} \tag{7.47}$$

$$\frac{|\dot{U}_{min}|}{|\dot{I}_{max}|} = Z_c \frac{1-|\dot{\Gamma}(z)|}{1+|\dot{\Gamma}(z)|} = Z_c K = R_{min} \tag{7.48}$$

4. 混合波状态参数及取值范围

$$\left.\begin{aligned}&0<|\dot{\Gamma}(z)|<1\\&1<S<\infty\\&0<K<1\end{aligned}\right\}\qquad(7.49)$$

7.7 圆图及其应用

计算传输线上的驻波比、反射系数、输入(或负载)阻抗以及进行它们之间的换算,可以用解析法,但由于传输线的阻抗和反射系数一般为复数,计算起来十分烦琐。人们在实践中总结出了图解的办法,即把公式计算变为查图,从而使计算简化。

下面介绍一种常用的图解工具,即圆图,亦称为史密斯圆图。圆图又分为阻抗圆图和导纳圆图两种。

一、阻抗圆图

为了说明阻抗圆图是如何构成的道理,先来看看传输线上阻抗参量的计算办法。

已知:传输线的特性阻抗为 Z_c,工作波长为 λ_g,负载阻抗为 Z_L。

求:无耗传输线上长为 l 处的输入阻抗 $Z_{in}(l)$。

求解此问题的第一个途径是直接由输入阻抗公式得出

$$Z_{in}(l)=Z_c\frac{Z_L+jZ_c\tan\beta l}{Z_C+jZ_L\tan\beta l}$$

求解此问题的另一个途径是通过反射系数,由下面公式算得

$$\dot{\Gamma}_L=\frac{Z_L-Z_c}{Z_L+Z_c}\rightarrow\dot{\Gamma}_{in}(l)=\dot{\Gamma}_L e^{-j2\beta l}\rightarrow Z_{in}(l)=Z_c\frac{1+\dot{\Gamma}_{in}(l)}{1-\dot{\Gamma}_{in}(l)}$$

阻抗圆图,就是将后一途径所用公式中各量的关系反映在图上而形成的。

为了方便起见,设 $\dot{\Gamma}=\dot{\Gamma}_{in}(l)$,$Z=Z_{in}(l)$,则

$$\dot{\Gamma}=\frac{Z-Z_c}{Z+Z_c}$$

$$Z=Z_c\frac{1+\dot{\Gamma}}{1-\dot{\Gamma}}$$

$$\dot{\Gamma}=\dot{\Gamma}_L e^{-j2\beta l}=|\dot{\Gamma}_L|e^{j(\theta_L-2\beta l)}$$

为了使圆图通用,上式中的阻抗 Z 和线长 l 均采用归一化值。

归一化阻抗(用 $\bar{Z}$ 表示)的定义为

$$\bar{Z}=\frac{Z}{Z_c}=r+jx$$

式中:r 为归一化电阻;x 为归一化电抗。

归一化长度(用 $\bar{l}$ 表示)的定义为

$$\bar{l}=\frac{l}{\lambda_g}$$

于是有
$$\dot{\Gamma}=\frac{\overline{Z}-1}{\overline{Z}+1},\quad \overline{Z}=\frac{1+\dot{\Gamma}}{1-\dot{\Gamma}}$$
$$\dot{\Gamma}=\dot{\Gamma}_{\mathrm{L}}\mathrm{e}^{-\mathrm{j}4\pi\bar{l}}=|\dot{\Gamma}_{\mathrm{L}}|\mathrm{e}^{\mathrm{j}(\theta_{\mathrm{L}}-4\pi\bar{l})}=|\dot{\Gamma}|\mathrm{e}^{\mathrm{j}\theta}$$
上式说明反射系数和输入阻抗是一一对应的关系。

1. 阻抗圆

由于反射系数和输入阻抗间存在一一对应关系。若在反射系数复平面$(|\dot{\Gamma}|,\theta)$上，画出等输入电阻线和等输入电抗线，则对于给定的反射系数值，就可以由此曲线直接读出对应的输入阻抗值，反之亦然。由于$|\dot{\Gamma}|\leqslant 1$，故所有的反射系数值以及其对应的阻抗值，都落在反射系数复平面上，且半径等于 1 的所谓单位圆内。

设：u,v 为$(|\dot{\Gamma}|,\theta)$复平面上的直角坐标，则$\dot{\Gamma}=u+\mathrm{j}v$，$u=|\dot{\Gamma}|\cos\theta$，$v=|\dot{\Gamma}|\sin\theta$。将$\dot{\Gamma}=u+\mathrm{j}v$ 和 $\overline{Z}=r+\mathrm{j}x$ 代入 $\overline{Z}=\dfrac{1+\dot{\Gamma}}{1-\dot{\Gamma}}$ 公式则有
$$r+\mathrm{j}x=\frac{1+(u+\mathrm{j}v)}{1-(u+\mathrm{j}v)}$$
使两边的实部和虚部分别相等，即得
$$r=\frac{1-u^2-v^2}{(1-u)^2+v^2}$$
$$x=\frac{2v}{(1-u)^2+v^2}$$
经整理后得到
$$\begin{cases}\left(u-\dfrac{r}{r+1}\right)^2+v^2=\left(\dfrac{1}{1+r}\right)^2\\ (u-1)^2+\left(v-\dfrac{1}{x}\right)^2=\left(\dfrac{1}{x}\right)^2\end{cases}$$
这是以 r 和 x 为参数的两组圆方程。根据这两个圆方程画出的两族圆如图 7.6 所示。由第一个方程做出归一化等电阻圆，由第二个方程做出归一化等电抗圆。

电阻	圆心	半径
r	$(r/(1+r),0)$	$1/(r+1)$
0	(0,0)	1
1/3	(1/4,0)	3/4
1	(1/2,0)	1/2
∞	(1,0)	0

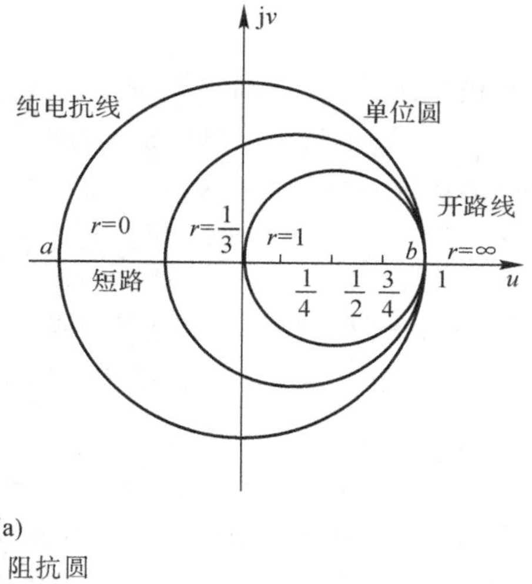

(a)

图 7.6　阻抗圆

(a) 归一化等电阻圆；

电抗	圆心	半径
x	$(1,1/x)$	$1/\|x\|$
0	$(1,\infty)$	∞
1	$(1,1)$	1
-1	$(1,-1)$	1
∞	$(1,0)$	0
2	$(1,1/2)$	1/2
-2	$(1,-1/2)$	1/2
$-1/2$	$(1,-2)$	2
1/2	$(1,2)$	2

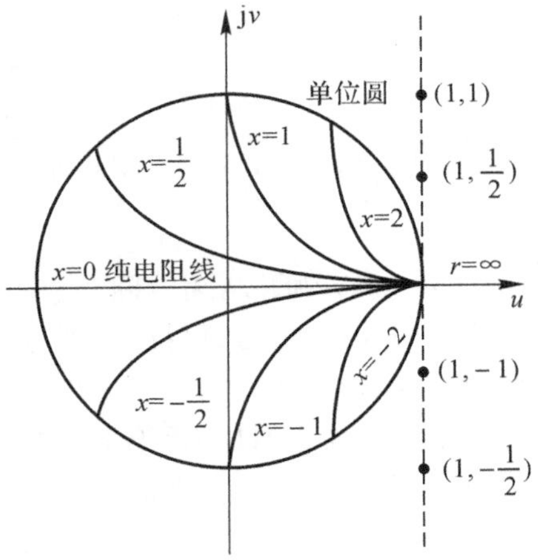

(b)

续图 7.6　阻抗圆

(b) 归一化等电抗圆

电阻圆的圆心在实轴(横轴)上，r 越大圆半径越小。当 $r=0$ 时，圆心在 $(0,0)$ 点，半径为 1；当 $r\to\infty$ 时，圆心在 $(1,0)$，半径为零。

电抗圆的圆心在 $\left(1,\dfrac{1}{x}\right)$ 处，半径为 $\dfrac{1}{x}$，由于 x 可正可负，因此 x 曲线分为两组，一组在实轴上方，另一组在实轴下方。值得注意的是，当 $x=0$ 时，画得的圆与实轴相重合，当 $x\to\pm\infty$ 时，圆缩成点 $(1,0)$。将上述两族圆叠加在一起就是阻抗圆。

2. 反射系数圆和等相位线

取反射系数极坐标形式为

$$\dot{\Gamma}=|\dot{\Gamma}|\mathrm{e}^{\mathrm{j}\theta}$$

式中

$$|\dot{\Gamma}|=|\dot{\Gamma}_{\mathrm{L}}|,\quad \theta=\theta_{\mathrm{L}}-4\pi l$$

在极坐标图形上是将 $|\dot{\Gamma}|$ 和 θ 的数值按等值线画出，如图 7.7 所示。其中 $|\dot{\Gamma}|$ 为常数 ($|\dot{\Gamma}|=\mathrm{const}$) 的线为一组以原点为圆心的一族同心圆，称为等反射系数圆或等 $|\dot{\Gamma}|$ 圆。由于驻波比 S 与反射系数模值一一对应，即

$$S=\frac{1+|\dot{\Gamma}|}{1-|\dot{\Gamma}|}$$

等 $|\dot{\Gamma}|$ 圆又称为等驻波比圆或等 S 圆。

θ 等于常数 ($\theta=\mathrm{const}$) 的线为一组从原点出发的辐射线，称为等相位线或等 θ 线。由 $\theta=\theta_{\mathrm{L}}-4\pi l$ 可以看出：

(1) 线长 l 增大，θ 则减小。线长 l 增大表示在传输线上向波源方向移动；θ 减小表示等反射系数圆上等相位线沿顺时针方向旋转。

(2) 线长 l 减小，θ 则增大，表示在传输线上向负载方向移动，对应于等相位线沿等反射系数圆逆时针方向旋转。

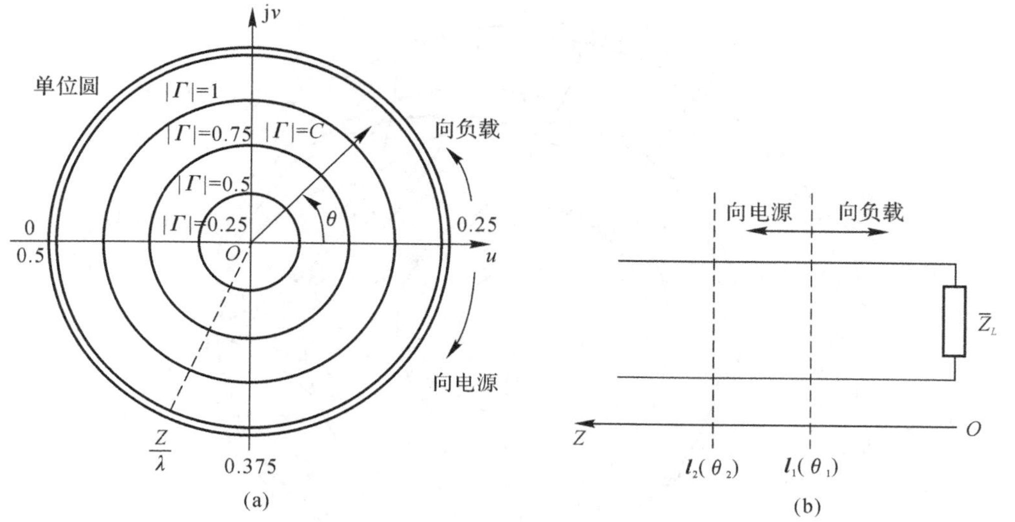

图 7.7　等 $|\dot{\Gamma}|$ 圆

因为 θ 值随线长 l 线性变化，为计算方便起见，等相位线除标出角度数外，还用 l 标度，根据

$$\theta_1 = \theta_L - 4\pi l_1, \quad \theta_2 = \theta_L - 4\pi l_2$$

得

$$|\Delta\theta| = |\theta_2 - \theta_1| = 4\pi\,|(l_2 - l_1)| = 4\pi\,|\Delta l|$$

可见，当 $\Delta l = 0.5$ 时，$\Delta\theta = 2\pi$，即是说，当传输线距离改变 $\lambda_g/2$ 时，相应于圆图上等相位线旋转一周又回到原处，因此，整个圆周的 l 标度为 0.5，运算时，常选在圆图的左侧（即 $\theta=\pi$）为 $l=0$，将阻抗圆和反射系数极坐标图形叠在一起，就构成了阻抗圆图，如图 7.8 所示。

3. 阻抗圆图上的特殊点、线、面及其物理意义

由特殊到一般地认识圆图，是掌握并熟练应用阻抗圆图的关键环节。下面介绍图7.9所示的阻抗圆图上的特殊点、线、面及其表明的物理意义。

(1) 特殊点：

匹配点 —— 阻抗圆原点，因该点对应于 $\dot{\Gamma}=0, \bar{Z}=1$，故代表传输线的匹配状态，称为匹配点。

开路点 —— 阻抗圆图实轴的右端点 a，因此点对应于 $\dot{\Gamma}=1, Z\to\infty$，故代表传输线的开路点。

短路点 —— 阻抗圆图实轴的左端点 b，因此点对应于 $\dot{\Gamma}=e^{j\pi}=0, Z=0$，故代表传输线的短路点。

(2) 特殊线：

纯电抗圆 —— 阻抗圆图上的周界线，即单位圆，它对应于 $|\dot{\Gamma}|=1, r=0, Z=\pm jx$，该圆上各点的阻抗值均为纯电抗值，故称为纯电抗圆。

匹配圆 ——$1\pm jx$ 的轨迹圆。该圆上各点的阻抗的电阻值等于特性阻抗值，只需消除电抗部分即能实现匹配，因而它显得特别重要，故称为匹配圆。

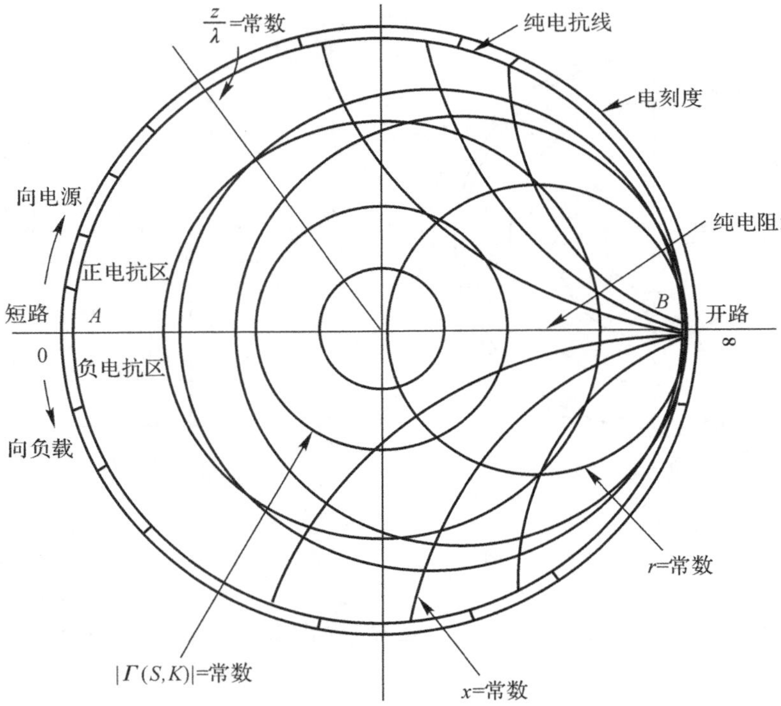

图 7.8　阻抗圆图

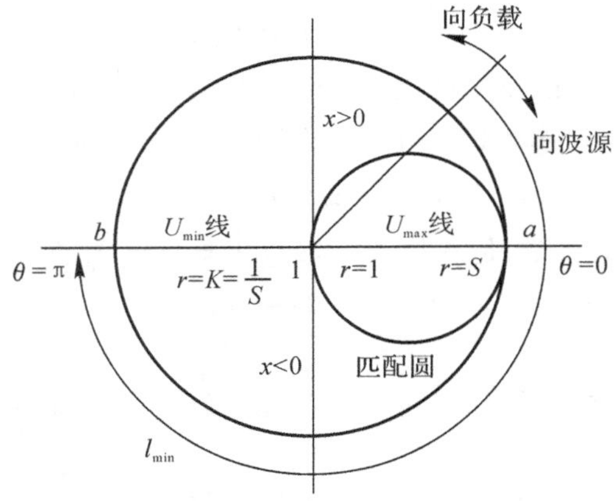

图 7.9　阻抗圆图上特殊点、线、面(原点 1)

纯电阻线 —— 圆图上的实轴(ab)线,它对应于 $x=0$,$Z=r$ 故称为纯电阻线。

电压波腹线 —— 纯电阻线的右半段即 1a 线,它对应于 $\dot{\Gamma}=|\dot{\Gamma}|e^{j0^\circ}$,$Z=r>1$,即 $Z=SZ_c>Z_c$,线上各点均代表电压波腹,故称为电压波腹线或 U_{max} 线,由 $\dot{\Gamma}=|\dot{\Gamma}|e^{j0^\circ}=|\dot{\Gamma}|$ 得

$$\overline{Z}=r=\frac{1+\dot{\Gamma}}{1-\dot{\Gamma}}=\frac{1+|\dot{\Gamma}|}{1-|\dot{\Gamma}|}=S$$

可见,U_{max} 线上的点其归一化电阻值等于驻波比。故使用圆图时,便可以从等 $|\dot{\Gamma}|$ 圆

与 1a 线的交点上的 r 标度数读出对应得驻波比 S。

电压波节线 —— 纯电阻线的左半段即 $b1$ 线，它对应于 $\dot{\Gamma}=|\dot{\Gamma}|e^{j\pi}$，$Z=r<1$，即 $Z=KZ_c<Z_c$，线上各点均代表电压波节，故称为电压波节线或 U_{min} 线，由

$$\dot{\Gamma}=|\dot{\Gamma}|e^{j\pi}=-|\dot{\Gamma}|$$

得

$$\bar{Z}=r=\frac{1+\dot{\Gamma}}{1-\dot{\Gamma}}=\frac{1-|\dot{\Gamma}|}{1+|\dot{\Gamma}|}=\frac{1}{S}=K$$

可见，U_{min} 线上的点其归一化电阻值等于行波系数。故使用圆图时，便可从等 $|\dot{\Gamma}|$ 圆与 $b0$ 线的交点上的 r 标度数读出对应的行波系数 K。

因为 U_{min} 线上各点都对应于电压波节点，因此它可作为在阻抗圆圈上计算驻波相位归一化值l_{min} 的基准线。驻波相位的定义为在圆图上从负载点（例如图 7.8，A 点）开始，沿等驻波比圆顺时针旋转到 U_{min} 线的长度。

（3）特殊面：

感性平面 —— 阻抗圆图的上半平面，它对应于 $0<\theta<\pi$，$Z=r+jx$，$x>0$，阻抗的电抗部分为感抗，故称为感性平面.

容性平面 —— 阻抗圆图的下半平面，它对于 $\pi<\theta<2\pi$，$Z=r-jx$，$x<0$，阻抗的电抗部分为容抗，故称为容性平面。

二、导纳圆图

如果定义归一化导纳为

$$\bar{Y}=\frac{Y}{Y_c}=\left(\frac{1}{Z}\right)/\left(\frac{1}{Z_c}\right)=\frac{1}{\bar{Z}}=g+jb$$

于是有

$$\bar{Y}=\frac{1-\dot{\Gamma}}{1+\dot{\Gamma}}=\frac{1+(-\dot{\Gamma})}{1-(-\dot{\Gamma})}$$

由此可见 $\bar{Y}$ 与$(-\dot{\Gamma})$ 的关系和 $\bar{Z}$ 与$\dot{\Gamma}$ 的关系完全相同。因此，阻抗圆图可以作为导纳圆图来使用，只要将阻抗圆图上的 r 和 x 标度当作同一数值的 g 和 b 的标度，阻抗圆图就成了导纳圆图。

导纳圆图与阻抗圆图的差别在于复平面上的点与反射系数的关系，阻抗圆图对应于 $\dot{\Gamma}$，导纳圆图对应于 $-\dot{\Gamma}$，而

$$-\dot{\Gamma}=\dot{\Gamma}e^{j\pi}$$

上述差异使传输线上同一点的阻抗 $\bar{Z}$ 和导纳 $\bar{Y}$ 在同一圆图上表示时，两者以中心点互为对称，即 $\bar{Z}$ 与 $\bar{Y}$ 对应的$\dot{\Gamma}$ 模值相同，幅角差 π，如图 7.10 所示。另外，上述差异还导致阻抗圆图上的一些特殊点、线、面在作为导纳圆图时，其物理意义发生了相应改变：短路点与开路点对换；U_{max} 线与 U_{min} 线对换；感性平面与容性平面对换。

三、圆图的基本应用

已知长线的工作波长（λ）和特性阻抗（Z_c），如图 7.11 所示，利用圆图进行的最基本的应用，可分为三种类型。

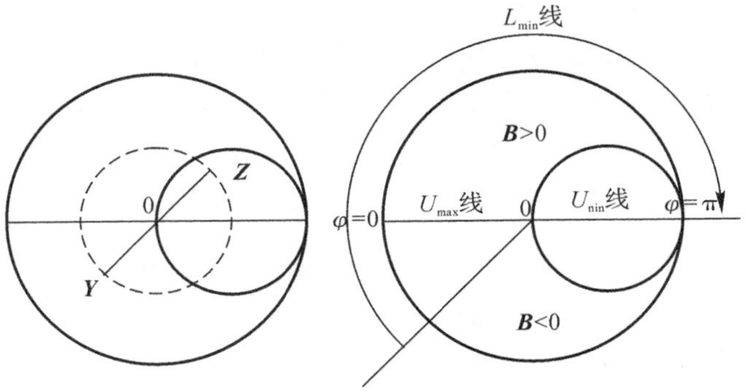

图 7.10　阻抗圆图与导纳圆图的关系

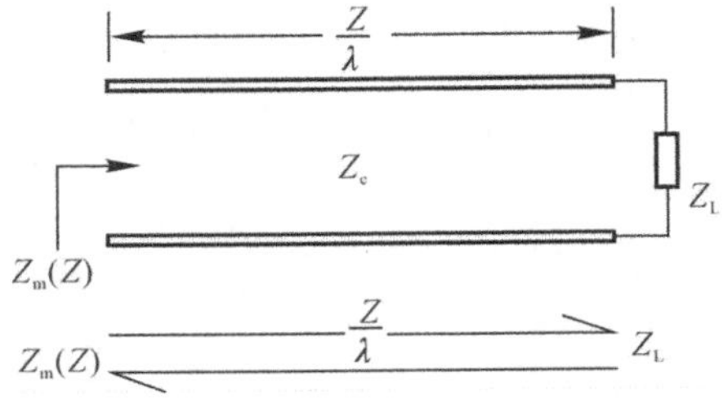

图 7.11　长线的三种基本运算

第一，已知输入阻抗 $Z_{in}(z)$、输入阻抗与负载阻抗 Z_L 之间的电长度是 z/λ，求负载阻抗 Z_L。

第二，已知负载阻抗 Z_L，负载阻抗与输入阻抗 $Z_{in}(z)$ 之间的电长度是 z/λ，求输入阻抗 $Z_{in}(z)$。

第三，已知输入阻抗 $Z_{in}(z)$ 和负载阻抗 Z_L，求其间的电长度。

下面我们举例说明它们求解的操作方法步骤。

例 7.1　已知同轴线的特性阻抗 $Z_c=75\ \Omega$，负载阻抗 $Z_L=(150-\text{j}100)\ \Omega$，线长 $z=0.2$ m，工作波长 $\lambda=0.5$ m。求输入阻抗 Z_{in}。

解　参看图 7.12。

(1) 将负载阻抗归一化，其值标在阻抗圆图上，即

$$\bar{Z}_L=\frac{Z_L}{Z_c}=\frac{150-\text{j}100}{75}=2-\text{j}1.33$$

在阻抗圆图上找到 $r=2$，$x=-1.33$ 两圆的交点 a，即为负载归一阻抗在圆图上的标定位置。

(2) 作出归一化负载阻抗 $\bar{Z}_L$ 的等 $|\Gamma|$ 图，标出 $\bar{Z}_L$ 的电刻度起始点值。即以原点 1 为圆心，1，a 间距为半径所作的(虚线) 圆为 $\bar{Z}_L$ 的等 $|\Gamma|$ 圆。将圆心 1 和 a 的连线延长交阻抗圆图外圆层电刻度于 A 点，读出 A 点的电刻度为 0.29，即为归一化负载的电刻度的初值。

(3) 在阻抗圆图上由归一化负载点沿它的等 $|\Gamma|$ 圆顺时针向电源方向旋转 z/λ 电刻度数，即得归一化输入阻抗点。

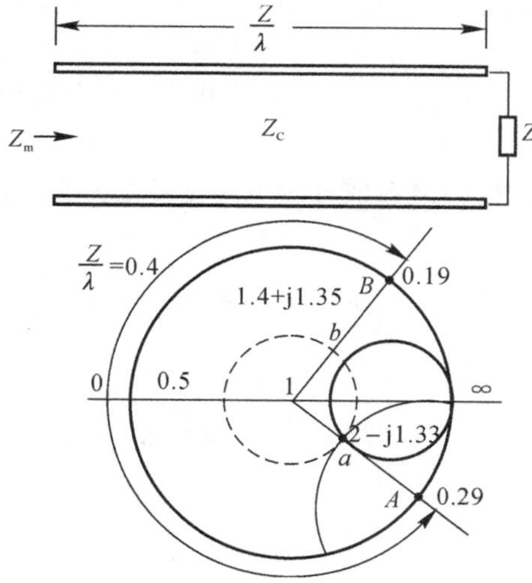

图 7.12　例题 7.1 图

因题设 $z=0.2$ m，$\lambda=0.5$ m，所以$\frac{z}{\lambda}=\frac{0.2}{0.5}=0.4$，从 a 点沿等 $|\Gamma|$ 圆向电源端顺转 $\frac{z}{\lambda}=0.4$ 电刻度（$0.29+0.4=0.69=0.5+0.19$）得 B 点，B 点为归一化输入阻抗点 $\bar{Z}_{in}$，其值为$1.4+j1.35$。

(4) 将归一化输入阻抗值进行反归一化（还原）运算，得输入阻抗值

$$Z_{in}=\bar{Z}_{in}Z_c=(1.4+j1.35)\times 75=(105+j101)\ \Omega$$

例 7.2　已知短路线的输入导纳归一化值为 $y_{in}=-j0.25$，工作波长为 λ_g，求此短路线的长度 $z=$?

解　参看图 7.13。

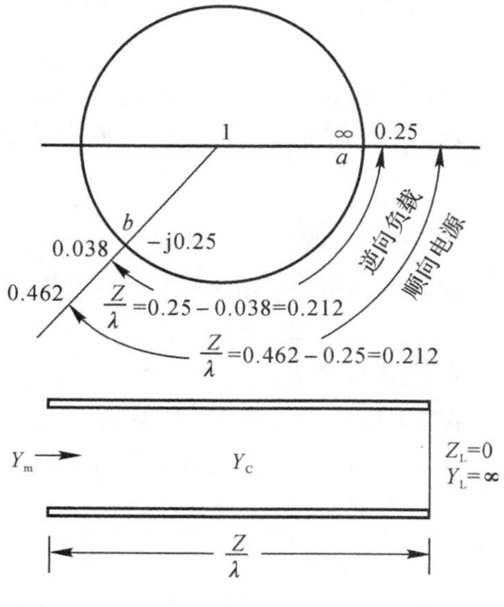

图 7.13　求$\frac{Z}{\lambda}$的作图法

(1) 在导纳圆图上标出 $y_L=\infty$ 的 a 点，记下此点在外圆内层和外层的电刻度数(均为0.25)。

(2) 在单位圆上标出 $y=-j0.25$ 的 b 点，记下由 1，b 两点连线延长交外圆内层的电刻度数(0.038) 和交外圆外层的电刻度数(0.462)

(3) 由 a，b 两点内层电刻度数之差或外层电刻度数之差得短路线的电长度，由电长度乘工作波长(λ_g) 得短路线长，即

$$\frac{z}{\lambda_g}=0.462-0.25=0.212$$

或

$$\frac{z}{\lambda_g}=0.25-0.038=0.212$$

则

$$z=0.212\lambda_g=z_{min}$$

考虑到长线具有$\frac{\lambda_g}{2}$的重复性，所以线长的通解为

$$z=z_{min}+n\frac{\lambda_g}{2},\quad n\text{为正整数}$$

四、长线的阻抗匹配

为了使微波传输系统能将波源的功率有效地传给负载，就必须使其阻抗匹配。阻抗匹配一般分为无反射匹配和共轭匹配两种。

1. 无反射匹配

无反射匹配包括负载匹配和波源匹配。

负载匹配是指负载与传输线之间的匹配，其匹配条件是负载阻抗与传输线特性阻抗相等(即 $Z_L=Z_c$)。负载经匹配后不产生波的反射，负载吸收全部入射到它上面的功率，传输线上呈行波工作状态。另外，负载匹配时，传输线的功率容量最大，效率最高，微波源的工作较稳定。

波源匹配是指波源与传输线之间的匹配。其匹配条件是波源内阻与传输线特性阻抗相等(即 $Z_g=Z_c$)。波源经匹配后，对传输线因负载不匹配而产生的反射波不产生二次反射。

2. 共轭匹配

共轭匹配是负载吸收最大功率的匹配。其匹配条件是传输线上任一参考面 T 处向负载看去的输入阻抗(Z_{in}) 与向波源看去的输入阻抗(Z_g) 互为共轭，即

$$Z_{in}=Z_g^*$$

满足此条件，传输线的负载能获得最大功率。

应当指出，理想的阻抗匹配，是指反射系数为零，驻波比为 1 的匹配。这是办不到的。实际工程上的阻抗匹配是指在某一给定频率范围内，反射系数或驻波比小于规定值的匹配。

3. 匹配元件

当负载与传输线不匹配时，可以在它们之间插入一阻抗变换元件，使包括此元件在内的

新负载(等效负载)与传输线匹配。这种阻抗变换元件就称匹配元件。对同轴线和微带线常用 $\lambda_g/4$ 波长阻抗变换器、支节匹配器;对波导还常用膜片、销钉匹配器。

下面介绍 $\lambda_g/4$ 波长阻抗变换器和单支节匹配器。

(1)$\lambda_g/4$ 阻抗变换器。$\lambda_g/4$ 阻抗变换器是一节特性阻抗与主传输线不同的 $\lambda_g/4$ 传输线段。它被置于两特性阻抗不同的均匀传输线之间或者主传输线与负载之间,起阻抗匹配作用。

如图 7.14 所示出了特性阻抗为 Z'_c 的 $\lambda_g/4$ 传输线段接入特性阻抗为 Z_c 的主传输线和负载 Z_L 之间以实现匹配的情况。

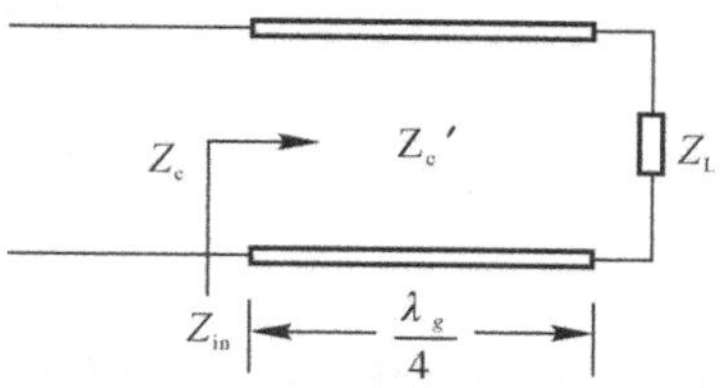

图 7.14　$\frac{\lambda_g}{4}$ 阻抗变换器

负载经过 $\lambda_g/4$ 线段变换后,在 T 处的输入阻抗为

$$Z_{in}=\frac{(Z'_c)^2}{Z_L}$$

为使包括 $\lambda_g/4$ 线段在内的新的负载与主传输线匹配,则必须使

$$Z_{in}=Z_c$$

于是得

$$Z'_c=\sqrt{Z_L Z_{in}}=\sqrt{Z_c Z_L}\quad (Z_L\text{ 为纯电阻负载})$$

由于无耗线的 Z_c 为实数,因此,$\lambda_g/4$ 阻抗变换器原则上只用于匹配纯电阻负载。当负载为复阻抗而仍然需要用 $\lambda_g/4$ 阻抗变换器来匹配时,则可将变换器插入主传输线上的电压波节(波腹)处,因为此处输入阻抗为纯电阻。

应当指出单节 $\lambda_g/4$ 阻抗变换器是窄频带阻抗匹配器,可用多节 $\lambda_g/4$ 变换器或渐变传输线实现较宽频带内的匹配。

(2) 单支节匹配器。单支节匹配器是在离主传输线不匹配负载端并联(或串联)一根可调短路(或开路)线,组成的负载阻抗匹配器,如图 7.15 所示。

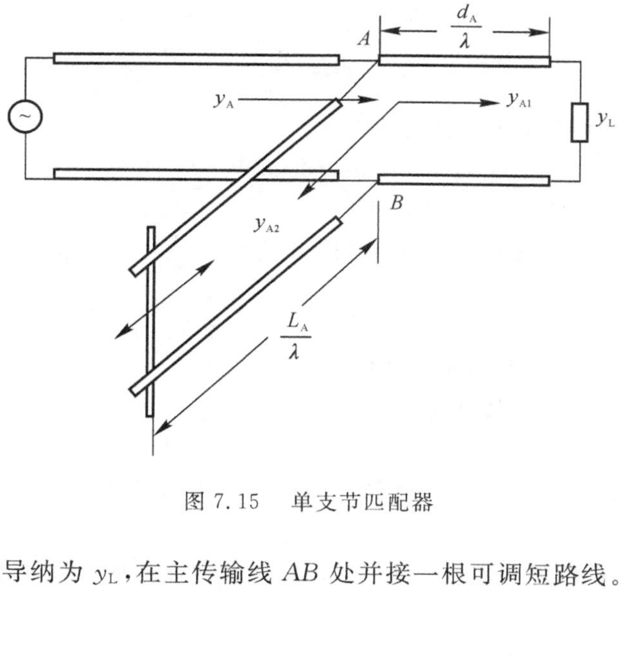

图 7.15　单支节匹配器

设:负载归一化导纳为 y_L,在主传输线 AB 处并接一根可调短路线。

从 AB 看向负载和看向短路线终端的总输入归一化导纳为 y_A；从 AB 看向短路线终端的输放导纳为 y_{A2}；从 AB 看向负载的输入导纳为从 y_{A1}。要实现匹配，$y_A=1$。即 y_A 要落在导纳圆图的匹配点上。要使 y_A 落在匹配点上，必须首先将从负载归一化导纳 y_L 点沿等 $|\dot{\Gamma}|$ 圆向电源方向旋转（顺时针转）落到 $y_{A1}=1\pm jb_A$ 的匹配圆上。在匹配圆上，电导归一化值为 1。利用并联短路线输入导纳为电纳的特性，调节短路线长度（L_A/λ），使 $y_{A2}=\mp jb_A$，用以抵消 y_{A1} 的电纳部分，使 $y_A=1$。即

$$y_L \xrightarrow[d_A/\lambda]{\text{沿等}|\Gamma|\text{顺转}} y_{A1}=1\pm jb_A \quad \text{（匹配圆）}$$

$$+\ y_{A2}=\mp jb_A \quad \left(\text{调节}\frac{L_A}{\lambda}\text{来实现}\right)$$

$$y_A=y_{A1}+y_{A2}=1\pm jb_A\mp jb_A=1\text{（}y_A\text{ 落到匹配点上）}$$

（3）实现匹配微波源的基本方法。小功率时，在微波源输出端口接一个吸收式衰减器（去耦衰减器），如果衰减量足够大，而且两端都是匹配的，则包括此衰减器和微波源在内的整体就构成了一个匹配微波源；大功率波源的匹配，需要用环行器等非互易元件。

小　　结

（1）微波传输线是用以传输微波信息和能量的各种形式的传输系统的总称。

（2）微波传输线是长线，长线是具有分布参数的电路。

（3）微波传输线的阻抗有四种：① 特性阻抗 Z_c；② 负载阻抗 Z_L；③ 任意一点的阻抗 Z；④ 输入阻抗 $Z_{in}=Z_c\dfrac{Z_L+jZ_c\tan\beta l}{Z_c+jZ_L\tan\beta l}$。

（4）输入阻抗的几个特例：

1）半波长线输入阻抗和负载阻抗相等，即

$$Z_{in}=Z_L$$

2）$\lambda/4$ 的输入阻抗具有变换性，即

$$Z_{in}=\frac{Z_c^2}{Z_L}$$

3）终端短路无耗线的输入阻抗为纯电抗。

$$Z_{in}=jZ_c\tan\beta l$$

常用小于 $\lambda/4$ 短路线来构成电感元件。

4）终端开路无耗线的输入阻抗为纯电抗。

$$Z_{in}=jZ_c\tan\left(\beta l+\frac{\lambda}{4}\right)$$

常用小于 $\lambda/4$ 开路线来构成电容元件。

5）终端匹配线工作在无反射状态

$$Z_{in}=Z_L=Z_c$$

（5）描述传输线的工作状态和传输特性有三套参数：① 反射系数；② 驻波比 S 和驻波相位 l_{min}；③ 阻抗参数 $Z_{in}(z)$。

（6）长线的阻抗匹配分为无反射匹配和共轭匹配两种。常用的匹配元件是 $\lambda_g/4$ 阻抗变

换器和支节匹配器。

(7) 圆图歌：

1) 阻抗圆图性质：原点匹配，左端短路右端开路；半径 $|\Gamma|$ 值，顺向电源逆向载；横轴纯阻，右半 S 左半 K；大圆纯抗，上半感性下半容。

2) 已知阻抗求导纳：阻抗归一化，其值描在原图上；沿着 $|\Gamma|$ 圆转 π，找到归一的导纳。

3) 阻抗串联：沿着等 r 圆转，相当电抗在改变；逆转好似串电容，顺转相当串电感。沿着等抗线上滑，好比电阻在变化；左滑电阻就减小，右滑电阻则加大。

4) 单支节匹配器计算法：负载阻抗归一化，其值描在圆图上；沿着 $|\Gamma|$ 圆转 π，找到负载的导纳。顺着 $|\Gamma|$ 向源转，匹配圆上交两点。量得所转电长度，乘上波长得 d 长。电纳负值大圆找，沿着大圆逆向跑，遇到短(开)路点别再转，快把电气长度找。乘上波长得 l，两种方案随您挑。

注：d 为负载到支节的距离，l 为支节长度，如果是开路支节，就是"遇到开路点别再转"。

习　题

7.1　什么叫微波？什么叫微波传输线？

7.2　为什么说微波传输线是具有分布参数的电路？试画出无耗线的等效电路。

7.3　试说明 $\lambda_g/2$ 长线的特性。

7.4　试说明 $\lambda_g/4$ 长线的特性。

7.5　试说明终端开路传输线的特性。

7.6　试说明终端匹配线的特性。

7.7　什么叫反射系数？反射系数与驻波系数的关系是什么？

7.8　什么是传输线的行波状态和驻波状态？

7.9　试说明通用圆图的含义。

7.10　完成下列圆图基本练习。

一组：

1. 已知 $Z_L=20-j40\ \Omega$，$Z_c=50\ \Omega$，$\dfrac{l}{\lambda}=0.11$，求 $Z_{in}=?$

2. 已知 $Y_{in}=0.03-j0.01\ \Omega$，$Z_c=50\ \Omega$，$\dfrac{l}{\lambda}=0.31$，求 $Z_L=?$

3. 已知 $Z_L=100-j600\ \Omega$，$Z_c=250\ \Omega$，求负载反射系数的大小和相角。传输线的驻波系数和行波系数。

二组：

1. 在 $Y_L=0$，要求 $y_{in}=j0.12$，求 $\dfrac{l}{\lambda}=?$

2. 已知 $y_L=\infty$，要求 $y_{in}=-j0.06$，求 $\dfrac{l}{\lambda}=?$

3. 已知 $Z_L=(0.2-j0.3)Z_c(\Omega)$，要求 $y_{in}=1-jb_{in}$，求 $\dfrac{l}{\lambda}=?$ $b_{in}=?$

4. 一短路支节，要求 $y_{in}=-j1.3$，求 $\frac{l}{\lambda}=$?

5. 为实现阻抗匹配，需用一电抗元件，当工作波长 $\lambda=16$ cm，其电抗值 $x=j75\ \Omega$，现有三小段特性阻抗均为 75 Ω 的同轴线，长度分别为 $l_1=2$ cm，$l_2=6$ cm，$l_3=10$ cm。试问：都可用吗？如何来使用呢？

第8章　金属波导

所谓波导即空心金属管。早在1936年，人们就在实验中发现空心金属管可以用来传输电磁能量。目前，金属波导是厘米波段最常用的传输线，根据波导截面形状的不同，可分为矩形波导、圆形波导。

本章主要讨论矩形波导的基本理论及其应用中的一些问题，重点是矩形波导中 TE_{10} 型波的场方程、场结构以及纵向传输特性；简要介绍圆波导及同轴线的常用模式和传输特点。

8.1　概　　述

一、厘米波段为什么用波导线传输

前一章中讨论的平行双线(或称长线)，在米波范围内得到了广泛的应用，但随着频率的升高，到了微波波段，平行双线就会表现出如下缺点：

(1) 趋肤效应显著。频率愈高，电流越趋向导体表面，使电流流过的有效面积减小，金属中的热损耗(焦耳热)随之增加。

(2) 介质损耗增加。因为固定平行双线，常用介质或金属杆支撑，其损耗随频率的升高而显著增大。

(3) 辐射损耗增加。平行双线裸露在空间，当频率升高时，将有电磁能向外辐射。若两导线的间距与波长可相比拟时，平行双线基本上变成了辐射器，无法用来传输电磁能。

随着频率的升高，主要是辐射的损耗随频率的升高而急剧增加，介质损耗和热损耗虽然在分米波内也有所增加，但不明显，所以米波或大于米波范围的电磁波多用平行双线传输。到了分米波，就改用同轴线，虽然它不会向外辐射能量，但随频率再升高，到了厘米波、毫米波波段，同轴线也表现出如下的缺点：

(1) 损耗急剧增加。由于内、外导体是靠介质支撑的，介质的损耗在厘米波段表现得很明显。趋肤效应使得金属的热损耗急剧增加。

(2) 为了保证同轴线传输横电磁波，它的内、外导体的直径需满足 $(D+d)<2\lambda/\pi$。可见随着频率的升高，波长越短，则内、外导体的直径越小，频率很高时，导体的直径在机械加工方面相当困难；直径过小，热损耗更大，同时也减小了所传输的功率容量。

鉴于以上平行双线、同轴线所表现出的缺点，在厘米波段，平行双线、同轴线大多被波导所代替了。

二、波导传输电磁能的优点

波导的形状如图 8.1 所示。用波导传输电磁能量，具有以下的优点：

(1) 波导具有简单和牢固的结构。

(2) 与同轴线相比，波导没有内导体，提高了传输的功率容量，减小了热耗。

(3) 所传输的电磁能量被屏蔽在金属管内，没有辐射损耗；一般波导内填充的是干燥的空气，于是介质损耗也很小。

因此，在微波技术中，波导获得了广泛的应用。在厘米波段是大、中功率微波传输线的主要形式。

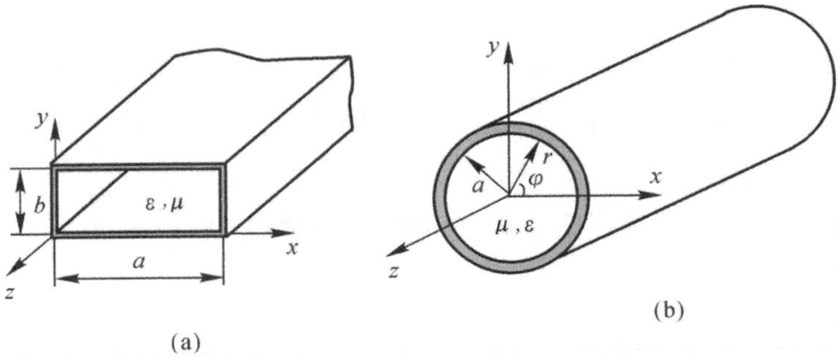

图 8.1　矩形和圆形波导

(a) 矩形波导；(b) 圆波导

8.2　矩形波导

一、矩形波导的形成

矩形波导能够传输电磁波可定性用长线理论说明。图 8.2(a) 是两条扁平状的平行双线。图 8.2(b) 表示线上任意位置并联四分之一波长的短路线，因其输入阻抗为无穷大，相当于开路，它并接在平行双导线上与不并接是等效的。若并联的短路线数目无限增多，以至连成一个整体，便成了一个矩形波导，如图 8.2(c) 所示。

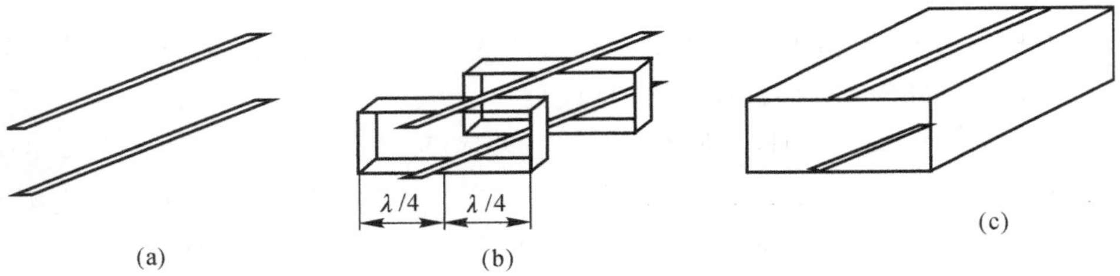

图 8.2　矩形波导的形成

二、TE_{10} 型波的形成

电磁波在矩形波导中的传输可视为若干个均匀平面波向波导侧壁斜入射叠加的结果。我们讨论一种最简单的情况，设有一均匀平面波，其电场方向垂直于波导宽壁 a，以入射角 θ 向波导侧壁入射，若波导壁理想导电，则对入射波产生全反射，反射角等于入射角，由于受到波导两侧壁的限制，平面波就在两侧壁之间来回反射，以“之”字形沿纵向前进，如图 8.3 所示。

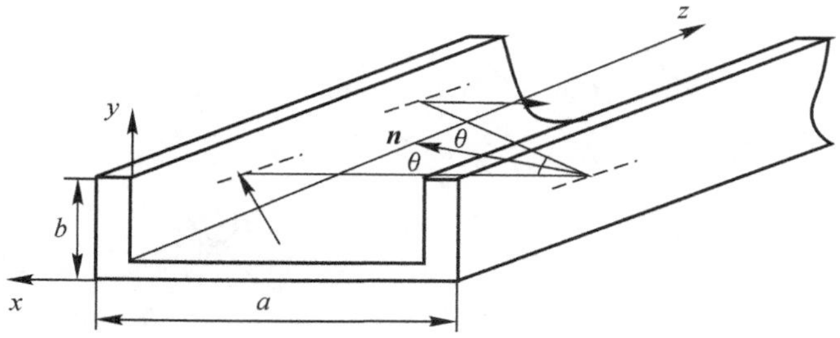

图 8.3　平面波在波导窄壁上的反射

实际上，波导内传输的电磁波是由很多束均匀平面波的入射波和反射波迭加的结果。为简便起见，讨论一下两个同振幅、同频率、互成交角的均匀平面波在自由空间中交会的情况，如图 8.4 所示。

在图 8.4(a) 中，虚、实线代表磁场矢量，在纸面内，实线表示其最大值，箭头表示它的交变方向；虚线表示零值(即磁场、电场在虚线上皆零值)；电场矢量用“×”和“•”表示，在垂直纸面的平面内，“×”表示进入纸面，“•”表示穿出纸面。

在图 8.4(b) 中，可以看出，当两平面波互成交角传输时，空间任一点的电磁场都是由两个分量所合成，它们的大小和方向可以用矢量加法求得。

1. 合成电场

(1) 图中 A,A' 那样的各点，其两个分量的方向一致，合成电场最大，且方向为“×”。

(2) 图中 A'' 那样的点，其两个分量的方向也一致，合成电场也最大，但方向为“•”。

(3) 图中 C,C',D,D' 那样的各点，其两个分量的方向相反，合成电场为零。

2. 合成磁场

(1) 实线与实线相交的各点，如 A,C,C',A' 等合成磁场的方向总是处在两分量方向之间，如图 8.4(b) 中“↑”所示。

(2) 实线与虚线相交的各点，如 B,B' 等，由于有一个分量等于零，所以合成磁场的方向便由另一个分量的方向所决定。

(3) 虚线与虚线相交的各点，如 E,F 等，合成磁场仍为零。

了解了这些特点的磁场和电场的大小和方向后，就能形象地得出合成电磁场的分布，其磁力线为环状的闭合曲线，而电力线与纸面垂直。并且，当两个互成交角的均匀平面波向前传播时，合成电磁场也整体地向纸面上的右方移动，在这里只画出了纸面上的场分量。实际上，电磁场是一个立体结构，而不是只分布在一个平面上。

3. TE 波的传输

了解了合成波的电磁场分布后不难发现，如果在 CC' 和 DD' 的联线上各放一块垂直于纸面的金属板，因为金属板表面处的平行电场为零，而磁场平行于金属表面，完全符合交变电磁场的边界条件，不影响电磁波的传输。如果再在垂直于 CC' 和 DD' 金属板的平面上（平行于纸面）各放一块金属板，则电场垂直于这些金属板，磁场平行于金属板，也符合交变电磁场的边界条件，不影响电磁波的传输，这样，封闭在四块金属板间的电磁场就可以沿 z 轴方向传输了，如图 8.4(c) 所示。

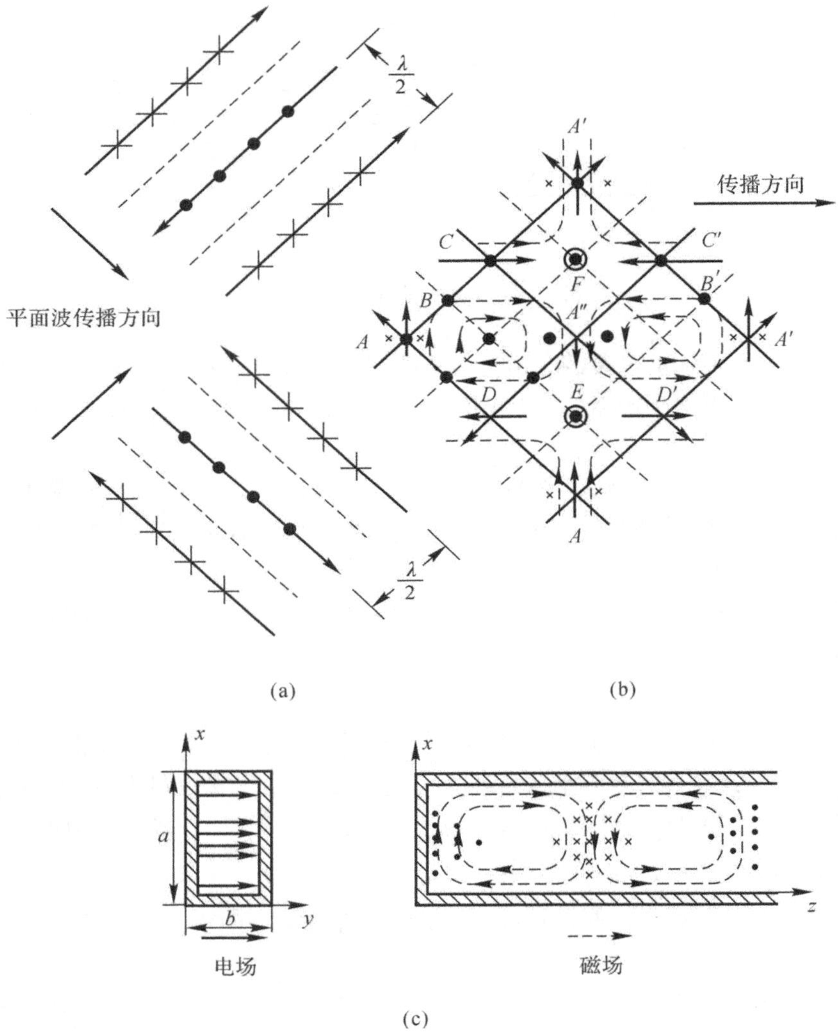

图 8.4 两平面波在自由空间的交会和矩形波导中的电磁场

4. TE_{10} 波的形成

在图 8.4(c) 中不难看出，电场沿宽边 a 的分布规律是：当 $x=0$，a 时，$E_y=0$；当 $x=a/2$ 时，E_y 为最大，这就是说电场 E_y 沿宽边 a 只出现一个最大值，或者说只有一个“半波数”。电

场 E_y 沿窄边 b 的分布是均匀的，没有最大值。

而磁场沿宽边 a 的分布规律是，当 $x=0,a$ 时，H_z 最大，$H_x=0$；当 $x=a/2$ 时，$H_z=0$，H_x 最大。也就是说磁场沿宽边 a 的分布也只出现一个“半波数”。磁场沿窄边 b 的分布也是均匀的，没有最大值。

由此得出结论，电磁场沿宽边的分布只有一个“半波数”，故在 TE 下的第一个注脚注上“1”；电磁场沿窄边 b 的分布是均匀的，没有“半波数”，于是在 TE 下的第二个注脚注上“0”，这就是 TE_{10} 型波这个名称的来历。

上述 TE_{10} 型波的形成是在特定的边界条件下得到的。当工作波长不变时，只要边界条件改变一下，例如，把上述波导的宽边加宽一倍变成 $2a$，使电磁场沿宽边变化正好是两个“半波数”，就可以得到 TE_{20} 型波，如此等等，就是说，矩形波导决不单单只有 TE_{10} 型波，还存在有许多型波。不同的型波有不同的场结构。

一般说来，矩形波导中还可以存在两大类型波，即 TE_{mn}，TM_{mn}，TE 波指横电波（又称 H 波），即电场无纵向分量；TM 波指横磁波（又称 E 波），即磁场无纵向分量。下标 m 表示电磁场沿波导宽边 a 分布的“半波数”的个数（$m=0,1,2,\cdots$），n 表示电磁场沿波导窄边 b 分布的“半波数”的个数（$n=0,1,2,\cdots$）。对 TE 波 m,n 不能同时取零；对 TM 波，m,n 均不能取零。

三、TE_{10} 型波的场方程

严格求解矩形波导内的型波的场方程，需要将场问题分成纵向问题和横向问题，利用分离变量法求解标量的亥姆霍茨方程，来得到场方程。但这要用到复杂的数学知识，在这里，我们用一种简单的方法即利用波导内的入射波与反射波的叠加来求解（见图 8.5）。

设有一水平极化波，一部分电磁能以 θ 角入射于波导窄壁的 O 点，然后以反射角 θ' 射向波导空间任一点 $M(\theta=\theta')$；另一部分电磁能却在波导空间 A 点直射于 M 点，OA 面是该水平极化波的等相位面。并设 O，A 点的起始相位为零，则由图 8.5 可知，在波导空间任一点 M 的入射电场为

$$E_{\lambda}=E_{ym}e^{j(\omega t-\beta l_1)}$$

根据选定的坐标，$l_1=z\sin\theta-x\cos\theta$，于是

$$E_{入}=E_{ym}e^{j[\omega t-\beta(z\sin\theta-x\cos\theta)]}=E_{ym}e^{j(\omega t+\beta x\cos\theta-\beta z\sin\theta)} \tag{8.1a}$$

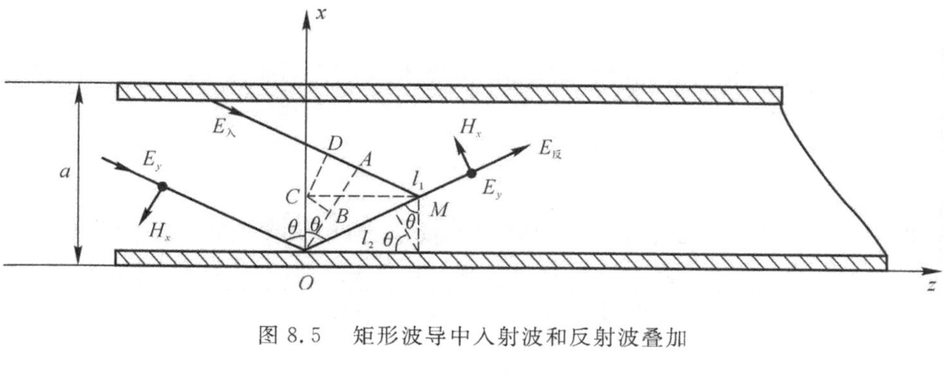

图 8.5　矩形波导中入射波和反射波叠加

而同一点 M 的反射电场为

$$E_{反} = -E_{ym} e^{j(\omega t - \beta l_2)}$$

而 $l_2 = z\sin\theta + x\cos\theta$，于是有

$$E_{反} = -E_{ym} e^{j(\omega t - \beta z \sin\theta - \beta x \cos\theta)} \tag{8.1b}$$

则波导内任一点 M 的合成电场为

$$E_y = E_{入} + E_{反} = E_{ym} e^{j(\omega t - \beta z \sin\theta)} \left[e^{j\beta x \cos\theta} - e^{-j\beta x \cos\theta} \right] =$$
$$2jE_{zm} \sin(\beta x \cos\theta) e^{j(\omega t - \beta z \sin\theta)} \tag{8.2}$$

若 E_y 能在波导中存在，并能传输，则必须满足边界条件，即 $x = 0, a$ 时，$E_y = 0$，由式(8.2)可知

$$\sin(\beta x \cos\theta) \Big|_{x=0,a} = 0$$

即

$$\beta a \cos\theta = m\pi, \quad m = 0,1,2,\cdots$$

对 TE_{10} 型波，$m = 1$，则有

$$\cos\theta = \frac{\pi}{\beta a} = \frac{\lambda}{2a} \tag{8.3}$$

于是

$$\sin\theta = \sqrt{1 - \left(\frac{\lambda}{2a}\right)^2} \tag{8.4}$$

将式(8.3)代入式(8.2)得

$$E_y = 2jE_{ym} \sin\left(\beta x \frac{\lambda}{2a}\right) e^{j(\omega t - \beta z \sin\theta)} = E_0 \sin\left(\frac{\pi x}{a}\right) e^{j\omega t - \gamma z} \tag{8.5}$$

式中

$$E_0 = 2jE_{ym}, \quad \gamma = j\beta\sin\theta = j\frac{2\pi}{\lambda}\sqrt{1 - \left(\frac{\lambda}{2a}\right)^2} \tag{8.6}$$

γ 是电磁波沿 z 方向的传播常数，在一般情况下，$\gamma = \alpha + j\beta$，其中 α 为沿 z 方向的衰减常数，单位为奈培／米(Np/m)；β 为沿 z 方向的相移常数，单位为弧度／米(rad/m)。

式(8.6)所决定的 γ 是纯虚数，$\alpha = 0$，这是将波导壁看成是理想导体的必然结果，其相移常数为

$$\beta = \frac{2\pi}{\lambda}\sqrt{1 - \left(\frac{\lambda}{2a}\right)^2} \tag{8.7}$$

式(8.7)是波导内相移常数的计算式，与长线的 $\beta = 2\pi/\lambda$ 是有区别的。这样式(8.5)也可写成为

$$E_y = E_0 \sin\left(\frac{\pi x}{a}\right) e^{j(\omega t - \beta z)} \tag{8.8}$$

式(8.8)可明显看出，电场 E_y 沿 z 轴是行波，沿 x 轴是驻波分布。交变电场与交变磁场是互相依存，互相联系的，已知交变电场 E_y，则利用麦克斯韦方程，就可求出磁场分量。求解过程这里从略，通过求解，可得磁场有 H_x，H_z 的两个分量，分别为

$$H_x = -\frac{\beta}{\omega\mu} E_0 \sin\left(\frac{\pi x}{a}\right) e^{j(\omega t - \beta z)} \tag{8.9}$$

$$H_z = \frac{\pi}{a} \frac{\mathrm{j}}{\omega\mu} E_0 \cos\left(\frac{\pi x}{a}\right) \mathrm{e}^{\mathrm{j}(\omega t - \beta z)} \tag{8.10}$$

式(8.8)、式(8.9)、式(8.10)即为矩形波导内 TE_{10} 型波的场方程，波导内任何一点的电磁场可以由上面的式子求得。

四、TE_{10} 型波的场结构

某种型波的场分布图(或称场结构图)，是在固定的时刻用电力线和磁力线表示场强空间变化规律的图形。画场结构的目的，不仅使我们能够形象地看到某种型波的电磁场在波导内的分布情况，而且还可以帮助我们加深对所学型波的理解及运用，画场结构的依据是型波的场方程。

上述 TE_{10} 模的场方程表明了波导中电场、磁场随时间和空间变化规律的数学关系式。据此我们就可以画出 TE_{10} 型波的空间场分布。为方便计算，取 $t=0$ 时刻进行研究，此时，TE_{10} 型波的场方程为

$$E_y = E_0 \sin\left(\frac{\pi x}{a}\right) \mathrm{e}^{-\mathrm{j}\beta z} \tag{8.11a}$$

$$H_x = -\frac{\beta}{\omega\mu} E_0 \sin\left(\frac{\pi x}{a}\right) \mathrm{e}^{-\mathrm{j}\beta z} \tag{8.11b}$$

$$H_z = \frac{\pi}{a} \frac{\mathrm{j}}{\omega\mu} E_0 \cos\left(\frac{\pi x}{a}\right) \mathrm{e}^{-\mathrm{j}\beta z} \tag{8.11c}$$

将矩形波导置于直角坐标系中来讨论，如图 8.6 所示。

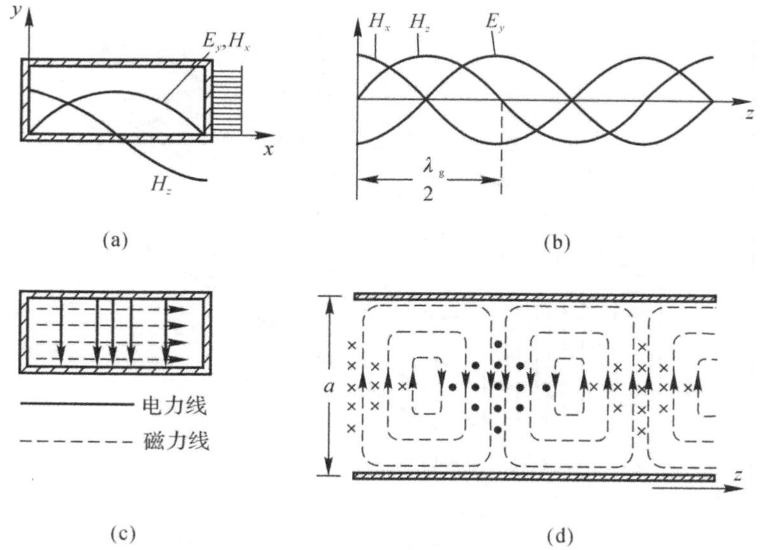

图 8.6　矩形波导 TE_{10} 模场分量的变化规律

1. 电场 E_y 的分布

在 $z=0$ 的横截面上，$E_y = E_0 \sin\left(\frac{\pi x}{a}\right)$ 电场 E_y 只与 x 有关，沿波导宽边 a，电场按正弦规

律分布；在 $x=0,a$ 处，$E_y=0$；在 $x=a/2$ 处(波导宽边中央)，E_y 具有最大值。E_y 与 y 无关，即沿波导窄边无变化。由式(8.11a)可知，E_y 沿 z 轴是行波分布，在 $x=a/2$ 的纵剖面里，$E_y=E_0e^{-j\beta z}$，在无损耗的情况下，E_y 沿波导纵向是余弦分布。

2. 磁场的分布

(1)H_x 的分布。在 $z=0$ 处，有

$$H_x=-\frac{\beta}{\omega\mu}E_0\sin\left(\frac{\pi x}{a}\right)$$

可见 H_x 沿波导宽边分布与 E_y 一样，也是呈正弦规律，如图 8.6(a) 所示。但它前面有一负号，说明 H_x 的方向指向 $-x$ 方向，这种关系决定了波向正 z 方向传输，E_z 最大时，H_x 亦达最大，反之亦然。

(2)H_z 的分布。在 $z=0$ 处，有

$$H_z=\frac{\pi}{a}\ \frac{j}{\omega\mu}E_0\cos\left(\frac{\pi x}{a}\right)$$

即 H_z 沿 x 轴为余弦分布，当 $x=0,a$ 时，H_z 有最大值；当 $x=a/2$ 时，$H_z=0$，它的表达式前面比 E_z，H_x 的表达式多一个“j”因子，说明它们在时间上有 90° 的相位差。即就是说，沿 z 轴 E_y，H_x 达到最大值时，H_z 为零值；反之亦然，其变化规律如图 8.6 所示。

磁场与电场有着固定的关系，磁力线一定要包围电力线，而且与电力线正交，将 E_y，H_x，H_z 的分布综合在一起，就可以画出波导中 TE_{10} 型波的完整场结构图。如图 8.7 所示，使我们建立起了 TE_{10} 型波场结构的立体概念，随着时间的推移，整个场结构以一定速度沿传输方向移动。

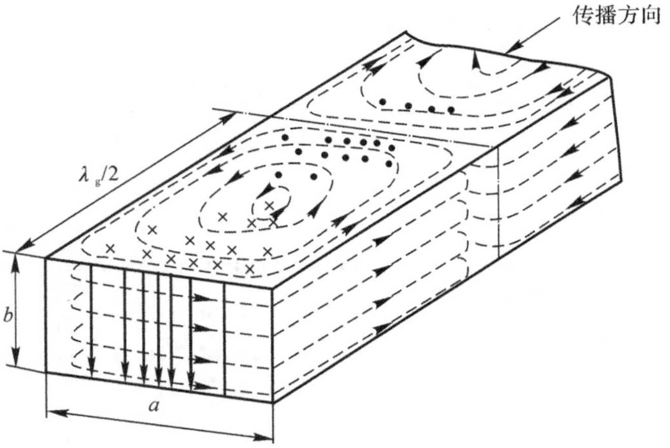

图 8.7　矩形波导 TE_{10} 模的场分布图($t=0$ 瞬间)

五、波导内壁表面电流的分布

当波导内传输电磁波时，波导壁将感应产生高频电流，因波导材料是作为理想导体来处理的，故仅波导壁表面有高频电流流过。通常用电流线描述电流分布，并用这种分布图来分析和解决许多实际问题。

由电磁场理论可知，如果导体表面上的交变磁场强度为 $\boldsymbol{H}$，那么导体的表面电流密度$\boldsymbol{J}_S$ 为

$$\boldsymbol{J}_S = \boldsymbol{n} \times \boldsymbol{H}$$

式中，$\boldsymbol{n}$ 是波导内壁表面的法线方向。

波导内传输 TE_{10} 型波时，在宽边上，既有 H_x 分量，又有 H_z 分量，所以面电流密度也既有 z 分量，又有 x 分量，如图 8.8(a) 所示。在窄壁上只有 H_z 分量，所以面电流密度只有 y 分量，如图 8.8(b) 所示。

根据波导各内壁表面的磁场的大小和方向，就可以画出各壁上电流的分布，TE_{10} 型波的壁电流分布如图 8.9 所示。

了解了波导中传播模式的壁电流分布，对处理许多技术问题有重要的指导意义。例如在微波测量中需要在矩形波导上开槽来构成波导测量线。测量线上开的槽应尽可能减小测量线中电磁波的辐射和反射，且不要破坏波导内各型波的场结构，因此应沿波导宽壁中心沿纵向开窄槽，如图 8.10 中的 A 槽。若是制作矩形波导开槽天线，则目的通过槽有效地辐射电磁波能量，因此可垂直于壁电流方向开槽，如图 8.10 中的 B 槽，这时槽缝中呈现出很强的电场，它和槽缝处的磁场组成指向波导外的坡印廷矢量 $\boldsymbol{S}$，因而有较多的电磁能量通过槽缝向外辐射。

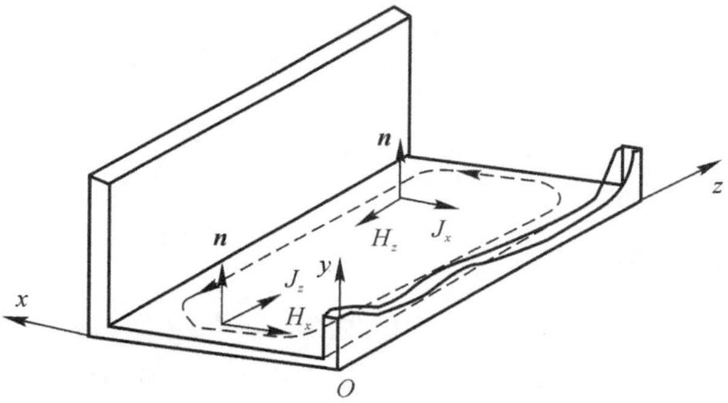

(a)

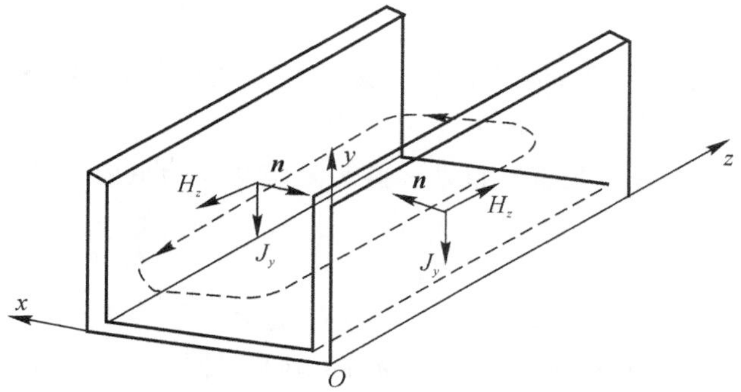

(b)

图 8.8　波导内壁表面电流与磁场的关系

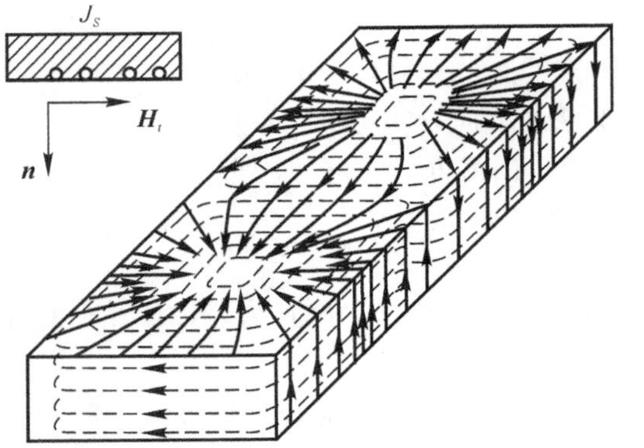

图 8.9　矩形波导 TE_{10} 模壁电流分布

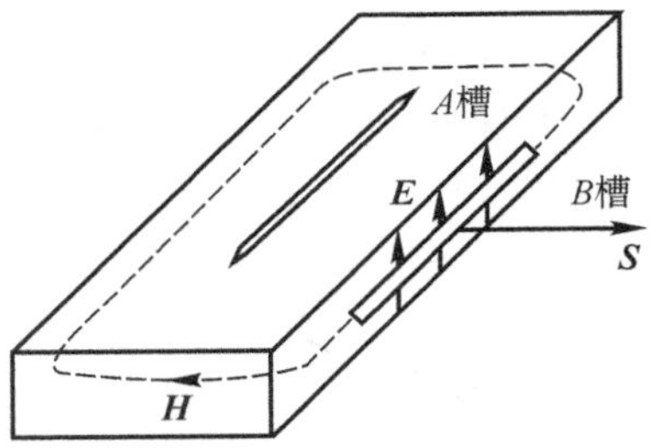

图 8.10　矩形波导上开槽

六、TE_{10} 型波的传输特性

在平面波和传输线的内容中，讨论的都是 TEM(横电磁波) 波，电场、磁场均无纵向分量，但矩形波导中的传输的 TE_{10} 型波，其场量出现了纵向分量，从而使得 TE_{10} 型波的传输特性在很多方面与 TEM 波有着显著的区别，因此有必要来讨论 TE_{10} 模的传输特性。

1. 波长

在自由空间或长线中，所谓波长是指电磁波在介质中的传输速度与电磁波频率的比值。在波导中，就有三个有关波长的概念。

(1) 工作波长 λ。工作波长就是指微波振荡源所产生的电磁波的波长。如果波导中所填充介质的介电常数为 ε，磁导率为 μ，那么工作波长 λ 的定义为

$$\lambda=\frac{v}{f}=\frac{1}{f\sqrt{\mu\varepsilon}}$$

显然，这个工作波长的定义与平面波的波长相同。即为平面波两个相差 2π 的等相位面之间的距离，或者说平面波等相位面在一个周期内所走的路程。若波导内填充空气，$\varepsilon=\varepsilon_0$，$\mu=\mu_0$，那么 μ 就为

$$\lambda=\frac{1}{f\sqrt{\mu_0\varepsilon_0}}=\frac{c}{f}<c \quad (c\text{ 为真空中的光速})$$

(2) 波导波长 λ_g。波导波长定义为波导中合成波的等相位面在一个周期内所走过的距离，记为 λ_g。

在图 8.11 中，当合成波的等相位面由 A 传输到 B 点时，走过的距离即为 λ_g。入射波的等相位面由 A 传输到 C 点，即 $\overline{AC}=\lambda$。

设入射波与侧壁的夹角为 θ，在直角 ΔABC 中，可得到

$$\sin\theta=\frac{\overline{AC}}{\overline{AB}}=\frac{\lambda}{\lambda_g}$$

在直角 $\Delta A'CD$ 中，$CD=a$，$\cos\theta=\dfrac{\overline{A'C}}{\overline{CD}}=\dfrac{\frac{\lambda}{2}}{a}=\dfrac{\lambda}{2a}$

$$\lambda_g=\frac{\lambda}{\sin\theta}=\frac{\lambda}{\sqrt{1-\cos^2\theta}}=\frac{\lambda}{\sqrt{1-\left(\frac{\lambda}{2a}\right)^2}} \tag{8.13}$$

波导中的相移常数 $\beta=\dfrac{2\pi}{\lambda_g}=\dfrac{2\pi}{\lambda}\sqrt{1-\left(\dfrac{\lambda}{2a}\right)^2}$ 从而波导波长又可表示为

$$\lambda_g=\frac{2\pi}{\beta}$$

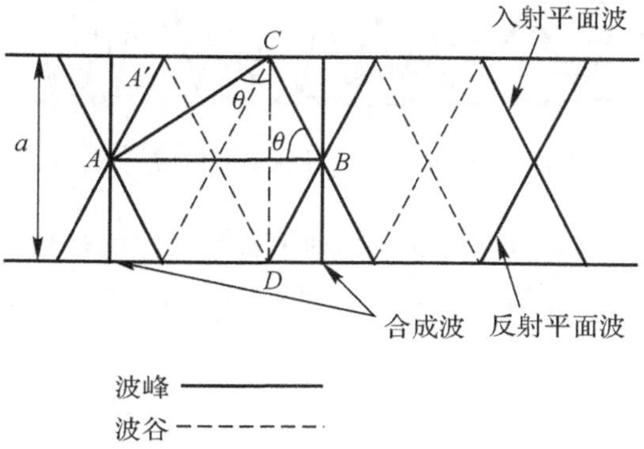

图 8.11　波导中工作波长与波导波长的关系

λ_g 与 λ 的关系曲线如图 8.12 所示。

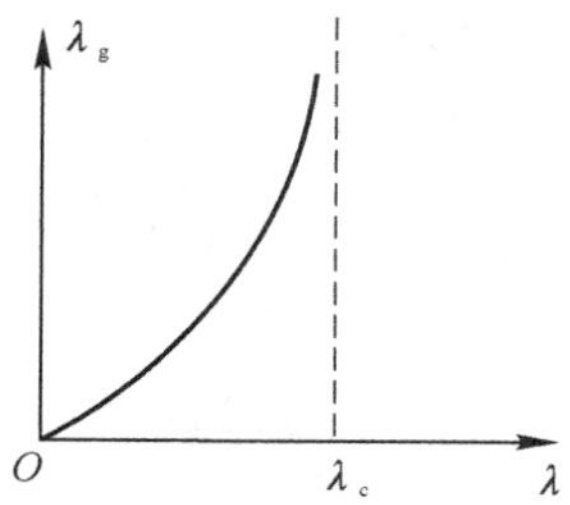

图 8.12　λ_g 与 λ 的关系曲线

一般条件下，直接测出工作波长是比较困难的，但波导波长 λ_g 在波导测量线上容易测

出，于是由式(8.13)就可算出工作波长。

(3) 截止波长λ_c。由前述的讨论可知，$\cos\theta=\dfrac{\lambda}{2a}$，只要$\lambda<2a$，投射到波导侧壁上的平面波入射角$\theta$就不为零，则波导中就能形成稳定的传输波形。如图8.13所示，表示了以不同的入射角向波导侧壁入射时平面波的反射情况。在极限情况下$\theta=0°$，则平面波在波导两侧壁间来回反射，形成谐振，这种情况意味着波导轴向没有电磁能量传输。将$\theta=0°$所对应的波长称为截止波长，用λ_c表示。对于TE_{10}型波，显然有$\theta=0°$时，$\lambda_c=2a$，则

$$\cos\theta=\frac{\lambda}{2a}=1=\frac{\lambda}{\lambda_c}$$

λ_c是决定型波能否在波导中传输的分界线。当$\lambda<\lambda_c$时，显然$\cos\theta<1$，$0°<\theta<90°$，波可以传输；当$\lambda>\lambda_c$时，$\cos\theta>1$，波不能够在波导中传输，亦即被截止，而$\lambda=\lambda_c$是电磁波处于能传输与不能传输的临界状态，此时的波长称为截止波长，对应的频率称为截止频率，用f_c表示。对TE_{10}型波显然有

$$(\lambda_c)_{TE_{10}}=2a$$

由此可以得出一个很重要的结论：只有当工作波长小于某种型波的截止波长时，该型波才能在波导中传输。这种现象在TEM波传输线中是没有的。

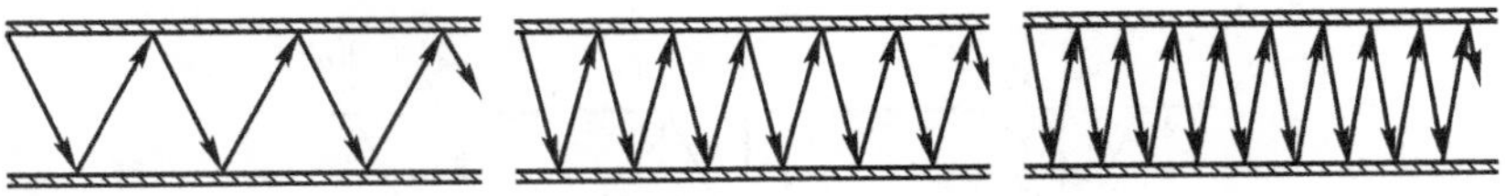

图8.13　以不同入射角θ向波导侧壁入射时平面波的反射情况

截止波长的存在使得波导的应用范围受到了自身尺寸的严格限制。如果用波导传输波长为30 m的电磁波，则波导宽边尺寸至少应大于15 m，显然是不能采用的，故波导只适用于厘米波波段。

2. 传播速度

(1) 相速v_p。所谓相速是指波导中合成波的等相位面移动的速度，用v_p表示，如图8.14所示。假如在t_1时刻，合成波的波峰处在A点，到了$t_2=(t_1+1)$时刻，波峰移动到了C点，在t_2-t_1的时间里走过的距离AC便是相速，在同一时间里，平面波的等相位面由A移到B点，其相速为$v=\dfrac{1}{\sqrt{\mu\varepsilon}}$。从直角$\triangle ABC$中

$$\overline{AC}=\frac{\overline{AB}}{\sin\theta}$$

而$\overline{AC}=v_p$，而$\overline{AB}=v$，那么

$$v_p=\frac{v}{\sin\theta}$$

考虑到$\sin\theta=\sqrt{1-\left(\dfrac{\lambda}{2a}\right)^2}$，波导中填充空气介质$v=c$，则有

$$v_p = \frac{c}{\sqrt{1-\left(\frac{\lambda}{2a}\right)^2}}$$

考虑到

$$\beta = \frac{2\pi}{\lambda}\sqrt{1-\left(\frac{\lambda}{2a}\right)^2}$$

则

$$v_p = \frac{\omega}{\beta}$$

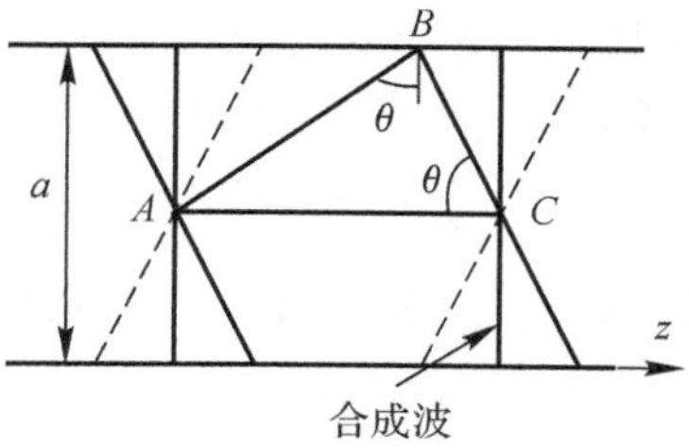

图 8.14 波导中的相速

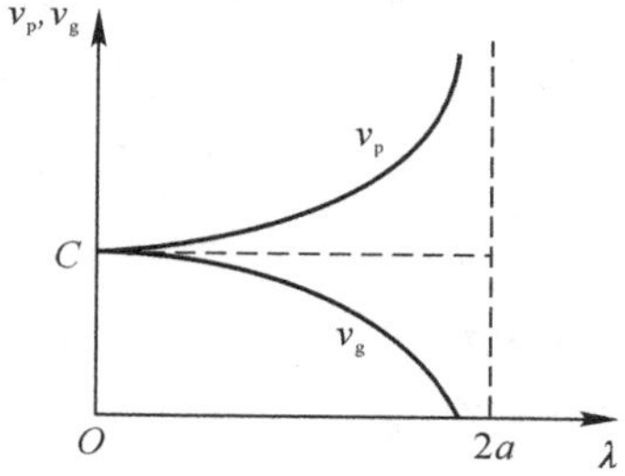

图 8.15 v_p，v_g 与 λ 关系曲线

图 8.15 画出了相速 v_p 与 λ 的关系曲线，由曲线看出，相速大于光速。我们知道，任何物质的运动速度是不能大于光速的，那么上述结论是不是有问题呢？没有问题，因为相速不是电磁能量的传播速度，而是等相位面沿 z 轴移动的速度，或者说是一种相位相干现象移动的视在速度。

(2) 群速 v_g。所谓群速（或称能速）就是电磁波所携带的能量沿波导纵轴方向（z 轴）的传播速度，用 v_g 表示，如图 8.16 所示。图中平面波是沿 $ABCD$"之"字形路线以光速 c 传输的，它所携带的能量也按此路线前进，如果在 Δt 时间内走过的距离为 $\overline{AB}$ 时，能量沿 z 轴方向移动的距离为 $\overline{AE}$。

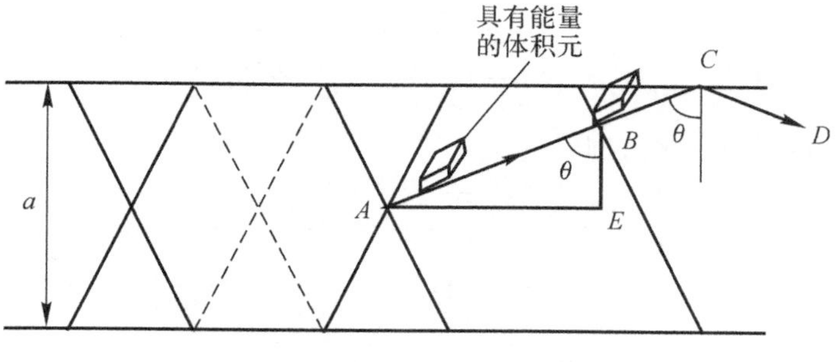

图 8.16 TE_{10} 波的能量传播速度

$$\overline{AB} = c\Delta t, \quad \overline{AE} = v_g \Delta t$$

在 ΔABE 中，$\overline{AE} = \overline{AB}\sin\theta$ 于是有

$$v_g = c\sin\theta$$

考虑到 $\sin\theta = \sqrt{1-\left(\frac{\lambda}{2a}\right)^2}$，则

$$v_g = c\sqrt{1-\left(\frac{\lambda}{2a}\right)^2}$$

v_g 与 λ 的关系曲线也画在图 8.15 中，可见群速 v_g 要比在自由空间中的传播速度小，这是因为它前进的路线是"之"字形。v_g 与工作波长有关，λ 越长，θ 越小，v_g 就越小。当 $\lambda=\lambda_c$ 时，$\theta=0°$，$v_g=0$，这时波不能在波导中传输。

由 v_p，v_g 的表达式可知：$v_p v_g = c^2$。

综上所述，在波导中不论是相速还是群速，传播速度都与工作波长 λ 有关。这种传播速度与波长有关的现象，称为色散现象。这种现象的存在使得波导传输频带内不同频率的信号传输时间不等，造成信号失真，这种失真称为时延失真。平行双线传输的是 TEM 波，其速度与波长 λ 无关，则称为无色散的传输系统，而波导则称为有色散的传输系统。

3. 波阻抗 Z_W

波导中某种波型的阻抗简称波阻抗，定义为波导横截面上该波型的电场强度与磁场强度的比值，用 Z_W 表示。

传输 TE_{10} 型波时，在波导的横截上里电场为 E_y，磁场为 H_x，由前面讨论的 TE_{10} 型波的场方程可得

$$(Z_W)_{TE_{10}} = \frac{|E_y|}{|H_x|} = \frac{\omega\mu}{\beta} \tag{8.17}$$

考虑到 $\beta=\frac{2\pi}{\lambda}\sqrt{1-\left(\frac{\lambda}{2a}\right)^2}$，$\omega=2\pi f$，代入式(8.17)可得

$$(Z_W)_{TE_{10}} = \frac{2\pi f\mu}{\frac{2\pi}{\lambda}\sqrt{1-\left(\frac{\lambda}{2a}\right)^2}} = \frac{\lambda f\mu}{\sqrt{1-\left(\frac{\lambda}{2a}\right)^2}}$$

将 $\lambda f = v = \frac{1}{\sqrt{\mu\varepsilon}}$，代入上式可得

$$(Z_W)_{TE_{10}} = \frac{\sqrt{\mu/\varepsilon}}{\sqrt{1-\left(\frac{\lambda}{2a}\right)^2}} = \frac{\eta}{\sqrt{1-\left(\frac{\lambda}{2a}\right)^2}}(\Omega)$$

如果波导中填充的是空气，则

$$(Z_W)_{TE_{10}} = \frac{\sqrt{\mu_0/\varepsilon_0}}{\sqrt{1-\left(\frac{\lambda}{2a}\right)^2}} = \frac{\eta_0}{\sqrt{1-\left(\frac{\lambda}{2a}\right)^2}}(\Omega)$$

$\eta_0=\sqrt{\frac{\mu_0}{\varepsilon_0}}=120\ \Omega$ 是空气的波阻抗。

可见波阻抗仅与波形和工作波长有关，只要波形和工作波长给定，则该型波的波阻抗就定了。利用波阻抗，可在已知电场、磁场当中一个量的情况下，来确定另一个量。

例 8.1 用截面尺寸为 $72\times 34\ mm^2$ 的矩形波导管传输 TE_{10} 型波。当信号频率为 3 000 MHz 时，求它的截止波长 λ_c 波导波长 λ_g，相速 v_p 和群速 v_g。

解 传输 TE_{10} 型波，则有

$$\lambda_c = 2a = 2 \times 72 = 144 \text{ mm}$$

已知 $f = 3\ 000$ MHz,则可得

$$\lambda = \frac{c}{f} = \frac{3 \times 10^8}{3\ 000 \times 10^6} = 0.1 \text{ m} = 100 \text{ mm}$$

波导波长为

$$\lambda_g = \frac{\lambda}{\sqrt{1 - \left(\frac{\lambda}{2a}\right)^2}} = \frac{100}{\sqrt{1 - \left(\frac{100}{144}\right)^2}} = 139 \text{ mm}$$

相速

$$v_p = \frac{c}{\sqrt{1 - \left(\frac{\lambda}{2a}\right)^2}} = \frac{3 \times 10^8}{\sqrt{1 - \left(\frac{100}{144}\right)^2}} = 4.17 \times 10^8 \text{ m/s}$$

群速

$$v_g = c\sqrt{1 - \left(\frac{\lambda}{2a}\right)^2} = 3 \times 10^8 \times \sqrt{1 - \left(\frac{100}{144}\right)^2} = 2.16 \times 10^8 \text{ m/s}$$

8.3 矩形波导中的其他型波

上一节主要讨论了 TE_{10} 型波的建立、场方程、场结构及其传输特性等。这主要是因为在平常的应用中,多用 TE_{10} 作为工作波型来传输能量的缘故,其他波型较少采用。但在某些特定的条件下需要工作于其他波型,或者为了保证单一工作于 TE_{10} 型波,就要设法抑制其他的模式波型,这样就有必要了解其他波型的一些特性了。矩形波导可以传输 TE_{mn},TM_{mn} 两大类模式,而 m,n 又可以取不同值进行任意组合,这样,从理论上讲在矩形波导中传输的模式就有无穷多个。要逐个进行讨论显然是不可能的,这里限于篇幅,只对与 TE_{10} 型波相近的几个比较简单的波型作一概要介绍。

一、矩形波导中其他型波的场结构

1. TE_{mn} 型

在 TE_{mn} 波中,最简单的就是 TE_{10} 型波。与 TE_{10} 相近的型波有 TE_{20},TE_{30} 等,它们的场结构与 TE_{10} 相似,只是电磁波沿波导宽边 a 不是一个半波数,而是两个、三个等"半波数"分布。TE_{20} 的场结构如图 8.17(a) 所示。TE_{01} 与 TE_{10} 的下标刚好换了位置。即 TE_{01} 的电磁场沿波导窄边有一个"半波数"分布,沿宽边 a 无变化,如果将 TE_{10} 型波的场结构以波导管管轴为轴转动 90°,便可得到 TE_{01} 的场结构图,如图 8.17(b) 所示。当 $m>0$,$n>0$ 时,TE_{mn} 波型具有更复杂的场结构,图 8.17(c) 所示是 TE_{11} 的场结构,其特点是不论由电场还是由磁场沿 a 边和 b 边的变化都是一个"半波数"。

2. TM_{mn} 型波

TM_{mn} 波(即横磁波)是指磁场只有横向分量,没有纵向分量,即磁场全在垂直于传输方

向的平面上。据电磁学知识,磁力线必是闭合曲线,那么在波导横截面上磁力线必定是闭合曲线,即磁场沿波导宽边 a 和窄边 b 必然是变化的,这样 m,n 不可能有一个为零。即对 TM_{mn} 波,m,n 均不能为零。故 TM_{11} 型波是 TM_{mn} 波中最简单的型波,其场结构如图 8.17(d) 所示。除此之外,还有 TM_{12},TM_{13},…,TM_{21},TM_{22} 等,这里不再一一介绍。

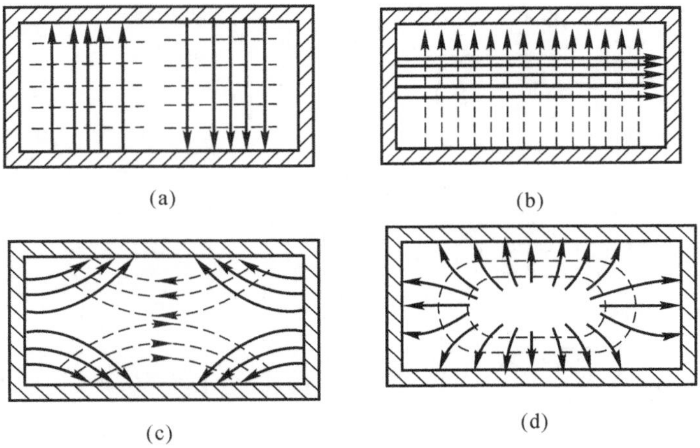

图 8.17 TE_{20},TE_{01},TE_{11} 和 TM_{11} 波型的场结构

(a)TE_{20}; (b)TE_{01}; (c)TE_{11}; (d)TM_{11}

了解矩形波导其他型波的场结构,有着一定的实际意义。如:

(1) 在波导截面内加入理想金属薄板而不改变传输的型波。在波导中存在这样一些平面,面上所有的点都与电力线正交而与磁力线相切,在这样的平面处放置理想金属薄板是满足电磁力线边界条件的,因此不会扰乱原来的电磁场分布,即不改变所传输的波型。例如,传输 TE_{10} 型波时,可在波导中加入横向导电平面;传输 TE_{11} 型波时,可以加入对角导电平面,如图 8.18 所示。

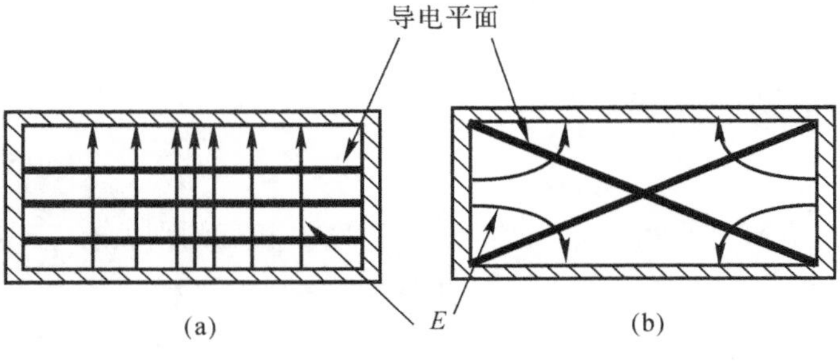

图 8.18 加入导电平面而不改变传输波形

(a)TE_{10} 波; (b)TE_{11} 波

(2) 制作波型滤波器。如果要将波导中某一不需要的型波除掉,那么在不影响所需波型传输的前提下,可以放置金属格板,这个格板的形状与所要滤除的波型的电力线相重合。这样,这种波型的波将不符合边界条件而不能存在。如果希望波导中没有 TE_{01} 型波传输则将格板放置方法如图 8.19 所示。因为这种格板起着阻碍某种波型通过的作用,所以称它为

波型滤波器也称体滤波器。

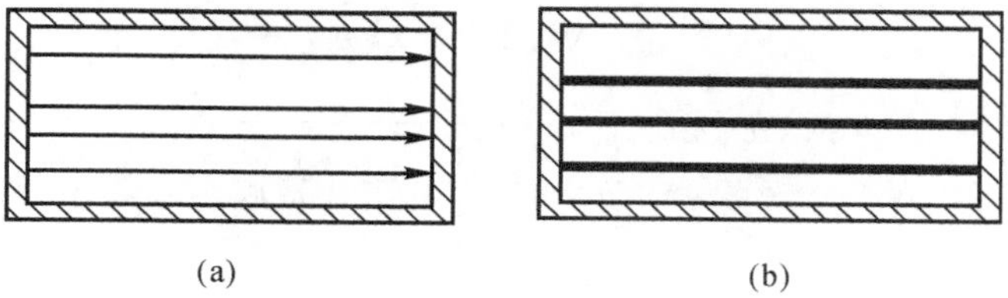

图 8.19 TE_{10} 型波滤波器

(a) TE01 波；(b) 消除 TE01 波的金属格板

(3) 考虑波导击穿问题。有时为了了解波导击穿问题，必须知道波导的截面上何处场强最强。如果知道了场结构，便会很快判断出来。

二、矩形波导的传输特性

根据专业的需要，只是重点讨论一下截止波长，顺便给出波导波长、相移常数和衰减常数的表达式。

1. 截止波长

在 8.2 节中，已提到截止波长的概念，它是判断某一型波能否传输的条件。对 TE_{10} 型波，其传输条件是 $\lambda < 2a$，$2a$ 即为 TE_{10} 型波的截止波长。对于 TE_{20} 型波，其传输条件是 $\lambda < a$，a 即为 TE_{20} 型波的截止波长。对于 TE_{m0} 型波，其截止波长 $\lambda_c = 2a/m(m=1,2,3,\cdots)$。对 TE_{mn}，TM_{mn} 型波，也有自己所对应的截止波长，其截止波长的计算公式为

$$(\lambda)_{TE_{mn},TM_{mn}} = \frac{2}{\sqrt{\left(\frac{m}{a}\right)^2 + \left(\frac{n}{b}\right)^2}} \tag{8.18}$$

由式(8.18)可知，当波导截面尺寸 a，b 一定时，对不同的 m，n 值(即不同的型波)，就有不同的截止波长。在波导传输的 TE_{mn}，TM_{mn} 所有型波中，具有最长截止波长(或最低截止频率)的型波，称为最低型波，或称最低模式，或称主模，其他的型波都称为高次型波或高次模。

显然矩形波导中，$(\lambda_c)_{TE_{10}} = 2a$ 最长，故 TE_{10} 型波是矩形波导的主模。

为了说明问题，将截面尺寸为 $72 \times 34\ \text{mm}^2$ 的矩形波导管的各型波的截止波长求出如下：

$$(\lambda_c)_{TE_{10}} = 2a = 14.4\ \text{cm}$$

$$(\lambda_c)_{TE_{20}} = a = 7.2\ \text{cm}$$

$$(\lambda_c)_{TE_{30}} = \frac{2}{3}a = 4.8\ \text{cm}$$

$$(\lambda_c)_{TE_{01}} = 2b = 6.8\ \text{cm}$$

$$(\lambda_c)_{TE_{02}} = b = 3.4\ \text{cm}$$

$$(\lambda_c)_{TE_{11},TM_{11}} = \frac{2ab}{\sqrt{a+b^2}} = 6.15\ \text{cm}$$

$$(\lambda_c)_{TE_{21},TM_{21}}=\frac{2}{\sqrt{\left(\frac{2}{a}\right)^2+\left(\frac{1}{b}\right)^2}}=4.96\ \text{cm}$$

$$(\lambda_c)_{TE_{31},TM_{31}}=\frac{2}{\sqrt{\left(\frac{3}{a}\right)^2+\left(\frac{1}{b}\right)^2}}\approx 4\ \text{cm}$$

$$(\lambda_c)_{TE_{40}}=\frac{2a}{4}\approx 3.6\ \text{cm}$$

$$(\lambda_c)_{TE_{22},TM_{22}}=\frac{2}{\sqrt{\left(\frac{2}{a}\right)+\left(\frac{2}{b}\right)}}\approx 3.04\ \text{cm}$$

根据以上数据，可以绘出截止波长分布图，如图 8.20 所示。

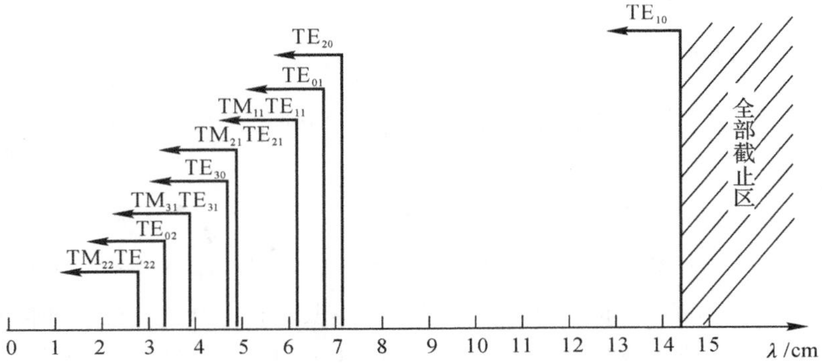

图 8.20　72×34 mm² 矩形波导的 λ_c 分布图

由截止波长的分布图可以清楚地看出 TE_{10} 的截止波长最长。可见在波长给定的情况下，传输 TE_{10} 型波所需的波导尺寸最小。另外，若波导尺寸一定，m,n 选得越大，则 λ_c 就越短，工作波长也越短，在波导中能够存在的波型也就越多。在图 8.20 中，当 $7.2\ \text{cm}<\lambda<14.4\ \text{cm}$ 时，在波导中只传输 TE_{10} 型波，又称单模传输；当 $\lambda<6.15\ \text{cm}$ 时，波导既可以传输 TE_{10} 型波，同时也可以传输 TE_{20}，TE_{01}，TE_{11}，TM_{11} 等型波。波长越短，出现的高次型波就越多。

由图 8.20 还可看出 TE_{11} 和 TM_{11} 型波、TE_{21} 和 TM_{21} 型波的截止波长是一样的。这就是说，当波导能够传输 TE_{11} 型波时，TM_{11} 型波也必然能够传输。这种不同的场结构具有相同的传输参数的波型在矩形波导中同时出现的现象称之为"简并"现象。所以称 TE_{11} 与 TM_{11}；TE_{21} 与 TM_{21} 都是异波简并；在方波导中，$(\lambda_c)_{TE_{10}}=(\lambda_c)_{TE_{01}}$ 称 TE_{10} 和 TE_{01} 是异模简并。

2. 波导波长

在矩形波导中，不论是 TE_{mn} 波还是 TM_{mn} 波，其波导波长都具有如下的计算表达式：

$$\lambda_g=\frac{\lambda}{\sqrt{1-\left(\frac{\lambda}{\lambda_c}\right)^2}} \tag{8.19}$$

要求某种型波的波导波长，只要将该型波的 λ_c 代入式(8.19) 即可求得。

3. 传输常数

一般情况下，波导内的传输常数 $\gamma=\alpha+j\beta$，若不考虑波导内的损耗，即 $\alpha=0$，则传输常数：$\gamma=j\beta$。

根据 $\beta=\frac{2\pi}{\lambda_g}$，将式(8.19)代入可得

$$\beta=\frac{2\pi}{\lambda}\sqrt{1-\left(\frac{\lambda}{\lambda_c}\right)^2} \tag{8.20}$$

若电磁波不能传输，电磁场沿波导传输方向只有衰减而没有相移，那么 $\gamma=\alpha$，由麦克斯韦方程可求得衰减常数为

$$\alpha=\frac{2\pi}{\lambda_c}\sqrt{1-\left(\frac{\lambda_c}{\lambda}\right)^2} \tag{8.21}$$

式(8.20)和式(8.21)对矩形波导中任何波型都适用。

三、TE_{10} 型波的单一传输及波导尺寸的选择

波导中同时存在许多型波，这对能量传输是不利的。因为能量分散到各种型波中，而一定的耦合装置只能取出某个型波能量，其他则等于消耗了。因此，为了有效地利用能量，为了简化波型结构，便于激励和耦合都要求用单一型波来传输。在矩形波导中，这个单一型波通常选用最低 TE_{10} 型波，这是因为它有如下优点：

(1) 当波导尺寸一定时，TE_{10} 型波的截止波长最长，因此当工作波长选择恰当时，就可保证只有 TE_{10} 型波在波导中传输。而如果利用其他型波传输，则不论工作波长如何选择，TE_{10} 型波却总是存在的。这样，就必须采取抑制 TE_{10} 型波的措施才能保证所选型波的单一传输，而这是相当麻烦不易实现的。

例如，当波导尺寸为 $a\times b=72\times 34\ \text{mm}^2$，由图 8.20 可见欲保证电磁波的传输，应使工作波长 $\lambda<14.4$ cm，而欲保证单一的 TE_{10} 型波的传输，则需要使工作波长在 $7.2\ \text{cm}<\lambda<14.4$ cm 范围内。

(2) 当工作波长一定时，TE_{10} 型波所要求的波导尺寸最小，从而重量轻，省材料。当工作波长给定时，只传输 TE_{10} 型波，对尺寸的要求是

$$\begin{cases}(\lambda)_{TE_{20}}<\lambda<(\lambda)_{TE_{10}}\\(\lambda_c)_{TE_{01}}<\lambda\end{cases}\quad 或 \quad \begin{cases}a<\lambda<2a\\2b<\lambda\end{cases}$$

这就是说矩形波导内截面尺寸应为

$$\left.\begin{array}{l}\lambda/2<a<\lambda\\0<b<\lambda/2\end{array}\right\} \tag{8.22}$$

但是，如果传输其他型波，例如 TE_{20} 型波，则应是 $\lambda<(\lambda_c)_{TE_{20}}=a$，这样尺寸就大了。

(3) TE_{10} 型波的截止波长与波导窄边 b 边无关，这使我们能利用对 b 边的控制来抑制其他型波，也能改变体积和功率容量。

(4) 由图 8.20 也可看出，采用 TE_{10} 型波传输时频带最宽。

(5) TE_{10} 型波场结构简单，电场只有一个方向的分量，便于激励与耦合。今后的分析还将指出 TE_{10} 型波的衰减较小，单一型波工作时，波型稳定，即不会转换成其他型波。

因此，在使用矩形波导时，都是在保证单一 TE_{10} 型波传输的前提下，根据已知工作波长

来设计波导横截面的尺寸。在工程上，往往是选择标准的波导尺寸，如表 8.1 所示。

表 8.1　国产标准矩形波导的参数举例

型号	内截面尺寸 mm	波导壁厚 mm	工作频率范围 MHz	最大传输功率 P_{max}/kW	衰减 α dB/m	计算 α 和 P_{max} 时的频率/MHz
BJ－32	72.14×34.04	2	2 600～3 950	10 600	0.020	3 000
BJ－48	47.55×22.15	1.5	3 940～5 990	4 600	0.037	4 600
BJ－70	34.85×15.80	1.5	5 380～8 170	2 300	0.063	6 000
BJ－84	28.50×12.60	1.5	6 570～9 990	1 780	0.072	7 800
BJ－100	22.86×10.16	1	8 200～12 500	998	0.116	9 400
BJ－220	10.67×4.32	1	17 600～26 700	224	0.342	24 000

四、波导的衰减

波导衰减也是波导的重要传输特性之一。所谓衰减是指电磁波在波导内传输时，电磁能量或功率沿着传输方向递减下去，波导的衰减分损耗衰减和截止衰减两种。所谓损耗衰减是因为电磁波在波导内传输时，在波导内表面有切向磁场存在，伴随着表面电流出现，由于波导内表面具有一定的电导率，所以就必然会带来热损耗，这种热损耗随着频率的增高和波导内表面的增加而增加。从而使得电磁波场强的幅度按指数律衰减下去。还有一种衰减是当某型波的传输不满足 $\lambda<\lambda_c$ 的条件传输时，即 $\lambda>\lambda_c$ 时则该型波的电磁能就不能传输，此时电磁能量将沿线也按指数律分布，这种衰减称为截止衰减，或称为过极限衰减。它与损耗衰减有本质的不同，前者损耗衰减的大小取决于工作波长以及波导的结构（包括材料的电导率、波导内表面的光洁度等）。而截止衰减取决于工作波长与某型波截止波长的比值，即 $\lambda_c<\lambda$ 的衰减快慢由衰减常数 α 来决定，即

$$\alpha=\frac{2\pi}{\lambda}\sqrt{1-\left(\frac{\lambda_c}{\lambda}\right)^2}$$

如果 $\lambda\gg\lambda_c$ 时，则 $\alpha\approx\frac{2\pi}{\lambda_c}$。

8.4　矩形波导的功率传输

波导是用来传输超高频能量的，并且往往采用单一的 TE_{10} 型波来传输，因此就以 TE_{10} 型波为例讨论一下矩形波导的功率传输问题。

一、传输功率的计算

下面先求波导工作在行波状态下的平均传输功率。该功率可用平均波印廷矢量沿波导截面的积分得到。在第 5 章已讲过，当电场、磁场相位相同，并且相互正交的情况下，它的平均能流密度可表示为

$$S=\frac{1}{2}E_m H_m$$

式中，E_m，H_m 分别为电场和磁场的振幅。

如图 8.21 所示，在截面中取一面元 $dA=dxdy$，只要该面元足够小，则可认为该面元中的电、磁场振幅是处处相等的，那么面元中的能流密度也是处处相等的，则通过该面元的功率为

$$dp=SdA$$

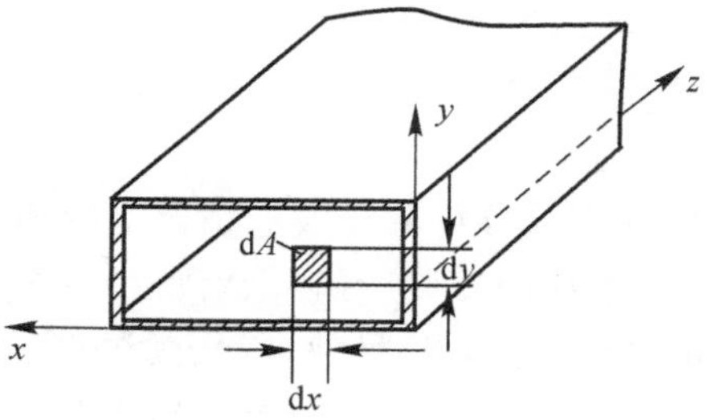

图 8.21　矩形波导传输功率的计算

通过整个横截面的功率，便可通过积分求得

$$P=\iint_A SdA=\int_0^a\int_0^b Sdxdy$$

由式(8.11)可知，电场 E_y、磁场 H_x 的振幅为

$$E_{ym}=E_0\sin\left(\frac{\pi x}{a}\right)$$

$$H_{xm}=\frac{\beta}{\omega\mu}E_0\sin\left(\frac{\pi x}{a}\right)$$

则有

$$P=\int_0^a\int_0^b\frac{1}{2}\frac{\beta}{\omega\mu}E_0^2\sin^2\left(\frac{\pi x}{a}\right)dxdy=\frac{\beta E_0^2}{2\omega\mu}\int_0^a\sin^2\left(\frac{\pi x}{a}\right)dx\int_0^b dy=\frac{\beta E_0^2}{4\omega\mu}ab$$

考虑到式(8.17)，$(Z_W)_{TE_{10}}=\frac{\omega\mu}{\beta}$，则有 $P=\frac{E_0^2}{4(Z_W)_{TE_{10}}}ab$，式中，$(Z_W)_{TE_{10}}$ 是 TE_{10} 型波的波阻抗，在波导填充空气时

$$(Z_W)_{TE_{10}}=\frac{120\pi}{\sqrt{1-\left(\frac{\lambda}{2a}\right)^2}}$$

代入可得

$$P=\frac{E_0^2ab}{480\pi}\sqrt{1-\left(\frac{\lambda}{2a}\right)^2}\ (W) \tag{8.23}$$

式(8.23)就是计算矩形波导传输 TE_{10} 型波时传输功率的公式，式中，E_0 为电场的振幅。

二、极限传输功率

由式(8.23)可以看出。在其他条件不变的情况下，传输功率越大，则波导内的电场 E_0 也就越大，如果电场强度超过了波导中所填充介质的击穿强度时，介质就会被击穿。击穿的

电场强度，我们用 E_{br} 表示，它的大小与波导内填充的介质种类、大气压力、工作波长、起始电离的程度等因素有关。如在厘米波段，正常大气压下，空气的击穿电场强度 $E_{br}=30\ kV/cm$ 左右；如果在1.5个大气压下，E_{br} 可提高到40 kV/cm以上。由此可见，波导传输功率是有一定限度的，一旦超过了这个限度，介质就被击穿，波导发生打火现象，就会破坏了整个传输系统。所以我们规定，在不发生击穿的情况下所允许传输的最大功率称为波导的功率容量，或称为极限传输功率，用 P_{br} 表示。那么波导的极限传输功率为

$$P_{br}=\frac{E_{br}^{2}ab}{480\pi}\sqrt{1-\left(\frac{\lambda}{\lambda_c}\right)^2} \tag{8.24}$$

三、允许传输功率

需要注意的是，式(8.24)是在波导传输行波的情况下导出的。在实际工作中，波导终端所接的负载很难达到完全匹配状态，即波导内会有驻波成分(通常行波系数 $K=0.7$ 左右)，这样使得波导内某部分的电场特别强；另外，空气潮湿也会降低其击穿强度；还有波导连接处的不均匀及波导管内部不洁净等也将导致局部电场特别强。因此，在设计使用波导时，为确保安全，免于击穿的危险，波导实际允许的传输功率 P_t 与极限传输功率 P_{br} 相比，常留有较大的余量，一般传输功率约为行波状态下功率容量理论计算值的 20% ～ 30%，即

$$P_t=\left(\frac{1}{5}\sim\frac{1}{3}\right)P_{br} \tag{8.25}$$

同时，在使用矩形波导时，一定要确保波导内干燥、清洁，接头处要保证电气接触。

四、传输功率与工作波长的关系

由式(8.24)可以看出，极限传输功率除了与波导横截面的尺寸 a，b 有关外，还与工作波长有关，λ 愈小(频率越高)，P_{br} 愈大；λ 愈大，P_{br} 就愈小。可画出 P_{br} 与 $\frac{\lambda}{\lambda_c}$ 的关系曲线，如图8.22所示。由图示可明显看出，当 $\lambda=2a$ 时，称为截止区；当 $\lambda<a\left(或\frac{\lambda}{\lambda_c}<0.5\right)$ 时，是出现高次型波区域；当 $\frac{\lambda}{\lambda_c}>0.9$ 时，P_{br} 下降非常快。所以既要保证波导单一传输 TE_{10} 型波，又要得最大的传输功率，工作波长最好选择在 $0.5<\frac{\lambda}{\lambda_c}<0.9$ 的范围，即 $a<\lambda<1.8a$。

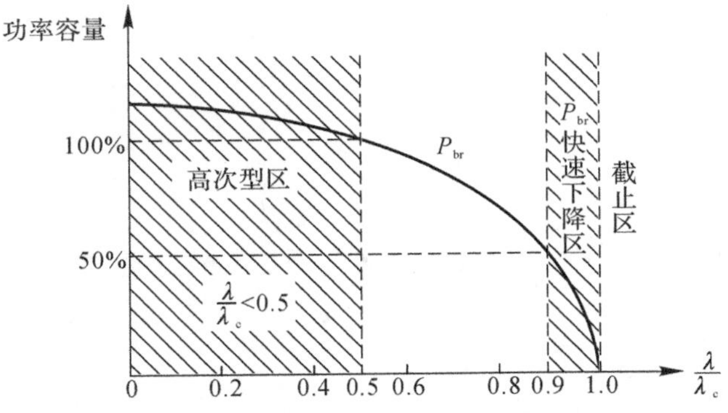

图 8.22　功率容量与波长的关系

例 8.2　求 BJ-32 型波导当工作于 TE_{10} 型波，$\lambda=9.4$ cm 时的极限传输功率 P_{br} 和允许传输功率 P_t。

解　由表 8.1 查得，BJ-32 型波导：$a=72.14$ mm，$b=34.04$ mm，波导内以空气为介质，其击穿场强 $E_{br}=30$ kV/cm，$(\lambda_c)_{TE_{10}}=2a=14.428$ cm，把这些数据代入式(8.24)得到极限传输功率

$$P_{br}=\frac{E_{br}^2ab}{480\pi}\sqrt{1-\left(\frac{\lambda}{\lambda_c}\right)^2}=$$

$$\frac{(3\times10^4)^2\times7.214\times3.404}{480\pi}\sqrt{1-\left(\frac{9.4}{14.428}\right)^2}=11.1\times10^6\ \text{W}$$

若取极限传输功率的 1/4 为允许传输功率，则

$$P_t=\frac{1}{4}P_{br}=\frac{1}{4}\times11.1\times10^6=2.78\times10^6\ \text{W}$$

一般地，同轴线的极限传输功率只有 4×10^5 W 左右，可见波导要比同轴线的极限传输功率大 20 多倍，所以在传输大功率时常采用波导。

8.5　波导的激励与耦合

前面的讨论总是假定波导中已有能量，并在波导中建立了稳定的波型。但能量是如何送入波导的？如何从波导中取出能量？怎样从一种传输线将能量输送到另一种传输线中去？这些都是在本节中要解决的问题。

波导中的能量是用激励(或耦合)的方法产生的。用来激励某种型波的装置，称为激励装置或激励元件；相应地从波导中取出某一种型波电磁能量的方法称为耦合。根据互易原理，激励与耦合是可逆的。就是说激励装置也可作耦合装置用，原理是一样的。所以在这里只讨论激励问题。

从本质上看，激励是个辐射问题，但它不是向无限空间辐射而是向波导管壁所限制的空间辐射，并且要求在波导中建立起一定的型波。从问题的性质看，它是个由辐射源和波导边界所决定的边值问题。但边界条件很复杂，用数学严格求解是十分困难的，因此，对这个问题只是定性地加以说明。

从物理概念上讲，为了激励已知的型波，原则上有三种方法：① 电场激励法；② 磁场激励法；③ 电流激励法。激励装置的能量来源于超高频振荡器，通常是用同轴线输出，故常利用同轴线的内导体做成激励波导的装置，将能量引入波导。实际应用中，都是让矩形波导工作 TE_{10} 型波，故以激励 TE_{10} 型波来讨论矩形波导的激励装置。

一、电场激励法

所谓电场激励法就是应用一种激励装置在波导内产生电场，使此电场在激励器附近的分布与希望产生型波的电场分布大致相同。由于电场和磁场的相互关系，有了所希望激励型波的电场，必然产生与它对应的磁场，这样便激励出所希望的型波。具体实现电场激励的方法是将同轴线的内导体延长，放在波导宽边 a 边中心，并与 a 边垂直伸入波导腔中，如图 8.23 所示。同轴线内导体的这个延长部分称为激励棒或探针。它的作用相当于一个天线，

放置探针处有最大的电场，这与 TE_{10} 型波的电场分布是一致的。但是，TE_{30}，TE_{50} 等高次型波在 $x=a/2$ 处也有最大的电场，就是说这种探针装置也可以激励起 TE_{30}，TE_{50} 等高次型波，如图 8.24 所示。至于哪些型波可在波导中传输，那要取决于波导尺寸的选择。如果波导尺寸选择适当，其他型波就会被抑制，在波导中只传输 TE_{10} 型波，但在探针附近还是有高次型波存在。

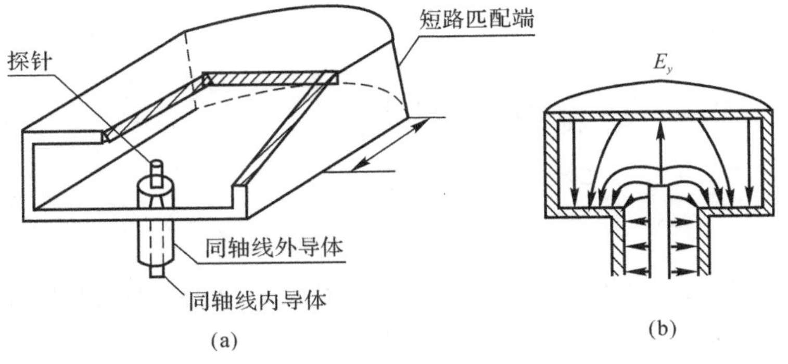

图 8.23　TE_{10} 型波电场激励

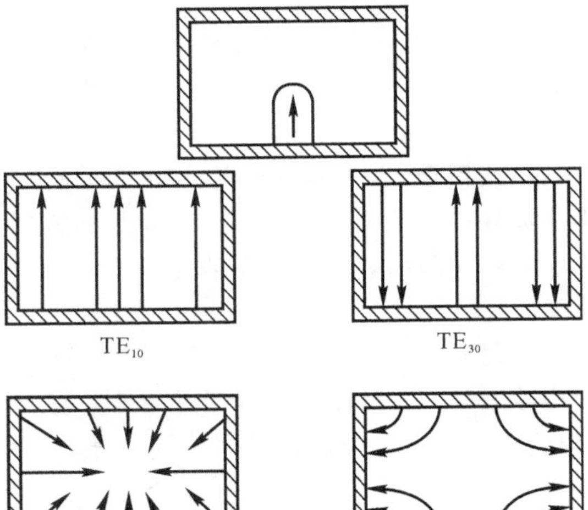

图 8.24　探针可能激励的波型举例

除了激励所需的波导之外，还希望探针输出最大功率，就是说要求探针与波导匹配。为了使所激励起的电磁能量向一个方向传输，可在波导的另一个方向安放可调整的短路活塞，如图 8.25 所示。调整活塞与探针的距离 l_1 和探针伸入的长度 l_2，可以达到匹配的目的，l_1，l_2 的长度可通过计算获得(例如当 $l_1=\lambda_g/4$ 时最好，因为这时由短路活塞反射回来的电磁能量与传输方向的电磁能量的相位一致)。实际上 l_1，l_2 的值都是由实验来确定。

为了获得大功率和宽频带的激励，可采用一些变形的探针。例如梨形激励器(或称门扭式激励装置)就是其中的一种，如图 8.26 所示，采用这种形式，即使不用任何调谐元件，在偏移中心频率±10％的频带内及驻波比不大于1.1～1.5时就可获得比较满意的匹配。其理由是因为梨形体采用渐变式，使产生的反射波很小的缘故。

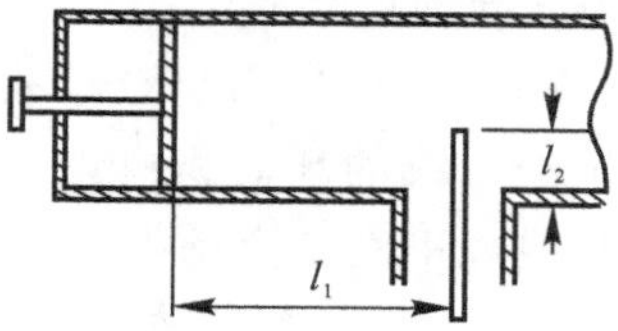

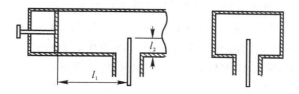

图 8.25 探针与波导的匹配

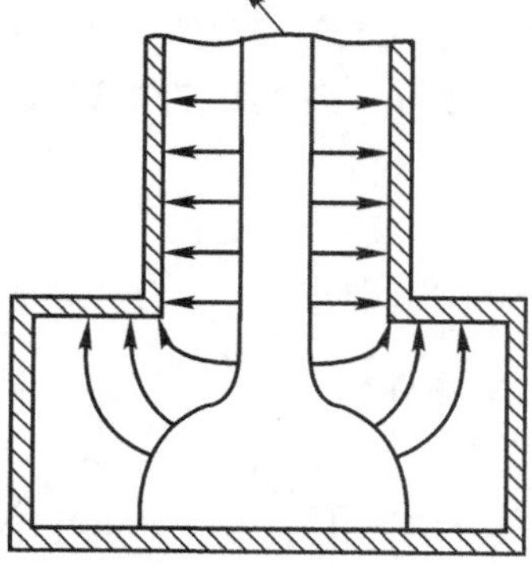

图 8.26 梨形激励器图

二、磁场激励法

所谓磁场激励法就是应用一种激励装置在波导内产生磁场，使表示此磁场的磁力线分布与所希望激励波的磁力线分布大致相同，就可激励出所希望的型波。

实现磁场激励的具体办法是将同轴线的外导体同波导壁连接，并将伸入到波导中的内导体弯成环状，然后再接到外导体上，这个变成环状的内导体就称为线环，这样的装置称为磁场激励装置(或称线环激励装置)，如图 8.27 所示。

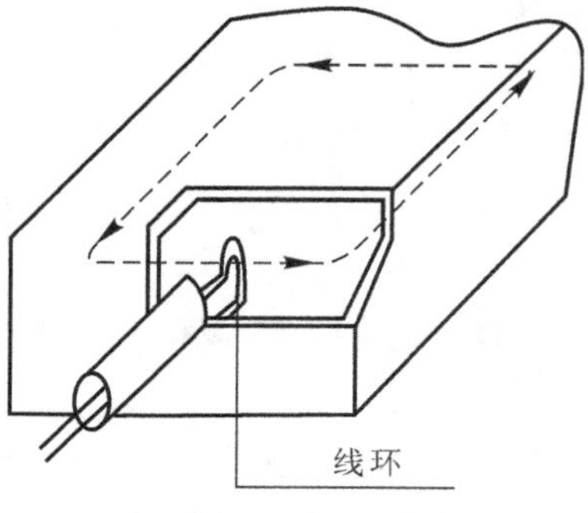

图 8.27 线环激励 TE_{10} 型波

当同轴线接有高频电源时，就有高频电流流过线环，便会在线环周围产生交变的磁场。如果线环激励的磁场与 TE_{10} 型波的磁场相近，就能激励起 TE_{10} 型波。同样道理，会有 TE_{30}，TE_{50}，TE_{11} 等高次型波出现。然而，当波导的尺寸满足 $b<\lambda/2$，$a<\lambda<1.8a$ 时，波导内只能传输 TE_{10} 型波。因为线环激励的功率较小，很少用于激励波导，大多用以从波导中耦合出能量来。这是因为它在波导中垂直于磁力线的环面积可以调整，这样就便于控制耦合出来的电磁能量。从图 8.27 可以看出，当线环平面与宽壁垂直时，耦合能量最强；当线环平面与宽壁平行时，耦合能量几乎为零。例如，把磁控管腔体中的高频能量输入到波导中来，就是通过这种线环装置来耦合的。

三、窗口激励

波导的激励还可以通过开在波导壁上的窗口来实现，这个窗口可以开在波导的窄边，也可以开在波导的宽边上，如图 8.28 所示。这是因为电磁波可以通过窗口辐射，使能量从主波导进入副波导中去。

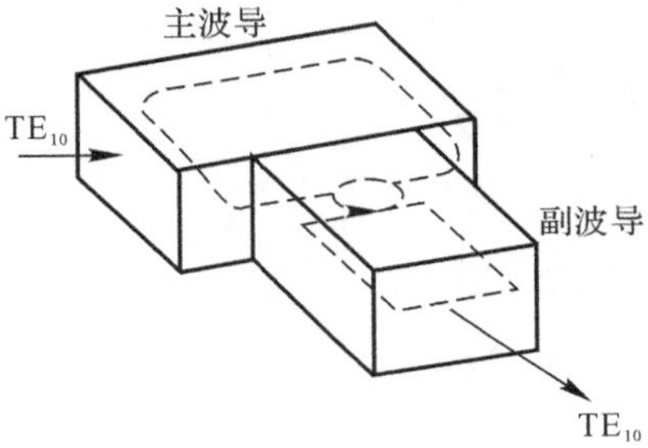

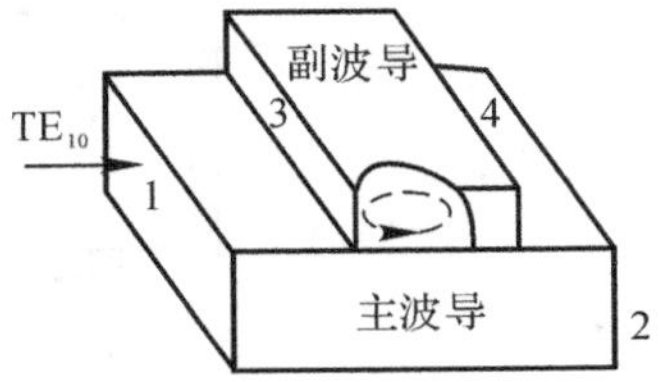

图 8.28　窗口激励

这种激励形式在波导中用得很多，如四孔定向耦合器，十字缝定向耦合器等(在以后的微波元件内容中将学到)。前面还提到电流激励法，所谓电流激励法就是采用一种激励装置，在波导内壁上产生面电流，使此电流与所希望激励的型波在波导内壁上的面电流分布大致相同，从而激励出所希望的型波。

总之，不论采用哪种方法激励，一定要使所激励的电场(或磁场)与所希望传输的型波的电场(或磁场)相一致，这样，才能有效地激励所需的型波。由此可见，弄清各种型波的场结构是必要的。

8.6　圆　波　导

圆波导也可用来传输电磁能量，它是金属波导的又一种基本结构形式。在我们的专业中没有用圆波导来传输能量的，只是用一小段圆波导来做成各式各样的微波器件，在这里，我们不对其作详细的分析，只介绍一下圆波导中几种常用型波的场结构特点。

一、圆波导的型波及 n,i 的含义

同矩形波导一样,圆波导也能传输 TE_{ni} 和 TM_{ni} 两大类型的电磁波,圆波导的结构如图 8.29 所示。TE 波表示电场没有纵向分量 E_z,TM 波表示磁场没有纵向分量 H_z。显然,圆波导采用柱坐标分析比较方便,对 TE 波,由于 $E_z=0$,故只有 E_r,E_φ,H_z,H_φ,H_r 五个分量;对 TM 波,由于 $H_z=0$,故只有 E_r,E_φ,E_z,H_φ,H_r 五个分量。TE 波、TM 波沿坐标轴的变化规律用下标 n,i 表示,以示与矩形波导的区别。

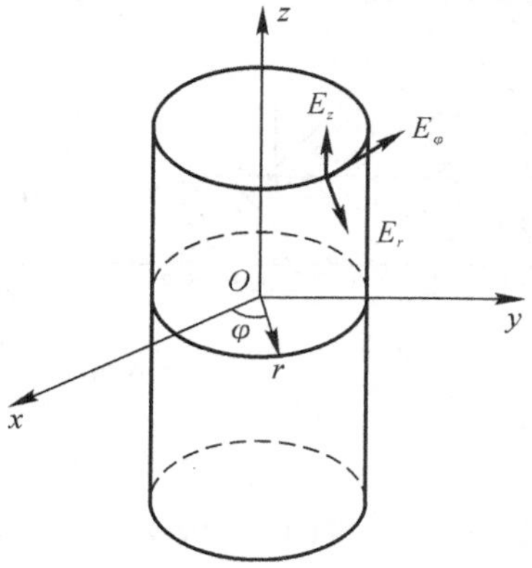

图 8.29　圆波导及坐标

这里,n 表示电磁场沿半圆周变化的"半波数"的个数,或沿圆周上变化的"全波数"的个数。i 表示电磁场沿半径变化的"半波数"的个数,如个数不到 1,则 i 仍取 1。即在圆波导中不能存在 TE_{n0} 和 TM_{n0} 型波。在具体书写时,为避免与矩形波导的型波混淆,圆波导的型波记为 TE_{ni}°,TM_{ni}°。

二、圆波导的截止波长与主模

同矩形波导一样,一定尺寸波导只能传输一定工作波长的型波,并不是所有的电磁波都能传输。所以,圆波导也存在着截止波长的概念。经数学分析,圆波导的截止波长只与圆波导的半径 R 有关,如表 8.2 所示。截止波长分布图如图 8.30 所示。

表 8.2　圆波导中各种型波的截止波长

TE_{ni}° 型波		TM_{ni}° 型波	
型波	λ_c	型波	λ_c
TE_{01}°	$1.64R$	TM_{01}°	$2.62R$
TE_{02}°	$0.90R$	TM_{02}°	$1.14R$
TE_{11}°	$3.41R$	TM_{11}°	$1.64R$
TE_{12}°	$1.18R$	TM_{12}°	$0.90R$
TE_{21}°	$2.06R$	TM_{21}°	$1.22R$
TE_{22}°	$0.94R$	TM_{22}°	$0.75R$

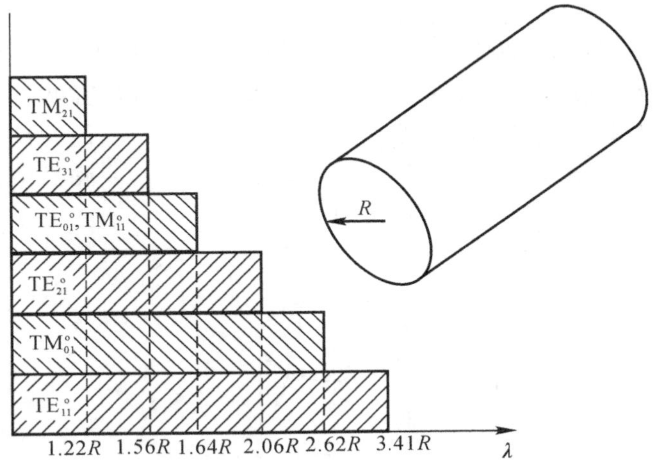

图 8.30　圆波导截止波长分布图

由图 8.30 可以看出：

(1) 圆波导中最低次型波是 TE_{11}°，或称它为圆波导的主模，其截止波长最大，$(\lambda_c)_{TE_{11}^{\circ}}=3.41R$。次低次型波为 TM_{01}° 型波，其截止波长 $(\lambda_c)_{TM_{01}}=2.62R$。

(2) 欲保证单一传输主模 TE_{11}° 模，则工作波长必须满足下列关系式：

$$2.62R<\lambda<3.41R$$

当工作波长 $\lambda<1.64R$ 时，则波导中出现高次型波，此时圆波导中可出现 TE_{11}°，TM_{01}°，TE_{21}°，TE_{01}°，TM_{11}° 等五种型波。和矩形波导一样，由于截止波长的存在，使得圆波导中也有截止衰减的特性。当工作波长大于某型波的截止波长时，某型波就不能传输，能量沿线按指数律衰减，其衰减的快慢取决于衰减常数 α 的大小，且 α 由下式确定：

$$\alpha=\frac{2\pi}{\lambda_c}\sqrt{1-\left(\frac{\lambda_c}{\lambda}\right)^2}$$

三、圆波导中几种常用的型波

1. TE_{11}° 型波（H_{11}° 型波）

(1) 场结构。其场结构如图 8.31 所示。

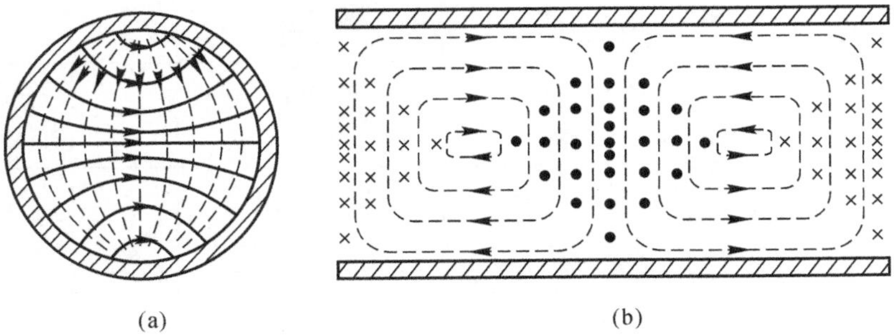

(a)　　(b)

图 8.31　圆波导中 TE_{11}° 型波的场结构

(2)n,i 含义的解释。为便于观察,画出圆波导截面上的电力线分布,如图 8.32 所示,并在波导上标出 1,2,3,4 各点。现在来观察 1,2,3,4 各点电力线的疏密程度,对于 n,先看 1 点,电力线最疏,电场等于零;然后顺时针观察,电力线愈来愈密,其方向指向波导内表面;到 2 点时,电场最大并令其方向为正;继续顺时针观察,到 3 点时,电场又为零;由 3 ~ 4 点时,电力线又愈来愈密,但方向是离开波导内表面,则电场方向为负。然后到 1 点,电场又为零。这就是说,电场沿圆周变化正好是一个全波数,故 $n=1$。对于 i 同理。观察电力线沿半径上的变化情况,如图 8.32(c) 中沿 1 → 0 → 3 路径的变化,不难看出,电场沿半径变化 i 的"半波数"不够 1,根据定义,i 仍取作 1。

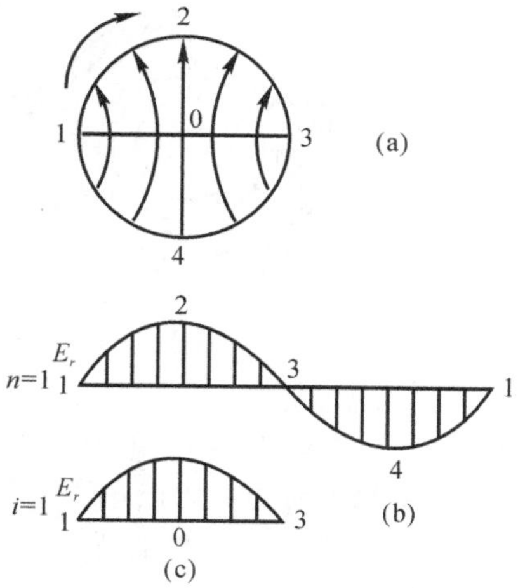

图 8.32　n,i 的含义解释

(3)TE_{11}^{o} 型波场结构的特点:

1) 它是圆波导中的最低次型波,只要满足关系式:$2.62R < \lambda < 3.41R$ 就能实现单一的 TE_{11}^{o} 型波传输。

2) 由图 8.31(a) 不难看出,在圆波导的横截面上,电场与磁场垂直,与矩形波导 TE_{10} 的场结构相近似。因此激励 TE_{11}^{o} 型波比较简单,只需将矩形波导的截面渐变成圆波导,即可实现 TE_{11}^{o} 型波的建立。

3) 电磁场的方向沿圆周偏转时,仍能满足边界条件,故不影响传输,这是它的最大特点。这既是优点也是缺点。如果不考虑场的极化的稳定,它就是一个很大的优点,不论电场的极化方向怎么改变,仍能在圆波导内传输。这是因为圆波导是轴对称的,故被应用到后面要讲的铁氧体器件中去。如果要考虑波的极化稳定,它又是很大的缺点,因为当波导出现不均匀性时,极化方向即可能发生偏转,如图 8.33 所示。这就相当于出现了新的型波。因这个缘故,尽管它是圆波导的主模,也不用来作为能量的传输。

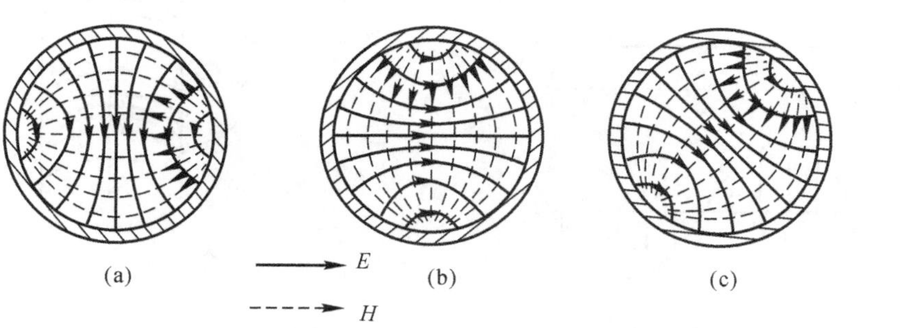

图 8.33　圆波导中的主模 TE_{11}^{o} 型波的场结构

在图 8.33 中,图(a)(b) 为具有不同极化方向的简并波,图(c) 为 TE_{11}^{o} 型波传输时极化方向可能的偏转。

2. TE_{01}^{o} 型波(或 H_{01}^{o} 型波)

(1) 场结构。其场结构如图 8.34 所示。

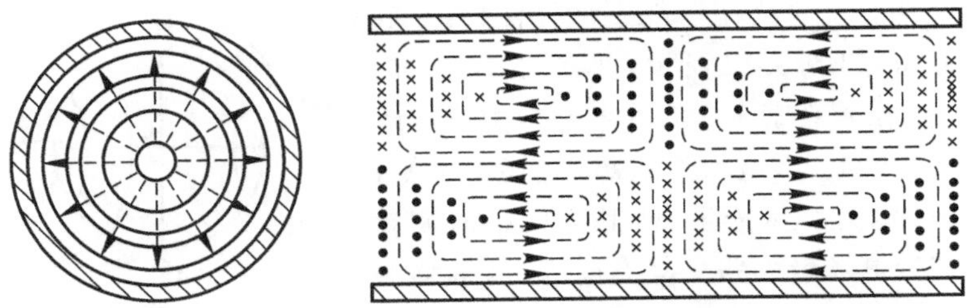

图 8.34　圆波导内 TE_{01}° 型波的场结构

(2)n,i 含义的解释。由图 8.35 所示，不难看出，场沿圆周无变化，处处相等，所以 $n=0$。场沿半径方向的变化正好是一个"半波数"，故取 $i=1$。

(3)TE_{01}° 型波场结构的特点：

1) 电磁场只有 E_φ,H_r,H_z 三个分量。且 E,H 沿圆周方向无变化，场结构为轴对称。

2) 电场只有 E_φ 分量，电力线在横截面上是一闭合圆圈；沿半径方向为一驻波分布。由数学分析可知，当 $r=0.48R$ 时，E_φ 最大。

3) 与圆波导内表面相切的只有 H_z 分量，且在 $r=0$ 和 $r=R$ 处最大，但方向相反。由数学分析可知，当 $r=0.627R$ 时，$H_z=0$。

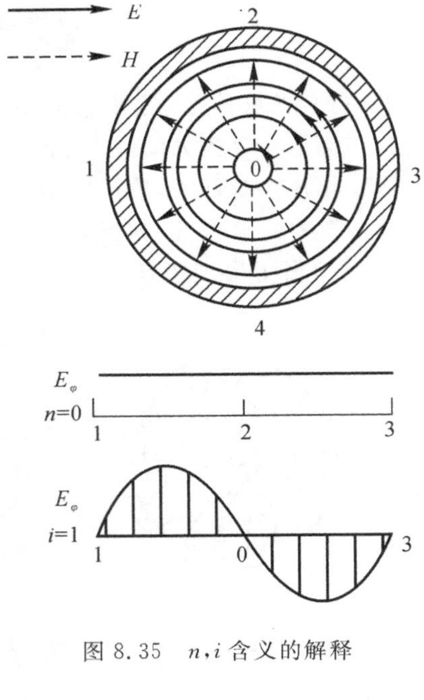

图 8.35　n,i 含义的解释

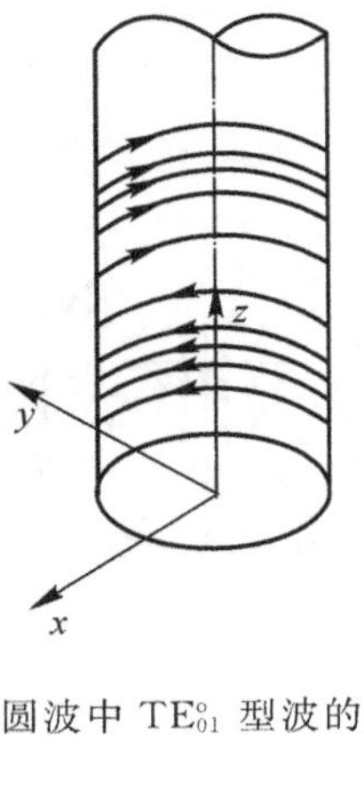

图 8.36　圆波中 TE_{01}° 型波的表面电流

4) 由于在波导内表面磁场只有 H_z 分量，则表面电流只沿圆周方向流动而无轴方向分量，如图8.36 所示。

5) 当波导中传输的能量一定时(即 E_φ,H_r 一定)，随着频率的升高，波导壁上的热耗反而下降，这是 TE_{01}° 型波的一个最突出的特点。频率提高，就是加强了磁场对时间的变化率。要使所激发的电场强度不变(因为传输功率不变)，只有减小磁场本身的振幅值。波导

壁上的 H_z 幅值减小，管壁上的电流必然减小，因而损耗也就减小。这就是传输功率保持不变，提高频率时管壁热耗反而下降的原因。这个特性是其他型波所没有的，如果传输的电磁场频率要高，又要衰减小，TE_{01}° 波就非常有用了。例如高 Q 值的谐振腔，就采用 TE_{01}° 型波；由于损耗小，在毫米波段的远距离多路通信中，也都采用 TE_{01}° 型波。

6）由于 TE_{01}° 型波不是最低次波，其 $(\lambda_c)_{TE_{01}^{\circ}}=1.64R$，而 TE_{11}°，TM_{01}°，TE_{21}° 等型波的截止波长都比它大，如果 TE_{01}° 波能传输，则上述型波也都可以传输，因此要传输单一的 TE_{01}° 型波，就要采用相应的措施才行。

3. TM_{01}° 型波（E_{01}° 型波）

其场结构如图 8.37 所示。由图不难看出，电磁场沿圆周无变化，故取 $n=0$；电磁场沿半径方向正好是一个“半波数”，故取 $i=1$。

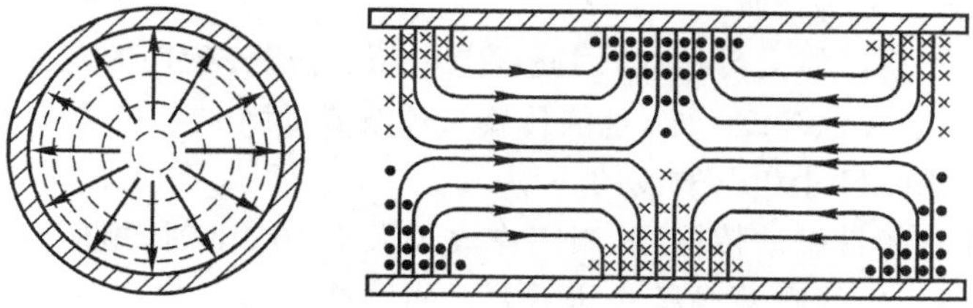

图 8.37　圆波导 TM_{01}° 型波的场结构

其电磁场结构有如下特点：

1）磁场只有 H_φ 分量，所以磁力线在波导横截面上为一闭合圆圈，相应的表面电流只有纵向电流 J_z，H_φ 沿圆周是均匀分布的，故 J_z 沿圆周也是均匀分布的。

2）电力线在横截面上成辐射状，E_r 沿圆周方向也是均匀分布的。

3）各场分量 E_r，H_φ，E_z 沿圆周无变化，所以它具有轴对称的性质。

四、圆波导中 TE_{11}° 和 TE_{01}° 型波的激励

在圆波导中激励所需的型波，一般都采用波型转换方法即将矩形波导的 TE_{10} 型波经过波导的渐变，而变成圆波导中所希望的型波。这种波型变换器的截面变化是逐步的、缓慢的，应该尽可能地平滑，以减小反射和产生其他的型波。

如图 8.38 所示，画出了由矩形波导的 TE_{10} 型波转换成圆波导中 TE_{11}° 时，波导截面的变化情况。之所以采用矩形波导的 TE_{10} 型波来变换，是由于 TE_{10} 的激励较简单的缘故。

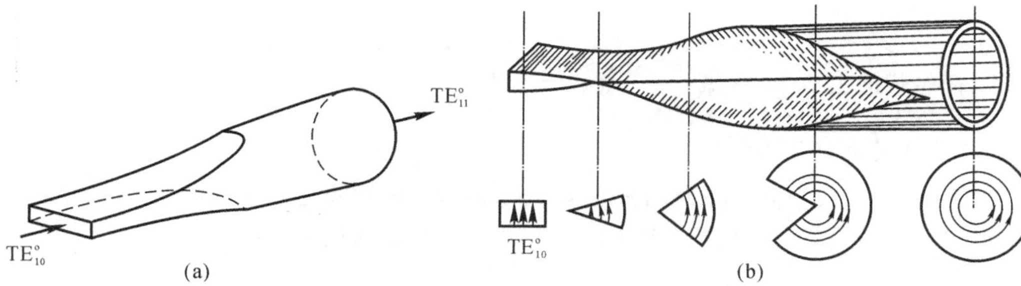

图 8.38　圆波导中 TE_{11}°，TE_{01}° 型波的建立

(a) 矩形波导 TE_{10} 波变换成圆波导的 TE_{11}° 波；(b) 矩形波导的 TE_{10} 波变换成圆波导的 TE_{01}° 波

8.7 同 轴 线

一、同轴线结构及应用

同轴线也称同轴圆柱波导，它是一种双导体传输线，其结构如图 8.39 所示。内导体的半径为 a，外导体的内半径为 b，同轴线在结构上又可分为硬同轴线和软同轴线。硬同轴线内、外导体之间的媒质通常为空气，内导体用高频介质垫圈等支撑。软同轴线又称为同轴电缆，电缆的内、外导体之间填充高频介质，内导体由单根或多根导线组成，外导体由铜线编织而成，外面再包一层软塑料介质。

同轴线既然属于双导体类传输线，因此线上电压、电流有确切的定义。由同轴线的边界条件分析，同轴线既能传输 TEM 波，也能传输 TE 波或 TM 波。究竟哪些波型能在同轴线中传输决定于同轴线的尺寸和电磁波的频率。

同轴线是一种宽频带微波传输线，当工作波长大于 10 cm 时，矩形波导和圆波导都显得尺寸过大而笨重，而相应的同轴线尺寸却不大。同轴线的特点之一是可以从直流一直工作到毫米波波段，一般常用于频率在 2 500 MHz 以下微波波段作传输线或制作宽频带微波元器件。因此，无论在微波整机系统、微波测量系统或微波元件中同轴线都得到了广泛的应用。

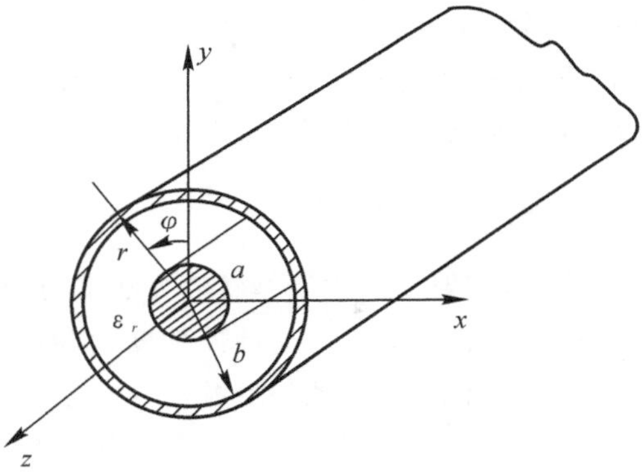

图 8.39　同轴线及其坐标系

二、同轴线的主模 TEM 模

1. 同轴线的主模 TEM 模

在同轴线中，可以传输 TEM，TE 或 TM 模，但由于同轴线是双导体系统，与平行双线的双导体传输系统一样，其主模为 TEM 模，TE 和 TM 模则为同轴线的高次模。

2. 同轴线中 TEM 的场结构

同轴线中 TEM 的场结构如图 8.40 所示。

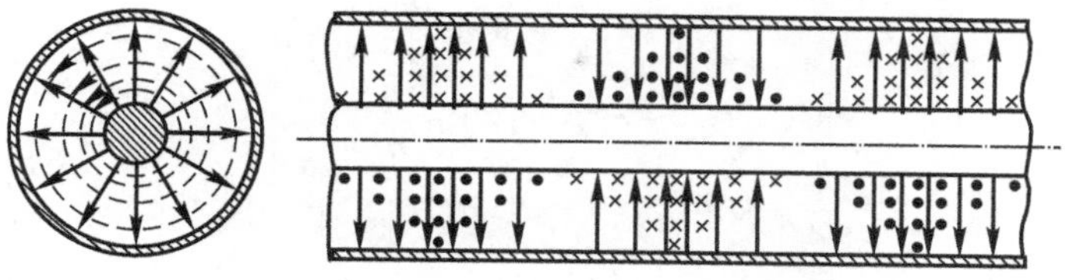

(a)　　(b)

图 8.40　同轴线中的 TEM 模

可见，愈靠近内导体表面，电磁场愈强。因此内导体的表面电流密度较外导体表面的面电流密度大得多。所以同轴线的热耗主要发生在截面尺寸较小的内导体上。

3. 同轴线的主要参量

(1) 特性阻抗 Z_c

$$Z_c = \frac{60}{\sqrt{\varepsilon_r}} \ln \frac{b}{a} \ (\Omega)$$

(2) 传输 TEM 波时的相移常数 β

$$\beta = \omega \sqrt{\mu \varepsilon} \ (\mathrm{rad/m})$$

(3) 传输 TEM 波时的相速 v_p

$$v_p = \frac{1}{\sqrt{\mu \varepsilon}} = \frac{c}{\sqrt{\varepsilon_r}} \ (\mathrm{m/s})$$

(4) 传输 TEM 波时的波导波长 λ_g

$$\lambda_g = \frac{2\pi}{\beta} = \frac{v_p}{f} = \frac{\lambda}{\sqrt{\varepsilon_r}}$$

(5) 传输 TEM 波时，空气同轴线的导体衰减

$$\alpha_c = \frac{R_s}{2\pi b} \frac{1 + \frac{b}{a}}{120 \ln \frac{b}{a}} \ (\mathrm{Np})$$

式中：$R_s = 1/(\sigma\delta)$ 为金属导体的表面电阻，σ 为导体的电导率，δ 为导体的集肤深度。

(6) 传输 TEM 波时的功率容量

$$P_{br} = \frac{|U_{br}|^2}{2Z_C} = \sqrt{\varepsilon_r} \frac{a^2}{120} E_{br}^2 \ln \frac{b}{a} \ (\mathrm{W})$$

式中：ε_r 为介质的相对介电常数；E_{br} 为介质的击穿场强。

三、同轴线尺寸的确定

确定同轴线的尺寸，主要考虑以下几方面的因素。

(1) 保证 TEM 单模传输，因此工作波长与同轴线尺寸的关系满足

$$\lambda > \pi(a + b)$$

(2) 获得最小的导体损耗衰减。衰减最小的条件是 $\frac{\mathrm{d}\alpha_c}{\mathrm{d}a} = 0$，以式

$$\alpha_c = \frac{R_s}{2\pi b}\frac{1+\frac{b}{a}}{120\ln\frac{b}{a}}$$

代入可得

$$\frac{b}{a}=3.591$$

根据此值计算的同轴线的特性阻抗约为 $Z_c=76.71\ \Omega$。

(3) 获得最大的功率容量。限定 b,改变 a,则传输功率也将改变。功率容量最大的条件是 $\mathrm{d}P_{br}/\mathrm{d}a=0$,将 P_{br} 计算式代入可得:

$$\frac{b}{a}=1.649$$

根据此值计算出的同轴线的特性阻抗约为 30 Ω。

如果两者兼顾,即要求衰减最小而功率容量最大,则一般取

$$\frac{b}{a}=2.303$$

根据此值计算出空气同轴线的特性阻抗约为 50 Ω。

同轴线已有标准化尺寸,设计同轴元件时可参考有关资料。在使用同轴线时,要经常用标准锥对其校准,以免内外导体不同心及内导体不圆而产生高次模增大损耗。还要确保同轴线处于良好的工作状态。

小　　结

本章主要讨论了矩形波导、圆波导和同轴线。对矩形波导及 TE_{10} 型波的传输特性做了重点讨论,对圆波导、同轴线仅做了一般性的介绍。

1. 矩形波导的 TE_{10} 型波

TE_{10} 型波是矩形波导的主模。本章一开始,用部分波的方法讨论了矩形波导 TE_{10} 型波的形成、场方程和传输特性。

(1) TE_{10} 型波只有 E_y, H_x, H_z 三个分量,其场结构的立体图形可以使我们清楚地看到其电磁场的分布,且 E_y, H_x, H_z 随时间的变化而变化。且内壁表面的面电流密度 $\boldsymbol{J}_S=\boldsymbol{n}\times\boldsymbol{H}$,这对于在波导上打孔有指导意义。

(2) TE_{10} 型波的传输特性:

1) 波长:

工作波长　$\lambda=c/f$

波导波长　$$\lambda_g=\frac{\lambda}{\sqrt{1-\left(\frac{\lambda}{2a}\right)^2}}$$

截止波长　$(\lambda_c)_{TE_{10}}=2a$

2) 速度:

相速
$$v_p = \frac{c}{\sqrt{1-\left(\frac{\lambda}{2a}\right)^2}}$$
群速
$$v_g = c\sqrt{1-\left(\frac{\lambda}{2a}\right)^2}$$
显然有
$$v_p v_g = c^2$$
3) 波阻抗：
$$(Z_W)_{TE_{10}} = \frac{120\pi}{\sqrt{1-\left(\frac{\lambda}{2a}\right)^2}}$$

2. 矩形波导的其他波型

矩形波导可以存在 TE_{mn} 和 TM_{mn} 两大类模式，m 为电磁场沿波导宽边所分布的“半波数”个数，n 为电磁场沿波导窄边分布的“半波数”个数。

无论是 TE_{mn} 波还是 TM_{mn} 都有
$$\lambda_c = \frac{2}{\sqrt{\left(\frac{m}{a}\right)^2+\left(\frac{n}{b}\right)^2}}$$
要使波导仅传输 TE_{10} 型波，且获得最大传输功率，则要求工作波长与波导尺寸满足下列关系：
$$a<\lambda<1.8a,\quad b<\lambda/2$$

3. 矩形波导的应用问题

(1) 极限传输功率为
$$P_{br} = \frac{E_{br}^2 ab}{480\pi}\sqrt{1-\left(\frac{\lambda}{2a}\right)^2}$$
考虑各种因素的影响，矩形波导允许传输的功率为
$$P_t = \left(\frac{1}{5}\sim\frac{1}{3}\right)P_{br}$$
(2) 矩形波导 TE_{10} 型波的激励与耦合主要介绍了电场激励、线环激励(磁场激励)和窗口激励三种方法。

4. 圆波导介绍

(1) 圆波导也可存在 TE_{ni}° 和 TM_{ni}° 两大类模式。n 表示电磁场沿半圆周上分布的“半波数”的个数；i 表示电磁场沿半径上分布的“半波数”的个数。熟悉常用的 TE_{11}°，TE_{01}°，TM_{01}° 型波的场结构、特点及应用场合。

(2) 圆波导截止波长的含义与矩形波导的完全一致。当工作波长大于截止波长时，则电磁波不能传输，能量按指数率衰减。这个特性，是以后分析截止衰减器的理论依据。

(3) 圆波导波形的激励，多是由矩形波导的 TE_{10} 型波利用波导的渐变演变来的，主要是由于矩形波导 TE_{10} 型波的激励比较容易实现的缘故。

5. 同轴线介绍

(1) 同轴线主要适用于频率为 2 500 MHz 以下的电磁波的传输，它可以传输 TEM 模、

TE 模和 TM 模，但 TEM 模是同轴线的主模，TE，TM 为其高次模。

(2) 同轴线中 TEM 的传输特性基本与平行双线的 TEM 模传输特性一样，$(\lambda_c)_{TEM}=\infty$，$Z_c=\frac{60}{\sqrt{\varepsilon_r}}\ln\frac{b}{a}$；TEM 模的场结构在同轴线横截面内分布是电力线从内导体指向外导体，磁力线是同心圆，电、磁场主要集中在内导体附近，由于外导体的屏蔽作用，同轴线的辐射损耗特别小，同轴线的损耗主要是导体的损耗。

(3) 同轴线单一传输 TEM 模的条件是 $\lambda>\pi(a+b)$；获得最小导体损耗衰减的条件是 $\frac{b}{a}\approx3.591$；获得最大功率容量的条件是 $\frac{b}{a}\approx1.649$。在实际应用中，选择同轴线的尺寸要兼顾以上三点，如果要求衰减最小和功率容量最大，则一般取 $\frac{b}{a}=2.303$，对应于此尺寸的同轴线的特性阻抗 $Z_c\approx50\ \Omega$。同轴线的尺寸已标准化，在使用中，要根据有关参数和资料正确选择。

习　题

8.1　要使电磁波能在波导里传输，必须满足什么条件？

8.2　既然波导是一个良导体，内表面的电流能否流向外表面？

8.3　工作波长、截止波长、波导波长三者有何区别？有何联系？

8.4　为什么矩形波导不能传输 TEM 波？

8.5　不同结构尺寸的同轴线，其特性阻抗不等。那么不同尺寸的波导，其特性阻抗是否也不相等呢？

8.6　一频率为 10 000 MHz 的 TE_{10} 型波在一矩形波导内传播，相移常数 $\beta=0.33$ rad/cm，求工作波长 λ 与波导波长 λ_g。

8.7　有一矩形波导，$a=23$ mm，$b=10$ mm，工作波型为 TE_{10} 型，工作波长为 3 cm，试求波导波长 λ_g，相速 v_p 和 v_g。

8.8　在一个 $72\times34\ mm^2$ 的矩形波导中，测得电场的两个相邻最大点之间的距离为 15 cm，试求它的工作波长 λ 和相速 v_p。

8.9　一矩形波导截面尺寸为 $58\times25\ mm^2$，工作波长为 7.5 mm，试问传输 TE_{10} 波时的波导波长为多少？

8.10　矩形波导截面尺寸为 $72\times34\ mm^2$，当工作频率为 3 000 MHz 和 6 000 MHz 时，多少型波能在波导中传输？

8.11　矩形波导截面尺寸为 $34.8\times15.8\ mm^2$，今有波段(1)3.8 ～ 5.7 cm；(2)7.6 ～ 14.8 cm；(3)2.4 ～ 3.7 cm 试问传输 TE_{10} 型波应工作在哪个波段？

8.12　矩形波导截面尺寸为 $23\times10\ mm^2$，传输 TE_{10} 型波，其截面中心处电场强度的横向分量的振幅为 10 kV/m，频率为 9 400 MHz 时，试求波导内横截面电场强度和磁场强度各分量的振幅值及其表达式。

8.13　为什么矩形波导中，通常采用 TE_{10} 型波来传输电磁能？

8.14　在波导窄边上的窗口耦合是电耦合还是磁耦合？在波导宽边上的窗口耦合又

是什么耦合？

8.15　线环若在波导宽边插入，波导中为 TE_{10} 型波，问线环平面应如何放置？

8.16　如果用探针激励 TE_{20} 型波，应如何装置？

8.17　为什么圆波导中不存在 TE°_{n0} 和 TM°_{m0} 型波？

8.18　TE°_{11} 型波的极化方向改变，在圆波导中照样可以传输，试问 TE°_{10} 型波的极化方向改变，将会产生什么后果？

8.19　设计一同轴线，其传输的最短工作波长为 10 cm，要求特性阻抗为 50 Ω，当介质分别为空气和聚乙烯（$\varepsilon_r = 2.26$），计算相应的尺寸。

8.20　空气填充的硬同轴线的尺寸 a 和 b 分别为 0.76 cm 和 1.75 cm，计算同轴线的特性阻抗 Z_c。若在相距 $n\lambda/2$（n 为正整数）处加 $\varepsilon_r = 2.1$ 的介质垫圈，加垫圈的一段同轴线的外导体内直径不变，要保持上面算出的 Z_c 值不变，同轴线内导体的半径 $a' =$?

第 9 章　微波网络的基本概念与基本参数

9.1　引　言

在第 8 章中研究的对象是无限长的均匀微波传输线，用场解的方法研究了其中的导行波。实际的微波传输系统不可能是无限长的，终端接有某种负载，中间还可能插入各种微波元器件，这样就破坏了对微波传输系统做出的均匀无限长的假设。把这种均匀条件被破坏的局部区域统称为“不均匀区”。传输系统中插入了不均匀区以后，会发生什么事情呢？首先了解一下发生的物理过程，然后再考虑用什么理论和方法来分析研究。以图 9.1 为例，在一个工作于主模的波导 W 中，插入了一个任意不均匀区 V。所谓任意不均匀区，即其边界形状和其中的媒质可以是任意的，但不存在非线性媒质。当输入波导 W_1 中的导行波从左方入射到不均匀区以后，由于 V 内边界条件的复杂性，其中的电磁场是很复杂的。这种复杂的电磁场，将在靠近不均匀区的两段波导的临近区域 V_1 和 V_2（称为近区）中，激起相当复杂的场，除主模以外，还有很多高次模。由于 W 是主模波导，除了主模可传输以外，所有高次模均被截止，所以，在距离不均匀区稍远的 T_1 和 T_2 参考面以外，高次模可以忽略不计。因此在 T_1 和 T_2 参考面以外的波导“远区”中，就只有主模单一传输。它包括两个波：一个是把能量从波源送往负载的入射波；另一个是使能量返回波源的反射波。无论插入的不均匀区如何复杂，它对于与之连接的单模波导远区的唯一可能的影响，是引起了输入波导 W_1 中的反射波和输出波导 W_2 中的透射波（即透过不均匀区进入 W_2 的入射波）。可见在主模波导的远区中，只要知道了由于插入不均匀区所引起的反射波和透射波的相对振幅和相位（相对于入射波而言），不均匀区的特性就可确定。就不均匀区所引起的物理过程的本质而言，就是这样简单。但这仅仅是定性的理解，不均匀区的定量计算就不那么简单了。在原则上当然可以采用场解的方法。把不均匀区和与之相连接的波导当作一个整体，就给定的边界条件求解麦克斯韦方程，这是一个彻底的理论分析法，但是求解相当困难。微波技术的广泛应用要求发展一种简便易行的工程计算法，类比于低频电路的概念，可将本质上属于场的微波问题，在一定条件下化为等效电路问题。这种“化场为路”的方法，在微波工程上得到广泛应用，形成了微波网络理论。微波网络理论是微波电磁场理论的工程化。

微波网络理论把微波系统看成是一种“电路”（或网络），称为微波电路（或微波网络）。具体地说，即把连接微波元件的微波传输线等效为长线，把微波元件等效为具有集总参数的微波网络，从而形成一个由分布参数电路和集总参数电路混合组成的等效电路，然后用熟悉的电路理论进行分析。例如图 9.1(a) 所示的插入不均匀区的等效电路，就是如图 9.1(b)

所示的与输入和输出长线相连接的双口网络。在更一般的情况下，如果不均匀区与几个单模均匀传输系统相连，则其等效电路就是与几对长线相连接的几口网络。通常把各传输系统中的波相对于网络的进出方向分为两类：进入网络的称为“进波”，从网络中出来的称为“出波”。所谓网络特性就是确定进波与出波之间的关系。这个关系定了，网络的特性参量就确定了。所谓“等效”指的是由等效电路在与之相连接的长线中所确定的进、出波之间的关系，与实际的不均匀区在与之相连接的实际单模传输系统中，所产生的进、出波之间的关系相同。简单地说就是：“进、出等效”。等效不等于全同，主要的差异是：等效微波网络只能给出其各参考面以外的进、出波之间的等效关系，而完全没有反映出不均匀区内部以及近区中的电磁场分布情况。因此这只是一种外部特性等效。这是微波等效电路法的突出优点，因为只有这样才能“化繁为简”，着眼点只考虑微波系统的外部特性（能量传输特性），当然同时也是它的突出缺点，因为微波系统的内部特性（电磁场分布）不易求得，好似一个“黑盒”。尽管如此，微波等效网络法仍大有用武之地，对于复杂的网络组合，它是一种行之有效的分析和综合方法，在微波工程设计、计算中被广泛采用。

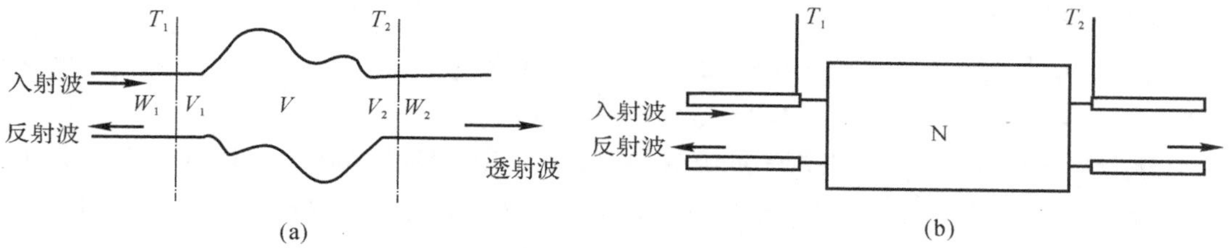

图 9.1 “化场为路”的方法

(a) 主模波导中插入不均匀区； (b) 等效电路

微波网络（或微波电路）与低频电路比较，有如下主要特点：

(1) 微波传输线是微波网络的一部分。对低频电路而言，引线只起连接作用，在微波电路中，微波传输线是具有分布参数的电路，是微波电路的一部分。

(2) 微波网络都有参考面。在单模传输时，参考面上只允许有场强的主模存在，没有高次模式的场强存在。参考面必须是均匀传输线的横截面。一个微波元件的参考面可以任意选择以满足上述要求为前提条件，但是参考面一旦选定以后，网络所代表的区域也就确定了。参考面移动后，网络参数随着变化。所以讨论微波网络时，必须指定传输线上的工作波型和确定参考面。

(3) 所研究的对象，是具有线性媒质的微波元件所构成的线性微波网络。线性微波网络满足叠加原理和比例原理。如图 9.2 所示，设对网络 N 的激励函数为 F，响应函数为 G，A 为常量，则有

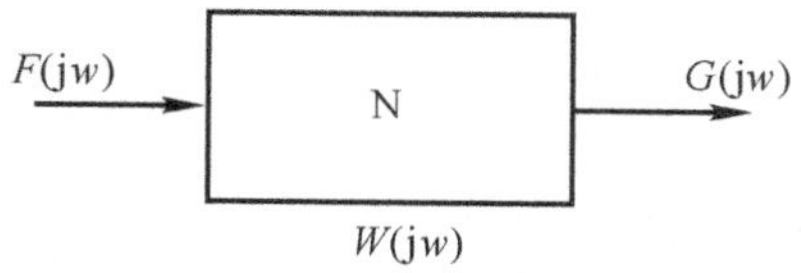

图 9.2 线性网络的激励与响应

$$F \to G$$
$$F_1 \to G_1$$
$$F_2 \to G_2$$
$$F_1 + F_2 \to G_1 + G_2$$

$$AF \rightarrow AG$$

(4) 微波网络常采用归一化阻抗,归一化等效电压和归一化等效电流等归一化量。

由于微波传输系统大多采用波导,波导中只能传输色散波,因此电压和电流的原有定义对波导失去意义,也根本无法测量。由于微波功率是可以直接测量的基本参量之一,所以通过功率关系来引入单模均匀传输系统等效为长线的等效参量。

由坡印廷定理知:通过传输线的功率为

$$P = \frac{1}{2}\int_S (\boldsymbol{E}_t \times \boldsymbol{H}_t^*)\mathrm{d}S \tag{9.1}$$

由长线理论知:通过传输线的复功率为

$$P = \frac{1}{2}VI^* \tag{9.2}$$

式中:S 为传输线的横截面;$\boldsymbol{E}_t$ 和 $\boldsymbol{H}_t$ 为电磁场的横向分量。

要使引入的等效参量满足功率相等条件,为此定义等效电压 $V(z)$ 和等效电流 $I(z)$ 分别与横向电场 $\boldsymbol{E}_t$ 和横向磁场 $\boldsymbol{H}_t$ 成正比

$$\boldsymbol{E}_t(x,y,z) = \boldsymbol{F}(x,y)V(z) \tag{9.3}$$

$$\boldsymbol{H}_t(x,y,z) = \boldsymbol{G}(x,y)I(z) \tag{9.4}$$

式中:$\boldsymbol{F}(x,y)$ 和 $\boldsymbol{G}(x,y)$ 是模式矢量函数,它们表示工作模式场在传输横截面上的分布;$V(z)$,$I(z)$ 是标量复函数,它们表示导行波在纵向的传输特性。将式(9.3)、式(9.4)代入式(9.1)中得到

$$P = \frac{1}{2}V(z)I^*(z)\int_S (\boldsymbol{F} \times \boldsymbol{G})\mathrm{d}S \tag{9.5}$$

引入归一化条件

$$\int_S (\boldsymbol{F} \times \boldsymbol{G}) \cdot \mathrm{d}S = 1 \tag{9.6}$$

则式(9.5)变为

$$P = \frac{1}{2}V(z)I^*(z) \tag{9.7}$$

为了将等效电压 $V(z)$ 和等效电流 $I(z)$ 唯一确定下来,需要引入另一种关系。利用长线理论中阻抗 Z 与反射系数 Γ 之间的关系式,规定等效电压 $V(z)$ 和等效电流 $I(z)$ 必须满足:

$$Z = \frac{V(z)}{I(z)} = Z_c\frac{1+\Gamma}{1-\Gamma} \tag{9.8}$$

引入归一化阻抗

$$z = \frac{Z}{Z_c} \tag{9.9}$$

以及归一化等效电压

$$u = \frac{V(z)}{\sqrt{Z_c}} \tag{9.10}$$

和归一化等效电流

$$i = I(z)\sqrt{Z_c} \tag{9.11}$$

代入式(9.8)得到

$$Z = \frac{Z}{Z_c} = \frac{[V(z)/\sqrt{Z_c}]}{[I(z)\sqrt{Z_c}]} = \frac{u}{i} = \frac{1+\Gamma}{1-\Gamma} \tag{9.12}$$

式(9.12)右方由实测的反射系数Γ唯一确定，这样引入的等效电压$V(z)$和等效电流$I(z)$，在满足功率相等的条件下也唯一地确定了。在微波网络中采用归一化阻抗z，归一化等效电压u和归一化等效电流i，这样长线理论的原有公式基本上可以保留，现摘要列出如下：

归一化等效电压

$$u = u^+ + u^- \tag{9.13}$$

归一化等效电流

$$i = i^+ + i^- = u^+ - u^- \tag{9.14}$$

归一化特性阻抗

$$z_c = \frac{u^+}{i^+} = -\frac{u^-}{i^-} = 1 \tag{9.15}$$

有功功率

$$P = P^+ - P^- = \frac{1}{2}\mathrm{Re}(ui^*) \tag{9.16}$$

入射功率

$$P^+ = \frac{1}{2}\mathrm{Re}(u^+ i^{+*}) = \frac{1}{2}|u^+|^2 \tag{9.17}$$

反射功率

$$P^- = \frac{1}{2}\mathrm{Re}(u^- i^{-*}) = \frac{1}{2}|u^-|^2 \tag{9.18}$$

归一化阻抗

$$z = \frac{u}{i} = \frac{1+\Gamma}{1-\Gamma} \tag{9.19}$$

归一化导纳

$$y = \frac{1}{z} = \frac{i}{u} = \frac{1-\Gamma}{1+\Gamma} \tag{9.20}$$

式中：u^+，i^+为归一化入射波电压、电流；u^-，i^-为归一化反射电压、电流。

为了验证上述公式的正确性，只需将式(9.9)、式(9.10)、式(9.11)所给出关系代入上述公式，很容易看出，它们都还原为长线理论中原有的关于V，I和Z的相应公式。必须注意到，归一化等效电压u，归一化等效电流i，并不具有电路理论中原来的电压、电流的意义，只是一种方便的运算符号。

9.2 微波网络参数

描述微波网络的外部特性有两种不同类型的网络参数。

第一类网络参数是反映各参考面上电压与电流之间的关系。以双口网络为例，以 V_1，I_1 代表参考面 T_1 上的电压和电流，以 V_2，I_2 代表参考面 T_2 上的电压和电流，由线性网络的特性，可以写出下列三种不同的线性方程组：

$$\left.\begin{aligned} V_1 &= Z_{11}I_1 + Z_{12}I_2 \\ V_2 &= Z_{21}I_1 + Z_{22}I_2 \end{aligned}\right\} \tag{9.21}$$

$$\left.\begin{aligned} I_1 &= Y_{11}V_1 + Y_{12}V_2 \\ I_2 &= Y_{21}V_1 + Y_{22}V_2 \end{aligned}\right\} \tag{9.22}$$

$$\left.\begin{aligned} V_1 &= AV_2 - BI_2 \\ I_1 &= CV_2 - DI_2 \end{aligned}\right\} \tag{9.23}$$

在第一组方程中，系数 Z_{11}，Z_{12}，Z_{21}，Z_{22} 具有阻抗的量纲，故称为阻抗参数。在第二组方程中 Y_{11}，Y_{12}，Y_{21}，Y_{22} 具有导纳的量纲，故称为导纳参数。在第三组方程中 V_1，I_1 用 V_2，I_2 表达，其中 A，D 为无量纲参数，B 的量纲为阻抗，而 C 的量纲为导纳。常称 A，B，C，D 为转移参数。

第二类网络参数是反映各参考面上归一化入射波电压 u^+ 与归一化反射波电压 u^- 之间的关系。在微波网络中，必须注意入射波与反射波的方向，规定进入网络的波称为入射波，离开网络的波称为反射波。图 9.3 中，u_1^+ 及 u_2^+ 的传播方向是进入网络的，故为入射波，而 u_1^- 及 u_2^- 的传播方向是离开网络的，故为反射波。其次，u_1^+，u_1^- 以 Z_{c1} 为参考进行归一化，而 u_2^+，u_2^- 以 Z_{c2} 为参考进行归一化。u_1^+，u_1^-，u_2^+，u_2^- 之间的关系，可用两组方程表示如下：

$$\left.\begin{aligned} u_1^- &= S_{11}u_1^+ + S_{12}u_2^+ \\ u_2^- &= S_{21}u_1^+ + S_{22}u_2^+ \end{aligned}\right\} \tag{9.24}$$

$$\left.\begin{aligned} u_1^+ &= T_{11}u_2^- + T_{12}u_2^+ \\ u_1^- &= T_{21}u_2^- + T_{22}u_2^+ \end{aligned}\right\} \tag{9.25}$$

图 9.3 微波网络的入射波与反射波

在第一组方程中，参考面上的反射波用入射波表示，系数 S_{11}，S_{12}，S_{21}，S_{22} 称为散射参数，或简称为 S 参数。

在第二组方程中，参考面 T_1 上的波用参考面 T_2 上的波表示，系数 T_{11}，T_{12}，T_{21}，T_{22} 称为传输参数，或简称为 T 参数。

通过上面的分析，可见同一个双口网络可用五组不同参数表示。一般情况下，每组有四个独立参量，由于每个参数皆为复数，因而一个微波网络一般要用八个参数才能完全确定。五组参量究竟选用哪一组，主要决定于使用是否方便，具体问题具体分析。

微波网络参数常用两种方法确定：第一种方法是根据微波网络的基本等效电路进行计算，等效长线也是网络的基本等效电路之一；第二种方法是利用实验测定。

9.3 双口微波网络的各种矩阵形式

前面介绍了描述微波网络外部特性的五种不同的线性方程组，称为网络方程，其方程的系数就是网络参数，为便于运算，网络方程可用矩阵表示，其系数矩阵是一方矩阵，称为网络参数矩阵。下面分别讨论双口微波网络的几种常用的矩阵形式。

一、阻抗参数矩阵(简称 Z 矩阵)

如图 9.4 所示，① 口参考面的电压、电流是 V_1, I_1，② 口参考面的电压、电流是 V_2, I_2，规定两口的电压向下，电流都流进网络，表明其功率都是流向网络的；网络的引出线只有低频网络连接的作用，线中的 Z_{c1} 和 Z_{c2} 是 ① 口、② 口连接传输线的特性阻抗。

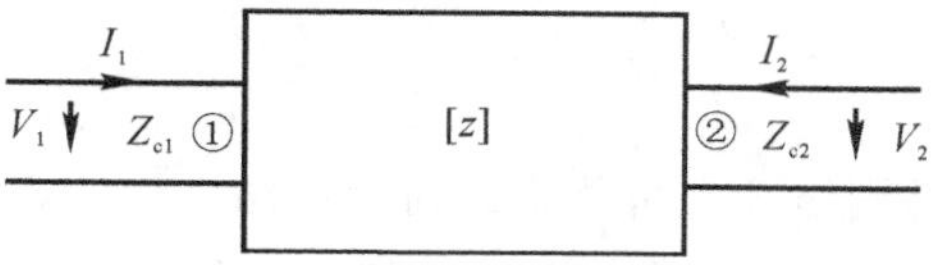

图 9.4 双口网络的阻抗参数

1. 阻抗矩阵

根据叠加原理，任一口的电压等于本口的电流和对口的电流的贡献之和，即

$$\left.\begin{aligned} V_1 &= Z_{11} I_1 + Z_{12} I_2 \\ V_2 &= Z_{21} I_1 + Z_{22} I_2 \end{aligned}\right\} \tag{9.26}$$

式(9.26) 称为阻抗方程。用矩阵表示，则为

$$\begin{bmatrix} V_1 \\ V_2 \end{bmatrix} = \begin{pmatrix} Z_{11} & Z_{12} \\ Z_{21} & Z_{22} \end{pmatrix} \begin{bmatrix} I_1 \\ I_2 \end{bmatrix} \tag{9.27}$$

简写为

$$\boldsymbol{V} = \boldsymbol{ZI} \tag{9.28}$$

式中

$$\boldsymbol{Z} = \begin{pmatrix} Z_{11} & Z_{12} \\ Z_{21} & Z_{22} \end{pmatrix} \tag{9.29}$$

是阻抗矩阵(简称为 **Z** 矩阵)，其中各元素是网络的阻抗参数(又称为 Z 参数)。网络参数反映了网络的外部特性，而与端口的电压、电流无关，因此网络特征可用其参数矩阵表示。

2. 阻抗参数的物理意义

考虑某一口的电流的贡献时，另一口的电流取为零，即把该口开路。由式(9.26) 得

$$\left.\begin{aligned} Z_{11}&=\frac{V_1}{I_1}\bigg|_{I_2=0} \quad \text{① 口的自阻抗} \\ Z_{12}&=\frac{V_1}{I_2}\bigg|_{I_1=0} \quad \text{② 口对 ① 口的互阻抗} \\ Z_{22}&=\frac{V_2}{I_2}\bigg|_{I_1=0} \quad \text{② 口的自阻抗} \\ Z_{21}&=\frac{V_2}{I_1}\bigg|_{I_2=0} \quad \text{① 口对 ② 口的互阻抗} \end{aligned}\right\} \tag{9.30}$$

这些参数也可用开路测量获得，所以又称为开路参数。

3. 阻抗参数的主要性质

网络参数的性质是指：在某种条件下，网络参数之间所具有的相互关系。

(1) 当网络互易，亦即在电路中不包括铁氧体、微波晶体管等不可逆元件时，满足互易定理，网络参数有下列关系：

$$Z_{12}=Z_{21} \quad (Z_{ij}=Z_{ji}) \tag{9.31}$$

(2) 当网络具有对称结构（从微波元件的 ① 口和 ② 口看进去的情况完全相同时的等效网络），则相应的对称位置的网络参数也相等，即

$$\left.\begin{aligned} Z_{12}&=Z_{21} \quad (Z_{ij}=Z_{ji}) \\ Z_{11}&=Z_{22} \quad (Z_{ii}=Z_{jj}) \end{aligned}\right\} \tag{9.32}$$

从式(9.32) 可见，只有互易网络才有可能构成对称网络。

(3) 当网络内无损耗时，则所有阻抗参数均为纯虚数。

4. 归一化阻抗参数

在微波情况下，由于传输线的特性阻抗具有重要意义，一般均以对特性阻抗的相对值来判别电路的匹配程度。这样得出的矩阵参数称为归一化参数，由此所得的矩阵，称为归一化矩阵。为此，应首先将各引出端的电压、电流变换成归一化量。对双口微波网络，如图 9.4 所示，两个引出端传输线的特性阻抗各为 Z_{c1} 和 Z_{c2}，则归一化电压、电流按式(9.10)、式(9.11) 定义：

$$u_1=\frac{V_1}{\sqrt{Z_{c1}}} \tag{9.33}$$

$$u_2=\frac{V_2}{\sqrt{Z_{c2}}} \tag{9.34}$$

$$i_1=\sqrt{Z_{c1}}\,I_1 \tag{9.35}$$

$$i_2=\sqrt{Z_{c2}}\,I_2 \tag{9.36}$$

其中小写的符号均表示归一化量。

这样

$$\frac{u_1}{i_1}=\frac{V_1}{I_1}\,\frac{1}{Z_{c1}} \tag{9.37}$$

$$\frac{u_2}{i_2}=\frac{V_2}{I_2}\,\frac{1}{Z_{c2}} \tag{9.38}$$

从而得到了阻抗的归一化。把归一化电压写成归一化电流的表示式，由此得到的阻抗矩阵即是归一化阻抗矩阵，以 $\boldsymbol{z}$ 表示之。

$$\boldsymbol{u}=\boldsymbol{z}\,\boldsymbol{i} \tag{9.39}$$

由式(9.33) ～ 式(9.36)，可得到 $\boldsymbol{z}$ 的各归一化阻抗参数为

$$\left.\begin{aligned} z_{11} &= \frac{Z_{11}}{Z_{c1}} \\ z_{12} &= \frac{Z_{12}}{\sqrt{Z_{c1}Z_{c2}}} \\ z_{12} &= \frac{Z_{21}}{\sqrt{Z_{c1}Z_{c2}}} \\ z_{22} &= \frac{Z_{22}}{Z_{c2}} \end{aligned}\right\} \tag{9.40}$$

由式(9.40) 可见：

互易网络

$$z_{12}=z_{21}$$

对称网络

$$(Z_{c1}=Z_{c2}) \quad \begin{cases} z_{12}=z_{21} \\ z_{11}=z_{22} \end{cases}$$

例 9.1 如图 9.5 所示，求两个串联双口网络的阻抗参数。

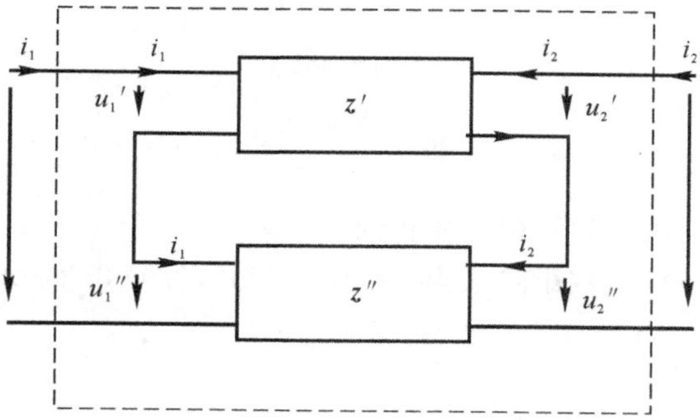

图 9.5 网络的串联

解 求串联网络参数时，用阻抗矩阵计算较为方便。两个双口网络串联，每个口的电流不变，电压分压。

因为

$$\boldsymbol{z}\,\boldsymbol{i}=\boldsymbol{u}=\boldsymbol{u}'+\boldsymbol{u}''=\boldsymbol{z}'\boldsymbol{i}+\boldsymbol{z}''\boldsymbol{i}=(\boldsymbol{z}'+\boldsymbol{z}'')\boldsymbol{i}$$

所以

$$\boldsymbol{z}=\boldsymbol{z}'+\boldsymbol{z}'' \tag{9.41}$$

即两个串联网络总的阻抗矩阵等于该两个网络的阻抗矩阵之和。

二、导纳参数矩阵(简称 Y 矩阵)

把双口网络的电压作为自变量,电流作为因变量,得

$$\left.\begin{aligned} I_1 &= Y_{11}V_1 + Y_{12}V_2 \\ I_2 &= Y_{21}V_1 + Y_{22}V_2 \end{aligned}\right\} \tag{9.42}$$

简写为

$$\boldsymbol{I} = \boldsymbol{Y}\boldsymbol{V} \tag{9.43}$$

$$\boldsymbol{Y} = \begin{bmatrix} Y_{11} & Y_{12} \\ Y_{21} & Y_{22} \end{bmatrix} \tag{9.44}$$

为导纳矩阵,Y_{11},Y_{22} 为自导纳,Y_{12},Y_{21} 为互导纳。考虑某一口电压的贡献时,另一口的电压为零,即把该口短路,所以导纳参数是短路参数。

利用

$$\left.\begin{aligned} y_{11} &= \frac{Y_{11}}{Y_{c1}} \\ y_{12} &= \frac{Y_{12}}{\sqrt{Y_{c1}Y_{c2}}} \\ y_{21} &= \frac{Y_{21}}{\sqrt{Y_{c1}Y_{c2}}} \\ y_{22} &= \frac{Y_{22}}{Y_{c2}} \end{aligned}\right\} \tag{9.45}$$

得归一化导纳参数矩阵

$$\boldsymbol{i} = \boldsymbol{y}\boldsymbol{u} \tag{9.46}$$

$$\boldsymbol{y} = \begin{bmatrix} y_{11} & y_{12} \\ y_{21} & y_{22} \end{bmatrix} \tag{9.47}$$

导纳参数的性质与阻抗参数的性质相同。

导纳参数矩阵和阻抗参数矩阵互为逆矩阵。对式(9.46) 两端均左乘[z] 得

$$\boldsymbol{z}\boldsymbol{i} = \boldsymbol{z}\boldsymbol{y}\boldsymbol{u}$$

与式(9.39) 比较,得

$$\boldsymbol{z}\boldsymbol{y} = \boldsymbol{1}$$

式中 **1** 为单位矩阵或么阵,故 $\boldsymbol{z}$ 与 $\boldsymbol{y}$ 互为逆矩阵,即

$$\left.\begin{aligned} \boldsymbol{z} &= \boldsymbol{y}^{-1} \\ \boldsymbol{y} &= \boldsymbol{z}^{-1} \end{aligned}\right\} \tag{9.48}$$

例 9.2 如图 9.6 所示,求两个并联双口网络的导纳参数。

解 导纳矩阵特别适用于求并联网络的网络参数。

对图 9.6 的并联网络有如下关系:

$$\boldsymbol{i} = \boldsymbol{y}\boldsymbol{u} = \boldsymbol{i}' + \boldsymbol{i}'' = \boldsymbol{y}'\boldsymbol{u} + \boldsymbol{y}''\boldsymbol{u} = (\boldsymbol{y}' + \boldsymbol{y}'')\boldsymbol{u}$$

故

$$\boldsymbol{y} = \boldsymbol{y}' + \boldsymbol{y}'' \tag{9.49}$$

两个并联网络总导纳矩阵等于该两个网络的导纳矩阵之和。

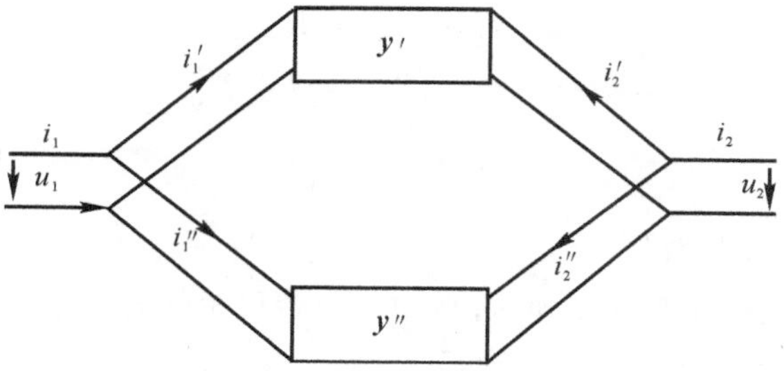

图 9.6 网络的并联

三、转移参数矩阵(简称 A 矩阵)

转移参数在微波网络中的应用远比阻抗、导纳参数广泛，这是由于微波传输系统中，大量地出现前一个元件的输出口与后一个元件的输入口连接，这种首尾连接的方式不同于串联和并联，称之为级联。转移参数最适用于级联网络。

在图 9.7 中，网络的输入量是 V_1, I_1；输出量是 $V_2, -I_2$，它又是下一个网络的输入量，故电流箭头离开网络并用 $-I_2$ 表示，和前面规定流向网络的电流为正的情况正好相反，由 V_2, I_2 组成的功率从这里输出并流入到下一个级联网络输入口。

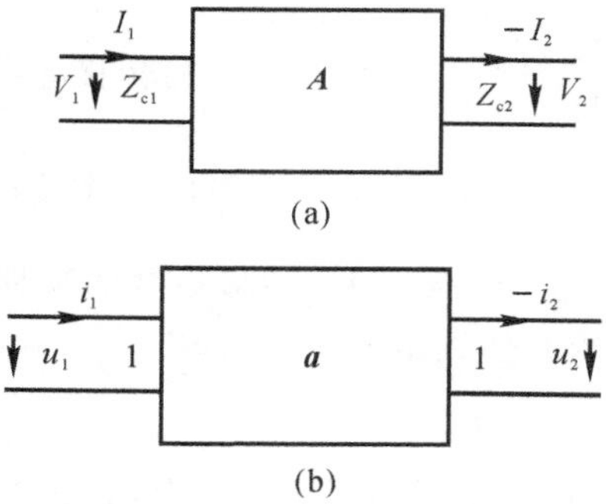

图 9.7

(a) 转移参数； (b) 归一化转移参数

1. 转移矩阵

根据输入量和输出量之间的线性关系，可得一组线性方程：

$$\left.\begin{aligned} V_1 &= AV_2 + B(-I_2) \\ I_1 &= CV_2 + D(-I_2) \end{aligned}\right\} \tag{9.50}$$

式(9.50) 称为转移方程，用矩阵表示，则为

$$\begin{bmatrix} V_1 \\ I_1 \end{bmatrix} = \begin{bmatrix} A & B \\ C & D \end{bmatrix} \begin{bmatrix} V_2 \\ -I_2 \end{bmatrix} \tag{9.51}$$

简写为

$$\begin{bmatrix} V_1 \\ I_1 \end{bmatrix} = \mathbf{A} \begin{bmatrix} V_2 \\ -I_2 \end{bmatrix} \tag{9.52}$$

式中

$$\mathbf{A} = \begin{bmatrix} A & B \\ C & D \end{bmatrix} \tag{9.53}$$

称为转移矩阵(简称为 **A** 矩阵)。

经过与阻抗矩阵同样步骤的变换,可得归一化转移矩阵为

$$\begin{bmatrix} u_1 \\ i_1 \end{bmatrix} = \boldsymbol{a} \begin{bmatrix} u_2 \\ -i_2 \end{bmatrix} \tag{9.54}$$

式中

$$\boldsymbol{a} = \begin{bmatrix} a & b \\ c & d \end{bmatrix} = \begin{bmatrix} A\sqrt{\dfrac{Z_{c2}}{Z_{c1}}} & \dfrac{B}{\sqrt{Z_{c1}Z_{c2}}} \\ C\sqrt{Z_{c1}Z_{c2}} & D\sqrt{\dfrac{Z_{c1}}{Z_{c2}}} \end{bmatrix} \tag{9.55}$$

2. 转移参数的物理意义

由式(9.50)可知:

$$\left.\begin{aligned} A &= \left.\frac{V_1}{V_2}\right|_{I_2=0} && \text{② 口开路时的电压转移系数} \\ B &= \left.\frac{V_1}{-I_2}\right|_{V_2=0} && \text{② 口短路时的转移阻抗} \\ C &= \left.\frac{I_1}{V_2}\right|_{I_2=0} && \text{② 口开路时的转移导纳} \\ D &= \left.\frac{I_1}{-I_2}\right|_{V_2=0} && \text{② 口短路时的电流转移系数} \end{aligned}\right\} \tag{9.56}$$

把上述诸式改成对应的小写符号,就表示归一转移参数的物理意义。这些公式也可看成是每一参数的定义,常用它们来求具体网络的转移参数。

3. 转移参数与阻抗参数的换算关系

同一双口网络的特性既然可用不同的网络参数表示,这些参数之间必然存在能够相互换算的关系。通过这些关系,可以从一种参数导出另一种参数;也可以从一种参数的性质导出另一种参数的性质。

我们把式(9.26)改写为用输出量表示输入量的形式:

$$\left.\begin{aligned} V_1 &= \frac{Z_{11}}{Z_{21}}V_2 + \frac{|\mathbf{Z}|}{Z_{21}}(-I_2) = AV_2 + B(-I_2) \\ I_1 &= \frac{1}{Z_{21}}V_2 + \frac{Z_{22}}{Z_{21}}(-I_2) = CV_2 + D(-I_2) \end{aligned}\right\} \tag{9.57}$$

式中,$|\mathbf{Z}| = Z_{11}Z_{22} - Z_{12}Z_{21}$,是矩阵 **Z** 对应的行列式的值。由式(9.57)即得 Z 参数表示的 **A** 为

$$\mathbf{A} = \begin{bmatrix} A & B \\ C & D \end{bmatrix} = \frac{1}{Z_{21}} \begin{bmatrix} Z_{11} & |\mathbf{Z}| \\ 1 & Z_{22} \end{bmatrix} \tag{9.58}$$

反之,亦可导出用 A 参数表示的 $\mathbf{Z}$ 为

$$\mathbf{Z}=\begin{bmatrix} Z_{11} & Z_{12} \\ Z_{21} & Z_{22} \end{bmatrix}=\frac{1}{C}\begin{bmatrix} A & |\mathbf{A}| \\ 1 & D \end{bmatrix} \tag{9.59}$$

式中,$|\mathbf{A}|$ 为矩阵 $\mathbf{A}$ 所对应的行列式的值,即

$$|\mathbf{A}|=AD-BC$$

由于归一化参数和原值参数的网络方程在形式上全同,所以归一化参数矩阵 $\boldsymbol{a}$ 与 z 的换算关系也和原值之间的换算关系全同。只要把式(9.58)、式(9.59)的大写符号换成小写符号就可以了。

4. 转移参数的主要性质

因为互易网络的 $Z_{12}=Z_{21}$,代入式(9.59)得

互易网络

$$|\mathbf{A}|=AD-BC=1 \tag{9.60}$$

又因为对称网络的 $Z_{12}=Z_{21}$,代入式(9.59)又得

对称网络

$$\begin{cases} A=D \\ |\mathbf{A}|=AD-BC=1 \end{cases} \tag{9.61}$$

$\boldsymbol{a}$ 的性质与 $\mathbf{A}$ 相同。

5. 基本网络单元的转移矩阵

在微波网络中,一些复杂的网络往往可以分解成若干简单网络的组合,这些简单网络称为基本网络单元。如果基本电路单元的矩阵参量已知,则复杂网络的矩阵参量可通过矩阵运算而得到。在微波电路中,经常碰到的基本网络单元有:串联阻抗、并联导纳、一段传输线和一个理想变压器。这些基本网络单元的各种矩阵参数,既可直接根据矩阵参量的定义及其特性求得,又可根据各种矩阵形式的关系而由其他矩阵参数转推而得,以下举几个实例加以说明。

例 9.3 求串联阻抗 z 的 $\boldsymbol{a}$ 参数。

解 据 $\boldsymbol{a}$ 参数的定义来求。在图 9.8 中,有

$$a=\left.\frac{u_1}{u_2}\right|_{i_2=0}=1$$

$$b=\left.\frac{u_1}{-i_2}\right|_{u_2=0}=z$$

由对称性,得

$$a=d=1$$

由互易性,得

$$ad-bc=1$$

故

$$c=\frac{ad-1}{b}=0$$

因此得串联阻抗的

$$\boldsymbol{a}=\begin{bmatrix}1 & z\\0 & 1\end{bmatrix} \tag{9.62}$$

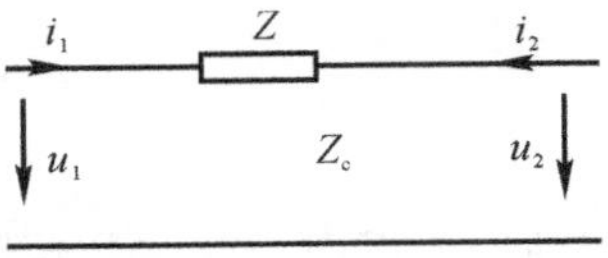

图 9.8　串联阻抗

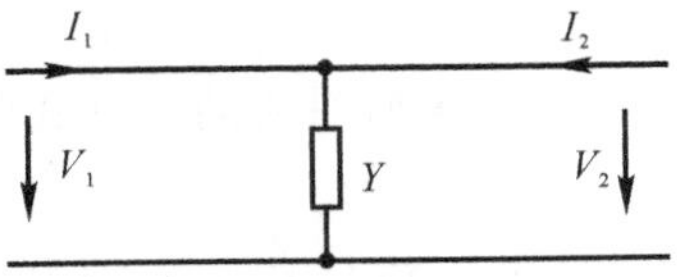

图 9.9　并联导纳

例 9.4　求并联导纳的 $\boldsymbol{A}$。

解　在图 9.9 中，因为是对称网络，故

$$A=D=\left.\frac{V_1}{V_2}\right|_{I_2=0}=1$$

$$C=\left.\frac{I_1}{V_2}\right|_{I_2=0}=Y$$

$$B=\frac{AD-1}{C}=\frac{1-1}{Y}=0$$

所以，并联导纳网络的 $\boldsymbol{A}$ 为

$$\boldsymbol{A}=\begin{bmatrix}1 & 0\\Y & 1\end{bmatrix} \tag{9.63}$$

例 9.5　求一段均匀无耗传输线的 $\boldsymbol{A}$。

解　如图 9.10 所示。

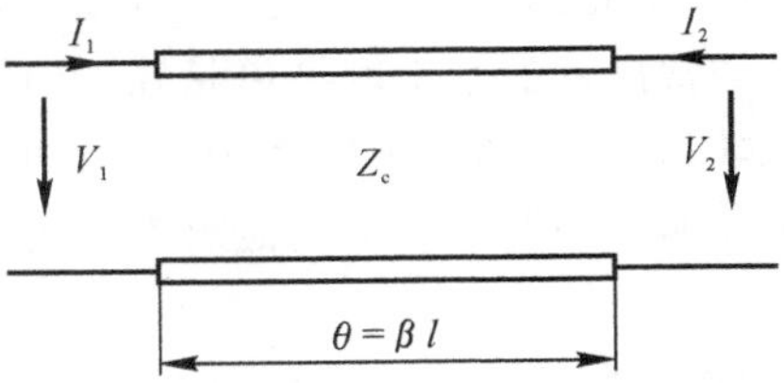

图 9.10　无耗短路线

当 $I_2=0$，2 口开路时

$$V_1=V_2^+\mathrm{e}^{\mathrm{j}\theta}+V_2^+\mathrm{e}^{-\mathrm{j}\theta}=V_2^+(\mathrm{e}^{\mathrm{j}\theta}+\mathrm{e}^{-\mathrm{j}\theta})=2V_2^+\cos\theta$$

$$V_2=2V_2^+$$

$$I_1=\frac{V_2^+}{Z_c}(\mathrm{e}^{\mathrm{j}\theta}-\mathrm{e}^{-\mathrm{j}\theta})=\frac{2V_2^+}{Z_c}\sin\theta$$

因为是对称网络，故

$$A=D=\left.\frac{V_1}{V_2}\right|_{I_2=0}=\cos\theta$$

$$C=\left.\frac{I_1}{V_2}\right|_{I_2=0}=\mathrm{j}\,\frac{1}{Z_c}\sin\theta$$

$$B=\frac{AD-1}{C}=\frac{\cos^2\theta-1}{\mathrm{j}\,\frac{1}{Z_c}\sin\theta}=\mathrm{j}Z_c\sin\theta$$

所以,均匀无耗传输线的 **A** 为

$$\mathbf{A}=\begin{bmatrix}\cos\theta & \mathrm{j}Z_c\sin\theta\\ \mathrm{j}\,\frac{1}{Z_c}\sin\theta & \cos\theta\end{bmatrix}\tag{9.64}$$

例 9.6 求理想变压器的 **A**。

解 如图 9.11 所示。

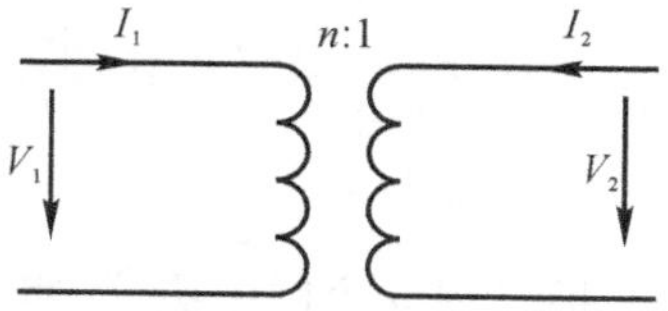

图 9.11 理想变压器网络

因为对理想变压器,输入输出电压比等于匝数比,电流比等于匝数的反比,故

$$V_1=nV_2=AV_2+B(-I_2)$$

$$I_1=\frac{1}{n}(-I_2)=CV_2+D(-I_2)$$

由上方程得

$$A=n,\quad D=\frac{1}{n},\quad B=C=0$$

故理想变压器的 **A** 为

$$\mathbf{A}=\begin{bmatrix}n & 0\\ 0 & \frac{1}{n}\end{bmatrix}\tag{9.65}$$

当 $n\neq 1$ 时,有

$$AD-BC=\frac{1}{n}n-0=1$$

$$A\neq D$$

所以,$n\neq 1$ 的理想变压器网络只是互易无耗网络,而不是对称网络。

利用理想变压器网络的特点,可以看出电压、电流归一化的电路意义。如图 9.12 所示,变压器的初级电压为 V,电流为 I,传输线的特性阻抗为 Z_c,次级电压为 u,电流为 i,特性阻抗为 1;初次级匝数比为$\sqrt{Z_c}$:1。则

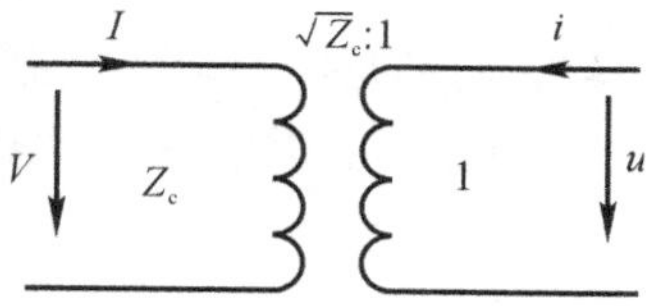

图 9.12 归一化的电路意义

$$\frac{u}{V}=\frac{1}{\sqrt{Z_c}}\rightarrow u=\frac{V}{\sqrt{Z_c}}$$

$$\frac{i}{I}=\sqrt{Z_c}\rightarrow i=I\sqrt{Z_c}$$

$$\frac{z}{Z}=\frac{u/i}{V/I}=\frac{1}{Z_c}\rightarrow z=\frac{Z}{Z_c},Z_c=\frac{Z_c}{Z_c}=1$$

$$\frac{1}{2}ui^*=\frac{1}{2}\frac{V}{\sqrt{Z_c}}I^*\sqrt{Z_c}=\frac{1}{2}VI^*$$

即经过匝数比为$\sqrt{Z_c}$:1 的理想变压器的线性变换后,就把初级的 V,I 和 Z 变换为次级的 u,i 和 z,而保持传输功率不变。

6. 转移矩阵的基本应用

(1) 用 A 参数可以求双口网络的输入阻抗。由式(9.50)可得

$$Z_{in}=\frac{V_1}{I_1}=\frac{AV_2-BI_2}{CV_2-DI_2}=\frac{AZ_L+B}{CZ_L+D} \tag{9.66}$$

式中，$Z_L=\frac{V_2}{-I_2}$，是双口网络的负载阻抗。

(2) 求级联网络的转移阻抗。如图 9.13 所示，是两个网络的级联，因为

$$\begin{bmatrix}V_1\\I_1\end{bmatrix}=\begin{bmatrix}A_1 & B_1\\C_1 & D_1\end{bmatrix}\begin{bmatrix}V_1\\-I_2\end{bmatrix}=\begin{bmatrix}A_1 & B_1\\C_1 & D_1\end{bmatrix}\begin{bmatrix}A_2 & B_2\\C_2 & D_2\end{bmatrix}\begin{bmatrix}V_3\\-I_3\end{bmatrix}=\begin{bmatrix}A & B\\C & D\end{bmatrix}\begin{bmatrix}V_3\\-I_3\end{bmatrix}$$

故

$$\mathbf{A}=\mathbf{A}_1\,\mathbf{A}_2 \tag{9.67}$$

推广到 n 个网络级联，得

$$\mathbf{A}=\prod_{i=1}^{n}\mathbf{A}_i \tag{9.68}$$

即 n 个网络级联后的 $\mathbf{A}$ 等于各个网络$\mathbf{A}_i$ 的连乘积。

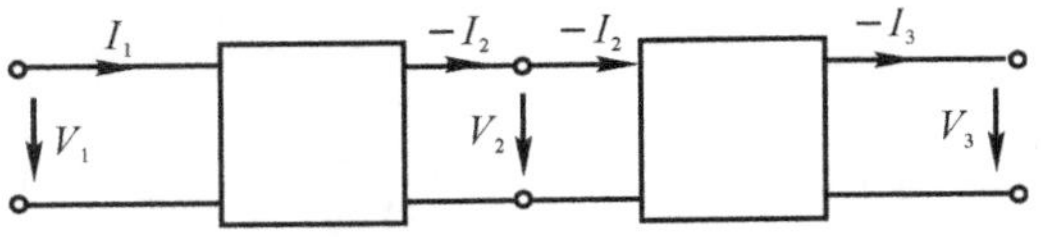

图 9.13　两个双口网络的级联

四、散射参数矩阵(简称 s 矩阵)

这是微波网络中最常用的一种矩阵形式，是微波网络的特色之一。

1. 散射矩阵

在图 9.14 中，u_1^+，u_2^+ 是射向网络的归一入射波；u_1^- 和 u_2^- 是离开网络的归一反射波或传输波，它们都是归一化的复振幅，其值随参考面而变化。在 ①② 口规定的参考面上，这些入射波与反射波或传输彼的线性关系为

$$\left.\begin{aligned}u_1^-&=s_{11}u_1^++s_{12}u_2^+\\u_2^-&=s_{21}u_1^++s_{22}u_2^+\end{aligned}\right\} \tag{9.69}$$

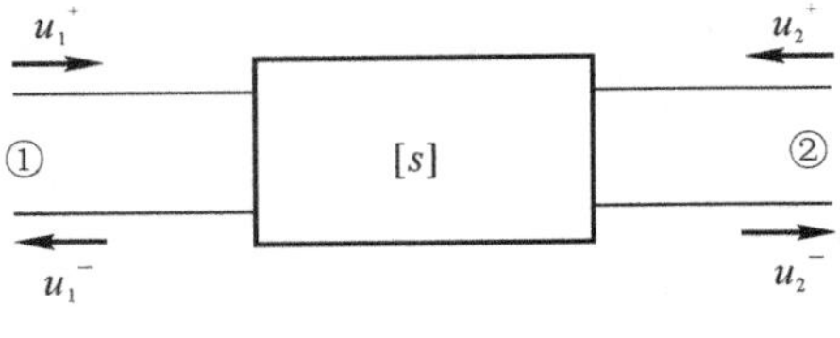

图 9.14　双口网络的 s 参数

式(9.69)是网络的散射方程，用矩阵表示为

$$\begin{pmatrix}u_1^-\\u_2^-\end{pmatrix}=\begin{pmatrix}s_{11} & s_{12}\\s_{11} & s_{22}\end{pmatrix}\begin{pmatrix}u_1^+\\u_2^+\end{pmatrix} \tag{9.70}$$

简写为

$$u^- = su^+ \tag{9.71}$$

式中，**s** 为散射矩阵，且

$$s = \begin{pmatrix} s_{11} & s_{12} \\ s_{21} & s_{22} \end{pmatrix} \tag{9.72}$$

矩阵中的各元素为散射参数，在一般情况下它们都是复数。

2. s 参数的物理意义

由式(9.69) 可知：

$$\left.\begin{aligned} s_{11} &= \left.\frac{u_1^-}{u_1^+}\right|_{u_2^+=0} = \Gamma_1 \quad \text{②口接匹配负载时，①口的反射系数} \\ s_{22} &= \left.\frac{u_2^-}{u_2^+}\right|_{u_1^+=0} = \Gamma_2 \quad \text{①口接匹配负载时，②口的反射系数} \\ s_{12} &= \left.\frac{u_1^-}{u_2^+}\right|_{u_1^+=0} = \tau_{21} \quad \text{①口接匹配负载时，②口至①口的传输系数} \\ s_{21} &= \left.\frac{u_2^-}{u_1^+}\right|_{u_2^+=0} = \tau_{12} \quad \text{②口接匹配负载时，①口至②口的传输系数} \end{aligned}\right\} \tag{9.73}$$

对于单口网络，$u_2^+ = u_2^- = 0$，网络参数只剩下 $s_{11} = \Gamma = \frac{u_1^-}{u_1^+}$。从式(9.73) 可见，散射参数最直接地反映了网络及其所代表的元件的反射和传输特性。

3. **s** 与 **a** 的关系

在求级联网络的 **s** 时，通常的办法是先求出 **a**，然后换算为 **s**，所以 **s** 与 **a** 的换算公式在微波网络中应用较多。求 **s** 与 **a** 两者关系的步骤是：把网络①②口的电压、电流用入射波和反射波电压表示，然后通过归一化转移方程建立起①②口电压关系，最后由 **s** 参数的定义确定 **s** 参数与 **a** 参数的关系（注意，这种换算只对双口网络成立）。

如图(9.14) 所示，由式(9.13)、式(9.14) 可知在双口网络的输入输出口有

$$\left.\begin{aligned} u_1 &= u_1^+ + u_1^- \\ i_1 &= u_1^+ - u_1^- \end{aligned}\right\} \tag{9.74}$$

$$\left.\begin{aligned} u_2 &= u_2^+ + u_2^- \\ i_2 &= u_2^+ - u_2^- \end{aligned}\right\} \tag{9.75}$$

将式(9.74)、式(9.75) 代入式(9.54)，得

$$\begin{cases} u_1^+ + u_1^- = (a-b)u_2^+ + (a+b)u_2^- \\ u_1^+ - u_1^- = (c-d)u_2^+ + (c+d)u_2^- \end{cases}$$

解出

$$\left.\begin{aligned} u_1^+ &= \frac{1}{2}[(a-b+c-d)u_2^+ + (a+b+c+d)u_2^-] \\ u_1^- &= \frac{1}{2}[(a-b-c+d)u_2^+ + (a+b-c-d)u_2^-] \end{aligned}\right\} \tag{9.76}$$

则

$$s_{11} = \left.\frac{u_1^-}{u_1^+}\right|_{u_2^+=0} = \frac{a+b-c-d}{a+b+c+d}$$

$$s_{12}=\frac{u_1^-}{u_2^+}\bigg|_{u_1^+=0}=\frac{2\mid a\mid}{a+b+c+d}(\mid a\mid=ad-bc)$$

$$s_{21}=\frac{u_2^-}{u_1^+}\bigg|_{u_2^+=0}=\frac{2}{a+b+c+d}$$

$$s_{22}=\frac{u_2^-}{u_2^+}\bigg|_{u_1^+=0}=\frac{-a+b-c+d}{a+b+c+d}$$

故

$$\boldsymbol{s}=\begin{pmatrix}s_{11} & s_{11}\\ s_{11} & s_{11}\end{pmatrix}=\frac{1}{a+b+c+d}\begin{bmatrix}a+b-c-d & 2\mid a\mid\\ 2 & -a+b-c+d\end{bmatrix} \tag{9.77}$$

4. **s** 参数的主要性质

(1) 互易网络

$$s_{12}=s_{21} \tag{9.78}$$

(2) 对称网络

$$\left.\begin{aligned}s_{12}=s_{21}\\ s_{11}=s_{22}\end{aligned}\right\} \tag{9.79}$$

(3) 无耗网络

$$\boldsymbol{s}^+\boldsymbol{s}=\boldsymbol{1} \tag{9.80}$$

(4) 无耗互易网络

$$\boldsymbol{s}^*\boldsymbol{s}=\boldsymbol{1} \tag{9.81}$$

式中,$\boldsymbol{s}^+$ 是转置共轭矩阵,称为厄米特矩阵。式(9.81)实际上是无耗网络与无耗互易网络的功率守恒定律在 **s** 矩阵上的反映,称为 **s** 矩阵的么正性。证明如下:

对于双口或多口无耗网络,输入各口的功率与从各口输出的功率相等,故有

$$\frac{1}{2}\sum_{i=1}^{n}\mid u^+\mid^2=\frac{1}{2}\sum_{i=1}^{n}\mid u^-\mid^2$$

$$\frac{1}{2}\sum_{i=1}^{n}(u^{+*}u^+)=\frac{1}{2}\sum_{i=1}^{n}(u^{-*}u^-) \tag{9.82}$$

将式(9.82)写成行矩阵与列矩阵相乘的形式,即

$$[u_1^{+*}\ u_2^{+*}\cdots u_n^{+*}]\begin{bmatrix}u_1^+\\ u_2^+\\ \vdots\\ u_n^+\end{bmatrix}=[u_1^{-*}\ u_2^{-*}\cdots u_n^{-*}]\begin{bmatrix}u_1^-\\ u_2^-\\ \vdots\\ u_n^-\end{bmatrix} \tag{9.83}$$

简写为

$$(\boldsymbol{u}^+)^+\boldsymbol{u}^+=(\boldsymbol{u}^-)^+\boldsymbol{u}^- \tag{9.84}$$

由于

$$\boldsymbol{u}^-=\boldsymbol{s}\boldsymbol{u}^+$$

所以

$$(\boldsymbol{u}^-)^+=(\boldsymbol{s}\boldsymbol{u}^+)^+=(\boldsymbol{u}^+)^+\boldsymbol{s}^+ \tag{9.85}$$

将式(9.85)代入式(9.84)得

$$(\boldsymbol{u}^+)^+\boldsymbol{u}^+=(\boldsymbol{u}^+)^+(\boldsymbol{s}^+)\boldsymbol{s}(\boldsymbol{u}^+)$$

$$(\boldsymbol{u}^{+})^{+}(\boldsymbol{1}-\boldsymbol{s}^{+}\boldsymbol{s})\boldsymbol{u}^{+}=0 \tag{9.86}$$

欲使上等式对任意的 $\boldsymbol{u}^{+}$ 都成立，必须

$$\boldsymbol{s}^{+}\boldsymbol{s}=\boldsymbol{1} \tag{9.87}$$

对于互易网络

$$\boldsymbol{s}=\boldsymbol{s}^{\mathrm{T}}$$

故

$$\boldsymbol{s}^{+}=(\boldsymbol{s}^{\mathrm{T}})^{*}=(\boldsymbol{s}^{*})^{\mathrm{T}}=\boldsymbol{s}^{*} \tag{9.88}$$

将式(9.88)代入式(9.87)得无耗互易网络的么正性为

$$\boldsymbol{s}^{*}\boldsymbol{s}=\boldsymbol{1} \text{ 或 } \boldsymbol{s}^{+}\boldsymbol{s}=\boldsymbol{1}$$

证毕。

例 9.7 由 $\boldsymbol{s}$ 的么正性，求无耗互易双口网络的特性。

解 把式(9.81)写成显式得

$$\begin{pmatrix} s_{11}^{*} & s_{12}^{*} \\ s_{12}^{*} & s_{22}^{*} \end{pmatrix}\begin{pmatrix} s_{11} & s_{12} \\ s_{12} & s_{22} \end{pmatrix}=\begin{bmatrix} 1 & 0 \\ 0 & 1 \end{bmatrix} \tag{9.89}$$

即

$$|s_{11}|^{2}+|s_{12}|^{2}=1 \tag{9.90}$$

$$|s_{12}|^{2}+|s_{22}|^{2}=1 \tag{9.91}$$

$$s_{11}^{*}s_{12}+s_{12}^{*}s_{22}=0 \tag{9.92}$$

$$s_{12}^{*}s_{11}+s_{22}^{*}s_{12}=0 \tag{9.93}$$

(1)$\boldsymbol{s}$ 参数的振幅特性：由式(9.90)、式(9.91)得

$$|s_{11}|=|s_{22}|=\sqrt{1-|s_{12}|^{2}} \quad \text{（说明 ① 和 ② 口的反射系数的模相等）} \tag{9.94}$$

若 $|s_{12}|=1$，则

$$|s_{11}|=|s_{22}|=0 \text{（说明网络的其中 ① 口匹配，则另一口随之匹配）} \tag{9.95}$$

由式(9.91)得

$$\left.\frac{\frac{1}{2}}{\frac{1}{2}}\left(\frac{|u_{1}^{-}|^{2}}{|u_{2}^{+}|^{2}}+\frac{|u_{2}^{-}|^{2}}{|u_{2}^{+}|^{2}}\right)\right|_{u_{1}^{+}=0}=1$$

$$\left.\frac{\frac{1}{2}|u_{1}^{-}|^{2}+\frac{1}{2}|u_{2}^{-}|^{2}}{\frac{1}{2}|u_{2}^{+}|^{2}}\right|_{u_{1}^{+}=0}=1 \tag{9.96}$$

式中：$\frac{1}{2}|u_{2}^{+}|^{2}$ 是 ② 口的入射功率；$\frac{1}{2}|u_{1}^{-}|^{2}$ 是由网络传输到 ① 口的功率；$\frac{1}{2}|u_{2}^{-}|^{2}$ 是网络反射到 ② 口的功率。上式证明：当 ① 口匹配时($u_{1}^{+}=0$)，从 ② 口向网络的入射功率等于由网络传输到 ① 口的功率与由网络反射到 ② 口的功率之和，表示了功率守恒关系。

(2)$\boldsymbol{s}$ 参数的相位特性：由式(9.93)得

$$|s_{12}|\mathrm{e}^{-\mathrm{j}\theta_{12}}|s_{11}|\mathrm{e}^{\mathrm{j}\theta_{11}}+|s_{22}|\mathrm{e}^{-\mathrm{j}\theta_{22}}|s_{12}|\mathrm{e}^{\mathrm{j}\theta_{12}}=0$$

式中，θ 为对应元素的幅角，因为 $|s_{11}|=|s_{22}|$，故

$$\mathrm{e}^{\mathrm{j}(\theta_{11}-\theta_{12})}+\mathrm{e}^{\mathrm{j}(\theta_{12}-\theta_{22})}=0$$

$$\theta_{11}-\theta_{12}=\theta_{12}-\theta_{22}\pm\pi$$

$$\theta_{12}=\frac{1}{2}(\theta_{11}+\theta_{22}\pm\pi) \tag{9.97}$$

若网络对称，则

$$\theta_{12}=\theta_{11}+\frac{\pi}{2} \tag{9.98}$$

五、传输参数矩阵（简称 T 矩阵）

微波网络的传输参数也是归一化参数，它是用输出口的归一反射波电压和归一入射波电压表示输入口的归一入射波电压和归一反射波电压。和转移参数一样，传输参数也只适用于双口网络。

1. 传输矩阵

在图 9.15 中，传输参数的网络方程为

$$\left.\begin{aligned}u_1^+&=t_{11}u_2^-+t_{12}u_2^+\\u_1^-&=t_{21}u_2^-+t_{22}u_2^+\end{aligned}\right\} \tag{9.99}$$

写成矩阵为

$$\begin{pmatrix}u_1^+\\u_1^-\end{pmatrix}=\boldsymbol{t}\begin{pmatrix}u_2^-\\u_2^+\end{pmatrix}$$

式中

$$\boldsymbol{t}=\begin{pmatrix}t_{11}&t_{12}\\t_{21}&t_{22}\end{pmatrix} \tag{9.100}$$

称为传输矩阵。

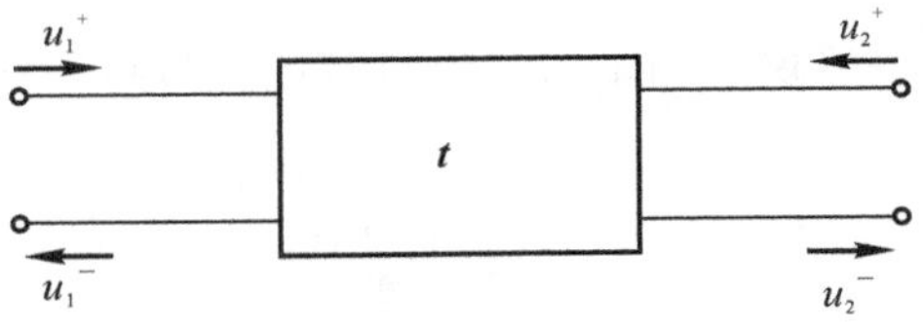

图 9.15　双口网络的 t 参数

2. 传输参数 t_{11} 的物理意义

$$t_{11}=\left.\frac{u_1^+}{u_2^-}\right|_{u_2^+=0}=\frac{1}{\left.\dfrac{u_2^-}{u_1^+}\right|_{u_2^+=0}}=\frac{1}{s_{21}}=\frac{1}{\tau_{12}} \tag{9.101}$$

表示输出口接匹配负载时，输入口至输出口的电压传输系数的倒数。

3. $\boldsymbol{t}$ 与 $\boldsymbol{s}$ 的关系及 $\boldsymbol{t}$ 参数的主要性质

$$\boldsymbol{s}=\begin{pmatrix}s_{11}&s_{12}\\s_{21}&s_{22}\end{pmatrix}=\frac{1}{t_{11}}\begin{pmatrix}t_{21}&|\boldsymbol{t}|\\1&-t_{12}\end{pmatrix} \tag{9.102}$$

式中

$$|\boldsymbol{t}|=t_{11}t_{22}-t_{12}t_{21}$$

$$t=\begin{pmatrix} t_{11} & t_{12} \\ t_{21} & t_{22} \end{pmatrix}=\frac{1}{s_{21}}\begin{pmatrix} 1 & -s_{22} \\ s_{11} & -|\boldsymbol{s}| \end{pmatrix} \tag{9.103}$$

① 互易网络

$$|\boldsymbol{t}|=t_{11}t_{22}-t_{12}t_{21}=1 \tag{9.104}$$

② 对称网络

$$\left.\begin{aligned} |\boldsymbol{t}|&=1 \\ t_{12}&=-t_{21} \end{aligned}\right\} \tag{9.105}$$

同转移矩阵一样，n 个网络级联的 $\boldsymbol{t}$ 等于每个网络 $\boldsymbol{t}_i$ 的连乘，即

$$\boldsymbol{t}=\prod_{i=1}^{n}\boldsymbol{t}_i \tag{9.106}$$

9.4 微波网络的工作特性参数

任何微波网络的固有特性，完全可由网络参数矩阵所描述，它是在特定的端口条件下，用端口参考面上的“电压”“电流”(或出波、进波)之间的关系来表示，对于确定的微波结构其网络参数不因外界条件的变化而改变。但是在实际工作中，微波网络是与外电路连接的，要么是网络间互相连接，要么是与电源、负载等相连接。因此，在微波工程上必须详细地了解网络与外电路连接时所呈现的外特性(工作特性)。对于双口网络的工作特性通常是用输入量和输出量(电压、电流或功率)的关系来表示；或者用输入口外加激励和输出口所产生的响应之间的关系来表示。因此工作特性通常不仅与网络固有特性有关，还与激励源特性和负载特性有关。了解微波网络的工作特性参数和网络参数之间的关系是很重要的。因为在网络分析时，通常是根据微波结构的形状尺寸及对应的等效电路，计算出网络参数，然后分析其网络工作特性参数；而在网络综合时，是根据所需要的工作特性参数，计算网络参数，然后用合适的微波结构来实现这种网络参数及工作特性参数。

双口网络最常用的工作特性参数有插入衰减、插入相移及插入驻波比。它们一般都是频率的函数，并且在特定端口条件下，可使它们仅与网络参数有固定的关系。

一、插入衰减和工作衰减

对于双口网络的衰减，是将加网络前负载的吸收功率 P_{L0} 和加网络后负载的吸收功率 P_L 之比取分贝数得到。上面所说的衰减，其数值将和加网络之前实际系统的失配(包括电源端失配和负载端失配)程度有关。微波元件出厂时，为使标定的衰减具有唯一性，规定加网络前的系统是一个恒等匹配系统。即电源内阻、传输线特性阻抗和负载阻抗三者相等。在恒等匹配系统中定义的网络衰减称为工作衰减；在实际系统中定义的网络衰减称为插入衰减。

1. 工作衰减

不加网络时，恒等匹配系统负载的吸收功率等于电源的入射功率，即

$$P_{L0}=\frac{1}{2}|u_1^+|^2$$

加网络后，负载的吸收功率为

$$P_L = \frac{1}{2} \mid u_2^- \mid^2$$

故工作衰减为

$$L_A = 10\lg \frac{P_{L0}}{P_L} = 20\lg \frac{1}{\mid s_{21} \mid} = 20\lg \frac{a+b+c+d}{2} \qquad (9.107)$$

式(9.107)还可以表示为

$$L_A = 10\lg\left(\frac{1}{1-\mid s_{11} \mid^2} \frac{1-\mid s_{11} \mid^2}{\mid s_{21} \mid^2}\right) = 10\lg \frac{1}{1-\mid s_{11} \mid^2} + 10\lg \frac{1-\mid s_{11} \mid^2}{\mid s_{21} \mid^2} \qquad (9.108)$$

式(9.108)的第一项表示网络的反射衰减;第二项表示网络的耗散衰减。对于无耗网络,工作衰减只有反射衰减,即

$$L_A = 10\lg \frac{1}{1-\mid s_{11} \mid^2} = 20\lg \frac{(s+1)}{2\sqrt{s}} \qquad (9.109)$$

2. 插入衰减

计算实际系统的插入衰减比较复杂。为简便计算,设始端接匹配源,终端接匹配负载,但两段传输线的特性阻抗不等,如图 9.16 所示。

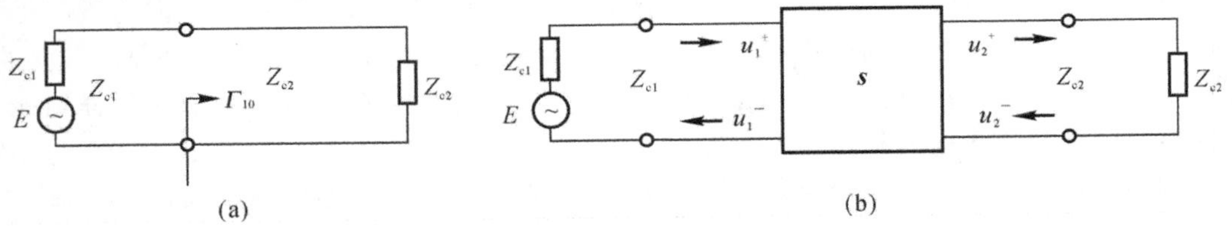

图 9.16 计算网络衰减用图

(a) 加网络前; (b) 加网络后

加网络前,Z_{c1} 与 Z_{c2} 的交接口出现反射,且

$$\Gamma_{10} = \frac{Z_{c2} - Z_{c1}}{Z_{c2} + Z_{c1}} \qquad (9.110)$$

匹配负载的吸收功率等于入射功率减去反射功率,故

$$P_{L0} = \frac{1}{2} \mid u_1^+ \mid^2 (1-\mid \Gamma_{10} \mid)^2 = \frac{1}{2} \mid u_1^+ \mid^2 \frac{4Z_{c1}Z_{c2}}{(Z_{c1}+Z_{c2})^2} \qquad (9.111)$$

加网络后,负载的吸收功率等于

$$P_L = \frac{1}{2} \mid u_2^- \mid^2 \qquad (9.112)$$

由此得插入衰减为

$$L_i = 10\lg \frac{1}{\mid s_{21} \mid^2} + 10\lg \frac{4Z_{c1}Z_{c2}}{(Z_{c1}+Z_{c2})^2} \qquad (9.113)$$

当 $Z_{c1} = Z_{c2}$ 时,$L_i = L_A$,故工作衰减是插入衰减的一个特例。在分析和设计微波元件时,一般都用工作衰减。

二、插入相移

插入相移是移相器的主要工作特性参数。其意义是当双口网络输出口接匹配负载时,输出口的传输波(即反射波)对输入口入射波的相移,因此,它就是散射参数 s_{21} 的幅角,即

$$\theta = \arg s_{21} = \arg \frac{2}{a+b+c+d} \tag{9.114}$$

式中符号“arg”表示取该复数的幅角部分。

例 9.8 求一段均匀无耗传输线的插入相移。

解 已知长为 l，相位系数为 β 的均匀无耗线的 $\boldsymbol{a}$ 为

$$\boldsymbol{a} = \begin{bmatrix} a & b \\ c & d \end{bmatrix} = \begin{bmatrix} \cos\beta l & \mathrm{j}\sin\beta l \\ \mathrm{j}\sin\beta l & \cos\beta l \end{bmatrix}$$

故

$$\theta = \arg \frac{2}{a+b+c+d} = \arg \frac{1}{\cos\beta l + \mathrm{j}\sin\beta l} = \arg(\mathrm{e}^{-\mathrm{j}\beta l}) = -\beta l \tag{9.115}$$

三、插入驻波比

插入驻波比是当双口元件输出口接匹配负载时，由网络对输入口的反射产生的，且

$$\boldsymbol{s} = \frac{1+|s_{11}|}{1-|s_{11}|} \tag{9.116}$$

例 9.9 求图 9.17 所示微波等效电路的工作衰减和插入相移。

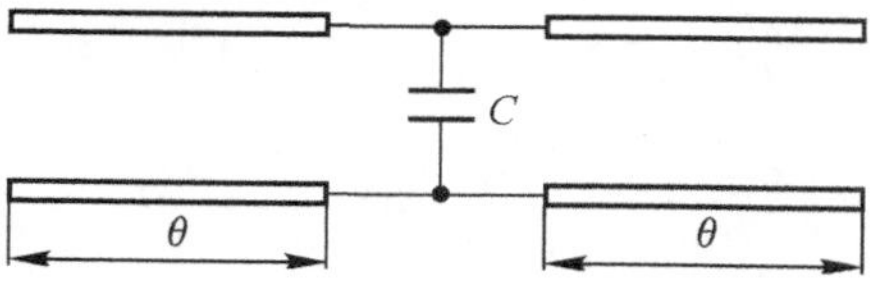

图 9.17 例 9.9 图

解

$$\boldsymbol{a}_{总} = \begin{bmatrix} \cos\theta & \mathrm{j}\sin\theta \\ \mathrm{j}\sin\theta & \cos\theta \end{bmatrix} \begin{bmatrix} 1 & 0 \\ \mathrm{j}\omega c & 1 \end{bmatrix} \begin{bmatrix} \cos\theta & \mathrm{j}\sin\theta \\ \mathrm{j}\sin\theta & \cos\theta \end{bmatrix} =$$

$$\begin{bmatrix} 2\cos^2\theta - 1 - \omega c\cos\theta\sin\theta & 2\mathrm{j}\sin\theta\cos\theta - \mathrm{j}\omega c\sin^2\theta \\ 2\mathrm{j}\sin\theta\cos\theta + \mathrm{j}\omega c\cos^2\theta & 2\cos^2\theta - 1 - \omega c\cos\theta\sin\theta \end{bmatrix} = \begin{bmatrix} a & b \\ c & d \end{bmatrix}$$

$$s_{21} = \frac{2}{a+b+c+d} = \frac{2}{(\cos 2\theta + \mathrm{j}\sin 2\theta)(2+\mathrm{j}\omega c)}$$

故

$$|s_{21}| \frac{2}{\sqrt{\cos^2 2\theta + \sin^2 2\theta}\sqrt{4+\omega^2 c^2}} = \frac{2}{\sqrt{4+\omega^2 c^2}}$$

则

$$L_{\mathrm{A}} = 10\lg \frac{1}{|s_{21}|^2} = 10\lg\left(\frac{4+\omega^2 c^2}{4}\right) \tag{9.117}$$

$$\theta = \arg\left(\frac{1}{s_{21}}\right) =$$

$$\arg\left(\frac{(2\cos 2\theta - \omega c\sin 2\theta) + \mathrm{j}(\omega c\cos 2\theta + 2\sin 2\theta)}{2}\right) =$$

$$\arctan\left(\frac{2\sin 2\theta + \omega c\cos 2\theta}{2\cos 2\theta - \omega c\sin 2\theta}\right) \tag{9.118}$$

可见，网络的外部特性（工作特性）参数与网络的散射参数紧密相关。因此，只要能确定出网络散射参数，即可通过公式算出网络的工作特性参数。

小　结

（1）实际的微波传输系统都是用微波传输线连接若干微波元件构成的。不论系统多么复杂，都可以把它区分为均匀段和不均匀段两大类，前者对应传输线，后者对应微波元件。微波工程上把微波元件和系统总称为微波网络。微波网络实际上是指一个被任意形状的良导体所包围的传输电磁波的介质空间，并具有若干个均匀微波传输线的输入和输出端口。具有两个端口的微波网络称为双口网络。用网络观点来研究微波元件（系统）的理论和方法称为微波网络理论。微波网络理论主要是来分析微波元件和系统的工作特性以及依据工作特性综合出微波元件的系统的结构。

（2）描述微波网络外部特性（工作特性）参数主要有三个：

1）工作衰减

$$L_A = 20\lg\frac{1}{|s_{21}|} = 20\lg\frac{|a+b+c+d|}{2}$$

2）插入相移

$$\theta = \arg s_{21} = \arg\frac{2}{a+b+c+d}$$

3）插入驻波比

$$s = \frac{1+|s_{11}|}{1-|s_{11}|}$$

（3）微波网络的外部工作特性参数与网络散射参数紧密相关。而网络散射参数与网络的其他参数也有互换关系。如表 9.1 所示，列举了双口网络矩阵参数的换算关系，以供查用。

表 9.1　双口网络矩阵参数的换算关系

	以 z 参数表示	以 y 参数表示	以 a 参数表示	以 s 参数表示
z	$\begin{bmatrix} z_{11} & z_{12} \\ z_{21} & z_{22} \end{bmatrix}$	$\frac{1}{\lvert y\rvert}\begin{bmatrix} y_{22} & -y_{21} \\ -y_{12} & y_{11} \end{bmatrix}$	$\frac{1}{c}\begin{bmatrix} a & \lvert a\rvert \\ 1 & d \end{bmatrix}$	$z_{11}=\frac{1-\lvert s\rvert+s_{11}-s_{22}}{\lvert s\rvert+1-s_{11}-s_{22}}$ $z_{12}=\frac{2s_{12}}{\lvert s\rvert+1-s_{11}-s_{22}}$ $z_{21}=\frac{2s_{21}}{\lvert s\rvert+1-s_{11}-s_{22}}$ $z_{22}=\frac{1-\lvert s\rvert-s_{11}+s_{22}}{\lvert s\rvert+1-s_{11}-s_{22}}$
y	$\frac{1}{\lvert z\rvert}\begin{bmatrix} z_{22} & -z_{21} \\ -z_{12} & z_{11} \end{bmatrix}$	$\begin{bmatrix} y_{11} & y_{12} \\ y_{21} & y_{22} \end{bmatrix}$	$\frac{1}{b}\begin{bmatrix} d & -\lvert a\rvert \\ -1 & a \end{bmatrix}$	$y_{11}=\frac{1-\lvert s\rvert-s_{11}+s_{22}}{\lvert s\rvert+1+s_{11}+s_{22}}$ $y_{12}=\frac{-2s_{12}}{\lvert s\rvert+1+s_{11}+s_{22}}$ $y_{21}=\frac{-2s_{21}}{\lvert s\rvert+1+s_{11}+s_{22}}$ $y_{22}=\frac{1-\lvert s\rvert+s_{11}-s_{22}}{\lvert s\rvert+1+s_{11}+s_{22}}$

续表

	以 z 参数表示	以 y 参数表示	以 a 参数表示	以 s 参数表示
a	$\frac{1}{Z_{21}}\begin{bmatrix}Z_{11} & \lvert Z\rvert \\ 1 & Z_{22}\end{bmatrix}$	$-\frac{1}{y_{21}}\begin{bmatrix}y_{22} & 1 \\ \lvert y\rvert & y_{11}\end{bmatrix}$	$\begin{bmatrix}a & b \\ c & d\end{bmatrix}$	$a=\frac{1}{2s_{21}}(1-\lvert s\rvert+s_{11}-s_{22})$ $b=\frac{1}{2s_{21}}(1+\lvert s\rvert+s_{11}+s_{22})$ $c=\frac{1}{2s_{21}}(1+\lvert s\rvert-s_{11}-s_{22})$ $d=\frac{1}{2s_{21}}(1-\lvert s\rvert-s_{11}+s_{22})$
s	$s_{11}=\frac{\lvert z\rvert-1+z_{11}-z_{22}}{\lvert z\rvert+1+z_{11}+z_{22}}$ $s_{12}=\frac{2z_{12}}{\lvert z\rvert+1+z_{11}+z_{22}}$ $s_{21}=\frac{2z_{21}}{\lvert z\rvert+1+z_{11}+z_{22}}$ $s_{22}=\frac{\lvert z\rvert-1-z_{11}+z_{22}}{\lvert z\rvert+1+z_{11}+z_{22}}$	$s_{11}=\frac{1-\lvert y\rvert-y_{11}+y_{22}}{\lvert y\rvert+1+y_{11}+y_{22}}$ $s_{12}=\frac{-2y_{12}}{\lvert y\rvert+1+y_{11}+y_{22}}$ $s_{21}=\frac{-2y_{21}}{\lvert y\rvert+1+y_{11}+y_{22}}$ $s_{22}=\frac{1-\lvert y\rvert+y_{11}-y_{22}}{\lvert y\rvert+1+y_{11}+y_{22}}$	$s_{11}=\frac{a+b-c-d}{a+b+c+d}$ $s_{12}=\frac{2\lvert a\rvert}{a+b+c+d}$ $s_{21}=\frac{2}{a+b+c+d}$ $s_{22}=\frac{-a+b-c+d}{a+b+c+d}$	$\begin{bmatrix}s_{11} & s_{12} \\ s_{21} & s_{22}\end{bmatrix}$

(4) 微波网络的外部(工作)特性参数也与网络转移参数紧密相关。要求级联网络总的转移参数必须熟记基本网络单元(串联阻抗、并联导纳、均匀无耗线、理想变压器)的转移参数矩阵,如表 9.2 所示。

表 9.2　基本网络单元的转移矩阵

基本网络单元		A	a
串联阻抗	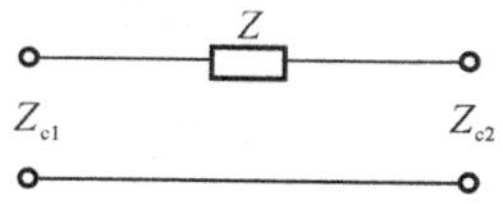	$\begin{bmatrix}1 & z \\ 0 & 1\end{bmatrix}$	$\begin{bmatrix}\sqrt{\frac{Z_{c2}}{Z_{c1}}} & \frac{Z}{\sqrt{Z_{c1}Z_{c2}}} \\ 0 & \sqrt{\frac{Z_{c1}}{Z_{c2}}}\end{bmatrix}$
并联导纳	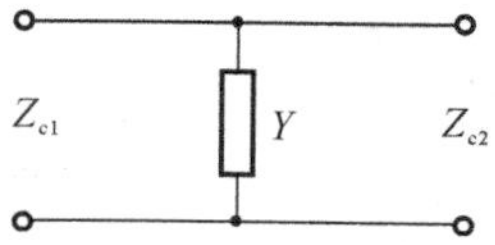	$\begin{bmatrix}1 & 0 \\ Y & 1\end{bmatrix}$	$\begin{bmatrix}\sqrt{\frac{Z_{c2}}{Z_{c1}}} & 0 \\ Y\sqrt{Z_{c1}Z_{c2}} & \sqrt{\frac{Z_{c1}}{Z_{c2}}}\end{bmatrix}$
理想变压器	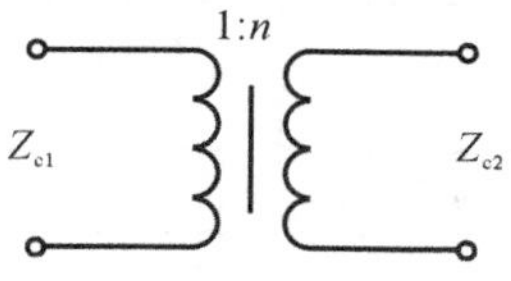	$\begin{bmatrix}n & 0 \\ 0 & \frac{1}{n}\end{bmatrix}$	$\begin{bmatrix}\frac{1}{n}\sqrt{\frac{Z_{c2}}{Z_{c1}}} & 0 \\ 0 & n\sqrt{\frac{Z_{c1}}{Z_{c2}}}\end{bmatrix}$

续表

基本网络单元	**A**	***a***
均匀无耗传输线段 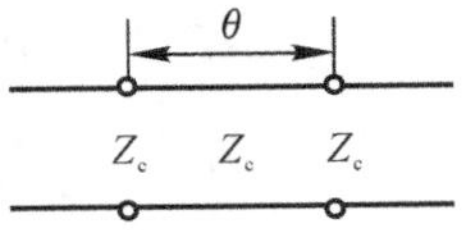	$\begin{bmatrix}\cos\beta l & jZ_c\sin\beta l \\ \dfrac{j}{Z_c}\sin\beta l & \cos\beta l\end{bmatrix}$	$\begin{bmatrix}\cos\beta l & j\sin\beta l \\ j\sin\beta l & \cos\beta l\end{bmatrix}$

习　　题

9.1　推证：串联阻抗 z 基本网络单元的

$$\boldsymbol{y}=\begin{bmatrix}\dfrac{1}{z} & -\dfrac{1}{z} \\ -\dfrac{1}{z} & \dfrac{1}{z}\end{bmatrix},\quad \boldsymbol{a}=\begin{bmatrix}1 & z \\ 0 & 1\end{bmatrix},\quad \boldsymbol{s}=\begin{bmatrix}\dfrac{z}{z+2} & \dfrac{2}{z+2} \\ \dfrac{2}{z+2} & \dfrac{z}{z+2}\end{bmatrix}$$

9.2　推证：并联导纳 y 基本网络单元的

$$\boldsymbol{z}=\begin{bmatrix}\dfrac{1}{y} & -\dfrac{1}{y} \\ -\dfrac{1}{y} & \dfrac{1}{y}\end{bmatrix},\quad \boldsymbol{a}=\begin{bmatrix}1 & 0 \\ y & 1\end{bmatrix},\quad \boldsymbol{s}=\begin{bmatrix}\dfrac{-y}{2+y} & \dfrac{2}{2+y} \\ \dfrac{2}{2+y} & \dfrac{-y}{2+y}\end{bmatrix}$$

9.3　求一段传输线（$\theta=\beta l, z_c=1$）的 $\boldsymbol{s}=$? $\boldsymbol{a}=$? $\boldsymbol{z}=$? $\boldsymbol{y}=$?

9.4　求理想变压器（$1:n$）的 $\boldsymbol{a}=$? $\boldsymbol{s}=$?

9.5　证明：如图 9.18 所示互易网络的 $Y_{12}=Y_{21}$。

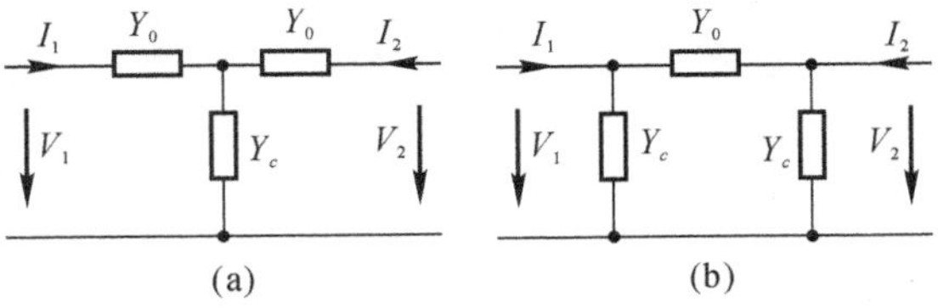

图　9.18

(a)T 型网络；（b）∏ 型网络

9.6　已知：如图 9.19 所示，$V_0=10, Z_{c1}=Z_{c2}=1, \theta_1=\dfrac{3}{4}\pi, \theta_2=\dfrac{\pi}{4}, b=j10, Z_L=1$。

求：① 输入端的输入阻抗 $Z_{in}=$?

② 网络的工作衰减 $L_A=$?

③ 网络的插入相移 $\theta=$?

④ 网络的插入驻波比 $s=$?

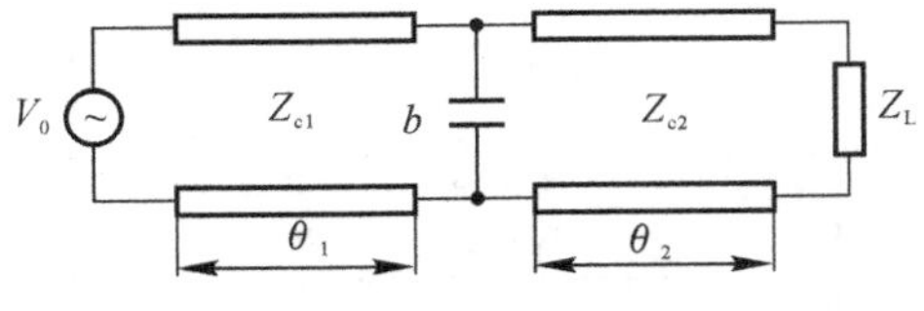

图　9.19

第 10 章　微波元器件

10.1　概　述

微波系统是由微波传输线和各种各样的微波元器件构成的。微波元器件在微波系统中是重要的组成部分，掌握、了解微波元器件的结构、工作原理和性能是很重要的。在这一章中，将对短路活塞、波导的连接元件、功率分配器、定向耦合器、微波谐振器、微波滤波器及微波铁氧体器件的结构、工作原理和性能进行介绍和讨论。

10.2　金属短路活塞

在匹配调整及谐振腔的调谐中，常常要用到金属短路活塞。对短路活塞的基本要求是电气接触良好，接触损耗小，即得到驻波系数趋于无限大的纯驻波。另外，还要求活塞移动时接触性能稳定。在大功率工作时，重要的是保证活塞与接触处不发生火花。

一、接触式活塞

图 10.1 中给出了波导和同轴线两种接触式短路活塞的结构示意图。接触点的短路质量是借助弹簧片来改善的。在频率较低和功率不大的场合下常被采用。

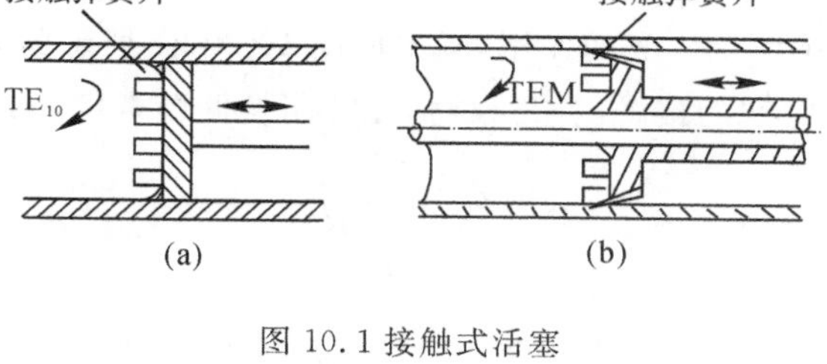

图 10.1 接触式活塞

(a) 波导型；(b) 同轴线型

对于同轴线(或波导) 接触式活塞来说，其缺点是损耗比较大，这是由于接触点处在电流波腹的地方。为了减少损耗，弹簧片的长度可取 $\lambda/4$，如图 10.2 所示。这时接触片与同轴线外导体内壁和内导体外的接触处是处在电流波节，故能减少接触损耗。

对于上述接触式活塞来说，由于移动时接触不稳定，使用时间长了，接触片与同轴线(或波导) 内壁之间的接触逐渐变松，使接触损耗增大，以至于在大功率时发生打火，所以不能用于大功率。因此，比较完善的短路活塞为抗流式活塞。

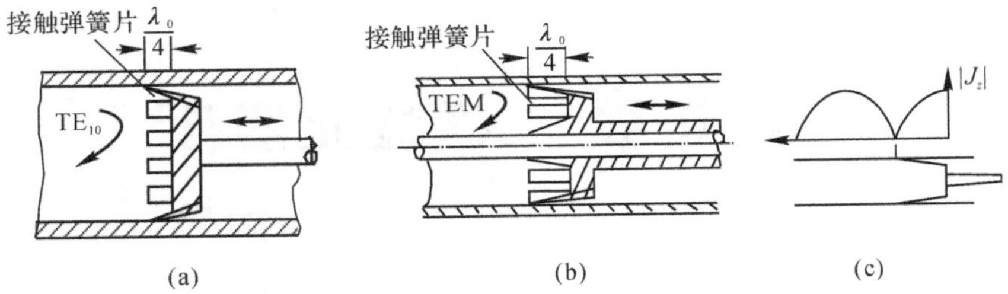

图 10.2　改进的同轴线接触式短路活塞

二、抗流式活塞

所谓无接触的抗流活塞，在结构上的最大优点，是有效的短接平面并不与波导内壁或同轴线外导体内壁有机械接触，而只有电接触。如图 10.3 所示的是同轴线抗流式活塞。由图看出：活塞与同轴线外导体之间形成了两段长度为 $\lambda/4$，特性阻抗分别为 Z_{c1} 和 Z_{c2} 的同轴线段，且线段 Ⅱ 的特性阻抗要比线段 Ⅰ 的特性阻抗大得多。在活塞中，有效短路平面并不与同轴线外导体有机械接触，而是活塞与同轴线外导体的机械接触至有效短路面的距离为半波长。

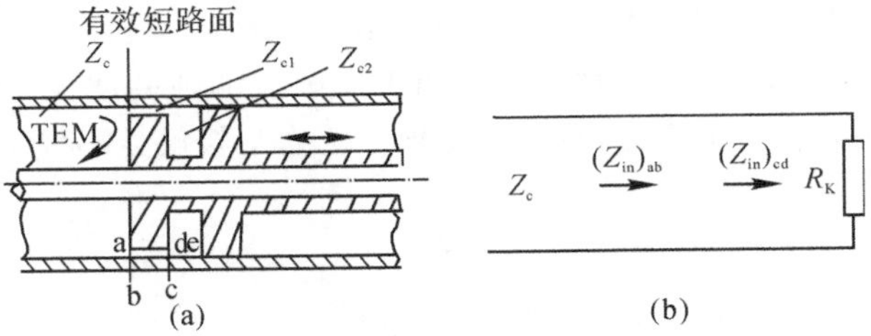

图 10.3　同轴线抗流式活塞

为了说明图 10.3 中所示活塞的作用，画出如图 10.3(b) 所示的等效电路。等效电路中的 R_K 是活塞与外导体之间的接触电阻。根据 $\lambda/4$ 阻抗匹配器的公式，cd 间的阻抗为

$$(Z_{in})_{cd}=\frac{Z_{c2}^2}{R_K}$$

而 ab 两点间的输入阻抗为

$$(Z_{in})_{ab}=\frac{Z_{c1}^2}{(Z_{in})_{cd}}=R_K\left(\frac{Z_{c1}}{Z_{c2}}\right)^2$$

因而在通过 ab 点的平面上，同轴线外导体与活塞之间的阻抗为

$$R'_K=R_K\left(\frac{Z_{c1}}{Z_{c2}}\right)^2$$

由于 $Z_{c1}\ll Z_{c2}$，因此，$R'_K\ll R_K$。这表明活塞与同轴线间的接触电阻大为减小，意味着活塞与同轴线外导体在机械上虽然不接触，但在电气上接触良好。

为了缩短活塞的长度，目前广泛采用一种新抗流活塞。如图 10.4 所示的结构形式，其

中图(a)是波导型,图(b)是同轴线型,图(c)是它们的等效电路。在这种结构中,有着两段具有不同特性阻抗的抗流间隙。具有较大特性阻抗的线段 Ⅱ 被"卷入"活塞内部。从等效电路10.4(c)可以看出:输入阻抗 Z_{ce} 为接触处的损耗电阻 R_K 与等效的 $\lambda/4$ 短路线输入阻抗相串联,不论 R_K 为何值,Z_{ce} 均为无穷大。又因 a,b 端的输入阻抗 Z_{ab} 可以视为等效的 $\lambda/4$ 开路线的输入阻抗,即等于零。Z_{ab} 等于零意味着有效短路面是良好的电接触。

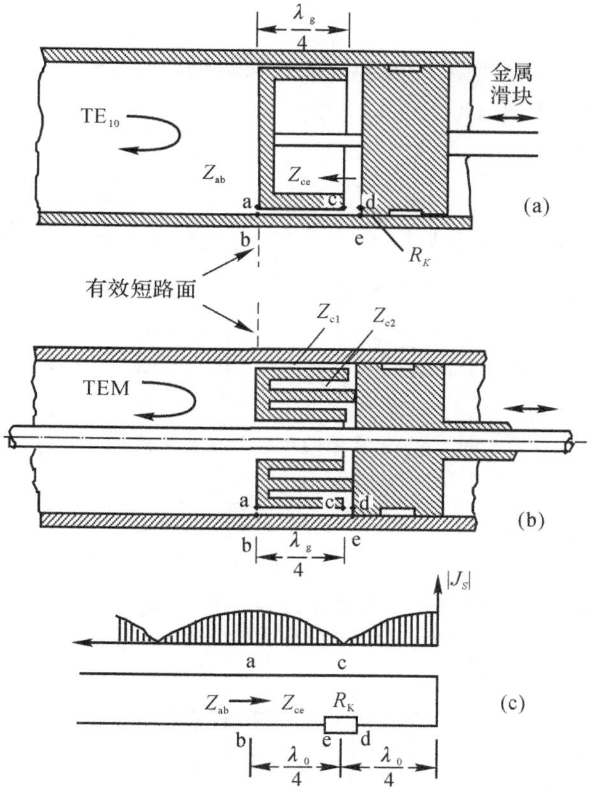

图 10.4 波导及同轴线抗流活塞的结构示意图及等效电路

从有关传输线知识知道,由 $\lambda/4$ 短路线的电流分布不难得出接触电阻 R_K 处于电流波节点。这样,即使接触处变坏,R_K 增大,也不至于带来很大的损耗。实验证明,采用这种抗流活塞时,所得到驻波系数可以远大于 100。

这种无接触的抗流活塞,虽然有许多优点,但是,它存在短接性能与宽频带工作之间的矛盾。就是说,只有工作波长一定时,它的短接特性是良好的,一旦工作波长改变了,结构尺寸不再是 $\lambda/4$,短接性能就降低。因此,要使它在宽频带中满意地工作,还需要继续改进。在通常情况下,抗流活塞在偏移中心频率 10% ~ 15% 的频带范围内,可以获得令人满意的工作。

10.3 波导的分支接头和连接元件

作为微波传输线的波导或同轴线传输线,在传输功率时,有时需要将功率分别传送到几个支路;有时需要将几段传输线连接起来或在传输线之间加入一个微波器件。前者属于功率分配器，后者称为连接元件。本节重点介绍波导型传输系统，所以这里只介绍波导的分支接头和连接元件。对波导的分支接头要求按所需的比例关系分配高频能量和匹配良好；对波导的连接元件要求在电气性能上接触良好及防止能量漏泄。

一、波导的分支接头

1. 结构

以矩形波导工作在 TE_{10} 型波的波导分支接头为例，介绍 E-T 形、H-T 形接头的工作原理，这两种接头的结构如图 10.5 所示。

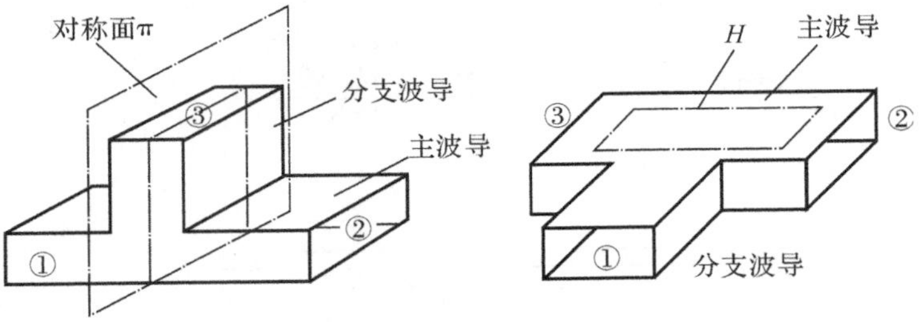

图 10.5　常用的矩形波导分支接头

2. E-T 形接头的特性

所谓 E-T 形接头，就是分支波导位于主波导内电场矢量所在平面上，如图 10.6(a) 所示，假定在波导的分支区域内忽略高次型波的影响，用图 10.6(a)(b)(c) 三种情况介绍它的工作特性。

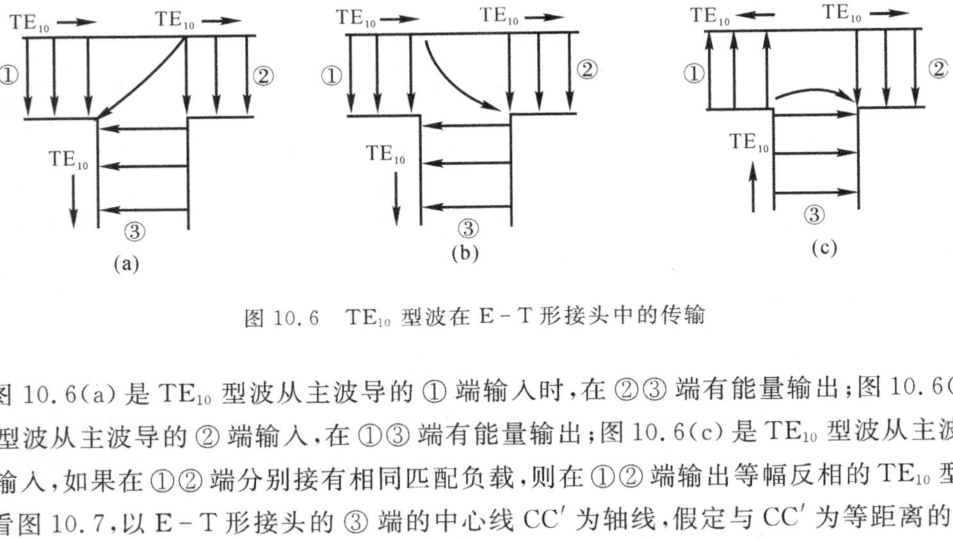

图 10.6　TE_{10} 型波在 E-T 形接头中的传输

图 10.6(a) 是 TE_{10} 型波从主波导的 ① 端输入时，在 ②③ 端有能量输出；图 10.6(b) 是 TE_{10} 型波从主波导的 ② 端输入，在 ①③ 端有能量输出；图 10.6(c) 是 TE_{10} 型波从主波导的 ③ 端输入，如果在 ①② 端分别接有相同匹配负载，则在 ①② 端输出等幅反相的 TE_{10} 型波。

看图 10.7，以 E-T 形接头的 ③ 端的中心线 CC' 为轴线，假定与 CC' 为等距离的 ① 端和 ③ 端同时输入等幅同相的 TE_{10} 型波，由于在 ③ 端激励起等幅反相的电场，因而 ③ 端无输出；相反，在 ①② 端同时输入等幅反相的 TE_{10} 型波，在 ③ 端有最大的能量输出，其大小为 ①② 端输入功率之和，如图 10.7(a)(b) 所示。

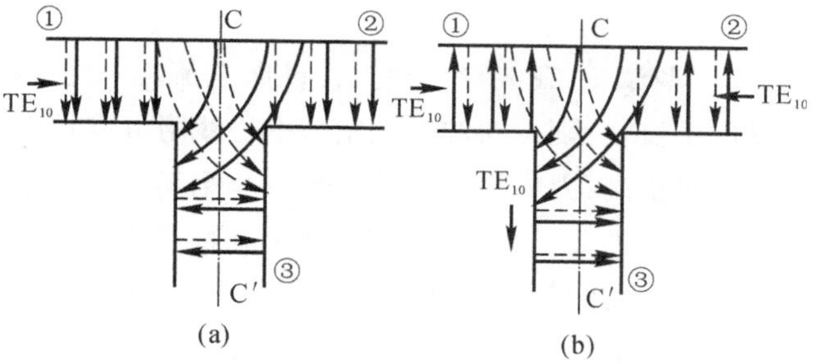

图 10.7　等效线路示意图

3. H－T 形接头的特性

所谓 H－T 形接头，就是分支波导位于主波导内磁场矢量所在平面上，如图 10.5(b) 所示。其功率传输及分配情况如图 10.8(a)(b)(c) 所示，图中“·”表示电力线垂直纸面向外，“×”表示电力线垂直纸面向内。

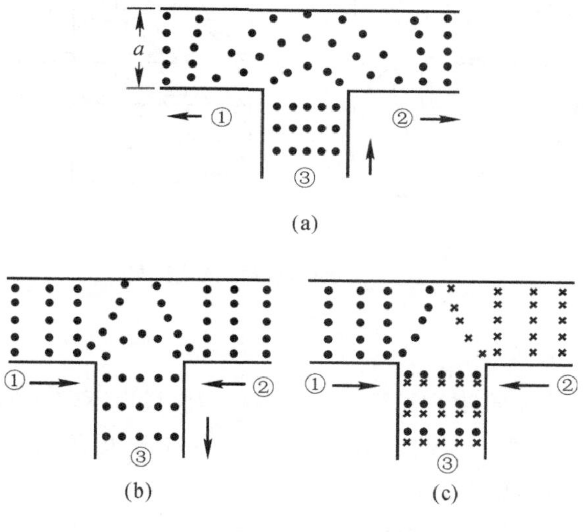

图 10.8　H－T 形接头的特性

(a) 由 ③ 臂输入的 TE_{10} 型波功率平分给 ①② 臂；

(b)①② 臂等幅同相输入时，③ 臂输出最大；

(c)①② 臂等幅反相输入时，③ 臂无输出

二、波导的连接元件

由于过长的波导在制造和运输上都不方便，故将它们分为若干段制造，在使用时用螺钉再把各段按一定顺序连接起来，但连接必须在电气上接触良好，扼制接头(或叫抗流连接)是最理想的连接元件。还有，当微波传输系统的波导或同轴线与天线连接时，由于天线需作 360° 的旋转扫描，就必须考虑旋转的天线与固定的波导在电气上要有良好的接触，旋转关节和回转关节就是在这些地方使用的连接元件。

1. 扼制接头

矩形波导在传输 TE_{10} 型波时，在波导窄壁上无纵向电流，因此连接处对窄壁接触要求不高。但在宽壁上有纵向电流，特别是在波导宽壁的中心线附近有很强的纵向电流。所以，矩形波导对宽壁的接触要求很高，因为稍有间隙就形成辐射缝隙，引起反射并漏出功率，在传输大功率时极易发生打火。因此，扼制接头就要保证在波导宽壁中心线附近的间隙必须在电气上短路。这种扼制接头的结构及原理示于图 10.9 中。在它的圆形盘上开有 $\lambda_g/4$ 深的环形槽，用 cegf 表示，该槽离波导宽边的内壁的距离为 $\lambda_g/4$，用 abcd 表示。abcd 段是由两个彼此平行的圆盘组成，电磁波从波导的一端往另一端传送时，就向呈半径方向的 abcd 段传播。然后再向 cegf 段环形深槽传播，到 fg 端短路。电磁波传播的距离大约是 $\lambda_g/2$，由于 $\lambda_g/2$ 的终端短路线，在输入端呈现短路。所以，在 ab 两点之间在电气上短路，流经该两点之间的纵向电流畅通无阻。

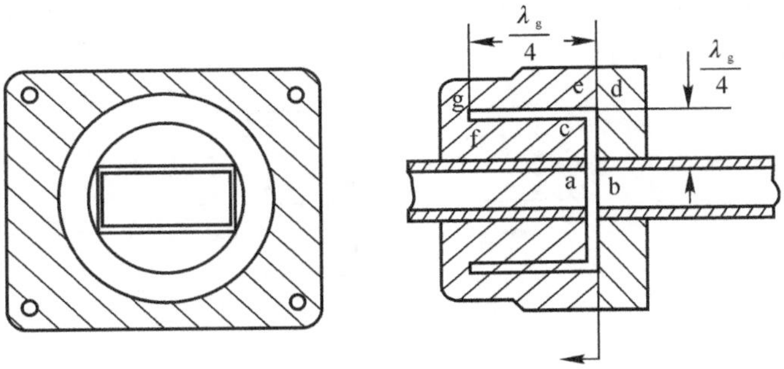

图 10.9 矩形波导的抗流连接

2. 旋转关节和回转关节

(1) 用途。旋转关节和回转关节都是用来将高频能量由不转动的波导(或同轴线)送到转动的波导(或同轴线)中去。它们在结构上和原理上完全相同，只是前者要 360° 的旋转，后者只作 0° ～ 80° 的俯仰，仅在名称上有差别而已。

(2) 同轴线旋转关节。同轴线旋转关节的结构如图 10.10 所示。它的下端是内外导体构成的固定不动的同轴线部分，该部分的一端与发射机相接，另一端其内导体做得较细，长度为 $\lambda/4$ 长，它的外导体半径较大，并且还做了 $\lambda/4$ 长的圆槽；上半部分是可转动的 T 型同轴线，该部分的一端接有短路的匹配活塞，另一端去天线，再有一端，其内导体纵向刻有略长于 $\lambda/4$ 长的圆柱槽，外导体的外半径做得较小。这样，把转动部分套在固定部分上，两段内导体在机械上没有直接连接，两段外导体的内壁并没有直接接触。但从图中清晰可见，内导体由“1”向“2”看，是一段 $\lambda/4$ 长的开路同轴线，所以在“1”处的输入阻抗 Z_{in} 为零；外导体从“3”点往“4”点看，再由“4”点往“7”点看，是一段长为 $\lambda/2$ 长的短路同轴线，所以在“3”点处输入阻抗 z_{in} 亦为零，电气上相当于短路。因此内外导体在“1”“3”点处电气上是接触良好的，尽管机械上没有直接接触，这样不会因转动部分旋转起来在电气上产生接触不良的效果。

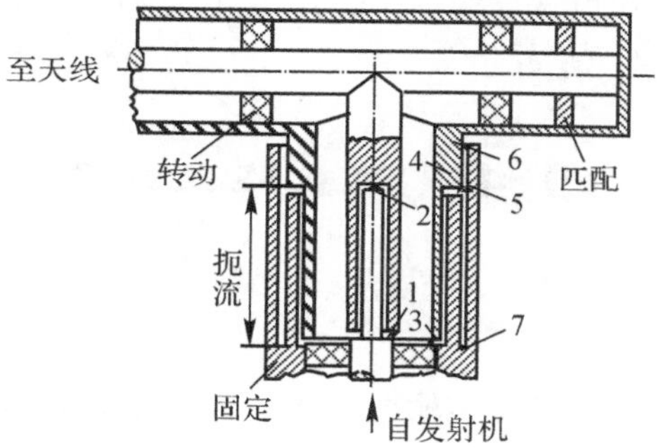

图 10.10 同轴线旋转关节结构示意图

3. 同轴线-波导型旋转关节的结构及工作原理

这种旋转关节的原理结构如图 10.11 所示。它由固定波导(即输入波导)、转动波导(即输出波导)、同轴线连接装置和梨形末端等元件组成。同轴线转接装置的外导体分成两段,一段与输入波导连在一起,不能转动;另一段与输出波导连接,可以转动。同轴线内导体的一端放在固定波导的轴承内。

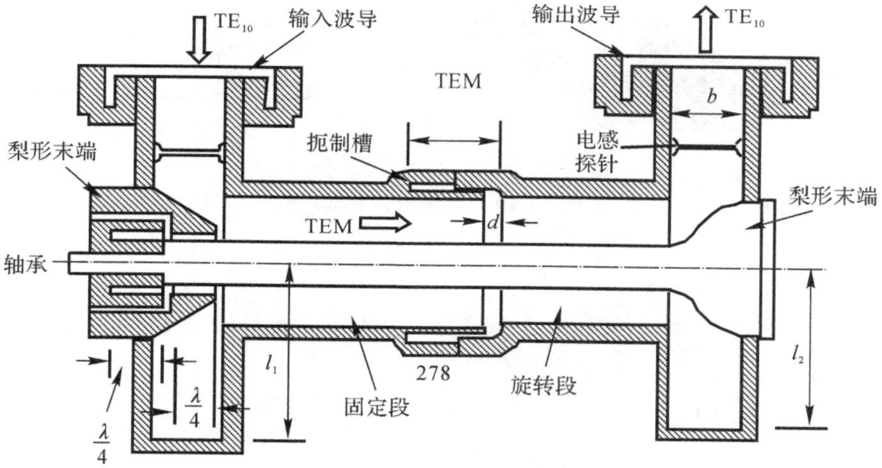

图 10.11 同轴线-波导型旋转关节原理结构图

高频能量从固定波导输入,经梨形末端逐渐将矩形波导中的 TE_{10} 型波变成同轴线中的 TEM 波,如图 10.12 所示。

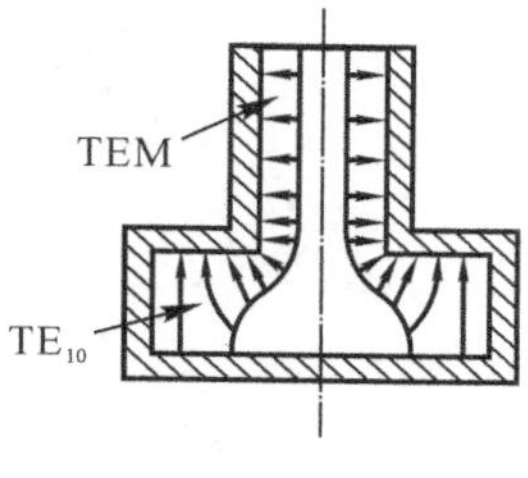

图 10.12 波型转化示意图

TEM 波经同轴线传输到同轴线另一端的一个梨形末端,再将 TEM 波转换成 TE_{10} 型波,然后由转动波导将高频能量传送到天线。

在同轴线转接装置的外导体上,有两个扼制槽用来保证转动部分与不转动部分在机械上不连接,以便于旋转,而在电气上有良好的接触,以便于电磁能量的正常传输。

两个电感插棒与 l_1,l_2 两段波导均是匹配元件,它是用来保证矩形波导与同轴线段的匹配。在工厂出厂时已经调试固定好了。

10.4 阻抗匹配元件

一、波导的阻抗匹配元件

波导的阻抗匹配,是为了有效地传输电磁能。因为波导和同轴线结构不一样,传输的波形也不一样。因此,两者的阻抗匹配装置也不一样。

1. 电容膜片

电容膜片是装在波导宽壁上的金属片,它的高度小于波导窄边尺寸 b,如图 10.13(a) 所示。这种电容膜片,使波导两宽边之间的电场增强,相当于在等效的传输线上并接一个电容,它的等效电路如图 10.13(b) 所示。由于电容膜片的加入,减小了两波导宽壁之间的距离,对大功率的传输有较大影响,所以,电容膜片不如电感膜片应用广泛。

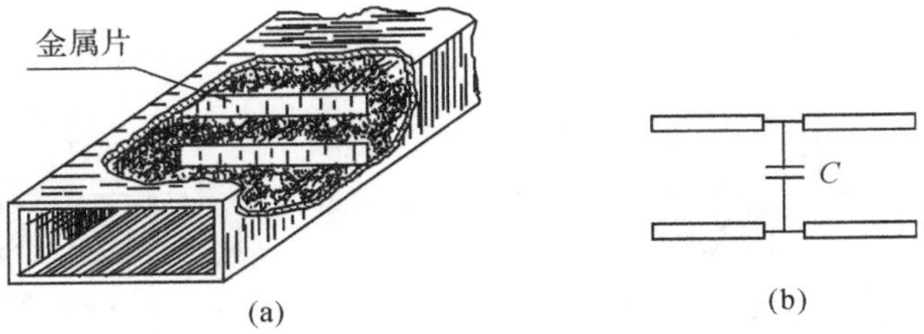

图 10.13 用电容膜片匹配

2. 电感膜片

装在波导窄边上的金属片称为电感膜片,它的横向尺寸小于波导传播尺寸 a,如图 10.14(a) 所示。这种电感膜片,相当于在等效传输线上并接了小于 $\lambda/4$ 的短路线。因此,这种膜片可以等效成一个电感,它的等效电路如图 10.14(b) 所示。

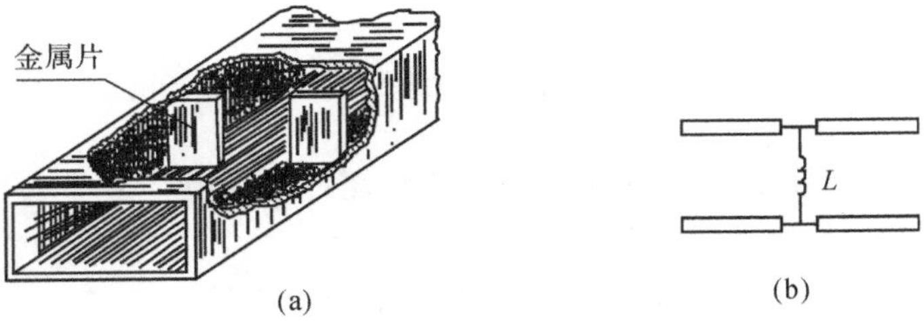

图 10.14 用电感膜片匹配

3. 调抗螺钉

调抗螺钉一般用作匹配元件,也可以放在谐振腔内作调谐用。图 10.15(a) 为双螺钉匹配器的结构示意图。螺钉通常放在波导宽壁的中心线上,两螺钉的间距为 $\lambda_g/4$,这样,对于

矩形波导中的 TE_{10} 型波来说，螺钉所在处的电场最强，调整螺钉的深度，对电场有显著的影响，可达到调抗的目的，使之获得匹配，如图 10.15(b) 所示。由于波导的顶端和波导的另一宽壁之间构成一个电容，而螺钉本身具有一定的分布电感，所以，螺钉可等效成电感电容串联电路，如图10.15(c) 所示。

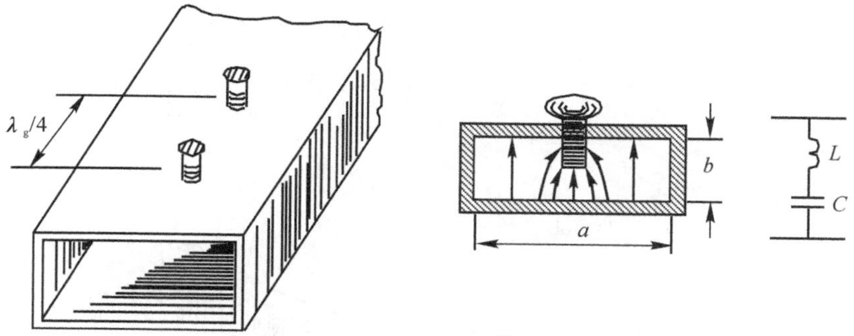

图 10.15　调抗螺钉匹配器结构示意图

4. 渐变波导及阶梯形波导匹配

两段矩形波导，假定宽边尺寸都相同，窄边尺寸不一样，把它们连接起来，对传输电磁波会有影响吗？有影响。这主要是在连接处波导的不连续性，会产生反射波。在波导一章中知道，当矩形波导传输最低模式的 TE_{10} 型波时，其波导的特性阻抗为

$$(Z_{WC})_{TE_{10}}=\sqrt{\frac{\mu}{\varepsilon}}\frac{1}{\sqrt{1-\left(\frac{\lambda}{2a}\right)^2}}$$

从上式看出，矩形波导的特性阻抗好像与波导的窄边尺寸 b 无关。但实际上，当两段矩形波导窄边尺寸 b 不相同时，连接在一起对 TE_{10} 型波传输的影响要从波导的等效特性阻抗去分析。可以采用所谓空间均方根值方法，去求得波导的等效特性阻抗，它的表达式为

$$(Z_{WC})_{等效}=\frac{b}{a}\frac{\sqrt{\frac{\mu}{\varepsilon}}}{\sqrt{1-\left(\frac{\lambda}{2a}\right)^2}} \qquad (10.1)$$

由式(10.1) 可见，两段波导的窄边尺寸 b 不一样，等效特性阻抗不相同，波在连接处传输就会产生反射。所谓波导的等效特性阻抗，其物理意义可理解为将波导等效为两根平行双线，当尺寸 b 增大时，平行双线之间距离增大，分布电容减少，分布电感增大，特性阻抗 $Z_0=\sqrt{\frac{L_0}{C_0}}$ 增大；反之，则减小。因此，当两段矩形波导的窄边尺寸 b 相差较大时，可以根据前面介绍的 $\lambda/4$ 阻抗变换公式的原理，中间加一段矩形波导，使波导的等效阻抗趋近一致，减小反射，达到等效特性阻抗匹配的目的。阶梯波导与渐变波导就是根据这样的原理制成的。

(1) 阶梯形波导。图 10.16(a) 所示的阶梯波导，是将 $72\times10\ mm^2$ 与 $72\times34\ mm^2$ 的两个口径不同的矩形波导，通过长度为 $\lambda_g/4$，口径尺寸为 $72\times18.5\ mm^2$ 的一段矩形波导，

把它们连接起来，使它们达到匹配，其匹配原理就是应用 $\lambda/4$ 阻抗变换器。

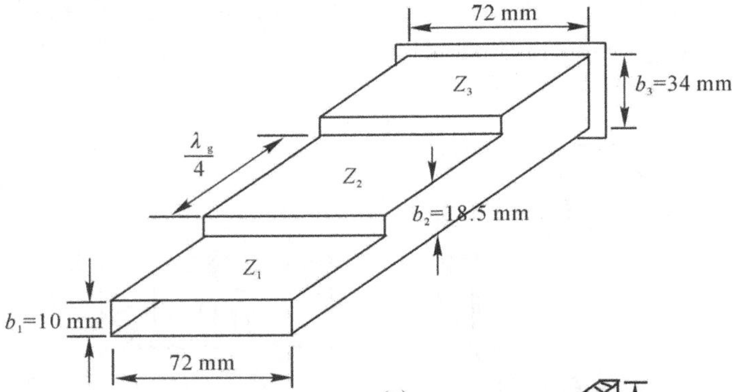

(a)

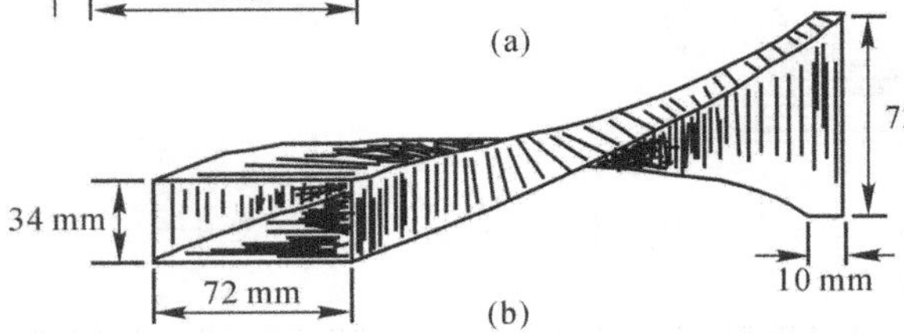

(b)

图 10.16　阶梯波导与渐变波导匹配示意图

三段矩形波导的宽边尺寸 a 相同，窄边尺寸 b 不相同，取窄边为 b_2 的波导长度为 $\lambda_g/4$，根据 $\lambda/4$ 阻抗变换公式

$$(Z_{\mathrm{WC2}})_{\text{等效}}=\sqrt{(Z_{\mathrm{WC1}})_{\text{等效}}\cdot(Z_{\mathrm{WC3}})_{\text{等效}}} \tag{10.2}$$

将 $b_1=10$ mm，$b_3=34$ mm 代入 $(Z_{\mathrm{WC1}})_{\text{等效}}$，$(ZWC_3)_{\text{等效}}$ 中，可得 $b_2=18.5$ mm。这样三段波导连接起来，可以达到较为满意的匹配。

(2) 渐变波导。图 10.16(b) 所示的，是在 72×34 mm^2 与 72×10 mm^2 两波导之间，接一段平滑过渡的波导，即可获得渐变匹配。这种匹配装置，频带宽，效果好，但波导制造工艺复杂。

5. 全匹配负载——等效天线

雷达在平时工作时，高频能量不送往天线去，而是送到等效天线上去，将高频电磁能转变成热能。等效天线就是一个全匹配负载，它要求把送来的高频电磁能量被吸收物质逐步转换成热能，而不产生反射，使传输系统呈行波工作状态。

等效天线是由口径为 72×34 mm^2 的一段波导做成。在管内装有两块楔形吸收物质——结晶硅，用它来吸收高频电磁能，如图 10.17 所示。

为了防止高频能量的反射，楔形物的斜面越平缓越好，但过于平缓会使体积增大，一般有 20° 的斜面就可以了。吸收物质将高频电磁能变成热量，由散热片辐射出去。等效天线的温度可达 350℃ 左右，为了保证人身安全，外部加有保护罩。

二、双垫圈介质匹配器

介质垫圈不但可用作同轴线内外导体之间的支撑物，也可用作介质匹配器。在专业中用到的双垫圈介质匹配器，就是用来阻抗匹配的。图 10.18 是它的结构示意图。在图中，同

轴线的特性阻抗为 Z_c，负载阻抗为 Z_L，$Z_L = Z_c$，即负载阻抗不匹配，产生反射后，使同轴线中呈现复合波工作状态。现在在同轴线中加了两个介质垫圈，每个介质垫圈的长度为 $\frac{\lambda}{4\sqrt{\varepsilon_r}}$，介质的相对介电常数 ε_r 是已知的，介质垫圈所在的同轴线的特性阻抗为 Z'_c，也是已知的。这样两个介质圈，就能使负载阻抗 Z_L 达到匹配。为了叙述方便，把图 10.18 画成等效电路，如图 10.19 所示。这里所说的匹配，是指从等效电路节点 11′ 往 Z_L 方向看去的输入阻抗，等于同轴线的特性阻抗 Z_c，使 11′ 两节点的左边，同轴线工作于行波状态。

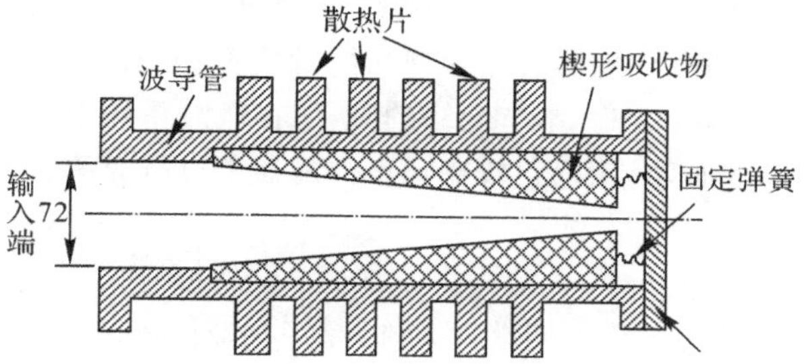

图 10.17　等效天线结构示意图

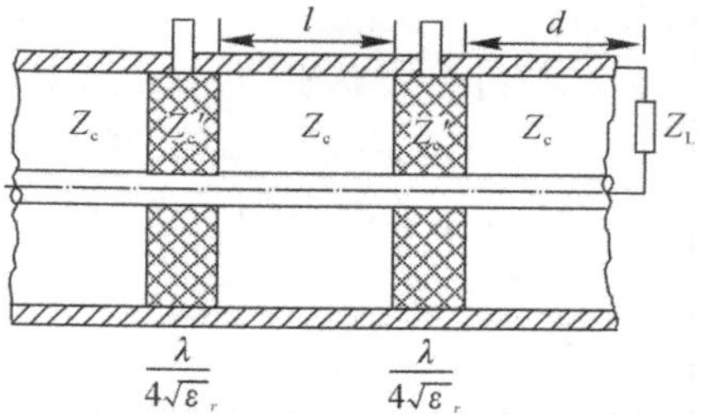

图 10.18　同轴线中的双垫圈匹配器结构示意图

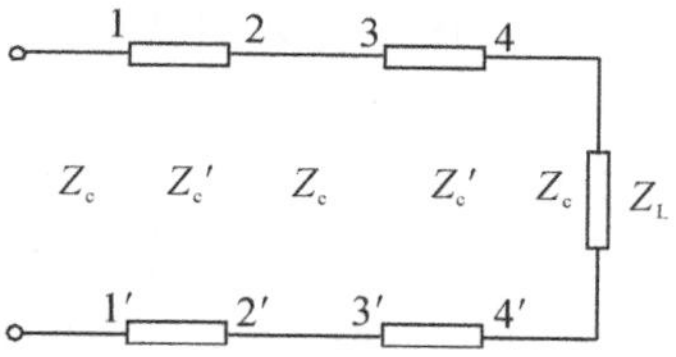

图 10.19　等效电路

根据已有的知识，很容易写出节点 11′ 处的输入阻抗的表达式，方法是从后往前推。节点 44′ 的输入阻抗为

$$Z_{in4} = Z_c \frac{Z_L + jZ_c \tan\beta d}{Z_c + jZ_L \tan\beta d}$$

节点 33′ 的输入阻抗可根据 $\lambda/4$ 阻抗变换公式得到

$$Z_{in3} = \frac{Z'^2_c}{Z_{in4}}$$

节点 22′ 的输入阻抗为

$$Z_{in2} = Z_c \frac{Z_{in3} + jZ_c \tan\beta l}{Z_c + jZ_{in3} \tan\beta l}$$

节点 11′ 的输入阻抗又根据 $\lambda/4$ 阻抗变换公式可得

$$Z_{in1} = \frac{Z'^2_c}{Z_{in2}}$$

Z_{in4}，Z_{in3}，Z_{in2} 分别代入，可得 Z_{in1} 的表达式，然后令

$$Z_{in1} = Z_c \tag{10.3}$$

即可达到上述阻抗匹配的目的。

但要注意，在式(10.3)中，l，d 的值等于多少呢？也就是说，两个介质垫圈之间的距离 l 为多大，右边的介质垫圈到负载的距离是多少，才能达到匹配呢？它可以通过阻抗圆图求得，因篇幅有限，不详述了。

10.5 功率分配器

有时候，在波导或同轴线中传输的微波功率，需要分别送到几个支路去，因此，要用到功率分配器。从结构上讲，功率分配器有波导型和同轴线型；从要求来讲，能按一定比例关系分配微波功率及良好的匹配状态。本节介绍的魔 T，在微波系统中应用十分广泛，作为功率分配器是它应用的一个方面，因此把它放在功率分配器中进行介绍。

一、魔 T

魔 T 是一种典型的结构对称的四端口元件，是一种双匹配的双 T 接头。为便于分析魔 T 的特性，先简单介绍双 T 结构及特点。

1. 双 T

波导双 T 是由 E－T 形和 H－T 形接头组合而成，可以看成是 E－T 形接头和 H－T 形接头的直通波导相互重合的结果，并具有一个公共对称面 π。因此，波导双 T 接头具有 E－T 形和 H－T 形接头的共同特性，它的结构如图 10.20(a) 所示。图 10.20(b) 表示它等效为四端口网络的等效电路。图中电压 u_1^+，u_1^- 的下标“1”代表第 1 个端口，上标“+”，“—”分别表示为入射电压和反射电压。

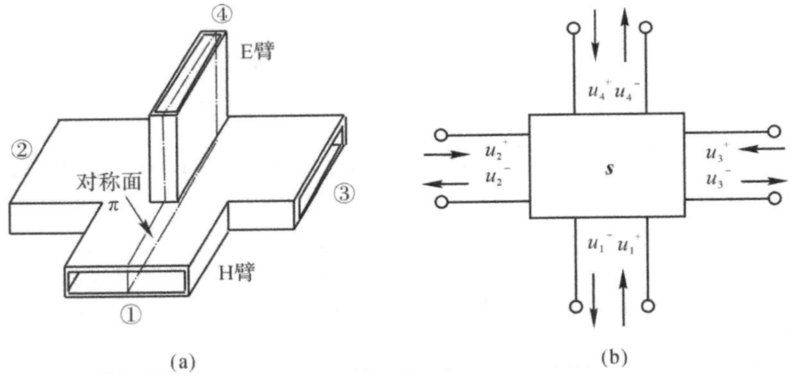

(a) (b)

图 10.20 双 T 的结构及等效电路

通常称双 T 接头的①臂为 H 臂，④臂为 E 臂，②③臂为平分臂(或叫直通臂)。那末双 T 有些什么特性呢？

(1) 当②③臂接匹配负载，H 臂输入信号，信号功率平均分配到②③臂，E 臂无输出，称 E，H 两臂彼此隔离。但 H 臂有反射。

(2) 当②③臂接匹配负载，E 臂输入信号，信号功率平均分配到②③臂，H 臂无输出，称 E，H 两臂彼此隔离，但 E 臂有反射。

(3) 当 ②③ 臂接上信号源,且等幅同相,E 臂无输出,H 臂有输出,反之,当 ②③ 臂接等幅反相信号源,E 臂有输出,H 臂无输出。

(4) 当 ② 臂接上信号源,其他三臂都接匹配负载,该三臂均有功率输出;反之,当 ③ 臂接上信号源,另三臂接上匹配负载,该三臂也均有功率输出。

结论:从 E 臂或 H 臂输入信号,但存在反射,其原因是在波导接头处不连续。没有加任何匹配装置的双 T,无论从双 T 的 H 臂还是 E 臂看进去都是不匹配的。

2. 魔 T

任何微波电路或微波元件,都不希望存在从某个端口输入的信号再从该端反射回来,也就是说,希望都呈现匹配状态。

魔 T 与双 T 的区别在哪里呢?双 T 的 H 臂和 E 臂是不匹配的。如果想办法使双 T 的 H 臂、E 臂匹配,这就是魔 T 了。

如何使双 T 的 T 臂、H 臂匹配呢?一般是在 E 臂引入感性匹配元件,在 H 臂引入容性元件,借用这些元件产生的新反射来抵消双 T 接头处由不连续性所引起的反射,而在工程上使用金属棒和圆锥体组合的匹配双 T,如图 10.21 所示。这样一来从 E 臂输入信号,不再存在从 E 臂反射回信号了;同理,从 H 臂输入信号,在 H 臂也不存在反射信号,这就叫作双匹配状态。双匹配的双 T 就是具有奇妙电气特性的魔 T。它有哪些奇妙特性呢?

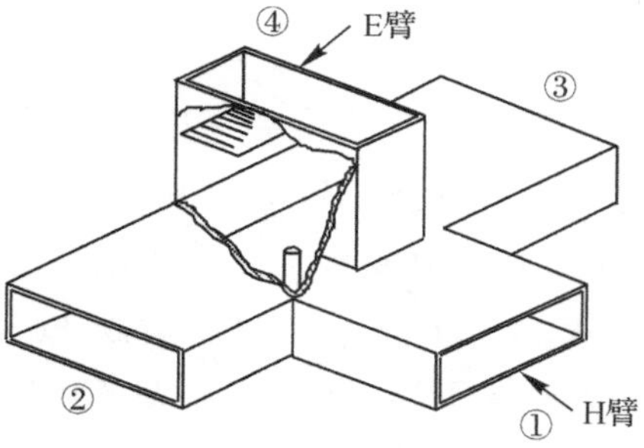

图 10.21 用金属棒和圆锥体组合的匹配双 T 即魔 T 结构示意图

(1) 当 ③ 臂输入信号,H,E 臂有输出,② 无输出,即 ②③ 臂成互相隔离状态,且 ③ 臂无反射,呈匹配状态;同理,当 ② 臂输入信号,H,E 臂有输出,③ 臂无输出,说明 ②③ 臂仍呈互相隔离状态,且 ② 臂呈匹配状态;

(2) 当 E,H 臂输入等幅的微波信号,假定 H 臂信号其电场指向 E 臂(在图 10.21 中,H 臂的电场方向朝上),而 E 臂的电场指向那一臂,那一臂就有信号输出,另一臂无信号输出;反之,假定 H 臂的信号其电场背向 E 臂(在图 10.21 中,H 臂的电场方向朝下),而 E 臂的电场背向那一臂,那一臂有信号输出,另一臂无信号输出,这就是两直通臂(②③ 臂)互相隔离。

其他几个特性同双 T 一样,即 E,H 臂互相隔离。

归纳:魔 T 接头具有双匹配、双隔离特性。所谓双匹配是指 E,H 臂匹配好了,②③ 臂自然匹配;所谓双隔离是指 E,H 臂互相隔离,②③ 臂也是隔离的。

以上所述为理想魔 T 的几个特性,即在 E 臂、H 臂加了匹配元件以后所得。但实际上,E 臂和 H 臂不可能做得完全匹配,机械加工也难以达到完全对称。所以,实际使用的魔 T 与上述的理想魔 T 是有一定差别的，在使用时应予以特别的注意。

由于魔 T 具有上述可贵的电气特性，因此，在微波系统中获得了广泛的应用，例如平衡波导电桥。图 10.22 是平衡波导电桥测定阻抗原理示意图。在图中 H 臂接信号源，E 臂接指示器，②③ 臂分别接标准阻抗和被测阻抗。其测量原理如下：信号源和指示器内阻认为是匹配负载，而被测阻抗不一定是匹配的。当振荡的信号由 H 臂输入时，②③ 臂分别有等幅同相的信号输出，这两个信号将分别被标准阻抗和被测阻抗反射回来，两个反射波的和返回振荡器，两个反射波之差则进入 E 臂，被指示器所指示。当调整标准阻抗的大小，使被测阻抗和标准阻抗完全相同，②③ 臂中的两个反射波也完全相同。此时 E 臂中将无能量输出，指示器的读数为零。这样，标准阻抗的值就是被测阻抗的大小。

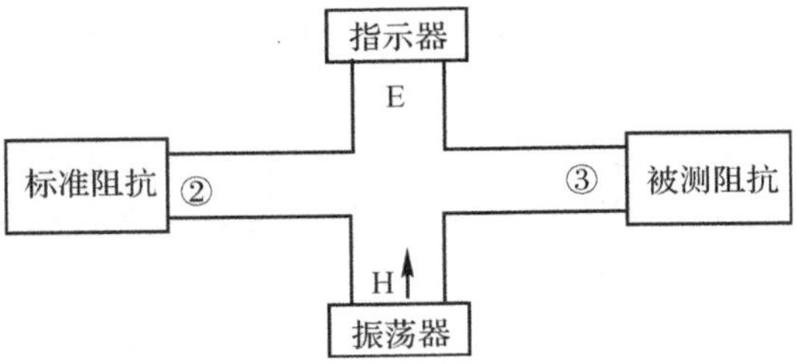

图 10.22　平衡波导电桥测定阻抗原理示意图

二、双模 T 形接头

双模 T 形接头如图 10.23 所示。其 A 端宽边尺寸为 B 端 a 的 1.99 倍。C 臂与波导 AB 构成 E－T 形接头，且波导尺寸与 B 端相等。设 $a\times b$ (mm^2) 尺寸的波导只能传输 TE_{10} 型波。故 $1.99a\times b$ (mm^2) 的波导，既可单独传输 TE_{10} 波或 TE_{20} 型波，也可传输它们的复合波。所以，把这种 T 形接头称为双模 T 形接头。其传输特点是：

(1) 当 A 端激励为单一的 TE_{10} 型波时，如图 10.24(a) 所示，则 TE_{10} 型波只能从 B 端输出，而不能从 C 端输出。这是因为 C 臂宽边与 AB 波导中心轴线平行，故 AB 波导中的 TE_{10} 波，在 T 结中心处纵向磁场为零，横向磁场最大，此横向磁场耦合到 C 臂后又与 C 臂两宽边垂直，不符合边界条件。从电场来看也是一样，因 TE_{10} 型波的横向电场 E_y 在 T 结处最强，它耦合到 C 臂后而与轴线平行，这也不符合边界条件，故 AB 中的 TE_{10} 型波不能从 C 臂输出，只能从 B 臂输出。

(2) 当 A 端激励为一复合波时，此复合波可看成是由 TE_{10} 型波和 TE_{20} 型波组合而成，如图10.24(b) 中实线所示。则 TE_{10} 型波成分如上所述，它只能从 B 端输出，不能从 C 端输出。而 TE_{20} 波成分在 T 结处，纵向磁场最大，横向电场和横向磁场为零。所以 TE_{20} 型波的纵向磁场耦合到 C 臂后，在 C 臂可激起 TE_{10} 型波输出。由于 B 端横向尺寸的限制，扼制了 TE_{20} 波向 B 端传输，故 B 端无 TE_{20} 型波输出。

由此可知，对波导 A 端的激励，如果是以 y 轴为对称的两个等幅同相激励的 TE_{10} 型波，如图 10.24(a) 所示，则 B 端输出“和”信号，即 TE_{10} 型波；如果是以 y 轴不对称激励，则这种不对称的激励可分解为两部分：一部分为以 y 轴为对称的等幅同相信号，组成“和”信号 TE_{10} 型波从 B 端输出；另一部分以 y 轴为对称的等幅反相信号，组成“差”信号 TE_{20} 型波，它

在 C 臂中激励起 TE_{10} 型波输出。"差"信号的大小,反映了对 A 端的激励与 y 轴不对称的程度。而"差"信号的极性,则反映了激励源的中心是在 y 轴之左还是在 y 轴之右。可见,这种双模 T 形接头可用来对目标进行跟踪。

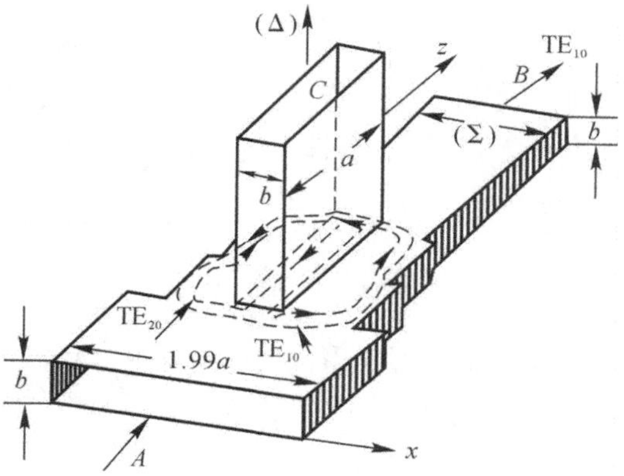

图 10.23　双模 T 形接头的原理结构图

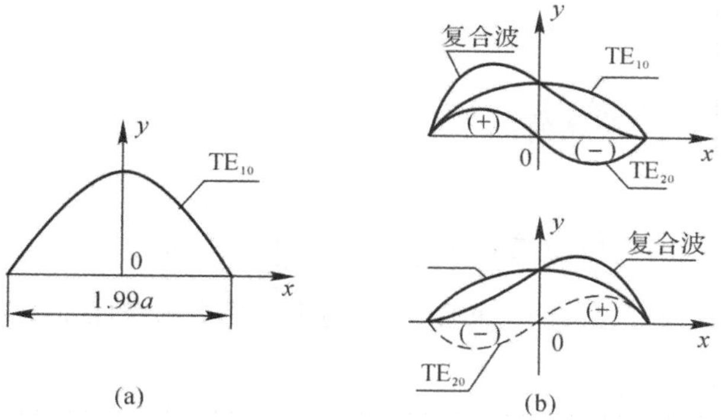

图 10.24　双模 T 形接头的激励

10.6　定向耦合器

在雷达和微波测试系统中,经常用到从微波传输线中提取出一定比例的功率,以便进行测量或作其他用途,应用定向耦合器可以达到这样的目的。实际上,定向耦合器也是一种有方向性的功率分配器。本节介绍矩形波导型定向耦合器,其他形式的工作原理与之相同。

矩形波导定向耦合器,由主波导和副波导组成。所谓定向耦合器是指从主波导通过小孔或缝隙耦合到副波导的功率,在副波导传输具有一定的方向性。如图 10.25 所示,在理想情况下,副波导中只有一个端口 ④ 有输出,称为耦合口;另一个端口 ③ 没有输出,称为隔离口。实际上隔离口也有输出,因此,衡量定向耦合器性能好坏用下面两个参数来表征。

1. 耦合度

图 10.25 是矩形波导以窄边为公共边的双孔定向耦合器的顶视图，主波导由 ① 端输入由左向右传输的入射波功率用 P_i 表示，耦合到副波导再往右传输(正向)的功率用 P_L 表示，则耦合度

$$L = 10\lg\frac{P_i}{P_L} \quad (\text{dB})$$

因为 $P_i > P_L$，所以 $L > 0$，L 越大，表示耦合越弱，一般 L 在 0.3 ~ 10 dB 为强耦合，20 ~ 30 dB 为弱耦合。

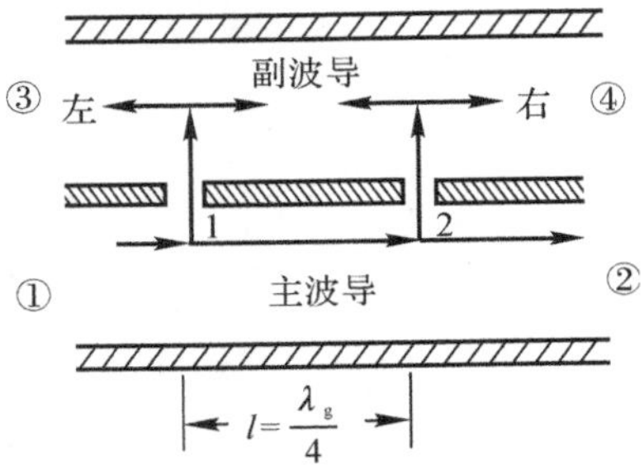

图 10.25　双孔定向耦合器

2. 方向性

方向性用以表示副波导内定向输出能力的大小。在图 10.25 中，由副波导向右传输的功率为 P_L，向左传输(向隔离口即反向)的功率为 P_R，则方向性

$$D = 10\lg\frac{P_L}{P_R} \quad (\text{dB})$$

在理想情况下，$D = \infty$，实际上由于元件制造不精确等原因，$P_R \neq 0$，$D \neq \infty$，一般要求 D 大于 20 dB 以上。

一、矩形波导双孔定向耦合器

1. 结构

如图 10.25 所示的双孔定向耦合器，是由一个主波导和一个副波导平行放在一起，以窄边为公共臂，并在公共臂上开有两个相距为$\frac{\lambda_g}{4}$的小孔作为耦合件而成的。

2. 定向传输的工作原理

在图 10.25 中，TE_{10} 型入射波从端口 ① 输入，假定端口 ②③④ 接匹配负载。当入射波传到第一个耦合小孔时，入射波的一小部分电磁波通过小孔耦合到副波导。耦合到副波导的电磁波分成两路，一路为 A_1，继续往右(端口 ④ 方向)传输，一路为 B_1，向左(端口 ③ 方向)传输；主波导中的入射波经过第一个小孔后，又继续向右边传输，接着碰到第二个耦合小孔，入射波的一小部分又通过小孔耦合到副波导。耦合到副波导的电磁波同样分为两路，一路为 A_2，继续往右边传输，一路为 B_2，向左边传输。此时在副波导内，往左(向端口 ③)方向传输有 B_1B_2，由于 B_2 在主波导内已走了 $\lambda_g/4$ 路程，在副波导内从第二小孔到第一小孔又走了了 $\lambda_g/4$ 距离。这样，在第一小孔耦合过来的电磁波 B_1，与从第二小孔耦合过来的电磁波 B_2，在相位上由于 B_2 要比 B_1 多走 $\lambda_g/2$ 的路程，即 B_1B_2 的相位差 180°，结果互相抵消。如果 $B_1 = B_2$，则从端口 ③ 输出为零。在副波导内往右(向端口 ④)传输的两部分波 A_1，A_2 所走的路程相同，即相位相同，所以，在端口 ④ 有电磁波输出，这样就达到了定向输出的目的。

在主波导中传输的入射波，通过两个耦合小孔耦合到副波导的是很小一部分，绝大部分的入射波功率由端口 ② 输出。

为了增强耦合度，还有四孔定向耦合器。这种耦合器是主、副波导的宽边为公共臂重叠在一起，然后在公共臂上开有四个耦合小孔，两个小孔之间的间距为 $\lambda_g/4$，如图 10.26 所示，它的定向原理同双孔定向耦合器完全相同。

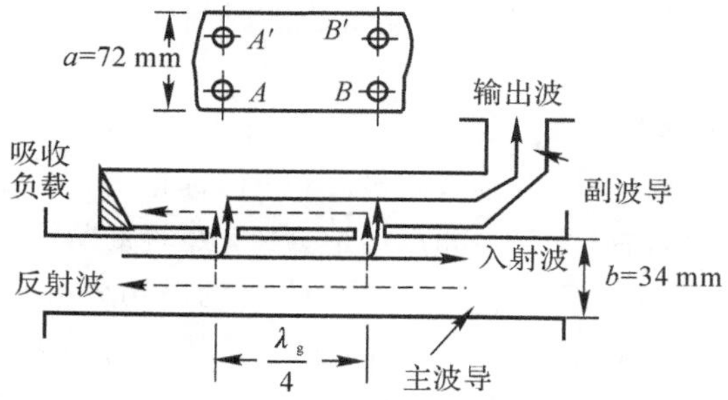

图 10.26　四孔定向耦合器原理结构示意图

从以上分析的定向原理知道，定向传输的关键是两个小孔相距为 $\lambda_g/4$。但当传输的 TE_{10} 型波的频率变化时，波导波长 λ_g 也变化了，定向传输的性能下降。这说明这种双孔定向耦合器，不适合在宽频带上工作，下面介绍的双十字缝定向耦合器，可工作在较宽的频带上。

二、矩形波导双十字缝定向耦合器

1. 结构

十字形定向耦合器，是由主波导与副波导垂直正交组成，在两个波导的宽边交界面处形成一个正方形，耦合能量的小孔就开在正方形的对角线上，且两孔垂直距离均为 $\lambda_g/4$。根据耦合孔的形状又可分为槽缝式和十字缝式，如图 10.27 所示。

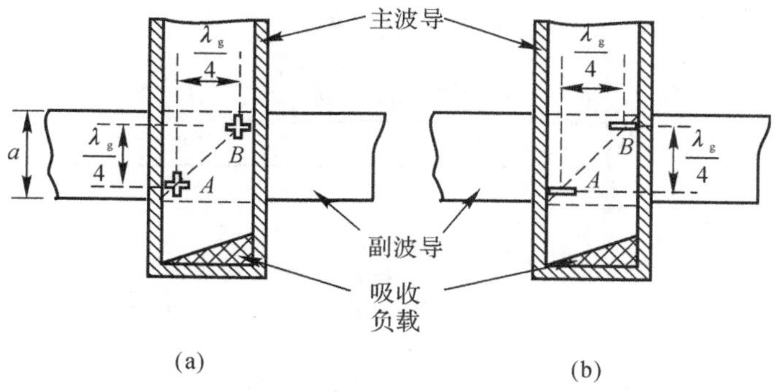

图 10.27　十字形定向耦合器结构示意图

(a) 十字缝式；(b) 槽缝式

不论槽缝式还是十字缝式，其工作原理都是一样的。

2. 工作原理

为了说明双十字缝定向耦合器的定向原理，先来研究一下矩形波导传输 TE_{10} 型波时，波的传输方向与电磁场之间的客观规律。

(1) 正旋波和负旋波。先来观察一下当电磁波在波导内传输时，波导中各点磁场的取向是怎样变化的。在图 10.28(a) 中，画出了在 $t=t_0$ 时刻矩形波导中 TE_{10} 型波磁场的俯视分布图。在相距 $\lambda_g/4$ 的各点磁场方向标记 1,2,3,4,5，图中 x,y,z 为正方向坐标。当电磁波的入射波向正 z 方向传输时，则磁场分布情况也随时间向正 z 方向推移。以右边“5”处为观察点，来看不同时间内磁场的取向。

当 $t=t_0$ 时，“5”处的磁场方向向左；当经 $T/4$ 时，标记为“4”处的磁场分布推移到“5”处，此时“5”处的磁场方向向上(背离读者)；经 $T/2$ 时，标记为“3”处的磁场分布推移到“5”处，此时“5”处的磁场方向向右；经 $3T/4$ 时，标记为“2”处的磁场分布推移到“5”处，此时“5”处的磁场方向向下(指向读者)；经 T 时，标记为“1”处的磁场分布推移到“5”处，此时“5”处的磁场方向再次向左。由此可见，当电磁波自左向右传输的时间为一个周期 T 时，以垂直于波导宽边的对称面为分界面，在电磁波传输方向的右边任一点的磁场取向，沿顺时针方向逐渐旋转一次。同样的道理，在电磁波传输方向的左边任一点的磁场取向，沿反时针方向逐渐旋转一次。如图10.28(b) 所示，若电磁波沿负 z 方向传输时(反射波)，上述情形正好相反。

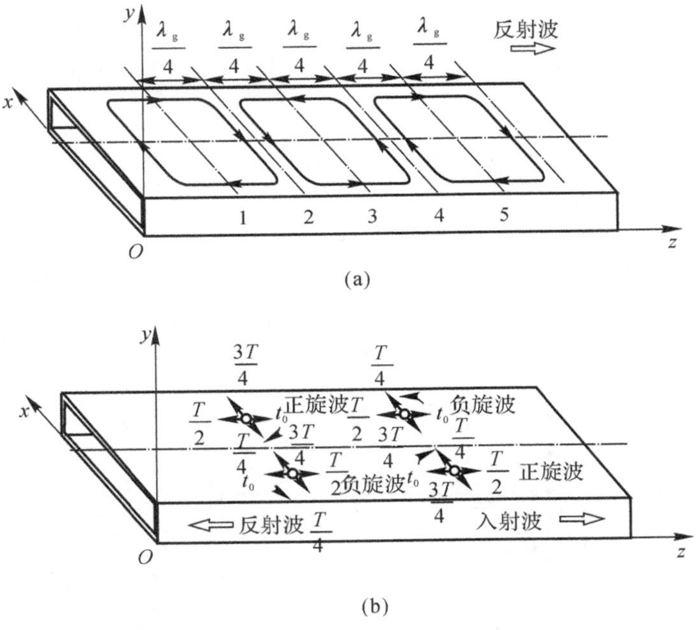

图 10.28　矩形波导中 TE_{10} 型波磁场分布及正、负旋波

所谓正旋波(有的文献称为左旋波)就是磁场方向对应于正 y 轴方向而言，是符合左手定则的(即伸开左手，四指微握，大拇指指向正 y 轴方向，四指旋转方向就代表磁场旋转方向)。

所谓负旋波(有的文献称为右旋波)，就是磁场旋转方向对应于正 y 轴方向而言，是符合右手定则的(即伸开右手，四指微握，大拇指指向正 y 轴方向，四指旋转方向就代表磁场旋转方向)，如图 10.28(b) 所示。

由此可以得出结论：对于正 y 轴方向而言，不论是入射波还是反射波，以垂直于波导宽边的对称面为界，在电磁波传输方向右边为正旋波(左旋波)，在电磁波传输方向的左边为负旋波(右旋波)。如果不是对正 y 轴方向而是对负 y 轴方向而言，那么，上述结论正好相反。

这个结论正确反映了矩形波导传输 TE_{10} 型波时，波的传输方向与电磁场之间的客观规律。违背这个客观规律，TE_{10} 型波就不能传输。

(2) 定向原理。在开了十字缝的地方，主波导中的电磁场会经过十字缝耦合到副波导中去。以图 10.27 为例，缝开在右上方(孔 B)。主波导中的负旋波耦合到副波导中去，还是负旋波，这时从副波导来看，要符合传输的客观规律，则耦合到副波导的电磁波只能往右端传输，不可能往左端传输。同理，可以判断，由左下方孔 A 耦合到副波导中的电磁波也只能往右端传输，不能往左端传输。这就实现了定向耦合。

采用两个相距 $\lambda_g/4$ 十字缝的目的是为了使它们耦合到副波导中去的能量最大。这是因为两孔的空间位置和路程差加起来正好相位差 360°。

由此可见，十字缝定向耦合器(包括单缝和双缝)具有宽频带定向耦合的特性，因为它的定向性不随波长的变化而变化。波长的变化会使两孔距离所相当的电长度发生变化，那只是影响到耦合的强弱，这是十字缝定向耦合器的特殊优点，从而被广泛地应用到微波传输系统中去。

根据上述的道理，可以得出一个更加简便的判别耦合到副波导去的能量传输方向的方法：由主波导经十字缝耦合到副波导去的电磁能，总是一次穿过十字缝所在的对角线后，向折转 90° 的方向传输。据此，可以很容易判断 10.29 所示的十字缝在不同位置时，主波导内不同方向传来的电磁能耦合到副波导后的传输方向。

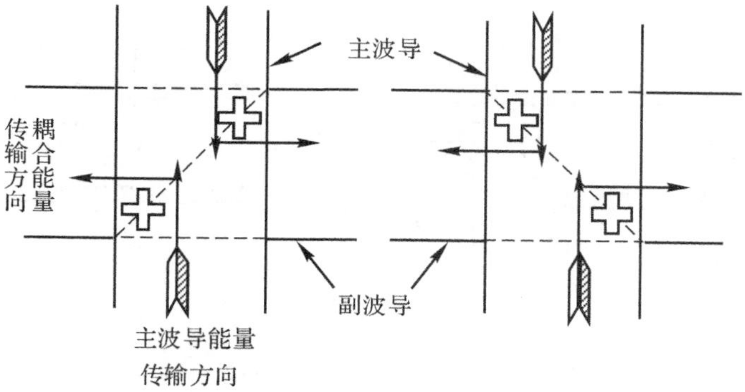

图 10.29 十字缝开在不同位置时，耦合能量的传输方向

10.7 衰减器和移相器

在微波传输系统中，经常需要对传输的微波功率进行调整。有时要将微波功率产生一定量的衰减量或消除不希望有的反射，这类器件叫衰减器。衰减量固定的称为固定衰减器；衰减量可调的叫可调衰减器；有时需要将微波功率无衰减地通过，但要求能产生一定的相位移，这类器件称为移相器。移相器产生的相位移，一般都是可调的。本节重点介绍可调吸收式衰减器、过极限衰减器、同轴线型伸缩式移相器及介质片移相器的结构与工作原理。

一般衡量衰减器性能的主要指标是：工作频带、输入端驻波系数、衰减量等。

移相器的指标要求有：在单位长度损耗一定的条件下，相移要尽可能地大，可以均匀调整其相移量，工作稳定可靠，工作频带要宽等。

一、可调吸收式衰减器

在 10.4 节中介绍的全匹配负载，一般用来消除无用的反射波；这是一种固定吸收式衰减器。最简单的可调吸收式衰减器是在波导中或在同轴线中放置平行于电场方向的吸收元件所组成。如图 10.30 所示是一个波导型可调吸收衰减器，它是由一个介质片，垂直置于波导宽边而成，在介质片上涂有一层电阻薄膜，平行于它的电场切向分量将在其上引起传导电流而形成焦耳热损耗，达到衰减传输功率的目的。

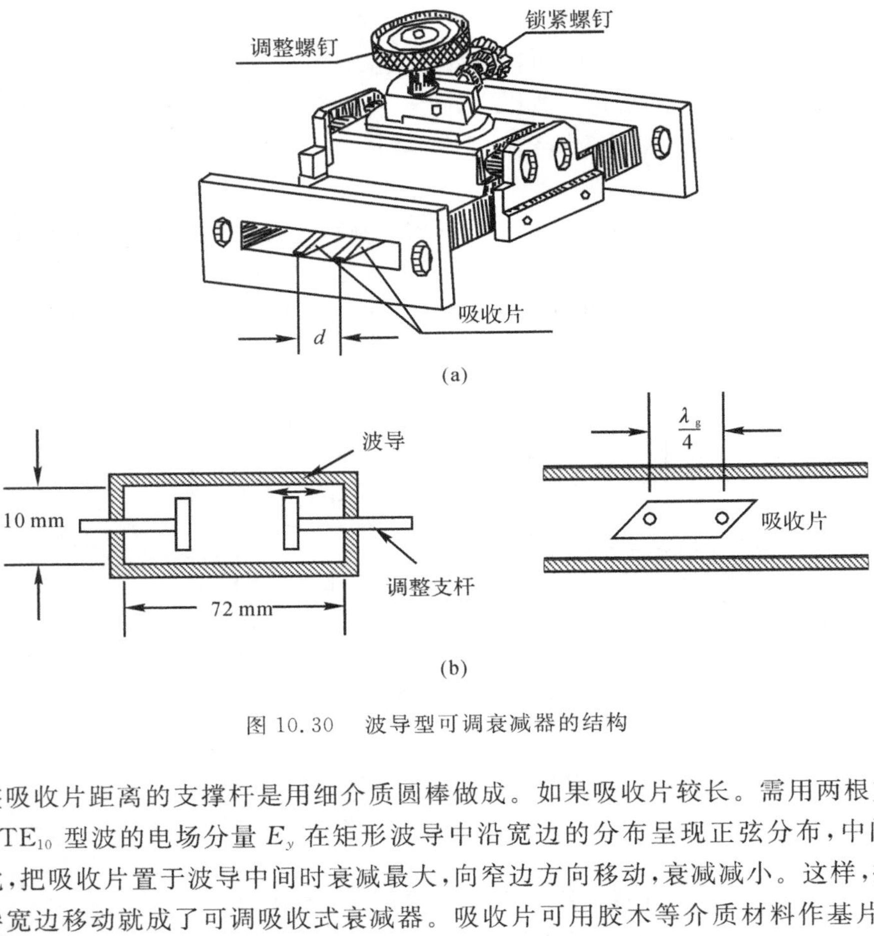

图 10.30　波导型可调衰减器的结构

调整吸收片距离的支撑杆是用细介质圆棒做成。如果吸收片较长。需用两根支撑杆支撑，因为 TE_{10} 型波的电场分量 E_y 在矩形波导中沿宽边的分布呈现正弦分布，中间强两边弱。因此，把吸收片置于波导中间时衰减最大，向窄边方向移动，衰减减小。这样，把吸收片沿着波导宽边移动就成了可调吸收式衰减器。吸收片可用胶木等介质材料作基片，上面涂敷石墨粉等电阻材料。一般表面电阻在 200 ～ 300 Ω/cm^2。为提高工作稳定性，通常还要浸渍一层氧化硅保护层。

支撑杆之间距离一般取 $\lambda_g/4$，用以抵消在两个支撑杆上引起的反射。

还有一种可调衰减器，它的吸收片做成刀形形状，将它沿波导纵向插入矩形波导宽边的中央，其结构很像可调电容器的动片。当完全转入波导内时衰减量最大，当完全转出波导外时，衰减量为零，如图 10.31 所示。这种衰减器的优点是在波导内无须加装支撑物，因此可以使输入驻波系数接近于 1。

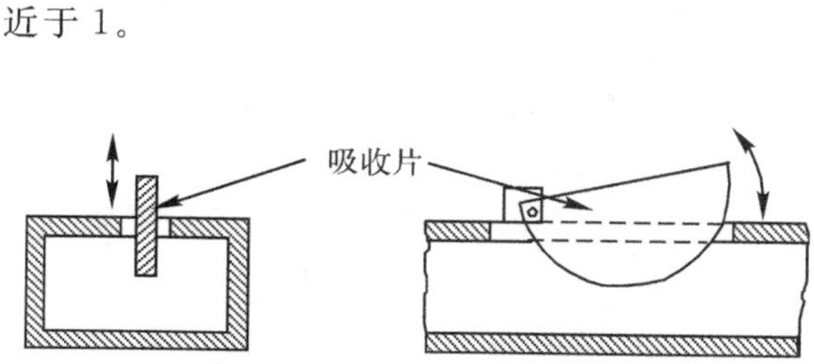

图 10.31　波导型可调衰减器的结构

二、过极限衰减器

过极限衰减器是用截止波导制成的。在波导一章中讨论传输模式时知道，当工作波长大于某型波的截止波长时，该型波就不能在波导中传输了，此时，电磁波在波导中按指数律衰减，过极限衰减器就是根据这样的原理制成的。截止波导通常用圆波导为多，因为它可以用较简单的机械结构来调节衰减量。图 10.32(a)(b) 是同轴线传输 TEM 波，中间用圆波导作截止波导做成的过极限衰减器示意图；图(c) 是在矩形波导的窄边接上一段长度可调的圆波导，然后通过耦合环输出高频能量；图(d) 表示衰减量随长度 l 的改变而按指数律衰减，l 越长，衰减量越大。

在图 10.32(a) 中，把同轴线内传输的 TEM 波，通过耦合圆盘，在圆波导内激励起 TM_{01} 型波。但由于 TEM 型波的工作波长远大于 TM_{01} 波的截止波长，所以 TM_{01} 型波不能在圆波导内传输，而按指数规律衰减，然后再用圆盘通过电耦合在同轴线内激励起 TEM 波。这时的 TEM 波的能量已很小了。达到了衰减的目的。图(b) 是从同轴线到截止波导，再从截止波导到同轴线是通过线环磁耦合，在圆波导中激励起 TE_{11} 型波，同上面一样的道理，TE_{11} 型波也不能在圆波导中传输，而按指数规律衰减。图(c) 是矩形波导中的 TE_{10} 型波耦合到了圆波导，激励起来是 TE_{11} 型波。同样道理，由于 TE_{10} 型波的工作波长大于 TE_{11} 型波的截止波长，所以，TE_{11} 波也不能在圆波导中传输。因此，过极限衰减器也叫截止式衰减器。

过极限衰减器的最大优点是衰减量与 l 成正比，与频率无关。过极限衰减器刻度均匀，调整方便，具有频带宽的特性，因此在微波系统中得到了广泛的应用。

三、同轴线伸缩式移相器

移相器是用来改变微波传输系统中电磁波相位的一种微波元件。理想的移相器是一段长度可以改变的均匀无耗传输线，同轴线伸缩式移相器就是根据这样的原理制成的。图 10.33 所示是这种移相器的结构示意图。它通过改变同轴线长度 l 实现需要改变的相位移 $\Delta\varphi$，即

$$\Delta\varphi = \beta l = \frac{2\pi}{\lambda_g} l \tag{10.4}$$

式(10.4) 可以看出，改变传输系统相位移的办法有两种：一是改变传输系统的机械长度 l；二是改变传输系统的相移常数 β。同轴线移相器是通过改变机械长度来实现的，由 $\beta =$

$\frac{2\pi}{\lambda_g}=\omega\sqrt{\varepsilon\mu}$ 知改变相移常数 β 的方法也有两种：一种是改变波导宽边尺寸 a；另一种是在波导中放入相对介电常数 $\varepsilon_r>1$ 的介质片。

因为空气填充的矩形波导中传输 TE_{10} 波时，其波导波长 λ_g 为

$$\lambda_g=\frac{\lambda}{\sqrt{1-\left(\frac{\lambda}{2a}\right)^2}} \tag{10.5}$$

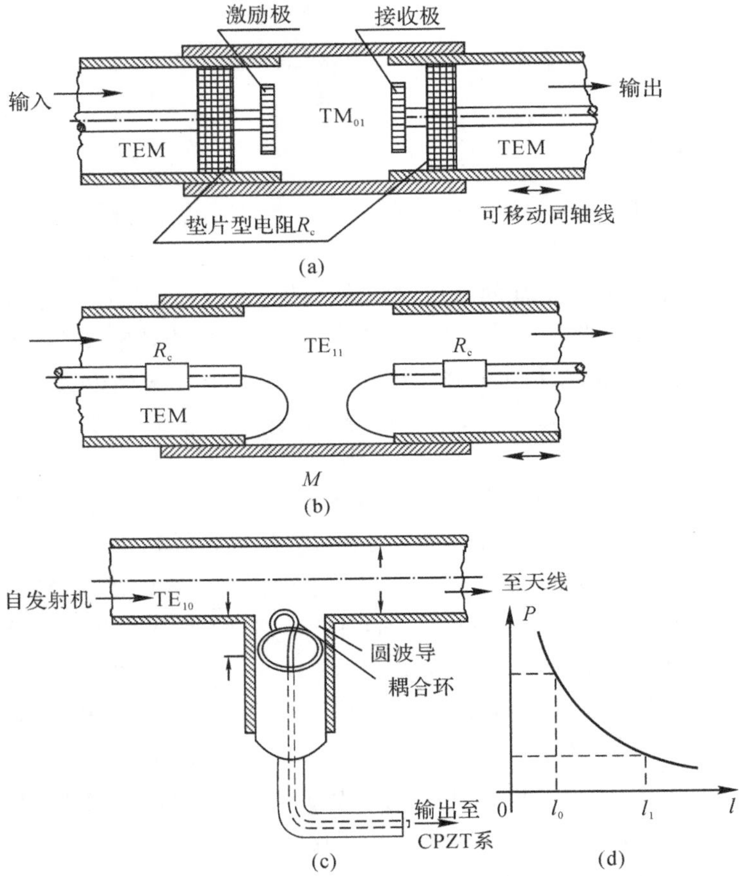

图 10.32　过极限衰减器结构图

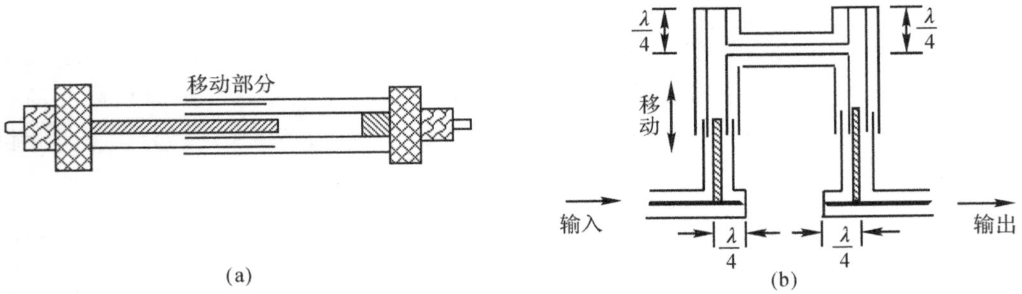

图 10.33　同轴线移相器结构示意图

显然改变波导宽边尺寸 a 可改变 λ_g，导致 β 的变化，达到移相的目的。应用这个原理制成的移相器称为压榨式波导移相器。但这种移相器目前已很少应用，而大多采用介质片移相器。

四、介质片移相器

在波导中放入相对介电常数 ε_r 很大又是用低损耗材料做成的介质片，使波导波长 λ_g 随着介质片在波导内横向移动而发生变化，从而获得可变相移的一种移相器。图 10.34(a) 是常见的一种介质片移相器，它是由一段 $72 \times 34\ \text{mm}^2$ 的矩形波导和插入其内的并与波导窄边平行的两块菱形聚苯乙烯介质片及调整机构组成；图(b)(c) 是它的结构示意图。

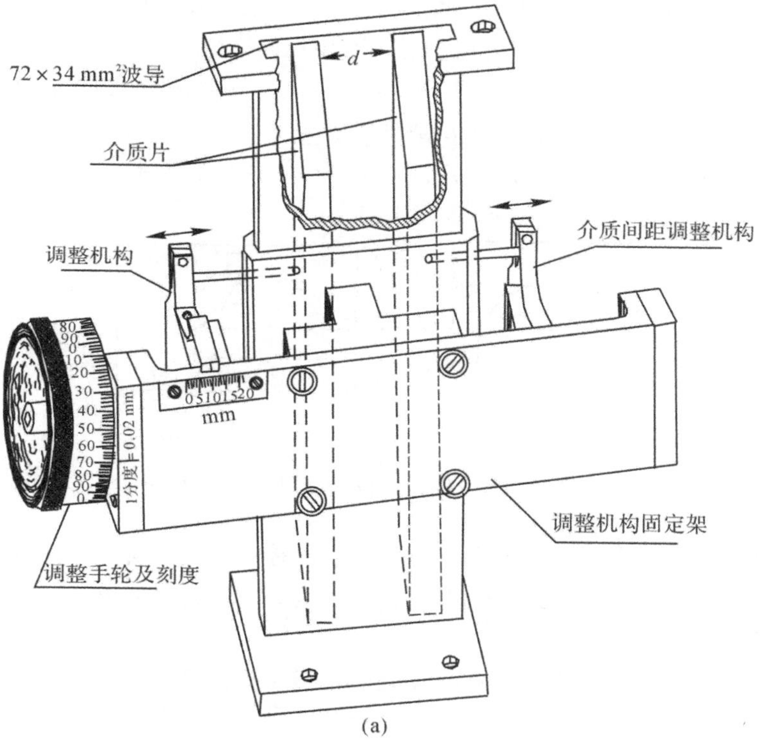

(a)

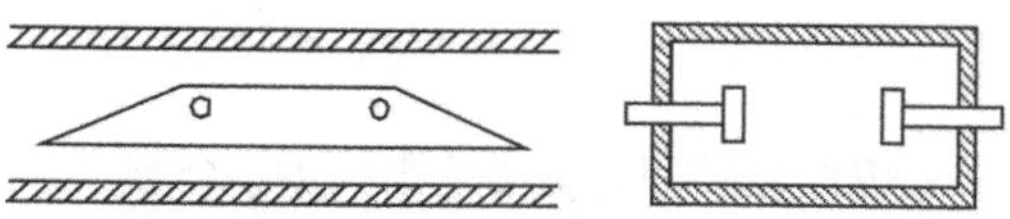
(b)　(c)

图 10.34　介质片移相器结构示意图

这种移相器的移相原理如下：

当波导内为空气时其相移常数为

$$\beta_0 = \frac{2\pi}{\lambda_0}\sqrt{1-\left(\frac{\lambda_0}{2a}\right)^2} \tag{10.6}$$

当波导内填充介质时,(假定 $\mu_r=1$) 其相移常数为

$$\beta=\frac{2\pi}{\lambda_0}\sqrt{\varepsilon_r-\left(\frac{\lambda_0}{2a}\right)^2} \tag{10.7}$$

式中,λ_0 是空气中的工作波长。

由式(10.6) 和式(10.7) 知,在同样尺寸的波导中,当分别填充介质和空气时,电磁波通过单位长度之后所产生的相位差为

$$\Delta\varphi=\beta-\beta_0=\frac{2\pi}{\lambda_0}\left[\sqrt{\varepsilon_r-\left(\frac{\lambda_0}{2a}\right)^2}-\sqrt{1-\left(\frac{\lambda_0}{2a}\right)^2}\right] \tag{10.8}$$

可见 ε_r 越大,相移也越大。实用的介质移相器不是在波导内填满介质,而是采用沿一个可移动的介质片,改变介质片的位置来改变相位移的大小。实验证明,相移变化的大小是与介质片的厚度与长度成正比。但为了减小反射波,一般介质片的厚度不宜过大。在波导内沿横向放入介质片以后.由电磁场理论知道,其中场向介质片集中,使 TE_{10} 波的电场分量 E_y 沿宽边的分布不再是正弦规律,如图 10.35(b) 所示。由图(b) 可见,由于在波导内放置介质片以后,E_y 分布变形,如仍按正弦函数的半波分布,就等效于延长了波导的宽边尺寸,导致 TE_{10} 波的截止波长 λ_c 增大,波导波长 λ_g 减小,最后使相移常数 β 变大。

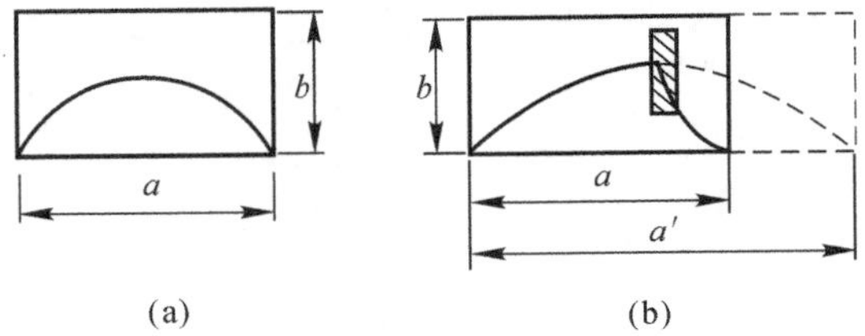

图 10.35　介质片移相器内电场分布图

介质片的形状一般做成梯形或平行四边形,目的是使阻抗成渐变式,以减少波的反射。这种移相器的特点是可以改变的相移量很大,这对微量调整会带来一定的困难。

10.8　微波谐振器与谐振窗

一、微波谐振器的概念

微波谐振器,就是微波波段的谐振回路,它是由一种"金属空腔"构成的。所谓金属空腔是一个自行封闭的金属腔体,简称谐振腔。这种谐振腔与低频谐振回路的结构完全不同。大家知道,低频谐振回路是由集总参数的电感、电容所组成,因为这种回路能在某一个频率上发生谐振,因而具有选择信号的能力。而频率同电感、电容成 $f=\frac{1}{2\pi\sqrt{LC}}$ 的关系,要提高谐振频率,只能减小 L,C 的值。

如图 10.36(a) 所示是由集总参数的电容 C、电感 L 组成的谐振回路;图(b) 表示增大电容器两极板间距离,以减小电容量;减小电感线圈圈数,以减小电感量;图(c)(d) 表示干脆

把电感线圈拉成直导线，甚至在电容器极板四周并接上很多直导线，进一步减小电感量；当并接的直导线为无穷多时，就变成图(e) 所示的圆柱形空腔了，这就是微波波段的圆柱谐振腔；图(f) 为圆柱形谐振腔内电磁力线分布的示意图。

圆柱腔中最常用的 3 个振荡模式之一：TM_{010} 模，其场分布如图 10 - 36(f)

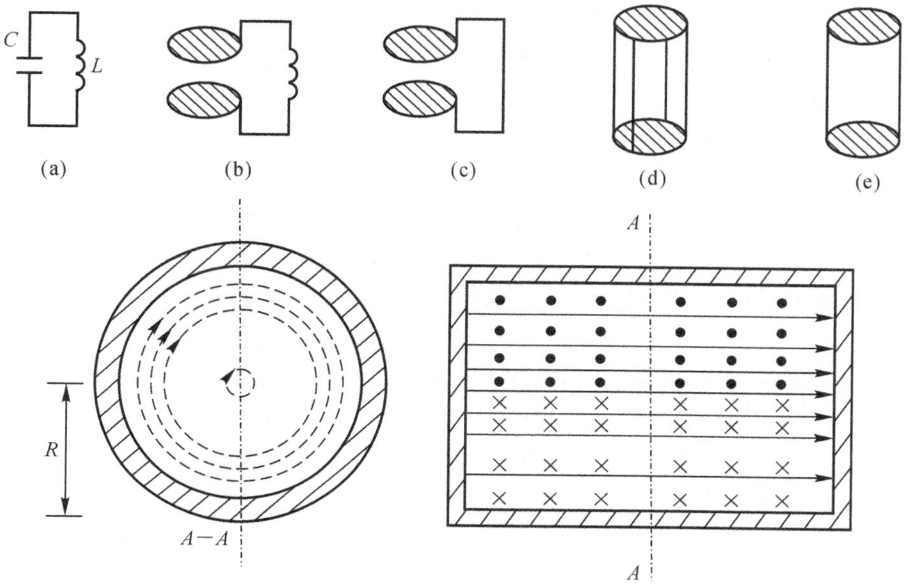

图 10.36　由低频谐振回路向圆柱形谐振腔过渡

根据金属腔的形状，微波谐振器有矩形谐振腔、圆柱形谐振腔及同轴线谐振腔等。通常频率在高于 300 MHz 时用同轴谐振腔，高于 1 000 MHz 时用矩形或圆柱形谐振腔。

因为振荡的本质是电能和磁能的相互交替转换。在低频谐振回路里，电能集中在电容器中，磁能集中在电感线圈内。微波谐振腔可以看成是一段两端短路的传输线段。在这种传输线里，传输的行波被终端短路而来回反射，最后形成驻波，其电场与磁场在时间上有 90° 相位差。因而电场能量最大时，磁场能量为零；磁场能量最大时，电场能量为零。这样在腔内电能与磁能相互转换，形成持续振荡，其转换频率就是谐振器的谐振频率。所有这些物理过程，与低频 L,C 谐振回路发生振荡是相似的。但微波谐振器在封闭的金属腔内振荡，不产生辐射损耗，热损耗也很小，因而品质因数远远高于低频谐振回路的值。还有，低频谐振回路的电磁能量分别集中在电容器或电感线圈内，振荡功率的大小受电容器的耐压所制约，因而可以实现较大的振荡功率。此外，低频谐振回路只有一个谐振频率，而微波谐振器具有多谐性。即当谐振腔的尺寸一定时，具有无穷多个谐振频率。每个谐振频率与特定的振荡模式相对应，所以其频率选择性，微波谐振器要大大高于低频谐振回路。下面先介绍微波谐振器的谐振频率、品质因数等基本参数，以了解其谐振腔的特性。

二、微波谐振器的基本参数

低频振荡回路的基本参数是集总参数的电容 C、电感 L 和电阻 R。用它们很容易导出谐振频率，品质因数及谐振电阻等其他参数。而在微波谐振器中，L、C 基本上已失去意义，

但谐振频率 f、品质因数 Q 及等效电阻 R 三个基本参数，仍是反映微波谐振器的物理特性。因等效电阻反映微波谐振器功率损耗的大小，它已在无载品质因数中体现了，故这里不予介绍。

1. 谐振频率 f(或谐振波长 λ)

谐振频率 f 是指微波谐振腔中某个振荡模式的场发生谐振时的频率。当腔内场强最强或电场能量与磁场能量幅值相等时，可求出其谐振频率。

2. 品质因数 Q

品质因数 Q 是用来描述谐振腔频率选择性的能力高低及反映腔体损耗大小等特性的物理量。其定义是

$$Q=\omega\frac{\text{谐振系统内储存能量 }W}{\text{谐振系统的损耗功率 }P_1} \tag{10.9}$$

式中：W 为谐振时谐振腔内电能与磁能的总和；P_1 为谐振腔系统的损耗功率。注意，P_1 应分为两部分：一部分是谐振腔流经腔壁电流引起的焦耳热损耗及腔内的介质损耗；另一部分是谐振腔与负载耦合时将能量耦合给负载所引起的"损耗"。这样定义的 Q 称为有载品质因数。本节只讨论谐振腔本身的性能，因此，P_1 不包括谐振腔耦合给负载的能量，这样定义的 Q 称为无载品质因数，有的书中又叫固有品质因数。而谐振腔内的介质损耗因远小于焦耳热损耗，一般是忽略不计了。

三、矩形谐振腔

矩形谐振腔是一段长为 d 的矩形波导，在两端用金属片短路而成，波导宽边 a 和窄边 b 仍用 x 方向和 y 方向的尺寸表示，如图 10.37 所示。当 d 的长度等于半个波导波长的整数倍时，电磁波由短路壁反射而形成驻波，使波导在 $z=0$ 处电场 E_y 为零。

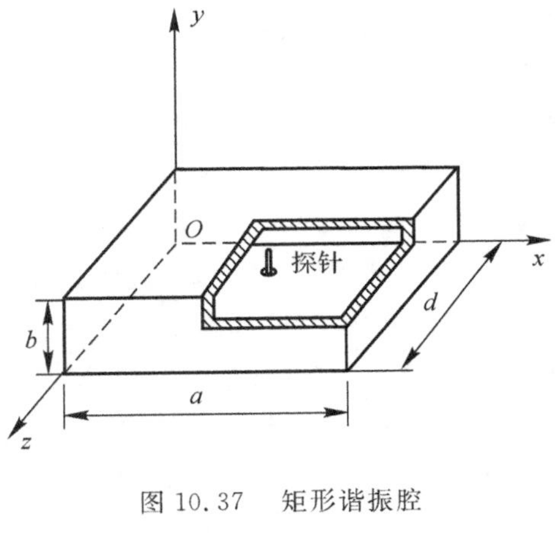

图 10.37　矩形谐振腔

1. 矩形谐振腔的场结构及场方程

在矩形波导内最低传输模式是 TE_{10} 型波，讨论的问题也就是 TE_{mn} 型波。这种波如果在波导内被激励起来，那么它向 z 方向传输，但 $z=d$ 处被短路，波被反射，反射波传到 $z=0$ 处，又遇到短路片，再向 z 方向反射，来回反射形成驻波。结果是发生持续振荡，其振荡模式

是 TE_{mnl}（请注意，实际上也存在 TM_{mnl} 振荡模式），这里下标 m，n 的含义同波导中讲的一样，而 l 是指场强沿 z 方向上分布的半个正弦波的个数。对应不同的 m，n，l 就对应着不同的振荡模式。在这许多振荡模式中，要保证单一型波的振荡，可使振荡频率稳定可靠。当然最低振荡模式是最有用的，所以，只介绍 TE_{101}，振荡模式的场方程。它的方程是

$$\left.\begin{aligned}
H_z &= -\mathrm{j}2H_0^+\cos\left(\frac{\pi}{a}x\right)\sin\left(\frac{\pi}{d}z\right)\\
H_x &= \mathrm{j}2\,\frac{a}{d}H_0^+\sin\left(\frac{\pi}{a}x\right)\cos\left(\frac{\pi}{d}z\right)\\
E_y &= -2K_{101}\eta\,\frac{a}{\pi}H_0^+\sin\left(\frac{\pi}{a}x\right)\sin\left(\frac{\pi}{d}z\right)\\
H_y &= E_x = E_z = 0
\end{aligned}\right\} \tag{10.10}$$

式中：H_0^+ 代表沿 $+Z$ 方向传播的电磁波振幅；$K_{101}=\sqrt{\left(\frac{\pi}{a}\right)^2+\left(\frac{\pi}{d}\right)^2}$。

根据场方程即可画出它的场结构图，如图 10.38 所示。

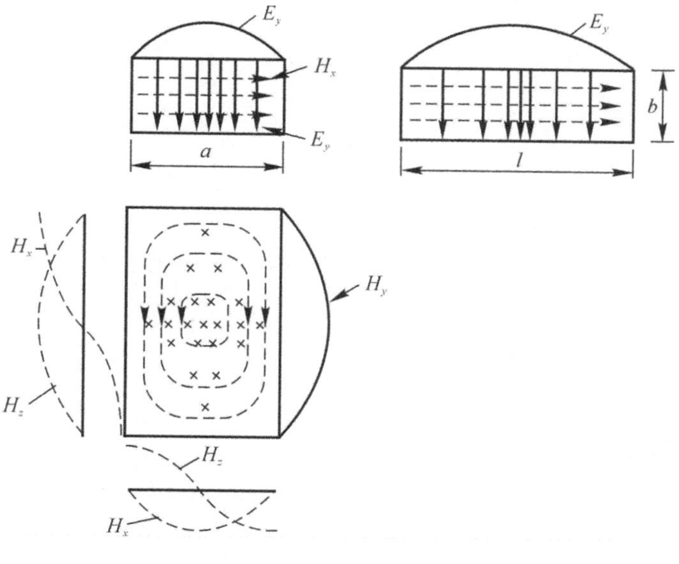

图 10.38　矩形谐振腔中 TE_{101} 模场量分布图

2. 最低振荡模式的谐振频率

通过矩形波导中波的传播常数，可得 TE_{mnl}，TM_{mnl} 振荡模式的谐振频率为

$$f_{mnl}=\frac{1}{\sqrt{\varepsilon\mu}}\sqrt{\left(\frac{m}{2a}\right)^2+\left(\frac{n}{2b}\right)^2+\left(\frac{l}{2d}\right)^2} \tag{10.11}$$

而最低振荡模式是 TE_{101}，所以

$$f_{101}=\frac{1}{\sqrt{\varepsilon\mu}}\sqrt{\left(\frac{1}{2a}\right)^2+\left(\frac{1}{2d}\right)^2} \tag{10.12}$$

又因为 $\lambda f=v$，所以

$$\lambda_{101}=\frac{v}{f_{101}}=\frac{\frac{1}{\sqrt{\varepsilon\mu}}}{\frac{1}{\sqrt{\varepsilon\mu}}\sqrt{\left(\frac{1}{2a}\right)^2+\left(\frac{1}{2d}\right)^2}}=\frac{2}{\sqrt{\left(\frac{1}{a}\right)^2+\left(\frac{1}{d}\right)^2}} \tag{10.13}$$

3. 矩形谐振腔的无载品质因数 Q

根据计算，谐振腔内储存的能量 W 为

$$W=W_e+W_m=2W_e=\frac{\varepsilon}{2\pi^2}a^3bdk_{101}^2\eta\mid H_0^+\mid^2$$

谐振腔 6 个内表面壁的损耗功率为

$$P_1=R_s\mid H_0^+\mid^2\frac{2a^3b+a^3d+ad^3+2d^3b}{d^2}$$

所以，矩形谐振腔无载品质因数 Q 为

$$Q=\omega\frac{W}{P_1}=2\pi f\frac{W}{P_1}=\frac{K_{101}^2a^3d^3b\eta}{2\pi^2R_s(2a^3b+a^3d+ad^3+2d^3b)}=$$

$$\frac{1}{8}\frac{abd(a^2+d^2)}{[2b(a^3+d^3)+ad(a^2+d^2)]} \tag{10.14}$$

式中

$$R_s=\frac{1}{\sigma\delta}=\frac{\sqrt{\pi f\mu\sigma}}{\sigma}=\sqrt{\frac{\pi f\mu}{\sigma}},\eta=\sqrt{\frac{\mu}{\varepsilon}}$$

矩形谐振腔的主要特点如下：

(1) 当 a,b,d 尺寸一定时，若 m,n,l 具有不同数值，则谐振波长 λ 不同，这表明谐振腔具有多谐性。

(2) 不同的振荡模式可有相同的谐振波长共存于同一腔体中，这种现象称为“简并”现象。

四、圆柱形谐振腔

1. 结构

圆柱形谐振腔是由一段长度为 d，半径为 a 的圆柱形波导两端短路构成。实用上，在腔体的一端用可调的短路活塞代替短路，用以调整谐振腔的频率，在腔上开有两个小孔，用以输入和输出高频能量，如图 10.39 所示。这种谐振腔用超铟瓦钢制成，它能保证在温度变化时谐振腔的频移很小。腔体内表面涂有银和钯，损耗小，Q 值很高，在微波系统中得到广泛的应用。

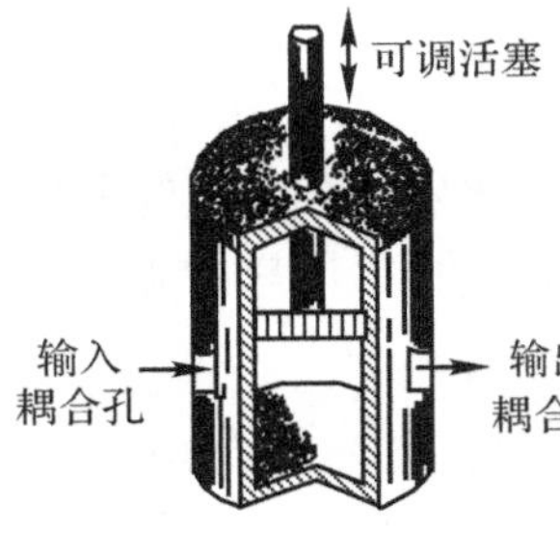

图 10.39　圆柱形谐振腔结构示意图

2. 振荡模式及谐振波长

因为在圆波导中也存在 TE_{mn}° 波和 TM_{mn}° 型波，相应的振荡模式是 TE_{mnl} 型和 TM_{mnl} 型。下标 m,n,l 分别表示沿

圆周方向、半径方向、长度 l 方向半个正弦波分布的个数。在圆波导中，最低型波是 TE_{11}°，对应的谐振模为 TM_{111}；次低型波是 TM_{01}°，对应的谐振模为 TM_{011}；还有较高的模式是 TE_{01}°，对应的谐振 TE_{011}，它尽管是较高的谐振模式，因为它有独特的优点，应用较多。

(1) TE_{111} 谐振模。该谐振模存在的条件是 $\dfrac{d}{a} > 2.1$，谐振频率的表达式为

$$f_{111}=\frac{1}{\sqrt{\varepsilon\mu}}\sqrt{\left(\frac{1.841}{2\pi a}\right)^2+\left(\frac{1}{2d}\right)^2} \tag{10.15}$$

说明腔体越小，谐振频率越高。

谐振腔的 Q 值为

$$Q=\frac{v}{\delta f_{111}}\frac{1.03\left[0.343+\left(\frac{a}{d}\right)^2\right]^{\frac{3}{2}}}{1+5.82\left(\frac{a}{d}\right)^2+0.86\left(\frac{a}{d}\right)^2\left(1-\frac{a}{d}\right)} \tag{10.16}$$

(2) TM_{010} 谐振模。因为在圆波导中 TM_{mn}° 型波的最低型波是 TM_{01}°，从它的场结构图可知，当 $l=0$ 时，即在横截面上电场与磁场仍然存在，所以，这种谐振模的下标 l 可以为零。它单一存在的条件是 $\dfrac{d}{a}<2.1$。它的谐振频率表达式为

$$f_{010}=\frac{1}{\sqrt{\varepsilon\mu}}\frac{0.383}{a} \tag{10.17}$$

它的品质因数 Q 为

$$Q=\frac{6.28a}{2\pi\delta\left(1+\frac{a}{d}\right)} \tag{10.18}$$

(3) TE_{011} 谐振模。TE_{011} 谐振模的谐振频率表达式为

$$f_{011}=\frac{1}{\sqrt{\varepsilon\mu}}\sqrt{\left(\frac{3.832}{2\pi a}\right)^2+\left(\frac{1}{2d}\right)^2} \tag{10.19}$$

它的品质因数 Q 表达式为

$$Q=\frac{v}{\delta f_{011}}\frac{0.366\left[1.49+\left(\frac{a}{d}\right)^2\right]^{3/2}}{1+1.34\left(\frac{a}{d}\right)^3} \tag{10.20}$$

TE_{011} 模在圆柱形谐振腔中，虽不是低次模，但它的 Q 值最高。另外，因为这种模式的 $H_{\varphi}=0$，所以不存在轴向电流。这样，在调谐过程中，若需移动谐振腔的活塞以改变长度 d 时，因为没有电流通过移动的接触环，所以就不会引起太大的损耗。因为它有这样突出的优点，所以，一般波长计都采用这种模式。

五、同轴谐振腔

同轴谐振腔是由同轴线构成的谐振器，腔内工作的是 TEM 驻波。这种波型工作可靠，适用米波、分米波段，用于微波三极管的振荡回路，也可用作波长计。同轴谐振腔有三种形式：$\lambda/4$ 型、$\lambda/2$ 型及电容加载型，其结构分别如图 10.40(a) ～ (c) 所示。$\lambda/2$ 谐振腔因应用受到限制，这里不作介绍。

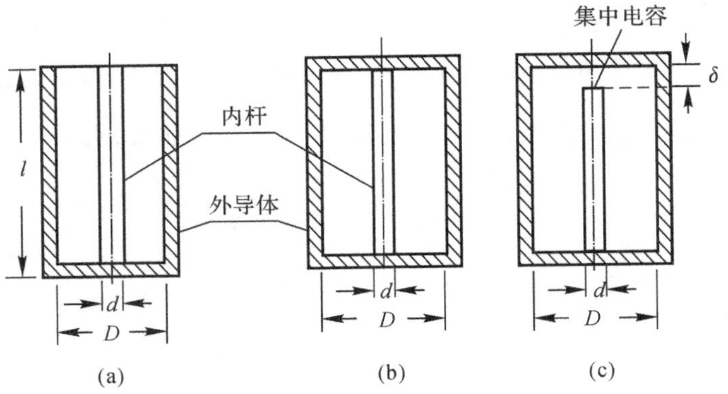

图 10.40　同轴线谐振腔的结构形式

1. λ/4 型谐振腔

这类谐振腔由长度为 $\lambda/4$ 的奇数倍、一端短路另一端开路的同轴线构成。振荡的物理过程同波导谐振腔一样。其谐振波长的表达式为

$$\lambda=\frac{4l}{2n-1},\quad n=1,2,\cdots$$

上式说明，当谐振波长已知时，谐振腔调整到谐振时其长度也就确定了。当 $n=1$ 时，谐振腔的长度为 $\lambda/4$，振荡模式是最低的，谐振腔的长度是最短的。如图 10.41 所示的 $n=1$ 和 $n=2$ 两种振荡模式的驻波场分布图。

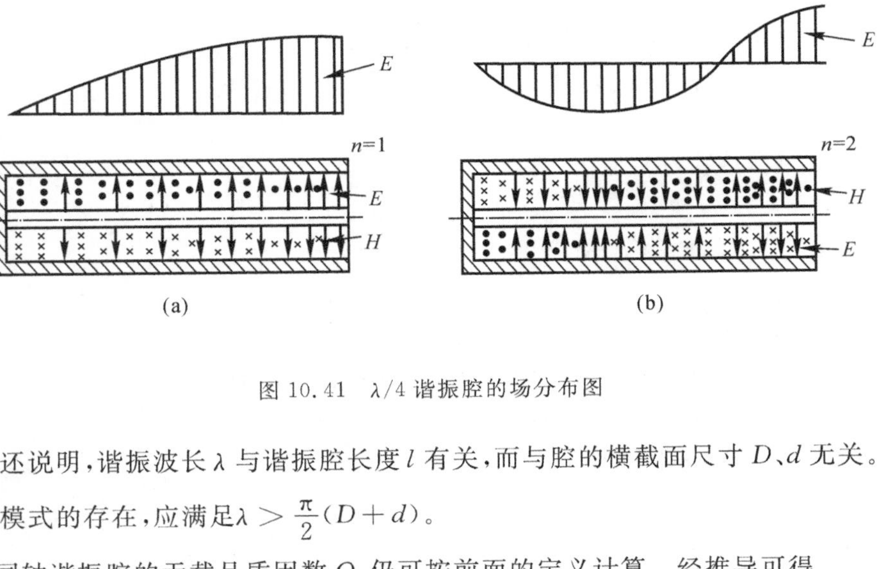

图 10.41　λ/4 谐振腔的场分布图

上式还说明，谐振波长 λ 与谐振腔长度 l 有关，而与腔的横截面尺寸 D、d 无关。但为了抑制高次模式的存在，应满足 $\lambda>\frac{\pi}{2}(D+d)$。

$\lambda/4$ 同轴谐振腔的无载品质因数 Q，仍可按前面的定义计算。经推导可得

$$Q=\frac{1}{\delta}\frac{\ln\frac{D}{d}}{\frac{1}{D}+\frac{1}{d}}\tag{10.21}$$

由式(10.21)可见,Q 与 D 成正比,D 大,同轴腔的体积大,储能多;另外,Q 与$\frac{D}{d}$有一定的关系;损耗最小的同轴线是当$\frac{D}{d}=3.6$时,Q 值最大,即

$$Q_{\max}=\frac{0.278D}{\delta} \tag{10.22}$$

这种谐振腔的特点归纳如下:

(1)n 不同,具有不同的振荡模式;

(2) 谐振波长 λ 只与谐振腔长度 l 有关,与线半径无关;要保证 TEM 单模工作,则应满足$\lambda>\frac{\pi}{2}(D+d)$的条件;

(3) 实际应用的谐振腔,在开路端为防止辐射,通常将外导体延长以形成过极限波导,然后将端面封闭。当然,此时需变动内导体长度,以保证谐振。

2. 电容加载型同轴谐振腔

电容加载同轴谐振腔为一端短路,另一端其内导体端头与腔体端面之间留有一个空隙,形成一个所谓集总电容,在该处电力线分布很密,电场较集中,其结构如图 10.40(c) 所示。这种谐振腔可等效为一端短路,另一端接电容负载的传输线段来分析,然后用图解法可求得谐振频率,在图 10.42 中画出了随频率变化的直线和余切曲线的交点 f_1,f_2,…,是当 l 变化时所出现的一系列谐振频率的图解。

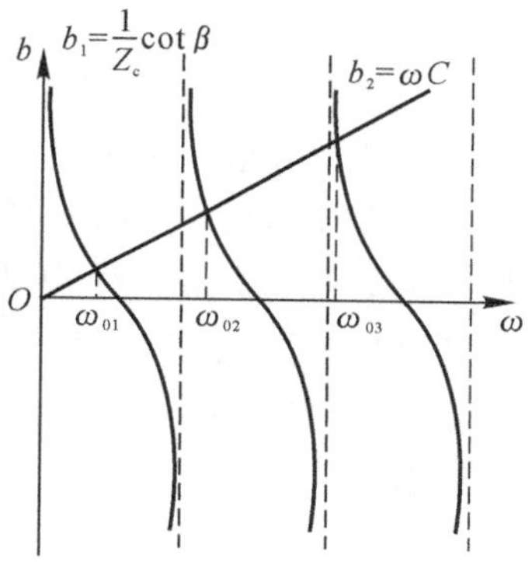

图 10.42　用图解法求电容加载腔谐振频率

电容加载同轴谐振腔的调谐可采用两种方法:一种是容性调谐法,在不改变谐振腔长度情况下,调整螺杆,改变电容的大小,如图 10.43(a) 所示;另一种是调谐活塞改变谐振腔的长度,如图 10.43(b) 所示。可用于超高频三极管与电容加载同轴谐振腔的振荡器中。

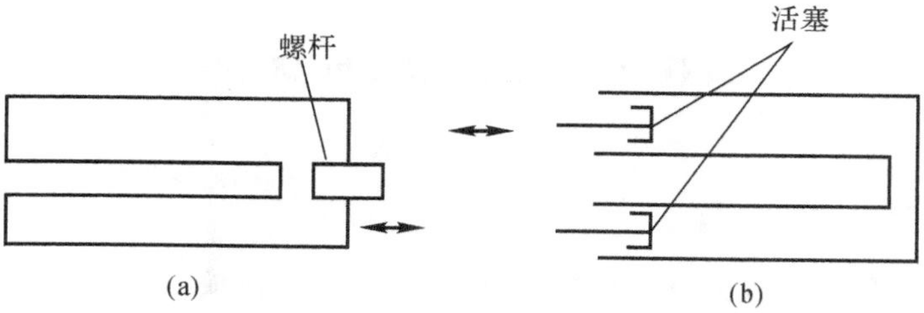

图 10.43　电容加载同轴腔的两种调谐法

六、谐振窗

有时谐振腔与波导之间的耦合,既要保证电磁能从波导进入谐振腔,又要保证腔体与波

导在空间物理性质上互相“隔绝”,比如一个是气体,一个是真空;一个是空气,一个是惰性气体;等等。这种需要就是通过谐振窗来满足的。

所谓谐振窗,就是在金属片中开一个小窗口。窗口的形状和大小可根据谐振频率来计算,然后用适当的介质(一般用石英玻璃)封闭起来,如图 10.44 所示。

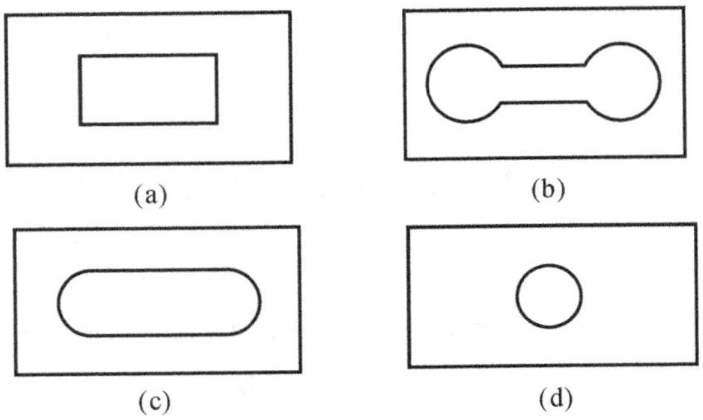

图 10.44 谐振窗口的形状

金属片中开成一个小窗口,即相当于波导阻抗匹配中所讲的电感模片和电容模片的联合使用。显而易见,它的作用原理可看成一个 L、C 振荡回路,如图 10.45 所示。当回路固有频率和某信号频率谐振时,则此信号将无反射地输出,除此谐振频率以外的其他信号,使回路失谐,而呈现电感或电容性,产生很大的反射,信号不能很好地输出。窗口用石英玻璃封闭起来,将它放在腔体与波导之间,使两者在空间很好的“隔绝”,互不通气,而不会影响电磁能的传输。

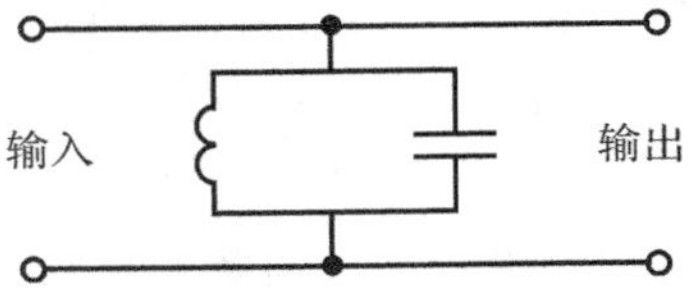

图 10.45 谐振窗等效电路

10.9 天线收发开关

一、功能及结构

当发射和接收使用一根公共天线时,可将天线从发射机输出端自动转换到接收机输入端,并从接收机输入端又自动转换到发射机输入端的这种设备,称为天线转换开关,俗称天线收发开关。

天线收发开关的形式很多。下面以 FA 车用的天线收发开关为例,来说明它的结构及工作原理。它的结构如图 10.46 所示。它是由两个发射闭锁放电管 ①②,一个 H-T 形接头和一个接收保护放电管 ③ 等组成。

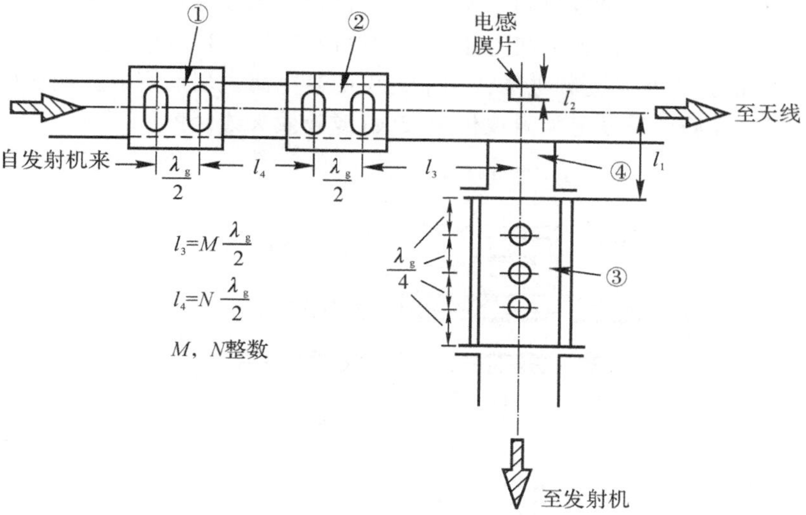

图 10.46　收发开关结构示意图

二、各组成部分的结构、功能和工作原理

1. 发射闭锁放电管

(1) 结构与功用。闭锁放电管的结构如图 10.47 所示。它是两个相距 $\lambda_g/2$ 的矩形谐振腔，每个腔内均充有容易产生高频气体离子层的氢或氨惰性气体和水蒸气，它与波导耦合的窗口由石英玻璃来封闭，以防止腔内气体漏掉。

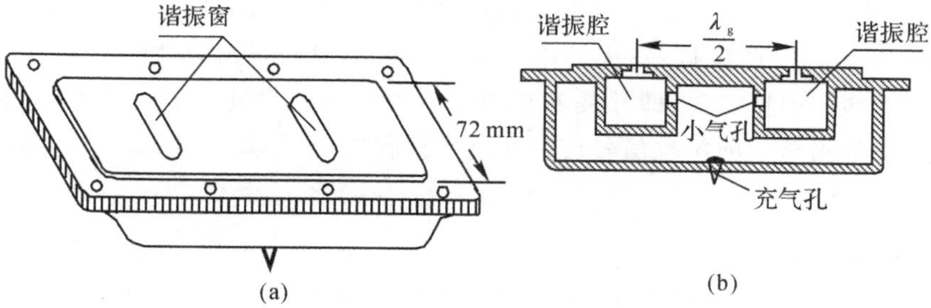

图 10.47　发射机闭锁放电管结构示意图

它的功用是：一是在发射机工作时，作为放电间隙，以产生高频气体离子层；二是在接收时，作为谐振腔与波导的耦合元件，并把它们的不同气体隔离开来。

(2) 工作原理及等效电路。闭锁放电管安装在主波导的宽边上，其电特性相当于前面所讲的 E-T 形接头。它的谐振窗口切断了波导宽边内表面上的纵向电流，似乎对主波导正常传输有影响，如图 10.48(a) 所示。

但是，当发射机工作时，有高频能量通过，主波导中的高频电场由窗口耦合进入腔内，激起水平高频电场 E_0。腔内的惰性气体在这强大的水平高频电场 E_0 作用下产生电离。于是，气体的负离子逆着电场方向运动，好像金属板中的自由电子逆着电场方向运动一样产生了电流，这就相当于用一金属板封闭了窗口，从而保持了主波导宽边内表面上纵向电流的连续性。换句话说，波导内表面上纵向电流的连续性被波导开口所破坏，但却被腔内的气体在高频电能所激发的强大水平高频电场作用下产生的导电离子层而恢复。从而腔体不影响电磁能的传输，保证高频能量畅通无阻地传到天线（或等效天线）上去。

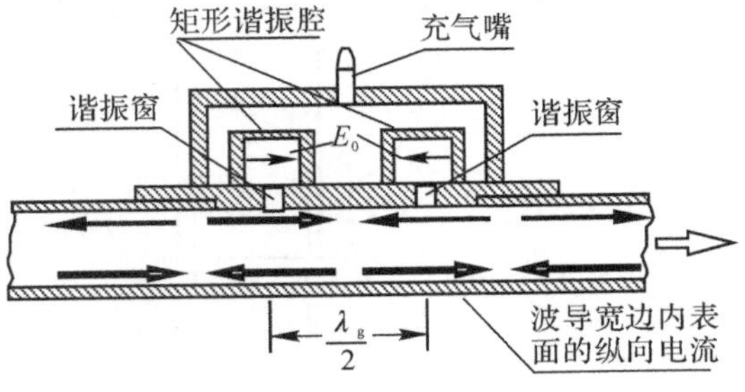

(a)

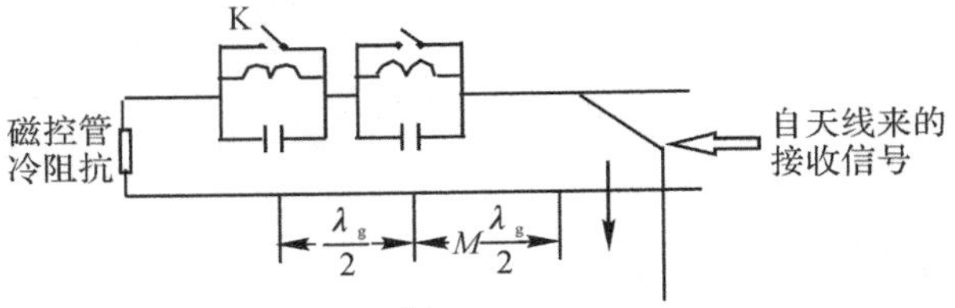

(b)

图 10.48　闭锁放电管工作原理示意图

一个矩形谐振腔可以等效为一个 L、C 并联谐振回路。又因为这个腔体与波导的耦合是在宽边进行的，可以看作是 E-T 形接头，所以，闭锁放电管可以等效为两个 L、C 并联谐振回路串接在主传输线上，而气体是否被电离相当于一个开关 K。当大功率高频能量通过时，气体被电离，相当于开关 K 接通；大功率高频能量过去以后，腔内的正、负离子重新结合为中性分子，电离状态很快消失，即开关 K 断开。此时谐振窗口处于谐振状态，对接收微弱信号呈现开路，使分路至此的接收信号反射而进入接收机，其等效电路如图 10.48(b) 所示。

2. 接收保护放电管

(1) 保护放电管的结构与功用。它是在一段波导的宽壁上，安装了三个放电谐振隙形成的。放电管两端各有一个谐振窗，它们之间的距离为 $\lambda_g/4$。在这个放电管内也充有稀薄的氢或氩惰性气体和水蒸气，如图 10.49 所示。

它的功用是：对大功率的发射脉冲信号呈短路闭锁状态，使能量不进入接收机；对接收信号打开，让接收的微弱信号顺利送到接收机。

(2) 工作原理及等效电路。保护放电管的谐振隙 4（即辅助电极处），平时接有 -650 V 电压，如图 10.50 所示。由于负电极的作用，使得这个间隙平时就有一定浓度的电离子在游离。当发射机工作时，窜入接收机的不大的高频能量足以使这个谐振隙迅速电离而短路，从而造成谐振隙 3 处于驻波电压腹点，随之放电短路。同理，谐振隙 2 也随之放电短路。这样，很快使谐振窗 1 的内表面上形成带电离子层，将机械断开的窗口完全短路，从而使发射机功率进不了接收机。

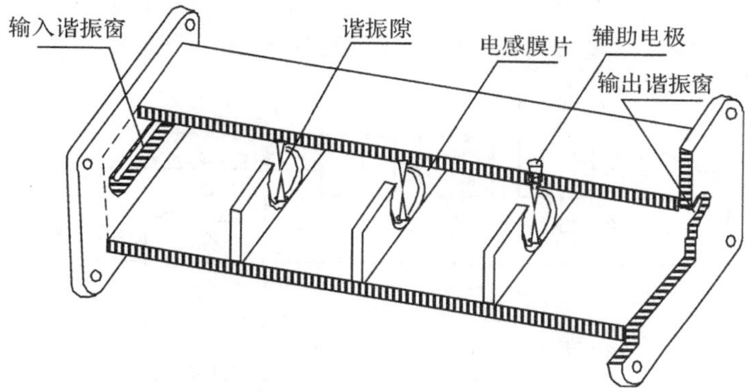

图 10.49　接收保护放电管结构示意图

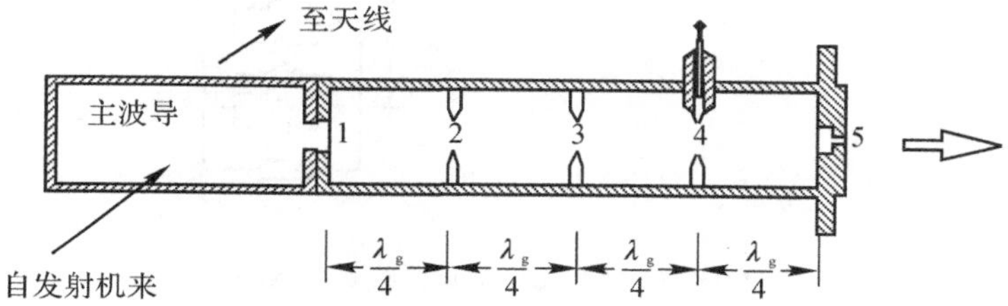

图 10.50　接收保护放电管工作原理

当发射机高频能量过去以后，管内的离子迅速复合。当接收微弱信号时，此信号的能量不足以使谐振隙 4 处的气体电离而造成短路，于是微弱信号进入接收机。因此，接收保护放电管的等效电路如图 10.51 所示。在接收微弱信号时，每个揩振窗和谐振隙都相当于一个 L,C 并联谐振回路，开关 K 断开；当大功率窜入时气体被电离，谐振隙被短路，相当于开关 K 接通。

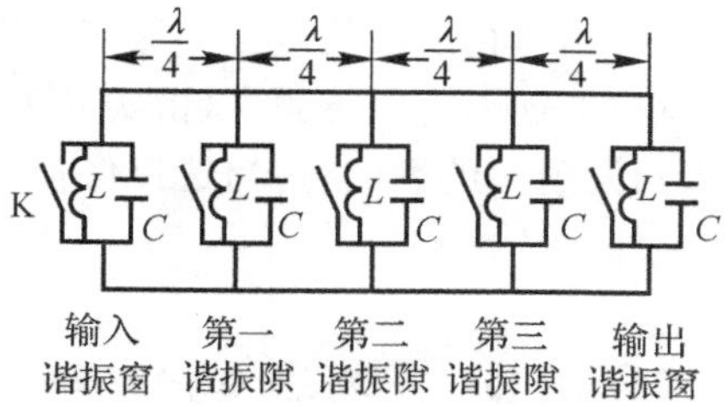

图 10.51　保护放电管等效电路

三、天线收发开关的工作原理

因为一个矩形谐振腔可以等效为一个 L,C 并联谐振回路。但为了在接收微弱信号时，更好闭锁发射机，使接收到的微弱信号全部进入接收机，可采用两个闭锁的放电管串接在波导宽边的中心线上，并相距 $l=N\frac{\lambda_g}{2}$（N 为整数）。而保护放电管是通过谐振窗与主波导的窗边进行耦合的，可以看作是 H－T 形接头。所以整个保护放电管的等效电路，可以看作是并接在主传输线上。因此，天线收发开关的等效电路如图 10.52 所示。

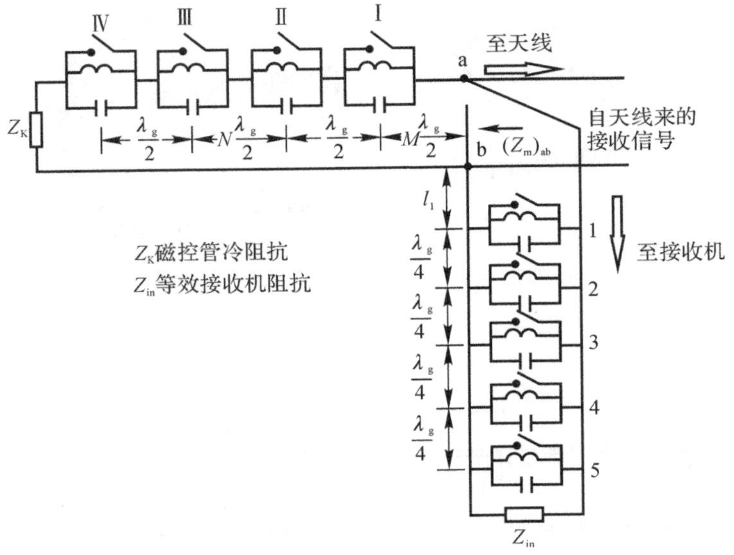

图 10.52　天线收发开关的等效电路

当发射机工作时，有强大的高频能量通过，所以闭锁和保护放电管都产生超高频放电，各谐振窗被电离成短路，相当于开关 K 接通，即 Ⅰ，Ⅱ，Ⅲ，Ⅳ 回路等效为无损耗线，使高频能量以很小的损耗传送到天线上去；而 1，2，3，4，5 回路短接，保证高频能量不进入接收机。

当接收微弱信号时，主波导有强大的高频能量，使各放电管不能产生高频放电，相当于开关 K 断开，此时 Ⅰ，Ⅱ，Ⅲ，Ⅳ 回路及 1，2，3，4，5 回路都处于谐振状态，故谐振阻抗均为无穷大，相当于开路，微弱信号进不了发射机，而在接收保护放电管的各回路，由于阻抗均为无穷大，故对传输没有影响，使微弱信号进入接收机中去。

为了使接收机与 T 形接头匹配，防止接收信号在 T 形接头处引起反射，从而提高接收机的灵敏度，在连接处的主波导宽边上插入一电感膜片（由实验来确定 l_2 的大小）。

为了防止电感膜片的引入对发射时的影响，适当选择保护放电管的安装位置，即调整与主波导轴线距离 l_1（工厂已调整好）。

10.10　微波滤波器

一、概述

微波滤波器在微波系统中是用来分隔频率的重要器件。滤波器是由电感、电容以及串并联谐振回路组成的一种电路。这些元件本身对信号频率具有“通”和“阻”的作用，故称滤波元件。如电感线圈能够通低频而阻高频；电容器则能阻低频而通高频；串联谐振回路能通过一定频带的信号而阻止其余频带的信号；并联揩振回路能阻止一定频带的信号而通过其余频带的信号。因此，根据要求把它们按一定形式组成电路，就能对各种频率的信号具有不同的阻抗，把这种电路接在信号源与负载之间就可以对某些频率的信号呈现很大的阻抗，使其不能通过；而对某些频率的信号呈现很小的阻抗使其畅通无阻。完成这种功能的四端网络电路称为滤波器，信号频率工作在微波波段，相应的滤波器称为微波滤波器。微波滤波器在雷达、多路通信及导弹上均有广泛的应用。如雷达接收机工作时，在天线上会同时接收多种频率的信号。微波滤波器"阻止"不需要的频率信号进入接收机或把它"滤"掉，这就是接收机第一级输入电路 —— 由微波预选器来完成。在专业中要用到的一个是导弹预选器，一个是目标预选器，一个是同轴线型滤波器。它们都是带通滤波器。

微波滤波器可等效为无耗互易的四端口网络，该网络的衰减量为

$$L = 10\lg\frac{1}{1-|r|^2}\ (\text{dB}) \tag{10.23}$$

式中，L，$|r|$ 都是频率的函数，它们的函数关系称为衰减 —— 频率特性或叫频率响应。

二、滤波器的分类

滤波器可分低通、高通和带通。

1. 低通滤波器

所谓低通滤波器，就是低于某一频率 f_2 的信号能通过，高于 f_2 的信号不能通过。因此，其串臂元件应该用电感，而并臂元件则应该用电容。其电路结构可分"Γ"型、"T"型和"Π"型三种，如图 10.53 所示。

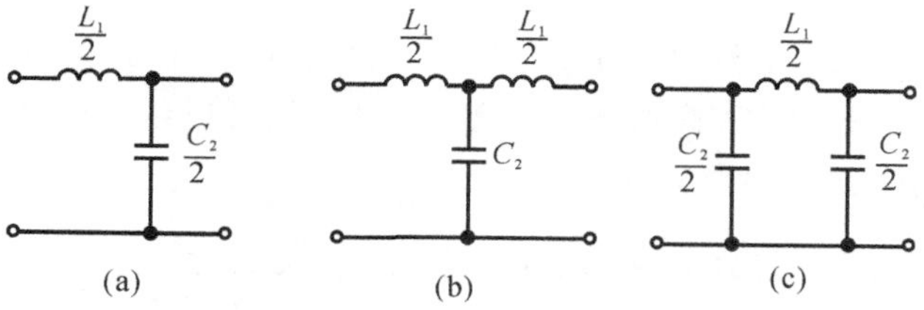

图 10.53　低通滤波器

由电路不难看出：对于低频信号，串臂上的电感呈现的阻抗较小，并臂上的电容呈现的阻抗较大，结果负载上就可以得到比较大的低频信号；而对于高频信号，串臂上的阻抗较大。因此，高频信号大部分降落在电感两端，负载上得到的高频信号却很小。这样它就起到了通低频阻高频的作用。

在理想情况下，低通滤波器的频率响应如图 10.54 所示。

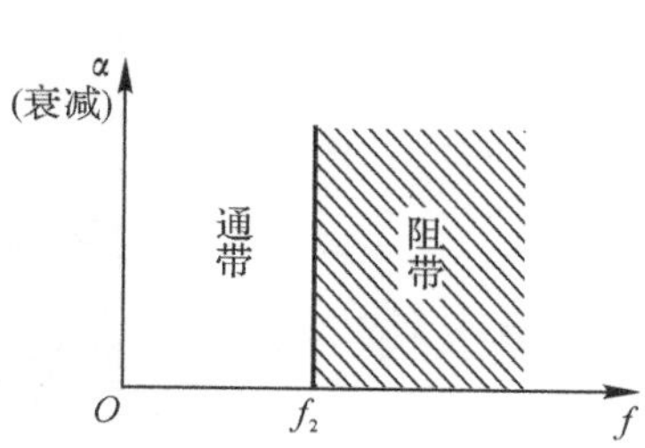

图 10.54　低通滤波器的频率响应

2. 高通滤波器

所谓高通滤波器就是高于某一频率 f_1 的信号能通过，低于 f_1 的信号不能通过。因此，其串臂元件应该用电容，而并臂元件则应该用电感。其

电路结构也可分为“Γ”型、“T”型和“Π”型三种,如图 10.55 所示。

在理想情况下,高通滤波器的频率响应如图 10.56 所示。

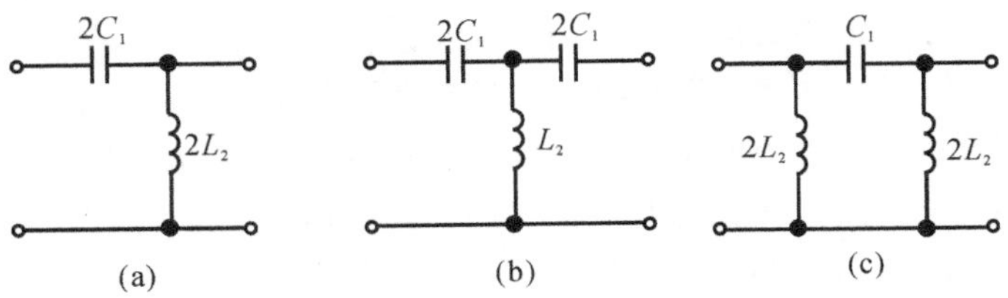

图 10.55　高通滤波器

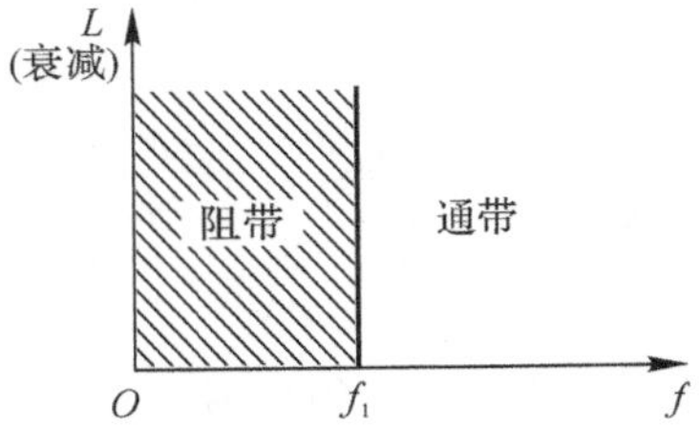

图 10.56　高通滤波器的频率响应

3. 带通滤波器

所谓带通滤波器,就是信号频率在 $f_1 \sim f_2$ 之间能通过. 低于 f_1 和高于 f_2 的信号频率不能通过。可见,只要把低通和高通滤波器串接起来,就可以组成带通滤波器,如图 10.57 所示。而其频率响应也如图 10.57(b) 所示。

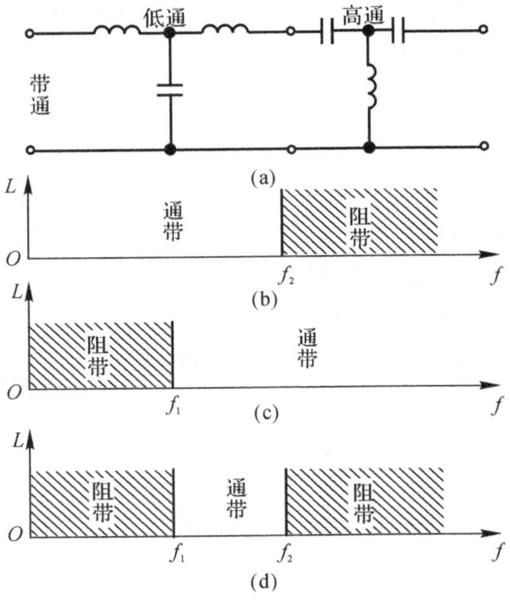

图 10.57　带通滤波器及其频率响应

实践证明，由低通和高通滤波器组成的带通滤波器有一个缺点，就是通常与阻带的分界线不够明显。因此，在实用中，通常采用滤波特性较好的串并联谐振回路来组成带通滤波器，如图 10.58 所示。它们可以由相应的 Γ 型低通和高通、T 型低通和高通、Π 型低通和高通串联演变而成。

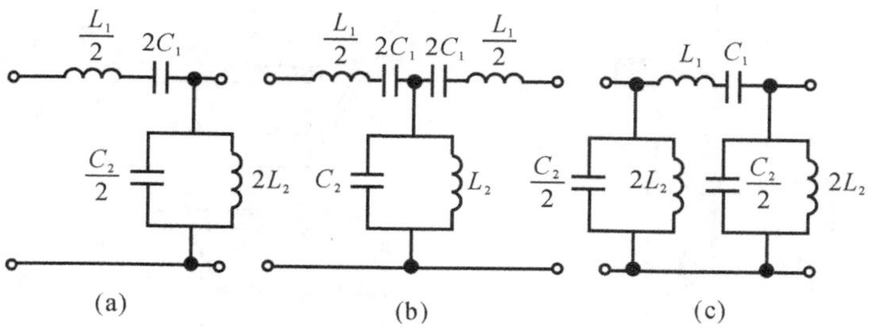

图 10.58　由谐振回路组成的带通滤波器

三、圆柱形谐振腔组成的微波预选器

1. 结构

这种滤波器的主要部分是一个圆柱形谐振腔。在谐振腔上装有调整活塞和微调螺钉。调整活塞用来在较大频率范围内调整谐振腔的频率，微调螺钉可以在发射机中心频率 f_0 的基础上，调整 ±60 MHz。在微调螺钉与调整活塞之间有 $\lambda/4$ 的扼制槽，用以保证活塞与螺钉之间在电气上的良好接触，如图 10.59(a) 所示。谐振腔两端开有输入、输出耦合孔，如图 10.59(b) 所示。

2. 工作原理

谐振腔两端与矩形波导相连接。矩形波导的尺寸为 $72\times10\ \mathrm{mm}^2$，并且工作于 TE_{10} 型波。谐振腔与波导连接处均开有小缝隙，通过缝隙激励耦合给负载的是磁耦合形式，耦合缝隙可以等效为变压器的等效电路，而谐振腔本身可以等效为 L、C 的并联揩振回路，总的等效电路如图 10.59(c) 所示。

调整粗调活塞和细调螺钉，改变了腔体的大小，即改变了等效的 L、C 参数，从而使腔体的频率得到了调整。从微调螺钉的结构可以看出，在调整它时直接影响腔体中的电场，所以这种微调，可视为容性调谐。当调整在所需频率上时，预选器对该频率的信号产生谐振，使其输出最大，而对其他频率的信号因失谐而输出很小或被完全抑制。频率调整范围在 f_0 上 60 MHz 内任一频率上，其频率特性如图 10.59(d) 所示。调整方法是：先将锁紧螺帽拧松，然后调整微调螺钉。否则，易损坏微调螺钉。

四、矩形波导加装谐振元件的微波预选器

在地面雷达设备中，有时经常要对飞行器发射问答信号。飞行器的回答信号经地面雷达接收机接收下来，以便控制飞行器的正常飞行。但往往由于飞行器受空间或本身重量的限制，飞行器应答发射机没有稳频设备，回答信号的频率不很稳定，所以对地面雷达接收机

来说，必须要有较宽的频带，这首先在于作为接收机的第一级输入电路——微波预选器，要具有宽频带特性。采用什么样的特殊结构可以实现微波预选器的宽频带特性呢？

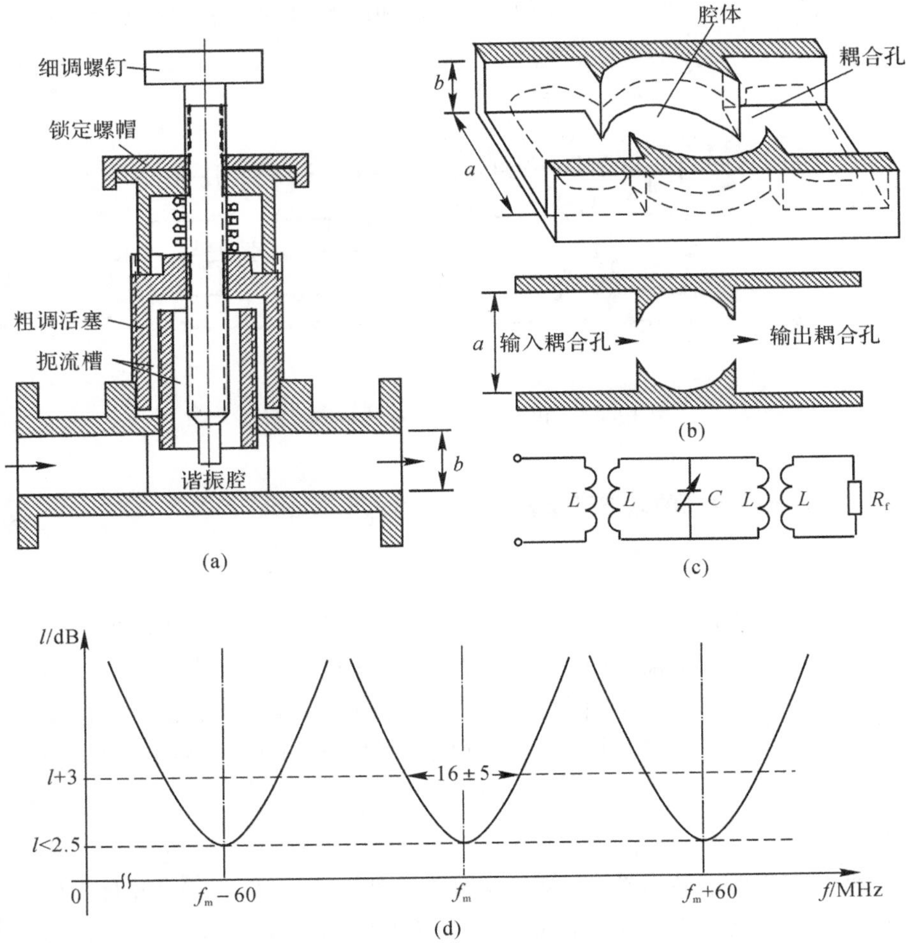

图 10.59　圆柱形谐振腔组成的微波预选器结构及原理图

1. 结构

沿矩形波导纵向紧贴波导两个窄边分别安置两个电感膜片，在波导宽边的正中央沿纵向安置间距为$\lambda_g/4$的三个可调螺钉。螺钉和电感膜片就是谐振元件，它们可用等效参数L、C表示，如图 10.60 所示。

2. 工作原理

这种结构的微波预选器，把谐振元件用等效参数L、C表示以后，每对谐振元件可以看成是一个L、C并联谐振回路，而每个L、C回路之间的距离为$\lambda_g/4$，因此，容易画出它的分布参数等效电路，如图 10.60(b) 所示。

分析这种微波预选器的方法是这样的：将图 10.60(b) 所示的分布参数等效电路，把 3、4 节点与 7、8 节点之间的分布参数电路取出来，如图 10.61(a) 所示。显然它是一段$\lambda_g/4$长的传输线段，在 10、6 节点处跨接了一个 L、C 并联谐振回路，该谐振回路的参数可以用等效的导纳 Y 来表示，如图 10.61(b) 所示。图(b) 在微波网络中可以看成三个基本网络单元级联而成的电路，即 3、4 节点与 5、6 节点之间，是一段 $\lambda_g/4$ 的传输线段，它是一个基本网络单元；5、6 节点与 7、8 节点之间，同左边完全一样的一个基本网络单元；而 5 节点与 6 节点之间是一个并联导纳，也是一个基本网络单元。三个基本网络单元串接在一起，可以等效为如图 10.61(c) 所示的串联阻抗 Z 的集总参数电路，其中 $L'=Z_c^2C_1$，$C'=L'/Z_c^2$。再补上 3 节点与 4 节点及 7 节点与 8 节点之间并联谐振回路，这样就与图 10.58(c) 所示完全一样的具有宽频带特性的带通滤波器。因此，当飞行器的回答信号频率有所变化时，仍能通过这种微波预选器。

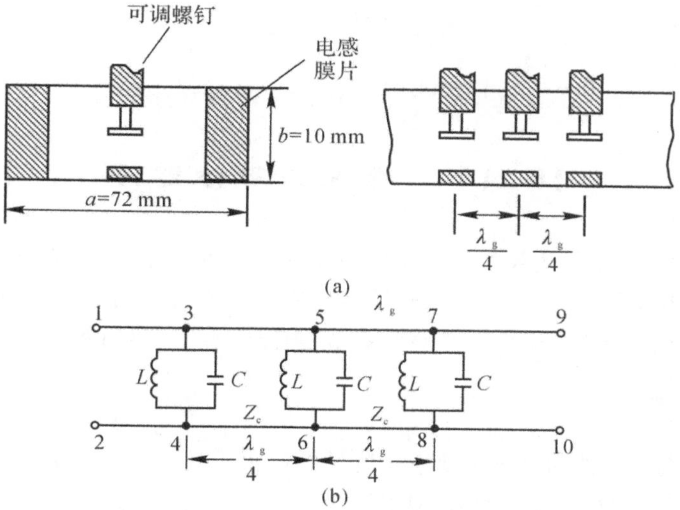

图 10.60　矩形波导加装谐振元件的微波预选器

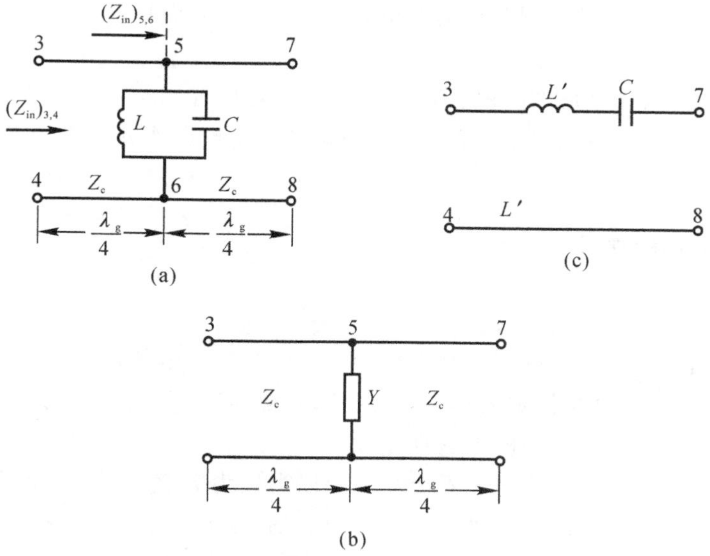

图 10.61　等效电路

它的频率响应，如图 10.62 所示。它是固定谐振在 $f_0 = 140$ MHz。生产出厂时工厂一般已调整好，两半功率点的频带宽度为 36 ～ 42 MHz。

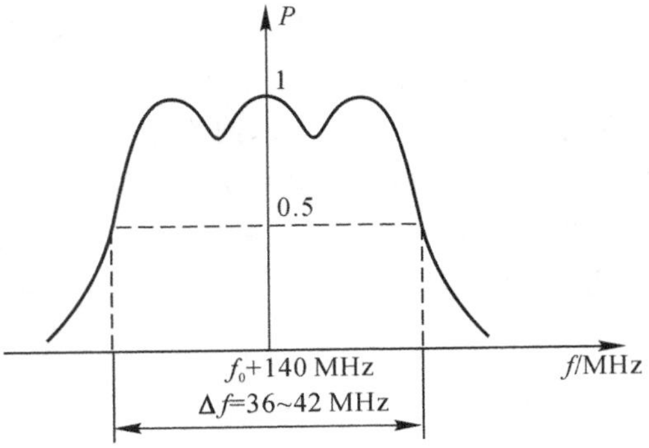

图 10.62　频率响应曲线

10.11　微波铁氧体器件

微波铁氧体器件，在雷达等其他方面得到极其广泛的应用，可以说，它已经成为微波系统中不可缺少的组成部分。那么，什么是铁氧体呢？它有什么可贵的特性呢？又是怎样用这些特性来做成各式各样的微波器件呢？本节定性地介绍这些问题。

一、什么是铁氧体

铁氧体是三氧化二铁和二价金属氧化物的结晶混合物，是一种各向异性的磁性半导体材料，它的化学式为 $MOFe_2O_3$，其中 M 代表如镍、锰、镁等金属。铁氧体外表呈现黑褐色，其机械性能和陶瓷相似，具有很大的硬度和脆性，容易碰碎。它的特点是：

(1) 有半导体性，具有较金属为高的电阻率，微波电磁波能在铁氧体内传播。

(2) 有介电性。在微波波段其相对介电常数为 8 ～ 16，而且与一般介质相比，在高频下损耗较小。

(3) 有铁磁性。它类似于铁、镍、钴等金属，其相对磁导率可高达数千。如果在外加恒定磁场作用下，不再是一个标量，而是大于 1 的张量。这正是铁氧体能在微波波段做成许多特殊器件的根据。

二、旋磁铁氧体的性质

1. 磁导率的张量特性

近代物理学认为，铁氧体的磁性是由电子自旋引起的。电子自旋会产生固有磁矩，在一定区域中这些固有磁矩会集体定向排列，形成所谓“磁畴”。在无外加磁场作用下，这些磁畴的磁矩相互抵消，因而铁氧体平时不呈现磁性。

作为宏观模型，人们把一个电子看成是一个以半径为 R 的球体，当球体围绕其轴旋转，称之为电子的自旋运动。此时，若外加一个恒定磁场，该恒定磁场的方向假定与自旋电子的轴不相重合，电子不但继续自旋，且自旋轴还围绕磁场方向（也把它看成一个轴）旋转，形成进动运动,很像一个转动着的陀螺。在磁学上,电子的这种进动叫作拉摩进动。电子在 $\boldsymbol{H}_{DC}$ 作用下作拉摩进动运动,具有一个进动频率 f_0。那么,它的进动方向又是怎样的呢?电子的进动方向相对于外加恒定磁场 $\boldsymbol{H}_{DC}$ 的方向而言,始终是右旋进动的,即伸开右手,大拇指指向 $\boldsymbol{H}_{DC}$ 方向,其余四指指向表示自旋电子的进动方向。

当铁氧体在只有恒定磁场作用时,它仍然是各向同性的,则 $\boldsymbol{B}=\mu\boldsymbol{H}_{DC}$,这里 $\boldsymbol{H}_{DC}$ 是外加恒定磁场。此时联系磁感应强度 $\boldsymbol{B}$ 和磁场强度 $\boldsymbol{H}_{DC}$ 的磁导率 μ 是一个标量,不随方向变化而变化。如 $\boldsymbol{B}$ 的各个方向的分量为 $B_x=\mu H_x$,$B_y=\mu H_y$,这就是说,H_x 引起 x 方向的磁感应强度 B_x,不会产生 y 方向的 B_y。但是,当铁氧体在有恒定磁场 $\boldsymbol{H}_{DC}$ 和交变磁场 $\boldsymbol{H}$ 共同作用时,铁氧体就变成各向异性的磁介质。即各个方向性质不同,表示出各向异性的磁导率称为张量磁导率,记作$[\mu]$。这就是说,合成磁场分量 H_x 不仅引起 x 方向的磁感应强度 B_x,也引起 y 方向的磁感应强度 B_y;同样,H_y 不仅引起 y 方向的磁感应强度 B_y,也引起 x 方向的磁感应强度 B_x 等等。

由于$[\mu]$ 是张量,$\boldsymbol{B}$ 和 $\boldsymbol{h}$ 的关系就很复杂。但是,当电磁波的传播方向与外加恒定的磁场的方向相平行或垂直时,问题就要简单得多。在实际应用中,也是这两种情况最为常见。因为在这两种情况下,铁氧体显示出一些很有价值的特性。

2. 铁氧体的旋磁效应

当外加恒定磁场 $\boldsymbol{H}_{DC}$ 的方向与电磁波的传播方向一致时,称之为纵向场。在这种情况下,铁氧体将对左、右旋波提供不同的磁导率,分别为

$$\mu_{左}=\mu_0+\frac{M_0}{H_{DC}}\frac{\omega_0}{\omega_0+\omega} \tag{10.24}$$

$$\mu_{右}=\mu_0+\frac{M_0}{H_{DC}}\frac{\omega_0}{\omega_0-\omega} \tag{10.25}$$

式中:M_0 为磁化强度;μ_0 为真空磁导率;ω_0,ω 分别是进动角频率和电磁波的工作角频率。

由此可见,对于左、右旋波,铁氧体的磁导率都表现为标量,不再是张量。这样,就可以用它来解释在恒定纵向磁场 $\boldsymbol{H}_{DC}$ 作用下的铁氧体对电磁波传播所产生的旋磁效应,有的书称为法拉第旋转效应。

大家知道,任何一个线性极化波 h 可以分解为两个振幅相等、角频率相同、旋转方向相反的圆极化波 $h_{左}$ 和 $h_{右}$。不过,在这里圆极化波的左旋与右旋以外加恒定磁场 $\boldsymbol{H}_{DC}$ 做参考的,手握 $\boldsymbol{H}_{DC}$ 轴,大拇指指向 $\boldsymbol{H}_{DC}$ 方向,如果圆极化波磁场的旋转方向符合右手四指绕向的,称为右旋圆极化波;否则,称为左旋圆极化波,如图 10.63 所示。

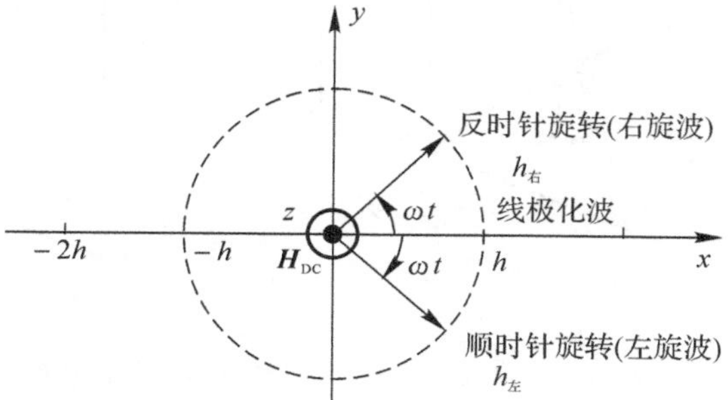

图 10.63　线极化波及左、右旋波示意图

如果这两个波是在均匀各向同性媒质中(即 $\mu_{左}=\mu_{右}=\mu_0$)向前传播，那么，它们的相移常数$\left(\beta=\omega\sqrt{\varepsilon\mu}=2\pi\cdot\dfrac{f}{v}\right)$将是相等的，即速度是相同的。因而无论经过任何一段距离，它们的合成场的极化方向仍然在原来线极化波的方向。但是，对于铁氧体媒质来说，当线极化波的两个分量(左旋波和右旋波)沿外加恒定磁场的方向传播时，由式(10.24)和式(10.25)可知，铁氧体对左、右旋波具有不同的磁导率。当工作于 $\boldsymbol{H}_{DC}$ 较小，$\omega>\omega_0$ 时，有 $\mu_{左}=\mu_{右}$，这样，它们的相移常数或速度就不同了，即

$$\beta_{左}=\omega\sqrt{\varepsilon\mu_{左}}$$
$$\beta_{右}=\omega\sqrt{\varepsilon\mu_{右}}$$

因为 $\mu_{左}>\mu_{右}$，所以 $\beta_{左}>\beta_{右}$。

因此，在电磁波通过铁氧体一段距离 l 后，左、右旋波相角的变化将不同，即

$$\theta_{右}=\omega t-\beta_{右}z+\varphi$$
$$\theta_{左}=\omega t-\beta_{左}z+\varphi$$

为简单起见，设初相 $\varphi=0$，当 $t=0$ 时，$Z=0$ 处，则，$\theta_{右}=\theta_{左}=0^\circ$ 即，$h_{左}$ 与 $h_{右}$ 两矢量都与 x 轴重合，也就是合成的线极化波 h 的极化赢向与 x 轴重合。随着时间 t 的变化，电磁波在铁氧体中传播。设传播距离为 l，因 $\beta_{左}>\beta_{右}$，则 $\beta_{左}l>\beta_{右}l$，因此，$\theta_{左}>\theta_{右}$，如图 10.64 所示。于是，在 $z=l$ 处，合成的线极化波 h 的极化方向与 $z=0$ 处的线极化波 h 的极化方向不同了。它对 $\boldsymbol{H}_{DC}$ 的方向而言，右旋了一个角度 ψ。由图 10.64 可得

$$\psi=\frac{\theta_{右}+\theta_{左}}{2}-\theta_{左}=\frac{\theta_{右}-\theta_{左}}{2} \tag{10.26}$$

由此得出结论，不论电磁波传播方向如何，只要电磁波通过在纵向磁场 $\boldsymbol{H}_{DC}$，且 $\boldsymbol{H}_{DC}$ 较小，又$\dfrac{\omega_0}{\omega}>1$ 作用下的铁氧体，它的极化方向对于 $\boldsymbol{H}_{DC}$ 方向而言总是右旋一个角度 ψ。此角度的大小取决于 $\boldsymbol{H}_{DC}$ 的大小和电磁波的角频率 ω 以及铁氧体的长度 l。当工作频率和铁氧体的长度 l 一定之后，只能调节 $\boldsymbol{H}_{DC}$ 的大小来改变右旋角度 ψ 的大小。

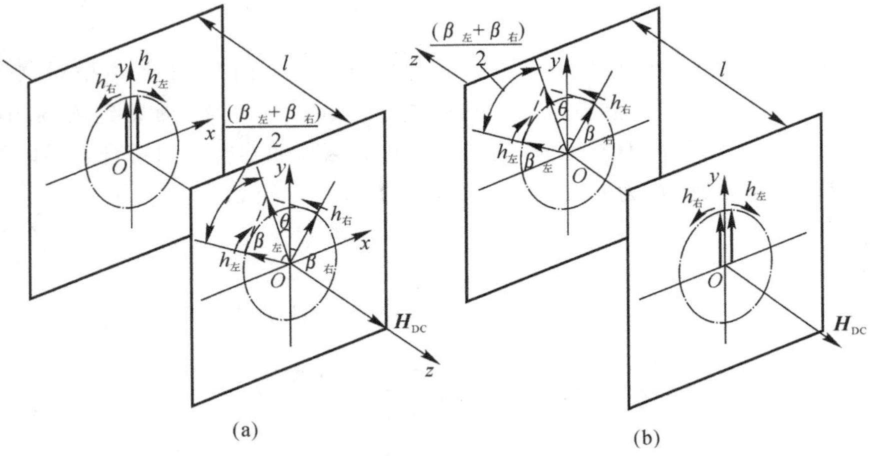

图 10.64　铁氧体中的法拉第旋转效应的图解

这种法拉第旋转效应的不可逆性是铁氧体在恒定磁场作用下所表现出的可贵特性。利用这特性，可以做成法拉第定向衰减器。

3. 铁氧体的谐振吸收特性

当外加恒定磁场 $\boldsymbol{H}_{DC}$ 的方向垂直于电磁波传播方向时，则称为横向场。在这种情况下，如果当 $\omega=\omega_0$ 时，则铁氧体对右旋波产生强烈地吸收。这种现象称为铁磁共振，又称铁磁共振吸收特性。

发生铁磁共振从物理意义上也是不难理解的：如果在垂直于 $\boldsymbol{H}_{DC}$ 的平面内，加上一个与磁距进动方向（对于 $\boldsymbol{H}_{DC}$ 而言永远是右旋的）一致的高频旋转磁场，而其旋转频率与磁矩进动频率相同，那么自旋电子的进动转角将越来越大。但由于转角大，损耗也随之上升，直到高频场送入的能量与进动中损失的能量相等时，进动幅角将稳定下来。这时，右旋波的能量被铁氧体全部吸收而受到强烈地衰减。

综上所述，在外加恒定磁场作用下的铁氧体，对电磁波的传播具有许多可贵的特性，从而可以做成各式各样的铁氧体器件。

三、法拉第定向衰减器

1. 高频专业中所用的法拉第定向衰减器

该衰减器安装于天线负载和磁控管振荡器之间。它用来吸收由天线负载反射回来的能量，防止反射能量进入振荡器而影响其正常工作，而振荡器的高频能量却畅通无阻地传送到关线上去，故称为定向衰减器。

2. 结构

如图 10.65 所示。波导 ① 端口径面和端口径面成 45° 角。它们都是波导转换接头，由 $34\times72\ \mathrm{mm}^2$ 矩形波导转换到直径为 72 mm 的圆波导，便于在矩形波导里传输的 TE_{10} 型波过渡到圆波导中的 TE_{11} 型波。而铁氧体 ⑤ 为双圆锥体，由塑料支架 ⑥ 支撑于圆波导 ⑧ 的中心轴线上。这样，为极化面旋转而不影响电磁波传输提供了条件。引出波导 ④ 与 ② 端口径面垂直，引出波导 ③ 与 ① 端口径面垂直，故引出波导 和 ④ 的口径面也成 45° 角。在引出波导 ③ 和 ④ 中装有吸收负载，线包 ⑦ 绕在圆波导 ⑧ 的外部，它产生纵向直流磁场 $\boldsymbol{H}_{DC}$ 作用于铁氧体。在波导 ① 和 ④ 的窄边上各装有一个检波头，用来检查磁控管和铁氧体的输出波形。在圆波导上还装有庞大的通风冷却设备。

3. 工作原理

从结构上看，引出波导 ③ 和 ① 是用来吸收反射波的，而要使反射波被波导 ③ 和 ④ 中的吸收负载所吸收，就必须是从波导 ② 处进来的反射波符合波导 ③ 和 ④ 的传输条件，才能达到使反射波被波导 ③ 和 ④ 中的负载所吸收的目的。在这里，是利用铁氧体的旋磁效应来实现的。

用图 10.66 来形象地说明定向衰减器的工作原理。当电磁波从发射机输出后，由波导口 ① 输入，矩形波导中的型波经过过渡段，在圆波导中转化为 TE_{11}° 型波。此时，TE_{11}° 型波的电场方向和引出波导 ③ 的轴线平行，不符合传输的边界条件，因此，就不能进入引出波导 ⑨，而是继续沿着圆波导传输。当电磁波经过铁氧体 ⑤ 时，由于铁氧体的旋磁效应，使得圆

波导中的 TE_{11}° 型波的极化方向对应于 $\boldsymbol{H}_{DC}$ 方向而言右旋一个角度，调节直流磁场 $\boldsymbol{H}_{DC}$ 的大小使 TE_{11}° 型波的电场方向正好平行引出波导④的轴线。同理，电磁波也不能进入引出波导④，而是继续向前传输，通过过渡段，从矩形波导口②输出。因为，此时电磁场方向符合在波导②中的传输条件，各截面的电场结构，如图 10.66(b) 所示。这就是所需要的定向传输，把能量最大限度地送到天线上去，正向衰减很小，一般只有 0.2 dB。

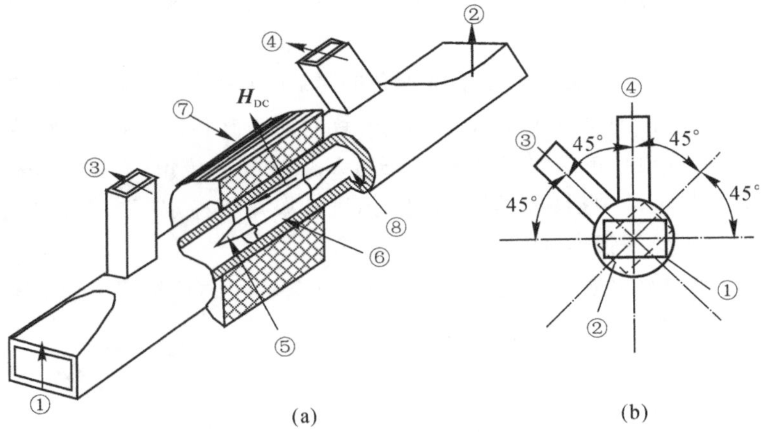

图 10.65　法拉第定向衰减器结构示意图

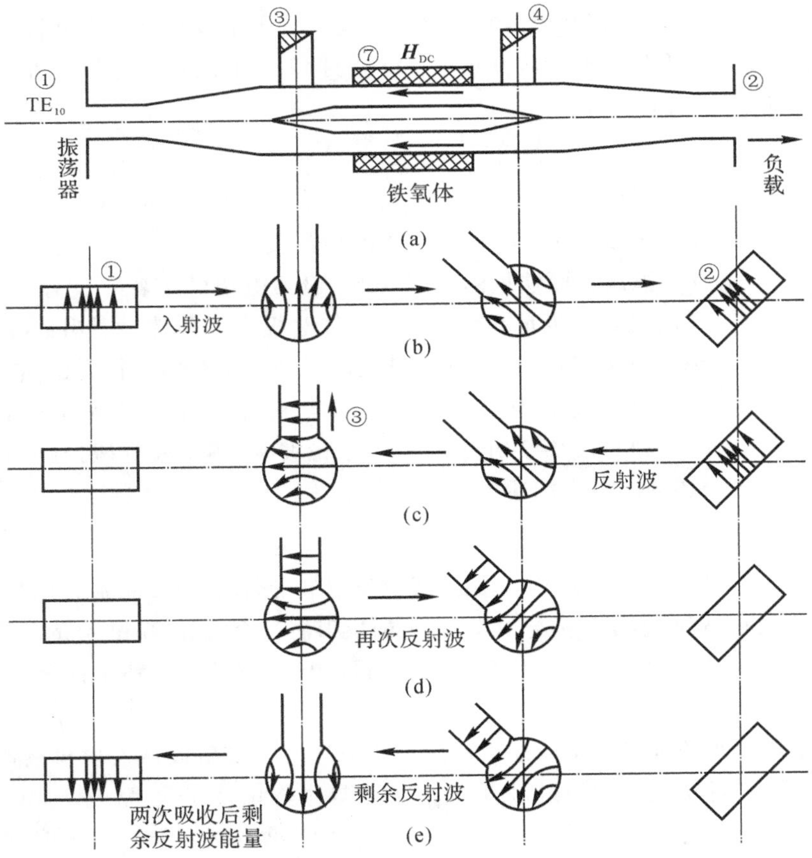

图 10.66　法拉第定向衰减器工作原理示意图

如果有反射波存在，即电磁波由波导口 ② 输入，经过铁氧体后，电场方向又右转45°，因而，可以进入引出波导 ③，反射波被波导 ③ 中吸收负载所吸收，如图 10.66(c) 所示。即使引出波导 ⑧ 不能把反射波一次吸收完，剩余的反射波能量也进不了波导 ①，因为电场方向与波导口 ① 的宽边也平行，不符合 TE_{10} 型波传输的条件，而是被反射回来再次经过铁氧体，电场极化方向又右旋45°，因而进入引出波导 ④，被吸收负载所吸收，如图 10.66(d) 所示。此时，反射波能量已经两次被吸收了，即使还有剩余的反射波能量能进入波导口 ①，窜进振荡器里去，如图 10.66(e) 所示，那已经是微乎其微了。由此可见，它的反向衰减非常大，可达 20 dB。

为了检查上述定向衰减器质量的好坏，就必须设法进行基本的数量分析，这个任务由引出波导 ④ 窄边上的检波头来完成。

在正常情况下，电磁波经过铁氧体输出后，电场极化方向正好右转45°，入射波不能进入波导 ③ 和波导 ④，即使有反射波也大部分被波导 ③ 所吸收，所以波导 ④ 中检波头检出的能量很小。如果，电磁波经过铁氧体后，电场极化方向右旋角度不等于45°时，能量就不能经过定向衰减器很好输出，入射波和反射波都会进入波导 ④，检波头检出的能量就很大。在这种情况下，就应调整变阻器，以改变流过线包 ⑦ 的电流，从而改变直流磁场 $\boldsymbol{H}_{DC}$ 的大小，以实现铁氧体使电磁波极化面的右旋角正好是45° 角。

由于铁氧体本身吸收一部分电磁能转化为热能，使周围温度升高。这样，就使铁氧体工作在高温下。会引起铁氧体特性的改变。同时，也会使固定铁氧体的聚氯乙烯支架变形。为了克服这不良的影响，就设置了庞大的散热和通风系统。

四、谐振式定向衰减器

1. 结构

其结构如图 10.67 所示。它比法拉第定向衰减器简单多了。它是在一个矩形波导管两宽边的内壁上，用胶各粘上一片铁氧体，其位置由实验确定。紧挨着它再粘一块陶瓷体。为了避免能量的反射，铁氧体片和陶瓷体都做成扁平的梯形。铁氧体外面加一横向恒定磁场 $\boldsymbol{H}_{DC}$，它是由两块牛角形磁钢粘在波导壁上成一个"U" 形而形成的。上面装置一个磁分路的螺钉，用来调整磁场 $\boldsymbol{H}_{DC}$ 的大小。中心磁场在 2 000 ～ 2 300 高斯左右。

2. 工作原理

用结构如图 10.68 所示的矩形波导为例来讨论。把铁氧体放在入射波传输方向的右边，$\boldsymbol{H}_{DC}$ 方向朝上，这样，作用在铁氧体上的交变电磁场，对于入射波来说是左旋波，对于反射波来说是右旋波。如果调整螺钉，以改变 $\boldsymbol{H}_{DC}$ 的大小，使铁氧体内电子的进动频率 f_0 与传输电磁波的频率 f 相等，则右旋波受到强烈的吸收而被衰减，而左旋波不被衰减。也就是说，上述的结构对于入射波来说，铁氧体是处在左旋波的作用下，则电磁波毫无衰减地沿正 z 方向传输。如果是反射波，则铁氧体正好处在左旋波的作用下，产生强烈地吸收，反射波不能沿负 z 方向传输，从而达到定向衰减的作用。

从上述工作原理可以看到，只有进动频率 f_0 与传输电磁波的频率相等时，才发生铁磁谐振现象。然而，一旦工作频率改变就要"失谐"，所以铁氧体可用的频率较窄。为了展宽频带，在铁氧体附近加入陶瓷体，使电磁场能量集中在铁氧体附近，从而更好地发挥铁氧体的吸收作用。这与低频回路中，通过加大回路的损耗，降低 Q 值来达到展宽频带的原理是一样的。

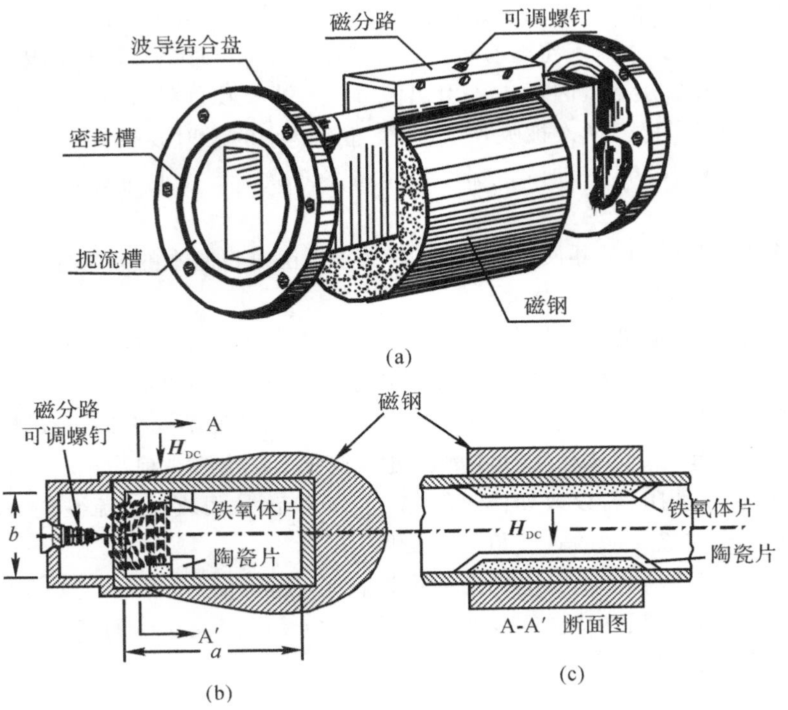

图 10.67　谐振式定向衰减器原理结构示意图

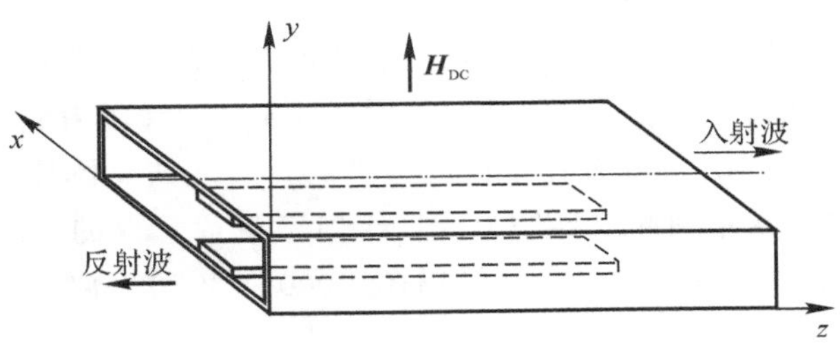

图 10.68　谐振式定向衰减器的工作原理示意图

从结构上看，铁氧体做成薄片状，带来的介质损耗小，所吸收的电磁能直接由波导表面以热的形式向空间辐射，所以无须庞大的散热通风系统。

为了得到更好的定向衰减，可以用两个同样结构的定向衰减器串接起来使用。

五、带状线 Y 结环行器

1. 环行器的性能指标

环行器在微波传输系统中用得较多，是一个常用的微波元件之一。它是一个具有多端口的微波网络。对于一个理想的环行器来说，它应具有的特性是：从某一端口输入的能量，只能依次传到另一个端口去，而不能传到其他端口。比如对于一个常用的三端口环行器来说，则按 ①②③① 的顺序传输，如图 10.69(b) 所示。

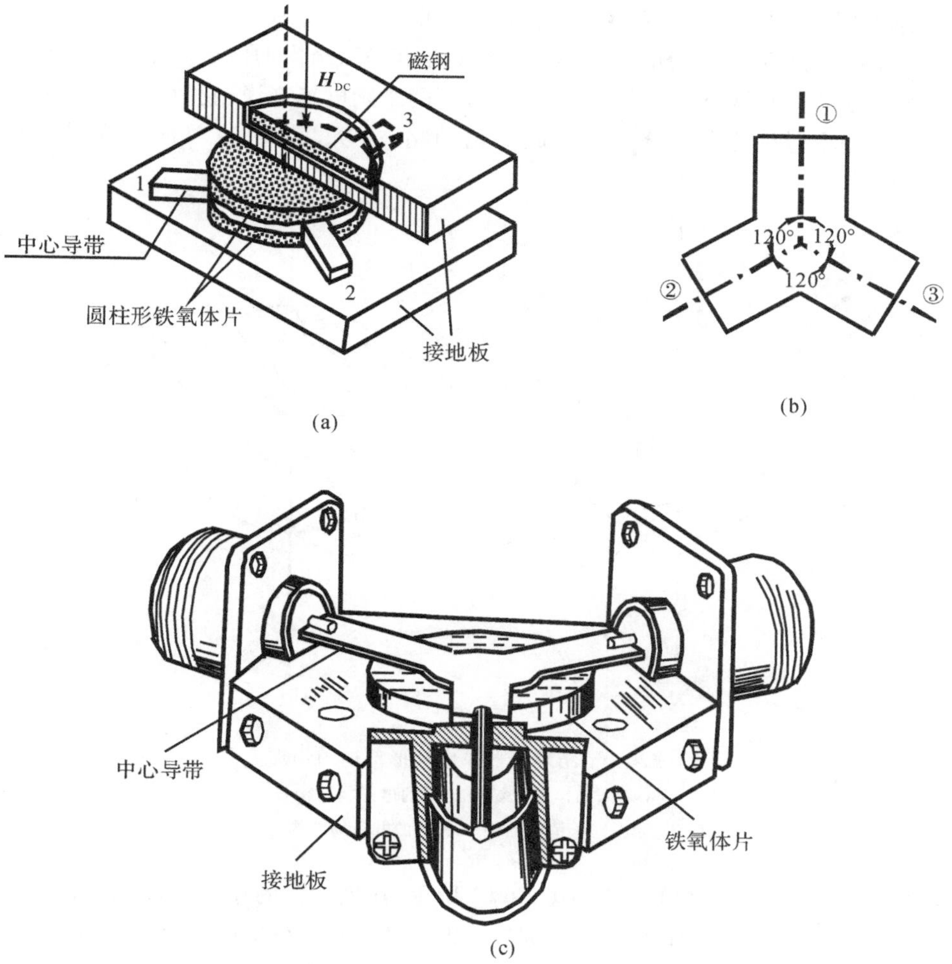

图 10.69 带状线 Y 结环行器原理结构示意图

衡量一个环行器性能好坏，通常希望正向衰减愈小愈好，一般应小于 0.5 dB；反向衰减愈大愈好，一般应大于 20 dB 以上；而输入端口的驻波比 $S \leqslant 1.2$。

2. 结构

带状线 Y 结环行器，如图 10.69(a) 所示。由图可知，相交于中心导板(金属板) 的三根带线是对称分布的，它们之间互成120° 角，如图 10.69(b) 所示。在中心导板与下接地板之间放置两块满高度的圆柱形铁氧体片，外加恒定磁场 H_0 垂直于圆柱形铁氧体片的口径面。将整个构件放在一个金属盒内，组成一个带线结。这个带线结通过三根对称布置的带线分别在金属的侧边引出三个同轴线插口，以便与作为馈线的同轴线相连接，如图10.69(c) 所示。

3. 单向环行传输的工作原理

为了定性地分析 Y 结环行器的工作原理，采用一个简化的物理模型，把 Y 结环行器的结区看成如图 10.70 所示的具有三个对称耦合的谐振腔。

图 10.70(a) 是 Y 结区内的铁氧体未加恒定磁场 H_0 结内的电磁场结构，它呈现互易特性，是一个互易三口端网络。这种结构对 ① 端口的激励电场来说，它对 y 轴左右对称，因此在 ① 端口为两个对称分支中分别激励起等幅同相波，所以不具有单向传输、反相隔离的作用。

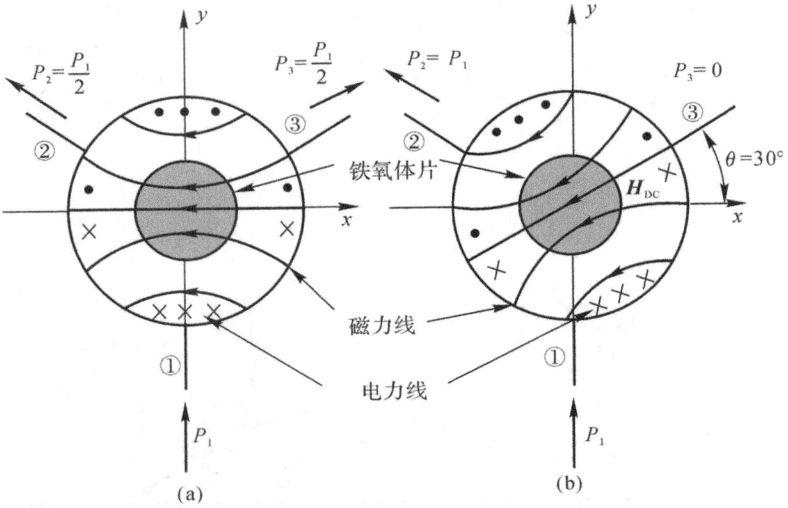

图 10.70　Y 结环行器单向环形传输的物理模型

(a) 未加恒定磁场 $\boldsymbol{H}_{DC}$ 时的电磁场结构；

(b) 加上恒定磁场 $\boldsymbol{H}_{DC}$ 时的电磁场结构

在外加恒定磁场 H_0 之后，如图 10.70(b) 所示，在铁氧体的作用下，使由端口 ① 输入的信号，其电磁场极化方向在 Y 结区发生偏转。改变 H_0 的大小，可以使结区的场逆时针旋转 30°。这时结区中的电场相对于端口 ③ 的对称面正好是反相对称，无信号输出；所以端口 ① 到端口 ③ 是隔离的。而在端口 ② 的对称面结区内的电场仍是同相的，有信号输出，端口 ① 到端口 ② 是理想流通的。其环行方向是 ①②③①。总之，对于 Y 结环行器，信号的环行方向，就外加恒定磁场 H_0 方向而言总是左旋的，即伸开左手，大拇指指向 H_0 方向，四指绕向为信号环行方向。

小　结

本章讨论的内容都是用波导和同轴线制成的各式各样微波元器件。它们大都是利用工作在驻波状态下的同轴线段的特点或矩形波导传输 TE_{10} 型波所具有的客观规律，或者是利用某些物质所具有的可贵特性来制成的。在讨论这些微波元件时，着重阐述它们的物理概念及工作过程，通过定性分析加深对微波元件工作原理的了解和掌握，对于使用和维护微波元件来说是比较适宜的。

(1) 在匹配调整及谐振腔的调谐中，常常要用到金属短路活塞。抗流活塞电气接触良好，接触损耗小，活塞移动时接触性能稳定，却能得到驻波系数趋于无限大的纯驻波，是目前常用的微波元件之一。

(2) 由于工厂制造的微波传输线不能做得太长，在实用时需将 n 段传输线连接起来；有时候在微波传输系统中需加入某个微波器件，这时候就需要应用连接元件或分支元件。本章重点介绍的矩形波导抗流连接、旋转关节及回转关节，都是应用 $\lambda/4$ 开、短路线的工作特点制成的。它们的特点是在机械上并未接触，但在电气上接触良好。由于安装后不易变动尺寸，所以当传输信号频率变化时，器件的电尺寸也相应变化，致使原来电气接触良好的地方可能出现接触不良而造成打火现象，使用时应予以注意。

(3) 为了有效地传输电磁能，无论是波导或是同轴传输线，都需要阻抗匹配元件。本章重点讨论了几种常见的波导匹配元件，应清楚它们的结构及工作原理。当传输系统出现失配时，首先应想到的是其阻抗匹配元件工作是否正常。

(4) 魔 T 是功率分配器的重要元件之一，它的工作性能好坏决定于制造厂的加工精度。但在使用时如果某些端口所接的负载阻抗发生变化时，其工作性能也会发生变化，这点在使用时需加注意。

(5) 定向耦合器顾名思义，耦合能量具有一定方向性。它用耦合度 L 及方向性 D 来衡量定向耦合器的性能。L 越大，耦合越弱，一般 L 在 0.3 ～ 10 dB 为强耦合，20 ～ 30 dB 为弱耦合；D 越大，方向性越好，一般要求 D 在 20 dB 以上。

(6) 衰减器和移相器是二端口的微波网络，前者是有耗的，后者是无耗的。吸收式衰减器是在波导内加装微波吸收元件，这种吸收元件可使传输的波由电能转换成热，而使微波信号的幅度有明显的衰减；在波导内设置电介质片可使通过的波改变相位，这是介质移相器。衰减器和移相器结构形式差不多。它们的区别在于一个是改相位变，一是改变衰减信号的幅度。不同点在于移相器所用的介质材料，相对介电常数要大，并且是低损耗的。

(7) 微波谐振器是分布参数电路，它同低频谐振回路有很大不同，低频谐振电路其电磁能量分别集中在电容、电感线圈中，并且只有一个谐振频率。而微波谐振器，其电磁能量分布在整个腔体中，它有许多个谐振频率，具有多谐性，其次是损耗小，Q 值高。矩形谐振腔的最低工作模式是 TE_{101}。同轴线谐振腔中 $\lambda/4$ 腔是最低模式，而电容加载同轴线谐振腔较为广泛地用在超高频振荡器中。同轴线谐振腔大都采用探针（电耦合）或环耦合（磁）的形式，波导谐振腔除了这两种耦合形式外还有采用小孔的耦合。

(8) 天线收发开关是发射闭锁放电管和接收保护放电管组成，在清楚它们的结构以后，应能画出其等效电路，从而了解它的“自动开关”的作用。

(9) 微波滤波器不管是波导型或是同轴线型，实用的常为带通滤波器。分析方法多采用画成分布参数的等效电路，然后再改画成集总参数的等效电路。这种滤波器常作为微波接收机第一级微波预选器电路。

(10) 铁氧体在外加恒定磁场和时变场的共同作用下，其磁导率是一个张量。本章对铁氧体的这个特性作了重点分析，由此而得出波在铁氧体内传播时的极化面方向对于外加恒定磁场而言在不断改变，这就是著名的法拉第旋转效应，利用该效应可制成法拉第定向衰减器。当铁氧体的进动频率 ω_c 等于工作频率时发生铁磁谐振，利用该特性制成谐振式定向衰减器等。

习　题

10.1　为什么说抗流式活塞的工作频带很窄？

10.2　怎样理解魔T接头具有双匹配、双隔离的特性？给你一个理想魔T和一个匹配负载，如何利用这两个元件组成一个定向耦合器？

10.3　试述双孔定向耦合器的工作原理。

10.4　吸收式衰减器和介质移相器的结构和工作原理有何异同点？

10.5　介质移相器中，当介质片越靠近波导宽边中心线时，相移如何改变，为什么？

10.6　为什么说十字缝定向耦合器的工作频带比双孔定向耦合器的工作频带宽？

10.7　如图10.71所示的十字缝定向耦合器中，试判断耦合能量的传输方向。

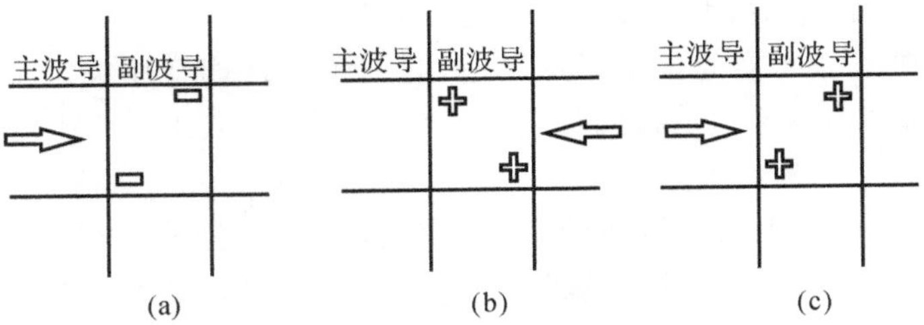

图　10.71

10.8　微波谐振腔与低频谐振回路有哪些相同与不同之处？

10.9　将介电常数为 ε、磁导率为 μ 的介质引入谐振腔内时，对腔的基本参量有何影响？

10.10　圆柱形谐振腔，在什么条件下移动可调活塞可以进行调谐；在什么条件下，移动可调活塞不能进行调谐，为什么？

10.11　为什么微波谐振腔具有多谐性？试举例说明。

10.12　法拉第定向衰减器和谐振式定向衰减器的工作原理是什么？

第 11 章　天线基础知识

11.1　概　　述

一、天线的作用

众所周知，用无线电传播信息是不需要电线的，发射台和接收台之间的空间便起到电线的作用。那么，发射台（接收台）是怎样向空间发射（自空间接收）信息的呢？这里，天线起到了不可取代的作用。

1. 天线是能量转换器

作为发射天线，它将发射机内的电磁波的能量转换成自由空间的电磁波的能量；反之，作为接收天线，它将自由空间的电磁波的能量转换到接收机内去。因此，天线是一种能量转换器。

2. 天线是定向辐射（接收）器

天线具有方向性，就是说发射天线在不同的方向上所辐射的能流密度不同；而对于不同方向上传来的等强度的电磁波，接收天线所接收的能量亦不相同，即在某个方向上辐射（或接收）最强，而在其他方向上则辐射（或接收）较弱甚至很弱。例如，雷达天线必须在目标方向辐射（或接收）最强，而普通广播天线则须在所有方向辐射一样，以使周围听众都能接收到。

此外，同一部天线，既可用作发射，也可用作接收，如雷达天线，通常是收、发共用一部天线。天线的收、发共用性基于互易原理，即天线的收、发特性完全一样。本章专门讨论发射天线。

二、天线的参量

为了表征天线的能量转换和定向辐射（接收）特性，必须定义下面的天线参量。

1. 天线的辐射功率和辐射电阻

天线的辐射功率记作 P_r。它是以天线为中心，在远区的一个球面上单位时间内通过的能量。它可以用坡印廷矢量求得（后面再讲）。

辐射电阻记作 R_r，表征天线周围的空间对天线的全部辐射功率 P_r 的吸收作用。

仿照电工基础中电阻 R 吸收功率的公式。假定天线辐射功率全被电阻 R_r 吸收，即有

$$P_r = \frac{1}{2} I_m^2 R_r \tag{11.1}$$

或者

$$R_r = 2\frac{P_r}{I_m^2} \tag{11.2}$$

式中，I_m 为天线上电流的振幅值。

2. 天线的效率

天线的效率记作 η_A。它表明天线能量转换的有效程度。

如果馈线输入到天线的全部功率为 P_{in}，那么一部分被天线辐射到周围空间去转换成辐射功率 P_r，另一部分则被消耗在天线(它不是理想导体，必有热耗)、绝缘子及天线周围的介质中。这部分功率称为损耗功率，用 P_L 表示。因此，

$$P_{in} = P_r + P_L \tag{11.3}$$

而 P_r 与 P_{in} 之比值称为天线的效率，即

$$\eta_A = \frac{P_r}{P_{in}} = \frac{P_r}{P_r + P_L} \tag{11.4}$$

由于总存在损耗，天线的效率总小于 1。

3. 天线的输入阻抗

天线的输入阻抗是在天线的输入端对馈线所呈现的阻抗(即馈线的负载阻抗)。它等于天线输入端电压与电流的比值，即

$$Z_{in} = \frac{\dot{U}}{\dot{I}}$$

一般情况下，Z_{in} 是一复阻抗，包含电阻 R_{in} 和电抗 X_{in}。对于振子天线，其数值取决于振子的臂长、特性阻抗及馈电点的位置，并与周围环境和其他物体的影响有关。天线的输入阻抗的精确计算很复杂，一般用测量求得。

既然 Z_{in} 是一复阻抗，要与传输线的特性阻抗(纯电阻)实现匹配，就必须在天线与馈线之间加入匹配装置。

4. 天线的方向性图和主瓣宽度

天线的方向性图是表示距天线等距离、不同方向处的辐射场强(或能流密度)变化的图形。天线是向空间辐射电磁能量的，方向性图应是立体图。但通常都是平面图，即在某个特定平面(例如水平平面、垂直平面或电场所在平面、磁场所在平面等)上的图形。方向性图可由理论计算得出，也可由测量方法绘制。按定义，测试天线方向性图时，是以发射天线为中心，以足够大的 r 为半径作一个圆，用场强计测出圆上各点的场强(或能流密度)。但这个方法不方便，有时是不可能的。根据天线的互易原理，在实际工作中常是固定发射天线，在足够的距离 r 处放置被测的接收天线，原地转动接收天线，测出不同方向接收的场强(或能流密度)大小，然后在极坐标或直角坐标中，将不同方向上的场强大小连成一条曲线，便得天线方向性图，如图 11.1 所示。

图 11.1 又称为归一化方向性图。这是为了方便，以最大辐射方向场强作为 1，其他方向场强按比例绘出相对值。

方向性图主瓣宽度是指辐射(或接收)能流密度降至最大辐射(或接收)方向的一半的两个辐射(或接收)方向之间的夹角，或者指场强降至最大辐射(或接收)方向场强的 0.707

倍的两个方向之间的夹角，用符号 $2\theta_{0.5}$ 表示，如图 11.1 所示。

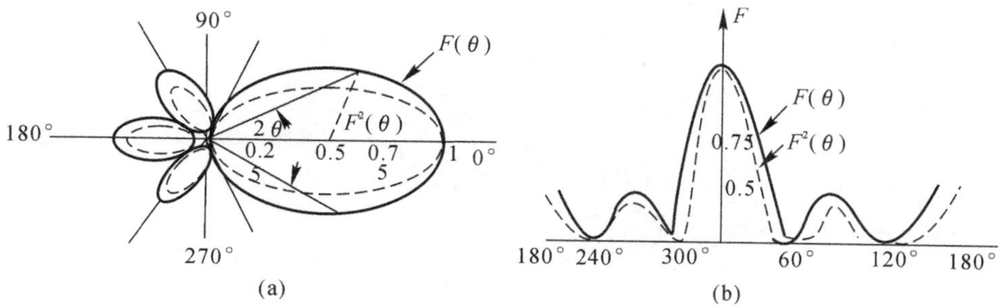

图 11.1　天线方向性图

(a) 用极坐标表示的方向性图；(b) 用直角坐标表示的方向性图

5. 方向性系数

方向性系数是表示定向天线在最大辐射方向上，辐射能量集中程度的无量纲的数。

在辐射功率 P_r 相等的条件下，定向天线在最大辐射方向某一点的能流密度 $S_{定}$ 与无方向性天线在同一点的能流密度 $S_{无}$ 之比值，称为定向天线的方向性系数，用 D 表示，即

$$D=\left.\frac{S_{定}}{S_{无}}\right|_{P_r 相等} \tag{11.5}$$

如果定向天线在最大辐射方向某点的场强振幅值为 E_m，那么

$$S_{定}=\frac{1}{2}E_m H_m=\frac{1}{2\eta}E_m^2=\frac{E_m^2}{240\pi} \tag{11.6}$$

式中，η 为波阻抗。如果辐射功率为 P_r，那么无方向性天线在该点的能流密度为

$$S_{无}=\frac{P_r}{4\pi r^2} \tag{11.7}$$

从而

$$D=\frac{S_{定}}{S_{无}}=\frac{E_m^2 r^2}{60P_r} \tag{11.8}$$

由式(11.8)可知，由 r,E_m,P_r 可以算 D；也可以由 P_r,D,r 算 E_m：

$$E_m=\frac{\sqrt{60P_r D}}{r} \tag{11.9}$$

式(11.9)表明，有方向性的天线在最大辐射方向上空间某点的辐射场强比没有方向性的天线在同一点产生的辐射场强大$\sqrt{D}$ 倍。换句话说，在最大辐射方向距天线为 r 处的场强为 E_m 时，定向天线所需的辐射功率为 P_r，而无向天线在该点建立同样的场强 E_m，则要求辐射功率为 $P_r D$。可见，方向性系数 D 的含义是：要求无向天线在定向天线最大辐射方向距天线 r 处建立起与定向天线相同的辐射场，则无向天线的辐射功率必须是定向天线的辐射功率的 D 倍。

6. 增益系数

增益系数是指在输入功率相等的条件下，定向天线在最大辐射方向距天线 r 处的能流密度，与无耗理想的无向天线在空间同一点处的能流密度之比值，以 G 表示，即

$$G=\frac{S_{定}}{S_{无}}\bigg|_{P_{in}相等} \tag{11.10}$$

根据定义：

$$S_{无}=\frac{P_{in}}{4\pi r^2} \tag{11.11}$$

$$S_{定}=\frac{DP_r}{4\pi r^2}=\frac{D\eta_A P_{in}}{4\pi r^2} \tag{11.12}$$

将式(11.11)和式(11.12)代入式(11.10)得

$$G=\eta_A D \tag{11.13}$$

式中，$\eta_A=\frac{P_r}{P_{in}}$ 为定向天线的效率。

由式(11.13)知，天线的增益系数等于该天线的方向性系数 D 和天线效率 η_A 的乘积。因此，它同时表达了天线辐射功率的集中程度和能量转换效率。由式(11.13)可得

$$G=\eta_A D=\frac{P_r}{P_{in}}D$$

由此可见，增益系数的另一个含义是：天线所需的输入功率与其增益系数成反比，天线的增益系数越大，要在某点产生相等的能流密度时，则所需的输入功率就越小。

增益系数和方向性系数都是将实际天线与理想无向天线作比较而引出的参数，前者是在输入功率相等的条件下进行比较，后者是在辐射功率相等的条件下进行比较。由于实际天线总是有损耗的，输入功率相等时，其辐射功率必小于理想（无损耗）无向天线的辐射功率。因此，同一天线的增益系数 G 必小于方向性系数 D。只有当 η_A 接近于1时，G 才与 D 近似相等。在实用中，G 和 D 都用分贝表示，即

$$G_{dB}=10\lg G$$

$$D_{dB}=10\lg D$$

例如，当 $D=1\ 000$ 时，D_{dB} 为 30 dB。

还有一些参量，如天线的频带、天线的有效面积等，这里不再介绍。

三、天线接收无线电波的物理过程

如图 11.2 所示，电磁波由发射天线传来。电磁波的电场可以分成两个分量：一个是垂直于射线与天线轴线所组成的平面的分量 $E_{\perp}$；另一个是在该平面内的分量 E_θ。实际上，能在天线中激起电流的是与天线轴线平行的电场 E_z，从图 11.2 可见，$E_z=E_\theta\sin\theta$ 在天线上取一微分段 dz，则电场在该段上建立起的电动势为 $E_z dz$，按照传输线理论，这个元电动势在线上和负载 Z_L 中产生的电流可以计算出来。设元电动势在微分段中产生的电流为 dI，因为元电动势分布于全线，所以在 Z_L 中产生的总电流是各段 dI 之和，即 $I=\int_{-l}^{l}dI$。应该指出，沿天线各点的 E_z 的相位是不同的，因为到达各点的电磁波有波程差（$z\cos\theta$），此波程差是 θ 角的函数，即与电磁波传来的方向有关。因此，接收的电流（流经负载 Z_L 的总电流）也与 θ 有关。这说明接收天线具有方向性。同时也应注意，各元电动势离负载的距离是不同的，当然也要影响负载中的电流。这就是接收天线接收电磁波的简单的物理过程。

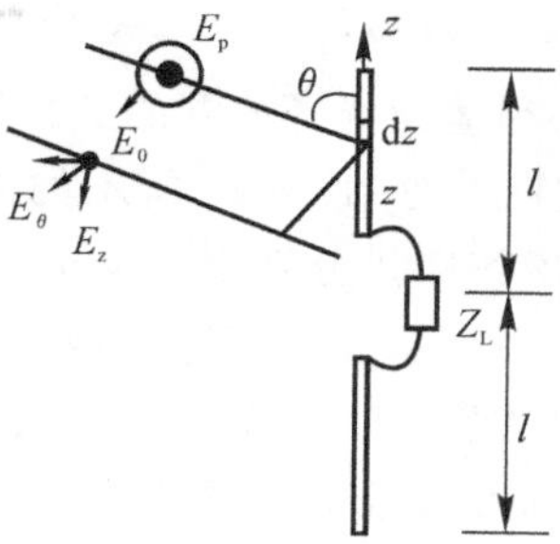

图 11.2　天线接收电磁波的过程

四、天线的分类和分析方法

由于出发点不同，所以对天线分类也不尽一致。但大都把天线分成如下几类：振子天线、喇叭天线、透镜天线、槽缝天线、介质天线、抛物面天线、表面波天线、螺旋天线、微带天线等。根据大纲要求，这里只选学本专业所用到的几种天线。

分析天线的一般步骤如下：

(1) 根据天线结构和馈电方式确定场源分布；

(2) 根据场源分布求解空间辐射场；

(3) 根据辐射场计算辐射电阻、辐射功率；

(4) 计算输入阻抗；

(5) 计算天线的方向性系数。

对于不同的天线，具体方法也不同。根据专业需要，今后着重分析辐射场及方向特性，以及场源分布对辐射场的影响。

11.2　电基本振子的辐射场

一、辐射的物理概念

所谓辐射，就是将高频振荡的电磁能转换成向空间传播的电磁波能量的过程。因此，电磁波辐射问题与波源有着密切的关系。此关系表现在以下两方面：

1. 波源的振荡频率高低是直接影响辐射的一个重要因素

产生辐射的直接原因是变化的电场和变化的磁场的相互转化，这转化的快慢关系到所产生场的强弱，也就关系到辐射能量的多少。而电磁场变化的快慢是由波源的频率决定的。当频率很高时，电场的高速变化在空间就形成较强的位移电流，位移电流在其附近产生较强的磁场，而这磁场随着时间变化又在附近产生变化的电场(即位移电流)，如此循环往复。变化的电磁场不但相互转化，而且在空间向前推进，这向前推进的过程就是电磁波的辐射过程。频率越高，在一定的场强下，位移电流就越强，因而辐射的能量就越多；恒定场不变化，频率为零，根本不辐射；低频场变化缓慢，辐射微弱。

2.波源的开放系统结构是产生辐射场的另一主要因素

要想加大波源的辐射能力，必须适当选择波源的开放系统结构，使波源产生的电场和磁场分布在同一空间，而且分布很广。图 11.3(a) 所示的波源是由电容器和电感线圈组成的。这种波源结构的电场能量和磁场能量分别集中在电容器和线圈之中，不能有效地将电磁能辐射到空间去，这种结构称为封闭系统。若把电容器的两个极板分离得远一些，直到把电感线圈拉在一条直线，结果演变成图 11.3(c) 所示的波源结构。此时电场和磁场就分布在同一空间，且场能分布很广，因而在远区电磁场就比较强，辐射就较显著，这种结构称为开放系统。

图 11.3(d) 所示的末端开路传输线，虽然电磁场分布在同一空间，但电磁能却集中在两导线之间，在线以外很少，因而辐射很小，这是封闭系统。若将两导线展开，最后拉成一条线，成为开放系统结构，如图 11.3(f) 所示。此时，电磁场不仅分布在同一空间，而且场的能量分布很广，产生显著的辐射。

由此得出结论，要有效地产生电磁波辐射，波源必须是开放系统。下面，研究这个开放系统的辐射过程及辐射特性。

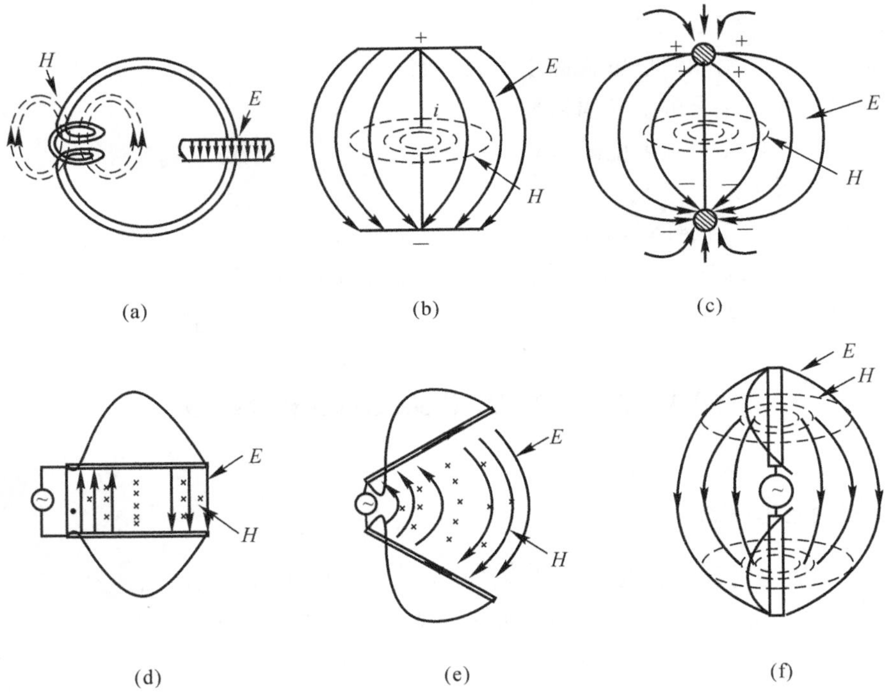

图 11.3　封闭系统与开放系统

二、什么是电基本振子

图 11.3(f) 所示的开放系统，就是实际应用的线天线。一般来说，天线的长度都是可以和工作波长 λ 相比拟的。因此，天线上的电流分布不能看成是均匀的。例如半波对称振子(以后要讲) 天线上的电流分布，可以近似认为如图 11.4 所示。

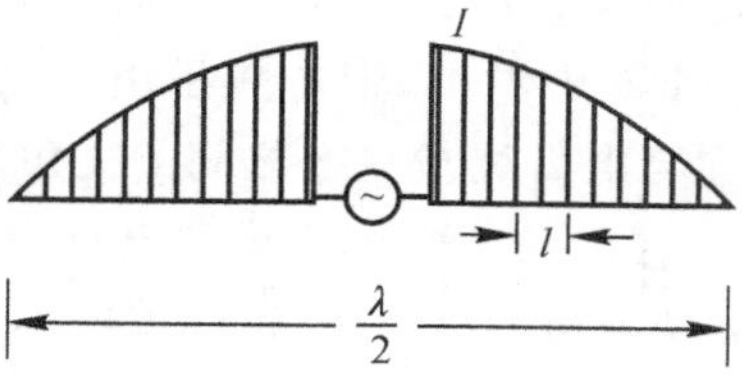

图 11.4　半波对称振子天线上的电流分布

用这样的场源分布直接求解空间的辐射场，将是很复杂的。在这样的线天线中取出一小段“辐射元”；使其长度 l 远小于天线的工作波长，那么就可以认为这个“辐射元”上的电流分布是均匀不变的。这样的“辐射元”就称为电基本振子。若能求出这个电基本振子的辐射场，那么，运用积分的方法，就可以求出线天线的辐射场。

实际上不可能存在沿线电流振幅不变的孤立振子，而电偶极子则是与理想“辐射元”相接近的实际振子。因此，研究电基本振子的辐射场就转化为研究电偶极子的辐射场。

三、电偶极子的辐射及其辐射场

1. 具有加速度脉冲的带电粒子的电磁场

为便于理解，先简单讨论匀速直线运动的带电粒子的情况。此时，它所产生的电磁场如同恒定电流的电磁场一样，电力线是由正电荷出发沿矢径 r 方向的一条条直线，而磁力线则是一个个与带电粒子运动的速度 v($v \ll$ 光速 c) 垂直的圆圈，如图 11.5 所示。这里为简单起见，电力线只画了一条，实际上应是以正电荷为起点的车辐状；磁力线应是以通过 v 的直线为圆心的一组同心圆。这就是说，当带电粒子匀速运动时，整个电磁场将伴随着正电荷向前匀速移动，并随带电粒子运动的终止而终止，并没有电磁场的辐射。这个道理大家是熟悉的。

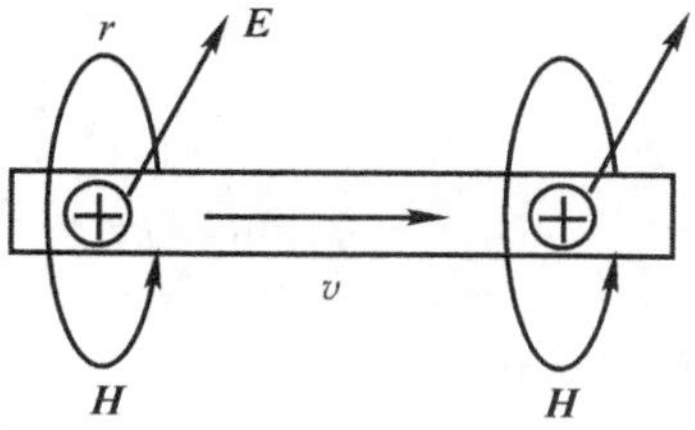

图 11.5　带电粒子匀速运动产生的电磁场

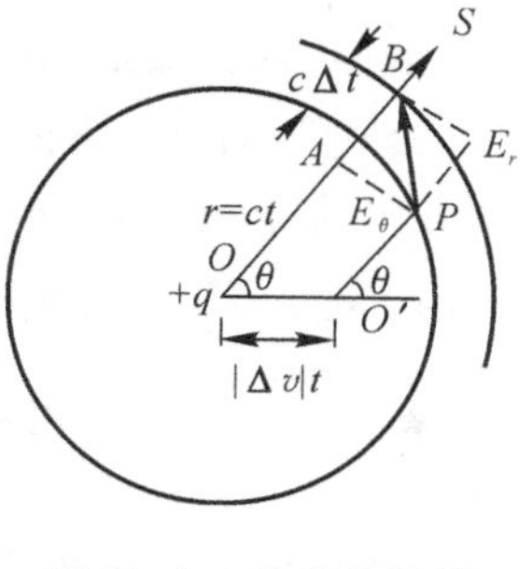

图 11.6　运动参照系

但是，当一匀速直线运动的带电粒子，在某一瞬间速度突然发生一个微小的变化，然后又做匀速直线运动，即所谓带电粒子“具有加速度脉冲”的情况时，电磁场将发生什么变化呢？

为了简便，现选取一个以匀速 v 运动的参照系，如图 11.6 所示。在运动参照系中，$t<0$ 时，带电粒子位于 O 点，此刻仍做匀速直线运动，速度为 v。此运动电荷的电场分布情况如图 11.6 中 $OABS$ 电力线表现之。在 $t=0$ 时刻，带电粒子得到一个加速

度脉冲，而在一段极短暂的时间 Δt 内速度突变为 $v'=v+\Delta v$，然后经过时间 t 后维持速度 v' 的新的匀速直线运动。即从图 11.6 中看出，带电粒子由 O 点运动到 O' 点，走过的距离为 $OO'=\Delta vt$（此处假设加速度方向与电力线 $OABS$ 之间的夹角为 θ）。那么，与此同时，依附于运动电荷的扰动电场也要随之一起运动。而这个扰动电场运动是有时间滞后效应的，靠近运动电荷处先发生转变，远离运动电荷处后发生转变，要滞后一个时间 Δt。即是说，当带电粒子从 O 点运动到 O' 点时，只能在以 O 点为圆心，$r=ct$ 为半径的球面内建立起新的场，以电力线 $O'P$ 表示之（式中 c 为电磁波的传播速度）。因为它是伴随着带电粒子以速度 Δt 而匀速移动的，所以 $O'P$ 与 OS 平行。而在这球面外，电磁扰动尚未传到，因此，场的情况仍为旧的稳态场，以电力线 BS 表示之。这两个场之间将由一层厚度为 $c\cdot\Delta t$ 的薄层所分隔，薄层内的场就是 t 时刻的电磁扰动，它也是以速度 c 向外传播的，而它就是我们所要计算的当速度突变时所激起的脉冲球面波。由图 11.6 可见，电力线由 $t<0$ 时的 $OABS$ 直线将连续变化而成 $O'PBS$ 折线。这电力线的曲折段 PB 表明了切向电场 E_θ 的出现，而它就是要求的辐射场的电场部分。

由图 11.6 可知，在薄层内电场强度的切向分量 E_θ 与径向分量 E_r 之比（此处以 OO' 为极轴，取球面坐标 (r,θ,φ)）应为

$$\frac{E_\theta}{E_r}=\frac{|\Delta v|}{c}\frac{t\sin\theta}{\Delta t}=\frac{1}{c^2}\frac{|\Delta v|}{\Delta t}r\sin\theta$$

另一方面，根据高斯定理，有

$$E_r=\frac{q}{4\pi\varepsilon r^2}$$

故得

$$E_\theta=\frac{1}{c^2}\frac{qa\sin\theta}{4\pi\varepsilon r}$$

其中，$a=\dfrac{|\Delta v|}{\Delta t}$ 为带电粒子的加速度。再将 $c=\dfrac{1}{\sqrt{\mu\varepsilon}}$ 代入上式得

$$E_\theta=\frac{\mu qa\sin\theta}{4\pi r} \tag{11.14}$$

根据电磁场理论，则有

$$H_\varphi=\frac{E_\theta}{\eta}=\frac{\mu qa\sin\theta}{4\pi r}\sqrt{\frac{\varepsilon}{\mu}} \tag{11.15}$$

由式(11.14)和式(11.15)可以得出结论：

(1) 电磁辐射是因带电粒子运动的突变引起的。辐射的强度与粒子的加速度成正比。当 $a=0$ 时，即匀速运动时。电磁场为恒稳场，电磁辐射等于零；加速度越大，则辐射越强。

(2) 电磁辐射有方向性，在与加速度方向垂直的方向上（即 $\theta=90°$）辐射最强，而沿着加速度方向的方向上（$\theta=0°$）没有辐射。

(3) 在 t 时刻的辐射场 E_θ（或 H_φ）是由 $\left(t-\dfrac{r}{c}\right)$ 时刻的带电粒子的位置，速度和加速度（即在图 11.6 中，当带电粒子位于 O 点而速度开始发生突变时的位置、速度和加速度）所决定的。即辐射场的出现比电磁扰动要滞后一段时间 r/c。

2.具有变加速度的带电粒子的电磁场

上述推导是在运动速度发生突变的特殊情形下进行的。如果运动速度连续变化（即加

速度变化)，则应用迭加原理，把变化的加速度看成是一系列脉冲式加速度运动的叠加，那么上述结果就可以推广到一般情形。实际上，在电基本振子上施加的大多是正弦电动势，正电荷在这电动势的作用下，作变加速运动。电动势频率越高，则变加速度越大，则电磁辐射越强，反之亦然。

3. 振荡电偶极子的电磁场

所谓电偶极子，是指由相距 l_0 的一对大小相等的正、负电荷 $+q_0$，$-q_0$ 所组成的系统。其偶极矩为 $q_0 l_0$。若 q_0，l_0 都不变，则为静止电偶极子，其周围的场为静电场。否则，若 q_0 或 l_0 变化(如谐振动)，则为振荡电偶极子，其周围的场发生变化而产生电磁辐射。如图 11.7 所示，即是谐振动的电偶极子。由于 $+q_0$ 沿 z 轴作谐振动(振幅为 l_0、角频率为 ω)，故 $+q_0$ 的运动具有变化的加速度。

采用如图 11.8 所示的球坐标系，由加速运动带电粒子的电磁场公式式(11.14) 不难推出振荡电偶极子的辐射场，也就是电基本振子的辐射场为

$$\left.\begin{aligned} E_\theta &= \mathrm{j}\,\frac{Il_0}{2\lambda r}\eta\sin\theta \mathrm{e}^{-\mathrm{j}\beta r} \\ H_\varphi &= \frac{E_\theta}{\eta} \\ E_r &= E_\varphi = 0 \\ H_r &= H_\theta = 0 \end{aligned}\right\} \tag{11.16}$$

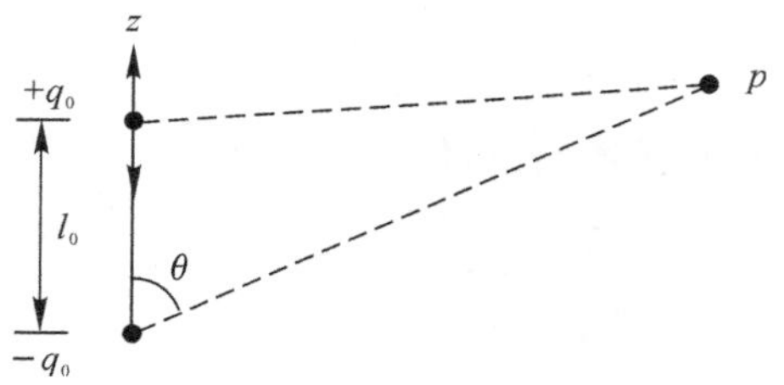

图 11.7　谐振的电偶极子

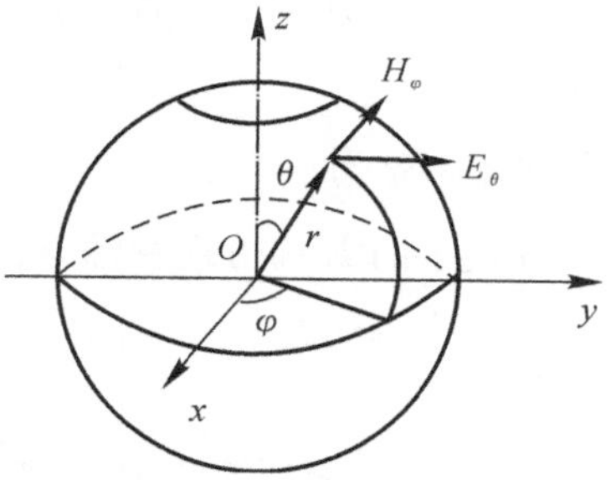

图 11.8　球坐标中电基本振子的电磁场分量

为了书写简便，略去了电、磁场和电流上的复数记号。

式中：r 为球面上任一点到电基本振子的距离；θ 为 r 与 z 轴之间的夹角$(0 \sim \pi)$；φ 为 r 在 xOy 平面上的投影与 x 轴之间的夹角$(0 \sim 2\pi)$；l_0 为电基本振子的长度；η 为辐射场的波阻抗，$\eta = \sqrt{\dfrac{\mu}{\varepsilon}}$；$\beta$ 为辐射场的相移常数，$\beta = \dfrac{\omega}{c}$；$c$ 为光速，$c = \dfrac{1}{\sqrt{\varepsilon\mu}}$，$zv = 2\pi f$，$f$ 为辐射场的频率；λ 为辐射场的波长，$\lambda = \dfrac{c}{f}$。

4. 电基本振子辐射场的特点

(1) 辐射场只存在沿球坐标 θ 方向的电场 E_θ 和沿 φ 方向的磁场 H_φ 两个分量，它们彼此垂直且同相位。根据右手定则，可以判断电磁能沿 r 方向向外传播。

(2) 电磁波是以球面波的形式向外辐射的，这是因为 E_θ 和 H_φ 的相位因子表达式中只

与 r 有关，在 r 为常数的球面上相位处处相等，所以等相位面是一个球面。

(3) 辐射场在介质中传播的波阻抗为

$$\eta=\frac{E_\theta}{H_\varphi}=\sqrt{\frac{\mu}{\varepsilon}} \tag{11.17}$$

在自由空间，$\eta=120\pi$，故

$$E_\theta=\mathrm{j}\,\frac{60\pi Il_0}{\lambda r}\sin\theta \mathrm{e}^{-\mathrm{j}\beta r} \tag{11.18}$$

由于 H_φ 与 E_θ 只差一常数 η，故只需讨论 E_θ。

(4) 由式(11.18)可知，辐射场只与 θ 有关，与 φ 无关。也就是说，电基本振子的辐射场在 $\boldsymbol{H}$ 面上无方向性，在 $\boldsymbol{E}$ 面上有方向性，不同的 θ 角就有不同的 E_θ 值。$\sin\theta$ 称为电基本振子的方向性函数，由它可以绘出其方向性图。

四、电基本振子的方向性图

如前所述，按定义方向性图应是立体图，但画立体图既很难又无必要。对于某个具体天线，只要画出它在某几个特定平面的方向性图，就能建立起天线方向性的空间概念。如轴对称的线天线，只要画出 E 面和 H 面两个平面的方向性图就足够了。所谓 E 面是指辐射电场所在的平面，如图 11.8 中的 xOz 面、yOz 面就是电基本振子的 E 面。所谓 H 面是指辐射磁场所在的平面，如图 11.8 中的 xOy 面。有时也以地平面为准，如与地面平行的平面称为天线的水平面(也叫赤道平面)，与地面垂直的平面为它的铅垂平面(也叫子午平面)。

1. E 面方向性图

电基本振子的 E 面方向性图，可以根据方向性函数绘出，如图 11.9 所示。

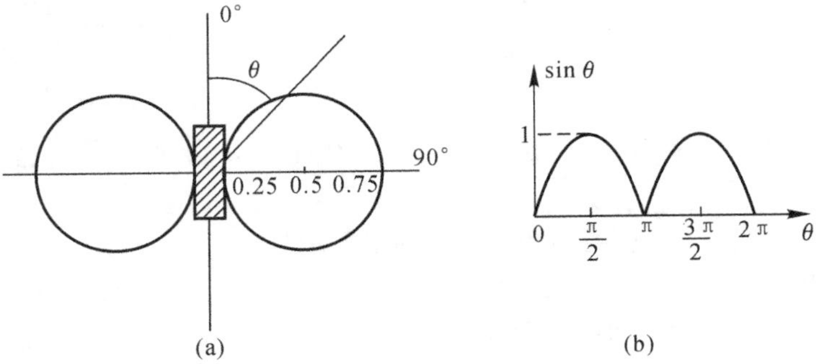

图 11.9 电基本振子 E 面的方向图

(a) 极坐标； (b) 直角坐标

2. H 面方向性图

由方向性函数 $\sin\theta$ 可知，它与 φ 无关，即在 H 面内是无方向性的，其极坐标图为一个圆，如图 11.10 所示。

综合 E 面 H 面的方向性图，考虑到电基本振子的轴对称特点，可以画出它的空间方向图，如图 11.11 所示。它可以看作是由 E 面方向性图绕 z 轴旋转而成。

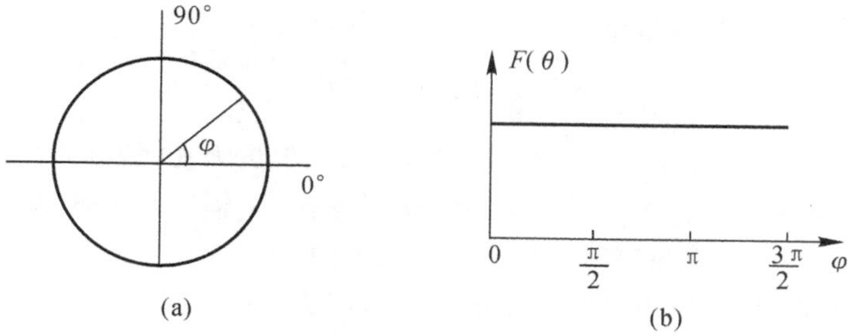

图 11.10　电基本振子 H 面的方向性图

(a) 极坐标；(b) 直角坐标

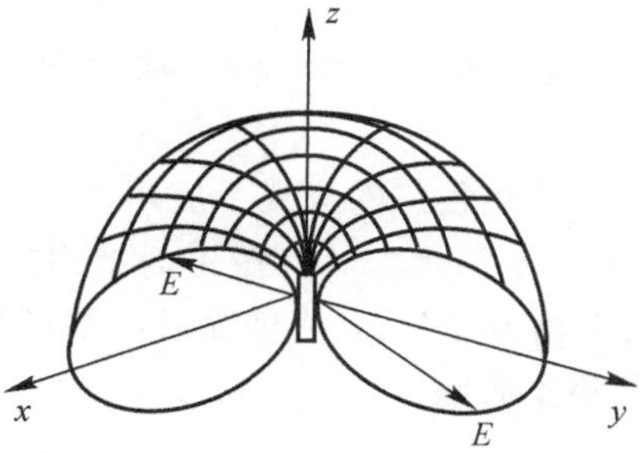

图 11.11　电基本振子的空间方向性图

五、电基本振子的辐射功率和辐射电阻

由电基本振子在空间任意点的辐射场可得能流密度，即

$$s=\frac{1}{2}E_{\theta m}H_{\varphi m}=\frac{E_{\theta m}^2}{240\pi}=\frac{1}{240\pi}\left(\frac{60\pi Il_0}{\lambda r}\sin\theta\right)^2=15\pi\left(\frac{Il_0}{\lambda r}\sin\theta\right)^2$$

若电基本振子放置在如图 11.12 所示的球心 O 处，那么，通过面元 $\mathrm{d}A$ 的辐射功率为

$$\mathrm{d}P_r=s\mathrm{d}A$$

由图 11.12 可知，面元 $\mathrm{d}A=r^2\sin\theta\mathrm{d}\theta\mathrm{d}\varphi$。

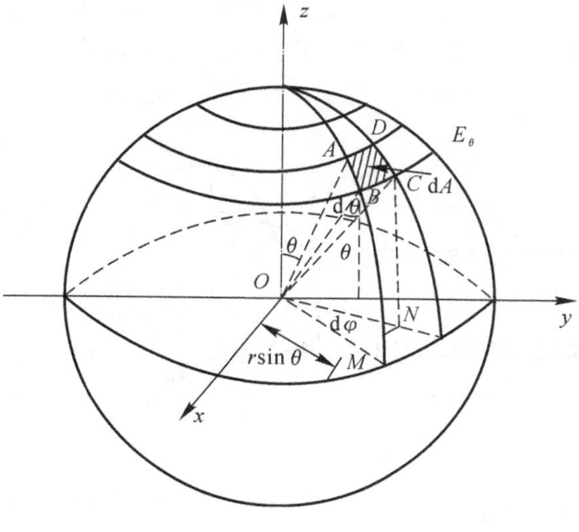

图 11.12　电基本振子辐射功率的计算

于是,电基本振子的辐射功率为

$$P_r = \int_{球面} dP_r = 40\pi^2 I^2 \left(\frac{l_0}{\lambda}\right)^2 \tag{11.19}$$

式中:长度单位为米(m);电流单位为安[培](A);功率单位为瓦[特](W)。

由式(11.19)可知,频率越高、电流越大、长度越长,则辐射功率越强。此外,由式(11.19)还可知,P_r 与 r 无关,说明辐射向外不再返回波源。

由天线参量的定义可知,电基本振子的辐射电阻为

$$R_r = \frac{2P_r}{I^2} = 80\pi^2 \left(\frac{l_0}{\lambda}\right)^2 (\Omega) \tag{11.20}$$

11.3 对称振子

对称振子是一种最简单而且应用很广的天线。应用波段从短波到微波。它可以单独使用,也可以作为复杂天线系统的一个单元。对称振子的结构如图 11.13 所示。它是一段直导线从中间分成长度为 l 的两个相等部分,其直径 d 及内端点间的距离 D 远小于工作波长,在它的内端点之间加交变电动势来激励。

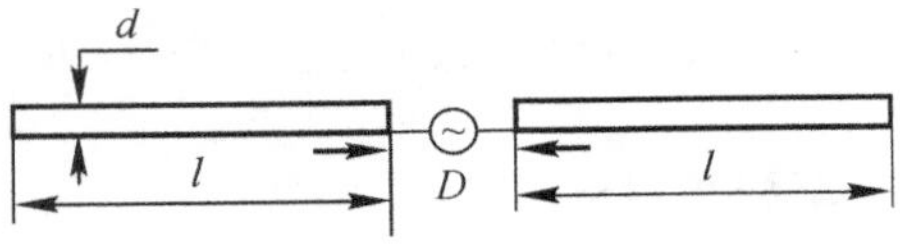

图 11.13 对称振子

一、对称振子上的电流分布

可以把对称振子看成是由长度为 l、末端开路的一段传输线逐步张开而成的,如图11.14所示。大家知道,当电源为正弦电动势时,末端开路传输线上的电流呈正弦分布,电磁场集中在两导线之间,基本上没有能量辐射,如图 11.14(a) 所示。但在两导线张开成一直线后,成了对称振子,这时电磁能量辐射到空间去了,而振子上的电流仍可认为是正弦分布的,如图11.14(c) 所示。实践证明,这种假定在工程计算中是允许的。

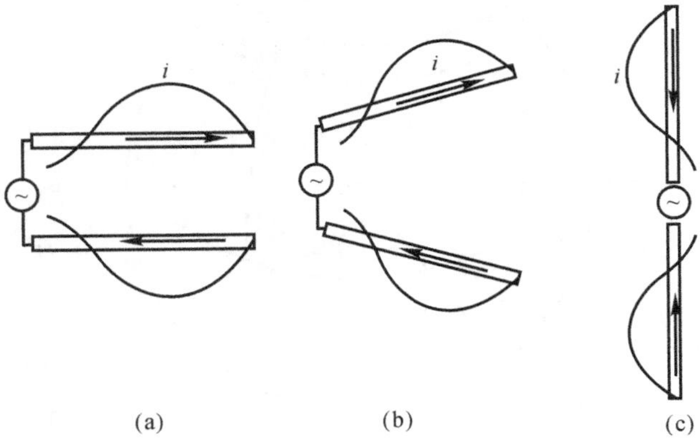

图 11.14 均匀传输线过渡到对称振子

如果把这样演变来的对称振子，放置在如图 11.15 所示的坐标系中. 那么振子上电流分布可以用下式表示：

$$I_z = I_m \sin\beta(l - z), \quad z > 0$$
$$I_z = I_m \sin\beta(l + z), \quad z < 0$$

或写成

$$I_z = I_m \sin\beta(l - |z|)$$

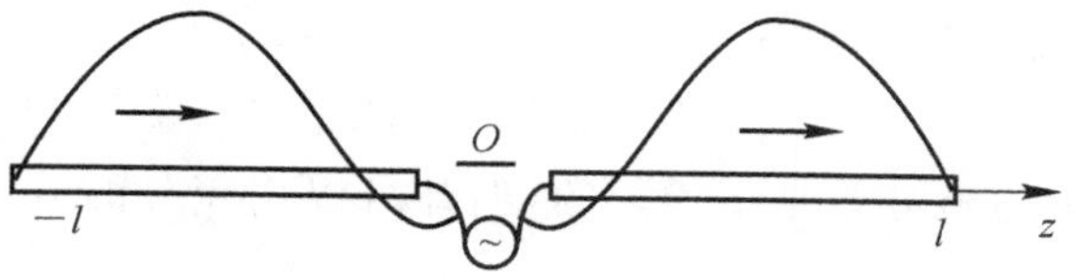

图 11.15　对称振子上的电流分布

二、对称振子的辐射场

1. 辐射场的计算

对称振子上的电流分布是不均匀的，不能直接套用电基本振子的结论。按 11.2 节中所说的，在振子上取一段远小于波长的线元 dz_1，则该线元上的电流的振幅和相位都可以看成是均匀的，即是长度为 dz_1 的电基本振子，如图 11.16 所示，它在远区 M 点的辐射场为

$$dE_{\theta 1} = j\frac{60\pi I_z dz_1}{\lambda r_1}\sin\theta_1 e^{-j\beta r_1}$$

式中：I_z 是流过 dz_1 的电流振幅；θ_1 是射线 r_1 与振子轴线之间的夹角；r_1 是线元 dz_1 到观察点 M 的距离。

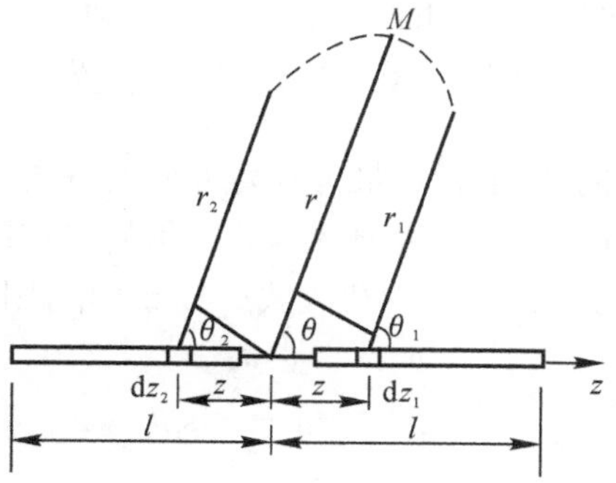

图 11.16　对称振子远区场的计算

同理，与 dz_1 相对称的线元 dz_2 在同一 M 点的辐射场为

$$dE_{\theta 2} = j\frac{60\pi I_z dz_2}{\lambda r_2}\sin\theta_2 e^{-j\beta r_2}$$

式中：I_z 是流过 dz_2 的电流振幅；θ_2 是射线 r_2 与振子轴线之间的夹角；r_2 是线元 dz_2 到观察点 M 的距离。

为了计算方便，均以坐标原点 O 为参考点。原点距 M 为 r，射线与振子轴线之夹角为

θ。因为 M 在远区，所以 $r \gg \lambda$，并可近似认为各个线元到 M 的射线是平行的，即认为 $\theta_1 = \theta_2 = \theta$。这样

$$r_1 = r - z\cos\theta$$
$$r_2 = r + z\cos\theta$$

既然 r 很大(应满足 $r \gg 2l$)，那么在线元辐射场中的振幅因子中的，可以认为 $1/r_1 \approx 1/r_2 \approx 1/r$，但相位因子中却不能认为 $r_1 \approx r_2 \approx r$，这是因为它们距离之差 $z\cos\theta$ 并非远小于波长 λ，即距离差引起的相位差 $2\beta z\cos\theta$ 不能忽略之故。

两线元在 M 点的辐射场之和为

$$\mathrm{d}E_\theta = \mathrm{d}E_{\theta 1} + \mathrm{d}E_{\theta 2}$$

尽管对称振子上的电流分布是不均匀的，但却可以用积分的方法求出它在点 M 的辐射场：

$$E_\theta = \int_0^l \mathrm{d}E_\theta = \mathrm{j}\,\frac{60 I_m \mathrm{e}^{-\mathrm{j}\beta r}}{r}\,\frac{\cos(\beta l\cos\theta) - \cos\beta l}{\sin\theta} \tag{11.21a}$$

式中，代入了

$$I_z = I_m \sin\beta(l - z)$$

相应的磁场为

$$H_\varphi = \frac{E_\theta}{\eta} \tag{11.21b}$$

式(11.21)就是对称振子的辐射场。

2. 方向性函数

场强与辐射方向 θ 之间的关系式称为方向性函数。

由式(11.21)可知，它和电基本振子一样，在垂直于振子的平面(H 面)上没有方向性，在包含振子的平面(E 面)上有方向性。式(11.21)与 θ 有关的因子表明了不同方向辐射场强的变化规律，故称它为方向性函数，用符号 $f(\theta)$ 表示，即

$$f(\theta) = \frac{\cos(\beta l\cos\theta) - \cos\beta l}{\sin\theta} \tag{11.22}$$

为了比较不同天线的方向性，通常取最大辐射方向的方向性函数值为 l，其他方向按比例计算，这样的方向性函数称为归一化方向性函数。例如，当对称振子的长度 $l < \lambda/2$ 时，最大辐射方向出现在 H 面，即 $\theta = \pi/2$，将它代入式(11.22)中，则最大辐射方向的方向性函数值为

$$f_{\mathrm{m}}(\theta) = 1 - \cos\beta l$$

故归一化方向性函数为

$$F(\theta) = \frac{1}{1 - \cos\beta l}\,\frac{\cos(\beta l\cos\theta) - \cos\beta l}{\sin\theta} \tag{11.23}$$

三、几种不同长度的对称振子的方向性

1. 半波对称振子的方向性

当振子一臂 $l = \lambda/4$ 时，对称振子全长为 $2l = \lambda/2$，则这种对称振子称为半波对称振子。把 $l = \lambda/4$ 代入式(11.23)中，即得半波对称振子的归一化方向性函数为

$$F(\theta)=\frac{\cos\left(\frac{\pi}{2}\cos\theta\right)}{\sin\theta} \tag{11.24}$$

为了形象地看出半波对称振子的方向性，可根据式(11.24)绘出半波对称振子的 E 面方向性图(极坐标)，如图 11.17 中的实线所示。

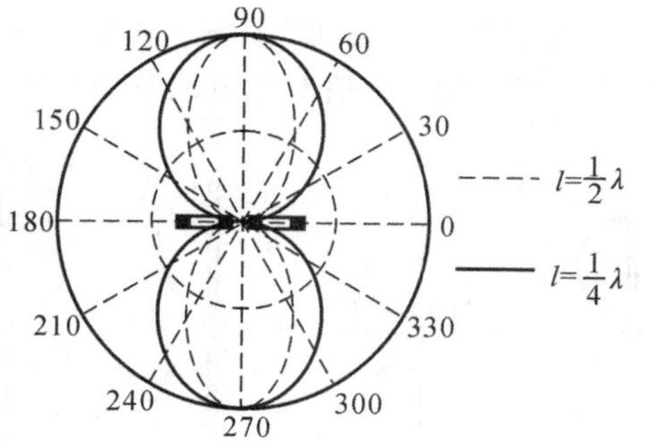

图 11.17　半波、全波对称振子的 E 面方向性图

2. 全波对称振子的方向性

当振子一臂长度 $l=\lambda/2$ 时，对称振子全长 $2l=\lambda$，则称之为全波对称振子。其归一化方向性函数为

$$F(\theta)=\frac{\cos(\pi\cos\theta)+1}{2\sin\theta} \tag{11.25}$$

同理，可绘制其方向性图，如图 11.17 中的虚线所示。

3. 不同长度的对称振子的方向性

按照上述方法还可绘出 $l=0.625\lambda$，$l=\lambda$ 时的方向性图，如图 11.18 所示。

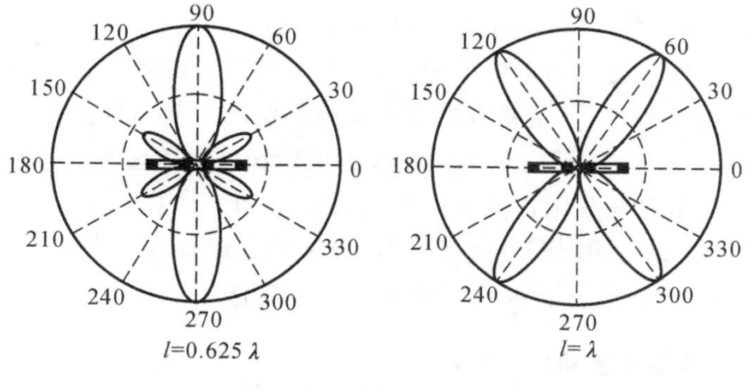

图 11.18　不同长度的对称振子的 E 面方向性图

4. 对称振子方向性图的特点

(1) 特点。综上所述，不同长度的对称振子，方向性图是不相同的。其特点如下：

1) 对称振子在其轴线均无辐射，在 H 面内辐射场无方向性，即 H 面上的方向性图是一个圆。这是因为线元在振子轴向无辐射，在 H 面内的辐射无方向性之故。

2) 当 $l/\lambda \leqslant 0.5$ 时，随着 l/λ 的增加，方向性图变得尖锐，并只有主瓣，它总垂直于振子轴。

3) 当 $l/\lambda > 0.5$ 时，出现副瓣，并随 l/λ 的增加，原来的副瓣逐渐变成主瓣，而原来的主瓣则变成了副瓣，在 $l/\lambda = 1$ 时，主瓣消失。

4) l/λ 再增大时，其主瓣将变得更窄，并且副瓣的数目将波浪式地增多。

(2) 物理解释。对称振子在 E 面上的方向性图随 l/λ 值而变的原因，是由于振子的电流分布的变化所引起的，对应于上述不同 l/λ 值时的电流分布如图 11.19 所示。

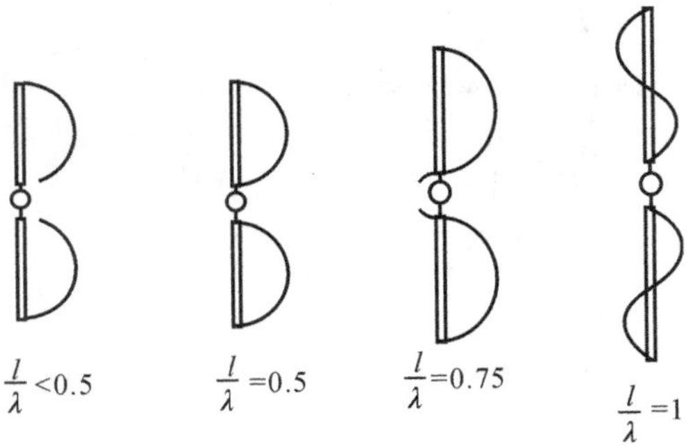

图 11.19 不同长度的对称振子上的电流分布示意图

由此可知，当 $l/\lambda < 0.5$ 时，振子两臂的电流是同相的，但由各基本振子到观察点的射线间却有行程差，因此在观察点上各个基本振子辐射的电场之间便有了相位差，只有在 H 面上(即 $\theta = 90°$)，这种相位差为零，叠加时同相相加，即有最大的辐射；而在其他方向，这种相位差并不为零，故叠加时有相互抵消作用，于是辐射场就比最大辐射方向的小。如果 l/λ 增加到等于0.5，则可认为这些基本振子的数目也在增加，于是叠加时，在 E 面上与振子轴垂直的方向上的抵消作用将有所增强，那么，辐射的减小将更快，即方向性图将变得窄一些(实验测得 $l/\lambda = 0.25$ 时，$2\theta_0 = 78.82°$；$l/\lambda = 0.5$ 时，$2\theta_0 = 47°$)。

当 $l/\lambda > 0.5$ 时，便会有反向电流出现，故在各基本振子的场强叠加时，不仅要考虑到由射线的行程差所引起的相位差，还要考虑到由电流相位所引起的相位差，其结果便将有副瓣出现。如果 l/λ 再增加，l 上有反向电流的线段的比例长度也将增加，一直到 $l/\lambda = 1$ 时，正向电流与反向电流都在对称振子上占据了一个波长的范围。这样就使副瓣一直相对增大，主瓣逐渐相对削弱，以致原来的副瓣变成了主瓣，原来的主瓣变成了副瓣，并且在 $l/\lambda = 1$ 时主瓣消失。如果 l/λ 继续增加，则方向性图将重复上述变化。

四、对称振子的辐射功率和辐射电阻

对称振子的辐射功率和辐射电阻的计算方法与电基本振子的完全相同。

1. 辐射功率

$$P_r = \int_0^{2\pi}\int_0^{\pi}\frac{E_{\theta m}^2}{2\eta}r^2\sin\theta\,\mathrm{d}\varphi\,\mathrm{d}\theta$$

将 $\eta = 120\pi$，$E_{\theta m} = \dfrac{60I_m}{r}\dfrac{\cos(\beta l\cos\theta)-\cos\beta l}{\sin\theta}$ 代入上式得

$$P_r = 30 I_m^2 \int_0^{\pi} \frac{[\cos(\beta l \cos\theta) - \cos\beta l]^2}{\sin\theta} d\theta \tag{11.26}$$

2. 辐射电阻

$$R_r = \frac{2P_r}{I_m^2} \tag{11.27}$$

式(11.26) 和式(11.27) 的积分结果相当冗长，不在此列出。由式(11.27) 算出的 R_r 随 l/λ 的变化曲线如图 11.20 所示。

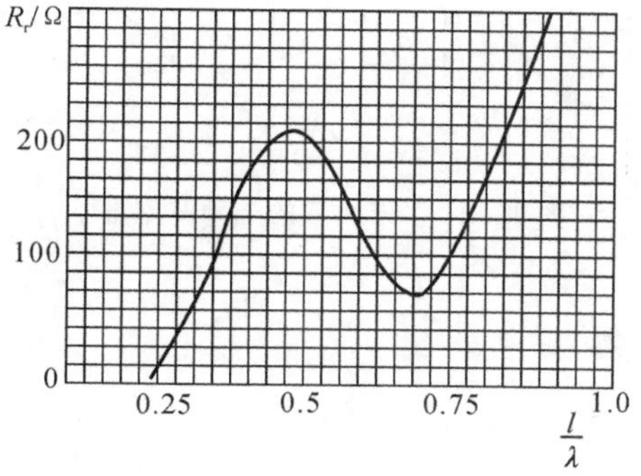

图 11.20　对称振子的辐射电阻与振子长度的关系曲线

由图可以查到，半波对称振子($l/\lambda = 0.25$) 的辐射电阻 $R_r = 73.08\ \Omega$；全波对称振子($l/\lambda = 0.5$) 的辐射电阻 $R_r = 200\ \Omega$。

11.4　天线阵的基本知识

一、概述

从讨论对称振子的方向性可知，增加振子臂的长度，可以增强对称振子的方向性，其波瓣宽度最窄也只能达到47°，而且，当 $l > 0.5\lambda$ 时，开始出现副瓣，且最强辐射方向逐渐离开 $\theta = 90°$ 的方向。由此可见，为增强天线的方向性，仅仅依靠增加振子臂的长度是不行的。实践中人们找到了一种有效的方法，就是将形状、构造、性能等全部相同的对称振子(一般用半波对称振子) 作为基本单元，然后按一定方式、同样的距离和间隔，有规律地排列起来，组成天线系统(称为天线阵)，就可以获得所需的天线方向性。

根据对称振子的排列方式不同，基本上可分成三种情况。

(1) 排列成几层的直线天线阵，可以改变 xOy、yOz 面上的方向性，如图 11.21(a) 所示。

(2) 排列成一直线(沿振子轴线) 的天线阵，它可以改变 xOy、xOz 面上的方向性，如图 11.21(b) 所示。

(3) 排列成一个面的阵列式天线，它可以改变 xOy、xOz、yOz 面上的方向性，如图 11.21(c) 所示。

实际应用的天线阵，都可以看作上述形式的排列与组合。在上述排列阵中，每个天线元形式相同，且排列取向一致，称为相似阵。以后讨论问题中所称的天线阵，都是指相似阵。

为了研究它们的辐射场及方向性，从最简单的二元天线阵出发，计算它的辐射场，并由此导出天线阵的重要定理——乘积定理。

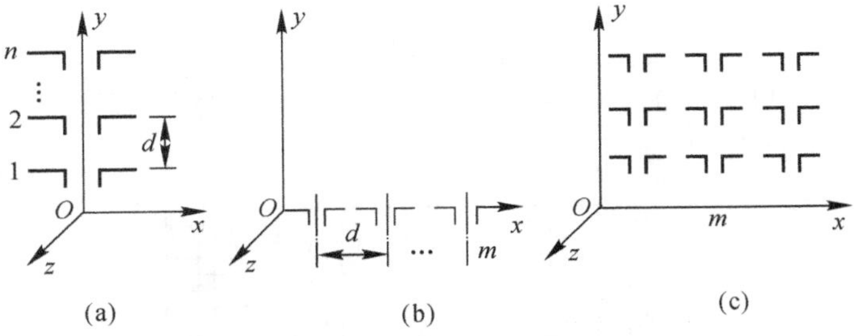

图 11.21　天线阵的三种基本形状

二、二元天线阵的辐射场

有两个相距为 d 的对称振子，如图 11.22 所示放置。假定两振子上电流振幅的比值为 $m=\dfrac{I_2}{I_1}$，振子 2 比振子 1 的电流相位超前 φ 角，即 $I_2=mI_1e^{j\varphi}$。

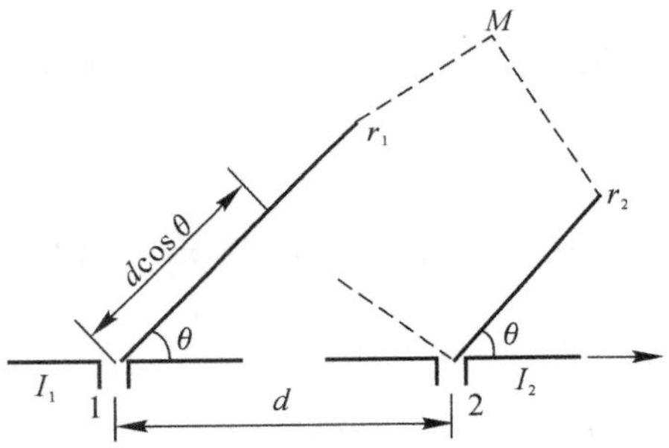

图 11.22　二元天线阵

由式(11.21a)可以写出两个振子的辐射场，将其相加，然后利用远区近似条件，即得此二元天线阵在远区 M 点的辐射场为

$$E=E_1+E_2=E_0f(\theta)[1+me^{j(\varphi+\beta d\cos\theta)}]$$

其绝对值为

$$|E|=|E_0|f(\theta)\sqrt{1+m^2+2m\cos(\varphi+\beta d\cos\theta)}$$

令

$$f_A(\theta)=\sqrt{1+m^2+2m\cos(\varphi+\beta d\cos\theta)} \tag{11.28}$$

则

$$|E|=|E_0|f(\theta)f_A(\theta) \tag{11.29}$$

式中，θ 为射线与天线元排列方向之间的夹角。

三、阵函数及方向性图乘积定理

由式(11.29)可知，对于单个对称振子，其 E 面上的方向性函数为 $f(\theta)$，而两个振子沿振子轴线排列的天线阵的方向性函数却是 $f(\theta)f_A(\theta)$。其中 $f_A(\theta)$ 完全是因天线元的排列方式而引起的方向性。不同的排列结构就有不同的 $f_A(\theta)$，它与天线元本身的方向性函数 $f(\theta)$ 无关。因此，$f_A(\theta)$ 可以看成是由无方向性天线所组成的天线阵的方向性函数，故称为阵函数(也叫阵因子)。这样，可以得到结论：天线阵的方向性函数是天线元的方向性函数与其阵函数的乘积。即天线阵的方向性图是两个因子的乘积，一个是单个振子的方向性图，另一个是阵因子的方向性图。这一结论推广到多元天线阵中也是成立的，在天线理论中，称它为方向性乘积定理。

一般地说，天线元的方向性函数是已知的，因此，要获得所需要的方向性图，主要着重讨论阵函数。

例 11.1　如图 11.23(a)所示的二元天线阵，每个天线元都是半波对称振子，$d=\lambda/2$，$m=1$，$\varphi=0$，试写出该天线阵的方向性函数，并绘出其 E 面方向性图。

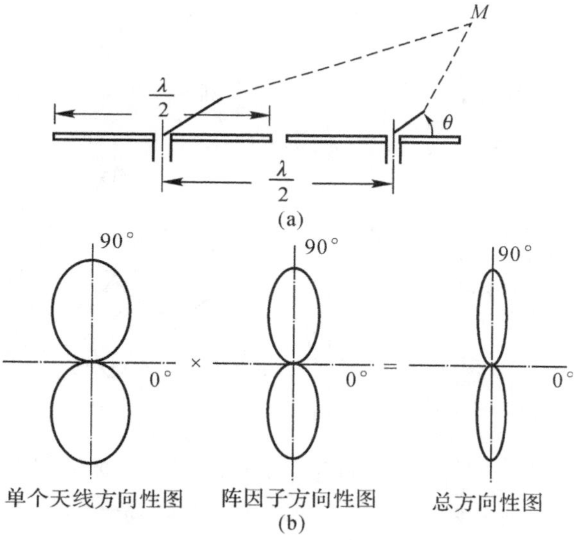

图 11.23　天线阵举例

(a) 二元天线阵；(b) 天线阵 E 面的方向性图

解　因天线元是半波对称振子，所以

$$f(\theta)=\frac{\cos\left(\frac{\pi}{2}\cos\theta\right)}{\sin\theta}$$

因为

$$d=\frac{\lambda}{2},\quad m=1,\quad \varphi=0$$

所以

$$f_A(\theta)=2\cos\left(\frac{\pi}{2}\cos\theta\right)$$

因此，天线阵的方向性函数为

$$f_{阵}(\theta)=f(\theta)f_{A}(\theta)=\frac{2\cos\left(\dfrac{\pi}{2}\cos\theta\right)}{\sin\theta}\cos\left(\frac{\pi}{2}\cos\theta\right)$$

归一化后

$$f_{阵}(\theta)=\frac{2\cos^{2}\left(\dfrac{\pi}{2}\cos\theta\right)}{\sin\theta}$$

按方向图乘积定理，天线阵的方向性图如图 11.23(b) 所示。

必须指出，在运用式(11.28) 计算阵因子时，要注意电流相位 φ 的正负。因为公式中 $(\varphi+\beta d\cos\theta)$ 是在图 11.22 所示的结构中，振子 2 比振子 1 的电流相位超前 φ 角时，则 φ 为正，振子 1 比振子 2 的电流相位超前 φ 角，则 φ 角用负的代入，即为$(\beta d\cos\theta-\varphi)$。

四、影响阵函数的因素

由式(11.28) 可知，阵函数 $f_{A}(\theta)$ 与间距 d、电流振幅比 m 及电流相位差 φ 有关，一般称之为影响阵函数的三要素。下面分别讨论。

1. 波程差的影响

有两个无方向性的天线元，按图 11.24(a) 所示排列，并有 $m=1,\varphi=0,d=\lambda/2$。

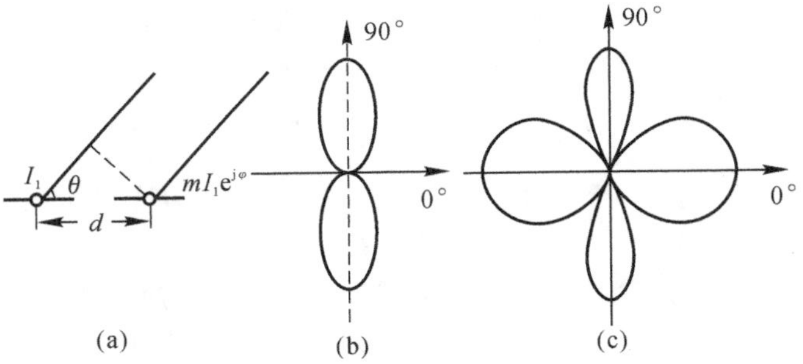

图 11.24 波程差对阵方向性的影响

(a) 二元天线阵； (b) $m=1,\varphi=0,d=\dfrac{\lambda}{2}$ 时的阵方向性图；

(c) $m=1,\varphi=0,d=\lambda$ 时的阵方向性图

由式(11.28) 可知：

$$f_{A}(\theta)=\sqrt{1+1+2\cos\left(\frac{2\pi}{\lambda}\cdot\frac{\lambda}{2}\cos\theta\right)}=2\cos\left(\frac{\pi}{2}\cos\theta\right)$$

按此方向性函数在极坐标纸上画出的方向性图如图 11.24(b) 所示。在 $\theta=0°,180°$ 的方向上，两天线元到观察点 M 的波程差为$\lambda/2$，它所引起的两线元的辐射场的相位差为$\dfrac{2\pi}{\lambda}\cdot\dfrac{\lambda}{2}=\pi$，故合成场为 0；在 $\theta=90°,270°$ 的方向上，两天线元到观察点无波程差，故两天线元的辐射场也无相位差，因此，合成场为单个天线元的两倍；在其他方向上的波程差介乎 0 与$\lambda/2$之间，故合成场介于 2 倍于单个天线元的辐射场与 0 之间。

因此，由于两个天线元到达观察点存在波程差 $d\cos\theta$，即在不同方向上的波程差不同，因而两天线元在不同方向上辐射场的相位差 $\beta d\cos\theta$ 也不相同，使合成场的大小不同。这样，尽管天线元是无方向性的，可天线阵却有了方向性。

若其他条件不变（$m=1,\varphi=0$），只是当 $d=\lambda$ 时，则阵函数为

$$f_A(\theta)=2\cos(\pi\cos\theta)$$

其方向性图如图 11.24(c) 所示。与 $d=\lambda/2$ 的方向图相比，差别很大。这是因为两天线元的距离 d 不同，故在同一方向上的波程差不同，因而合成场也就不会相等。例如，在 $\theta=0°\sim90°$ 的范围内，$d=\lambda/2$ 时，两天线元的辐射场的相位差由 $180°\sim0°$，合成场由 0 增至最大。而当 $d=\lambda$ 时，相位差由 $360°\sim0°$ 中间经过 $180°$，所以，合成场的最大值出现在 $\theta=0°,90°$ 的方向上，中间有个零值（可以算得，零值的方向为 $\theta=60°$）。显然，天线元的距离 d 影响了波程差，因而影响了天线阵的方向性。

2. 天线元电流相位差 φ 的影响

当二元天线阵如图 11.25(a) 所示排列，且有 $m=1,d=\dfrac{\lambda}{2},\varphi=180°$ 时，有

$$f_A(\theta)=\sqrt{1+m^2+2m\cos(\varphi-\beta d\cos\theta)}=2\sin\left(\frac{\pi}{2}\cos\theta\right)$$

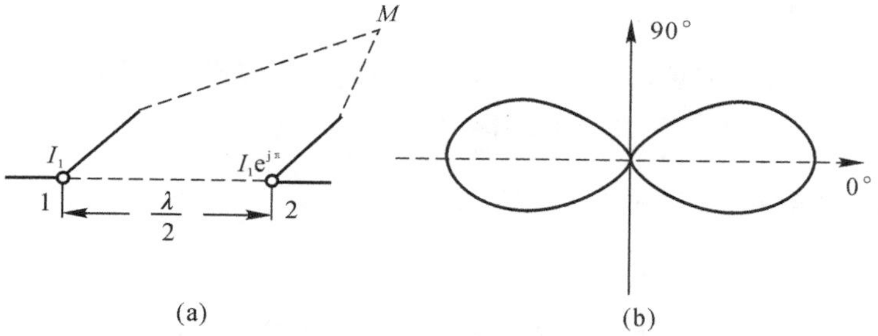

图 11.25　电流相位 φ 对阵方向性的影响
(a) 二元天线阵；(b) 阵方向性图

其方向性图如图 11.25 所示。由图 11.25(b) 可知，它的最大辐射方向和零辐射方向都转动了90°。这是因为，观察点辐射场的相位差不仅包括由波程差所引起的相位差，还要包括馈电电流的相位差。在 $\theta=90°,270°$ 的方向上虽无波程差，但天线元电流有180° 的相位差，故观察点的辐射场亦有180° 的相位差，于是合成场为 0；在 $\theta=0°,180°$ 的方向上，尽管由波程差引起的辐射场的相位差为180°，但天线上电流的相位差也是180°，故在 $\theta=0°$ 的方向上，天线 2 的辐射场比天线 1 的辐射场超前360°；而在180° 的方向上，相位差为 0°。因此，在 $\theta=0°,180°$ 的方向上有最强辐射。可见，馈电电流的相位会影响天线阵的方向性。但须注意，电流相位对阵方向性的影响是通过波程差而起作用的。如果没有随方向而变的波程差（如两个天线元放在一起），电流相位差是不会影响天线的方向性的。

3. 天线元电流的振幅对阵方向性的影响

设二元天线阵如图 11.26(a) 所示排列，且有 $d=\lambda/2,\varphi=180°,m=1/2$，则

$$f_A(\theta)=\sqrt{1.25+\cos(\pi+\pi\cos\theta)}=\sqrt{1.25-\cos(\pi\cos\theta)}$$

当 $\theta=0°,180°$ 时，有

$$f_A(\theta)=\sqrt{2.25}=1.5$$

当 $\theta=90°,270°$ 时，有

$$f_A(\theta)=\sqrt{0.25}=0.5$$

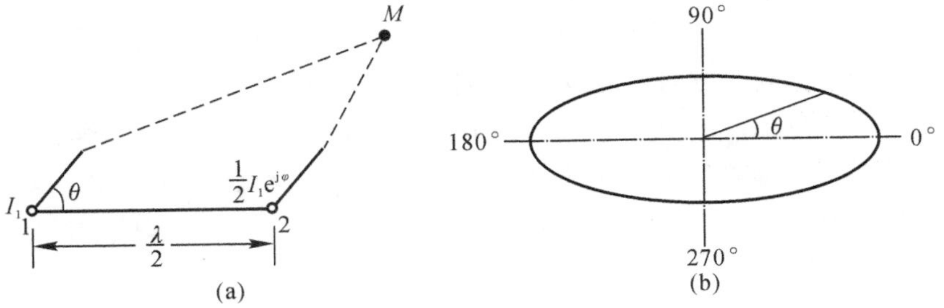

图 11.26　电流振幅对阵方向性的影响

(a) 二元天线阵；(b) 阵方向性图

其方向性图如图 11.26(b) 所示。由图 11.26(b) 知，它是个椭圆，没有零辐射方向。这是因为尽管在 $\theta=90°,270°$ 的方向上有相位差180°，但天线 2 的辐射场比天线 1 的小一半，不能完全抵消。

在上述影响天线阵方向性的三要素中，波程差是首要因素，天线上电流的相位差及振幅比对阵方向性的影响，都要通过波程差起作用。

五、多元直线天线阵

1. 多元直线天线阵的阵函数

有 n 个天线元，如图 11.27 所示排列，相距皆为 d，电流为 $I_2=I_1e^{j\varphi}$，$I_3=I_2e^{j\varphi}=I_1e^{j2\varphi}$，…，$I_n=I_{n-1}e^{j\varphi}=I_1e^{j(n-1)\varphi}$（即电流相位依次超前 φ 角）。如果天线元 l 在远区观察点时的辐射场为 E_1，那么天线元 2 在 M 点的辐射场 E_2 的相位要比 E_1 超前 $\psi=\beta d\cos\theta+\varphi$ 角，其中 $\beta d\cos\theta$ 是由波程差引起的，而 φ 是由电流相位引起的，即

$$E_2=E_1e^{j\psi}$$

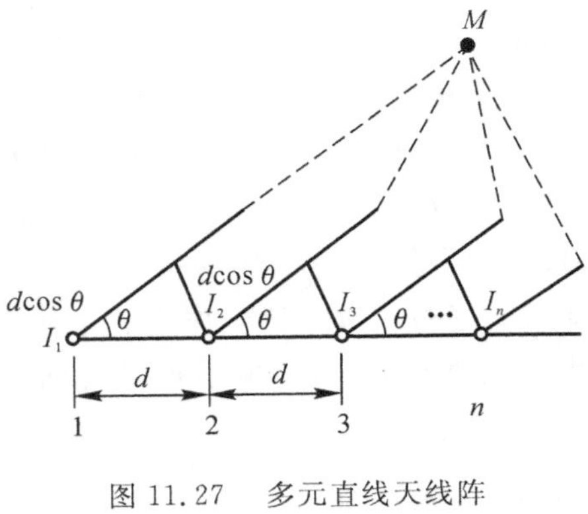

图 11.27　多元直线天线阵

同理

$$E_3 = E_2 e^{j\psi} = E_1 e^{j2\psi}$$
$$E_n = E_{n-1} e^{j\psi} = E_1 e^{j(n-1)\psi}$$

那么，在远区观察点 M 处的合成场为

$$E = E_1 + E_2 + E_3 + \cdots + E_n = E_0 \frac{\sin \frac{n\psi}{2}}{\sin \frac{\psi}{2}} \tag{11.30}$$

式中

$$E_0 = E_1 e^{j\frac{n-1}{2}\psi}$$

$$| E | = | E_0 | \frac{\sin \frac{n\psi}{2}}{\sin \frac{\psi}{2}} = | E_0 | f_A(\theta)$$

式中

$$f_A(\theta) = \frac{\sin \frac{n\psi}{2}}{\sin \frac{\psi}{2}} \tag{11.31}$$

就是该直线天线阵的阵函数，其中，

$$\psi = \beta d \cos\theta + \varphi$$

以 $\psi = 2K\pi(K = 0, \pm 1, \pm 2, \cdots)$ 代入式(11.31)，可求得阵函数的最大值，它为 n。

因此，阵函数的归一值得

$$F_A(\theta) = \frac{1}{n} \frac{\text{sh} \frac{n\psi}{2}}{\sin \frac{\psi}{2}} \tag{11.32}$$

2. 最强辐射方向问题

例 11.2　有一 n 元间距为 d 的直线天线阵，如图 11.27 所示。其电流分布为 $I_1, I_2 = I_2 e^{-j(\beta d - \pi)}, I_3 = I_2 e^{-j(\beta d - \pi)} = I_1 e^{-j2(\beta d - \pi)}, \cdots, I_n = I_1 e^{-j(n-1)(\beta d - \pi)}$，试求最强辐射方向 θ_m 与间距 d 之间的关系。

解　由题意知

$$\psi = -\beta d - \pi$$

则

$$\psi = \beta d \cos\theta + \varphi = \beta d \cos\theta - \beta d + \pi$$

前已分析，该直线阵的最强辐射方向应满足

$$\psi = 2K\pi, \quad K = 0, \pm 1, \pm 2, \cdots$$

即

$$\beta d \cos\theta_m - \beta d + \pi = 2K\pi$$

由此得

$$d = \frac{2K - 1}{\cos\theta_m - 1} \cdot \lambda / 2 \tag{11.33}$$

式中代入了$\beta=\frac{2\pi}{\lambda}$。

式(11.33)就是天线元间距d与最强辐射方向角θ_m的关系。式中K值的取法应注意两点:① 代入的K值应使计算结果有意义,例如间距d不能为负值;② 所取的K值应满足在某一方向有最强辐射的条件下而d值最小,以缩短天线阵的长度。

例如,要求在$\theta_m=72°$的方向上有最强辐射,那么,K值取"零"为宜。若K取正整数,d为负值,无意义;K取负整数,所得d值比K取"零"时为大,当然不好。因此,当$K=0$时

$$d=\frac{-1}{\cos 72°-1}\cdot\lambda/2=0.72\lambda$$

如果直线阵已经排好(即d已知),也可根据式(11.33)算出最强辐射方向θ_m来。

从最强辐射条件$\psi=\beta d\cos\theta_m+\varphi=0,2\pi,\cdots$还可知,如果天线元上的电流相位$\varphi$在$-\pi\sim\pi$之间(其他值也可划归在该范围中),则当$\varphi>0$时,$\cos\theta_m$应为负值,才能使$\psi=0$,$2\pi$,…,因而

$$\frac{\pi}{2}<\theta_m<\frac{3\pi}{2}\quad(\theta_m\text{ 在 Ⅱ,Ⅲ 象限})$$

当$\varphi=0$时,λ_g应为正值,才能使$\psi=0,2\pi,\cdots$,因而

$$-\frac{\pi}{2}<\theta_m<\frac{\pi}{2}\quad(\theta_m\text{ 在 Ⅰ,Ⅳ 象限})$$

由此得出一个重要结论:最强辐射方向始终是倒向天线元电流相位滞后的一方,如图11.28所示。

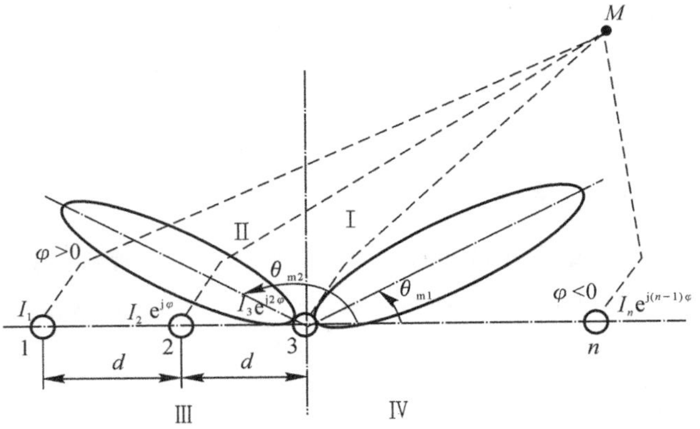

图 11.28 最强辐射方向始终是倒向天线元电流相位滞后的一方

上述结论可从图11.28看出:当$\theta_m<90°$时,天线元2与天线元1的波程差使天线元2的辐射场相位超前天线元1的辐射场相位,要使在该方向的辐射场同相叠加,必须使天线2的电流相位比天线元1的电流相位滞后才行;其他天线元依此类推。

上述讨论中,可以清楚地看到,只要将振子适当地排列起来(包括振子数目、振子长度、间距及排列方式等),通过改变电流的相位和振幅,就可以根据实际需要来控制天线阵的方向图,这就是相控阵天线的原理。在求天线阵的方向性图时,最关键的是求出阵函数。而阵函数取决于振子数目、振子间距及电流相位和振幅比等。它们其中之一有变化就有不同的

阵函数。由于阵函数可以看成是无方向性天线所组成的天线阵的方向性函数，所以，E 面和 H 面有相同的阵函数。然后，运用乘积原理就可得到所需的方向性图。

11.5　引向天线介绍

引向天线也称八木天线。它和阵列天线一样，是一种多振子天线。由于它结构简单，制造方便，成本低，方向性好，所以被广泛用于分米波雷达及米波通信和电视接收天线中。它的缺点是调整测试比较复杂，数学计算比较困难，且与实测相差较远，实际制作时，都是靠经验公式和实测。

一、引向天线的结构

引向天线的结构如图 11.29 所示。它由一个中心馈电的有源半波振子(或称主振子)，一个反射振子(也称反射器，稍长于 $\lambda/2$) 和若干个引向振子(也称引向器，稍短于 $\lambda/2$) 构成。主振子作为辐射体，用以辐射电磁波。反射振子和引向振子都是无源的，它们中点短路，不接电源，因此称为寄生振子。各振子间距一般小于 $\lambda/4$，所有振子都在一个平面内，互相平行，中点在一条连线上并固定在金属杆上。

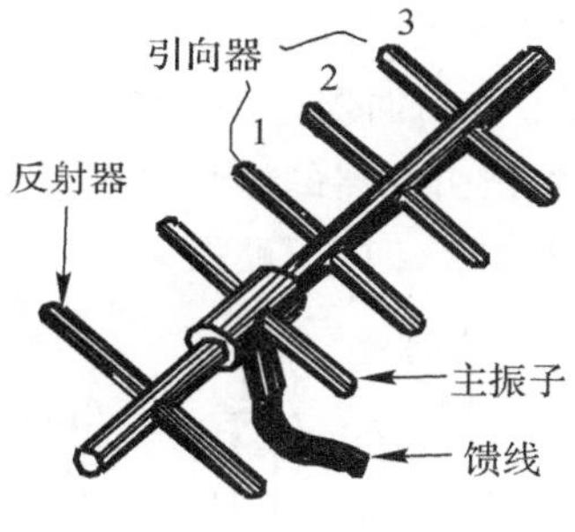

图 11.29　引向天线结构

辐射体辐射的电磁波，经反射器的反射和引向器的引导后，将沿引向器所在的一方传播。

二、引向天线定向辐射的基本原理

由前面天线阵的基本知识可知，有两个相距 $\lambda/4$ 的半波振子如图 11.30 所示排列，且两振子的电流振幅相等，振子 1 的电流相位超前振子 2 的电流相位$90°$，那么，天线阵的最大辐射方向是由振子 1 指向振子 2。这是因为振子 1 的电流超前$90°$，恰被 $d=\lambda/4$ 距离引起的相位滞后$90°$所抵消，使得辐射场在振子1向振子2的方向上同相叠加，故有最强辐射。在相反的方向上，振子 2 的辐射场除由于电流滞后所引起的相位滞后 $90°$ 以外，还有 $\lambda/4$ 的波程差所引起的相位滞后 $90°$，使得在该方向两振子的辐射场相互抵消，即是零辐射方向。在这种情况下，如果把振子 2 看成是主振子，那么振子 1 就相当于反射器，如果把振子 1 看成是主振子，那么振子 2 就是引向器。

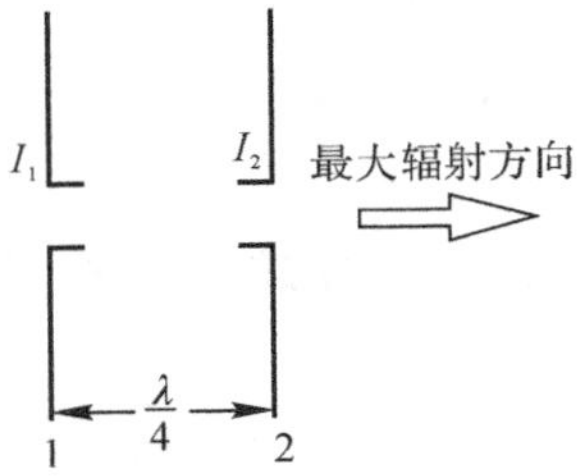

图 11.30　引向和反射原理

如果沿振子 1 到振子 2 的方向上有几个振子排列，其间距为 $\lambda/4$，电流相位依次滞后 90°，那么在该方向就获得最大辐射，相反的方向为零辐射。这就是引向天线的基本工作原理。

可是，在引向天线中，只有主振子馈电，其他振子都是无源的，怎么能得到引向器的引向，反射器的反射呢？这是因为，在有源振子的作用下，反射器和引向器上都要产生感应电流（正如天线接收电磁波一样），它们也会辐射电磁波，起到有源振子的作用。关键的问题是振子间距为 $\lambda/4$ 时，如何来实现各振子的电流相位差依次滞后90°？只要这点弄清了，一切问题就解决了。

现以三振子为例来说明引向天线的工作原理。振子 1 为主振子，其 $l_1=\lambda/4$，振子 2 为反射器，其 $l_2>\lambda/4$（稍大于），振子 3 为引向器，其 $l_3<\lambda/4$（稍小于），振子间距均为 $\lambda/4$，其结构如图 11.31 所示。这样，就可以把引向器的振子看作是小于 $\lambda/4$ 的开路线，其输入阻抗呈电容性；而反射器的振子看作是大于 $\lambda/4$ 的开路线，其输入阻抗呈电感性。

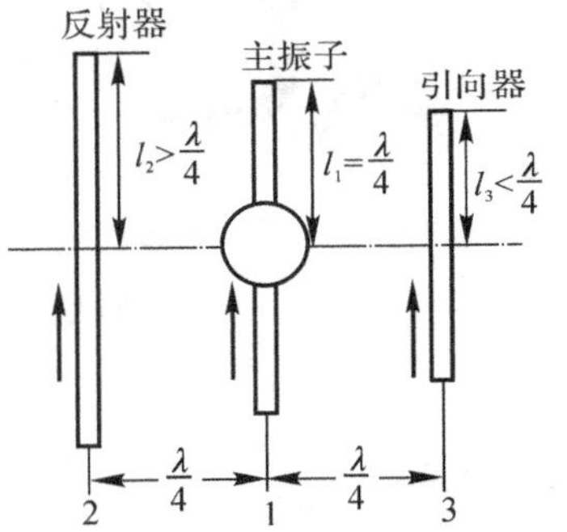

图 11.31　反射器和引向器应有的长度

当振子 1 上通上电流 I_1 时，由于各振子间的相互耦合作用，振子 2 和振子 3 上出现电流 I_2 和 I_3，由于各振子长度依次缩短，振子间距在 $\lambda/4$ 左右，可使 I_1、I_2、I_3 三者的相位依次滞后，三者的辐射场在引向器一方几乎同相叠加而加强。故最大辐射方向指向引向器的一方。而三者的辐射场在反射器一方有相互抵消作用，只形成弱辐射。下面说明：为什么最大辐射方向指向电流相位滞后一方。

如图 11.32 所示，虽然 I_1 超前 I_3 一定相位，但其辐射场 E_1 到 M 点要走 d_{13} 距离，因越远处的波相位越滞后，故 E_1 的相位要减去 d_{13} 引起的相位滞后量，基于原来的相位超前量减去此滞后量，于是 E_1 可正好和 E_3 在 M 点同相叠加。

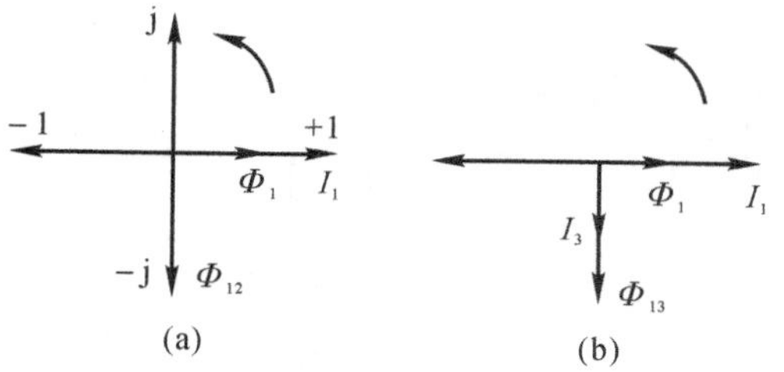

图 11.32　辐射体、反射器和引向器上电流的相位关系

类似分析，可知在长振子一方，各辐射场正好相互削弱。

由此得出结论：在各个振子的间距都在 $\lambda/4$ 的左右适当调节，只要反射器振子的长度稍大于 $\lambda/2$，引向器振子的长度稍小于 $\lambda/2$，这样的引向天线就能产生单方向的最大辐射。由一个有源振子，一个反射器和一个引向器振子构成的引向天线，其方向性系数一般可达 6。为了进一步提高方向性，可以使用多个引向器振子，一般为 5 ～ 8 个，最多不超过 12 个，这是因为再增加引向器振子，方向性提高并不多，反而使天线变得笨重。当引向器振子数目不小于 8 个时，其方向性系数可按 $D-5n$ 来近似估算，其波瓣宽度 $2\theta_{0.5}\approx\frac{180°}{n}$（$n$ 为振子数）。

上述为理想情况。若要考虑振子间的相互影响，在实际工作中，是通过实验来修正各个振子的长度以及振子间距，以获得较好的单方向最大辐射的。一般来说，有源振子的长度约为 $(0.47\sim0.49)\lambda$，反射器振子长度约为 $(0.49\sim0.52)\lambda$，它与主振子的距离约为 0.2λ；引向器振子长度约为 $(0.38\sim0.46)\lambda$，各引向器振子间距约为 $(0.32\sim0.39)\lambda$。

由于各振子长度及振子间距受到工作波长的严格限制，所以引向天线的工作波段很窄，所能容许的频率变化范围一般在 ±3% 以内。因为当工作频率改变时，各振子的长度和相互间距也应随之改变，否则会使天线的方向性以及天线与传输线的匹配状况变坏，所以在更换工作频率时，必须重新调整各振子的长度和间距。

由于各无源振子的中心点均为电压波节，所以可将它们的中心点都固定在一根金属杆上，而不需要绝缘。

三、引向天线的辐射体 —— 折合振子

引向天线的辐射体（主振子）大多采用折合振子，而较少用普通的半波对称振子。这是为什么呢？要弄清这个问题，首先要了解一下平衡馈电与阻抗匹配的问题。

1. 平衡馈电的概念

所谓平衡馈电就是考虑负载、传输线、电源三者与地之间的相对关系。这里主要讨论负载、传输线与地之间的关系。它可以分平衡的和不平衡的两种。

(1) 平衡的与不平衡的负载。所谓平衡的负载是指这样的负载：负载的中心接地，如图 11.33(a) 所示，或者负载两端到地的阻抗相等，如图 11.33(b) 所示。如果负载一端接地，那就是不平衡的负载，如图 11.33(c) 所示。可见，引向天线的主振子对馈线来说就是一个平

衡的负载。

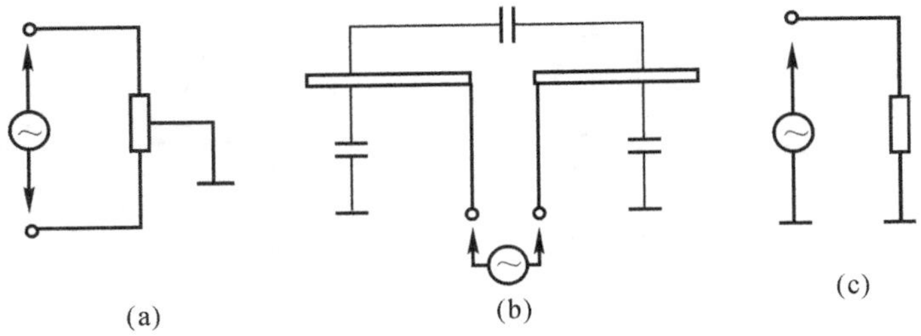

图 11.33　平衡的与不平衡的负载

(2) 平衡的与不平衡的传输线。所谓平衡的传输线，是指两导线到地的阻抗相等的平行传输线，如图 11.34(a) 所示。

同轴传输线一般外导体接地，因此是不平衡的传输线，如图 11.34(b) 所示。

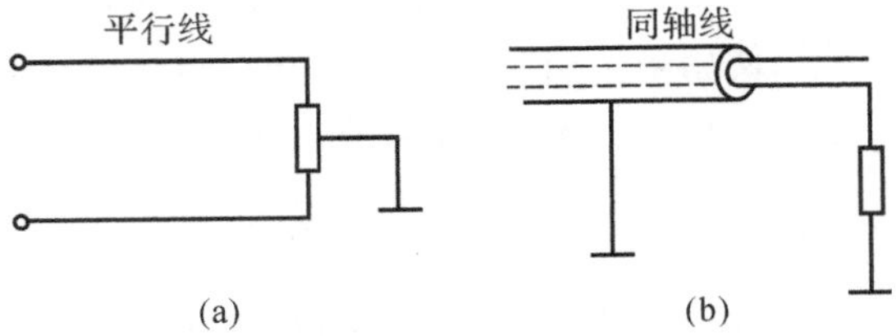

图 11.34　平衡的与不平衡的传输线

(3) 平衡馈电。所谓平衡馈电，是对平衡负载而言的，不论用什么传输线馈电，都要保证负载对地的平衡性。如果破坏了这种平衡性就称为不平衡馈电。因此，从平衡馈电的角度来讲，引向天线的对称振子最好采用平行双线来馈电，以保持负载的平衡性，保证天线正常工作。可是，对称振子的输入阻抗一般在 73 Ω 左右，而平行双线的阻抗一般在 200 ～ 650 Ω 之间。可见，它们之间若不采用匹配装置来进行连接，就会使馈线上产生很大的驻波，以至于无法进行能量传输。因此，在引向天线中，很少采用平行双线作为馈线。若用对地不平衡的同轴线作为对称振子的馈线，尽管它们的阻抗很接近，比较容易实现阻抗匹配，但却破坏了主振子两边与地之间的电容量平衡，如图 11.35 所示。可见，A 点的电流完全是经过对称振子的一臂与地所形成的电容 C 到地，而 B 点的电流则分为两支，一支沿同轴线外导体的外表到地，而另一支经对称振子的另一臂与地所形成的电容 C' 到地。因此，振子两臂上的电流数值将不相等，使得振子的方向性图发生畸变。此外，沿同轴线外导体的外部电流还会产生很大的外部辐射场，也会使振子的方向性图畸变，并增加了能量损耗。因此，若用同轴线馈电，必须采用对称转换装置，以解决平衡馈电问题。

2. $\lambda/2$ 平衡变换器(又名 U 形曲柄)

对称转换装置的形式很多，通常采用 $\lambda/2$ 平衡变换器，它的实际装置如图 11.36 所示，图中 R_{in} 表示对称振子的输入阻抗。

电波沿同轴线 A 传到 a 点后分成两部分：一部分供给图中负载的左边部分，另一部分再

经 $\lambda/2$ 同轴线段反相后到 b 点供给图中负载的右边部分。

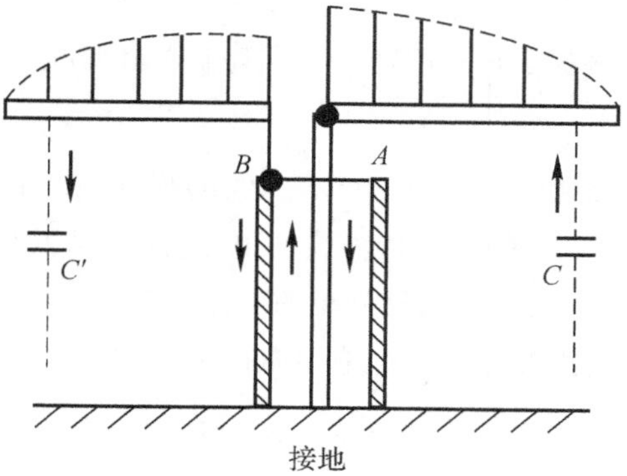

图 11.35　不对称馈电时振子电流分布图

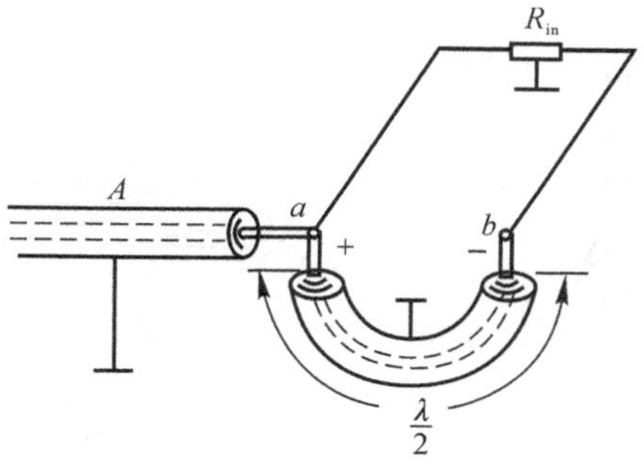

图 11.36　$\lambda/2$ 平衡变换器

由图可见，作用于负载两个部分的电源大小相等，相位相反，实现平衡馈电，负载能正常工作。可是这样一来，却使阻抗严重不匹配。为了使能量有效地送到天线负载上去，必须使同轴线 A 上得到完全的行波，负载 R_{in} 必须和同轴线的特性阻抗保持一定的关系。现将图 11.36 画成图 11.37(a) 所示的形式，图中 b 点到地的负载阻抗为 $R_{in}/2$，这阻抗经 $\lambda/2$ 同轴线转换到 a 点后仍等于 $R_{in}/2$，于是 a 点到地的总阻抗为 $R_{in}/4$[见图 11.37(b)]。为了阻抗匹配，必须使同轴线 A 的特性阻抗 z_c 等于这一阻抗 $R_{in}/4$，即等于天线输入电阻 R_{in} 的 1/4。

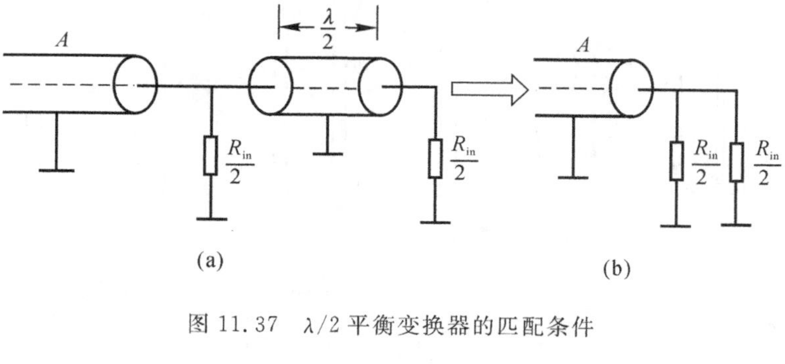

图 11.37　$\lambda/2$ 平衡变换器的匹配条件

正如前述，这个条件是满足不了的。因为R_{in}，一般为73 Ω，其1/4只有15～20 Ω左右，而同轴线的特性阻抗在50～150 Ω之间。因此，既要保证平衡馈电，又要实现阻抗匹配以提高天线馈电效率，就要设法将对称振子进行改造以提高其输入阻抗，这就是折合振子的由来。

3. 折合振子

折合振子的结构形状如图 11.38(a) 所示。它的形成可以由图 11.38(b) 来说明。图 11.38(a) 是终端短路、长为 $\lambda/2$ 的一段传输线的电流分布，从其中点向两边拉开，就形成了折合振子，原来反相分布的电流变成同相分布的电流，如图 11.38(b) 所示。当 $D \ll \lambda$ 时，对远区辐射场来说相当于电流为 $2I_0$ 的一个单半波振子。这样，它的辐射功率为

$$P_r = \frac{1}{2}(2I_0)^2 R_r$$

而输入功率为

$$P_{in} = \frac{1}{2} I_0^2 R_{in}$$

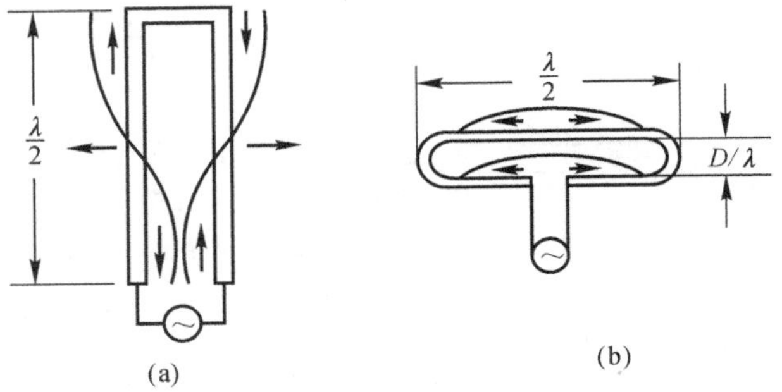

图 11.38　折合振子的形成

在无耗的情况下，辐射功率就是输入功率。因此不难看出，在折合振子的情况下，输入电阻 R_{in} 为辐射电阻 R_r 的 4 倍。而半波对称振子的输入电阻等于辐射电阻，当然折合振子的输入电阻也就是半波对称振子输入电阻的 4 倍，即 $4 \times 73 = 292$ Ω，有了这样的余量，在平衡馈电以及无源振子输入阻抗降低的情况下，仍可复与同轴线馈线有较好的匹配。

图 11.39 画出了三元和五元引向天线的尺寸，作为例子，可供参考。

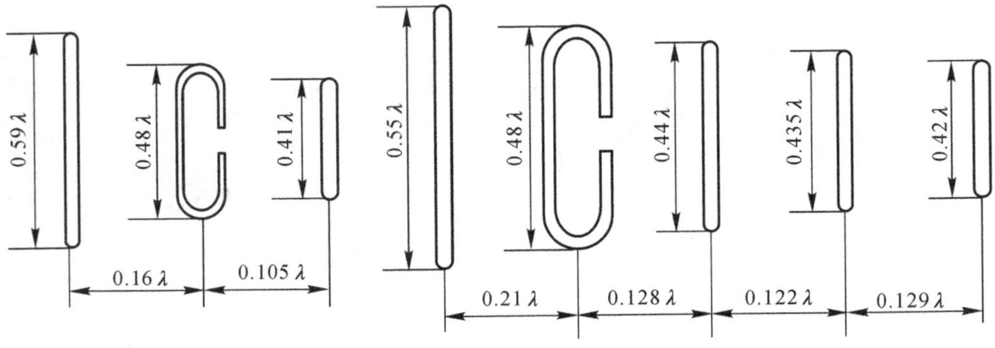

图 11.39　引向天线的参考尺寸

(a) 三元引向天线；(b) 五元引向天线

11.6　槽缝天线介绍

一、概述

在 4.1 节中曾指出，开在波导壁上的缝隙截断表面电流后，电流将沿缝隙的边缘流动，并在隙缝的两边形成电压，由电流和电压产生的交变电磁场，能够向空间辐射出去。带有这种隙缝的波导就称为隙缝辐射体，独立应用时就称为槽缝天线。

槽缝天线可以单独作为天线，也可以作为其他天线的馈源。槽缝天线的突出优点是它的结构简单，表面没有任何突出部分。因此，在近代高速飞行的物体上（例如导弹、飞机等）广泛采用槽缝天线，因为它不会给飞行体增加任何空气阻力。

由于槽缝的实际尺寸比波长要小，而且槽缝所在的金属表面上的电流分布会影响天线的辐射特性，以及槽缝上场的振幅和相位的变化规律，不取决于并有槽缝的波导（或同轴线）中的内场。所以，严格计算槽缝天线的辐射场是很困难的。这里采用理想半波槽缝天线和薄片半波振子的互补特性，再运用对称振子的辐射场来计算槽缝天线的辐射场。

二、理想半波槽缝天线与薄片半波振子的互补特性

在一个无限大、无限薄的理想导电平面上取出一块长度为 $L=k_1(S+\lambda)$，宽度为 $d(d\ll\lambda)$ 的薄片作为半波振子，称之为薄片半波振子。那么，在剩下的槽缝中间加上交变电动势，则此槽缝称为理想半波槽缝天线，如图 11.40 所示。

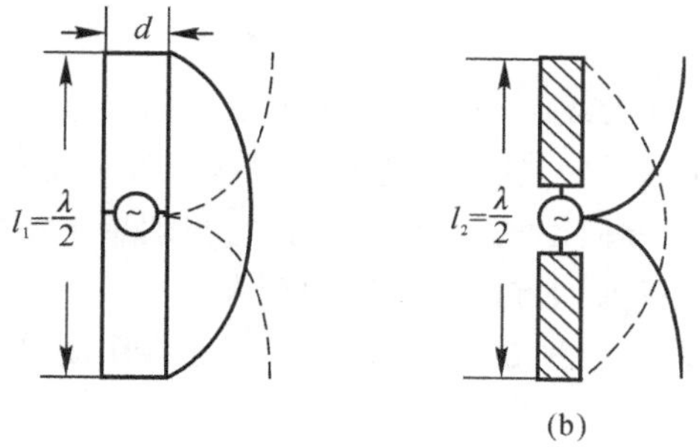

图 11.40　理想半波槽缝天线及薄片半波振子
(a) 理想半波糟缝天线；(b) 薄片半波对称振子

由图 11.40 可知，理想半波槽缝天线上的电流、电压分布与薄片半波对称振子上的电压、电流分布是分别对应的。也就是说，理想半波槽缝天线的电场辐射与薄片半波振子的磁场辐射相一致；理想半波糟缝天线的磁场辐射与薄片半波振子的电场辐射相一致，把这一特性称为互补特性。

三、槽缝天线的方向性图

由 11.3 节知，半波对称振子的方向性函数是

$$F_E(\theta)=\frac{\cos\left(\frac{\pi}{2}\cos\theta\right)}{\sin\theta}$$

$$F_H(\theta)=1$$

根据上述互补特性不难推知，半波对称振子的 $E(H)$ 面方向性函数就是理想半波槽缝天线的 $H(E)$ 面方向性函数。故半波槽缝天线的方向性函数为

$$F_H(\theta)=\frac{\cos\left(\frac{\pi}{2}\cos\theta\right)}{\sin\theta} \tag{11.34}$$

$$F_E(\theta)=1 \tag{11.35}$$

其方向性图如图 11.41 所示。

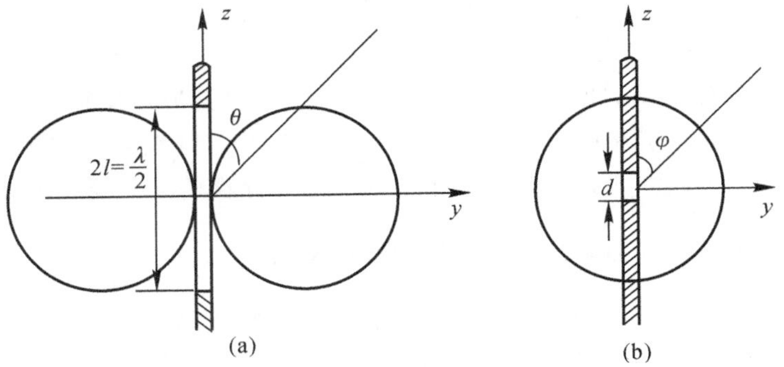

图 11.41　半波隙缝的方向性图

(a) H 面；(b) E 面

实际上，一般应用的槽缝天线不是开在一个无限大的导电平面上，而是开在波导或同轴线的外壁上，并且都是单向辐射的，这与理想半波槽缝天线的情况不同。图 11.42 画出了开在波导上的半波槽缝天线的方向性图。可以看出，它与理想半波槽缝天线的方向性图相比，H 面的方向性图区别不大，E 面的方向性则区别较大。

精确分析实际槽缝天线将遇到数学上的困难，一般都用测试方法绘制其方向性图。

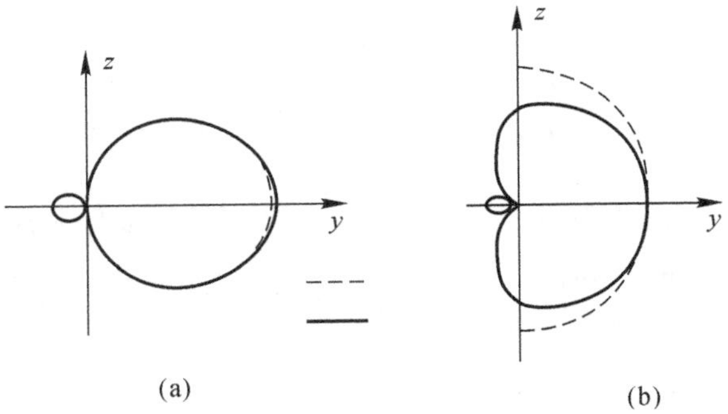

图 11.42　开在波导上的半波槽缝天线的方向性图

虚线为理想天线，实线为实际天线

(a) H 面；(b) E 面

11.7　螺旋天线介绍

在现代无线电技术中，为了传递不同信号，需要很宽的工作频率，一般天线难以胜任。此外，当地面发射天线辐射线极化波时，接收天线必须取一定方向时才能接收。但飞行器在不断运动，使得接收状态极不稳定，甚至有时收不到。为了解决以上问题，通常采用可以辐射圆极化波的宽频带的螺旋天线。

一、螺旋天线的几何参量和工作状态

1. 螺旋天线的结构和几何参量

螺旋天线是用导电性良好的金属做成的螺旋形结构，它通常由同轴线馈电。螺旋线一端接于同轴线的内导体，另一端悬空，处于自由状态（也可与同轴线外导体相连接）。同轴线的外导体则和金属圆盘（可以是平面的或抛物面的）相接，以加强正方向的辐射。图 11.43 为圆柱螺旋天线的结构示意图。其形状可以用如下的几何参量描述：d 为螺旋天线的轴线长度；D 为螺旋直径；L 为螺旋线一圈的周长；S 为螺距；Δ 为绕距角；n 为圈数。

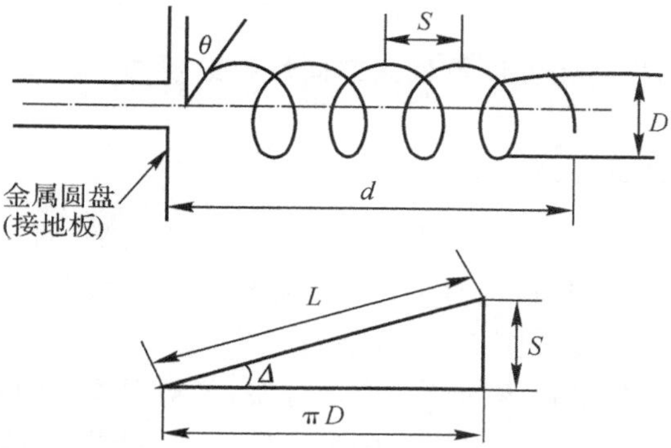

图 11.43　圆柱形螺旋天线及其几何参量

各参量之间有如下关系：

$$d = nS$$

$$L^2 = (\pi D)^2 + S^2$$

$$\Delta = \arctan \frac{S}{\pi D}$$

2. 螺旋天线的基本工作状态

轴向辐射的螺旋天线通常有许多圈。它的基本工作状态可以看作是边传输边辐射。由于沿螺旋线连续辐射结果，电流振幅逐渐减小。因此，入射波电流到达螺旋线终端时，其振幅已经很小，即反射波电流很小，故可以近似认为螺旋线上的电流为行波电流。它的辐射特性，在很大程度上取决于螺旋的直径与波长之比 D/λ。

(1) 当 $L \ll \lambda$ 时，可近似把螺旋天线视为一振子天线，在与螺旋天线轴线垂直的面上辐射最强，轴线上辐射为零称为边射型，如图 11.44(a) 所示。

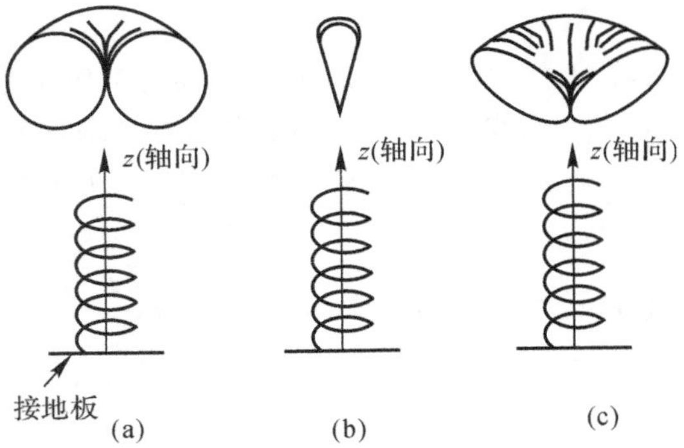

图 11.44　螺旋天线的辐射特性

(a) 边射型；(b) 端射型；(c) 圆锥型

(2) 当 $L=(0.8\sim1.4)\lambda$ 时，在螺旋天线的轴向最强，称为端射型，如图 11.44(b) 所示。

(3) 当 $L>1.4\lambda$ 时，螺旋天线最强辐射方向与螺旋天线轴线形成一个夹角 α，称为圆锥型，如图 11.44(c) 所示。

二、辐射圆极化波的尺寸条件以及最大方向性系数条件

1. 定向辐射圆极化波的原理

为便于分析，可把螺旋天线看作是由多个平面线圈组成的，每一线圈的周长 $l\approx\lambda$。由于螺旋线上传输的是行波，故在讨论时可把电流振幅近似视为沿线不变。所以，在不同瞬间螺旋线圈上的电场和电压分布如图 11.45 所示。

(1) 在 $t=t_0$ 瞬间，根据螺旋线圈上的电场分布，可将螺旋线的上、下半圈看成是两个水平放置的同相馈电的弧形半波振子。它们的最大辐射方向与螺旋线的轴线方向一致。且辐射的是水平极化波(即电场矢量与地面平行)。

(2) 在 $t=t_0+\dfrac{T}{4}$ 瞬间，螺旋线上的行波前进了相当于 $\lambda/4$ 的距离，此时，螺旋线的电场方向在空间旋转 90°。因此，可将螺旋线看成是两个垂直放置的弧形半波振子，其最大辐射方向不变，但辐射的是垂直极化波(即电场矢量垂直于大地平面)。

(3) 在 $t=t_0+\dfrac{T}{2}$ 瞬间，根据上述道理，螺旋线圈又将辐射水平极化波，但电场方向和 $t=t_0$ 时的电场方向相反。

由此可见，螺旋线上电场的方向随着行波的前进而连续不断地改变，每隔 $T/4$ 旋转 90°。因此，螺旋天线辐射的电磁波是电场矢量作圆周旋转的圆极化波。

圆极化波的旋转方向和螺旋线的旋转方向相同。如果螺旋线是左旋的(即伸开左手，大拇指代表螺旋线的轴向，四指绕向为螺旋线的旋转方向)，就辐射左旋圆极化波。反之，辐射右旋圆极化波。

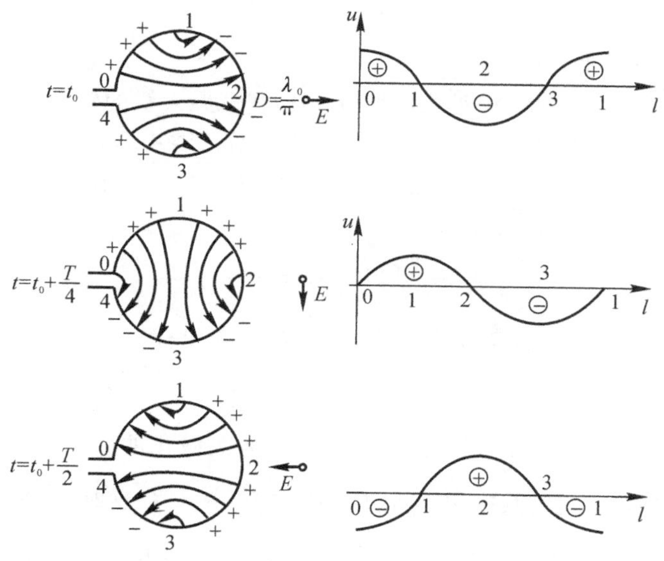

(a)　　　　(b)

图 11.45　圆极化波形成原理示意

2. 辐射圆极化波的条件

由上述定性分析可知，在平面线圈的情况下，辐射圆极化波的条件是

$$L=\lambda$$

但实际上，螺旋天线的线圈不在一个平面上（即螺距不为零），因此，它会带来相位差。如果选择螺距 S 和线圈的直径，使得由两个相邻线圈产生的电场之间的相位差为 $\psi=2\pi$，则在螺旋天线的轴向（z 向）会得到圆极化波。即

$$\psi=\frac{2\pi}{\lambda_g}L-\frac{2\pi}{\lambda}S=2\pi$$

式中，$\frac{2\pi}{\lambda}S$ 为相邻两圈对应点 1 和 $1'$ 在轴向的空间波程差引起的相位差，如图 11.46 所示。$\frac{2\pi}{\lambda_g}L$ 为 1 和 $1'$ 两点的电流相位差。λ_g 为电流在螺旋线中传播的波长：$\lambda_g=\frac{c}{f}\cdot\frac{v}{c}=\lambda k_1$（$v$ 是电流沿螺旋线传输的速度，c 为电磁波的传播速度，$k_1=\frac{v}{c}$，通常 $k_1=0.7$ 左右）。这样

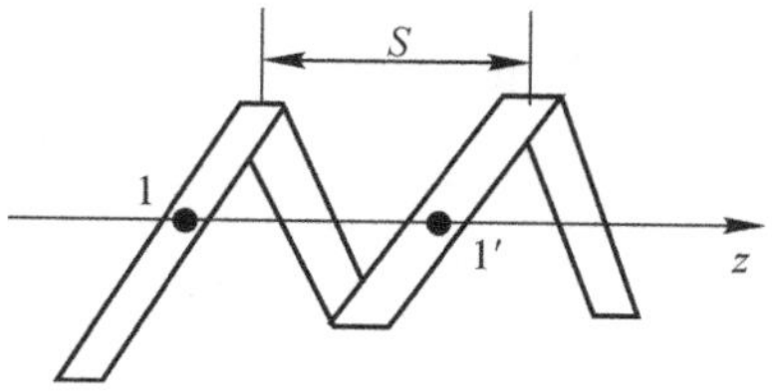

图 11.46　轴向空间的波程差示意图

$$\psi=\frac{2\pi}{\lambda}\left(\frac{L}{k_1}-S\right)=2\pi \tag{11.36}$$

螺旋线是一圈圈连续的，相邻两圈的相位差就是单圈的起始端与该圈的终端的相位差。由式(11.36)可以解出辐射圆极化波时螺旋线中每圈的尺寸关系：

$$L=k_1(S+\lambda) \tag{11.37}$$

实验表明，k_1 值随 λ 的增加而减小，因此，式(11.37)在很宽的频率范围内得到满足，故

螺旋天线具有宽频带特性。

3. 最大方向性系数条件

理论分析和实际都表明，当满足式(11.37)时，在螺旋天线的轴向是不能保证得到最大方向性系数的。得到最大方向性系数的条件是：在螺旋天线中，始端的一圈和终端的一圈在天线轴向的辐射场的相位差为 π。因此，为保证螺旋天线在轴向有最大的方向性系数，相邻两圈的相位差应为

$$\psi_{最佳} = \frac{2\pi}{2}\left(\frac{L}{k_1} - S\right) = 2\pi + \frac{\pi}{n} \tag{11.38}$$

由此式可得满足最大方向性系数的单圈螺旋线的尺寸关系：

$$L = k_1\left(\lambda + S + \frac{\lambda}{2n}\right) \tag{11.39}$$

满足了式(11.38)或式(11.39)，就与在轴向产生圆极化波的条件相矛盾，即此时在轴向为椭圆极化波。但是，当圈数很多(n 很大)时，使得 $\frac{1}{2n} \ll 1$，这时，圆极化波的条件与最大方向性系数的条件相差不大，故在天线轴向可以获得近于圆极化波的辐射场。

三、螺旋天线的方向性图

螺旋天线可认为是由单圈螺旋为天线元的直线天线阵，如图 11.47 所示。根据阵列天线的方向图乘积定理，在 xOz 面的方向性函数应为

$$F_\varphi(\varphi) = f_1(\varphi) f_A(\varphi)$$
$$F_\theta(\varphi) = f_2(\varphi) - f_A(\varphi)$$

式中：$f_1(\varphi)$ 为单圈螺旋在 xOz 面上的 E_φ 的方向性函数；$f_2(\varphi)$ 为单圈螺旋在 xOz 面上 E_θ 的方向性函数；$f_A(\varphi)$ 为天线阵因子。由式(11.31)可知

$$f_A(\varphi) = \frac{\sin\frac{n\psi}{2}}{\sin\frac{\psi}{2}}$$

在螺旋天线中，有

$$\psi = \frac{2\pi}{\lambda}\left(\frac{L}{k_1} - S\cos\varphi\right) \tag{11.40}$$

E_θ 和 E_φ 如图 11.48 所示。

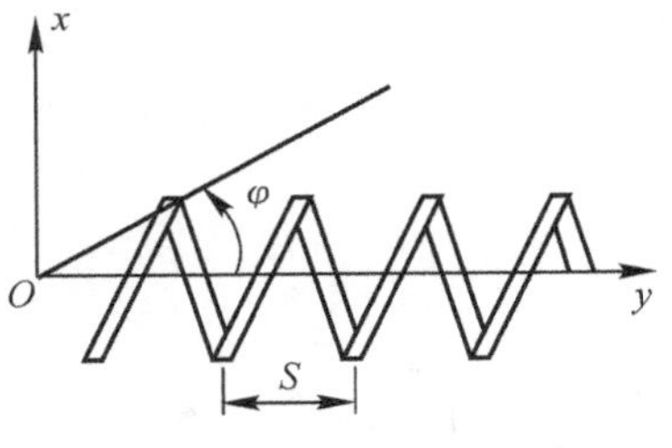

图 11.47　螺旋天线等效成均匀直线阵

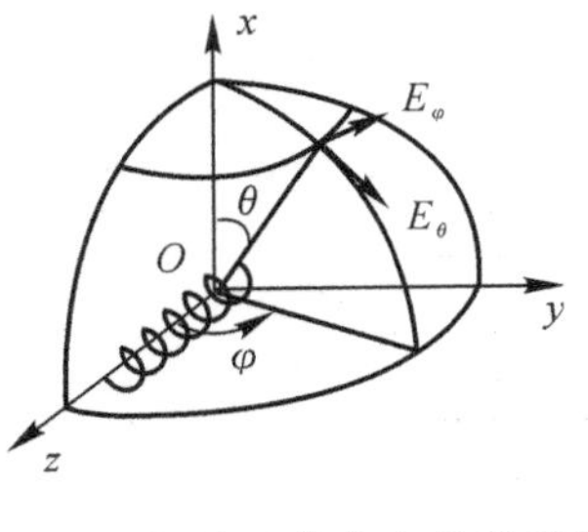

图 11.48　螺旋天线的电场强度分量

单圈螺旋在 xOz 面内 E_θ 和 E_φ 的方向性图如图 11.49 所示。它是根据计算出来的

$f_1(\varphi)$ 和 $f_2(\varphi)$ 绘制的(过程从略)。

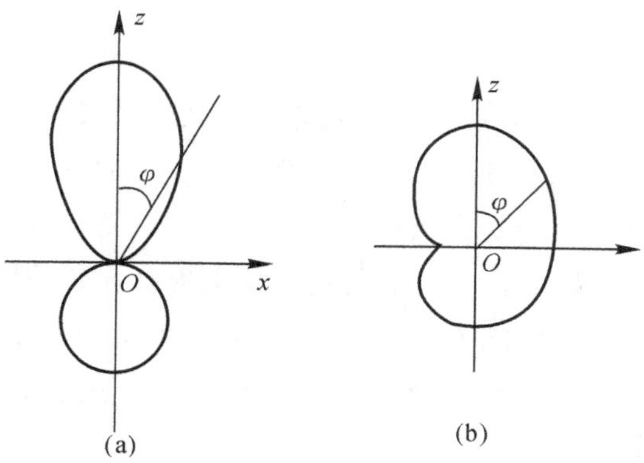

图 11.49　由计算所得的单圈螺旋在 xOy 面内的方向性图

(a)E_θ 面；(b)E_φ 面

四、螺旋天线的几个经验公式

经过多次实验，当 $\Delta = 12° \sim 16°$，$n > 3$ 时，下列经验公式在工程设计中是符合要求的：

(1) 方向性系数

$$D = 12\,(l/\lambda)^2\,\frac{nS}{\lambda} \tag{11.41}$$

(2) 半功率波瓣宽度

$$2\varphi_{0.5} = \frac{52}{l/\lambda\sqrt{\dfrac{nS}{\lambda}}}(°) \tag{11.42}$$

(3) 方向性图主瓣第一对零点(最小值)间的宽度

$$2\varphi_0 = \frac{115}{l/\lambda\sqrt{\dfrac{nS}{\lambda}}}(°) \tag{11.43}$$

(4) 天线的输入阻抗

$$Z_{\text{in}} \approx R_{\text{in}} \approx 140l/\lambda\ (\Omega) \tag{11.44}$$

综上所述，螺旋天线的特点是：① 辐射圆极化波；② 轴向辐射；③ 输入阻抗为纯电阻；④ 宽频带。

螺旋天线可以单独使用，也可组成螺旋天线阵。在一些场合也用它作为抛物面天线的馈源。

11.8　面天线的基本知识

前面所讨论的各种天线的基本工作原理及其特性，都是用线天线的理论分析的。但专业上还用到其他一些微波天线，它们不能用上述方法分析，而需用面天线的基本理论来分析，如喇叭天线、抛物面天线等。因此，对它们有必要再作一些介绍。

一、面天线的基本概念

前面讲的振子天线、天线阵及射引向天线等都可认为是线天线。其特点是：① 都有一个或多个振子，而且是离散的；② 其辐射场的场源是振子上的分布电流；③ 其辐射的计算都离不开电基本振子的辐射场。这种线天线是满足不了现代无线电所要求的高方向性的，如制导雷达要求 H 面上的波瓣宽度为 2°，有的雷达要求更高。若采用线天线，则要求天线元的个数增加很多，这不但使天线结构复杂而笨重，而且使馈电系统非常复杂，甚至无法实现。此外，随着频率的提高，要求振子全长为 1.5 cm。如此小的尺寸，很难保证制造精度。为此，人们研制了面天线。

所谓面天线，就是辐射场的场源不再是离散的，而是一个特定形状的口径面上连续分布的电磁场。凡是这种天线均称之为面天线。根据口径面的形状，可分为喇叭（矩形或圆形）天线、抛物面天线等，如图 11.50 所示。

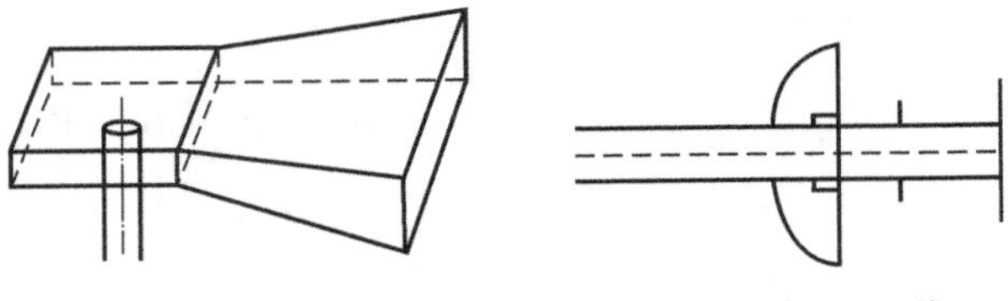

图 11.50　面天线结构示意

既然辐射场的场源不同，求解辐射场的方法当然也就不同。求解面天线将采用惠更斯原理。

二、惠更斯原理及平面口径的辐射场

惠更斯原理指出：在波的传播过程中，任一等相位面上的每一点都可看作是一个新的波源，它们发出子波。空间某点 M 的波动强度就是这些子波在该点的叠加，如图 11.51 所示。这样，就把面天线口径面上连续分布的电磁场看作是新的场源，而空间某点的辐射场就是这个新场源所辐射的子波在该点的叠加。

由此可见，不论是线天线还是面天线，空间任一点的辐射场是各场源辐射的叠加，且它们的方向性都取决于场源的分布规律及其波程差。它们的不同点在于：① 线天线的场源是离散的，故辐射场的叠加是用多项求和的方法；而面天线的场源是连续的，则只能用积分的方法。② 影响线天线辐射场的因素是线上电流的振幅和相位以及振子的结构和排列；而影响面天线辐射场的因素是口径面上的电场和磁场的分布以及口径面的大小和形状。电场分布可视为槽缝，磁场分布可视为电基本振子。因此，一面元的辐射场可看作是槽缝和电基本振子辐射场的叠加，整个面天线的辐射场就是这些面元辐射场的面积分。由于数学推导复杂，这里只给出结果。

设某天线的口径面上的电、磁场分布为 $E_y(x_s, y_s)$，$H_x(x_s, y_s)$，如图 11.52 所示。那么，在空间某点 $M(r_0, \theta, \varphi)$ 的辐射场为

$$E(\theta,\varphi)=\mathrm{j}\,\frac{1+\cos\theta}{2\lambda r_0}\mathrm{e}^{-\mathrm{j}\beta r_0}\times\iint_S E_y(x_s,y_s)\,\mathrm{e}^{\mathrm{j}\beta(x_s\sin\theta\cos\varphi+y_s\sin\theta\sin\varphi)}\,\mathrm{d}x_s\,\mathrm{d}y_s \tag{11.45}$$

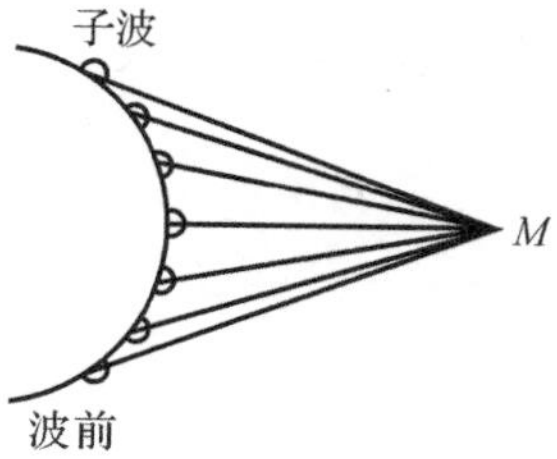

图 11.51　惠更斯原理

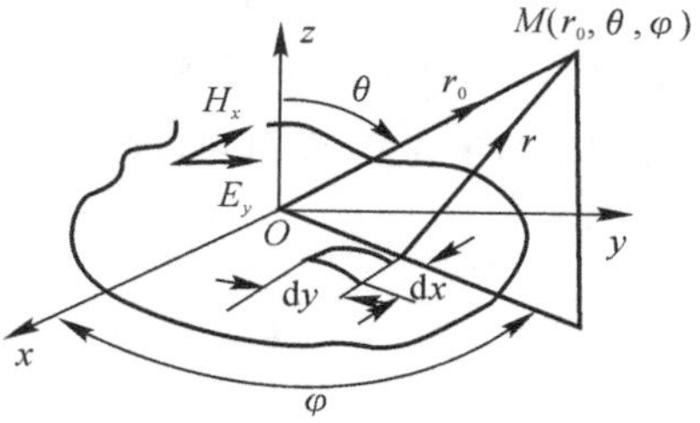

图 11.52　任意平面口径的辐射场

三、口径场的振幅分布对辐射场的影响

1. 矩形口径

(1) 辐射场。长、宽分别为 D_x、D_y，面积为 $A=D_xD_y$ 的矩形口径如图 11.53 所示。

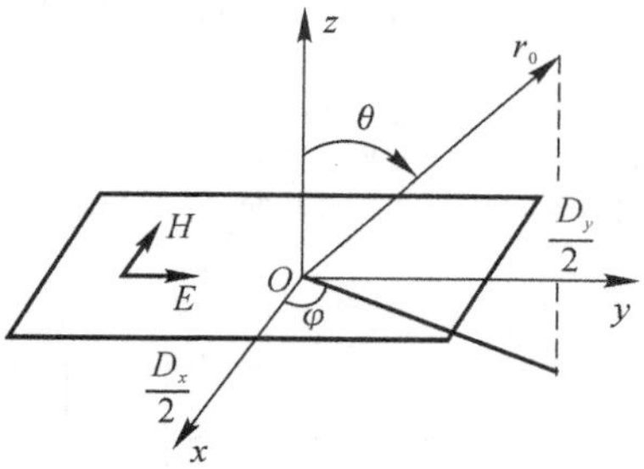

图 11.53　矩形口径

先讨论口径场振幅为均匀分布，即 $E_y=E_0=$ 常数的情况。这是理想分布，虽然并不存在，但可作为评价实际天线的标准。

将 $E_y=E_0$ 代入式(11.45)，可以求得($\varphi=0°$)H 面和 E 面的辐射场为

对于 H 面($\varphi=0°$)，有

$$E_{\mathrm{H}}=\mathrm{j}\,\frac{1+\cos\theta}{2\lambda r_0}AE_0\,\mathrm{e}^{-\mathrm{j}\beta r_0}\,\frac{\sin u_x}{u_x} \tag{11.46}$$

式中

$$u_x=\frac{\pi D_x}{\lambda}\sin\theta \tag{11.47}$$

对于 E 面($\varphi=90°$)，有

$$E_{\mathrm{E}}=\mathrm{j}\,\frac{1+\cos\theta}{2\lambda r_0}AE_0\,\mathrm{e}^{-\mathrm{j}\beta r_0}\,\frac{\sin u_y}{u_y} \tag{11.48}$$

式中

$$u_y = \frac{\pi D_y}{\lambda}\sin\theta \tag{11.49}$$

由式(11.46)和式(11.48)可知:① 在特定面上的方向性,仅取决于在这个面上的口径尺寸。例如,在 H 面(即 xOz 面)上,方向性取决于 D_x,而与 D_y 无关;在 E 面(xOz 面)上,方向性仅取决于 D_y,而与 D_x 无关;② D_x,D_y 的大小还决定着辐射场振幅的大小;③ E 面和 H 面上的方向性函数的形式相同,即

$$F(\theta) = \frac{1+\cos\theta}{2}\frac{\sin u}{u} \tag{11.50}$$

式中

$$u = \frac{\pi D}{\lambda}\sin\theta \tag{11.51}$$

这里的 D 代表 D_x 或 D_y。

(2) 方向性函数。式(11.50)表征了面天线的辐射场随 θ 角变化的情况,故称它为方向性函数。一般情况下,面天线均有 $D \gg \lambda$,所以式(11.50)中的 $\frac{\sin u}{R}$ 随 θ 角的变化比 $\frac{1+\cos\theta}{2}$ 随 θ 角的变化快得多,故在讨论面天线的主瓣和其附近方向性图时,可以近似认为 $\frac{1+\cos\theta}{2} \approx 1$,即认为基本面元的方向性对整个天线的方向性的影响很小。这时

$$F(\theta) = \frac{\sin u}{u} \tag{11.52}$$

在直角坐标系中,$F(\theta)-u$ 的曲线如图 11.54 所示。

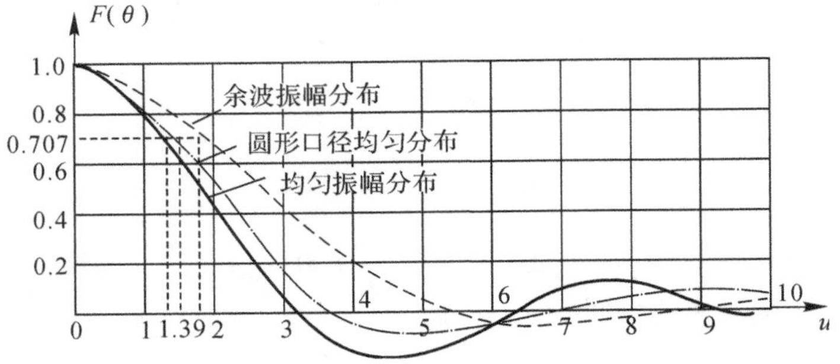

图 11.54 $F(\theta)-u$ 曲线图

(3) 主瓣宽度。主瓣宽度,即半功率波瓣宽度是指 $2\theta_{0.5}$,它对应于 $F(2\theta_{0.5})=0.707$ 时的 $2\theta_{0.5}$ 的值。因为图 11.54 只画出了 $0°\sim180°$ 内的 $F(\theta)$,由曲线查得,当 $F(\theta_{0.5})=0.707$ 时,所对应的 u 为 1.39,即

$$u = \frac{\pi D}{\lambda}\sin(\theta_{0.5}) = 1.39$$

当 $D \gg \lambda$ 时,辐射场的能量比较集中,故 $\theta_{0.5}$ 很小,故有 $\sin\theta_{0.5} \approx \theta_{0.5}$,由此可得主瓣宽

度

$$2\theta_{0.5}=2\times\frac{1.39}{3.14}\times\frac{\lambda}{D}=0.886\,\frac{\lambda}{D}\ (\text{rad})=51\,\frac{\lambda}{D}(^\circ)$$

对于 E 面

$$(2\theta_{0.5})_E=51\,\frac{\lambda}{D_y}(^\circ) \tag{11.53}$$

对于 H 面

$$(2\theta_{0.5})_H=51\,\frac{\lambda}{D_x}(^\circ) \tag{11.54}$$

由式(11.53)和式(11.54)可知，在一个平面内的方向性图的主瓣宽度，随着该平面内口径尺寸的增加而变小，却随着天线口径的增大，方向性图变得尖锐。

(4) 副瓣最大值及其方向。由式(11.50)可知，天线副瓣最大值近似地出现在 $\sin u_k\approx 1(u_k=0)$ 处，即

$$u_k=\frac{\pi D}{\lambda}\sin\theta_k=\frac{2k+1}{2}\pi,\quad k=1,2,3 \tag{11.55}$$

把 $\sin u_k\approx 1$ 和式(11.55)代入式(11.50)，得

$$F(\theta_k)=\frac{\sin u_k}{u_k}=\frac{2}{(2k+1)\pi}$$

则第 k 个副瓣电平的归一值为

$$E_k=\frac{F(\theta_k)}{F(0)}=\frac{\dfrac{2}{(2k+1)\pi}}{1}=\frac{2}{(2k+1)\pi} \tag{11.56}$$

例如，第一个副瓣电平

$$E_1=\frac{2}{(2+1)\pi}=\frac{2}{3\pi}=0.212$$

即

$$20\lg 0.212=-13.5\ \text{dB}$$

根据式(11.55)，就可求得出现副瓣最大值的方向，即

$$\frac{\pi D}{\lambda}\sin\theta_k=\frac{2k+1}{2}\pi$$

$$\theta_k=\arcsin\frac{(2k+1)\lambda}{2D},\quad k=1,2,3 \tag{11.57}$$

根据图 11.54 的曲线，可以直接查曲线求出副瓣最大值及其方向。如求第一个副瓣最大值，查得 $u_K=4.71$，则

$$|F(\theta_k)|=\frac{\sin u_k}{u_k}=\frac{\sin 4.71}{4.71}=0.212$$

则第一个副瓣电平最大值为

$$E_1=\frac{|F(\theta_k)|}{F(0)}=0.212$$

已知 u_k 就可求得 θ_k。

由此可见，将不同的 K 值代入式(11.56)和式(11.57)或查图 11.54 的曲线，就可求得相应的副瓣最大值及其方向。

(5) 最大方向性系数(增益系数)。如前所述，增益系数 $G=\eta_A D$。在面天线中，$\eta_A\approx 1$，故 $G\approx D$。由式(11.5)

$$G\approx D=\left.\frac{S_{定}}{S_{无}}\right|_{P_r 相等}$$

若求面天线轴线上的最大增益，则

$$S_{定}=\frac{E^2(0,0)}{120\pi}$$

将式(11.46)代入上式得

$$S_{定}=\frac{\lambda^2}{120\pi}\frac{E_0^2}{\lambda^2 r_0^2}$$

而 $S_{无}=\dfrac{P_r}{4\pi r_0^2}$，其中 P_r 为面天线的辐射功率，它是由面天线后面的馈源送来的，均匀地通过口径面，故有

$$P_r=\frac{1}{120\pi}\iint_S E_y^2 \mathrm{d}S=\frac{AE_0^2}{120\pi}$$

因而

$$S_{无}=\frac{P_r}{4\pi r_0^2}=\frac{A}{120\pi}\frac{E_0^2}{4\pi r_0^2}$$

$S_{无}$，$S_{定}$ 代入式(11.5)，即得

$$G=\frac{4\pi A}{\lambda^2} \tag{11.58}$$

理论证明，所有面天线的增益系数都可用类似于式(11.58)的形式表示，即

$$G=\frac{4\pi A}{\lambda^2}v \tag{11.59}$$

其中，$v=\lambda^2 G/4\pi A$ 称为天线口径面积利用系数(也称天线口径效率)。

比较式(11.58)与式(11.59)，不难看出，当口径场均匀分布时，面天线的口径面积利用系数为 $v=1$。一般情况下，v 都小于 1。

当矩形口径面的场不是均匀分布时，求辐射场的步骤与上述相同，只是被积函数中 $E_y(x_s,y_s)$ 的形式不同而已，过程从略，只给出各种不同的 $E_y(x_s,y_s)$ 分布时的计算结果，列于表 11.1 中。其中，u 仍与均匀分布时的意义相同，即

$$u=\frac{\pi D}{\lambda}\sin\theta=\frac{\beta D}{2}\sin\theta$$

表中除给出了半功率波瓣宽度外，还列出了 0.1 功率波瓣宽度，也称 10 dB 宽度，它是对应电场值下降到最大值的 0.316 倍(功率为 0.1 倍)时所对应的波瓣宽度。

表 11.1　矩形口径的几种典型幅度分布时的辐射特性

口径面幅度分布函数	零点宽度	半功率宽度	10 dB 宽度	$K_k=\frac{E_{K最大}}{E_{0最大}}$	第一旁瓣电平	面积利用系数	方向性函数
$E=E_0$ （均匀分布）	$\frac{2\lambda}{D}$	$0.88\frac{\lambda}{D}$	$\arcsin\frac{1.77\lambda}{D}$	$2/(2K+1)\pi$ $(K=1,2,\cdots)$	−13.5	1	$\frac{\sin u}{u}$
$E=\left[1-4(1-\Delta)\left(\frac{x^2}{D}\right)\right]E_0$ $\Delta=0.8$ $\Delta=0.5$ $\Delta=0$	$1.062\lambda/D$ $1.142\lambda/D$ $1.432\lambda/D$	$0.92\lambda/D$ $0.97\lambda/D$ $1.915\lambda/D$			−15.8 −17.1 −20.0	0.994 0.97 0.833	$\frac{\sin u}{u}+(1+\Delta)\frac{\partial^2}{\partial u^2}\left(\frac{\sin u}{u}\right)$
$E=E_0\cos\frac{\pi x}{D}$ （余弦分布）	$\frac{1.5\lambda}{D}$	$1.18\frac{\lambda}{D}$	$\arcsin\frac{2.04\lambda}{D}$	$1/[(2K+1)^2-1]$ $(K=1,2,\cdots)$	−23.0	0.81	$\frac{\pi}{4}\frac{\cos u}{\frac{\pi^2}{4}-u^2}$
$E=E_0\cos^2\frac{\pi x}{D}$ （余弦平方分布）	$\frac{2\lambda}{D}$	$1.45\frac{\lambda}{D}$	$\arcsin\frac{2.5\lambda}{D}$		−31.5	0.67	$\frac{\pi^2}{\pi^2-u^2}\frac{\sin u}{u}$
$E=E_0\cos^3\frac{\pi x}{D}$ （余弦立方分布）	$\frac{2.5\lambda}{D}$	$1.66\frac{\lambda}{D}$	$\arcsin\frac{1.92\lambda}{D}$		−40.0	0.58	$\frac{\pi^4\cos u}{(4u^2-\pi^2)\left(\frac{4}{9}u^2-\pi^2\right)}$
$E=E_0\left\|\sin\frac{2\pi x}{D}\right\|$ （正弦分布）	$\sin^{-1}\frac{2\lambda}{D}$	$0.936\frac{\lambda}{D}$	$\arcsin\frac{1.76\lambda}{D}$		−7.9	0.81	$\frac{1}{2}\frac{1+\cos u}{1-\left(\frac{u}{\pi}\right)^2}$

表 11.1 所示的口径场分布，是假设在一个方向上是均匀分布的，这与大多数实际情况相符。如果两个方向上都是不均匀分布，则可按各自的分布查出其参量。这时的天线面积利用系数，应为两个方向面积利用系数的乘积。

由表 11.1 可清楚看出：振幅分布越不均匀，主瓣就越宽，副瓣电平减小，增益(或天线口径面积利用系数）减小。

2. 圆形口径

在实际应用中，经常遇到如图 11.55 所示的圆形口径天线。分析这种口径采用圆柱坐标系比较方便。

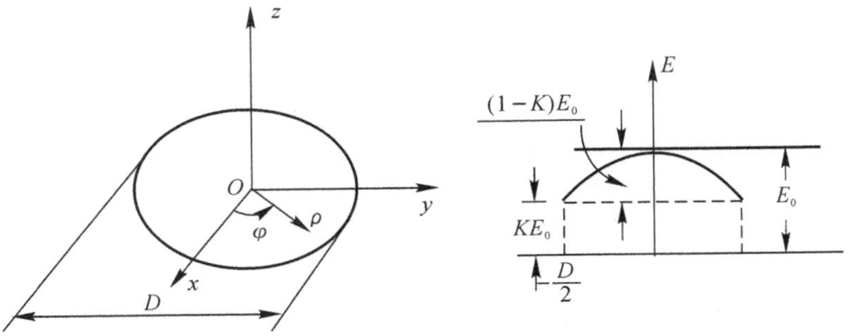

图 11.55　圆形口径及其场分布

设口径面内的场分布不随 φ 变化，仅是 ρ 的函数，且可表示为

$$E = E_0\left\{K + (1-K)\left[1-\left(\frac{2\rho}{D}\right)^2\right]^P\right\} \tag{11.60}$$

式中：KE_0 表示口径边缘的电平；P 代表沿 ρ 变化的快慢。当 K 越小，P 越大时，表示口径场分布越不均匀。

把式(11.60) 代入式(11.45)，同样可以求出辐射场、增益系数，并且可以得到在各种不同的 K，ρ 值时的半功率波瓣宽度、第一副瓣电平及口径面积利系数，其结果列于表 11.2 中。

表 11.2　圆形口径各种幅度分布的辐射特性

	K	P						
		0	1.0	1.5	2.0	2.5	3.0	4.0
半功率波瓣宽度（λ/D 弧度）	0	1.027	1.268	1.373	1.470	1.562	1.649	1.810
	0.2	1.027	1.172	1.207	1.228	1.240	1.245	1.244
	0.3	1.027	1.140	1.162	1.172	1.176	1.176	1.170
	0.4	1.027	1.114	1.127	1.132	1.133	1.131	1.125
	0.6	1.027	1.076	1.080	1.081	1.080	1.078	1.074
	0.8	1.027	1.048	1.049	1.049	1.048	1.047	1.046

续表

	K	P						
		0	1.0	1.5	2.0	2.5	3.0	4.0
第一旁瓣电平/dB	0	−17.6	−24.5	−27.7	−30.4	−33.1	−35.9	−40.7
	0.2	−17.6	−23.5	−26.9	−31.7	−33.9	−34.3	−32.3
	0.3	−17.6	−22.4	−24.8	−27.5	−30.5	−29.0	−29.9
	0.4	−17.6	−21.5	−23.1	−24.5	−25.8	−26.9	−25.6
	0.6	−17.6	−19.8	−20.5	−20.9	−21.3	−21.5	−21.5
	0.8	−17.6	−18.5	−18.7	−18.9	−19.0	−19.0	−19.0
	K	P						
		0	1.0	1.5	2.0	2.5	3.0	4.0
面积利用系数/(%)	0	100.00	75.00	64.00	55.55	48.98	43.75	36.00
	0.2	100.00	87.10	82.44	79.29	77.14	75.68	74.01
	0.3	100.00	91.19	88.41	86.72	85.71	85.14	84.75
	0.4	100.00	94.23	92.67	94.84	91.43	91.27	91.35
	0.6	100.00	97.96	97.57	97.42	97.40	97.44	97.60
	0.8	100.00	99.60	99.54	99.53	99.54	99.56	99.60

由表11.2可知，当$P=0$，K为任意值时，即口径场分布均匀时[由式(11.60)可知]，面积利用系数最大，等于1；第一副瓣电平也最大，为−17.6 dB；半功率波瓣宽度最窄，为$1.027\dfrac{\lambda}{D}$ rad。当K越小，P越大(即振幅分布越不均匀)时，面积利用系数越小，第一副瓣电平也越小；半功率波瓣宽。

综合上述两种形状口径的讨论，可以得出口径场振幅分布对天线方向性的影响规律为：① 对于同相场，在口径平面的法线方向(即$\theta=0°$)有最大的辐射。② 口径场振幅分布均匀时，主瓣宽度最窄；增益最大(或者说口径面积利用系数最大)；副瓣电平最高。当口径场分布越不均匀(中间比两边大得多)时，则主瓣越宽，增益越小，但副瓣电平也越小。③ 在一个平面内方向性图主瓣宽度与$\dfrac{\lambda}{D}$成比例。λ是工作波长，D是该平面内天线口径的尺寸。

四、口径场的相位分布对辐射场的影响

一般来说，总希望口径场的相位为均匀分布，即同相场。在圆锥扫描雷达及某些特殊设备中的天线则要求口径场的相位按线性分布，如图11.56所示。除此之外，其他的相位不均匀分布都是不希望的。但是，在实际中，理想的相位分布很难得到，这是由于天线的制造和安装误差难以避免。一般，口径场相位分布的不均匀性会使主瓣变宽，副瓣电平升高，口径面积利用系数降低，因此是有害的。如果相位的不均匀分布对天线的轴线也不对称，则还会造成辐射场最大值方向偏离天线轴线。因此，应尽量避免相位的不均匀分布。上述结论可由数学计算证实，此处不作介绍了。

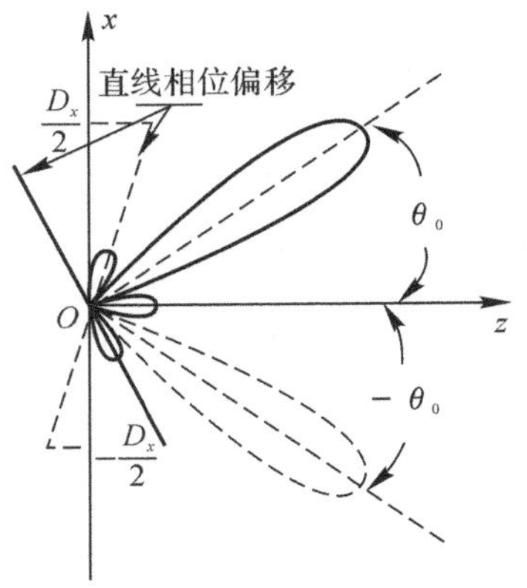

图 11.56　直线相位偏移使波束偏转

对于扫描雷达中的天线，要求波束绕天线轴作 $\pm\theta_0$ 角的扫描，这只要使口径场的相位按线性变化即可，如图 11.56 所示。因为在天线阵一节中已经讲到，天线的最大辐射方向总是偏向相位滞后的一端。或者说，波束的最大辐射方向总是与等相位面垂直的。因此，只要使口径场的相位按线性变化，就能使波束产生偏转，形成电扫描。

上述内容，只是粗略地告诉我们，在已知口径场的分布情况下，如何计算其辐射场，以及其他辐射特性。下面，结合具体的面天线来计算它的口径场及其辐射特性。

11.9　喇叭天线介绍

在面天线中，喇叭天线是最常用的微波天线之一。它既可作为馈源，也可单独作为天线。其主要特点是：若尺寸选得适当，可以获得较尖锐的波束，且副瓣很小；频率特性好，适用于较宽的频带；结构简单；等等。因此，喇叭天线在雷达和通信中获得了广泛的应用。

一、喇叭天线的种类及其辐射

喇叭天线可以看成是由波导截面逐渐展开而形成的。最常见的喇叭天线如图 11.57 所示。

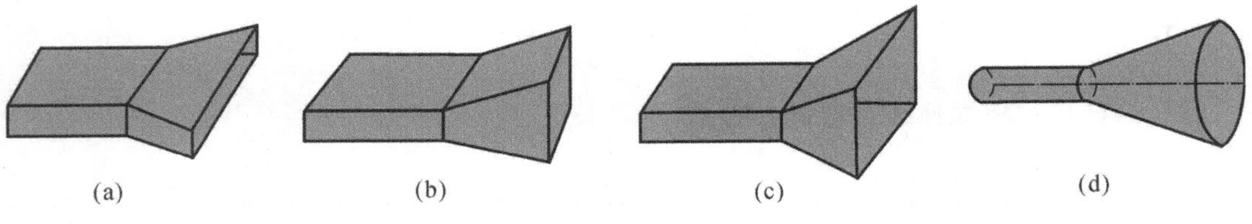

图 11.57　各种喇叭天线

(a) H 面扇形喇叭；(b) E 面扇形喇叭；(c) 角锥喇叭；(d) 圆锥喇叭

由于波导末端开口处相当于一个向空间辐射电磁波的“窗口”，因此，它也是一种形式的天线，称为波导辐射器，但它的截面积(口径面积)较小，所以辐射的方向性很差。例如，当 $\lambda=10$ cm 时，标准波导截面尺寸为 7.2×3.4 cm^2，由表 11.1 中的相应公式可以算得，E 面的主瓣宽度为150°，H 面的主瓣宽度为95°。计算时注意口径面的电场分布：沿 b 边是均匀分布，沿口边是余弦分布。因此 $(2\theta_{0.5})_E=0.88\dfrac{\lambda}{b}$ (rad)，$(2\theta_{0.5})_H=1.18\dfrac{\lambda}{a}$ (rad)。此外，由于波导开口处使电磁波的传输条件突变，所以反射较大。矩形波导传输 TE_{10} 波时的等效特性阻抗为

$$(z_c)_{TE_{10}}=\frac{b}{a}\frac{120\pi}{\sqrt{1-\left(\dfrac{\lambda}{2a}\right)^2}}$$

如果 $\lambda=10$ cm，还是上述波导截面，那么，等效特性阻抗 $(z_c)_{TE_{10}}=526\ \Omega$。可见，在波导口处，波导的特性阻抗与真空中的波阻抗(377 Ω)不能很好匹配。故电磁波就要从波导面向内反射，从而降低辐射功率：据测量，反射系数可高达 0.25 ～ 0.3。因此，除特殊情况外，用开口波导作天线是不合适的。

为了提高方向性和增强辐射功率，就要设法增加口径面积和减小向内反射的功率。将其截面逐渐扩大，变成喇叭形状，就可解决这两个问题，这很易理解。事实证明，当喇叭的边长大于几个波长时，喇叭口上的反射就很小，以至可以忽略不计。

矩形波导辐射器 E 面内逐渐张开，称为 E 面扇形喇叭天线；在面内逐渐张开，称为 H 面扇形喇叭天线，在 E 面和 H 面都逐渐张开，称为角锥喇叭天线。圆锥喇叭天线则是圆波导辐射器逐渐张开而形成的，如图 11.57(d) 所示。

喇叭天线馈电方便，可以用同轴线馈电，也可以用波导直接馈电。

二、喇叭的口径场

要计算辐射场，须先知道口径场分布。然而，要精确计算喇叭天线的口径场分布是很困难的。这是因为喇叭逐渐张开后，在口径面上的场的振幅和相位都略有畸变。为此，只能作近似计算。一般认为，喇叭的口径场分布和它相连的波导内的波型相接近，其振幅的畸变可以不考虑，而只考虑相位的变化。对于一个矩形波导馈电的喇叭天线来说，设波导口径上的场分布为(TE_{10} 波)

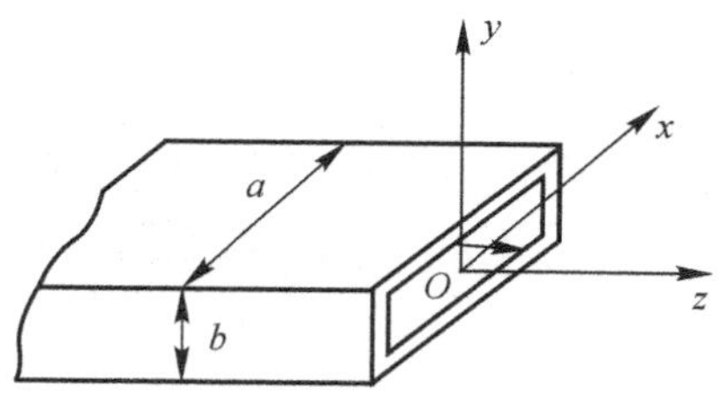

图 11.58　矩形波导口径

$$E_y=E_0\cos\left(\frac{\pi x}{a}\right)$$

此处，坐标原点 O 选在波导口径的中心，这是为了以后计算方便，如图 11.58 所示。且场在 xOy 面上是等相位的，那么在喇叭口径面上的场分布仍近似看作为 $E_y=E_0\cos\left(\dfrac{\pi x}{a}\right)$，但口径面不是等相位面。下面将具体讨论喇叭天线。

1. E 面扇形喇叭的口径面电场分布

E 面扇形喇叭的场结构如图 11.59 所示。

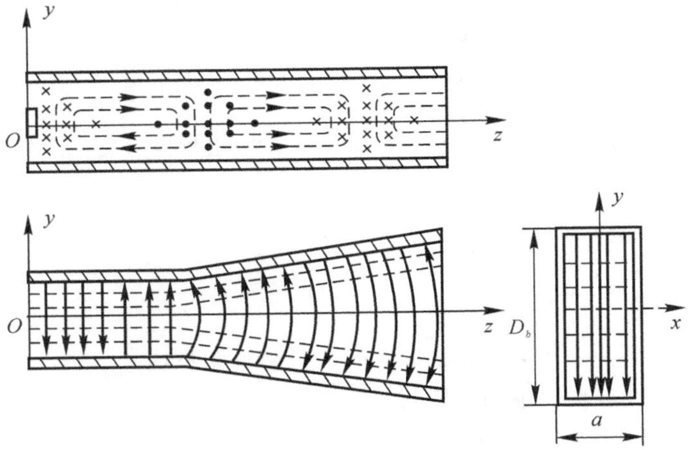

图 11.59　E 面扇形喇叭的场结构

由图可知，在喇叭口径面上的电场振幅分布近似与波导内的电场振幅分布相同，即按 $E=E_0\cos\left(\frac{\pi x}{a}\right)$ 分布。但口径面上的等相位面不是平面，而是柱面了。这就是说，若能把其相位分布求出来，那么其辐射场也就被确定了。

下面就来确定 E 面扇形喇叭的相位分布。

对于 E 面扇形喇叭，其纵向截面是一个等腰梯形，若将等腰梯形的两边延长后相交于一点 O，即成等腰三角形。如图 11.60 所示，图中 OO' 为 E 面扩展的三角形高度，用 R_E 表示，D_b 为 E 面扩展后口径尺寸的长度。$2\varphi_0$ 为 E 面扩展的张角。$A'O'B'$ 为其等相位面。若以喇叭口径中心 O' 点的相位为零，则在距 O' 为 y 处的 M 点的相位比 O' 点的相位落后

$$\varphi_y=\frac{2\pi}{\lambda}MN$$

其中

$$MN=OM-OO'=\sqrt{R_E^2+y^2}-R_E=R_E\left[\sqrt{1+\left(\frac{y}{R_E}\right)^2}-1\right]$$

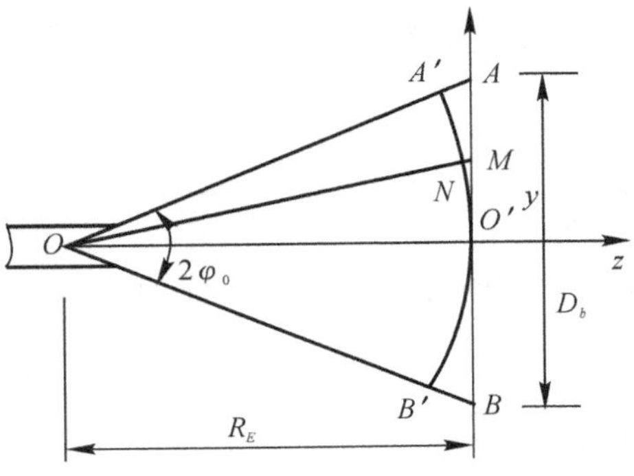

图 11.60　E 面扇形喇叭口径场的相位计算

根号部分按二项式展开后得

$$\varphi_y = \frac{2\pi}{\lambda}\left(\frac{1}{2}\frac{y^2}{R_E} - \frac{1}{8}\frac{y^4}{R_E^3} + \cdots\right)$$

喇叭尺寸满足 $D_b \ll R_E$，则可略去上式中含 y^4/R_E^2 的项及其以后各项，于是得

$$\varphi_y = \frac{\pi y^2}{\lambda R_E}$$

当 $y = \pm\frac{D_b}{2}$ 时，相位偏移为最大，即

$$(\varphi_y)_{\max} = \frac{\pi D_b^2}{4\lambda R_E}$$

综上所述，E 面扇形喇叭口径上电场分布可表示为

$$E_y = E_0 \cos\left(\frac{\pi x}{a}\right) e^{-j\frac{\pi y^2}{\lambda R_E}} \tag{11.61}$$

得出结论：对于 E 面扇形喇叭，电场振幅在 z 方向按余弦分布，相位在 y 方向按平方分布。

2. *H* 面扇形喇叭的口径面电场分布

H 面扇形喇叭的场结构如图 11.61 所示。若波导中传输 TE_{10} 波，则在喇叭内也近似认为传输 TE_{10} 波。其区别仅在于因 H 面的张开使磁场有些变形，而等相位面为柱面。与 E 面扇形喇叭的分析方法相同。结果为，口径面电场振幅按余弦分布，相位按平方律分布（坐标 y 换成 x 即可），即

$$E_y = E_0 \cos\left(\frac{\pi x}{D_a}\right) e^{-j\frac{\pi x^2}{\lambda R_H}} \tag{11.62}$$

式中：D_a 为沿 H 面扩展的口径尺寸；R_H 为 H 而扩展的三角形的高度。

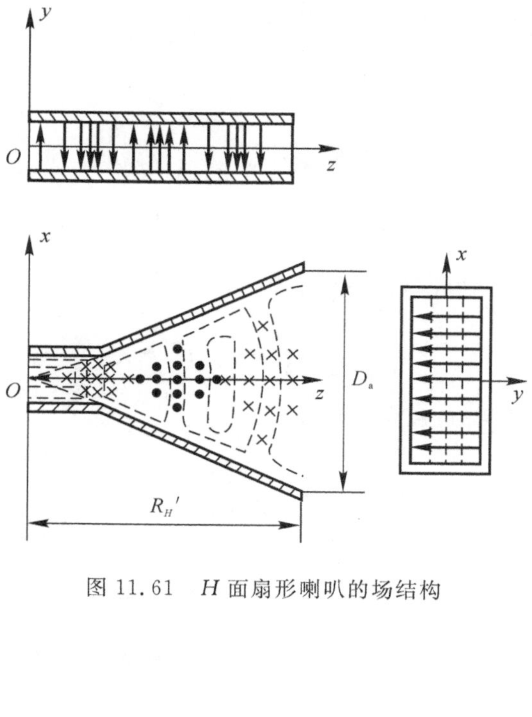

图 11.61　*H* 面扇形喇叭的场结构

3. 角锥喇叭口径面的电场分布

角锥喇叭的内场结构可近似地用 E 面和 H 面扇形喇叭的内场结构表示。即认为在 E 面的场结构与 E 面扇形喇叭在该面的场结构相同，在 H 面的场结构与 H 面扇形喇叭在该面的场结构相同。若波导中传 TE_{10} 波，则近似地认为在角锥喇叭中也传 TE_{10} 波，只是由于 E 面和 H 面的张开，使得电场和磁场结构都略有畸变。其等相位面既非平面，也非柱面，而是球面了(假定 $R_E=R_H=R$)。 因此，角锥喇叭的口径面上，无论是在 x 方向，还是在 y 方向，都将产生相位差(比 O' 落后)φ_{xy}。

由图可以求得

$$\varphi_{xy}=\frac{2\pi}{\lambda}(OM-OO')=\frac{2\pi}{\lambda}\left[(\sqrt{R^2+(x^2+y^2)}-R\right]=$$
$$\frac{2\pi}{\lambda}\left[R\left(1+\frac{x^2+y^2}{2R^2}\right)-\frac{(x^2+y^2)^2}{8R^4}-R\right]$$

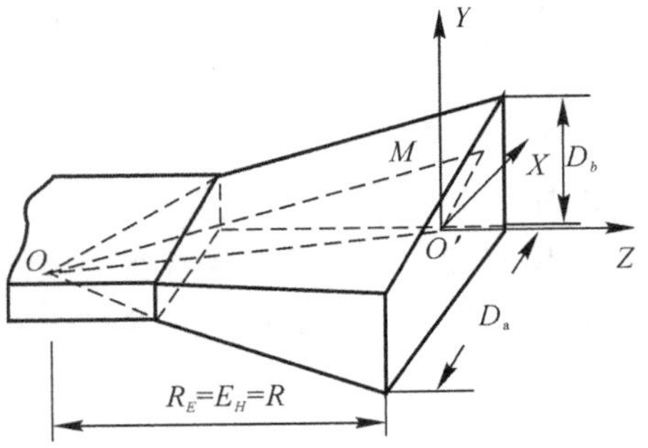

图 11.62　角锥喇叭口径场的相位计算

当 $R\gg\sqrt{x^2+y^2}$ 时，则式中含有 $1/R^4$ 的项及其以后各项都可略去不计，则

$$\varphi_{xy}=\frac{2\pi}{\lambda}\frac{x^2+y^2}{2R}=\frac{\pi(x^2+y^2)}{\lambda R} \tag{11.63}$$

当 $x=\pm\frac{D_a}{2}, y=\pm\frac{D_b}{2}$ 时，相位差最大，即

$$(\varphi_{xy})_{\max}=\frac{\pi}{4\lambda}\frac{D_a^2+D_b^2}{R}$$

一般情况下，$R_E=R_H$，则式(11.63) 可近似为

$$\varphi_{xy}=\frac{\pi}{\lambda}\left(\frac{x^2}{R_H}+\frac{y^2}{R_E}\right) \tag{11.64}$$

当 $x=\pm\frac{D_a}{2}, y=\pm\frac{D_b}{2}$ 时，相位差最大，即

$$(\varphi_{xy})_{\max}=\frac{\pi}{4\lambda}\left(\frac{D_a^2}{R_H}+\frac{D_b^2}{R_E}\right)$$

综上所述，角锥喇叭口径场可表示为

$$E_y=E_0\cos\left(\frac{\pi x}{D_a}\right)e^{-j\frac{\pi}{\lambda}\left(\frac{x^2}{R_H}+\frac{y^2}{R_E}\right)} \tag{11.65}$$

由此得出结论：对于角锥喇叭的口径场，其电场振幅沿 x 方向为余弦分布，而相位沿 x，

y 方向都是平方律分布。

4. 圆锥喇叭口径面的电场分布

由于数学推导复杂，这里不作介绍。以后也只给出分析结果，以供分析计算具体天线的主要参数时参考。

但应指出所给结果是在圆锥喇叭的场结构与圆波导传输 TE_{11} 波相似的条件下得出的。

三、喇叭天线的方向性

1. 方向性函数

有了喇叭天线的口径场，将它代入式(11.45)，便可获得喇叭天线的辐射场，从而得方向性函数。不过，积分计算却很复杂。为此改用近似方法求方向性函数，即在要求不太严的情况下，相位偏移对主瓣影响又不太大时，不去考虑口径面相位偏移的影响，而近似认为口径场是同相的。通过前面分析可知，E 面、H 面及角锥喇叭三者的口径场振幅分布的共同点是，沿 y 方向是均匀分布，沿 x 方向是余弦分布。那么，由表 11.1 可查得 E 面和 H 面的方向性函数为

$$F_H(\theta) \approx \frac{\cos u_x}{1-\left(\frac{2}{\pi}u_x\right)^2} = \frac{\cos\left(\frac{\pi D_a}{\lambda}\sin\theta\right)}{1-\left(\frac{2D_a}{\lambda}\sin\theta\right)} \tag{11.66}$$

$$F_E(\theta) \approx \frac{\sin u_y}{u_y} = \frac{\sin\left(\frac{\pi D_a}{\lambda}\sin\theta\right)}{\frac{\pi D_a}{\lambda}\sin\theta} \tag{11.67}$$

式中，D_a，D_b 分别为喇叭口径面在 x 及 y 方向上的尺寸。

圆锥喇叭的方向性函数，由于数学上的困难，不再讨论。

2. 增益系数

按理说，增益系数的计算，应从辐射场的公式中求出总辐射功率和最大辐射方向的场强，再按式(11.10)求出，但数学推导很复杂，故此只给出其结果。

H 面扇形喇叭：

$$G_H = \frac{4\pi}{\lambda^2}A \times 0.8 v_H \tag{11.68}$$

E 面扇形喇叭：

$$G_E = \frac{4\pi}{\lambda^2}A \times 0.8 v_E \tag{11.69}$$

角锥喇叭：

$$G = \frac{4\pi}{\lambda^2}A \times 0.8 v_H v_E \tag{11.70}$$

以上各式中的 v_E，v_H 是因口径场平方相位偏移所引起的新的口径面积利用系数，它们都是与喇叭尺寸(D_a，R_H 或者 D_b，R_E) 有关的复杂的数学表达式。因为角锥喇叭在 E 面和 H 面都有相位偏移，因此喇叭天线口径面积利用系数更小。将式(11.68) 和式(11.69) 代入式

(11.70)，可得角锥喇叭的增益系数与 E 面、H 面喇叭的增益系数之间的关系为

$$G=\frac{\pi}{32}\left(\frac{\lambda}{D_{\mathrm{b}}}G_H\right)\left(\frac{\lambda}{D_{\mathrm{a}}}G_E\right)\approx\frac{1}{10}\left(\frac{\lambda}{D_{\mathrm{b}}}G_H\right)\left(\frac{\lambda}{D_{\mathrm{a}}}G_E\right) \tag{11.71}$$

根据式(11.68)和式(11.69)画出的增益系数与喇叭尺寸的关系曲线，如图 11.63 及图 11.64 所示。圆锥喇叭天线增益系数与喇叭尺寸的关系曲线如图 11.65 所示。这些是在喇叭天线的工程设计中常用的曲线。

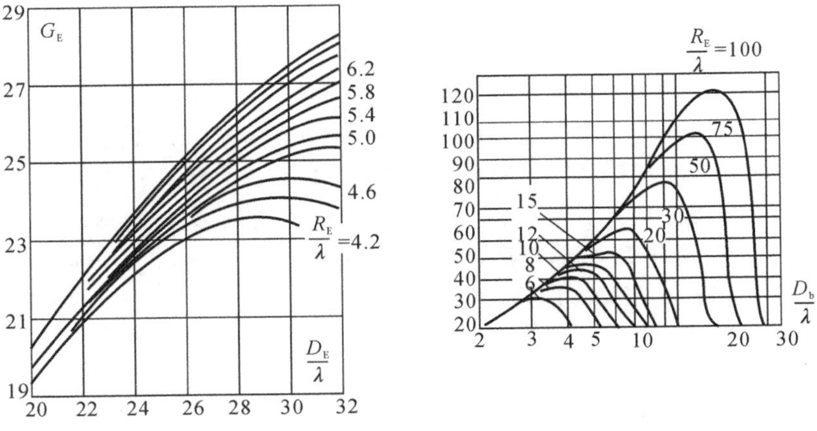

图 11.63 E 面扇形喇叭增益系数与喇叭尺寸的关系曲线

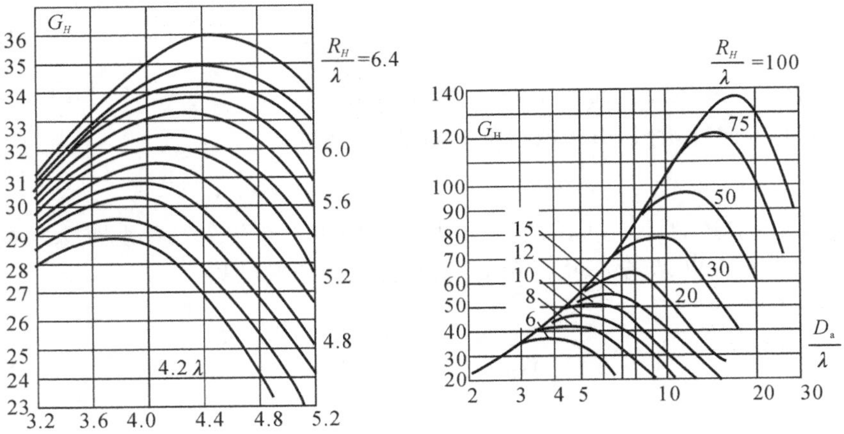

图 11.64 H 面扇形喇叭增益系数与喇叭尺寸的关系曲线

E 面、H 面扇形喇叭的增益系数，可以由图 11.63、图 11.64 查得。角锥喇叭的增益系数，则可通过式(11.71)计算得出。

由图可见，对于每种喇叭长度，都有一个增益系数为最大值的口径宽度最佳值(即此时的增益系数最大)。这是因为 R 一定时，增加 D_{a}，D_{b} 或 D 的值，使口径面积 A 增加，故增益系数增加。但同时口径场的相位偏移也在增加，在超过最佳值以后，相位偏移使增益系数的

减小占了上风，因而再增加 D_a，D_b 或 D 时，增益系数反而下降。尺寸对应于增益系数最大值时的喇叭，称为最佳喇叭。

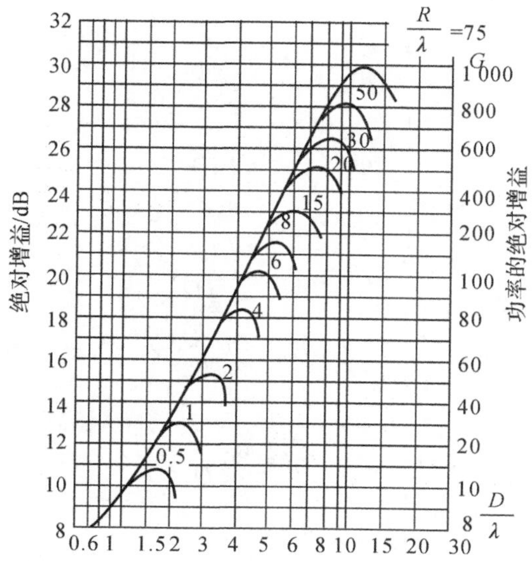

图 11.65　圆锥喇叭天线增益系数与喇叭尺寸的关系曲线

从图 11.63 和图 11.64 中还可看出，在 $\frac{R_H}{\lambda}$ 或 $\frac{R_E}{\lambda}$ 为常数的各条曲线上，各最大值点所对应的横坐标 $\frac{D_a}{\lambda}$ 或 $\frac{D_b}{\lambda}$ 与 $\frac{R_H}{\lambda}$ 或 $\frac{R_E}{\lambda}$ 大致的关系为

$$\frac{R_H}{\lambda}\approx\frac{1}{3}\left(\frac{D_a}{\lambda}\right)^2$$

$$\frac{R_E}{\lambda}\approx\frac{1}{2}\left(\frac{D_b}{\lambda}\right)^2$$

由此便可得到口径宽度一定时的最佳长度：

H 面喇叭：

$$R_{H最佳}=\frac{1}{2}\frac{D_b^2}{\lambda}$$

E 面喇叭：

$$R_{E最佳}=\frac{1}{2}\frac{D_b^2}{\lambda}$$

在最佳喇叭的条件下，相应口径的最大相位差为

H 面喇叭：

$$(\varphi_x)_{\max}=\frac{\pi D_a^2}{4\lambda R_H}=\frac{3}{4}\pi$$

E 面喇叭：

$$(\varphi_y)_{\max}=\frac{\pi D_b^2}{4\lambda R_E}=\frac{1}{2}\pi$$

3. 喇叭天线的主瓣宽度

考虑到喇叭天线口径场的相位偏移的影响，喇叭天线的半功率波瓣宽度为：

E 面喇叭：

$$(2\theta_{0.5})_H = 68\,\frac{\lambda}{a}(^\circ)$$

$$(2\theta_{0.5})_E = 53\,\frac{\lambda}{D_b}(^\circ)$$

H 面喇叭：

$$(2\theta_{0.5})_H = 80\,\frac{\lambda}{D_a}(^\circ)$$

$$(2\theta_{0.5})_E = 51\,\frac{\lambda}{b}(^\circ)$$

角锥喇叭：

$$(2\theta_{0.5})_H = 80\,\frac{\lambda}{D_a}(^\circ)$$

$$(2\theta_{0.5})_E = 53\,\frac{\lambda}{D_b}(^\circ)$$

图 11.66 为最佳圆锥喇叭天线的方向性图。左半部分（虚线）为 H 面方向性图，右半部分（实线）为 E 面方向性图。由图看出，对于 $D/\lambda=3.4$，$R/\lambda=3.5$ 的最佳圆锥喇叭天线，其 E 面和 H 面的主瓣宽度为 20° 左右。

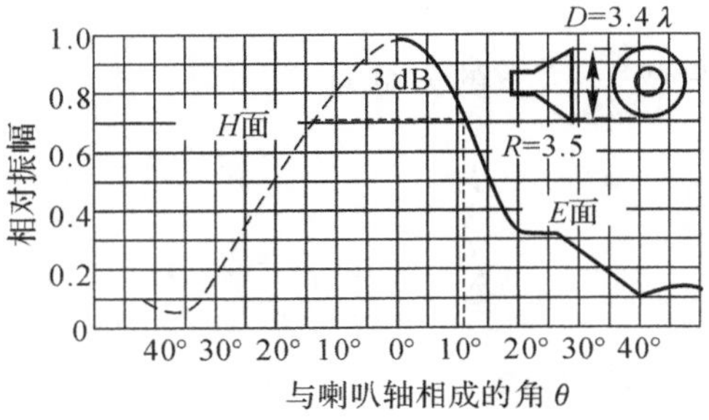

图 11.66 最佳圆锥喇叭天线的方向性图

($D/\lambda=3.4$，$R/\lambda=3.5$)

四、喇叭天线辐射圆极化波

上述讨论均指线极化波。但实际上有时需要喇叭天线辐射圆极化波，如导弹上的应答信号发射天线。如何使喇叭天线辐射圆极化波呢？由波的极化概念及波导理论可知，第一，必须设法在喇叭口径面上产生圆极化场，即产生沿同一方向传输的两个场，它们的频率相同，互相垂直，振幅相等而初相差为90°；第二，必须满足圆极化场传输的边界条件，即利用圆波导传输 TE_{11}° 波。由此可见，必须采用圆锥喇叭以满足边界条件，合理地进行激励以产生圆极化波。由于激励方式不同，所以导弹的应答信号发射天线有两种不同的结构。

1. WK－6A 发射天线的结构及工作原理

其结构如图 11.67 所示。它是由一段一端短路的圆形波导段和圆锥喇叭及两个互相垂直的激励探针组成的。两个互相垂直的激励探针安装在靠近圆波导短路端的地方，由同轴线馈电，它们各自激励起 TE_{11}° 波的线极化波，且两个 TE_{11}° 波在空间位置相差90°。如果输入两探针的信号幅度大小相等，相位差90°，则合成波就是圆极化波。经圆锥喇叭口向空间辐射出去。

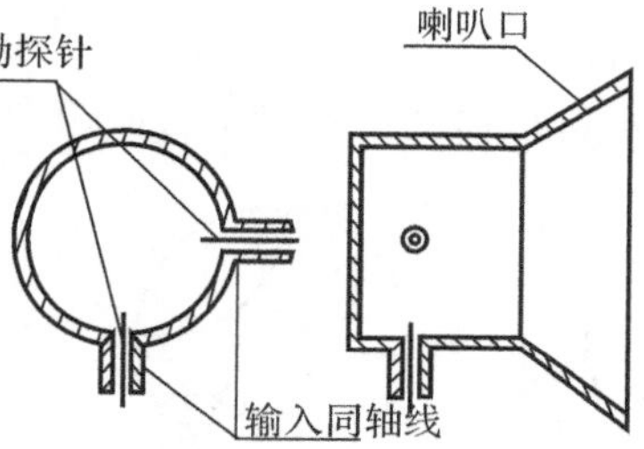

图 11.67　WK－6A 发射天线的剖视图

2. WK－6B 发射天线的结构及工作原理

(1) 结构。WK－6B 发射天线内部结构示意结构如图 6.68 所示。它由一段短路的圆波导段、圆锥喇叭、带激励探针的弯插头、三对调整销钉组成。

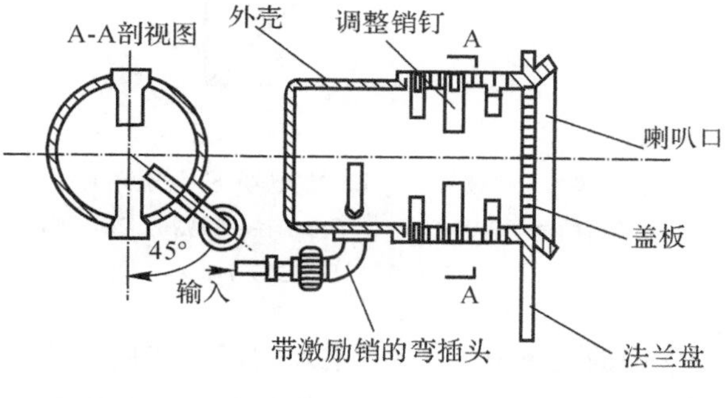

图 11.68　WK－6B 发射天线内部结构示意图

(2) 工作原理。探针在波导内激起 TE_{11}° 波的线极化波，其电场 E 的方向是和激励探针平行的，可以把它看作两个互相垂直的等值分量的合成，如图 11.69 所示。三对调整销钉在圆波导内的安装位置相互平行，且与激励探针成 45° 夹角。因此，两电场分量大小相等，在空间互相垂直，且电场分量 E_1，E_2 分别与调整销钉垂直、平行。这样，线极化波 E 就可转变成圆极化波了。

根据波导理论，电磁波通过长度为 l 的波导段后，必然引起相位的滞后，即长度为 l 的波导段对电磁波有相移作用，其相移为

$$\varphi = \omega t_0$$

式中：ω 为电磁波的角频率；t_0 为电磁波通过波导段的时间，即 $t_0 = \dfrac{l}{v}$（v 为电磁波在波导内的传播速度）。

第一对销钉处，两个相互垂直的电场分量的幅度相等，相位相同。为分析方便，令

$$E_1 = E_m \sin\omega t$$
$$E_2 = E_m \sin\omega t$$

第三对调整销钉对垂直于它们的电场分量 E_1 不起作用(因为垂直导体的电场分量在导体内不产生感应电流)，因此，分量 E_1 由第一对销钉传播到第三对销钉后为

$$E_1 = E_m \sin(\omega t + \varphi_1)$$

其中，φ_1 为 E_1 分量由第一对销钉传播到第三对销钉的相移值，即

$$\varphi_1 = \omega t_1$$

式中，t_1 为 E_1 分量由第一对销钉传播到第三对销钉所用的时间。

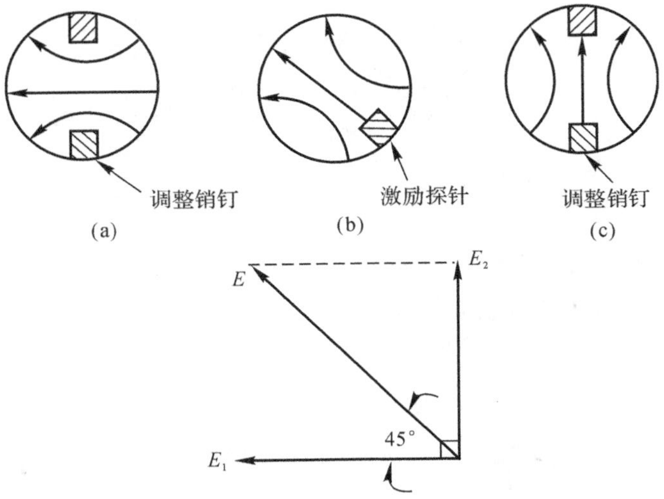

图 11.69　圆波导内 TE_{11}° 波电场 E 的分解图示

(a) 垂直于调整销钉的电场分量 E_1；(b) 激励探针激励的 TE_{11}° 型波的电场 E；

(c) 平行于调整销钉的电场分布 E_2

三对销钉对平行于它们的电场分量 E_2 有附加的相移作用。这是因为三对销钉可以等效成三个集中电容(通常销钉长度小于 $\lambda_g/4$，为容性销钉)，从而使波的速度减小，通过的时间变长，即使相移增加。若设相移为 φ_2，则

$$\varphi_2 > \varphi_1$$

式中，$\varphi_2 = \omega t_2 (t_2 > t_1)$。

调整销钉伸入波导内的长度，可改变销钉所形成的等效电容的大小，从而改变了 E_2 分量的传播速度，即调整了 E_2 分量的相移大小。适当调整销钉伸入波导内的长度，可以使 E_2 与 E_1 两分量的相位差为90°，即

$$\varphi_2 = \varphi_1 + 90°$$

则分量 E_2 传播到第三对销钉处变为

$$E_2 = E_m \sin(\omega t + \varphi_2) = E_m \sin(\omega t + \varphi_1 + 90°)$$

这样，电场分量 E_1 与 E_2 振幅相等，相位差为90°，且在空间相互垂直。满足了合成圆极化波的条件。因而 WK－6B 发射天线的口径场为圆极化波。根据面天线理论，该圆锥喇叭

天线向空间辐射的电磁波也为圆极化波。

11.10　抛物面天线介绍

抛物面天线是一种主瓣窄、副瓣低、增益高的微波天线。因此，它在雷达、通信、射电天文中获得了广泛的应用。

抛物面天线由馈源和抛物面反射器构成。馈源可以是单个振子或振子阵、单喇叭或多喇叭、槽缝天线、螺旋天线等弱方向性天线。抛物面反射器有旋转抛物面、切割抛物面和柱形抛物面等，如图 11.70 所示。

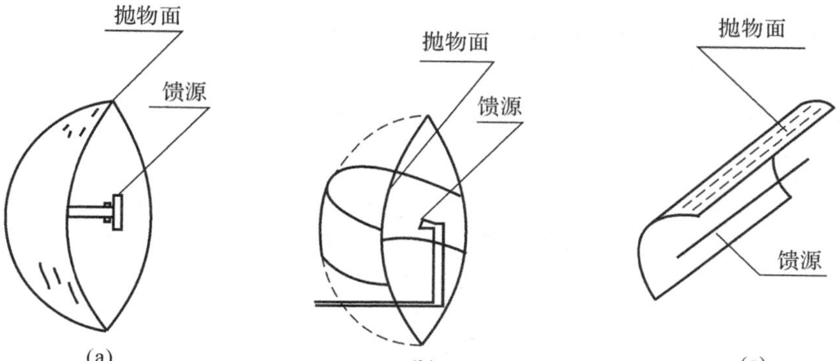

图 11.70　几种形式的抛物面天线

(a) 旋转抛物面天线；(b) 切割抛物面天线；(c) 柱形抛物面天线

一、抛物面的几何关系

抛物面是抛物线运动的轨迹。当抛物线直线移动时，则构成柱形抛物面；当以抛物线的焦点轴为轴旋转运动时，则构成旋转抛物面；选取旋转抛物面的一部分称为切割抛物面。可见，要了解抛物面的几何关系，先要了解抛物线。

设某点 F 与准线 QQ' 相距为 $2f$，直角坐标的原点取在 F 点与直线 QQ' 距离的中点，如图 11.71 所示。若有一点 $M(x,z)$，在运动中一直保持与 F 和准线的距离相等，则 M 点的轨迹为抛物线。F 称为焦点，f 称为抛物线的焦距。由图可知，M 点距准线的距离为

$$MQ = f + OE = f + z$$

M 点到 F 的距离为

$$MF = \sqrt{x^2 + (f - z)^2}$$

由定义可知

$$MQ = MF$$

即

$$f + z = \sqrt{x^2 + (f - z)^2}$$

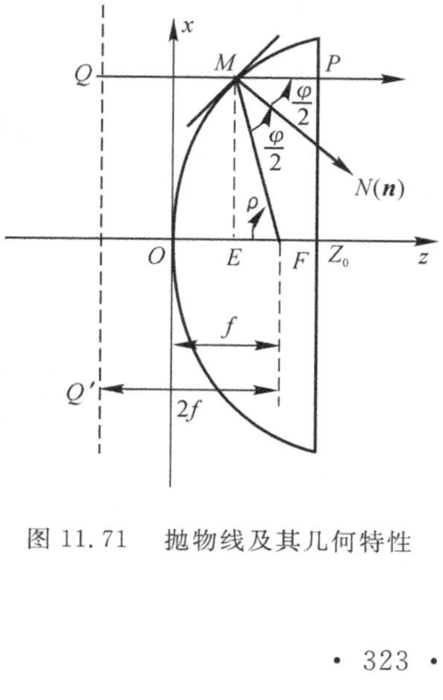

图 11.71　抛物线及其几何特性

解得

$$x^2 = 4fz$$

在 xOz 平面上，上式即为抛物线方程。

抛物线的两个基本特性如下：

(1) 抛物线上任一点 $M(x,z)$ 与焦点 F 的连线为 MF，过 M 作 z 轴的平行线 MP，则 MF，MP 与 M 点切线的法线 MN 之间的夹角一定相等，即

$$\angle FMN = \angle PMN = \frac{\varphi}{2}$$

由此知，若 FM 为入射线，则 MP 必为反射线。

(2) $FM + MP =$ 常数。由此知，抛物面的口径平面为等相位面。

由于上述两个特点，置于 F 点(焦点)上的馈源所辐射的球面波，经抛物面反射之后，变成了平面波。

在直角坐标中，旋转抛物面的方程式可根据抛物线的方程式而写为

$$x^2 + y^2 = 4fz$$

在极坐标中，如图 11.71 所示，设 $MF = \rho$，则有

$$\rho = QM = 2f - EF = 2f - \rho\cos\varphi$$

整理得

$$\rho = \frac{2f}{1+\cos\varphi} = \frac{f}{\cos^2\frac{\varphi}{2}}$$

此式即为抛物面的极坐标方程(坐标原点位于抛物面焦点 F)。

利用上式，可以得到抛物面口径直径 D、焦距 F 和最大张角 φ_0 之间的关系。由图 11.72 可知

$$\rho_0 = \frac{D}{2}\Big/\sin\varphi_0$$

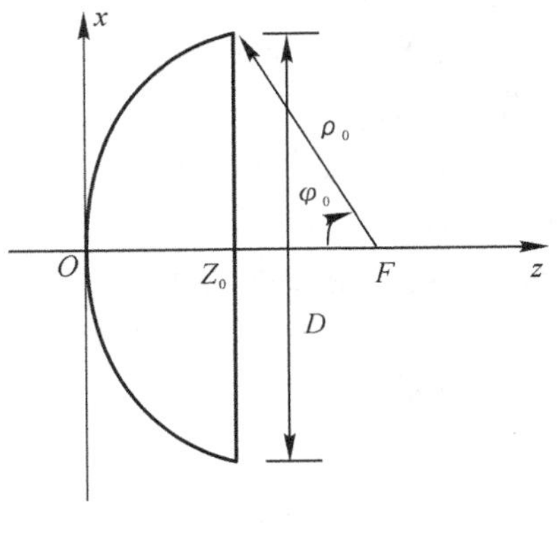

图 11.72 抛物面天线口径 D、焦距 f 和最大张角 φ_0 之间的关系

由抛物面方程知

$$\rho_0 = f/\cos^2\frac{\varphi_0}{2}$$

所以

$$\frac{D}{2}\Big/\sin\varphi_0 = f/\cos^2\frac{\varphi_0}{2}$$

即

$$\tan\frac{\varphi_0}{2} = \frac{D}{4f}$$

在上式中：

(1) 当 $2\varphi_0 < \pi$，即 $\varphi_0 < \frac{\pi}{2}$，$\tan\frac{\varphi_0}{2} < 1$，亦即 $f > \frac{D}{4}$ 时，称为长焦距抛物面天线。

(2) 当 $2\varphi_0 = \pi$，即 $f = \frac{D}{4}$ 时，称为中焦距抛物面天线。

(3) 当 $2\varphi_0 > \pi$，即 $f < \frac{D}{4}$ 时，称为短焦距抛物面天线，如图 11.73 所示。

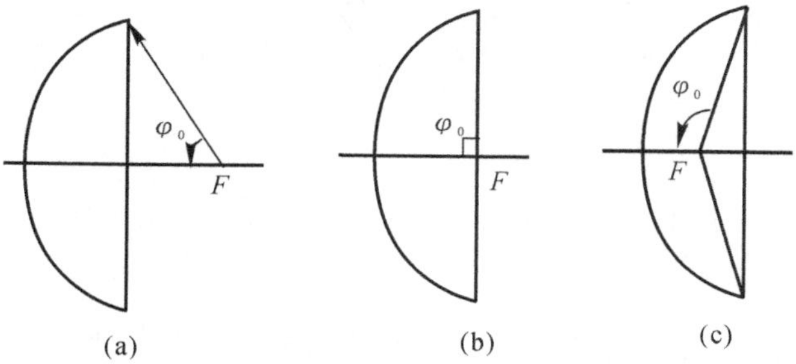

图 11.73　各种焦距的抛物面天线

(a) 长焦距；(b) 中焦距；(c) 短焦距

二、旋转抛物面天线的口径场

要讨论抛物面天线的辐射场和方向性，必须先求出它的口径场，即先讨论内场问题。

若放在焦点的馈源的方向性系数 D_0，方向性函数为 $F(\varphi)$，那么，由式(11.9)可知，强辐射方向的电场为

$$E_m = \frac{\sqrt{60P_rD_0}}{\rho}$$

馈源在任意方向上的辐射场振幅就可以表示为

$$E = E_mF(\varphi) = \frac{\sqrt{60P_rD_0}}{\rho}F(\varphi)$$

式中，P_r 为馈源的辐射功率。

抛物面可认为是由理想导体制成的，故可认为入射场和反射场的振幅相等，经抛物面反射后，在抛物面的口径上变成了平面波。因此，口径场的振幅与反射场的振幅相等，只是相位比馈源处落后 $\beta(f+OZ_0)$，抛物面天线的口径场可以表示为

$$E_A = \frac{\sqrt{60P_rD_0}}{\rho}F(\varphi)e^{-j\beta(f+OZ_0)} \tag{11.72}$$

用不同辐射器(馈源)的方向性函数代入式(11.72)即可求出抛物面天线的口径场，但一般

计算很复杂。图 11.74 画出了带反射圆盘的半波振子作馈源时的口径场分布。

(1) 长焦距和中焦距抛物面天线的口径场 E_y 在四个象限内同向，而 E_x 则反向。因此，在 E 面和 H 面内的辐射场其由 E_y 决定，而与 E_x 无关。

(2) 中焦距抛物面天线的口径场出现两个零点。这是因为半波振子在轴线方向上无辐射之故。口径面上场强为零的点，称为极点。

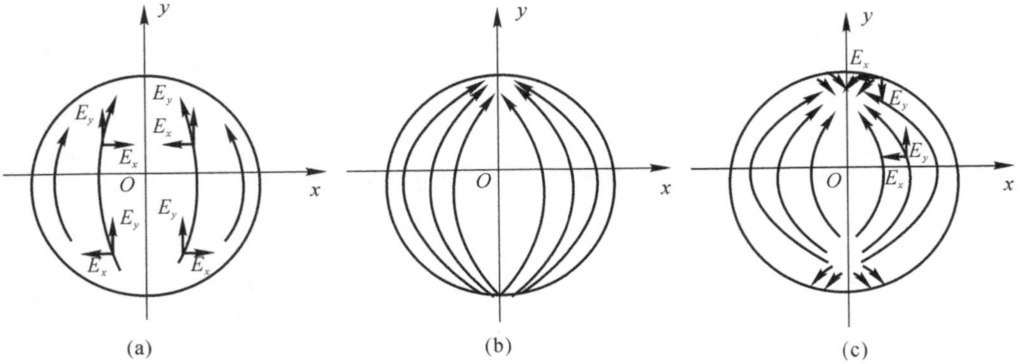

图 11.74　各种焦距的抛物面天线的口径场分布

(a) 长焦距；(b) 中等焦距；(c) 短焦距

(3) 短焦距抛物面天线的口径场不仅出现两个极点，而且出现了与主要区域 E_y 分量方向相反的 E 分量，这是由于辐射器(馈源) 处在口径面以内所致。存在反向 E 分量的区域称为害处。它的出现，如同振子天线上出现反向电流一样，会使最大辐射方向的场强减弱，旁瓣增大。

为了消除害处，通常采用长焦距抛物面天线。若必须采用短焦距抛物面天线时，应将害处切除，这就成为切割抛物面天线了。

三、旋转抛物面天线的辐射场及增益系数

1. 辐射场

把由式(11.72) 算出的口径场，代入式(11.45)，并以抛物面口径的中点 Z_0 为坐标原点(见图 11.75)，就可求得抛物面天线的辐射场。

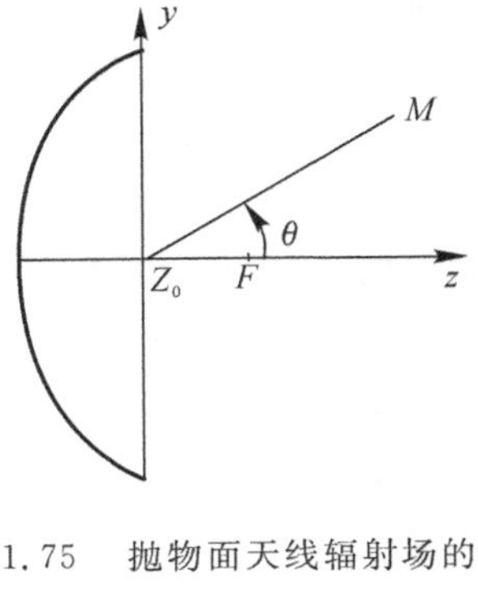

图 11.75　抛物面天线辐射场的计算

当用带反射圆盘的半波振子作馈源时，在不同的 $D/2f$ 值的情况下旋转抛物面天线的方向性图如图 11.76 所示。

由图 11.76 可见，减少 $D/2f$ 的值，会使主瓣变窄并使第一旁瓣增大。这是由于当口径面尺寸 D 不变时，要使 $D/2f$ 减少，必须使焦距 f 增大，这样就使抛物面照射更加均匀。

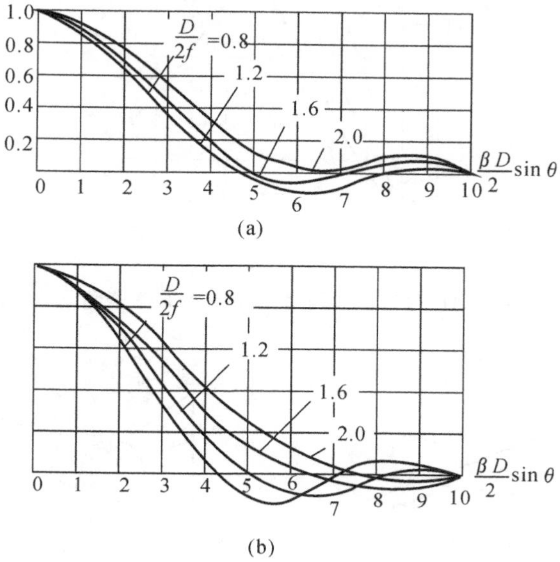

图 11.76 旋转抛物面天线的方向性图

(a)H 平面方向性图；(b)E 平面方向性图

2. 增益系数

旋转抛物面天线的增益系数，仍可表示为

$$G=\frac{4\pi}{\lambda^2}A\nu$$

式中：A 为天线口径面积；ν 为天线口径面积利用系数。

经计算，绘出了旋转抛物面天线的口径面积利用系数 γ 的曲线，如图 11.77 所示。图中的 $P=2,4,6,\cdots$，表示馈源方向性图形的尖锐程度，P 越大，表示图形越尖。不同馈源的 P 值将由实验确定。

由图 11.77 可知，口径面积利用系数 ν 有个最大值出现。这可以用图 11.78 来加以说明：若馈源已定，则馈源的方向性已定，当口径面最大张角 φ_0 越小时，口径面上的场强也就越均匀，所以口径面积利用系数 ν 也就越大。但是，还须同时考虑另一个因素，即馈源的辐射能量有一部分射不到抛物面上而不能被利用。这部分能量称作漏失能量，如图中的阴影部分所示。显然，φ_0 越小，漏失的能量也就越多，因而使天线效率降低，实际增益下降。综合上述两因素，φ_0 存在一个最佳值，它所对应的实际增益最大。深入研究发现，对于不同的馈源，只要大体上抛物面口径边缘的场振幅比中间低 0.316 倍(或者说 10 dB)，就可获最佳增益，也可以此作为获得最佳增益的出发点。对于某些特殊要求的天线，例如，要求第一旁瓣电平更小，则要求口径面边缘照射比中间的更要低(即使场分布更不均匀)，只好以牺牲一些增益作为代价了。

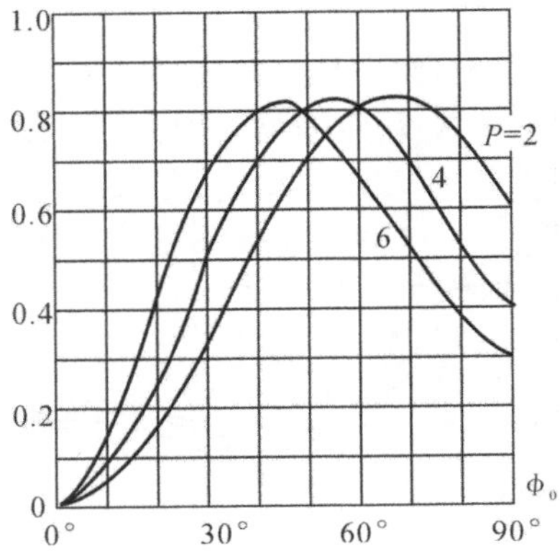

图 11.77　抛物面天线口径面积利用系数与最大张角 φ_0 的关系曲线

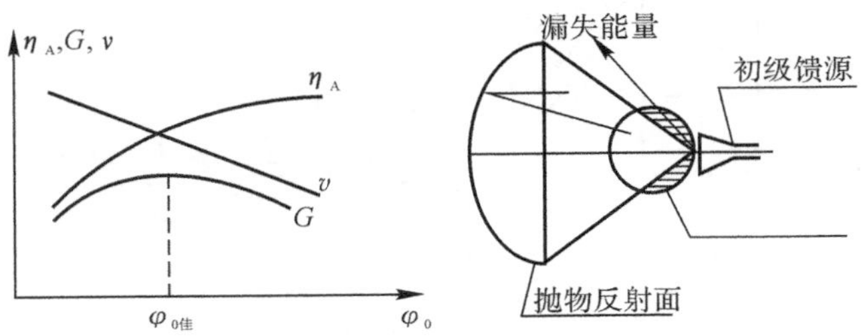

图 11.78　旋转抛物面天线最佳增益的说明

还应指出，旋转抛物面天线的口径面积利用系数最大只有 0.81 左右。实际上，由于制造和装配公差及其他因素的影响，一般最大的 v 值在 0.7 ～ 0.75 之间，有时甚至小于 0.5。

四、抛物面天线的馈电方法

抛物面天线都是通过馈源(也称辐射器)馈电的。馈源是天线的重要组成部分，它的结构和性能对天线的影响很大。为了保证天线有良好的性能，要对馈源提出如下基本要求：

(1) 馈源必须辐射球面波，否则，口径面上的场就不可能是等相位分布，增益就要降低，方向性图就要变坏。

(2) 馈源的方向性图的形状和宽度应该符合天线的要求，如使口径面边缘得到 －10 dB 的照射，旁瓣特别是后瓣应尽量小。这是因为杂散辐射不但会使天线增益下降，而且会使旁瓣电平增高。

(3) 馈源应有较小的体积，对抛物面的遮挡应尽量小。

(4) 在整个通频带内，馈源应同馈线匹配，也应同天线有良好的匹配。

(5) 馈源和天线组合在一起，应便于与馈线系统连接，应具有足够的机械强度，并且轻便。

下面简单介绍几种实用的馈源。

1. 喇叭馈源

喇叭馈源是目前广泛采用的馈源之一，它在波导馈电系统中，因连接方便而应用最多，如图 11.79 所示。

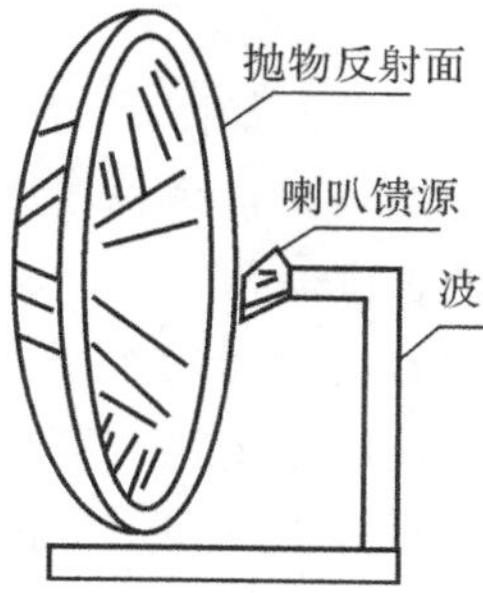

图 11.79　喇叭馈源天线

2. 带金属盘反射器的振子馈源

图 11.80 所示是带金属盘的振子馈源，圆盘装在距振子约 $\lambda/4$ 处。振子用同轴线馈电，它的一臂与内导体相连，另一臂与外导体相连。为使振子与馈线匹配，加入了 $\lambda/4$ 阻抗变换器。为不使电流流到外导体的外表面，使振子两臂馈电对称，采用短路扼流环。这种馈源产生笔状波瓣，并且主瓣偏离主轴，可以实现圆锥扫描，被用在炮瞄雷达中。

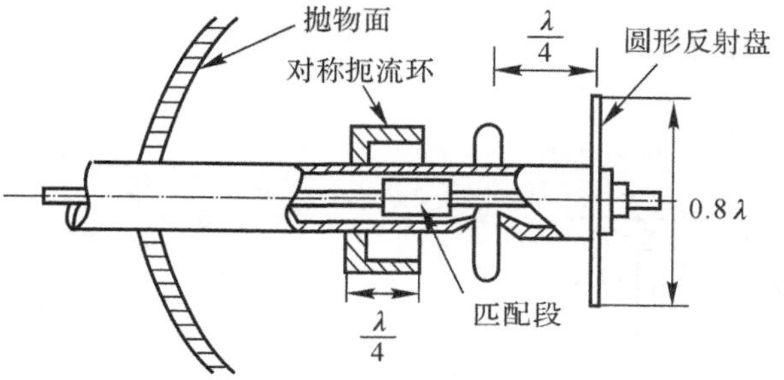

图 11.80　带圆盘的振子馈源

3. 带辅助反射面的馈源

图 11.81 所示是由两个反射面组成的天线，主反射面仍为旋转抛物面，辅助反射面仍是双曲面。喇叭馈源先照射双曲面。利用双曲面的好处是在主反射器背后安装波导方便，在主反射器中心安装喇叭馈源也容易保证精度，因而使主反射器的口径场更加均匀。这种天线的主要优点是增长了有效焦距，使天线的体积变小。目前这种天线获得了广泛的应用，并专门作为一种天线进行研究，名叫卡塞格伦天线。

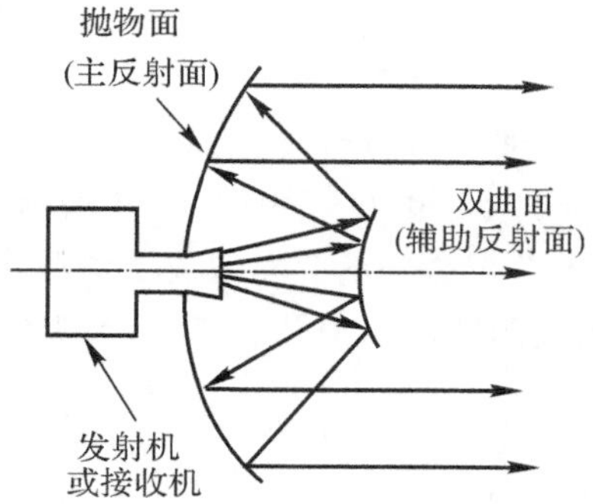

图 11.81　带双曲反射面的抛物面天线

4. 波导-振子组馈源

这种馈源如图 11.82 所示。两个对称振子安装在伸进开口波导的金属板上，平板与波导内的电场矢量垂直。沿波导传播的电磁波激励振子，使其向空间辐射电磁波，第一个对称振子的长度略短于 $\lambda/2$，第二个对称振子的长度略长于 $\lambda/2$。对于第一个振子来说，第二个振子起着反射器的作用。波导壁之所以逐渐变窄，是因为要减小对称振子辐射的阻挡，同时也可以使波导中绝大部分能量给予振子。

还有其他许多形式的馈源，这里不再一一介绍。

上述各种馈电方法有一个共同的缺点，就是馈源都处于抛物面辐射场的"通道"上。这样，不仅对电磁波辐射有阻碍作用，使波瓣畸变，而且有部分能量被馈源所接收，因而影响馈线与馈源的匹配。为了解决上述问题，实际中根据不同情况采取了许多办法。其中最彻底的办法，就是将馈源置于抛物面辐射场之外，如图 11.83 所示。馈源仍放置在焦点上，而反射面则只用了抛物面的一部分。

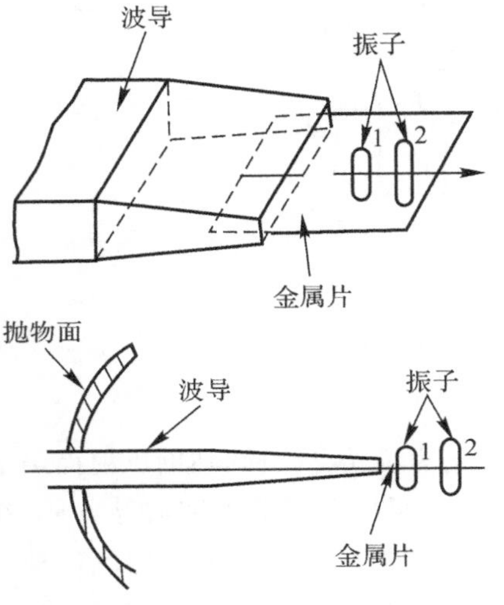

图 11.82　波导-振子组馈源

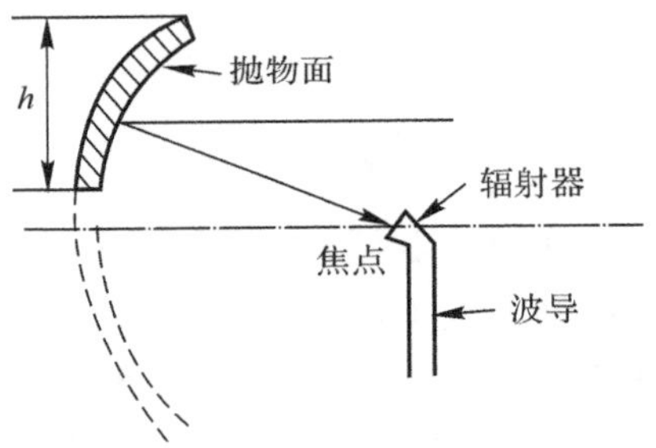

图 11.83　馈源移出抛物面辐射场作用区的馈电方法

五、柱形抛物面天线

柱形抛物面是由抛物线沿直线平移所形成的，故其焦点轨迹便是柱形抛物面的焦线。柱形抛物面的口径为矩形，尺寸为 D_1 和 D_2，如图 11.84 所示。

在柱形抛物面的口径上，场沿 x 方向的分布取决于馈源在 yOz 平面内的方向性和柱形抛物面本身的聚焦性。这种天线的馈源置于其焦线上，馈源的长度 L 应满足

$$L \gg \lambda, \quad \rho_{\max} < \frac{L^2}{\lambda}$$

其中，$\rho_{\max}$ 是从馈源到柱形抛物面上的最大直线距离。上述条件是为了保证馈源向抛物柱面辐射柱面波。柱面波经柱形抛物面反射后，在抛物面的矩形口径面上获得了平面波。因而柱形抛物面可按矩形口径的同相场计算，这里不再讨论。

图 11.85 所示是由 H 面扇形喇叭作馈源的柱形抛物面天线系统(如制导雷达天线)。这种天线能获得扇形波瓣。这是因为 H 面尺寸 D_1 比 E 面尺寸 D_2 大得多,使得 H 面波瓣比 E 面波瓣窄许多。若能使喇叭口径场的相位在 D_1 方向上发生线性偏移,且能改变偏移的大小,就能实现扇形波束在 D_1 方向上的波束扫描(称为电扫描)。

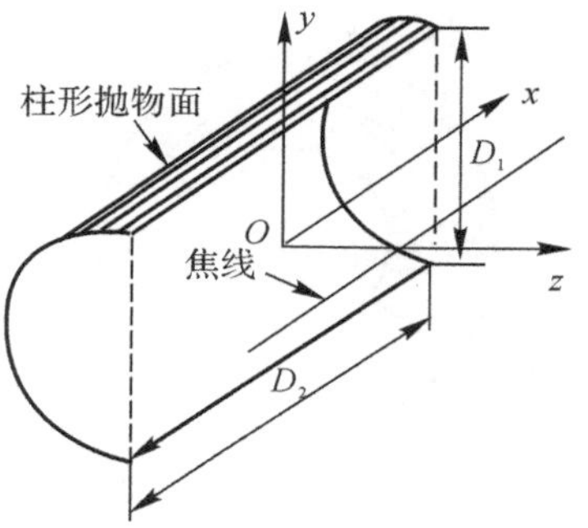

图 11.84　柱形抛物面天线

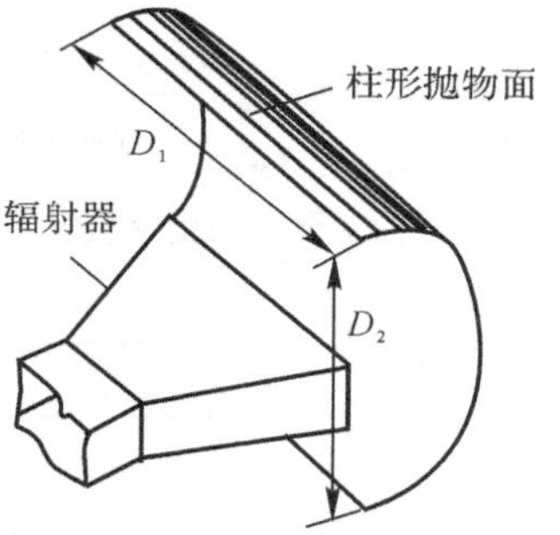

图 11.85　H 面扇形喇叭馈电的抛物面天线

11.11　腰形天线介绍

一、结构

腰形天线的结构如图 11.86 所示。它是个一端短路的环形空腔,用"S"形的耦合环激励。

由于形状不规则,边界条件也较复杂,很难做定量分析。所以,这里只定性分析其基本工作原理。

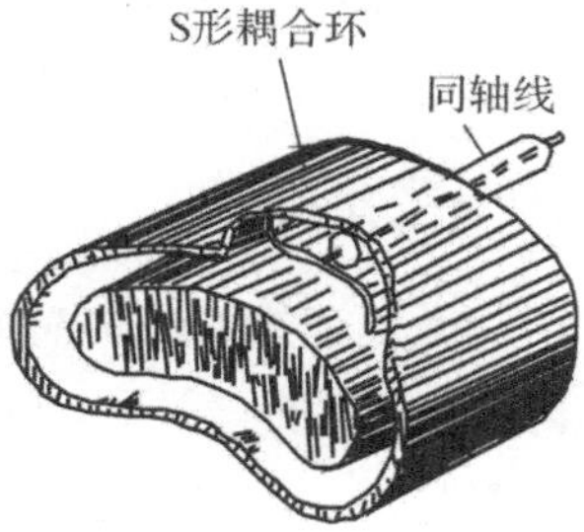

图 11.86　腰形天线

二、基本工作原理

图 11.87(a) 所示的一端短路的矩形波导,其宽边为 a。则 TE_{10},TE_{20},TE_{30} 波的截止波长分别为 $2a$,a,$\frac{2}{3}a$。如果工作波长 $\lambda < \frac{2}{3}a$,则在波导中建立起 TE_{10} 波的同时也可以建立起 TE_{20} 和 TE_{30} 波。但是,若采用如图 11.87 所示的两个相位相同的耦合环来激励波导,由于一个耦合环接于波导上宽边,另一个接于波导下宽边,显然,波导中只能建立起 TE_{20} 波。这是因为两个耦合环所激励的电场在波导宽边中央是相互抵消的,TE_{10} 和 TE_{30} 波都不可能存在。

这种建立起 TE_{20} 波的波导口径,尚不能用作波导辐射器。这是因为口径场的电场分布反向,使得在 E 面无辐射,而在 H 面内的最大辐射方向亦偏离波导的中心轴。若将矩形波导的宽边卷曲成圆,矩形波导则变成了圆环波导,其场分布也相应地变成了如图 11.87(b) 所示的情形。显然,矩形波导口径上方向相反的电场,变成了环形波导口径上方向相同的电场。此时,两个耦合环可以用一根同轴线馈电(并接于该同轴线的内导体上,外导体与环形波导井壁相接),这样就解决了两个耦合环同相馈电的难题。实际上,这个环形波导天线相当于两个 TE_{10} 波的矩形波导辐射器,若作为接收天线,特别是在接收圆极化波时,远比单个波导辐射器好。

为了便于安装,天线外形弯曲成“腰子”形,故而得名腰形天线。

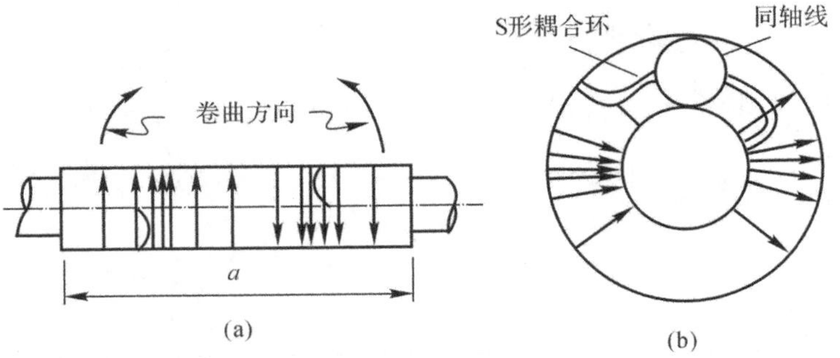

图 11.87 矩形波导演变成圆环波导天线

(a) 矩形波导的 TE_{20} 波; (b) 圆环波导天线

11.12 微带天线介绍

微带天线是近 20 年来逐渐发展起来的一类新型天线,主要用于飞机和飞行器上。其优点是剖面低,天线很薄,有利于共形设计以保证优良的空气动力特性,且其结构牢固,便于安装,工艺简单,成本低廉。其缺点是频带窄,功率容量低。

一、结构

微带天线的结构简单,它是在介质基板(如聚四氟乙烯玻璃纤维压层)的两面镀敷金属薄层,然后在一个面上应用印刷制版或微波集成工艺制成天线辐射单元及其馈电网络,而另一面则作为接地板,如图 11.88 所示。它是一个最简单的矩形微带天线元,若要增强方向性,可以采用多个这样的单排阵并用微波功率分配器按所需激励幅度分别进行馈电。

二、基本工作原理

这里以图 11.88 所示的长为 d、宽为 L 的矩形微带天线元,可以看作一段低阻抗传输线连接两个辐射缝所组成。低特性阻抗传输线的长度 d 为半个微带波长,即 $\lambda_g/2$,而其宽度 L 则由其馈线宽度 W_1 扩展而成。在低阻抗传输线两端形成了两个缝隙(a－a 和 b－b),那里的电场可以分解为两个分量:记为 E_n;另一个与地板平行,记为 E_t。由于 $d=\frac{\lambda_g}{2}$,垂直分量反向,水平分量同向,所以在垂直于辐射元的方向上水平分量有最大辐射而垂直分量的作用互相抵消。实验表明,电场的水平分量在辐射元的两个端都各向外延伸一个介质板厚度 h' 的长度内存在。这样就可近似认为微带天线元的辐射就等于两个长度为 L、宽为 h'、间距为 d 的裂缝所组成的二元阵的辐射。

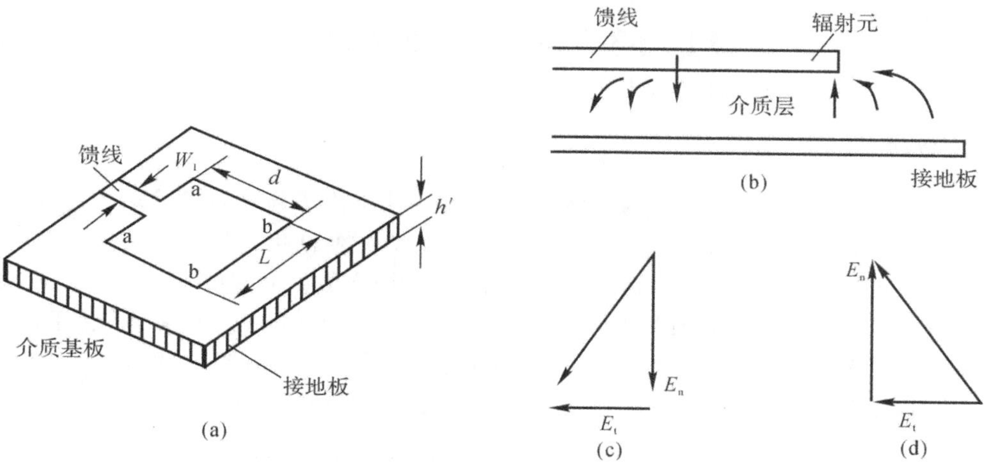

图 11.88　微带辐射元及其附近的场分布

三、馈电方式

这里介绍微带天线工作于线极化波时的两种馈电方式：一种是侧面馈电，天线元排阵并与馈电网络刻制在同一表面时，这种方式比较方便，如图 11.89(a) 所示；另一种是从底面馈电，当单个辐射元作为天线时，从侧面馈电并不理想，因为通常采用低特性阻抗（如 50 Ω）的微带作馈电线，当单元微带天线呈正方形时，其侧面中点的输入阻抗约为 120 Ω，因此必须加入阻抗变换器。这对天线的占用面积、制作工艺及频带特性等方面都是不利的。在这种情况下，通常采用如图 11.89(b) 所示的底面馈方式。同轴线芯线穿过底板的小孔以及介质层而与辐射元相连，馈电点的位置应通过馈线上的驻波比情况来精心测定。正方形微带天线两端的单缝，其输入阻抗约为 240 Ω，而在两缝间距的中心点上因电场为零，阻抗亦为零，也就是说，由端缝部到中心，阻抗由 240 Ω 变到零，其间总能找到一点使其输入阻抗为 50 Ω 而能与一般的同轴线相匹配。当天线装在飞行器表面时，底面馈方式的馈电更显得简易而紧凑。

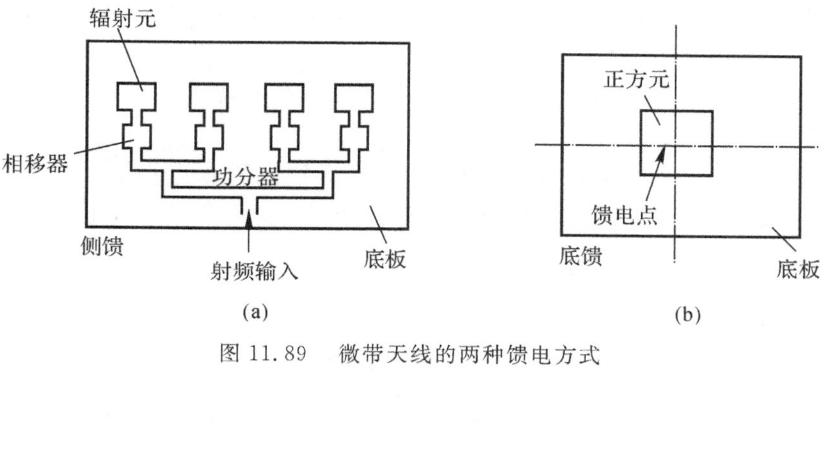

图 11.89　微带天线的两种馈电方式

11.13 相控阵天线简介

一、概述

随着导弹等快速进攻性武器的发展，对雷达的功能提出了许多新的要求。用机械扫描的天线已很难适应新的作战要求了。因此，用电控的方式使波束扫描的方法愈来愈引起人们的注意。此外，微波电子器件的迅速发展，使得用电子或电气的方法实现天线波束扫描（简称电扫描）有了实际的物质基础。从20世纪50年代以来，电扫描天线得到了迅速发展，使原来阵列天线得到了新的发展，成为有发展前途的一种天线新体制、新技术。

相控阵天线是天线领域中发展最快的一种天线。与其他天线相比，相控阵天线有其特殊的优点。

1. 增益高，功率大

由于电扫描天线不需要转动天线，所以天线可以造得很大。如有些大型相控天线，其面积比足球场还大，天线单元有几万个，因此增益可达很高。此外，为增加发射功率，可采用较多的发射机，以解决使用单个高功率发射机时天馈系统的耐功率问题。因此相控阵雷达天线的作用距离可达几千甚至上万千米。

2. 多波束，多功能

天线波束可分可合，当目标远时，可合成一个增益极高，功率极大的波束；当目标距离近且多目标时，可分成许多独立的波束，对多目标（如多弹头）进行搜索和跟踪。此外，也可将产生的多个波束分别用来进行警戒、搜索、跟踪、制导等用，起到多功能雷达的作用。

3. 数据率及精度高

由于没有机械转动的惯性，波束可以瞬时地、灵活地指向所需方向。天线波束反应极快，所以数据率高。由于波束很窄，所以确定目标的位置精度高。

4. 可靠性高

由于天线是固定的，可以做得很牢固。而且天线元数很多，即使其中一部分产生故障，也能正常工作。

由于相控阵天线工作情况十分复杂，靠人完成全部工作是不可能的，通常需要与计算机结合使用，从而更体现出相控天线“快”“精”的优点。

相控阵天线的缺点：造价高，维护费用大，扫描范围有限，一般在120°以内（因扫描角过大，将使天线性能变坏）。

由于具备综上所述的优点，所以，近年来相控阵天线得到了迅速的发展和广泛的应用。在远程警戒和舰载雷达上使用较广。另外，在C—300兵器系统也有相控阵天线的应用。

二、相控阵天线的工作原理

利用阵列天线中辐射单元的相位变化来控制波束扫描的原理是早已被人们所认识的。但由于微波电子器件的限制，用机械式移相器来控制波束扫描与直接机械转动天线获得波束扫描相比，显不出其优越性，因而未能得到发展。直到铁氧体移相器件及PIN二极管移相器的出现，相控阵天线才得到新的发展。

最简单的线性相控阵列如图 11.90 所示。阵列中每个单元都装有移相器，相位可在$(0 \sim 2\pi)$之间调整。如果阵列中各单元的电流幅度相同，单元之间的距离均为d，若用电控方式调整移相器，使各单元间的相位差为φ，则由本章 11.4 节阵列天线理论知道，其最大辐射方向为

$$\theta_m = \frac{2k\pi - \varphi}{\beta d}, \quad k = 0, \pm 1, \pm 2, \cdots$$

式中，$\beta = \frac{2\pi}{\lambda}$。可见只要改变各移相器之间的相位差$\varphi$，则波束最大辐射方向$a_m$将随之改变，这就是相控阵天线波束扫描的简单原理。

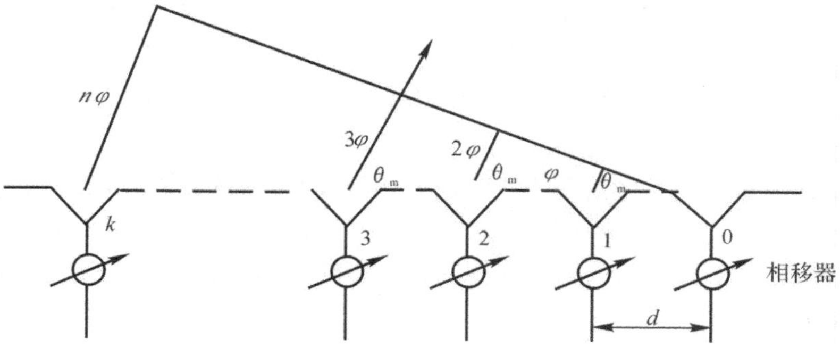

图 11.90　相位扫描阵列

三、相控阵天线扫描特性

1. 主瓣、增益和副瓣的变化

当波束扫描偏离法线方向时，天线阵的主瓣宽度变宽，增益下降，副瓣增大。这是因为波阵面总是垂直于波束方向，波阵面倾斜后天线的有效面积将减小，所以在扫描方向变化后的主瓣宽度与法向主瓣宽度的关系式为

$$(2\theta_{0.5})_{\theta m} = \frac{(2\theta_{0.5})_n}{\sin\theta_m}$$

式中，$(2\theta_{0.5})_n$为法向主瓣宽度。

增益按扫描角的正弦变化，即

$$G(\theta_m) = G_0 \sin\theta_m$$

2. 栅瓣的抑制

波束扫时容易出现栅瓣，应该加以抑制。所谓栅瓣是指与主瓣同样大小的波瓣。由 11.4 节知道，n元均匀线性天线阵归一化阵函数形式为

$$F_A(\theta) = \frac{1}{n} \frac{\sin \frac{n\varphi}{2}}{\sin \frac{\varphi}{2}}$$

该阵函数是一个周期性函数，除 $\varphi=0$ 时有主瓣最大值外，$\varphi=\pm 2k\pi(k=1,2,\cdots)$ 也都是主瓣最大值，这些重复出现的主瓣通常称为栅瓣。为避免出现栅瓣，必须把 φ 限制在 $(-\pi\sim+\pi)$ 范围内。

3. 宽角阻抗匹配

在扫描天线中，单元电流间的相位差是随扫描角而改变的，因此阵中单元间的感应阻抗也必然随扫描角的变化而变化。扫描角越大，变化越大，失配也越严重，因此有一个宽角扫描时阻抗匹配问题，简称宽角阻抗匹配。所以宽角匹配是相控阵天线要解决的问题之一。

4. 盲点效应

单元数很大的相控阵天线扫描时，在某些特定的扫描角上，方向图的主瓣会变得很小甚至完全消失，而在阵列单元的馈线中反射系数达到1。这表示在这些扫描角上，天线阵既不向外辐射功率，也不接收功率，沿馈线系统传送的全部功率实际上返回到馈源。这些特定的角度称为相控阵天线的盲点。

盲点产生的主要原因，简单来说是互耦影响，因为从实现中得知，不同形式排列的阵，盲点出现的位置不同。

抑制和消除盲点的主要方法是改变阵别的环境参数，使阵列在所要求的扫描空域内不具备产生盲点的条件，可合理选择单元口径尺寸和阵格尺寸；合理选择天线阵面前的介质层厚度，破坏排列的均匀性对称性，对单元间距作一定的随机分布。这些均对抑制和消除盲点效应有一定的效果。

小　　结

一、天线概述

1. 天线的作用

天线是能量转换器；天线是定向辐射(或接收)器。

2. 天线参量

(1) 天线效率

$$\eta_A=\frac{P_r}{P_r+P_e}=\frac{P_r}{P_{in}}$$

(2) 天线的方向性：

1) 天线方向性图是描述天线方向性的直观图形，要记住方向性图的定义及测绘方法，以及半功率波瓣宽度 $2\theta_{0.5}$ 的含义。

2) 天线的方向性系数

$$D=\left.\frac{S_{定}}{S_{无}}\right|_{P_r相同}$$

对于线天线，有

$$D=\frac{E_m^2r^2}{60P_r}$$

对于面天线，有

$$D=\frac{4\pi A}{\lambda^{2}}v$$

v 的大小(亦即 D 的大小)取决于天线口径面场的振幅分布。均匀分布时，$v=1$(即 D 大)，分布越不均匀，则 v 值越小(即 D 越小)。

3) 天线的增益系数

$$D=\frac{S_{定}}{S}\bigg|_{P_{r}相同}=\eta_{A}D$$

对于面天线，$\eta_{A}\approx 1$，所以

$$G=D$$

二、对称振子天线

1. 对称振子天线的分析方法

对称振子天线上的电流的振幅和相位分布都是不均匀的。但是，从其中“截取”下来的电基本振子的电流振幅和相位分布则可看成是均匀的。本章首先讨论了电基本振子辐射电磁波的物理过程和它的辐射场及其方向性，那么，整个对称振子的辐射场就是许多这样的电基本振子的辐射场的叠加。这些电基本振子在线上是首尾相接连续排列的，因此合成场是用积分的方法获得的。

2. 电基本振子的辐射特性

(1) 在球坐标系中，辐射场只有 E_{θ}，H_{φ} 分量，且

$$E_{\theta}=\mathrm{j}\,\frac{Il_{0}}{2\lambda}\sqrt{\frac{\mu}{\varepsilon}}\sin\theta\,\frac{\mathrm{e}^{-\mathrm{j}\beta y}}{\gamma}$$

$$H_{\varphi}=E_{\theta}/\sqrt{\frac{\mu}{\varepsilon}}$$

(2) 辐射功率和辐射电阻

$$P_{r}=40\pi^{2}l^{2}\,(l_{0}/\lambda)^{2}$$

$$R_{r}=80\pi^{2}l^{2}\,(l_{0}/\lambda)^{2}$$

3. 对称振子的辐射特性

1) 在球坐标系中，辐射场只有 E_{θ}，H_{φ} 分量，且

$$E_{\theta}=\mathrm{j}\,\frac{60I_{m}\mathrm{e}^{-\mathrm{j}\beta\gamma}}{r}\,\frac{\cos(\beta l\cos\theta)-\cos\beta l}{\sin\theta}$$

$$H_{\varphi}=\frac{E_{\theta}}{120\pi}$$

2) 方向性函数

$$F(\theta)=\frac{1}{1-\cos\beta l}\,\frac{\cos(\beta l\sin\theta)-\cos\beta l}{\sin\theta}$$

3) 辐射功率和辐射电阻。因积分计算很繁琐，通常查表得其值。

三、天线阵的基本知识

(1) 天线阵的乘积定理 $f_{阵}=f\times f_{A}$。

(2) 影响阵方向性的三因素：① 波程差；② 天线元上电流的相位差；③ 天线元上电流的振幅。

(3) 均匀直线阵的阵函数如下：

$$F_A(\theta)=\frac{1}{n}\frac{\sin\frac{n\varphi}{2}}{\sin\frac{\varphi}{2}}$$

式中，$\varphi=\beta d\cos\theta+\psi_0$。

四、面天线的基本知识

1. 惠更斯原理及其平面口径的辐射场

惠更斯原理是光学中的一个原理。由于面天线都用于微波波段，即这种波的波长很短，具有“似光性”，故可用惠更斯原理于面天线的求解。在此，要理解惠更斯原理的内容及其在面天线中的具体应用方法。

2. 口径场的振幅分布对辐射特性的影响

见表 11.1 及表 11.2。

3. 口径场的相位分布对辐射特性的影响

除一些特定情况要求口径场相位有线性偏移外，其他的相位不均匀都是有害的，应该尽量避免。

五、常用天线介绍

本章介绍了引向天线、螺旋天线、槽缝天线、喇叭天线、抛物面天线、腰形天线、微带天线以及相控阵天线等。要求了解各种天线的结构及基本工作原理。

习　　题

11.1　为什么流经导线上的电流频率越高，电磁能的辐射越强？

11.2　为什么对称振子的轴向无辐射？

11.3　为何引向天线的引向器振子长度略小于半波长，而反射器振子长度略大于半波长？

11.4　平衡负载采用不平衡馈电会带来什么后果？

11.5　试画出半波槽缝天线 E 面和 H 面的方向性图。

11.6　试述螺旋天线辐射圆极化波的工作原理及其条件。

11.7　螺旋天线能否接收自己的反射波信号？

11.8　能否使用振子天线获得圆极化波？

11.9　利用 $F(\theta)-u$ 曲线图(见图 11.54)，试求第二个副瓣最大值及其方向。

11.10　在面天线中，口径场的振幅分布对天线方向性有何影响？

11.11　有人说，E 面扇形喇叭，则 E 面波瓣宽度窄；H 面扇形喇叭，则 H 面波瓣宽度窄，对吗？为什么？

11.12　试述 E 面、H 面扇形喇叭以及角锥喇叭的口径场分布规律。

11.13　WK－6B 发射天线是如何实现圆极化波辐射的？

11.14　为何要求抛物面天线的馈源辐射球面波？

11.15　何谓旋转抛物面、切割抛物面和柱形抛物面？

11.16　何谓长焦距、中焦距和短焦距抛物面天线？

11.17　抛物面天线的口径面积利用系数 υ 为什么有最大值出现？

11.18　腰形天线是如何辐射电磁波的？

11.19　试述微带天线的基本结构、基本工作原理及馈电方式。

参考文献

[1] 谢处方，饶克瑾. 电磁场与电磁波. 北京：高等教育出版社，2006.

[2] 王新稳，李萍，李延平. 微波技术与天线. 北京：电子工业出版社，2008.

[3] 杨恩耀，杜加聪. 天线. 北京：电子工业出版社，1987.

[4] 甘本祓，冯亚伯，叶佑铭. 微波网络元件和天线. 西安：西北电讯工程学院，1979.

[5] 万伟，王季立. 微波技术与天线. 西安：西北工业大学出版社，1986.

[6] 沈致远. 微波技术. 北京：国防工业出版社，1980.

[7] 廖承恩. 微波技术基础. 西安：西安电子科技大学出版社，2005.

[8] 盛振华. 电磁场微波技术与天线. 西安：西安电子科技大学出版社，1995.

[9] 毕德显. 电磁场理论. 北京：电子工业出版社，1985.

[10] 杨儒贵. 电磁场与电磁波. 北京：高等教育出版社，2003.